Machine Learning in Chemistry
The Impact of Artificial Intelligence

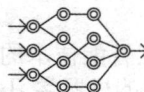

化学学科中的机器学习

人工智能的冲击

[英] 休·M. 卡特赖特（Hugh M. Cartwright） 主编

丁晓琴　杨启帆　朱牧　朱文超　译

习海玲　审校

化学工业出版社

·北京·

内容简介

随着人工智能技术的崛起，在化学研究领域，传统的基于实验和物理模型的方式正在逐渐与基于数据的机器学习范式相融合，加速了化学机制的研究和化学物质的发现。本书对人工智能在化学学科中应用的最新技术发展前沿动态进行较全面的综合性介绍。首先介绍人工智能和机器学习中的一些核心概念以及医药学中使用最广泛的人工智能方法；随后全面深层次地介绍了人工智能技术在药物设计、材料性能预测、功能材料分子设计和有机合成路线设计、自组装化学、天体化学等诸多方面的应用。并讨论了人工智能在科学领域中应用的复杂性与困难以及在科学研究中使用人工智能技术时所面临的挑战以及解决方案。

本书可供化学领域的科研人员、高等院校师生阅读参考，也可作为从事环境、医药、临床诊断等专业技术人员的参考资料。

Machine Learning in Chemistry　The Impact of Arti ficial Intelligence，the first edition/by Hugh M.Cartwright

ISBN 978-1-78801-789-3

Copyright © 2020 by The Royal Society of Chemistry. All rights reserved.

Authorized translation from the English language edition published by The Royal Society of Chemistry.

本书中文简体字版由 The Royal Society of Chemistry 授权化学工业出版社独家出版发行。

北京市版权局著作权合同登记号：01-2025-2415

图书在版编目（CIP）数据

化学学科中的机器学习：人工智能的冲击 ／（英）休·M.卡特赖特（Hugh M. Cartwright）主编；丁晓琴等译. -- 北京：化学工业出版社，2025.6. -- ISBN 978-7-122-47446-9

Ⅰ. O6-39

中国国家版本馆CIP数据核字第2025RU6240号

责任编辑：林　媛　窦　臻　　　　　装帧设计：王晓宇
责任校对：边　涛

出版发行：化学工业出版社
　　　　　（北京市东城区青年湖南街 13 号　邮政编码 100011）
印　　装：河北京平诚乾印刷有限公司
787mm×1092mm　1/16　印张 25¾　彩插 6　字数 636 千字
2025 年 9 月北京第 1 版第 1 次印刷

购书咨询：010-64518888　　　　　售后服务：010-64518899
网　　址：http://www.cip.com.cn
凡购买本书，如有缺损质量问题，本社销售中心负责调换。

定　　价：158.00元　　　　　　　　　版权所有　违者必究

化学是一个十分庞大而又非常复杂的学科。人工智能的引入，必将引起化学学科的巨变。人工智能的核心是机器学习，数据、算法和算力是机器学习的核心要素，而分子表征学习则是化学领域中机器学习的关键。机器学习是一项颠覆性技术，将在未来几十年改变人们所了解的世界。机器学习从单一学习到集成学习，从自动学习到自主学习，对化学各个领域产生了剧烈的冲击，这种冲击是十分震撼的，其发展必将给化学学科带来一场深刻的革命。

《化学学科中的机器学习 人工智能的冲击》是英国牛津大学学者休·M.卡特赖特（Hugh M. Cartwright）出版的专著。全书共 20 章，以机器学习为切入点，系统全面地介绍了人工智能应用于化学各个领域的情况。首先是深入浅出地介绍了人工智能和机器学习中的一些核心概念、算法、方法或工具，然后对化学领域中各个专业学科的机器学习进行了探讨。从迭代、循环的机器学习过程，到不断试错和奖惩反馈来调整自己的行为策略的强化学习；从数据驱动的光学谱图解释，到由堆芯损耗谱的特征正确预测材料特性。从新药、新材料、催化剂的分子结构与活性或性能模型的构建、计算，到新药、新材料的预测与设计；从化学工程的建模和控制，到作为化学远程中难以测量的参数预估器，且实现了鲁棒性强、制定容易、设计简单和适应能力灵活等目标；从化学合成反应路线的优化，到自主合成的无人实验室，有可能消除化学和材料研究人员的许多烦琐、重复，有时甚至是危险的工作，让研究人员有更多的时间从事创造性的工作，等等。总之，本书从化学的各个方面对机器学习应用前景都进行了描述。另外，本书对稀疏采样、大数据、数据智能、迁移学习等技术问题也进行了深入详尽的探讨。本书最为引人注目的是自主科学，包括实验的自主设计、对"小数据"的稀疏采样策略、动态采样及其插值算法等，通过深度学习、强化学习、自动编码器以及迁移学习，来解决化学领域人工智能的机器自主学习问题，从而自主地逐步提高、进化与完善人工智能的性能。

诚然，本书也十分中肯地提出了目前的机器学习的缺陷和存在问题，包括深度学习可解析性差。化学中的许多数据集都相对较小，所建立的许多模型，对适用范围以外的新数据具有脆弱性。迁移学习是应对小数据集的重要方法，但化学迁移学习仍然具有挑战性。显然，变革性的进展将来自利用其他更大的数据集，来提高应用程序的性能。当然，我们必须小心谨慎地选择适当的方法来帮助解决科学问题。

本书由中国人民解放军军事科学院防化研究院相关人员负责翻译，丁晓琴研究员担任主译，杨启帆、朱牧和朱文超等分别对有关章节进行了翻译和校对，习海玲研究员对全书进行审校。在此，对所有参与翻译和审校的工作人员和相关的咨询专家（裴承新研究员、孙玉波高级工程师、夏治强研究员、李磊研究员和刘敏教授）提出的宝贵意见，及机关的工作人员（舒志斌博士、杜斌副研究员等）为本书的顺利出版付出的努力，表示最衷心的感谢！

在翻译过程中，译者力图尽可能地做到忠实原文并保持原文的风格。但由于译者的水平有限，疏漏之处在所难免，不妥之处敬请广大读者批评指正！本书的翻译出版得到了中国人民解放军军事科学院防化研究院国民核生化灾害防护国家重点实验室的基金资助，以及化学工业出版社的鼎力支持，使得本译著得以顺利出版，在此深表谢意！

译者
2025 年 1 月

Ⅶ

　　科学进步的道路是曲折蜿蜒的。突破性的进展往往会开辟出一个新的学科领域，如：量子理论的出现；红外和核磁共振等技术的发展；或计算机学科在化学、催化等研究领域的广泛应用。而人工智能（artificial intelligence，AI）则是最新的重大科学进步。

　　也许，这种对人工智能技术的评价似乎过高；计算机技术真的能带来科学的进步与变革吗？毕竟在每一所大学的化学系中，都配备有计算机和光谱仪，但只有一些会使用到人工智能。然而有种种迹象表明，人工智能在科学领域的影响力可能与其在社会上的一样大。本书着重探讨了这种影响与冲击，还讨论了在科学研究中使用人工智能时所面临的挑战以及解决方案。

　　本书首先介绍了人工智能和机器学习中的一些核心概念，其水平适合那些刚接触到这个领域的读者（Allen，第 1 章和第 2 章）。接下来概述了机器学习在医药学中使用最广泛的人工智能方法（Lawrence，第 3 章）。随后的章节涉及更广泛全面的一些主题，包括：化学理论（Marquetand，第 4 章；Mizoguchi，第 17 章）、人工智能技术在其他方面的应用（Staker，第 15 章）；自主化学（Stukenbroeker，第 6 章；Simpson，第 18 章）；天体化学（Viti，第 8 章）；催化的基础研究（Liu，第 19 章）、材料性能预测（Winkler，第 9 章；Jelfs，第 12 章；Brgoch，第 13 章）；合成设计研究（Stukenbroeker，第 6 章；Hirst，第 7 章；Brgoch，第 13 章）；药物设计（Hudson，第 11 章；Speck-Planche，第 16 章）；工业应用（Curteanu，第 10 章；Clough，第 14 章）。其中部分章节（包括 Stukenbroeker，第 6 章；Hirst，第 7 章；Brgoch，第 13 章；Simpson，第 18 章；Shankar，第 20 章）讨论了人工智能在科学领域中的复杂与困难，并论述了如何设法规避这些问题；而另一章（Cartwright，第 5 章）针对该领域的新手，还讨论了在科学研究中使用人工智能时所面临的挑战以及解决方案。

　　利用人工智能的化学研究正在蓬勃发展：2000 年该领域中发表的论文数量还不多；但到了 2019 年底，发表的论文数量上升了 100 倍。这种快速的增长由以下若干因素促进：

● 越来越多海量数据的获得；

● 计算机计算速度的持续提升；

- 人工智能软件的效率提升；

- 创新专用芯片的可用性，如定制的神经网络芯片；

- 代替中央处理器（CPUs），将图形处理芯片（GPUs）用作 AI 应用程序的快速计算；

- 现有人工智能方法的改进和新技术的开发；

- 相比于使用传统的分析方法，意识到人工智能更能够成功地解决某些类型的问题；

- 以及从非标准结构来源（如期刊、PowerPoint 演示文稿或实验室笔记本），自动提取数据工具的升级。

除此之外，我们还（谨慎地）增加了量子计算机的未来可用性这部分内容。目前认为量子计算机将特别适用于解决化学中普遍存在的优化问题（例如：分子最低能量的构象是什么？哪种可能的药物分子与蛋白质的结合能力最强？哪一种化学合成路线的分子产量最高？）等。化学家很可能从机器学习与人工智能的结果中获取新的想法和创造力，有望成为这项新技术的最大受益者之一。

本书的章节由该领域中顶尖的团队撰写，提供了诸多人工智能如何应用于化学的有趣例子，让我们得以一窥人工智能技术在科学领域的未来。

Hugh M. Cartwright（休·M.卡特赖特）

维多利亚，加拿大

缩略语	英文全名	汉语全名
%AARD	absolute average relative deviation percent	绝对平均相对偏差百分比
AFLOW	automatic-flow for materials discovery	材料发现自动流程
AI	artificial intelligence	人工智能
AIST	Agency of Industrial Science and Technology	日本产业技术综合研究所
AMD	accelerated molecular discovery	加速分子发现
AMDET	absorption, distribution, metabolism, excretion, and toxicity	吸收、分布、代谢、排泄和毒性
ANFIS	adaptive neuro-fuzzy inference system	自适应神经模糊推理系统
ANL	Argonne National Laboratory	阿贡国家实验室
ANNs	artificial neural networks	人工神经网络
API	active pharmaceutical ingredient	活性药物成分
API	application programming interface	应用程序编程接口
ARES	autonomous research system	自主研究系统
ARIMA	autoregressive integrated moving average	自回归整合移动平均
ATOM	accelerating therapeutics for opportunities in medicine	加速医药机会疗法
AUC	area under ROC curve	曲线下面积
AW	atomic weight	原子量
BBB	blood brain barrier	血脑屏障
BPL	Bayesian program learning	贝叶斯程序学习
bRo5	beyond Ro5	超越 Ro5
CALYPSO	crystal structure analysis by particle swarm optimization	粒子群优化的晶体结构分析
CART	the classification and regression tree	分类和回归树
CASD	computer aided synthetic design	计算机辅助合成设计
CBO	constrained Broyden optimization	约束 Broyden 优化
ccRCC	clear cell renal cell carcinoma	透明细胞肾细胞癌
CDE	ChemDataExtractor	自动提取化学信息的开源软件
CDER	Center for Drug Evaluation and Research	药物评估和研究中心
CERN	European Organization for Nuclear Research	瑞士欧洲核子研究中心
CNNs	convolutional neural networks	卷积神经网络

缩略语	英文全名	汉语全名
CNTs	carbon nanotubes	单壁碳纳米管
COFs	covalent organic frameworks	共价有机骨架
CoMFA	comparative molecular field analysis	比较分子场分析
COMs	complex organic molecules	复杂有机分子
CR-FS	cluster resolution feature selection	聚类分辨率特征选择
CS	clonal selection	克隆选择
CSP	crystal structure prediction	晶体结构预测
CV	computer vision	计算机视觉
DA	data augmentation	数据增强
DARPA	The Defense Advanced Research Projects Agency	美国国防高级研究计划局
DBSCAN	density-based spatial clustering of applications with noise	密度的噪声应用空间聚类
DE	differential evolution	差分进化
DEA	diethanolamine	二乙醇胺
DESI-MSI	desorption electrospray ionization mass spectrometry imaging	解吸附电喷雾离子化成像
DFT	density functional theory	密度泛函理论
DL	deep learning	深度学习
DNNs	deep neural networks	深度神经网络
DoD	The U.S. Department of Defense	美国国防部
DoE	design of experiments	实验设计
DP_n	polymerization degree	聚合度
DT	decision tree	决策树
E	electronegativity	电负性
EAs	evolutionary algorithms	进化算法
EC	Enzyme Commission	国际酶学委员会
ECFP	extended-connectivity circular fingerprint	扩展连通性圆形指纹
ECFPs	extended connectivity fingerprints	扩展连通性指纹
EGO	efficient global optimization	有效的全局优化
ELNES	electron energy-loss near-edge structure	电子能量损失近边结构
ELNs	electronic laboratory notebooks	电子实验室笔记本
EPA	Environmental Protection Agency	环境保护局
EPSRC	the Engineering and Physical Sciences Research Council	工程与物理科学研究委员会

缩略语	英文全名	汉语全名
ERD	expected reduction in distortion	预期失真减少
eRo5	expanded Ro5	扩展的 Ro5
ESI	electronic supplementary information	电子版补充信息
ESs	expert systems	专家系统
EXAFS	extended XAFS	扩展 XAFS
FAIR	findable，accessible，interoperable，reusable	查找、可访问、可互操作、可重用的
FBCRs	fixed-bed catalytic reactors	固定床催化反应器
FBR	foreign body response	异物响应
FDA	Food and Drug Administration	美国食品和药物管理局
FF	fill-factor	填充因子
FFNN	feed-forward NN	前馈神经网络
FL	fuzzy logic	模糊逻辑
FNN	fuzzy neural networks	模糊神经网络
FNs	false negatives	假阴性
FPs	false positives	假阳性
GA-MCTS	Monte Carlo tree search	遗传算法 - 蒙特卡罗树搜索
GAN	generative adversarial networks	生成式对抗网络
GAs	genetic algorithms	遗传算法
GBDT	gradient boosting decision Tree	梯度提升决策树
GB-GA	graph-based representation	图表征
GC	graph convolutional	图卷积
GCMC	grand canonical Monte Carlo	巨正则蒙特卡罗
GGA	generalized gradient approximation	广义梯度近似
G-NN	global-NN	全局 -NN
GNNs	graph neural networks	图形神经网络
GPR	Gaussian process regression	高斯过程回归
GTSD	Gaussiantype structure descriptors	高斯型结构描述符
HBA	hydrogen bond acceptors	氢键受体
HBD	hydrogen bond donors	氢键供体
HCEP	Harvard Clean Energy Project	哈佛清洁能源项目
HDNN	high-dimensional NN	高维 NN

缩略语	英文全名	汉语全名
HM	hybrid technique	混杂技术
HML	hierarchical machine learning	分层机器学习
HOMO	the highest occupied molecular orbitals	分子最高占有轨道
HT	high throughput	高通量
HTS	high throughput screening	高通量筛选
HYD	hydrophobicity	疏水性
IBX	2-iodoxybenzoic acid	2-碘酰基苯甲酸
ICSD	inorganic crystal structure database	无机晶体结构数据库
INN	inverse neural modeling	逆神经建模
IP	intellectual property	知识产权
ISM	interstellar medium	星际介质
k-fold CV	k-fold cross-validation	k 折叠交叉验证
KG	knowledge gradient	知识梯度
KIDA	the kinetic database for astrochemistry	天体化学动力学数据库
kNN	k-nearest neighbours	k- 最近邻
KRR	kernel-ridge regression	核岭回归
LDA	linear discriminant analysis	线性判别分析
LHASA	logic and heuristics applied to synthetic analysis	逻辑和启发式算法应用于合成分析
LHC	the large hadron collider	大型强子对撞机
LLNL	Lawrence Livermore National Laboratory	劳伦斯·利弗莫尔国家实验室
LMO	leave-many-out	留多法
LOCOCV	leave-one-cluster-out cross-validation	留一集群交叉验证
logP	octanol/water partition coefficient	辛醇/水分配系数
LOO	leave-one-out	留一法
LOOCV	leave-one-out cross-validation	留一法交叉验证
LR	linear model	线性模型
LSSVM	least square support vector machine	最小二乘支持向量机
LSTM	long short term memory	长短时记忆
LUMO	the lowest unoccupied molecular orbitals	分子最低空轨道
MACCS	molecular access system	MACCS 指纹
MAE	the mean absolute error	平均绝对误差

缩略语	英文全名	汉语全名
MB	methylene blue	亚甲基蓝
MBIR	model-based iterative reconstruction	基于模型的迭代重建
MC	Monte Carlo	蒙特卡罗方法
MCC	Matthews' correlation coefficient	Matthews 相关系数
MCMC	Markov chain Monte Carlo algorithm	马尔可夫链蒙特卡罗算法
MCTS	Monte Carlo tree search	蒙特卡罗树搜索
MEA	monoethanolamine	单乙醇胺
MEGNet	MatErials graph network	材料图神经网络
MEXT	the Ministry of Education, Culture, Sports, Science and Technology	日本教育、文化、体育、科学技术部
MGI	materials genome initiative	材料基因组计划
MH	Metropolis-Hastings	梅特罗波利斯 - 黑斯廷斯算法
MIT	Massachusetts Institute of Technology	麻省理工学院
ML	machine learning	机器学习
MLFF	multi-layer feed-forward	多层前馈
MLP	machine-learnt potentials	机器学习潜能
MLP-ANN	multi-layer perceptron-artificial neural network	多层感知器 - 人工神经网络
MLPDS	machine learning for pharmaceutical discovery and synthesis consortium	药物发现与合成机器学习联盟
MLPs	multilayer perceptrons	多层感知器
MLR	multiple linear regression	多元线性回归
MMA	methyl methacrylate	甲基丙烯酸甲酯
MOFs	metal organic frameworks	金属有机骨架
MOGA	multi-objective genetic algorithm	多目标遗传算法
MP	materials project	材料项目
MPC	model predictive control	模型预测控制器
MPDS	materials platform for data science	数据科学材料平台
MPNNs	message passing neural networks	消息传递神经网络
MPs	molecular parameters	分子参数
MPs	molecular properties	分子特性
ms-QSBER	multi-scale models for quantitative structure-biological effect relationships	定量结构 - 生物效应关系的多尺度模型

缩略语	英文全名	汉语全名
MT	the molecular transformer	分子转换器
MW	molecular weight	分子量
NACs	nonadiabatic couplings	非绝热耦合
NAMD	nonadiabatic molecular dynamics simulations	非绝热分子动力学模拟
nAT	number of atoms	原子数
NB	naive Bayes	朴素贝叶斯
NBA	National Basketball Association	美国国家篮球协会
NCATS	National Center for Translational Science	美国国立卫生研究院（NIH）国家转化科学中心
NER	named entity recognition	命名实体识别
NGF	neural graph fingerprints	神经图形指纹
NIH	National Institutes of Health	美国国家卫生研究院
NIPALS	nonlinear iterative partial least squares	非线性迭代偏最小二乘法
NLP	natural language processing	自然语言处理
NNs	neural networks	神经网络
NSGA-Ⅱ	non-dominated sorting genetic algorithm Ⅱ	非支配排序遗传算法
NTM	neural turing machines	神经图灵机
OLS	ordinary least squares	普通最小二乘法
OPFNN	orthogonal polynomial feedforward neural network	正交多项式前馈神经网络
OQMD	open quantum materials database	开放量子材料数据库
OSRA	the optical structure recognition application	光学结构识别应用程序
PCA	principal component analysis	主成分分析
PCC	Pearson's correlation coefficient	Pearson 相关系数
PCD	Pearson's crystal data	Pearson 晶体结构数据
PCE	power conversion efficiency	功率转换效率
PCR	principal component regression	主成分回归
pdf	probability density function	基本概率密度函数
PDOS	the partial density of states	分波态密度
PESs	potential energy surfaces	势能面
PET	polyethylene terephthalate	聚对苯二甲酸乙二醇酯
PID	proportional, integral, and derivative	比例、积分和微分

缩略语	英文全名	汉语全名
PIMs	intrinsic microporosity	内禀微孔率
PLMF	property-labeled materials fragments	属性标记材料片段
PLS	partial least squares	偏最小二乘法
PMMs	porous molecular materials	多孔分子材料
POCs	porous organic cages	多孔有机笼
POL	polarizability	极化率
PPDs	posterior probability distributions	后验概率分布
PPNs	porous polymer networks	多孔聚合物网络
PRDF	partial radial distribution function	部分径向分布函数
PSA	polar surface area	极性表面积
PSO	particle swarm optimization	粒子群优化
PTSD	power-type structural descriptors	幂型结构描述符
Pymatgen	Python materials genomics	Python 材料基因组学
QMSPR	quantitative materials structure-property relationship	定量材料结构 - 性能关系
QSAR	quantitative structure-activity relationship	定量构效关系
QSAR/QSPR	quantitative structure-activity（or property）	定量结构 - 活性（或性质）关系
QSPR/QSAR	quantitative structure property/activity relationships	定量结构性质 / 活性关系
R&D	research and development	研发
RBF	radial basis function	径向基函数
RBN	number of rotatable bonds	可旋转键数
RDT	reaction decoder tool	反应解码器工具
RE	renewable energy	可再生能源
RFE	recursive feature elimination	递归特征消除
RFs	random forests	随机森林
RMSE	root mean square errors	均方根误差
RNN	recurrent neural network	递归神经网络
RNNs	recurrent neural networks	循环神经网络
Ro5	rule of five	类药五规则
ROC	receiver operating characteristic	受试者工作特征
ROT	number of rotatable bonds	可旋转键数
RP	recursive partitioning	递归划分

缩略语	英文全名	汉语全名
RP	rapid prototyping	快速原型
S2S	sequence-to-sequence	序列到序列
SA	synthetic accessibility	合成可及性
SCROP	the self-corrected retrosynthesis predictor	自校正逆合成预测器
SD2	synergistic discovery and design	协同发现与设计
SDL	auto driving laboratory	自驱动实验室
SELECT	safety, environmental, legal, economics, control, and throughput	安全、环境、法律、经济、控制和产量
SEM	scanning electron microscopy	扫描电子显微镜
SHARC	surface hopping including arbitrary couplings	任意耦合
SKN	supervised Kohonen network	有监督的 Kohonen 网络
SLADS	supervised learning approach for dynamic sampling	动态采样
SMARTS	SMILES aRbitrary target specification	SMILES 任意目标规范
SMILES	simplified molecular-input line-entry system	简化的分子线性输入规范
SNOBFIT	stable noisy optimization by branch and fit	基于分支和拟合的稳定噪声优化算法
SOAP	smooth overlap of atomic positions	原子位置平滑重叠
SOMs	self-organizing maps	自组织映射图
SQP	sequential quadratic programming	顺序二次规划算法
SSW	stochastic surface walking	随机表面行走法
St	styrene	苯乙烯
SV	support vectors	支持向量
SV	sensitivity/importance value	灵敏度 / 重要性值
SVC	support vector classification	支持向量分类
SVM	support vector machine	支持向量机
SVR	support vector regression	支持向量回归
TADF	the thermally assisted delayed fluorescence	热辅助延迟荧光
T_c	critical temperatures	超导临界温度
TEA	triethanolamine	三乙醇胺
TNs	true negatives	真阴性
ToF-SIMS	time of flight secondary ion mass spectrometry	飞行时间二次离子质谱
TPs	true positives	真阳性

缩略语	英文全名	汉语全名
TSAD	a total score	总得分
USPEX	universal structure predictor: evolutionary Xtallography	通用结构预测器：进化 Xtallography
USPTO	The United States Patent and Trademark Office	美国专利商标局
UW	University of Washington	华盛顿大学
VAE	variational autoencoder	变分自动编码器
WGS	water-gas-shift	水煤气变换
WLDN	Weisfeiler-Lehman difference network	Weisfeiler-Lehman 差分网络
WRAIR	Walter Reed Army Institute of Research	沃尔特·里德陆军研究所开发
XAFS	X-ray absorption fine structure	X 射线吸收精细结构
XANES	X-ray absorption near-edge structure	X 射线吸收近边结构
XRD	X-Ray diffraction	X 射线衍射
ZIFs	zeolitic imidazolate frameworks	沸石咪唑酯骨架

第 1 章

计算机科学家

TIMOTHY E. H. ALLEN[a,b]

[a] 英国莱斯特兰开斯特路霍奇金大厦，MRC 毒理学研究机构，LE1 7HB
[b] 英国剑桥大学化学系分子信息学中心，剑桥伦斯菲尔德路，CB2 1EW
Email：teha2@cam.ac.uk

1.1 什么是计算科学？

计算机擅长处理许多人类非常不擅长的任务（见图 1.1）。例如，如果你有一部带有语音助手的智能手机，试着问他 32761 的平方根是多少。对于手机来说，这个问题非常简单，它几乎立即给出正确答案——181。相反，如果我们问一个人同样的问题，他们可能会觉得这很具有挑战性。然而，如果他们能像手机一样快速地给出正确答案，我们就会认为他们是天才（或者更有可能他们是在作弊！）。现在，作为对比，试着让你的语音助手讲一个关于敲门的笑话，他可能就会宕机。与数学挑战相比，机器认为这种社会互动行为复杂得不可思议。但如果一个人不能参与到这种社会互动活动中，我们便会认为这个人不够聪明。孩童们在学会加法之前，就先学会了如何讲这些笑话。这也说明了为什么计算机能成为如此优秀的科学伙伴，因为它能帮助科学家更好地完成其天生就不擅长的事情。

计算科学是使用计算方法来回答科学问题的一个科学领域。计算科学家通常试图使用其开发的算法，来回答化学、物理或生物学等领域的问题。从某种程度上来讲，这类似于在实验室中利用反应制造分子的实验化学家，而他们不是发现该反应的人，或者是那些使用核磁共振机器，并通过核磁共振专家设计的程序来确定生物样品的化学成分的科学家。这并不意味着，有效地利用这些技术（可能是算法、实验或其他技术）的科学家，不如其发现者重要。最具影响力的科学技术就是那些在多个领域中都有着长期应用的技术。

图 1.1 人类和计算机的优势与劣势

正如本书后文所述，人工智能（artificial intelligence，AI）和机器学习（machine learning，ML）算法的使用都可以被视为计算科学，但在化学领域中，其他计算方法的使用也有着悠久的历史。许多计算技术问题不需要用到 AI，而是利用计算机的计算能力来解决数学等式。许多最复杂的问题都是出现在量子力学领域中。

量子力学的发展只有 100 多年的历史。1900 年，马克斯·普朗克（Max Planck）[1] 提出了能量以离散量子（或能量包）的形式被吸收和辐射。1905 年，阿尔伯特·爱因斯坦（Albert Einstein）[2] 用量子理论解释了光电效应，从而引出了光既是波又是粒子的理论。路易·维克多·德布罗意（Louis de Broglie）[3] 将波粒二象性扩展到包括所有类型的物质，特别是包括了电子。一旦人们接受了电子表现为波的行为，就开始寻找一种从数学上能描述这些波的计算方法。埃尔温·薛定谔（Erwin schrödinger）[4] 于 1925 年提出了一个其形式与时间无关的数学模型，如下式所示：

$$\hat{H}|\Psi\rangle = E|\Psi\rangle \tag{1.1}$$

式中，$\hat{H}$ 是哈密顿算符，Ψ 是波函数，E 是等于系统能量的常数。这个等式的数学问题远远超出了本章所探讨的范围，但值得注意的是，找到薛定谔等式的解对于任何体系都不是一件容易的事。目前，对于具有多个电子的体系，该等式还无法准确地求解。然而，通过适当的假设和高性能计算机，可以找到近似的概率分布，该等式能够告诉我们电子的大致位置（对于量子系统来说，我们不可能确切地知道电子的准确位置），及其相关的能级。这些细节在化学中很有用，有助于解释这些反应是如何发生的，以及为什么会发生。

由于量子化学计算提供了丰富的细节，因此使用计算机计算来解释、预测，甚至模拟化学反应是一个极其重要的研究领域。例如，加州大学洛杉矶分校 Ken Houk 的研究小组多年来一直在利用计算方法来探索不对称化学催化 [5]。这类化学反应对于制造具有手性中心的分子至关重要，其中的许多分子都具有重要的生物学特性。化学物质可能具有不对称或手性。其中一些分子适合结合，而其他分子无法进入某些结合空腔，这是产生重要的具有不同生物学效应的原因。为了制造这些分子，我们必须充分考虑哪些产物是由可能遵循几种不同途径的化学反应产生的。计算机可以帮助我们预测为什么某些反应更有利。要做到这一点，我们需要计算存在于反应物和反应产物之间的能垒。计算机可以考虑三维空间中分子的形状、之间的相互作用和这些系统的能量，从而计算出这些所谓的活化能（见图 1.2）。

从反应物到生成物的过程中，我们如何选择在所有化学上合理的路线中活化能最低的？这种低活化能途径通常会主导反应，因此其产物应该是实验观察到的主要产物。活化能的计算结果可以与实验观察一起加以考虑，以评价研究者的猜想并深入了解——通过计算的预期结果是否与实验的观察结果相符？如果计算和实验结果相符的话，该模型可以提供有关化学物质从反应物到产物时，过渡态的结构和动力学信息，从而对相互作用的化学性质提供有用的理解。或许，在不利的反应路径上，两个大基团之间是否存在有不利的相互作用，从而提高了其反应的活化能？或者在有利于降低势垒的路径中，是否存在任何其他有利的电子相互作用？这些理解随后可以用于设计新的、更有效的反应。

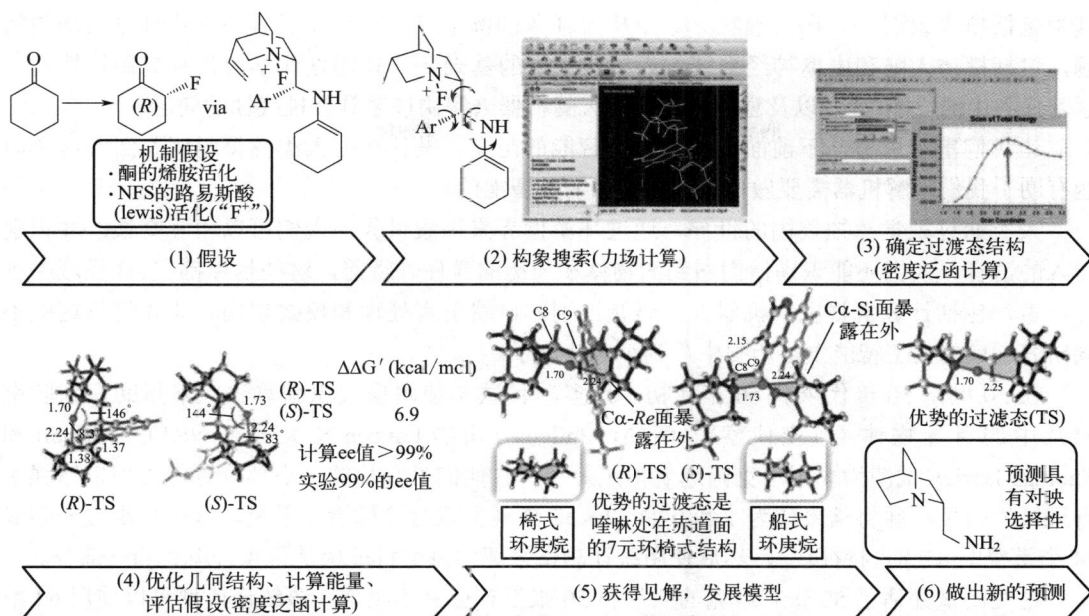

图 1.2　Houk 小组用于化学反应计算研究的常用程序

经美国化学学会许可，转载自参考文献 [5]，2016 年版权所有

1.2　什么是人工智能?

定义人工智能（artificial intelligence，AI）具有惊人的挑战性。我在尝试这样做的时候，会想到一种通用智能的机器（一种能够像人类一样完成各种不同任务的机器）。因此，将智能机器定义为一台能够做人类认为是智能事情的机器。

虽然这个定义可能并不完全令人满意，但能很好地概括人工智能科学的目标，因为人类是地球上最聪明的物种。该定义还与艾伦·图灵（Alan Turing）在 1950 年开发的著名图灵测试一致。该测试的标准版本需要人类测试者与另外两个隐藏的玩家交谈，并随后进行判断，其中哪一个是人类，哪一个是机器。如果在与两名玩家进行对话后，测试者无法区分机器和人类，则将机器视为通过测试，并认为该机器"智能"（当然在图灵测试的范围内）（见图 1.3）[6]。在这种情况下，测试通常也被称为"模仿游戏"。

有些任务可能需要一定程度的智力，包括语言和视觉，科学和医疗决策，以及战略游戏。我们将在本节的其余部分探讨这些任务的一些示例。

至少自 20 世纪 50 年代以来，AI 一直是科学家们

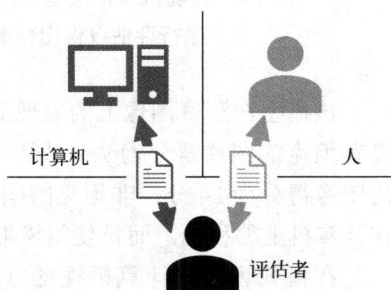

图 1.3　图灵测试

的追求。在那十年里，有三次重要的会议。第一次是 1955 年在洛杉矶的"机器学习会议"（Session on Learning Machines），第二次是 1956 年达特茅斯学院的"人工智能夏季研究项目"（Summer Research Project on Artificial Intelligence），以及第三次英国国家物理实验室的"思维过程机械化"研讨会[6]。这些早期会议讨论了许多至今仍困扰着人工智能研究人员的问题。

其中包括模式识别 [7]、语言理解 [8]、下棋等任务的例子 [9]。还讨论了其他涉及理论机制的问题，包括模仿人脑和中枢神经系统作为机器学习的基础 [7]，使用迭代学习最终提高计算机在学习任务中的性能 [10]，以及意识到需要强大的机器来解决许多具有挑战性的问题。

让我们重新思考一下前面给出的人工智能的定义。是什么让人类变得聪明？回答这个问题有助于我们理解机器需要做什么才能被认为是智能的？

人类通过视觉感知周围的世界，通过环游世界来探索世界。人们可以相互交谈，并识别传入的语音。人们还能识别他们遇到的物体和经历的事件。目前，这些目标都在 AI 领域中进行探索，包括计算机视觉、机器人、语音识别、自然语言处理和模式识别。让我们从这些不同研究领域的人工智能发展历史中，列举一些例子。

在 20 世纪 50 年代末和 60 年代初，许多项目试图使用模式识别算法，来帮助识别航空照片中的目标物体（航空侦察）。例如，Philco 公司的 Laveen N. Kanal、Neil C. Randall 和 Thomas Harley 试图为军用坦克筛选航拍照片 [6,11]。他们对胶片的一小部分进行处理以增强所有边缘的效果，并将结果作为 1 和 0 的 32×32 阵列呈现给目标检测系统。这个数组被分割成 24 个重叠的 8×8 "特征块"，然后使用统计测试来评估每个特征块是否包含坦克的一部分。

这些测试评估了 50 张有坦克的照片和 50 张没有坦克的照片。该统计模型可以使用 64 维的线性边界，来区分包含坦克的特征块和没有坦克的特征块。通过考虑在一张图像中的 24 个特征块内，有多少表示存在坦克，从而计算出每张图像的分数。这与随机森林 [12] 模型的工作原理类似（见图 1.4）。

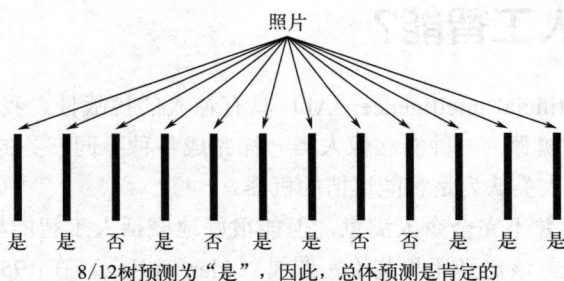

照片

是　是　否　是　否　是　是　否　否　是　是　是
8/12 树预测为 "是"，因此，总体预测是肯定的

图 1.4　在随机森林模型中，每棵 "树" 都是一个不同的模型，每棵树都对传入的数据进行评估以做出预测。从随机森林得到的总体预测是这些模型的共识

该模型在测试图像上的表现非常出色。每一张包含坦克的图片得分至少为 11 分，而所有没有坦克的图片得分为 7 分或更少。此外，还能完美地分类出一半的测试图像，即含有坦克的图像得分为 24 分，非坦克的图像得分为 0 分。考虑到那个时代的技术限制（这项工作不是在计算机上编程的，而是使用模拟电路），这是一项非常了不起的成就。

在模式识别和计算机视觉方面的另一个早期项目与人脸识别有关。在 20 世纪 60 年代，Woodrow W. Bledsoe、Charles Bisson 和 Helen Chan 在全景研究公司（Panoramic Research）开发了面部识别技术 [6,13]。在这项早期工作中，操作员从照片中提取面部特征的坐标，比如瞳孔的位置。根据这些坐标，计算出一组 20 个距离，如眼睛的宽度等；然后将这些距离存储在计算机上，以便在识别阶段与之前未见过的照片中的相同距离进行比较。使用最近邻 [14] 计算后返回最近的记录，进行预测（见图 1.5）。

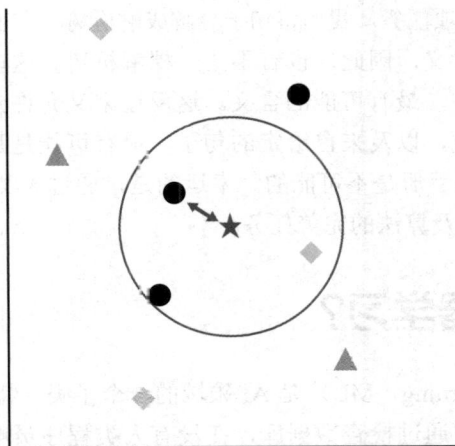

图 1.5　在最近邻模型中，新示例（星形）与之前看到的所有示例（其他形状），在相同的特征空间中考虑。最近邻（双头箭头）或更常见的近邻集合（大圆圈）用于新案例的分类。在这种情况下，新示例与圆圈最吻合

1970 年，医学博士 Kelly 在斯坦福大学攻读博士学位期间，进一步推进了这项工作 [6, 15]。Kelly 编写了一个计算机程序，能够自行检测用于识别人像的面部特征，从而极大地减少了所需的工作量。

随后，人脸识别软件的研究进展迅速。2007 年，美国国家标准与技术研究所（National Institute of Standards and Technology）的一份报告显示了七种最先进的人脸识别算法在不同光照条件下对人类的测试结果 [6, 16]。虽然所有算法在许多案例中都表现出色，但其中有三个算法在所有测试案例中都超过了人类。这些最好的人脸识别算法都是在超大数据集上使用的 ML 算法而建立的。

AI 真正的目标之一是制造出一台能够理解书面和口头语言的机器。这样的机器将接近并可能通过图灵测试。它能够从单词和句子中获得意义，而不仅仅是只能识别它们的存在。这是一种极致的挑战——那些有足够天赋、已经学会第二语言的人能够证明这一点。例如，考虑以下简单的句子：

"我从没说过他偷了我的钱"

根据强调的内容不同，这个句子可以有七种不同的含义：

我从没说过他偷了我的钱——是别人说的。

我从没说过他偷了我的钱——我没说。

我从没说过他偷了我的钱——我是暗示的。

我从没说过他偷了我的钱——有人偷了，也许是他偷的。

我从没说过他偷了我的钱——那只是借来的。

我从没说过他偷了我的钱——是从别人那里偷来的。

我从没说过他偷了我的钱——他偷了别的东西。

甚至在我们说到真正疯狂的句子之前，比如 "*Buffalo buffalo Buffalo buffalo buffalo buffalo Buffalo buffalo*（一些被布法罗市其他野牛威吓的布法罗市野牛也同时威吓着那些野牛。）" 使用 buffalo 这个词的三种含义（布法罗市、野牛、威胁），从同一个词的八个重复中，构造一个语法上允许的句子！

为了帮助计算机完成这项任务，我们将句子分解成解析树——表示句子及其结构的图表[6]。由于有些句子不止有一种含义，因此，也有不止一棵解析树。这里的一个关键突破是，使用概率来确定在给定上下文中，最有可能的含义。这反过来又允许建立规则，以确定那些词的组合，可以以何种顺序出现，以及来自给定的句子，最有可能是那些意思。大量的规则需要编码，使得编写这样的规则手册是不可能的。幸运的是，通过人类历史编目的大量书面文字，使其成就了下一节 ML 中涉及算法的完美任务。

1.3　什么是机器学习？

机器学习（machine learning，ML）是 AI 领域的一个子类，特别是在模式识别领域。ML 算法是一种计算机程序。它通过检查数据库，在没有人类程序员明确指示的情况下，即可学会执行特定任务。那么，这些算法能回答什么样类型的问题呢？

许多现代 AI，包括 ML 算法，都需要大量数据进行训练。他们还需要明确定义的问题，因为 AI 目前还没有独立思考的能力。这将在下一节中进一步探讨，但我想先通过深入研究 ML 世界中的几个例子，来为讨论这一问题做一些铺垫。

首先，我将讨论我们课题组的一些研究，其中包括 ML 算法的开发。化学物质会对人体有各种各样的影响。其中一些是有用的（例如药物的治疗效果），而另一些则有害。在开发新药、研究新洗发水或在农作物上使用新农药之前，必须对其进行毒理学研究。这些研究的主要目的是为了确保新化学品对人类和环境是安全的，同时考虑到化学品的使用量（剂量或暴露时间）。传统上，毒理学研究是使用动物实验进行的，并且从这些测试中推断出人体安全剂量估值。然而，动物试验昂贵、耗时、违背伦理道德，而且人类和动物具有不同的生物学特性，这些都会影响评价结果。因此，现在毒理学的一个主要发展方向是寻找不需要动物实验的方法，而计算毒理学就是其中的一个研究领域。

我的研究目标之一就是了解可能有毒的化学物质与人体内的蛋白质或酶之间的相互作用。在进行任何实验之前，可以使用计算机模型对新化学品进行毒性评估。这种基于了解相互作用是否存在、如何产生的机制毒理学方法，是一种解决毒理学问题的有效方法。这些快速且具有成本效益的计算结果，可以通过对靶向细胞的体外实验测定进行跟进，从而提供进一步的证据。通过利用包括机器学习在内的先进新计算技术，毒理学可以成为一门更有效、更符合伦理以及更可靠的科学。

建立任何种类的计算模型，都需要实验数据。幸运的是，目前人们已经对细胞进行了大量的生物实验，其结果得到了广泛应用。ChEMBL[17] 和 ToxCast[18] 等数据库已经整理了大量的且开源的试验数据。这些数据可以为模型构建提供基础。

最初的建模方法包括使用警示结构，对在实验活性分子中比非活性分子中更常见的片段进行编码[19, 20]。虽然这个过程相对简单，但警示结构方法在毒理学家中很受欢迎，因为该方法可以轻松地识别出计算机认为其具有活性的分子片段，该计算过程非常透明。此外，毒理学家还可以在一种被称为"读取"的过程中，查看包含该片段的其他分子。当可以证明两种分子足够相似时，可将现有化学物质的实验结果用于一种新的、未经测试的化学物质。在警示结构方法中，一个计算机程序被用来识别训练数据中的共同化学成分，以建立一种模型。如果一种新化学物质包含已知的活性化学特征，则这种算法将其预测为有活性的化学物质（参见图 1.6 所示）。

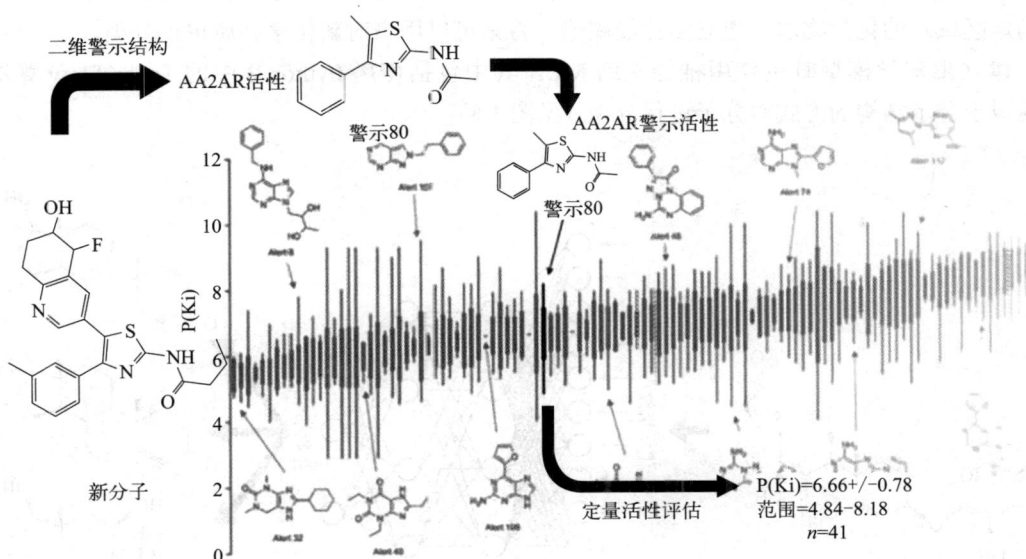

图 1.6　使用 2D 警示结构对新分子进行分类，以预测其生物活性

在第二种建模方法中，使用了量子化学计算，如前面在计算科学部分中讨论的那样。在已经获得了艾姆斯（Ames）致突变性试验数据的情况下，通过考虑化学毒物和甲胺之间反应的活化能，对其进行建模[21]。在计算中，甲胺是 DNA 的替代品，因为艾姆斯试验是测量一种化学物质可以通过与 DNA 的直接化学反应产生致突变性。考虑了几种经过实验测试的化学物质，并计算了它们的活化能。结果显示出与实验结果有很好的相关性——Ames 阴性化合物的活化能较高，Ames 阳性化合物的活化能较低（见图 1.7）。

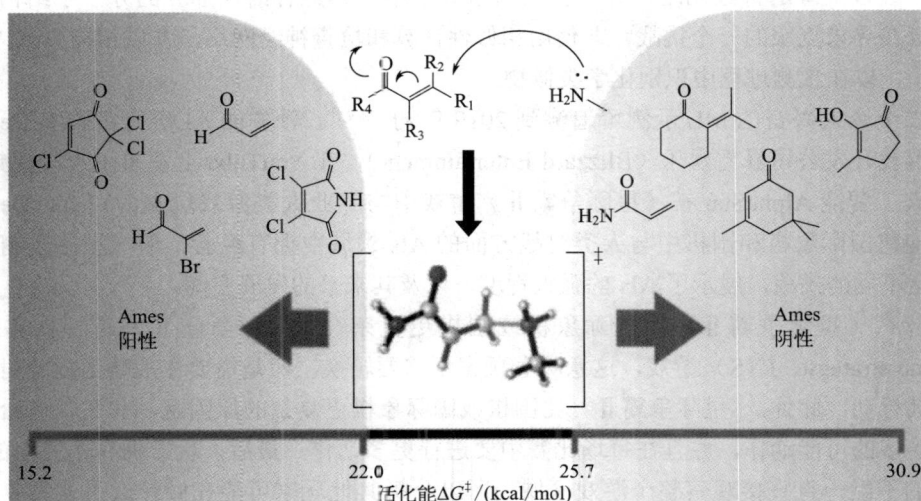

图 1.7　计算的活化能可用于将分子分类为 Ames 阳性、阴性或未知

正如预期的那样：Ames 阴性化合物具有高活化能，因此在正常生理条件下不能与 DNA 发生化学反应而导致突变。这项研究使我们能够为那些可能是 Ames 阳性、阴性和未知（中间不确定区域）的化学物质，建立活化能阈值，将来可以用来对新化学物质进行分类。

建立毒理学模型时也使用神经网络 ML。其中包括使用 Python 3 中的 TensorFlow 算法，以类似于警示结构的方式对分子进行分类（见图 1.8）。

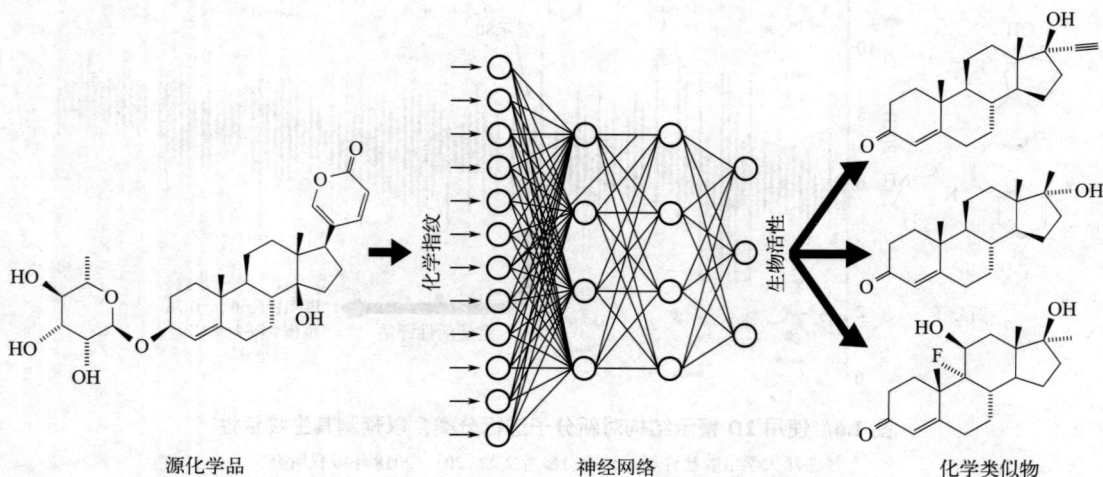

源化学品　　　　　　　　　神经网络　　　　　　　　化学类似物

图 1.8　神经网络可用于预测分子的生物活性

还有一些方法是利用开源的受体结合数据来训练神经网络，将分子分类为结合剂或非结合剂。这些神经网络是非常强大的预测器，并显示出高水平的预测准确性，优于警示结构的预测结果。这些神经网络还能够提供一个新分子与其所知道的结合剂或非结合剂的匹配程度的置信度估计，可以作为预测中的确定性度量。

在毒理学中使用 ML 算法的一个缺点是：很难理解为什么能做出特定的预测。与警示结构不同，经过训练的神经网络，并不会指出新分子中使其具有活性部分的分子子结构。这是我们一直在寻求克服的一个挑战，即使用相似性计算和检查神经网络，并以相同方式"链接"那些分子，以在预测过程中识别化学类似物。

第二个令人兴奋的 ML 示例可追溯到 2019 年初 [22, 23]。领先的 AI 研究实验室 DeepMind 和电脑游戏开发公司暴雪娱乐（Blizzard Entertainment），在 YouTube 上发布了一段视频演示，展示了人工智能 AlphaStar 在《星际争霸 II》游戏中与专业人类游戏玩家的较量。DeepMind 已经在构建国际象棋和围棋中与人类对战方面的 AIs 领域中拥有经验，但《星际争霸 II》是一个完全不同的挑战，展示了 AIs 的强大程度，以及其未来的发展空间。

为什么《星际争霸 II》比国际象棋或围棋更复杂？《星际争霸 II》是一款实时战略（real-time strategy，RTS）游戏，这意味着玩家不需要轮换，而是需要在战略上战胜对手，实时执行其行动。此外，《星际争霸 II》比围棋或国际象棋更复杂的原因是，其在任何给定时间都有相当多的可能动作，并且在每场比赛中要进行更多动作。最后，玩家拥有不完全的信息，因为他们不能一直直接观察整个游戏区域，所以分析其他玩家可能在做什么是非常具有挑战性的。这明显不同于围棋和国际象棋，棋手可以随时观察整个棋盘。因此可以认为：RTS 游戏的成功朝着更通用的 AI 迈出的一步，AI 能够像人类一样解决各种问题。

值得注意的是，在本演示中，《星际争霸Ⅱ》稍微做了一些简化，以协助 AlphaStar 算法的训练和操作。只考虑了一个游戏地图（而人类玩家需要在各种不同的地图上玩），只使用了一个种族：神族（而 RTS 游戏往往有许多不同的种族可以玩，所有种族都有其本身的优势、劣势和合适的策略）。这使得 AlphaStar 在整个《星际争霸Ⅱ》体验的复杂性方面，更容易与人类专业人士竞争。尽管如此，也证明 AlphaStar 在演示中也是有缺陷的。在游戏过程中，计算机可以更快地移动，因而比人类玩家更具优势。与人类玩家不同，AlphaStar 不需要点击或按下按钮来执行其命令。因此 DeepMind 限制 AlphaStar 每分钟的动作数量，这个数值要比典型的《星际争霸Ⅱ》专业玩家要低。

AlphaStar 本身就是一种神经网络 ML 算法。该算法以类似于人类玩家的方式，观察游戏空间及其不完美信息，然后决定要采取什么行动。AlphaStar 在感知信息的同时，使用一种叫做长短时记忆（long short term memory，LSTM）[24] 的神经网络来做出决策（见图 1.9）。

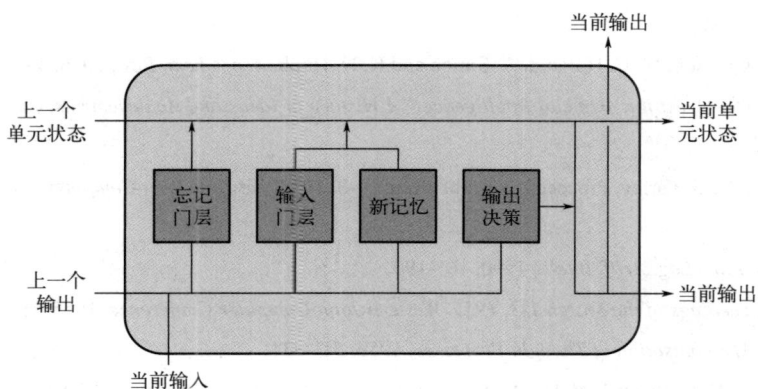

图 1.9　显示 LSTM 神经网络的一种简单图形。LSTM 是四种机器学习算法的组合（以方框显示）
这些算法可以被认为是做出整体决策的一个单元。它们使用当前输入、以前的输出和以前的单元状态来做出决策：（i）什么样的先前信息先需要忘记（忘记门层）；（ii）需要记住什么（新记忆），以及这些信息去往何处（输入门层），以及（iii）当前应该做出什么决策（输出决策）。当进程重新启动时，将再次使用当前单元状态和当前输出。这种记忆和遗忘的能力使 LSTM 在涉及持续思考的任务中表现出色，例如游戏和语言识别

LSTMs 非常适用于决策随时间变化的任务，因为该方法可以让 AlphaStar 记住以前的决策和思维过程，从而影响当前的行动。然后，LSTM 决定在特定位置执行行动，即建造单元或攻击对手。最后，AlphaStar 会根据获胜预测来考虑整体游戏的进展情况，并将其纳入战略。例如，如果 AlphaStar 认为自己要赢了，他更有可能发动进攻，并试图消灭对手。这对于人类玩家来说是最困难的事情之一，因此 AlphaStar 能够考虑到这一点，是非常令人吃惊的。

所以，在演示之前，AlphaStar 需要接受《星际争霸Ⅱ》的训练。训练开始的初始设置阶段，通过人类对人类的游戏提取《星际争霸》的基本招式，让 AlphaStar 模仿这些动作。一旦算法有了这些基本动作，就被用作 AlphaStar 联赛的基础。AlphaStar 联赛是不同算法之间的内部竞争，以建立最强的算法。在联赛的每一次迭代中，最强的算法都被保留下来，并稍加修改，而最弱的算法则被丢弃（这是人工智能技术中被称为遗传算法的方法）。从而使得算法能够发现新的策略，并尝试各种不同的策略。经过多次迭代，最好的算法最终胜出，这些算法在演示中与专业玩家进行了较量。AlphaStar 在 AlphaStar 联赛进行了 7 天的训练，估计相当于

一个人类职业选手玩了 200 年的《星际争霸 Ⅱ》!

现在，我不想剧透给那些没看过游戏比赛的人，但我可以说 AlphaStar 在与人类职业选手的比赛中表现得令人钦佩，参加演示的职业选手和评论员都对人工智能印象深刻。在训练联赛期间，AlphaStar 还发明了一些被认为是人类玩家非常规选择的新策略，有时它还会在游戏中实时做出决定，这让经验丰富的评论员感到困惑，但事实证明这是非常好的选择。对此演示，我再怎么推荐也不为过。

参 考 文 献

[1] H. Kragh, *Phys.World*, 2000, **13**（12），31-36.

[2] J. S. Rigden, *Phys. World*, 2005, **18**（4），18-19.

[3] H. A. Medicus, *Phys. Today*, 1974, **27**（2），38-45.

[4] M. Brooks, The Times Literary Supplement, 2017, https://www.the-tls.co.uk/articles/public/ erwin-schrodinger-misunderstood-icon/.

[5] Y. Lam, M. N. Grayson, M. C. Holland, A. Simon and K. N. Houk, *Acc. Chem. Res.*, 2016, **49**, 750-762.

[6] N. J. Nilsson, *The Quest for Artificial Intelligence*：*A History of Ideas and Achievements*, Cambridge University Press, 2010.

[7] W. A. Clark and B. G. Farley, Proceedings of the March 1-3, 1955, *Western Joint Computer Conference*, 1955, pp. 86-91.

[8] J. McCarthy, *Philos. Log. Artif. Intell.*, 1990, 161-190.

[9] A. Newell, *Proceedings of the March 1-3, 1955, Western Joint Computer Conference*, 1955, pp. 101-108.

[10] O. Selfridge, *Mechanisation of Thought Processes*, 1959, 511-531.

[11] L. N. Kanal and N. C. Randall, *ACM' 64*：*Proceedings of the 1964 19th ACM National Conference*, 1964, pp. D2.5-1-D2.5-10.

[12] L. Breiman, *Mach. Learn.*, 2001, **45**（1），5-32.

[13] W. W. Bledsoe, *Technical Report SRI Project*, vol. 6693, 1968.

[14] J. S. Beis and D. G. Lowe, *Proceedings of the IEEE Conference on Computer Vision and Pattern Recognition*, 1997, pp. 1000-1006.

[15] M. D. Kelly, PhD Thesis, Stanford University, 1970.

[16] P. J. Phillips, W. T. Scruggs, A. J. O'Toole, P. J. Flynn, K. W. Bowyer and C. L. Schott, *et al.*, *IEEE Trans. Pattern Anal. Mach. Intell.*, 2010, **32**, 831-846.

[17] The ChEMBL Database（https://www.ebi.ac.uk/chembl/, accessed Sept 2019）.

[18] ToxCast（https://www.epa.gov/chemical-research/toxicity-forecasting, accessed Sept 2019）.

[19] T. E. H. Allen, S. Liggi, J. M. Goodman, S. Gutsell and P. J. Russell, *Chem. Res. Toxicol.*, 2016, **29**, 2060-2070.

[20] T. E. H. Allen, J. M. Goodman, S. Gutsell and P. J. Russell, *Toxicol. Sci*, 2018, **165**, 213-223.

[21] T. E. H. Allen, M. N. Grayson, J. M. Goodman, S. Gutsell and P. J. Russell, *J. Chem. Inf. Model.*, 2018, **58**, 1266-1271.

[22] DeepMind, *Deepmind StarCraft Ⅱ Demonstration*（https://www.youtube. com/watch?v=cUTMhmVh1qs, accessed Sept 2019），2019.

[23] The AlphaStar Team, *AlphaStar*：*Mastering the Real-Time Strategy Game StarCraft Ⅱ*（https://deepmind.com/blog/article/alphastar-mastering-realtime-strategy-game-starcraft-ii, accessed Sept 2019），2019.

[24] S. Hochreiter and J. Schmidhuber, *Neural Comput.*, 1997, **9**, 1735-1780.

第 2 章

机器如何学习？

TIMOTHY E. H. ALLEN[a,b]

[a] 英国莱斯特兰开斯特路霍奇金大厦，MRC 毒理学研究机构，LE1 7HB
[b] 英国剑桥大学化学系分子信息学中心，剑桥伦斯菲尔德路，CB2 1EW
Email：teha2@cam.ac.uk

目前已经有各种各样的机器学习（machine learning，ML）算法出现，本书的其他章节讨论了一系列的关键方法。所有 ML 算法都是利用计算数学的能力，来发现和利用数据中的模式。因此，可以认为这些机器是数学模式的发现者，而不是真正的学习者。也就是说，计算机科学中开发出的利用这种能力的算法是非常强大的，可以用于解决很多问题，这是当前 ML 受到如此关注的关键原因之一。

在本章中，我将描述可用于构建 ML 算法的一般过程，并描述如何对其进行训练。在此，我们将专门探讨人工神经网络（artificial neural networks，ANNs）方法，但提出的许多问题对于各种 ML 算法来说都是共性的。为了帮助指导讨论，我们在整个过程中考虑了两个示例——识别手绘数字的图像分类任务，以及从化学结构预测分子溶解度值的定量预测任务。

2.1 提出问题

计算机擅长回答某些类型的问题，但不擅长回答其他类型的问题。因此，使用 ML 的重要第一步是考虑向计算机提出的问题类型。

关于人工智能（artificial intelligence，AI）和机器学习（machine learning，ML）存在一个常见的误解——当前的方法不是我们所认为的通用智能。换句话说，它们不能可靠地完成超出它们所接受训练的知识范围外的任务，也不能在多个思维层次上展示人类解决问题的能力。例如，它们不能将一个问题分解成更小的步骤，然后逐个解决以得出结论。相反，当前的 ML 算法在解决人类创造者精心设计的特定问题方面要好得多。考虑您的问题是否合适的一种方法是，考虑与之相关的"特征"和"标签"（参见图 2.1）。

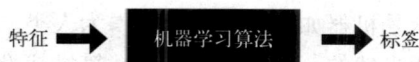

特征 ➡ 机器学习算法 ➡ 标签

图 2.1 一种（非常）简单的机器学习算法

简单地说，ML 的特征是输入，标签是输出。举个例子，在一个图像分类任务中，特征来自图像，其标签描述了图像是什么。如果一个问题有明确定义的特征和逻辑链接的标签，则使这些链接很复杂，也可能是一个适合 ML 的应用领域。机器学习算法已经显示出一种非凡的、快速的图像识别和分类能力，现在很容易在网上得到证明。互联网上的图像太多了，人类无法对每一幅图像进行分类，因此软件是在人类标记的图像子集上进行训练的。我的工作是训练机器学习算法，来预测分子的生物活性。分子是特征，其生物活性是标签。这些特征和标签在逻辑上是联系在一起的，因为分子的化学结构决定了其与酶结合或破坏膜的能力。因此，这个问题也适用于 ML。

许多计算机科学家相信，人工智能将在适当的时候开始显示出通用智能，能够处理复杂的问题，并能提供相应的复杂答案。到那个阶段时，与机器进行真正有趣的对话应该是一件常规的事情——突破著名的图灵测试。不过，就目前而言，我们只能使用手头已有的资源。毕竟，要求基于化学的算法对图片进行分类根本行不通，要求训练有素的机器识别图像来预测新分子的活性也是如此。人们必须仔细考虑这些问题，并且机器模型应该应用在其制造的目的之上。

2.2　收集数据

机器学习的一个关键方面是对大量高质量数据的需求。任何算法程序都无法克服训练数据质量方面的问题。如果一个预测是由一个基于不可靠或低质量数据训练的算法做出的，那么其应用价值就值得怀疑。例如，如果你试图建立一个模型来预测一个化学反应的结果，那么你肯定希望实验数据是由合格的科学家来完成的，因为他们遵循良好的实验操作规范，使用高纯度的新试剂。如果数据是定量的，那么您也会希望实验是使用最近经过良好校准的设备，来精确测量这些信息。在进行所有实验时，实验室条件（如温度和压力）应该是一致的，或至少是有明确记录的。显然，单个数据集符合上述所有陈述的可能性极低。即使实验过程是高质量的，数据中的一些不确定性几乎也是不可避免的；应对这种不确定性非常具有挑战性。人们可以手动检查数据点的一致性，考查所使用的实验程序、进行实验的实验室，以及管理和操作实验人的声誉等，但这很快就会成为一项艰巨且极其乏味的任务。

需要进行机器学习算法建模的系统所需的数据量也可能非常大。一般来说，ML 算法比传统的统计学应用（如定量构效关系）需要更多的数据点，这是因为前者的数学结构更复杂。然而，所有方法都将受益于更大的数据源，因为这会使应用程序可以在更多的场景中得到更好的评估。幸运的是，高通量筛选（high throughput screening，HTS）等现代技术允许相对快速地生成许多数据点。HTS 使用机器人和自动化的实验流程，允许快速、一致地进行大量（有时是数百万规模的）实验。这些流程在药物发现中十分普遍，并能够通过结合系数评估新潜在药物分子激活或抑制生物靶标的能力，也能够估计其可能的疗效。总而言之，人们通常在确保生成的算法可信基础之上，需要在为构建 ML 模型提供大量数据和仅使用可用的最高质量数据之间寻求平衡。

最后一个重要的考虑因素是机器如何感知数据。作为人类，我们以各种各样的方式感知信息。我们通常认为这是理所当然的。然而，现行的计算机就没那么幸运了，我们需要以机器能够理解的方式将数据输入机器。这通常涉及将数据压缩成机器擅长处理的数字串。考虑一个解释手写数字图像的例子，这是一个经典的例子，已经在 ML 中处理了很多次。人们可以很容易地识别出图 2.2 中的数字。但要将这些图像输入机器，我们需要将每个图像分解成像素，并给每个像素赋值，表示其在图像中的灰度值（见图 2.3）。

图 2.2　人眼可以立即识别手写数字

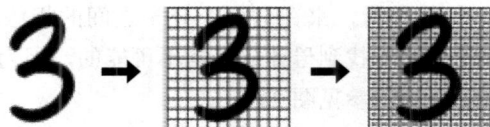

图 2.3　一个手写数字可以分解为计算机可读的值。在此示例中，在数字上应用 12×12 网格以生成 144 个值，范围从 0 到 1，具体取决于每个值中的黑色量

　　但这与化学之间又有什么关系呢？所有化学家都熟悉以类似于图 2.4 的方式呈现的化学结构。除了画出结构式的方法，化学家还可以通过电话或电子邮件来描述化学物质的主要特征，但这样的描述可能不如我们所希望的那么精确，而且这对于 ML 来说肯定不够精确。"化学指纹"经常被用来解决这个问题。化学指纹是看分子中是否存在化学特征，并将这些特征转化为字符串中的"on"位。并可以通过使用人类易于识别的特征来实现，例如 MACCS 密钥中存在特定原子或官能团，或者使用圆形指纹算法。扩展连通性指纹（extended connectivity fingerprints, ECFPs）就是其中的一类，它可以根据单个原子所处的环境对其进行快速计算（见图 2.5）。

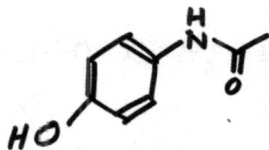

图 2.4　人类化学家可以轻松理解的手绘化学结构。人类化学家可能会将此分子识别为扑热息痛

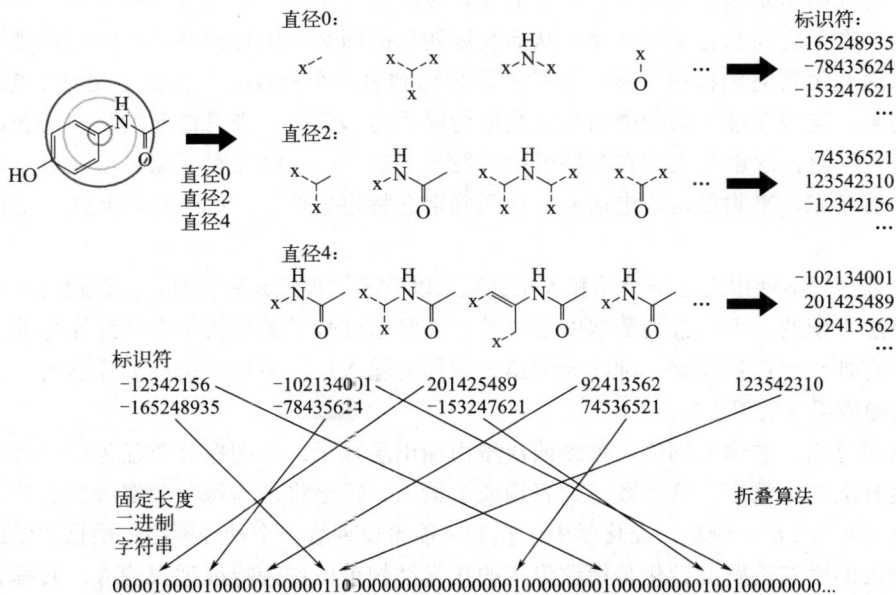

图 2.5　将扑热息痛分子分解为一组标识符，并通过计算将其"折叠"到预定义长度的位串上

用户可选择一个半径，计算机可将每个原子环境以及该半径内的相邻原子环境转换成一个整数标识符。用户还为输出指纹选择长度，计算机将标识符散列到用户选择的固定长度的指纹上。这对 ML 很有用，因为算法将始终输出相同长度的字符串，无论输入哪个分子都能提供一致性的结果。ECFP 指纹通常用于药物化学，并通过考虑分子在诸如 Tanimoto 相似性计算等过程中共享的"on"位的数量，来评估两个分子之间的相似性。然而，这些相似性评估方法并不完美，通过解码 ECFP 以找到母体分子是不可能的，因为各种不同的功能可以散列到单个位上。这就是所谓的位冲突（参见图 2.6）。

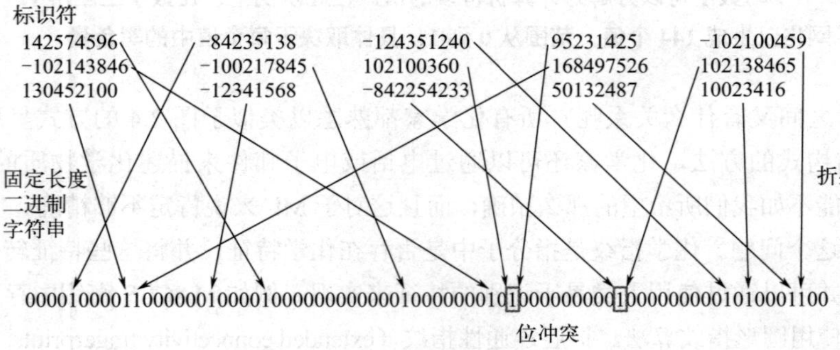

图 2.6 对于较大的分子和较短的位串长度，多个标识符可以折叠到同一个位上，从而导致碰撞和化学信息丢失

一旦获得了用于训练机器的数据库，就可以为任务选择适当的算法，并设置训练。

2.3 设置算法

人工神经网络是基于动物大脑活动的 ML 算法的一个子类。当学习到新的信息时，大脑中的生物神经元之间就会建立联系，从而允许随后的回忆。生物神经元之间的连接被称为生物突触，这些生物突触将信号从一个神经元传递到另一个神经元，并给予足够的电"推力"来传递信号。这些穿过大脑的电信号使我们能够思考和学习，当考虑新的化学问题、经历疼痛或坠入爱河时，这就是大脑在某些区域"发光"的原因。神经科学家可以使用一种被称为电生理学的技术，来测量这些电信号，从而确定在特定条件下，哪些神经元或一组神经元是活跃的。

人工神经网络使用人工神经元和人工突触（以下简称神经元和突触）来模拟这一过程。神经元是分层组织的，可以视为数字的占位符。突触通过数学关系将每个神经元与前一层和后一层的所有神经元连接起来。神经元的第一层称为输入层，最后一层称为输出层，中间的任何层都是隐藏层（见图 2.7）。

数据通过输入层输入网络，预测或决策由输出层显示。在图像分类任务中，每个像素根据其灰度分配一个数字。这个数字列表构成了输入。输出将是与每幅图像所代表的数值相关联的标签（见图 2.8）。例如，在化学中，我们可能希望训练一个神经网络，根据化学结构来预测化学物质的固有溶解度。化学指纹形式的化学结构可以作为特征列表输入，其标签是通过实验测量的固有溶解度值。

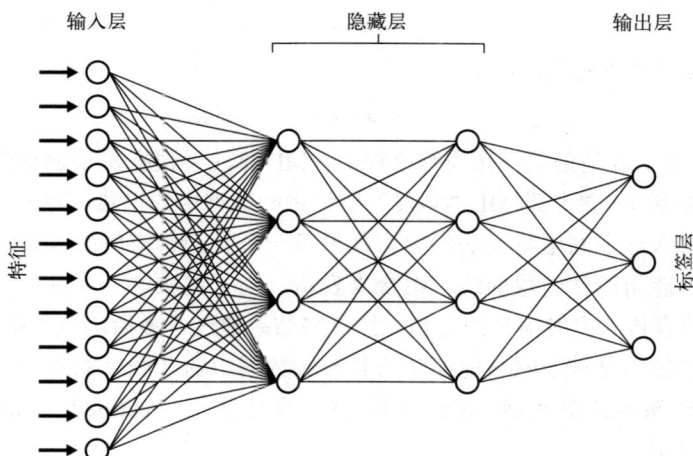

图 2.7　一个简单的神经网络，显示了由突触连接的神经元的输入、输出和隐藏层

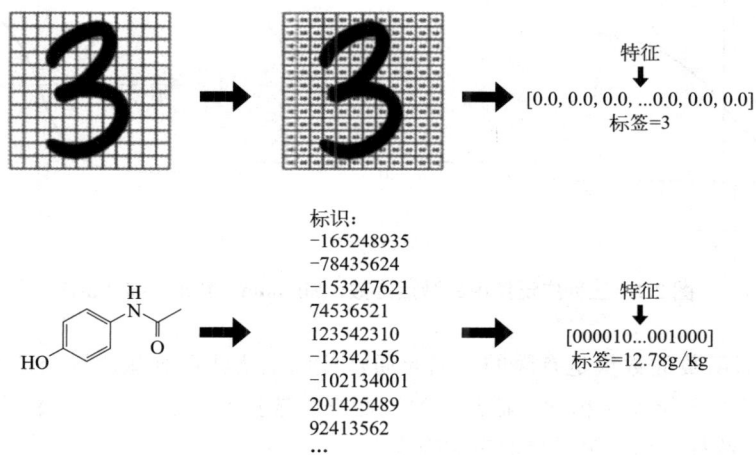

标识:
−165248935
−78435624
−153247621
74536521
123542310
−12342156
−102134001
201425489
92413562
…

特征
↓
[000010...001000]
标签=12.78g/kg

特征
↓
[0.0, 0.0, 0.0, ...0.0, 0.0, 0.0]
标签=3

图 2.8　手写数字和化学结构如何产生不同的特征

在开始训练之前，必须做出一些重要的决定，特别是关于正在构建的网络的体系架构。这个神经网络有一个或多个隐藏层，每个隐藏层又包含多个神经元。我们如何知道应该有多少层呢？而每一层又应该由多少个神经元组成呢？

这些问题的答案并不简单。事实上，ML 工程师经常会考虑许多不同的网络架构，通过反复试验来确定哪个是最好的。一般来说，更复杂的任务、更大的输入和输出层、更高的科学复杂性和更大的训练数据集需要更深（更多隐藏的层）和更广（每层有更多神经元）的网络。但这并不总是正确的，更浅和更窄的网络训练速度更快，因此能更快地找到解决方案。这些网络也较少产生过度拟合的倾向，我们将在后面讨论这一现象。正因为如此，ML 的工程师们努力遵循奥卡姆剃刀（Occam 剃刀）理论，即简单的解决方案比复杂的解决方案更有可能是正确的。在 ML 算法中，搜索奥卡姆剃刀需要尝试许多参数，并选择能够提供良好模型的最简单集合。

一旦设定了神经元的数量和隐藏层，就该考虑神经元之间的突触的作用了。我已经提到突触是一种数学关系，最简单的一种形式是：

$$y = mx + c \qquad (2.1)$$

在 ML 中，通常以下式表示：

$$y = wx + b \qquad (2.2)$$

其中，w 是权重，b 是偏差。在训练过程中，ML 算法会根据每个训练步骤改变权重和偏差值，人们希望这种方法能帮助 ML "学习" 所提供的数据中的模式。然而，如果所有的突触都是线性函数，那么这个网络将无法学习。几乎每一个我们希望应用 ML 的有意义问题都是非线性的，但并不能用线性函数的线性组合来表示。为了克服这个问题，每个神经元有两个处理步骤：计算所有传入突触信号的总和，然后将结果通过 "激活函数" 确定神经元的输出。非线性激活函数的使用是神经网络能够学习和预测数据中的非线性的一个关键原因。神经网络中常使用的一些激活函数包括：Sigmoid、修正线性单元（rectified linear unit，ReLU）和 TanH 函数（见图 2.9）。

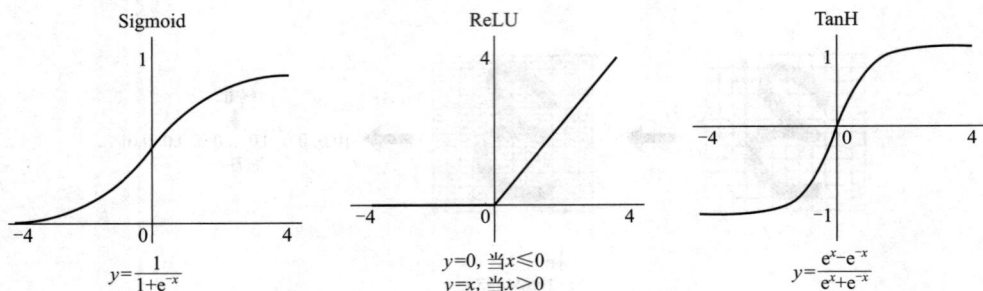

图 2.9   三种广泛使用的激活函数：Sigmoid、ReLU 和 TanH

有用的激活函数的数量是有限的，因此通常使用试错法在这些激活函数之间进行选择。有时，网络中的每一层使用相同的激活函数，而有时选择不同的函数。所有这些都允许网络了解数据中的非线性，这是最重要的考虑因素。

2.4   训练流程

我们设计了问题框架，选择了让计算机可读的数据，并建立了网络架构。并准备好按下按钮，观看网络列车启动。但它们是如何工作的呢？

首先要考虑的是网络如何知道其执行的性能如何。在识别手写数字等分类任务中，答案很简单——如果预测的标签（由给定输入的网络生成）与观察到的标签（附加到数据集中输入的标签）匹配，则预测是正确的。否则，为不正确。这是使用成本（或损失）函数进行计算建模的。最简单的成本函数记录了网络出错的频率，并将每个错误预测的相关成本相加。因此，在这种情况下，完美的预测器得分为 0，而我们在训练期间的目标是最小化成本函数。

现在你可能会明白为什么训练是迭代的。当试图找到最优可能模型时，该算法将选择一组权重和偏差，并计算成本函数。可以依此衡量其表现，并允许其对权重和偏差进行变更。然后，可以重新计算成本函数，并再次尝试。每次迭代都是一个训练步骤，使机器在给定的数据中，具有 "学习" 的模式。

现在思考一下：当我们调整网络中的权重和偏差时，成本函数的值是如何变化的。如果我们只考虑一个参数（w），并准备一个如图 2.10 所示的图。在这个问题中，有一个定义良好的最小值，当成本函数收敛时，斜率为 0。通过计算 w 的每个可能值的成本函数，以找到最小值是不切实际的，而且随着内部参数数量的增加，情况会更糟。一种叫做梯度下降的技术可用来解决这个问题。首先，选择 w 的任意起始值，并计算成本函数。然后梯度下降算法计算此时成本函数曲线中的梯度，并告诉 ML 算法哪个方向更接近最优解。在考虑多个权重和偏差的情况下，梯度是相对于这些参数的偏导数的向量。然后，梯度下降算法则向最大负梯度的方向前进一步，以尽可能快地降低成本函数的值。其次，更新权重，通过网络运行更多的训练数据，并计算出新的成本函数值（见图 2.11）。

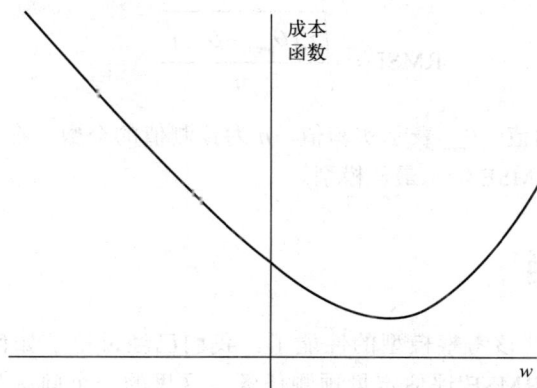

图 2.10　成本函数随单个可变参数（w）的变化

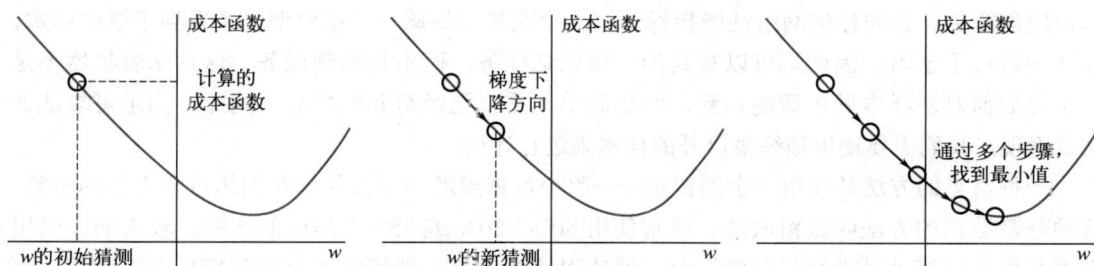

图 2.11　训练期间成本函数的变化

通过重复这个过程，使得成本函数接近最小值。在可能数十、数百或数千次训练步骤的训练过程后，成本函数值降至最小，同时网络也得到了训练。训练完成后，将对网络进行评估，以查看其性能如何。

图像识别任务实例是一个分类任务，其算法旨在正确识别数字。在这种情况下，给定的预测要么是正确的，要么是错误的。在这种类型的分类任务中，正确预测的百分比称为准确性，正如您可能期望的那样，最好的 ML 分类器将具有最高的准确性值。例如，考虑对几个手绘数字 1 的预测，如图 2.12 所示。

在溶解度预测网络中，网络产生的预测值是一个可以与实验测量值进行比较的数字。这些值越接近，预测就越好；均方根误差（root mean square error，RMSE）是衡量预测效果的一种方法，较低的 RMSE 值，表明模型更好。

手绘图	实际 类别	预测 类别	得分	
1	1	1	1	正确预测=3
1	1	1	1	错误预测=1
1	1	9	0	预测准确率=75%
1	1	1	1	

图 2.12 一些手绘数字的假设预测结果，每个预测的分数，正确预测分配 1，
错误预测分配 0，以及这些预测的计算精度

$$RMSE = \sqrt{\frac{\sum\left(\theta_{pred} - \theta_{exp}\right)^2}{n}} \tag{2.3}$$

其中，θ_{pred} 表示预测值，θ_{exp} 表示实验值，n 为预测值的个数。在本例中，RMSE 成为成本函数的基础，最低的 RMSE 给出最佳模型。

2.5 克服缺陷

一旦构建了模型，就该考察模型的性能了。我们已经讨论了如何使用准确度来评估分类任务，以及如何使用 RMSE 评估定量预测任务。这里的一个问题是如何最好地做出这些评估。

用于训练模型的数据称为训练集。如前所述，最好的训练集应包含大量可靠的数据点。但使用训练集计算的任何网络性能指标都有一个明显的缺陷——该模型已经看到了这些样本，并从中进行了学习。因此，可以视其为一项记忆任务，而不是预测任务。这意味着机器不是在学习如何对新样本做出智能预测，而是简单地重复已经得到的信息。因此，为了可靠地评估其表现，我们需要使用训练集以外的样本来进行评估。

一种常见的方法是使用一个测试集——整个数据库的一个被保留在训练过程之外的子集。这种分割数据的方法叫做留取法。通常使用 80%∶20% 或 75%∶25% 的比率，较大的一组用作训练集。虽然可以进行任意的拆分，但值得注意的是，训练集太小会使模型难以训练，而测试集太小会使验证不可靠（如果测试集中只包含一个样本，那么你会相信在测试集的分类任务中得分 100% 的模型吗？）。有时还使用称为验证集第三个集合。在这种情况下，模型在训练集上进行训练，评估以确保在验证集上进行最佳训练，最后在测试集上进行测试。这有助于确保生成的最终模型不受测试集中样本的影响。

现在我们有了一个训练集和一个测试集，可以在这两个集上评估模型性能，考察模型的表现如何。通常，在这一点上，训练中的一个主要缺陷变得明显——过度拟合。过度拟合是模型的结果，该模型经过一定程度的训练，可以学习到训练集中所有微小的奇异和特性，在训练数据上表现出最优的性能，但未能学习到训练数据中的一般规则和关系，因此对测试数据的处理效果较差。

在图 2.13 中，模型试图将圆和三角形划分为不同的类别。我们可以画一个数学函数来完美地分类训练集数据，准确率为 100%。最初，这个模型看起来很理想，但当考虑测试集时，许多数据点被放在了错误的类中，这里的准确率只有 50%。因此，模型是过度拟合的。我们

能做的是用一个更简单的数学函数重新计算模型，以避免过度拟合（见图 2.14）。在该模型下，训练准确率显著下降到 83%，而测试正确率提高到 70%。当模型没有过度拟合时，它们在训练集和测试集上的表现更接近。

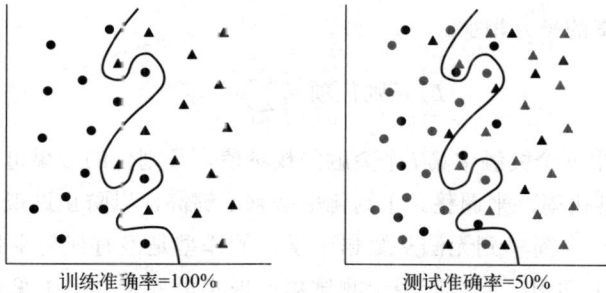

训练准确率=100%   测试准确率=50%

图 2.13　对圆和三角形进行分类的过度拟合模型

该复杂模型在训练数据上表现良好（左图），但在测试数据上表现较差（在右图上添加较深的颜色）

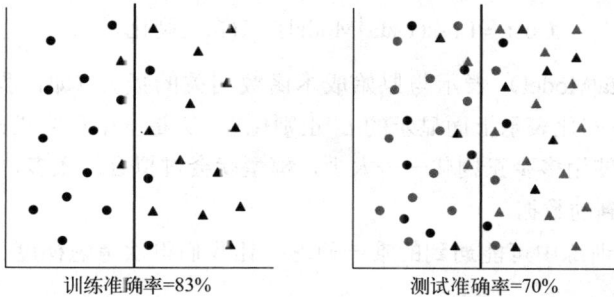

训练准确率=83%   测试准确率=70%

图 2.14　更好的圆和三角形分类模型

该简单模型在训练数据上表现较差（左图），但在测试数据上表现较好（右图上的颜色较深）

这很棒，那么我们如何在 ML 算法中考虑到此类情况呢？一个常见的策略是提前终止。这是基于这样一个想法，即在训练过程的早期迭代中，算法学习训练数据的更一般特征。而在以后的迭代中，会学习到更多的小细节，这些细节只与几个或可能是单个训练样本有关。

请参考图 2.15。在早期的训练中，算法学习数据集的一般特征，从而提高了训练和测试的准确性。然而，经过一定次数的迭代之后，这种趋势结束了，当训练集精度继续增加时，测试集精度反而下降。在这个案例中，如果早期停止训练，就可以避免过度拟合。

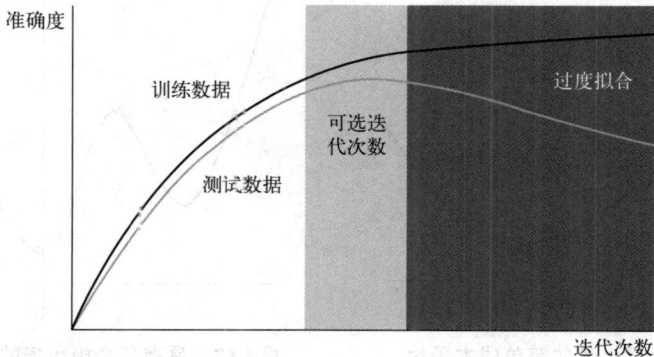

图 2.15　训练集和测试集准确度随迭代次数的变化

防止过拟合的另一种方法是通过向成本函数添加一项（正则化项），来改变成本函数，以惩罚神经网络中的复杂性。

模型复杂度可以看作是神经网络中所有突触权重的函数。认为，权重值高的突触比权重值低的突触增加了模型的复杂性。L_2 正则化是一个用于在正则化项中量化这一点的过程，方法是将网络中所有权重的平方相加。

$$L_2 \text{ 正则化项} = \sum_{i=1}^{n} w_i^2 \tag{2.4}$$

其中，w_i 为网络中 n 个突触中第 i 个突触的权重值。正则化的效果可以通过将正则化项乘以一个常数（称为正则化率）来调整。正则化率必须足够高，以防止过拟合，但又不能高到妨碍模型学习。毕竟，一个简单到无法从数据中学习的模型是没有任何用处的。理想的正则化率允许模型在训练集上学习，但当应用于测试集或现实世界中以前未见过的样本时，也能产生正确的预测。

当将正则化项添加到成本函数中时，其表达方式如下所示：

$$\text{Cost} = \text{Loss(Data|Model)} + \lambda(L_2\text{正则化}) \tag{2.5}$$

其中，Loss（Data|Model）表示与原始成本函数相关的损失（即：我们的预测与观察结果的匹配程度），L_2 正则化表示上面显示的 L_2 正则化项，λ 是一个称为正则化率的常数，该常数控制了模型训练中使用多少正则化——太少，模型就会过拟合；太多，模型就会过于简单，不能准确地反映观察到的数据。

过度拟合并不是训练中可能遇到的唯一问题。让我们再次考虑梯度下降到成本函数最小值的问题（见图 2.16）。

在这种情况下，成本函数曲面中只有一个极小值，这很容易找到。然而，大多数表面都有多个极小值（见图 2.17）。我相信你已经明白了，这可能会导致两个经过训练的网络具有不同的统计性能（见图 2.18），和取决于表面训练的开始位置和所采取的训练步骤有多大。显然这是一个问题，因为其中一个不是全局最小值，所以也不是最好的网络。

因此，通常的做法是重复多次训练。同样，你也可以重复一次实验，以确保找到全局最小值，并确保计算可信。

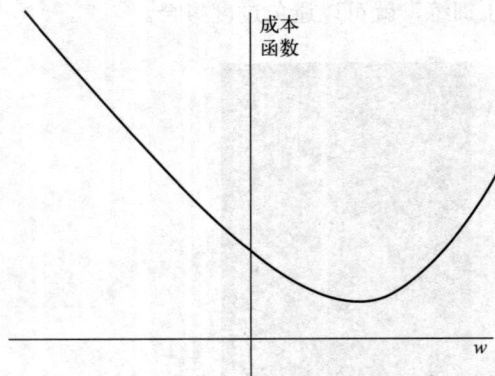

图 2.16 只有一个最小值的简单成本函数　　图 2.17 具有多个极小值的更复杂的成本函数

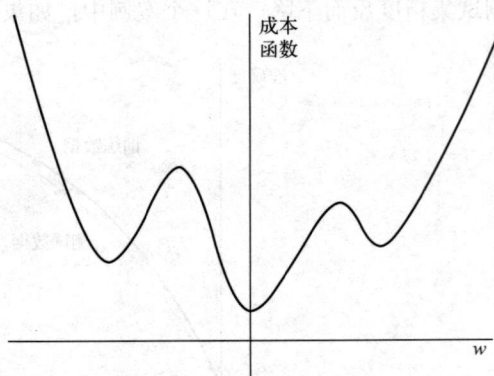

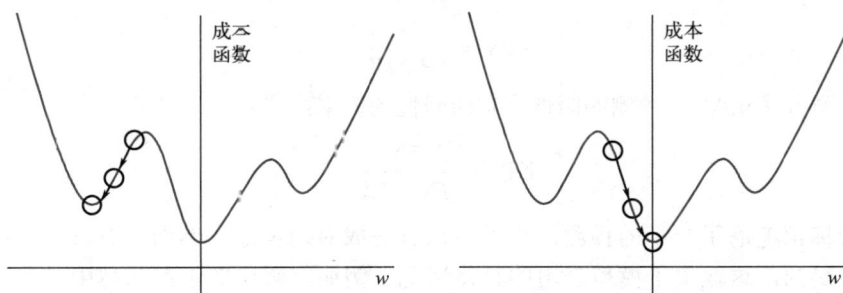

图 2.18 在这个曲面上，根据起始点的不同，两次下降可以找到不同的最小值。只有一个是全局最小值——成本函数的最低值，可能是最佳模型

2.6 部署算法

至此，您已经收集了合适的数据，并构建和训练了一个 ML 算法，考虑了数据集偏差和过拟合的风险。接下来呢？希望您已经构建了一个值得进一步应用于现实世界更多外部数据的模型。在我们的示例模型中，可能涉及对扫描表单上的书写数字进行更进一步的分类，或者在新化学物质的开发评估过程中预测物理化学性质。

在你开始改变世界之前，我想最后再深入一点讨论一下模型验证这个主题，并分享一些我认为提供了宝贵经验的例子。

在计算科学中，验证可能是一个棘手的问题，每个人都有自己最喜欢和最不喜欢的统计性能指标（在模型开发期间，您可能最喜欢能将您的模型描绘成最好的那种指标），但它们都有优缺点。在手绘数字分类任务中，我们将每个预测指定为正确或不正确，并计算预测的准确性。对于实际答案为是或否的二元分类任务，可以使用混淆矩阵对预测结果进行分类（见图 2.19）。

混淆矩阵		实际值	
		阳性	阴性
预测值	阳性	真阳性	假阳性
	阴性	假阴性	真阴性

图 2.19 一种二元分类的混淆矩阵

在分类任务中，通常会计算模型真阳性（true positives，TPs）、假阳性（false positives，FPs）、真阴性（true negatives，TNs）和假阴性（false negatives，FNs）的数量。从这些数据中，可以计算出各种统计指标，包括敏感性（也称为真阳性率或召回率），实验阳性值被正确分类的概率；

$$\text{灵敏度} = \frac{TP}{TP + FN} \tag{2.6}$$

特异性（也称为真阴性率或选择性），实验阴性被正确分类的概率；

$$\text{特异性} = \frac{TN}{TN + FP} \tag{2.7}$$

阳性预测值（PPV，也称为精度），一个预测的阳性是实验阳性的概率；

$$PPV = \frac{TP}{TP + FP} \tag{2.8}$$

阴性预测值（NPV），预测的阴性是实验阴性的概率；

$$NPV = \frac{TN}{TN + FN} \tag{2.9}$$

这些指标都考虑了一半的预测，所以应该总是成对地考虑。然而，有时一个高，另一个低是可以接受的，这取决于模型应用的具体情况。例如，假设您正在丛林中寻找一种稀有鸟类，并且已经训练了一个模型，来预测该鸟类在某个区域内的位置。具有高 PPV 的模型会很有用，因为该模型减少了浪费时间去尝试定位鸟的探险机会！在这种情况下，高的 NPV 并不重要，因为你并不真的在乎鸟不在哪里。让我们考虑另一个示例，您需要测试大量水样，以检测哪个水样被污染。您的机器可以测试样品，并预测它们是否来自受污染的区域。在这种情况下，拥有一个高的 NPV 值是非常重要的，否则，可能会导致污染的水源得不到调查。较高的 PPV 也是可取的，但如果你必须对一些安全的水源进行进一步的测试，那就比未经处理的污染水源要好。

其他一些统计指标有助于解决数据不平衡问题，包括平衡精度，即灵敏度和特异性的平均值，有助于解释阳性和阴性类别之间的小数据不平衡；

$$平衡精度 = \frac{灵敏度 + 特异性}{2} \tag{2.10}$$

Matthews 相关系数（Matthews correlation coefficient，MCC）是衡量模型质量的另一种方法，其值介于 –1 和 1 之间。1 表示一个完美的模型，–1 表示一个完全错误的模型（即每个预测都完全错误），0 表示一个随机分配标签的模型。即使在类非常不平衡的情况下，也可以使用 MCC；

$$MCC = \frac{TP \times TN - FP \times FN}{\sqrt{(TP + FP)(TP + FN)(TN + FP)(TN + FN)}} \tag{2.11}$$

最后，在 ML 模型中，一种常用的衡量模型性能的方法是使用受试者工作特征（receiver operating characteristic，ROC）曲线，并计算曲线下面积（area under ROC curve，AUC）（见图 2.20）。

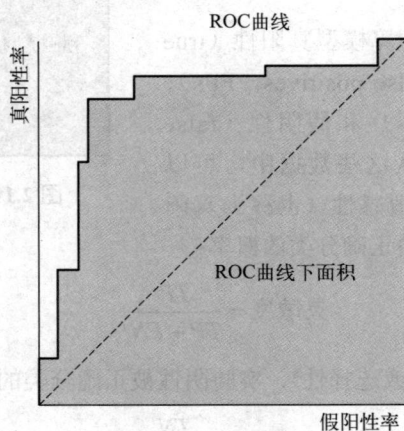

图 2.20　ROC 曲线显示了真阳性率（灵敏度）如何随假阳性率（特异性）变化。
AUC 位于虚线右侧；AUC 越高，模型性能越高

这远不是一份详尽的清单。当评估模型时，最好考虑多个质量指标，以确保您不会因偏好而产生偏见。通过使用良好的验证实践，您可以确保生成良好的模型，并在其他数据可用时对其进行验证，从而可以衡量它们在现实世界中的表现。毕竟，这是任何 ML 模型的最终目标。

最后一点是基于 ML 算法及其在人工智能领域中的地位。早些时候，我曾考虑将 AI 定义为"一种能够做人类认为智能事情的机器"。这个定义表明，在人工智能中，不仅仅是 ML 算法和神经网络。许多需要智能的任务，并不需要神经网络来解决。以电脑游戏《扫雷》为例：只需花费相对较少的努力，就可以编程出一个像样的电脑玩家，但要训练一个神经网络来学习这个游戏却要花费很多时间，而且结果可能不会更好。最后，必须小心谨慎地选择计算方法来帮助我们解决科学问题。

参考文献注释

参考资料部分的目的是结合我在第一次构建 ML 算法，特别是神经网络时学到的许多最重要的经验教训。下面列出了我发现最有用的一些在线资源[1-3]。这些资源可能对希望初步了解 ML，并构建自己的 ML 算法的读者有用。

参 考 文 献

[1] Google's Machine Learning Crash Course：https://developers.google.com/ machine-learning/crash-course, accessed Sept 2019.

[2] 3Blue1Brown's series on neural networks：https://www.youtube.com/ playlist?list=PLZHQObOWTQDNU6 R1_67000Dx_ZCJB-3pi, accessed Sept 2019.

[3] CGP Grey's videos on how machines learn：https://www.youtube.com/watch? v=R9OHn5ZF4Uo and https:// www.youtube.com/watch?v=wvWpdrfoEv0 both accessed Sept 2019.

第 3 章

药物化学信息学：药物发现中的机器学习导论

MATTHEW G. ROBERTS 和 RAE LAWRENCE*

英国曼彻斯特研究所癌症研究中心药物发现部，阿尔德利公园，麦克斯菲尔德，SK10 4TG

*Email：Rae.Lawrence@cruk.manchester.ac.uk

3.1 引言

在深入机器学习的奥秘之前，我们应该明确地指出，每一次关于计算结果的讨论都应该以这样的语句开头："模型表明……"和"这些模型都是虚假的，但它们可能是有用的"。在生成模型的过程中，我们也会产生很多很多的想法。我们必须充分认识到，这些想法中的绝大多数可能都不那么有用；但是在这些不够出色的想法泥潭中，我们仍然能够淘出金子。而残酷的现实是，为了确定一个想法是金子还是淤泥，我们需要友好地请我们从事"湿实验"的化学同事们在实验室做一些实际的工作。有了这些最新的真实结果，我们的模型可以迭代地改进和发展，从而开始接近真相。

3.1.1 人工智能与机器学习

近年来，人工智能和机器学习一直是多个研究领域（从市场营销到经济学，再到药物发现）的一个流行主题。但对于这些术语的含义，以及它们之间的联系和区别，目前还没有一个清晰的描述。

（1）人工智能

在最基本的术语中，人工智能（artificial intelligence，AI）指的是一种机器或计算机，通过编程来做一些人类目前可以做的事情，但能比人类做得更好；此外，还可以教会 AI 算法做一些人类仅靠大脑无法做到的事情，例如从噪声中分离信号。AI 系统使用大量数据，其目标是了解数据和之前的决策，从而使算法能够像人类一样，使用复杂问题的解决技巧，成功地解决新问题。这种方法的一个很好的例子是使用 AI 算法让计算机打败国际象棋大师，或者最近，谷歌的 DeepMind 将 AI 技术应用于解决蛋白质折叠[1]、分析诊断成像结果[2]或玩阿尔法狗（Alpha Go）围棋[3]等问题。

举一个与药物化学相关的例子，让我们考虑建立一个系统：这个系统包括并学习每一个已经报道的化学反应，并要求算法为新的化学实体分子设计有效的合成路线（同时要有高的收率）。今天我们能做到吗？事实证明，这在某种程度上是可以实现的[4]。

AI 能否用于综合所有可用的蛋白质、配体、活性、选择性、理化性质、文献信息等，并提出一个临床候选方案？这是一个价值百万英镑的问题。有许多聚焦在这一领域的公司，如 BenevolentAI、GTN Ltd 和 Exscientia 等。他们都已经在最初的技术上取得了成功，并获得了投资者的资金[5] 和制药行业的合作[6]，来继续努力完善自己的 AI 方法，以加快开发周期、减少支出，并生产有效的药物。

截至本书撰写之时，AI 方法尚未成为常规方法、简化为实际流程或部署为封装的软件。然而，我们相信，目前高度定制的解决方案将变得通用和广泛使用。这只是一个时间问题。考虑到投入的时间和经费，预计成功将会很快到来。

（2）机器学习

相比之下，机器学习（machine learning，ML）是 AI 的一个子学科。但该方法侧重于对数据进行建模，并能够提取知识。AI 的工作原理基本相同；然而，现在许多人将 AI 理解为深度学习方法的同义词，在深度学习方法中，数据以越来越复杂的层次进行建模。

在 ML 中，对提取的知识进行测试（在真实世界中）后，将结果反馈到机器中，并对模型进行优化。例如，通过挖掘数据可以揭示活性化合物具有特定结构特征组合的知识。当遇到一个具有相似特征组合的新化合物时，可以被标记为具有潜在活性的化合物，然后提交到"设计 - 制造 - 测试 - 优化"的建模循环中（见图 3.1），在迭代优化期间，将真实世界的数据合并到模型中。

这种迭代、循环的过程就是 ML 学习的过程。机器的学习速度比人类慢，并需要更多的例子，但一旦它们学会了，就能更快地给出预测结果。

长期以来，计算化学家一直在使用 ML 成功地对数据进行建模：Hansch 在 1962 年的开创性论文[7] 中称之为定量构效关系（quantitative structure-activity relationship，QSAR），其中使用多元回归将植物生长调节剂的活性与 Hammett 参数和疏水性联系起来。Hansch 在《化学信息与建模杂志》（*Journal of Chemical Information and Modelling*）上发表的一篇文章中描述了 QSAR

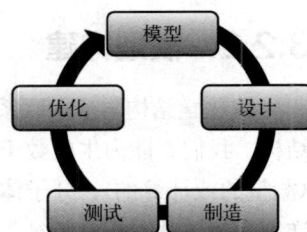

图 3.1　"设计 - 制造 - 测试 - 优化"建模循环（说明了通过机器学习进行建模与药物化学发现之间的关系）

的意外诞生[7]，这篇文章庆祝了 Hansch 的一生和对科学的贡献。此后不久，刊发了 Free-Wilson 的分析方法[8]，该方法至今仍在使用（当然，是经过改进的方法）。

你可能刚刚意识到，实际上你已经熟悉了药物化学中的一些 ML 方法！

3.1.2　有监督与无监督学习

机器学习中的"有监督学习"（supervised learning）方法，是处理包含可观察数据（例如，效力或活性）与一组特征（描述符、指纹）关联的方法。有监督学习方法使用特征集合生成预测，然后可以测量这些预测，并反馈到机器中，以进一步训练模型。

无监督学习（unsupervised learning）方法则不进行预测，而是探索一组数据的特征之间的关系。例如，我们可以根据分子的 3D 指纹对一组分子进行聚类；然而，该方法并不能预测分子对任意靶标的效力。简单地说，这种方法告诉我们的是，分子与同一簇的成员有多相似，或者它们与其他簇的不同之处有多大。

3.2 凡事预则立

当开始进行数据挖掘和大胆构建 ML 模型时，需要考虑一些常见的缺陷和限制，本节将简要讨论这些问题。

3.2.1 数据集收集和管理

随着大数据的可访问性，收集大量信息比以往任何时候都要容易。仅 PubChem[9] 就拥有近 9600 万种化合物，涵盖 100 多万个生物检测数据（BioAssays），并拥有超过 2.5 亿种针对 7 万多个靶标的生物活性。ChEMBL[10] 拥有近 200 万个小分子条目。尽管两组人员都努力整理和确保存档数据的正确性，但错误仍然是不可避免的 [11]。

假设忽略了这些结构或活性中存有的奇怪错误，但这些错误可能会被吸收进数据集的噪声中。在收集有效信息的结构数据集时，更重要的是要确保数据来自一致的实验（测试），这样的比较才有价值。

要记住的关键是，对于任何模型，无论是 AI、ML 还是其他，如果进入的是垃圾，出来的也是垃圾 [GIGO：垃圾输入（Garbage In），垃圾输出（Garbage Out）]。

3.2.2 模型构建

将化学结构与活性联系起来的第一步是，提出一组最佳的"特征"——描述符或指纹来描述结构。我们有能力生成数千个描述符，从简单的拓扑原子数和组合、化学键数目、物理化学性质（测量的或计算的）、分子体积，到基于分子图理论和 3D 构象的更复杂的描述符。虽然本文不会详细介绍这些"数字特征"，但在之前的研究中，已对描述符和指纹进行了很好的综述 [12]。

如果我们试图使用所有可用的描述符为一个数据集生成一个回归模型，那么模型对训练集的预测效果可能很好，而对测试集的预测效果则非常糟糕。在这种情况下，过度拟合的模型会记住训练集信息，无法将其推广到新问题；该模型捕捉到的是随机误差，而不是真实的关系。

为了避免过度拟合，我们应该尽可能少地使用描述符来捕捉分子的结构和性质特征与其活性之间的关系，并避免在训练集数据中的建模噪声。这些描述符也应该在广泛的化学空间中有用，并且应该显示最小的简并性。这意味着即使差异很小，描述符计算也应该为结构不同的分子生成不同的值。此外，良好的做法是确保模型中使用的描述符尽可能正交，因为它们单独地定义了其他描述符所没有涵盖的特征。

为了选择一组合适的描述符，可以使用像主成分分析 [13] 这样的降维技术。

3.2.3 主成分分析

医学信息学中最常见的降维方法是主成分分析（principal component analysis，PCA）。PCA 可以减少描述数据"描述符"的数量。这里的"描述符"被加了引号，是因为当涉及 PCA 时，具有化学意义的描述符将不再存在。PCA 将相关描述符组合成"成分"（components）（因此得名），每个成分与所有其他成分是正交的（不相关的）。然后，这些成分被用来解释数据集中的方差，并按照这样的顺序排列：第一个主成分解释了最大的方差，第二个主成分解释了第二个最大的方差，以此类推。显示每个组成部分所解释的差异量（百分比）的数字称为斜面图；典型示例如图 3.2 所示。

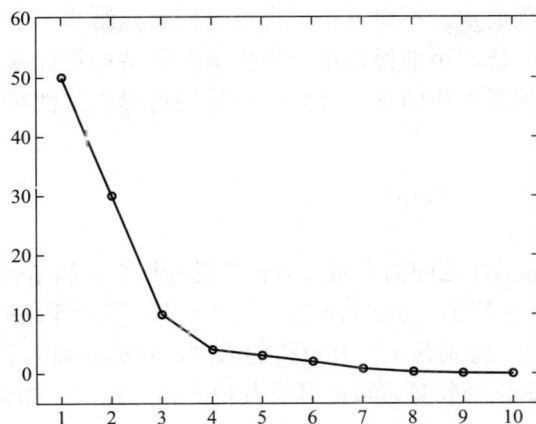

图 3.2 在该虚构数据的斜面图中，第一个主成分解释了 **50%** 的方差，第二个
主成分解释了 **30%** 的方差，第三个主成分解释了 **10%** 的方差

那么，基于图 3.2 中的斜面图，您的模型将使用多少个成分呢？曲线从第 4 个分量开始趋于平稳。这种平稳状态被称为 PCA "急弯"，并且可以作为使用成分数量的截止值。一般的经验法则是选择能够解释 80% 左右方差的成分数量。

3.2.4　三维空间中的机器学习，"对齐"就是一切

我们已成功地运用了二维描述符进行生物活性建模。然而，化学和生命活动发生在三维空间中；特征如何映射到分子的生物活性构象，通常在三维中更有趣。

在转换为 3D 模型时，我们需要了解分子在 3D 构象中是如何相互关联的。在三维空间中叠合分子的方法有多种，从"仅仅是形状"（如 ROCS[14]），到"形状 + 药效团"[如带有色彩标记的 ROCS（coloured ROCS）[14]]，再到"形状 + 静电"（如基于场的叠合[15]），所有这些方法都可以通过匹配不同严格程度的子结构进行偏置。并且所有这些方法都具有等同的价值。但在生成任何一个模型之前，对齐结束时的关键任务是：检查对齐并根据需要进行调整，以确保其合理性和一致性。

人们总是倾向于先生成模型，然后查看异常值，并根据需要调整对齐，以生成具有改进统计数据的模型。

千万不要这样做！

这样做本身就给模型引入了偏差，虽然修正后的模型可能会在模型统计数据方面有显著的改进，但这样的模型却是无意义的。最佳的方案是花一些时间查看您的数据集，并挖掘出不属于该类型的化合物（例如，错误的化学系列、在分子量或其他拓扑结构方面的巨大差异，或者您根本不信任数据或对齐的化合物），然后再进行计算建模。

3.2.5　QSAR 建模的活性范围和分布

根据经验，活性范围最好是至少为 2 ～ 3 个对数单位，并且数据点在活性范围内具有均

匀的分布。活性范围内的任何一个间距内的数据点过多或过少，都可能对建模不利。

所有这些警告都可以用 GIGO 来概括。

不幸的是，实际上我们常常不愿承认，您可以拥有一组非常干净的数据、完美的活性范围、描述符和对齐，但您却不能提取出一个将活性与结构特征联系起来的预测模型。幸运的是，大多数在这个领域工作的软件公司，已经通过提供定性研究数据的工具，来解决这个问题。

3.2.6　异常值

通过绘制预测与实际活性之间的关系来对模型进行检查，偶尔会有一些数据点离回归线很远，或者离其他数据点也很远。我们如何处理这些问题，取决于这些异常值的性质。

有时，在收集数据时，特别是从公开可得的来源，我们必须考虑所报告的活性（甚至结构！）是否准确，或者该化合物是否可能具有其他的作用模式。当使用不同的测定方法时，报告的活性常常存在差异。如果我们不确定数据是否准确，作用模式是否与数据集的其他成员一致，或者不同分析类型之间的标准化是否足够，则完全可以删除此类数据点，或可考虑如下所述：

如果异常值不影响模型或从模型中得出的任何假设（见图 3.3），则可以通过补充解释并将其删除。例如，您可能有一个主要跨越活性范围的数据集，尽管保留了模型线性，但有几个点的活性与其余数据相距甚远。如果移去该点后，回归等式没有发生实质性变化，则可以这样做，并使用补充解释加以说明。

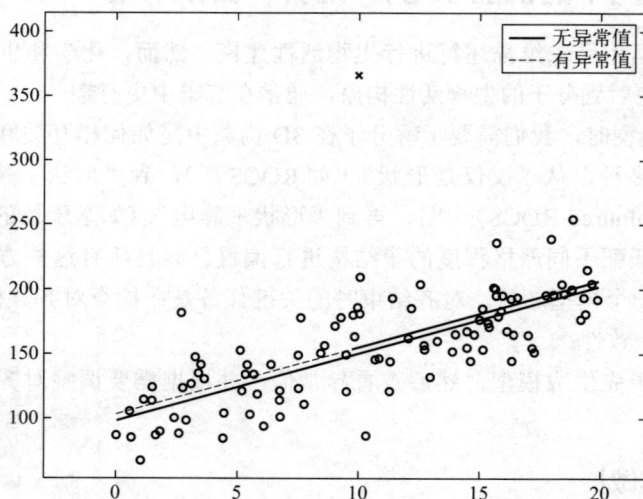

图 3.3　数据点（○）和单个异常值（×）的集合
没有异常值的回归线为实线，有异常值的回归线为虚线。包含（或排除）异常值
不会显著改变回归线，因此，可以通过解释性脚注来排除异常值

通常情况下，去除异常值会导致回归变化（见图 3.4），以及假设的变化。你可以在有数据点和无数据点的情况下运行分析。如果你选择删除异常值，那么应该记录下哪些点被删除了，原因是什么，以及模型如何调整。

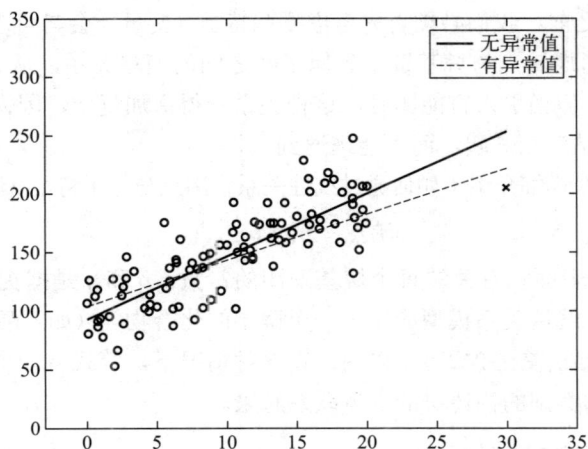

图 3.4　数据点（○）和右上角的单个异常值（×）的集合

没有异常值的回归线为实线，有异常值的回归线为虚线。在这种情况下，包含（或排除）异常值会改变回归线的
斜率和截距，因此，排除异常值时需补充解释说明模型是如何变化的，以及排除异常值的原因

在另一些情况下，数据集可能表明是由这些异常值决定了相关性；如果没有这些异常值，那么数据将是完全随机的！在此种情况下，异常值应被剔除掉，同时无论显著性水平或置信度如何，都不应该报道这个模型。

如果您不愿意删除某个异常值，因为有时对变量应用平方根或对数转换，可能会产生一个更合理的模型。或者，您可能会认为您尝试建立的模型关系是非线性的，这就是机器学习可以真正提供帮助的地方。但在任何情况下和无论如何，了解数据的来源以及可观察对象和描述符之间可能存在的合理关系，是至关重要的。

3.3　深度学习和神经网络

近年来，"深度学习"和"神经网络"沉寂数年后，在药物发现的文献中再次被提及。深度学习是融合了人工神经网络的 ML 一个分支学科。简单地说，数据是分层建模的，每一层的复杂性都在增加。这种方法的传统应用是语音识别和自然语言处理，但后来也被应用到许多其他领域。

这些方法本身超出了本章的所讨论范围，但我们建议阅读默克的分子活性挑战赛（Merck's Molecular Activity Challenge Competition）[16]。在该竞赛中，要求参与者确定使用分子结构的数字描述符，来预测生物活性（在靶和脱靶）的最佳方法。最终，一个来自多伦多大学的计算机科学小组，通过调用多任务深度神经网络，赢得了这项挑战赛[17]。

3.4　数学基础

3.4.1　"可观测值"和"特征"

在探索药物化学信息学中使用的常见 ML 方法［我们称之为"药物化学信息学（Med-

ChemInformatics）"〕之前，我们必须首先考虑哪些特征（变量）会与可观察值相关。

例如，如果我们考虑沸点与烷基链中碳原子数之间的简单关系，从有机化学知识中可知，较小的烷烃沸点较低。但当引入官能团时，这种关系变得更加复杂，因为额外的分子特征（例如极性），会使分子"粘"在一起，而不能逃逸到气相中。

一篇早年的文章[18]详细介绍了如何通过线性关系将沸点与分子特征（经验推导的）相关联：

$$\text{沸点} = py + q \tag{3.1}$$

这里，y 是与分子表面积有关的每个烷基基团的常数；p 和 q 是捕捉非静电力和静电力官能团的常数。当将这种线性关系模型应用于一个确定的化合物类（如乙酸酯）时，据报道，有超过 80% 预测值的沸点误差在 2℃ 范围以内。在这种情况下，等式将一个可观察的（沸点）与一组可视为每个化合物类别的描述符的变量联系起来。

3.4.1.1 分子描述符和指纹

在药物化学信息学中，我们通常对在结构特征和性质方面高度相似或高度不同的分子，进行分类的方法感兴趣。这样做的原因有很多，包括但不限于：虚拟筛选、确定备选化合物，以及确立知识产权等。

为了评估相似性，我们需要确定哪些基本特征是重要的。例如，我们可以基于常见的骨架（例如：子结构匹配、Murko 骨架）将分子分组；或者可以使用属性集合 [例如：类药性、血脑屏障（blood brain barrier，BBB）渗透性] 将分子分组。

在许多综述中已经详细地涵盖了对描述符的介绍[19]，这里只简单讨论一下。描述符主要有两种：一种是基于实验测量的物理化学性质（例如 lg$P$、偶极矩）的描述符，另一种是根据分子结构以某种方式计算的描述符（"理论描述符"）。

建模中经常使用的理论描述符可以进一步分类为：

● 0 维描述符：描述构成分子的原子"数目"（例如，# 个碳原子）。

● 1 维描述符：描述分子的片段和子结构特征（例如，分子指纹）。

● 2 维描述符：从二维分子结构派生出来的化学图不变描述符，描述原子连接性的拓扑指数（例如：Wiener 指数）。

● 3 维描述符：它们与分子大小、空间、表面和体积描述符有关。例如，VSA（van der Waals 表面积）是用对体积有贡献的原子部分电荷绘制。还有一些 3D 指纹是描述分子的药效特征。

● 4 维描述符：它们源自 3D-QSAR 方法，例如：比较分子场分析[20]（comparative molecular field analysis，CoMFA）。这种方法首先使用已经叠合对齐的优化后（结合模式）3D 分子构象建立场或体积采样点，然后在空间采样点中计算场或体积值。

为了概念化什么是指纹，让我们先简单地将其看作是一系列复选框，它们要么是"On"（1），要么是"Off"（0），并用图 3.5 所示的图表，来比较马和短吻鳄的差异。

马的指纹是（1，1，0，1，1，0，1）；鳄鱼的指纹

特征	马	短吻鳄
四条腿	1	1
温血的	1	0
翅膀	0	0
毛发	1	0
牙齿	1	1
食肉动物	0	1
驯养	1	0

图 3.5　每个指纹特征的开 / 关（On/Off）复选框转换为捕获预定义特征的位串

是（1, 0, 0, 0, 1, 1, 0）。指纹串高度依赖于用来描述分子的特征。相似度度量用于比较位串 [（1101101）和（1000110）]，以评价其相似程度，计算的相似性值取决于为比较而选择的指纹。

分子指纹是查询分子特征（原子类型、子结构等）的长位字符串，用于捕捉分子图（原子的二维连接性），对于三维指纹，则是功能组彼此之间的排列。多年来，在文献中已经报道了很多描述符和分子指纹，并在商业或开源软件包中得到了广泛的应用。这里将不详细讨论这些内容，但我们建议阅读合适的论文以获取更多信息[21a-c]。

一旦为一组分子计算了描述符，我们就可以试图将描述符的组合与可观察值（例如，效力）联系起来，以创建具有相似特征和类似效力的分子分组或簇，或者在特征和可观察值之间找到数学关系。阐明数学关系的方法将在后面讨论。

3.4.2　根据描述符比较分子

根据其描述符来确定两个分子之间是否以某种方式相互关联，我们必须能够在描述符空间中确定它们之间的相似性（或者相反，确定它们之间的距离）。药物化学中最常见的方法是 Tanimoto 相似性（谷本相似性）、Tversky 指数和 Dice 相似性（戴斯相似性）。这些值通常标准化为 0 到 1 之间的数字，1 表示完全相似（100% 匹配）。

3.4.2.1　Tanimoto 相似性（谷本相似度）

Tanimoto 相似性[22]最早出现在 20 世纪 50 年代后期的文献中，当时是为了对植物进行分类，后来被广泛用于其他学科，也是最常见到的相似性度量方法。

在描述符空间中，Tanimoto 相似性（指数）由以下公式给出：

$$S_{A,B} = \frac{\left[\sum_{j=1}^{n} x_{jA} x_{jB} \right]}{\left[\sum_{j=1}^{n} (x_{jA})^2 + \sum_{j=1}^{n} (x_{jB})^2 - \sum_{j=1}^{n} (x_{jA} x_{jB})^2 \right]} \tag{3.2}$$

式中，$S_{A,B}$ 为 Tanimoto 相似系数；n 为特征数；j 为索引 / 变量计数；x_{jA} 为分子 A 的第 j 个特征；x_{jB} 为分子 B 的第 j 个特征。

在指纹空间中，该表达式可简化为：

$$S_{A,B} = \frac{c}{a+b-c} \tag{3.3}$$

式中，a 为分子 A 中 "on" 位的数量；b 为分子 B 中 "on" 位的数量；c 为 A 和 B 中 "on" 位的数量。

回到马（A）和短吻鳄（B）的比较：

| 马 | 1 1 0 1 1 0 1 |
| 短吻鳄 | 1 0 0 0 0 1 1 0 |

$a=5$；$b=3$；$c=2$

$$S_{A,B} = \frac{2}{5+3-2} = 0.3 \tag{3.4}$$

Tanimoto 指数（或分数）是药物化学信息学中最常用的相似性指标之一。一般的经验法则是，对于相似的分子，通常使用 0.85 作为截断值[5]；然而，多项研究表明，当使用不同的分子表征时，该截断值是不可靠的[21c, 23]。

Tanimoto 虽然常用，但也有其局限性和弱点。例如，对于结构相距较远的分子，经常返回 0.3 的 Tanimoto 分数[24]。如果回看马 - 短吻鳄的相似性比较，会发现其 Tanimoto 分值为 0.3。人们应该意识到这种方法出现这样结果是正常的。

3.4.2.2　Tversky 相似性

药物化学信息学中另一个常见的相似性度量是 Tversky 系数[25]，由下式给出：

$$Tv_{\alpha,\beta}(A,B) = \frac{c}{\alpha(a-c)+\beta(b-c)+c} \tag{3.5}$$

式中，$Tv_{\alpha,\beta}(A,B)$ 为 Tversky 系数；α,β 为非负权重因子；a 为分子 A 中"on"位的数量；b 为分子 B 中"on"位的数量；c 为 A 和 B 中均为"on"位的数量。

当 α 值相对于 β 值越大，则分子 A 的独特特性的权重越大，反之亦然。这允许在相似性指数或相似性分数的计算中引入不对称性，并在与参考化合物 A 的比较中，探索共同和独特特征的重要性。

当 α 和 β 设置为 1 时，Tversky 系数退化为 Tanimoto 相似性。当两个系数都等于 0.5 时，Tversky 系数退化为 Dice 相似性。

如果再次回到马 - 短吻鳄的比较，并确定马的特征重要性是鳄鱼的两倍（α=2；β=1）：

马　　　　1 1 0 1 1 0 1
短吻鳄　　1 0 0 0 1 1 0

$$a=5;\ b=3;\ c=2 \tag{3.6}$$

$$Tv_{\alpha=2,\beta=1}(A,B) = \frac{2}{2\times(5-2)+1\times(3-2)+2} = 0.2 \tag{3.7}$$

相反，如果将鳄鱼特征的重要性增加一倍，Tversky 系数变为 0.28——谢天谢地，仍然不相似。

3.4.2.3　Dice 相似性

计算相似度的第三种方法是 Dice 相似性，也是化学中经常遇到的方法[26]。Dice 相似性最早出现在 1940 年的生态学研究中，但现在常用于比较分子。

$$Dc_{A,B} = \frac{\left[2\sum_{j=1}^{n} x_{jA}x_{jB}\right]}{\left[\sum_{j=1}^{n}(x_{jA})^2 + \sum_{j=1}^{n}(x_{jB})^2\right]} \tag{3.8}$$

$$Dc_{A,B} = \frac{2c}{a+b} \tag{3.9}$$

式中，$Dc_{A,B}$ 为 Dice 相似系数；n 为特征数量；j 为指数 / 计数变量；x_{jA} 为分子 A 的第 j 个特征；x_{jB} 为分子 B 的第 j 个特征。

最后，再回到对马 - 短吻鳄的比较：

马　　　　　1　1　0　1　1　0　1

短吻鳄　1　0　0　0　1　1　0

$$a=5；\quad b=3；\quad c=2 \tag{3.10}$$

$$Dc_{A,B} = \frac{2 \times 2}{5+3} = 0.5 \tag{3.11}$$

尽管使用了相同的简单指纹，但我们得到了三个不同的相似性分数。对于更复杂的分子指纹，这种情况将更为常见。

3.4.2.4　哪一种相似性度量最有效？

这里有几点需要注意，例如 Dice 和 Tversky 相似度往往比 Tanimoto 相似度略高，且不如 Tanimoto 相似性对称；此外，无论 Tversky 中使用的参考特征权重如何，Tversky 和 Dice 都会给出类似的结果。但总而言之，计算出的相似性分数并没有绝对的意义——人们更感兴趣的是化合物的排序[22d]。因此，在通常情况下，这些相似性度量方法一样好。

3.4.3　模型质量和统计分析

让我们回到预测模型。在生成模型时，可以使用任何可用的数据，很少有人会因为拥有太多的数据而感到不安！

如果我们使用所有可用的数据来构建模型，那就只能将模型限制在一个对其本身进行交叉验证的训练集上。然后将预测值与测量值进行比较。如果只有少量数据可用，这是可以接受的，但这不是一种可靠的方法。该模型可以作为一个初期的模型，随后进入"设计 - 制造 - 测试 - 优化"循环（图 3.1）。当随着可用数据量的增加，模型的表现能力能够得到（统计相关的）提升。

数据集最好是将其划分为训练集和测试集。划分方式可以是随机的，也可以是选择在可观察范围内均匀分布的子集。一般的经验法则是，数据集中有 20% 的数据进入测试集。训练集用于构建模型，并对自身进行交叉验证，而测试集将模型应用于实际化合物，并评估预测值和实际值是否与模型训练中未包含的数据点匹配。

计算模型时，会报告几个统计参数。这些参数与模型的统计相关性以及模型对新数据的预测程度有关。

值得注意的是，因为模型是使用大量数据构建的，通常在深度学习中使用 95%/5% 比例进行分割。即使只包含 5% 数据量的测试集，仍然拥有绝对大量的数据点！

3.4.3.1　决定系数

对于线性模型（假设数据是连续的，首先想到的值是决定系数（r^2 或 R^2）。该系数表示数据与回归线的拟合程度。R^2 总是在 0 和 1 之间；R^2 值越大，模型对数据的拟合越好。

R^2 可以表示为：

$$R^2 = 1 - \frac{\sum_i (y_{\text{expt}(i)} - y_{\text{calc}(i)})^2}{\sum_i (y_{\text{expt}(i)} - \langle y_{\text{expt}} \rangle)^2} \tag{3.12}$$

其中，i 为样本数量；$y_{\text{expt}(i)}$ 为第 i 个样品的实验 / 测量值；$y_{\text{calc}(i)}$ 为第 i 个样本的计算值；$\langle y_{\text{expt}} \rangle$ 为实验 / 测量平均值。

随着实验值和计算值之间的差异接近于零，R^2 接近 1，表明训练集中的计算值和观察值之间存在完美的相关性（模型捕获了 100% 的方差）。

第二个要考虑的值是交叉验证的决定系数 Q^2 或 q^2。该系数与 R^2 相似；但是，该系数包含了在构建模型时，使用留一法（leave-one-out，LOO）或留多法（leave-many-out，LMO）的数据点所预测的内容。最简单的交叉验证方法是留一法，即：将每个样本排除一次，并在训练集减去一个样本的情况下构建模型，计算变量。然后使用残差（实验值和计算值之间的差异），根据以下公式计算决定系数：

$$Q^2 = 1 - \frac{\sum_i (y_{\text{expt}(i)} - y_{v(i)})^2}{\sum_i (y_{\text{expt}(i)} - \langle y_{\text{expt}} \rangle)^2} \tag{3.13}$$

其中，i 为样本数量；$y_{\text{expt}(i)}$ 为第 i 个样品的实验 / 测量值；$y_{v(i)}$ 为来自内部验证（LOO 模型）的第 i 个样本的计算值；$\langle y_{\text{expt}} \rangle$ 为平均的实验 / 测量值。

交叉验证旨在评估模型的稳健性和可预测性。Q^2 越高，模型的预测性能越好。通常认为 $Q^2 > 0.5$ 和 $R^2 > 0.6$ 的模型就具有预测性，但事实并非总是如此。此外，R^2 和 Q^2 之间的 0.2 ～ 0.3 差异表明，可能存在过度拟合现象。

使用相关系数 R^2 和 Q^2 评估模型虽然是一个好的起点。但在评估模型质量时，R^2 和 Q^2 并不是仅有的考虑因素。最好的方法是使用外部测试集来验证模型是否具有预测性[27]。

3.4.3.2 Kendall's Tau 秩相关系数

另一个值得考虑的统计参数是 Kendall 的 Tau 秩相关系数[28]，这是一种等级相关性的度量。计算时，该参数是一个以 0 和 1 为界的数字，并给出了一个模型在多大程度上能够获得正确秩顺序的估计，而不管其在绝对精度计算值方面是否成功。

3.4.4 过度训练和良好描述符的特征

早些时候，术语过度拟合（overfitting）或过度训练（overtraining）用于表示当 R^2 和 Q^2 之间存在很大差异的时候。通常发生在当使用过多描述符从训练集构建模型，并且这些描述符与其他数据的可观测值没有普遍关联时。换句话说：有了足够多的描述符，你就会捕捉到噪声中的所有差异——模型基本上已经记住了训练数据。

过度训练的模型违反了奥卡姆剃刀法则（Occam's Razor）：为了避免过度训练，应找到含有最少变量的最简单关系。您可以使用降维技术，例如主成分分析来实现这一目的[13]。

3.5 机器学习方法

在本节中，我们将以药物发现建模为背景，讨论更常见的 ML 方法。并将特征称为"描述符"，将可观察对象称为"活性"（在大多数情况下）。因此，我们有一组分子（训练集 / 测试集 / 验证集），计算一组描述其特征的描述符，然后以某种数学方式将这些特征与其活性联系起来。

3.5.1　$k-$ 最近邻

药物化学中最简单的机器学习算法是 $k-$ 最近邻（k-nearest neighbours，kNN）；这种方法可以用于分类和回归分析。**kNN 方法的精髓体现在一句谚语中："当你不清楚一个人的性格时，去看看他的朋友"。**

kNN 是一种"懒惰学习"方法：在进行预测或分类时，模型是应用在局部的而非全局的。kNN 方法是非参数化的，因为该方法不对描述符和活性之间关系的函数形式做出任何假设——可以是线性的、抛物线的、二次的，等等。在准备 kNN 模型的过程中，对训练集进行"记忆"，并将测试查询与训练集中的每个数据点进行比较，以便进行分类或预测。这意味着模型"训练"的速度非常快（后台没有发生花哨的数学运算）。然而，大量的数据需要保存在活动内存中，为了对问题进行预测或分类，需要时间将提出的问题与训练集中的每个数据点进行比较。

kNN 可以用于 2D 或 3D 化学描述符的分类和回归模型，并且与偏最小二乘法（partial least squares，PLS）相比，其对 3D 结构对齐中的噪声不太敏感。当数据不连续时，可使用分类模型，例如，可分为"高""中""低"的抑制百分比范围和类别。在某种意义上，kNN 是一种模式识别：具有相似特征的分子应该表现出相似的生物活性。

简化的 kNN 工作流程，如图 3.6 所示。

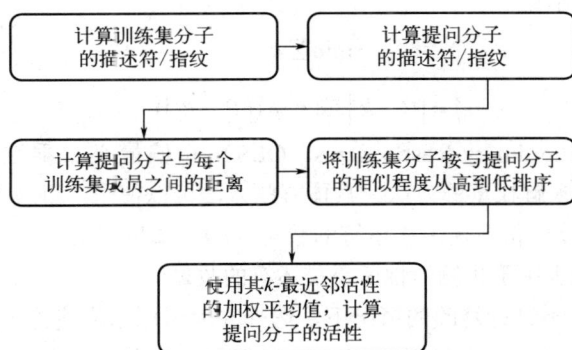

图 3.6　基于训练集对提问分子进行活性预测的 kNN 工作流

在计算距离时，可以使用任何相似性度量（例如，欧几里德（Euclidean）距离、Tanimoto、Tverskey、Dice 等）。权重因子是反向距离或相似性，即：与提问分子更相似的训练集分子，将对活性预测做出更大贡献

使用 kNN 建模时，需要调整的最重要参数是最近邻数（k）。k 值越高，模型的训练集对预测的贡献就越大，对异常值的适应能力也就越强。这意味着（和总体的）方差较小，但（和真实值的）偏差会增加。另一方面，当描述符和活性关系函数形式存在变化时，更低或更严格的 k 值能够给出更灵活的拟合。k 值越低，则（和总体的）方差更大，但（和真实值的）偏差则会更小。

那么，我们应如何选择 k 的最佳值呢？最佳 k 值对应的错误率应该最低。通常，在交叉验证过程中，基于 RMSE（和 Q^2）启发式地找到 k 的最优值。然而不幸的是，使用一个测试集来调优 k 可能会导致过度拟合，因此我们需要考虑使用一个独立的验证集。

小结

总之，kNN 是药物化学信息学家可能遇到的最简单的 ML 方法。虽然这是一种很好的分类和预测方法（尤其是当关系是局部的，而不是全局时），但其应用受到数据存储和计算成本的影响。目前，kNN 模型已成功应用于药物发现。包括理解 QSAR 和协助设计新强效抑制剂的几个例子[29]、组织毒性预测[30]、hERG 活性[31] 和蛋白质功能预测等[32]。有关 kNN 更详细的描述，请参阅参考文献 [33]。

3.5.2 线性回归

最常见的 ML 方法可能是基于不同类型的线性回归。线性回归是将一条直线拟合到一组数据点，从而将描述符（或一组描述符）与一项活性关联起来的一种数学尝试。在详细介绍 2D-QSAR 和 3D-QSAR 模型的文章中，我们经常看到这种方法的报道。

回归建模的前提是，一组描述符和测量的活性之间存在某种关系。一种方法是假设为线性关系，这意味着每个描述符独立地以恒定的比例对活性做出贡献。因此，预测的活性由每个描述符的加权和"解释"；权重的大小表示描述符对活性大小影响的重要性：

$$P_i = \sum_{n=1}^{N} w_n F_{i,n} \tag{3.14}$$

其中，P_i 为第 i 个观察量的预测响应值；n 为第 n 个描述符；N 为总描述符数量；$F_{i,n}$ 为第 i 个观察量的第 n 个描述符值。

线性回归分析 / 算法的目标是找到权重 w_n 的值，该值将使预测活性（P_i）和实验观察活性（R_i）之间的误差最小化：

$$\min \sum \varepsilon_i$$

$$\varepsilon_i = |P_i - R_i| \text{ 或 } \varepsilon_i = (|P_i - R_i|)^2 \tag{3.15}$$

普通最小二乘法（ordinary least squares，OLS）和偏最小二乘法（partial least squares，PLS）是在不同条件下求解权重的方法。具体哪些方法可以使用，哪些方法绝对不能使用，将取决于观察值的数量（i）和不相关描述符的数量（n）。如果需要，可以通过称为特征选择和特征提取的方法，来减少用于预测活性所需描述符的数量。

特征选择指的是在不进行修改的情况下，选择并使用原始描述符子集来预测活性的方法。正则化回归算法 Lasso[34]（最小绝对收缩和选择算子）是特征选择方法的一个示例。Lasso 使用 OLS 方法来寻找使误差最小化的描述符权重。然而，Lasso 不仅希望最小化误差，还试图最小化回归分析中使用的非零权重的数量。这是通过为每个非零权重添加一个惩罚项来实现的[35]：

$$\min c = \sum_{i=1}^{M} \left(R_i - \sum_{j=1}^{N} w_j F_{i,j} \right)^2 + \gamma \sum_{j=1}^{N} |w_j| \tag{3.16}$$

其中，c 为成本函数；i 为第 i 个观察量；M 为总观察量数量；R_i 为第 i 个观察量的响应值；j 为第 j 个描述符；N 为总描述符数量；w_j 为特征 j 的权重；$F_{i,j}$ 为第 i 个观察量的第 j 个描述符值；γ 为惩罚系数。

与 PCA 方法的作用类似，特征提取涉及从原始描述符集中创建新的组分。

3.5.2.1 使用普通最小二乘法还是偏最小二乘法?

参考以下这些等式：

$$x - y = 4 \quad (a)$$
$$x - y = 0 \quad (b) \quad\quad\quad (3.17)$$
$$x + y = 2 \quad (c)$$

如果我们只有等式（a），那么这个等式将有无限多个解：$(x, y) = \cdots$；$(5, -1)$；$(4, 0)$；$(3, 1)$；$(0, 4)$；$(-1, 5)$；$\cdots$。如果我们有等式（a）和等式（b），则只存在唯一解：$(x, y) = (2, 2)$。

但是当同时有等式（a）、（b）和（c）时，则没有满足所有三个等式的解，但有一个能够给出最佳平均结果的解：$(x, y) = (1.5, 1.5)$，其中，对等式（a）、（b）和（c）的误差分别为-1，0 和 1。

在只有等式（a）的情况下，有 2 个描述符：x 和 y，以及一个观测值。因此描述符的数量大于观测值。但存在等式（a）和等式（b）的情况下，描述符的数目等于观测结果的数量。在（a）、（b）和（c）三个等式都存在的情况下，观察值的数量大于描述符的数量。

（1）当观察值数量 > 描述符数量时

当且仅当观察值的数量大于独立描述符的数量时，才有可能使用 OLS 找到权重。

普通最小二乘法相对比较简单。观测数据集和描述符可以表示为矩阵 $\boldsymbol{X}$。矩阵的大小由行数和列数决定。所以一个包含有 m 个观测值和 n 个描述符的矩阵大小为 $[m, n]$。如果 $\boldsymbol{Y}$ 代表响应，并且我们对每个观察都有响应，那么 $\boldsymbol{Y}$ 的大小为 $[m, 1]$。由于我们想要每个描述符的权重，权重矩阵 $\boldsymbol{B}$ 的大小为 $[n, 1]$。矩阵的顺序非常重要，因为通常 $\boldsymbol{A} \times \boldsymbol{B} \neq \boldsymbol{B} \times \boldsymbol{A}$。对于矩阵乘法，我们需要内部维度一致。所以：

$$\boldsymbol{Y} = \boldsymbol{XB} \quad\quad\quad (3.18)$$

观察一下矩阵的维度：$[m, 1] = [m, n][n, 1]$，当矩阵 $\boldsymbol{X}$ 中的列数等于矩阵 $\boldsymbol{B}$ 中的行数时成立——内部维度一致。因此，理解矩阵左侧或右侧相乘的含义非常重要。

下一步涉及乘以 $\boldsymbol{X}$ 的转置或 $\boldsymbol{X}^{\mathrm{T}}$。矩阵的转置意味着将行转换为列，将列转换为行：

$$\boldsymbol{X}^{\mathrm{T}}\boldsymbol{Y} = \boldsymbol{X}^{\mathrm{T}}\boldsymbol{Xb} \quad\quad\quad (3.19)$$

下一步是左乘 $\boldsymbol{X}^{\mathrm{T}}\boldsymbol{X}$ 的倒数，或 $(\boldsymbol{X}^{\mathrm{T}}\boldsymbol{X})^{-1}$：

$$(\boldsymbol{X}^{\mathrm{T}}\boldsymbol{X})^{-1}\boldsymbol{X}^{\mathrm{T}}\boldsymbol{Y} = (\boldsymbol{X}^{\mathrm{T}}\boldsymbol{X})^{-1}\boldsymbol{X}^{\mathrm{T}}\boldsymbol{Xb} \quad\quad\quad (3.20)$$

$(\boldsymbol{X}^{\mathrm{T}}\boldsymbol{X})^{-1}\boldsymbol{X}^{\mathrm{T}}\boldsymbol{X}$ 的结果是单位矩阵 $\boldsymbol{I}$，从而：

$$(\boldsymbol{X}^{\mathrm{T}}\boldsymbol{X})^{-1}\boldsymbol{X}^{\mathrm{T}}\boldsymbol{Y} = (\boldsymbol{X}^{\mathrm{T}}\boldsymbol{X})^{-1}\boldsymbol{X}^{\mathrm{T}}\boldsymbol{Xb} = \boldsymbol{Ib} = \boldsymbol{b} \quad\quad\quad (3.21)$$

OLS 的致命弱点是：矩阵的逆可能并不总是存在。当描述符不独立（或不够独立）时，就会出现这种情况，即行列式（计算逆所需的量）为零。当行列式用于除法时，得到的矩阵被称为奇异矩阵。

（2）当观察值数量 < 描述符数量时

当描述符多于观测值时，OLS 方法就会失败，因为矩阵的逆，$(\boldsymbol{X}^{\mathrm{T}}\boldsymbol{X})^{-1}$ 肯定不存在。而主成分回归和 PLS 是可以解决这一问题的两种方法。

虽然主成分回归使用的是 OLS，但该方法首先要进行特征提取。主成分分析使用能够代表相关描述符组合的成分。PCA 可以在不考虑响应数据的情况下，在描述符空间中找到最大化方差的分量。分量是指根据对应的特征值从大到小排列的特征向量。每个分量都是正交的，这意味着分量之间没有相关性。PCA 方法选择了若干分量——其中，第一个分量解释了最大的方差；第二个分量解释了第二个最大的方差，以此类推。然后在选择了用于预测结果的分量之后，可以使用 OLS 来找到每个分量的权重（假设现有观测值的数量大于分量的数量）。这种方法的缺点是，解释描述符数据中最大差异的分量不一定是响应的最佳预测器。

偏最小二乘法通过最大化描述符和响应之间的协方差来解决这个问题。该方法通过创建协方差矩阵 $X^{\mathrm{T}}Y$ 来实现这一点，其中 X 和 Y 分别是由描述符和响应数据组成的矩阵。实际上，PLS 包括了一大类算法。PLS 于 1966 年推出[36]，在过去的 50 年中不断得到了改进和增强。其中的一种常用实现方法是非线性迭代偏最小二乘法（nonlinear iterative partial least squares，NIPALS）[37]：

$$X_0 = X,\ Y_0 = Y$$

$$S = X_0^{\mathrm{T}}Y_0 \tag{3.22}$$

初始权重（w）由 S 的特征向量由计算得出：

$$w = Eig_{\max}\{SS^{\mathrm{T}}\} \tag{3.23}$$

其中 $Eig_{\max}$ 指的是对应于最大特征值的特征向量。

接下来计算更新矩阵 X 和 Y 所需的变量：

$$t = X_0 w \tag{3.24}$$

$$c = \frac{Y_0^{\mathrm{T}}t}{t^{\mathrm{T}}t} \tag{3.25}$$

$$p = \frac{X_0^{\mathrm{T}}t}{t^{\mathrm{T}}t} \tag{3.26}$$

接下来，对矩阵 X 和 Y 进行更新和缩减，这个新矩阵就是残差：

$$X_1 = X_0 - tp^{\mathrm{T}},\quad Y_1 = Y_0 - tc^{\mathrm{T}} \tag{3.27}$$

这个过程执行 r 次，r 是矩阵 X 的秩。秩是指线性独立的行。如果 w、t 和 p 的所有值分别存储在 W、T 和 P 中，则权重 B 可以通过以下方式找到：

$$B = Z^+ Y \tag{3.28}$$

其中：

$$Z = T(P^{\mathrm{T}}W)W^{\mathrm{T}} \tag{3.29}$$

而 Z^+ 表示伪逆矩阵：

$$Z^+ = (Z^{\mathrm{T}}Z^+)^{-1}Z^{\mathrm{T}} \tag{3.30}$$

需要注意的是，PLS 可能会受到描述符缩放的影响[38]。描述符的缩放幅度会影响协方差矩阵，因此会改变主导的特征向量，从而以非线性方式改变权重系数；正如 Cramer 所述，这与普通的最小二乘法相反：当改变一个线性独立的描述符，相当于在权重上增加一个因数，而这个因数则是变化的倒数。

对比主成分回归（principal component regression，PCR）和 PLS，PCR 是在不考虑响应的情况下，最大化描述符空间的方差，并且最大变化的描述符可能不一定能解释响应的变化。而 PLS 则是使描述符和响应之间的协方差最大化。

小结

当观测值的数量大于描述符的数量时，过拟合通常不会是线性回归的问题。如果观察值多于描述符数，则 OLS 通常应该有效。如果有更多的描述符数，则可以采用 PLS 方法。

3.5.3　决策树和随机森林

更复杂和更强大的方法是使用决策树来建模描述符和生物活性之间的关系。

决策树是通过对描述符进行仔细排序来划分观测值的算法，主要用于分类分析。决策树根据其结果是如何可视化的方式命名。决策树从单个节点（或根节点）开始。节点代表描述符。分支表示一个分区准则（决策），然后从该节点派生出来，该节点要么足以对满足该决策的所有观察进行分类，要么通向另一个节点，从而产生另一个决策。创建分区，直到所有观察结果都正确地被分类，或者直至到达树的某个深度。两种早期流行的决策树算法是 ID3 和 C4.5。ID3[39] 是一种只处理分类数据的算法，而 C4.5[40] 可以处理分类和连续数据——在此将讨论 ID3，关于 C4.5 的进一步信息，请参阅 Quinlan 的文章。为了理解这些算法是如何工作的，有必要先了解一下信息（information）的含义。

3.5.3.1　信息

信息论指出，信息或（香农）熵是不确定性的度量。揭示概率较低事件的结果，通常比概率较高的事件具有更多的信息。熵的表达式为：

$$H = \sum_{i=1}^{N} P_i \log_2 P_i \tag{3.31}$$

其中，H 为熵（注意：信息理论家用"H"代替"S"表示熵）；P_i 为事件 i 发生的概率。

投掷一枚有偏向性的硬币，并且有 100% 的概率是正面朝上，那么其熵将为零（这也可以视为落在反面的概率为 0%），在这种情况下：

$$H = \lim_{P_n \to 0} P_n \log_2 P_n = 0 \tag{3.32}$$

一枚有 90% 概率正面朝上的硬币的熵稍大（约 0.14），而一枚普通硬币的熵最大（0.5）。这个值本身并不重要，因为 $\log_2$ 只是用于约定（$\log_{10}$ 或自然对数同样可以轻松使用）。重要的是不同事件熵值的排序。

另一种处理熵的方法是考虑需要问多少有效的问题，才能揭示事件的结果。让我们再举一个抛硬币的例子，这一次，投掷了 8 次有严重偏向反面的硬币。每次抛硬币都可以被查询；然而，考虑到硬币存在严重的偏向性，这将是无效的。更有效的方法是把抛硬币分成四组，然后问："这组中有正面的吗？"。由于硬币严重偏向反面，在每组中发生罕见事件（硬币落在正面）的概率很低。因此，我们希望在每个问题之后，显示 50% 的剩余掷硬币结果，并在 3 个问题后显示所有掷硬币结果。这说明了为什么一枚均匀的硬币比一枚有偏向性的硬币有更多的熵——一枚均匀硬币的每一次投掷都需要将其作为问题提出。

3.5.3.2　算法

ID3 算法使用熵来决定在节点上使用哪个描述符。首先，响应的熵计算如下：

$$H(R) = -\sum_{i=1}^{N} P(R_i) \log P(R_i) \tag{3.33}$$

其中，H 为熵；R 为响应；N 为唯一响应的数量；$P(R_i)$ 为响应 i 的概率，或响应 i 与观察总数的比率，使得：

$$P(R_i) = \frac{\#i}{\#\text{observations}}$$

接下来，为每个描述符计算通过使用描述符对数据集进行分区获得的信息：

$$I(F,H) = H(R) - \sum_{j=1}^{N} P(F_j)H(R \mid F_j) \tag{3.34}$$

其中，$I(F,H)$ 为在给定熵 H 的情况下，通过对描述符 F 进行划分而获得的信息；$P(F_j)$ 的值为 j 的描述符 F 的概率；N 为描述符中唯一类的最大数量；$H(R \mid F_j)$ 的值为 j 的描述符 F 的响应熵。

以表 3.1 所示的数据集为例：

现在，如果计算"低""中"和"高"响应的每个变量——这可能是指细胞系对化合物的敏感性，我们得到的结果如表 3.2 所示。现在，分别计算熵和信息增益（见表 3.3）：

$$H(R) = -P(R_{\text{Low}})\log(R_{\text{Low}}) - P(R_{\text{Med}})\log(R_{\text{Med}}) - P(R_{\text{High}})\log(R_{\text{High}})$$
$$= 0.5288 + 0.5299 + 0.5085 = 1.5656 \tag{3.35}$$

我们发现，通过使用 MW 对数据进行分区可以获得最多的信息，因为 $I(MW|H(R))$ 的值为 0.4637，大于 $I(\log P|H(R))$ 和 $I(RB|H(R))$ 的计算值。

表 3.1 包含有关分子量（MW）、$\log P$ 和可旋转键数信息的 15 个分子。最后一列是描述其响应（活性）的分类

化合物	分子量	$\log P$	可旋转键数目	响应
1	<300	<1.5	5～10	中
2	>300	>2.5	5～10	低
3	>300	<1.5	5～10	高
4	>300	<1.5	<5	高
5	>300	<1.5	<5	中
6	<300	>2.5	>10	中
7	>300	>2.5	5～10	低
8	<300	>2.5	>10	中
9	>300	<1.5	>10	低
10	<300	1.5～2.5	5～10	高
11	>300	<1.5	>10	低
12	>300	>2.5	5～10	低
13	<300	1.5～2.5	<5	高
14	>300	>2.5	>10	低
15	>300	1.5～2.5	5～10	中

表 3.2　扩展变量及其计算值。例如，$P(R_{\text{Low}})$ 计算为 6/15：6 个低响应除以 15 个总响应

变量	值	变量	值	变量	值
$P(R_{\text{Low}})$	$\dfrac{6}{15}$	$P(R_{\text{Med}})$	$\dfrac{5}{15}$	$P(R_{\text{High}})$	$\dfrac{4}{15}$
$H(R_{\text{Low}}\vert MW_{<300})$	$\left(\dfrac{0}{6}\right)\log\left(\dfrac{0}{6}\right)$	$H(R_{\text{Med}}\vert MW_{<300})$	$\left(\dfrac{4}{6}\right)\log\left(\dfrac{4}{6}\right)$	$H(R_{\text{High}}\vert MW_{<300})$	$\left(\dfrac{2}{6}\right)\log\left(\dfrac{2}{6}\right)$
$H(R_{\text{Low}}\vert MW_{>300})$	$\left(\dfrac{6}{6}\right)\log\left(\dfrac{6}{9}\right)$	$H(R_{\text{Med}}\vert MW_{>300})$	$\left(\dfrac{1}{9}\right)\log\left(\dfrac{1}{9}\right)$	$H(R_{\text{High}}\vert MW_{>300})$	$\left(\dfrac{2}{9}\right)\log\left(\dfrac{2}{9}\right)$
$H(R_{\text{Low}}\vert \log P_{<1.5})$	$\left(\dfrac{2}{6}\right)\log\left(\dfrac{2}{6}\right)$	$H(R_{\text{Med}}\vert \log P_{<1.5})$	$\left(\dfrac{2}{6}\right)\log\left(\dfrac{2}{6}\right)$	$H(R_{\text{High}}\vert \log P_{<1.5})$	$\left(\dfrac{2}{6}\right)\log\left(\dfrac{2}{6}\right)$
$H(R_{\text{Low}}\vert \log P_{1.5-2.5})$	$\left(\dfrac{0}{3}\right)\log\left(\dfrac{0}{3}\right)$	$H(R_{\text{Med}}\vert \log P_{1.5-2.5})$	$\left(\dfrac{1}{3}\right)\log\left(\dfrac{1}{3}\right)$	$H(R_{\text{High}}\vert \log P_{1.5-2.5})$	$\left(\dfrac{2}{3}\right)\log\left(\dfrac{2}{3}\right)$
$H(R_{\text{Low}}\vert \log P_{>2.5})$	$\left(\dfrac{4}{6}\right)\log\left(\dfrac{4}{6}\right)$	$H(R_{\text{Med}}\vert \log P_{>2.5})$	$\left(\dfrac{2}{6}\right)\log\left(\dfrac{2}{6}\right)$	$H(R_{\text{High}}\vert \log P_{>2.5})$	$\left(\dfrac{0}{6}\right)\log\left(\dfrac{0}{6}\right)$
$H(R_{\text{Low}}\vert RB_{<5})$	$\left(\dfrac{0}{3}\right)\log\left(\dfrac{0}{3}\right)$	$H(R_{\text{Med}}\vert RB_{<5})$	$\left(\dfrac{1}{3}\right)\log\left(\dfrac{1}{3}\right)$	$H(R_{\text{High}}\vert RB_{<5})$	$\left(\dfrac{2}{3}\right)\log\left(\dfrac{2}{3}\right)$
$H(R_{\text{Low}}\vert RB_{5-10})$	$\left(\dfrac{3}{7}\right)\log\left(\dfrac{3}{7}\right)$	$H(R_{\text{Med}}\vert RB_{5-10})$	$\left(\dfrac{2}{7}\right)\log\left(\dfrac{2}{7}\right)$	$H(R_{\text{High}}\vert RB_{5-10})$	$\left(\dfrac{2}{7}\right)\log\left(\dfrac{2}{7}\right)$
$H(R_{\text{Low}}\vert RB_{>10})$	$\left(\dfrac{3}{5}\right)\log\left(\dfrac{3}{5}\right)$	$H(R_{\text{Med}}\vert RB_{>10})$	$\left(\dfrac{2}{5}\right)\log\left(\dfrac{2}{5}\right)$	$H(R_{\text{High}}\vert RB_{>10})$	$\left(\dfrac{0}{5}\right)\log\left(\dfrac{0}{5}\right)$

表 3.3　为每个特征计算的信息增益（I）

$I(MW\vert H(R)) = H(R) - P(MW_{<300})(H(R\vert MW_{<300})) - P(MW_{>300})(H(R\vert MW_{>300}))$	0.4637
$I(\log P\vert H(R)) = H(R) - P(\log P_{<1.5})(H(R\vert \log P_{<1.5})) - P(\log P_{1.5-2.5})(H(R\vert \log P_{1.5-2.5}))$ $- P(\log p_{>2.5})(H(R\vert \log P_{>2.5}))$	0.3806
$I(RB\vert H(R)) = H(R) - P(RB_{<5})(H(R\vert RB_{<5})) - P(RB_{5-10})(H(R\vert RB_{5-10}))$ $- P(RB_{>10})(H(R\vert RB_{>10}))$	0.3317

表 3.4　数据表已重新排序，以展示基于第一个决策节点的分离。分子量较低的化合物均表现出高或中响应，证明分子量是一种很好的第一级分类器

化合物	分子量	$\log P$	可旋转键数目	响应
1	<300	<1.5	5～10	中
5	<300	<1.5	<5	中
6	<300	>2.5	>10	中
8	<300	>2.5	>10	中
10	<300	1.5～2.5	5～10	高
13	<300	1.5～2.5	<5	高
2	>300	>2.5	5～10	低

化合物	分子量	$\log P$	可旋转键数目	响应
3	>300	<1.5	5 ～ 10	高
4	>300	<1.5	<5	高
7	>300	>2.5	5 ～ 10	低
9	>300	<1.5	>10	低
11	>300	<1.5	>10	低
12	>300	>2.5	5 ～ 10	低
14	>300	>2.5	>10	低
15	>300	1.5 ～ 2.5	5 ～ 10	中

表 3.5 MW<300 节点上每个特征的熵和信息增益计算

$H(R|MW_{<300})$	0.9183
$I(\log P|MW_{<300})$	0.9183
$H(RB|MW_{<300})$	0.2516
$H(R|MW_{<300})$	0.9183
$I(\log P|MW_{<300})$	0.9183
$I(R|MW_{<300})$	0.2516

在表 3.4 中，展示了相同的 15 个化合物，在第一个节点后按分子量（MW）分组。请注意，MW<300 分组不包含任何具有"低"响应的化合物。MW 值较低的化合物均表现为"High（高）"或"Med（中）"响应，证明 MW 是一种很好的第一级分类器。

继续使用算法确定在决策中使用的下一个节点（见表 3.5）。

在 MW<300 分支下，下一个节点采用 $\log P$ 进行分区，则所有的观察结果都能够被正确分类。因此这个分支（MW<300）就可以停止了。

对于 MW<300 的分支，扩展变量如表 3.6 所示。

表 3.6 MW >300 节点上每个特征的熵和信息增益计算

$H(R|MW_{>300})$	1.2244
$I(\log P|MW_{>300})$	0.78
$I(RB|MW_{>300})$	0.4628

将使用 $\log P$ 进行下一个分区，因为信息增益更大（0.78）。

现在，有了一个决策树（见图 3.7），该树从根节点开始，使用 MW 对数据进行分区。两个分支末端的下一个节点，将根据 $\log P$ 值对数据进行分区。用 $\log P$ 对 MW<300 的化合物进

行了正确分类。对于 $MW>300$ 的化合物，我们将"作弊"——通过手动完成决策树。

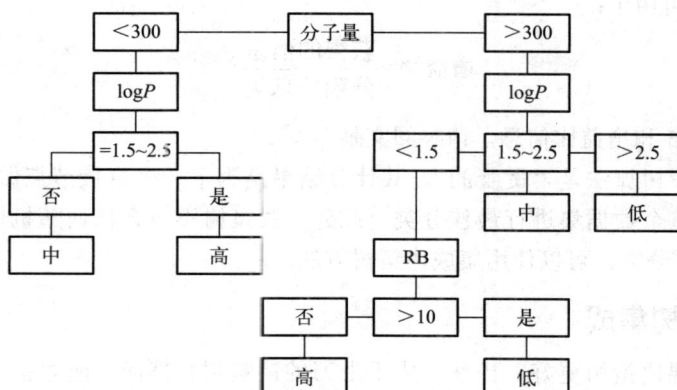

图 3.7　决策树分类模型，确定了分类所依据描述符的优先级

值得注意的是，图 3.7 中的决策树将数据分为三个分支。由于计算简单，决策树算法通常执行二元分割，并避免信息的组合爆炸。在这种情况下，将获得如图 3.8 所示的决策树。

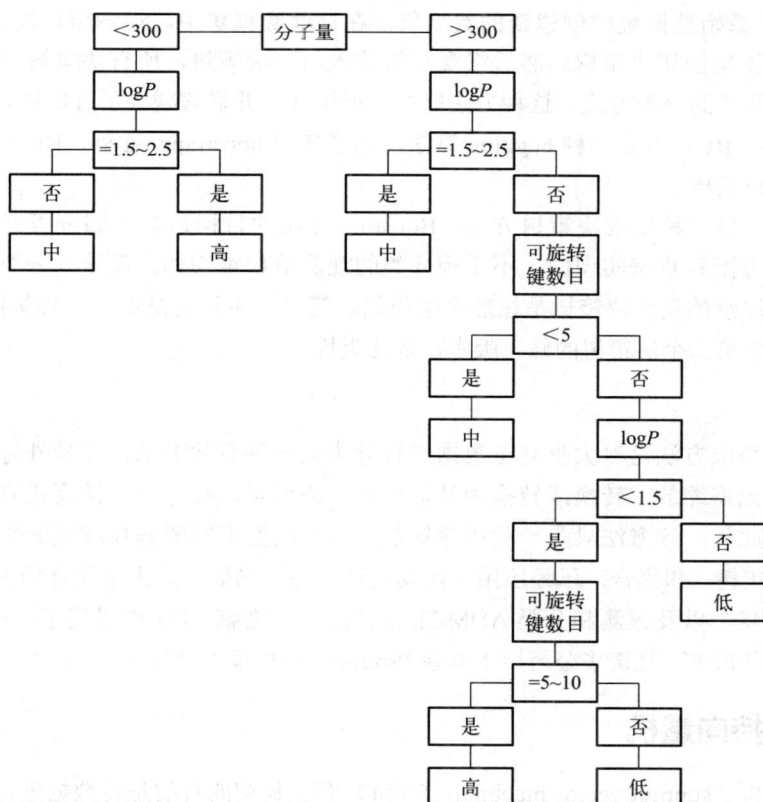

图 3.8　使用 ID3 算法的二元决策树分类模型

C4.5 算法与 ID3 非常相似，但有一些小的差异。该算法仍然使用信息 / 熵，但决策函数基于信息增益率，而不是信息增益。如果可以将 ID3 等式一般视为：

$$获得的信息 = 熵 - 分割信息量 \qquad (3.36)$$

则 C4.5 算法可用于：

$$增益率 = \frac{获得的信息}{分割信息量} \qquad (3.37)$$

更多关于 C4.5 和增益比信息，请参阅文献 [40]。

通常认为决策树算法是"贪婪的"。其计算结果是为下一个直接节点做出"最佳"决策。这并不一定会对整个数据集进行最佳分类。此外，决策树不包含任何随机性，因此结果总是相同的。为了改进分类，可以使用集成决策树方法。

3.5.3.3 决策树集成

有什么比一棵决策树更好？当然，成千上万的决策树！然而，刚才提到决策树遵循一个非常严格的过程，每次都会产生相同的分类，那么执行数千个决策树会有什么帮助呢？通过使用原始数据集的不同子集创建决策树，集成允许在大型数据集之间进行泛化。集成方法可用于通过随机选择数据，来创建多个决策树。由于数据不同，会创建不同的决策树。两种不同类型的集成方法是 bagging（自助投票）[41] 和 boosting（自适应提升）[42]。

Bagging 代表"引导聚合"（boostrap aggregation）。Bootstrapping 意味着替换采样。因此，bagging 算法从原始数据集中创建新的数据集，在这些数据集中，观测值可能会重复。然后，根据这些新数据集创建决策树。然后将观察值放入所有决策树，所有决策树结果之间的投票模式将决定观察值的分类方式。这种方法提高了通用性，并显著减少了过度拟合❶。随机森林（random forest，RF）就是一种 bagging 算法，除了使用 boostrapping 外，RF 还使用描述符的随机子集创建决策树。

Boosting 是另一种集成决策树方法。Boosting 算法的目标是增强弱分类器；这是通过给所有的观察值分配权重来实现的。不正确分类的观测值权重增加，而正确分类的观测值的权重减少。需要注意的是，决策树是按顺序生成的。第二个决策树是第一个决策树的修正版本，第三个决策树是第二个决策树的修正版本，依此类推。

小结

决策树和集成方法是对大量高维数据进行分类的一种有效方法，其额外好处是数据可以原样使用，而无需缩放、转换或转换为其他形式。缺点是，在这些方法真正有用之前，需要大量的数据。此外，该方法只是一种排序算法——该模型不试图解释或理解数据与描述符之间的关系。决策树（和集合）已经应用于药物发现任务，例如：为大量化合物集合选择信息量最大的描述符集，以及预测和分类 ADMET 特性；参考文献 [43] 中引用了一些示例。最近，这些方法（连同 PLS）被诺华公司用于创建 Profile-QSAR 模型 [44]。

3.5.4 支持向量机

支持向量机（support vector machine，SVM）算法最初的目的是将数据进行二分，并假设

---

❶ bagging 算法（英语：bootstrap aggregating，引导聚集算法），又称装袋或自助投票算法，是机器学习领域的一种群体学习算法。最初由 Leo Breiman 于 1996 年提出。Bagging 算法可与其他分类、回归算法结合，在可提高其准确率、稳定性的同时，还可以通过降低结果的方差，避免过拟合的发生。——译者注

数据是线性可分离的[45]。SVM 通过找到一个分离数据的超平面来分离数据——超平面一侧的任何数据都被分类为一组，而另一侧的数据被分类为第二组。"超平面"是一种数学术语，指的是一张纸或一个平面，该平面能穿过一系列多维数据，并将其分离（分类）；如果数据是二维的，则此分隔符将是一条线。

这意味着，当描述符为数字且响应数据为二进制（即是 / 否、1/0、开 / 关、活性 / 非活性）时，可以使用 SVM 算法。支持向量机可以被分解为超平面（hyperplanes）、核函数（kernels）和支持向量（support vectors）。

3.5.4.1　超平面

支持向量机找到将数据划分为各自类别的超平面。但并不是任何超平面都能成功地分离数据：该平面是一个最大化两个类中最近点之间距离的超平面（见图 3.9）。

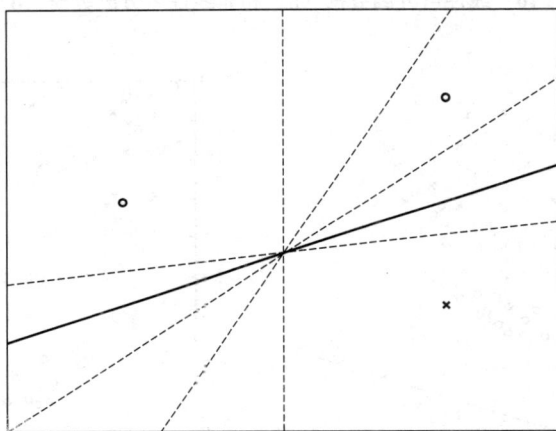

图 3.9　代表两个类别的三个数据点（两个 o 和一个 ×）生成了五个超平面（黑线）

在图 3.9 中，两个超平面（坡度最陡的两个）没有成功地对数据点进行分类，因为两侧都有一个 "o" 数据点。剩下的两个虚线超平面成功地分离了数据点。但是，与超平面和点的距离并未最大化。实心黑色超平面是最优超平面，因为数据点被成功分类，并且数据点到超平面的距离最大化。最大化边距背后的逻辑（见后文）是：如果添加任何新数据点，新点可能会接近同一类的现有数据点。如果一个超平面离一个数据点太近，则该平面可能会发生巨大的变化，以适应新的数据点。最大限度地提高边际，可以促进最稳定模型的生成。

3.5.4.2　核函数

核函数是将数据转换或将数据投影到更高维度的函数——即所谓的 "核函数技巧（kernel trick）"。在图 3.10 中，我们说明了线性可分离和非线性可分离数据的概念，并讨论了用于分类 / 分离数据的核函数。

支持向量机模型只有在使用合适的核函数时才能成功。如果数据如图 3.10（b）所示的分布，则该线性核函数不合适。当数据不是线性可分时，需要使用不同的核函数。例如，在图 3.10（b）中，我们用 2D 绘制了数据。如果将数据投影到第三维 Z 中，其中 $Z = x^2 + y^2$，可以看到数据分离（参见图 3.11）。

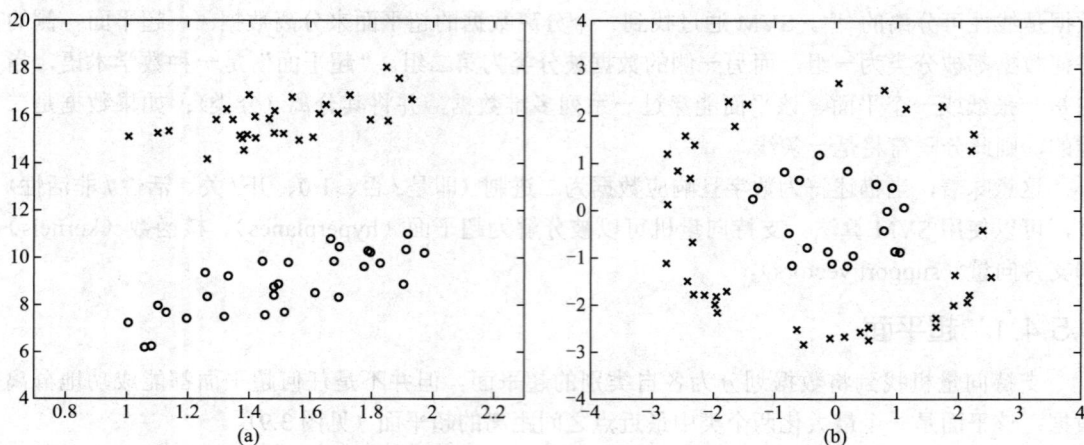

图 3.10 线性可分离数据（a）和非线性可分离数据（b）

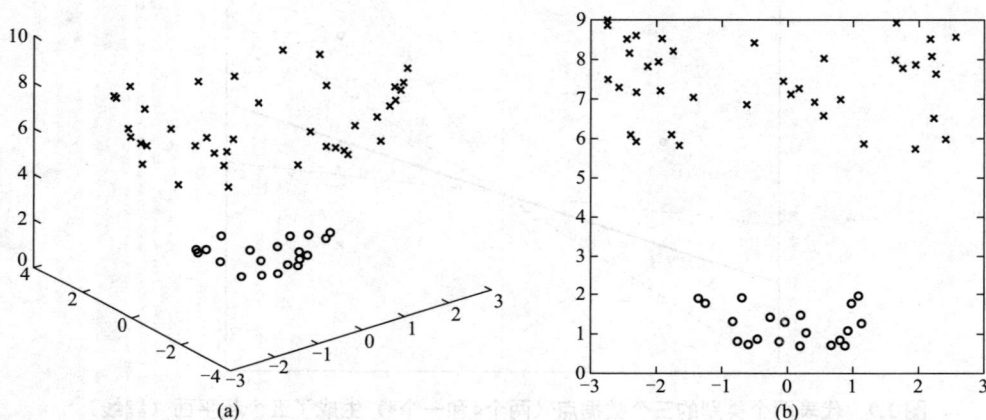

图 3.11 从图 3.10（b）投影到第三维的数据（a）以及将投影数据绘制在 *X-Z* 轴上，
以突出非线性可分数据在转换后是如何线性可分的（b）

转换后，可以找到一个 *Z* 值，来对数据进行分类。在这个例子中，**我们看到使用正确的核函数是 SVM 模型成功的基础**。

3.5.4.3 支持向量

如前所述，最佳超平面取决于两类中最近的点。超平面和最近点之间的距离称为边界，距离边界最近的点称为支持向量。

在图 3.12 中，生成了一个超平面（深黑线）。超平面的法线是垂直于超平面的单位向量。箭头指示单位矢量指向数据点的方向。但在超平面上的什么地方找到法线并不重要。

计算按以下步骤进行：

① 在超平面上选择一个点。

② 找到那个点的法线 *w*。

③ 确保将法线转换为单位向量 *u*。

④ 生成向量 *p*，即数据点向量 *a* 在单位向量 *u* 方向上的投影。

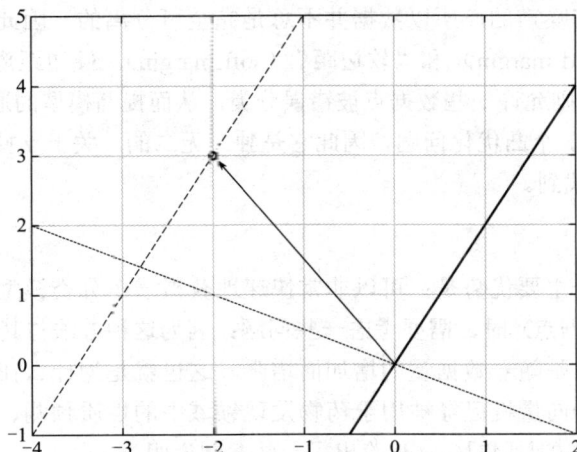

图 3.12　用于计算超平面到数据点距离的投影矢量

箭头指示单位矢量到数据点钩方向。超平面显示为黑实线，法线显示为虚线

$$a \cdot p = (u \cdot a) * u \tag{3.38}$$

⑤ 我们希望一类中最近数据点的 p 值与第二类中最近数据点的 p 值相同。

在计算向量 p 时，我们计算了一个点到超平面的距离（$u \cdot a$）。点积产生一个无量纲数（标量），该平面提供了到超平面距离的大小。

现在，如果定义一个法向量（w）和一个向量 x，其中 $x=(x_1, x_2, \cdots)$，b 为交点：

$$(w \cdot x)+b=0 \tag{3.39}$$

这个等式定义了超平面。但是，对于不在超平面上的点，表达式不等于 0：

$$(w \cdot x)+b \neq 0 \tag{3.40}$$

表示距离的点积可以是正数或负数，具体取决于点位于超平面的哪一侧。现在，如果将 y 定义为：

$$y=1 \text{ 假设 } (w \cdot x)+b>0 \text{ 和 } y=-1 \text{ 假设 } (w \cdot x)+b<0 \tag{3.41}$$

如果满足以下条件，则所有点都被正确分类：

$$y(w \cdot x)+b>0 \tag{3.42}$$

对于每个超平面，需要优化的等式（Margin）由下式给出：

$$\text{Margin} = \min_{w,b} y\left(\frac{w}{\|w\|}\right) \cdot x + \frac{b}{\|w\|} \tag{3.43}$$

法线 w 已按其大小进行缩放，$\|w\|$，以使等式具有缩放不变性。

如果等式没有缩放（标准化），法向量的大小会极大地影响结果；因为唯一的影响因素应该是法线向量的方向。这是通过将法向量转换为单位法向量来实现的。使用缩放不变的等式，可以比较具有不同法向量的多个超平面。

Margin 函数为每个超平面找到最近点的距离，这是我们希望在所有超平面上最大化的值。

max Margin（最大边际）

即：

$$y\left(\frac{w}{\|w\|}\right) \cdot x + \frac{b}{\|w\|} \geqslant \text{Margin}（边际） \tag{3.44}$$

由于真实数据是有噪声的，所以数据并不总是完全可分离的。因此，支持向量机算法可以包括"硬边距"（hard margin）和"软边距"（soft margin）。硬边距意味着所有数据都需要被正确分类，而软边距则允许一些数据点被错误分类，从而提高模型的通用性。

因为 SVM 的解是一个凸优化问题，因此它是独一无二的。关于支持向量机的更多信息可以在参考文献［46］中找到。

小结

支持向量机的一个主要优势是：可以非常快速地获得一个分类模型。但是将其应用在大数据（超过 10000 个数据点）时，需要考虑一些问题：因为这种方法与其他经典 ML 方法一样，模型的表现能力并不总是随着数据量的增加而增强。这也就是为什么在数据量很大时使用深度学习方法。目前支持向量机已经被用于药物发现领域中的性质预测、评估合成可行性以及探索活性悬崖等。参考文献 ［47］(a)-(d) 给出了一些案例说明。

3.6　总结

嚄，这真的有好多数学公式！如果您继续阅读下去，那么恭喜您！您已经成为了一名拥有药物化学信息学知识的专家，并且强化了自己的水平。

现在，您已经了解了一些流行的 ML 算法、方法或工具。您可能会想，"什么是最好的方法？"交叉验证不仅适用于数据集（记住要留出一些！），而且也适用于 ML 方法。简而言之，尝试所有方法，看看模型是什么样的。ML 方法的成功取决于数据集的固有结构和数值。有些方法完全不适用，这取决于建模需求（分类或回归），或者数据是否为数值。

据报道，已有的 SVM 和集成决策树方法对一般分类问题更为准确[48]；然而，没有一种方法能够解决所有的问题。

令人难以置信的好消息是，大多数商业软件包都以合理的起始参数，实现了这些算法。因此您只需单击几下按钮，即可在数据上运行 ML 模型，而无需担心底层的科学知识或方法的具体细节。然而，我们的观点（以及大多数计算科学家的观点）是，无意识地点击按钮，并不是好的建模方法。对底层算法及其优点和局限性的了解，将使您能够为试图建模的数据选择最合适的方法，同时当你选择的方法产生难以理解的结果时，也有助于避免无效的尝试，以及由此带来无尽的烦恼。

致谢

作者得到了英国皇家科学院（CRUK）曼彻斯特研究所药物发现部门（C5759/A17098）的支持，并非常感谢我们的 DDU 负责人 Caroline Springer 教授对我们的工作支持。我们还要感谢 Simon Pearce 博士和 Angelo Pugliese 博士提出的有益建议和对材料的审阅。

参 考 文 献

[1] https://deepmind.com/（last accessed September 2019）.

[2] （a）J. De Fauw, J. R. Ledsam, B. Romera-Paredes, S. Nikolov, N. Tomasev, S. Blackwell, H. Askham, X. Glorot, B. O'Donoghue, D. Visentin, G. van den Driessche, B. Lakshminarayanan, C. Meyer, F. Mackinder, S. Bouton, K. Ayoub, R. Chopra, D. King, A. Karthikesalingam, C. O. Hughes, R. Raine, J. Hughes, D. A. Sim, C.

Egan, A. Tufail, H. Montgomery, D. Hassabis, G. Rees, T. Back, P. T. Khaw, M.Suleyman, J. Cornebise and P. A. Keane, Nat. Med., 2018, 24 （9）, 1342；（b）J. J. Titano, M. Badgeley, J. Schefflein, M. Pain, A. Su, M. Cai, N. Swinburne, J. Zech, J. Kim, J. Bederson, J. Mocco, B. Drayer, J. Lehar, S. Cho, A. Costa and E. K. Oermann, Nat. Med., 2018, 24 （9）, 1337；（c）C. J. Lynch and C. Liston, Nat. Med., 2018, **24** （9）, 1304.

[3] D. Silver, A. Huang, C. J. Maddison, A. Guez, L. Sifre, G. van den Driessche, J. Schrittwieser, I. Antonoglou, V. Panneershelvam, M. Lanctot, S. Dieleman, D. Grewe, J. Nham, N. Kalchbrenner, I. Sutskever, T. Lillicrap, M. Leach, K. Kavukcuoglu, T. Graepel and D. Hassabis, *Nature*, 2016, **529**, 484.

[4] M. H. S. Segler, M. Preuss and M. P. Waller, *Nature*, 2018, **555**, 604-610.

[5] According to a recent PR Newswire article, the AI in healthcare market was worth USD\$667M （2016）, and project to reach close to USD\$8B by 2022. https://www.prnewswire.com/news-releases/global-artificial-intelligencein-healthcare-market-2017-2022-market-is-expected-to-reach-usd-79888- million-at-a-cagr-of-5268—research-and-markets-300464679.html.

[6] UK-based BenevolentAI recently raised \$115M for AI-enabled drug development；Exscientia has signed deals with Celgene, GSK and Sanofi；and celebrated a recent success milestone in the GSK COPD collaboration delivering an in vivo active lead, through 5 cycles and only 85 compounds tested. Further, the UK launched the AI Sector Deal, a d1B fund to make the UK a global leader. https://www.gov.uk/government/publications/ artificial-intelligence-sector-deal/ai-sector-deal；https://benevolent.ai/news/announcements/benevolentai-raises-115m-for-ai-enabled-drugdevelopment；https://www.exscientia.co.uk/news/2019/3/20/celgene-andexscientia-enter-3-year-ai-drug-discovery-collaboration-focused-onaccelerating-drug-discovery-in-oncology-and-autoimmunity；https://www.exscientia.co.uk/news/2019/4/3/exscientia-achieves-discovery-milestonein-gsk-collabora-tion.

[7] （a）C. J. Hansch, *J. Comput.-Aided Mol. Des.*, 2011, **25** （6）, 495；（b）C. J. Hansch, P. P. Maloney, T. Fujita and R. M. Muir, *Nature*, 1962, 194, 178.

[8] S. M. Free and J. W. Wilson, *J. Med. Chem.*, 1964, **7** （4）, 395.

[9] S. Kim, J. Chen, T. Cheng, A. Gindulyte, J. He, S. He, Q. Li, B. A. Shoemaker, P. A. Thiessen, B. Yu, L. Zaslavsky, J. Zhang and E. E. Bolton, *Nucleic Acids Res.*, 2019, 47 （D1）, D1102.

[10] A. Gaulton, A. Hersey, M. Nowotka, A. P. Bento, J. Chambers, D. Mendez, P. Mutowo, F. Atkinson, L. J. Bellis, E. Cibrián-Uhalte, M. Davies, N. Dedman, A. Karlsson, M. P. Magariños, J. P. Overington, G. Papadatos, I. Smit and A. R. Leach, *Nucleic Acids Res*, 2017, **45** （D1）, D945.

[11] （a）P. Tiikkainen, L. Bellis, Y. Light and L. Franke, *J. Chem. Inf. Model.*, 2013, **53**, 2499；（b）I. Cortes-Ciriano, A. Bender and T. E. Malliavin, *J. Chem. Inf. Model.*, 2015, **55** （7）, 1413；（c）A. Hersey, J. Chambers, L. Bellis, A. P. Bento, A. Gaultor and J. P. Overington, *Drug Discovery Today*, 2015, **14**, 17；（d）G. Papadatos, A. Gaulton, A. Hersey and J. P. Overington, *J. Comp.-Aided Mol. Design*, 2015, **29** （9）, 885；（e）K. Mansouri, C. M. Grulke, A. M. Richard R. S. Judson and A. J. Williams, *SAR QSAR Environ Res.*, 2016, **27** （11）, 911.

[12] Y.-C. Lo, S. E. Rensi, W. Torng and R.B. Altman, *Drug Discovery Today*, 2018, **23** （8）, 1538.

[13] S. Wold, K. Esbensen and P. Geladi, *Chemom. Intell. Lab. Syst.*, 1987, **2**, 37.

[14] （a）ROCS 3.3.1.2：OpenEye Scientific Software, Santa Fe, NM；（b）P. C. D. Hawkins, A. G. Skillman and A. Nicholls, *J. Med. Chem.*, 2007, **50**, 74.

[15] T. Cheeseright, M. Mackey, S. Rose and A. Vinter, *J. Chem. Inf. Model.*, 2006, **46** （2）, 665.

[16] （a）Y. Xu, J. Ma, A. Liaw, R. P. Sheridan and V. Svetnik, *J. Chem. Inf. Model.*, 2017, **57**, 2490；（b）https://

www.kaggle.com/c/MerckActivity.

［17］G. E. Dahl, N. Jaitly and R. Salakhutdinov, 2014, https://arxiv.org/abs/ 1406.1231.

［18］Y. Ogata and M. Tsuchida, *Ind. Eng. Chem.*, 1957, **49**（3）, 415.

［19］（a）S. Sagarika, C. Adhikari, M. Kuanar and B. K. Mishra, *Curr. Comput.-Aided Drug Des.*, 2016, **12**（3）, 181；
（b）A. Mauri, V. Consonni and R. Todeschini, *Handbook of Computational Chemistry*, ed. J. Leszczynski *et al.*,
Springer International Publishing, Switzerland, ch. **49**, 2017, pp. 2066-2093.

［20］（a）R. D. Cramer Ⅲ, D. E. Patterson and J. D. Bunce, J. Am. Chem. Soc., 1988, 110（18）, 5959；（b）M. Clark, R. D.
Cramer Ⅲ, D. M. Jones, D. R. Patterson and P. E. Simeroth, *Tetrahedron Comput. Methodol.*, 1990, **3**（1）, 47.

［21］（a）R. Guha and E. Willighagen, Curr. Top. *Med. Chem.*, 2012, **12**（18）, 1946；（b）Y.-C. Lo, S. E. Rensi, W.
Torng and R.B. Altman, *Drug Discovery Today*, 2018, **23**（8）, 1538；（c）D. Stumpfe and J. Bajorath, *Wiley
Interdiscip. Rev.: Comput. Mol. Sci*, 2011, 260.

［22］（a）T. T. Tanimoto, An Elementary Mathematical Theory of Classification and Prediction in Internal IBM
Technical Report, 1957；（b）D. J. Rogers and T. T. Tanimoto, *Science*, 1960, **132**（3434）, 1115；（c）P.
Willett, J. M. Barnard and G. M. Downs, *J. Chem. Inf. Comput. Sci.*, 1998, **38**, 983；（d）G. Maggiora, M.
Vogt, D. Stumpfe and J. Bajorath, *J. Med. Chem.*, 2013, **57**, 3186.

［23］（a）H. Eckert and J. Bajorath, Drug Discovery Today, 2007, **12**, 225；（b）Y. C. Martin, J. L. Kofron and L. M.
Traphagen, *J. Med. Chem.*, 2002, **45**, 4350.

［24］J. W. Godden, L. Xue and J. Bajorath, *J. Chem. Inf. Comput. Sci.*, 2000, **40**, 163.

［25］A. Tversky, *Psychol. Rev.*, 1977, **84**, 327.

［26］L. R. Dice, *Ecology*, 1945, **26**, 297.

［27］A. Golbraikh and A. Tropsha, *J. Mol. Graph. Model.*, 2002, **20**, 269.

［28］M. A. Kendall, *Biometrika*, 1938, **30**（1-2）, 81.

［29］（a）M. A. Khanfar and M. O. Taha, *J. Chem. Inf. Model.*, 2013, **53**, 2587；（b）T. S. Chitre, K. D. Asgaonkar,
S. M. Patel, S. Kumar, V. M. Khedkar and D. R. Garud, *Comp. Bio. & Chem.*, 2017, **68**, 211.

［30］J. Liu, G. Patlewicz, A. J. Williams, R. S. Thomas and I. Shah, *Chem. Res. Toxicol.*, 2017, **30**（11）, 2046.

［31］S. Chavan, A. Abdelaziz, J. G. Wiklander and I. A. Nichols, *J. Comp.-Aided Mol. Design*, 2016, **30**（3）, 229.

［32］K.-C. Chou, *J. Theo. Biol.*, 2011, **273**（1）, 236.

［33］O. Sutton, Introduction to k Nearest Neighbour Classification and Condensed Nearest Neighbour Data
Reduction, *University of Leicester*, 2012. Available: http://www.math.le.ac.uk/people/ag153/homepage/ KNN/
OliverKNN_Talk.pdf.

［34］（a）R. Tibshirani, J. Roy Stat. Soc. Series B, 1996, **58**（1）, 267；（b）R. Tibshirani, *Stat. Med.*, 1997, **16**（4）, 385.

［35］S. Reid, R. Tibshirani and J. Friedman, *J. Statistica Sinica*, 2016, **26**, 35.

［36］H. Wold, Estimation of principal components and related models by iterative least squares, in *Multivariate
Analysis*, ed. P. R. Krishnaiah, Academic Press, New York, 1996, pp. 391-420.

［37］A. E. Stott, S. Kanna, D. P. Mandic and W. T. Pike, An online NIPALS algorithm for Partial Least Squares.
International Conference on Acoustics, Speech, and Signal Processing（ICASSP）, 2017, DOI: 10.1109/
ICASSP.2017.7952943.

［38］R. D. Cramer Ⅲ, Perspect. *Drug Discovery Des.*, 1993, **1**, 269.

［39］J. R. Quinlan, *Mach. Learn.*, 1986, **1**, 81.

［40］（a）J. R. Quinlan, C4.5: *Programs for Machine Learning*, Morgan Kauffmann, San Mateo, CA, 1992；（b）S. L.

Salzberg, *Mach. Learn.*, 1994, **16**, 235.

[41] L. Breiman, *Mach. Learn.*, 1996, **24** (2), 123.

[42] Y. Freund and R. E. Shapire, *J. Comput. Syst. Sci.*, 1997, **55** (1), 119.

[43] （a） G. Cano, J. Garcia-Rodriguez, A. Garcia-Garcia, H. Perez-Sanchez, J. A. Benediktsson, A. Thapa and A. Barr, *Expert Syst. App*, 2017, **72**, 51；（b） E. Deconick, M. H. Zhang, D. Coomans and Y. Van der Heyden, *J. Chem. Inf. Model.*, 2006, **46**, 1410；（c） M. P. Gleeson, N. J. Waters, S. W. Paine and A. M. Davis, *J. Med. Chem.*, 2006, **49** (6), 1953；（d） C. Lamanna, M. Bellini, A. Padova, G. Westerberg and L. Maccari, *J. Med. Chem.*, 2008, **51** (10), 2891；（e） I. Olier, N. Sadawi, G. R. Bickerton, J. Vanschoren, C. Grosan, L. Soldatova and R. D. King, *Mach. Learn.*, 2018, **107** (1), 285；（f） P. Zane, H. Gieschen, E. Kersten, N. Mathias, C. Ollier, P. Johansson, A. Van den Bergh, S. Van Hemelryck, A. Reichel, A. Rotgeri, K. Schäfer, A. Müllertz and P. Langguth, Eur.*J. Pharm. Biopharm.*, 2019, **142**, 222.

[44] E. J. Martin, V. R. Polyakov, X.-W. Zhu, L. Tian, P. Mukherjee and X. Liu, *J. Chem. Inf. Model.*, 2019, DOI: 10.1021/acs.jcim.9b00375.

[45] C. Cortes and V. N. Vapnikm, *Mach. Learn.*, 1995, **20** (3), 273.

[46] https://shuzhanfan.github.io/2018/05/understanding-mathematics-behindsupport-vector-machines/.

[47] （a） D. Horvath, G. Marcou, A. Varnek, S. Kayastha, A. de la Vega de Leon and J. Bajorath, *J. Chem. Inf. Model.*, 2016, **56** (9), 1631-1640；（b） Y. Podolyan, M. A. Walters and G. Karypis, *J. Chem. Inf. Model.*, 2010, **50** (6), 979；（c） T. Cheng, Q. Li, Y. Wang and S. H. Bryant, *J. Chem. Inf. Model.*, 2011, **51** (2), 229；（d） V. G. Maltarollo, T. Kronenberger, G. Z. Espinoza, P. R. Oliveira and K. M. Honorio, Expert Opin. *Drug Discovery*, 2018, **14** (1), 23.

[48] M. Fernandez-Delgado, E. Cernadas and S. Barro, *J. Mach. Learn. Res.*, 2014, **15**, 3133.

第 4 章

非绝热分子动力学中的机器学习

JULIA WESTERMAYR[a] 和 PHILIPP MARQUETAND[*a,b,c]

[a] 奥地利，维也纳大学化学系，理论化学研究所，维也纳 1090，Währinger 街 17 号
[b] 奥地利，维也纳大学加速光反应发现研究平台，维也纳 1090，Whringer 街 17 号
[c] 奥地利，维也纳大学化学系，数据科学 @ 维也纳大学，维也纳 1090，Whringer 街 29 号
[*]Email：philipp.marquetand@univie.ac.at

4.1 引言

　　非绝热分子动力学模拟（nonadiabatic molecular dynamics simulations，NAMD），包含两个或更多个耦合的电子态，超越了 Born-Oppenheimer（玻恩 - 奥本海默）分子动力学模拟。正因为如此，才可以研究地球上生命和死亡起源的许多基本过程，如光合作用或 DNA 光损伤等 [1-3]。这里仅举几个应用实例，以了解分子结构与其光化学性质之间的关系，有助于设计新的光伏材料 [4, 5] 或光疗药物 [6]。

　　尽管 NAMD 模拟很重要，但该模拟方法受到了高维势能面（potential energy surfaces，PESs）的量子化学计算成本的限制，即涉及与靶标反应的相应分子构型的高能态。这种计算是 NAMD 模拟中最昂贵（耗费机时）的部分，并阻碍了其在长时间尺度上的应用。使用现代计算方法，最多可以模拟几皮秒，通常必须在精度和计算效率之间做出妥协 [7-9]。因此，为了加快模拟速度，并使长时间尺度和精准的 PESs 模拟成为可能，需要有更有效的方法来取代昂贵的量子化学计算。对于目前已经存在的、引入了许多近似的电子基态力场 [10-13]，导致得到不太准确的势。最近，随着机器学习（machine learning，ML）的兴起，已经成功地开发了电子基态的 ML 势 [14-39]，使 PES 势能得到准确的表征，从而使化学反应的研究成为可能，而这在标准力场中是不可能做到的。然而，就目前而言，还没有关于激发态势的标准力场，只有少数研究涉及激发态性质 ML 势的发展 [40-50]。与基态的 ML 势相比，在进行动力学模拟时，激发态的 ML 势发展缓慢的原因主要有以下两个方面。一方面，不仅要准确描述一个 PES；还需要考虑更多的其他因素。此外，进行精确的 NAMD 模拟不仅需要能量和相应的力，还需要考虑不同状态之间的耦合，这将给 ML 回归带来如下所述的额外挑战。

　　量子化学中几乎所有的方法都是基于 Born-Oppenheimer 近似，该近似允许人们分离电子和原子核的自由度。Born - Oppenheimer 近似适用于电子基态的许多几何结构，尤其适用于大多数分子的平衡态。然而，当两个或多个状态强耦合，并且电子和原子核在超短时间尺度上

重新排列时，该近似就会失效[51-53]。但是，该近似的使用对于 NAMD 的有效计算至关重要。它允许进行混合的量子 - 经典动力学模拟，其中采用经典的方法处理由电子组成的 PESs 上的原子核运动，而电子运动由遵循时间相关的薛定谔等式来处理。耦合不同 PESs 的基本要素，在 PESs 彼此接近的区域显示奇点，而在其他地方几乎消失。在具有相同自旋多重度的构象空间中，非绝热耦合（nonadiabatic couplings，NACs）起着重要作用，而自旋轨道耦合对不同自旋多重度态之间的跃迁起着关键作用。这些临界区域分别称为锥形交叉点或简单的态交叉点，不仅对量子化学计算构成障碍，而且对 PESs 的拟合也构成障碍[44-46,50]。

由于锥面交点处 NACs 的奇异性所带来的数值运算困难，促使人们去研究其他绝热势的非绝热化方法[48,54-57]。采用非绝热势是有利的，因为哈密顿量的非对角耦合元素具有平滑变化的性质。该处理方法的另一个优点是由于 Berry 或几何相位的影响消失，从而不影响动力学模拟的结果。Berry 相的重要性取决于采用动力学方法和所研究的化学体系。虽然 Berry 相位在某些情况下，可以安全地忽略[50,58]，但在其他情况下，却起着至关重要的作用，导致了在圆锥交叉点附近与路径相关的跃迁概率[59]。对于后一种情况，非绝热方法是可取的，但寻找有意义的非绝热势通常是一项乏味的工作[48]。量子化学计算的结果在绝热图中给出，因为非绝热波函数不是电子哈密顿量的本征函数。因此，非绝热势并不是唯一的，通常不可能找到非绝热势，特别是对于更大更复杂的分子。其中的一个原因是，在一定能量范围内，电子态的数量通常随着分子中原子的数量增加而增加，因此增加了提供所有所需电子态的计算工作量。近年来，人们提出了一些利用 ML 模型来改善绝热过程的计算方法[47-49]。在大分子中，即在 10 个到 100 个的原子范围内，应考虑更广泛使用的[47,60]，如线性振动耦合等近似模型[61]。由于这些内容超出了本章所讨论的范围，请读者参阅参考文献 [54] 及 [61-64]，以了解更多细节。虽然激发态动力学在非绝热条件下是有利的，但由于上述问题以及非绝热势的计算仍然是一项具有挑战性的任务，而在绝热条件下的动态 NAMD 模拟，仍然是首选的方法。

在 NAMD 模拟中，存在不同的近似来解释不同绝热状态之间的非绝热跃迁。表面跃迁法通常是精度和效率之间的一种很好的折中方法，因为该方法可以动态计算在原子核经典传播后获得几何形状的 PESs 及其相立的属性[65,66]。在最近的 ML 驱动 NAMD 模拟中[44-46,50]，该方法是首选方法，并允许使用 ML 模型对 PESs 进行动态探索[44,50]。在不同的 PESs 之间的转换或所谓的跃迁是随机确定的。可以使用不同的算法[58,66,67]来计算跃迁概率及其方向，其中最流行的算法基于 Tully 的最少切换算法[68]。在这种情况下，跃迁的概率取决于相邻状态之间的耦合[65]。另一个常用的算法是 Zhu-Nakamura 近似[58]，该方法省略了任何耦合的计算。有关跃迁算法的更多信息，请参阅参考文献 [68-77]。

在此，讨论了几种用于 NAMD 模拟计算的 ML 方法。在接下来的章节中，将对不同的算法，即线性模型（linear model，LR）、核岭回归（kernel-ridge regression，KRR）、支持向量回归（support vector regression，SVR）和人工神经网络（artificial neural networks，NNs）进行比较，并列出其优缺点。进一步说明了有效地生成的训练集，应该记住的是：通过昂贵的量子化学参考计算的化合物数量，应该很小。并将讨论波函数相位问题及其对耦合的影响，以及通常与矩阵符号中的非对角元素相对应的任何激发态属性，如跃迁偶极矩。选择亚甲基铵阳离子作为一个实例，其中训练集取自参考文献 [50]，包含了三个单重态的能量、相应的力、NACs 以及永久和过渡态偶极矩。然而，后一种属性将不在本章中进行讨论。

4.2 方法

4.2.1 机器学习（ML）模型

作为 ML 模型，本节探讨了 KRR、SVR 和 NNs 方法，并将其与作为基准模型的 LR 方法进行比较。本章的重点是 NNs。对于 LR、SVR 和 KRR，每个电子态都是独立建模的，因此对于含有 6 个原子的亚甲基铵阳离子的三个单线态，每个态的能量必须从一个分子几何结构的三种独立拟合中确定，梯度（如果没有以能量导数的方式进行拟合的话）有 18 个值，而 NACs 有 162 个值。通过使用两个状态 i 和 j 之间的 NAC 向量关系，其中 $NAC_{ij}=-NAC_{ji}$ 以及 $NAC_{ii}=0$，参数可以减少到 54 个。由于 NNs 可以同时将所有能态与一个分子几何结构联系起来，因此主要的关注焦点将集中在我们称之为多态的这个模型上。梯度作为 PESs[20] 的导数进行处理，而 NACs 在另一个额外的神经网络（NN）中一起处理。

4.2.1.1 线性模型（LR）

有监督 ML 的中心目标，以及回归的一般目标，是拟合一个函数，以找到输入（即分子几何形状）与其相应输出之间的最佳可能关系[78]，在我们的例子中，就是每个状态的能量和相应的力，以及每组状态之间的 NACs。在最简单的情况下，这种关系可以用一个线性函数来近似，

$$Y = b + w \cdot X \qquad (4.1)$$

其中，Y 是输出特性，X 是要拟合的数据，w 是系数，b 是常数偏差。通过采用普通最小二乘回归，在 scikit 学习中构建线性模型[79]。为了拟合 PESs，需要使用一个包含 X 和相应 Ys 的训练集。学习过程是基于找到参数 w 和 b，其中模型的预测属性 Y^p 与给定输入的原始值 Y 之间的误差最小[80]。

相应的损失函数为：

$$L = \sum_{i}^{N} \left(Y_i^p - Y_i \right)^2 \qquad (4.2)$$

$$\min_{w} \sum_{i}^{N} \left(\langle w, Y_i^p \rangle - Y_i \right)^2 \qquad (4.3)$$

由此产生的问题是一个最小化问题，可以通过遵循函数相对于权值的梯度来解决。

4.2.1.2 核岭回归（KRR）

核岭回归（Kernel ridge regression，KRR）是由岭回归而不是 LR 结合核技巧推导出来的。核岭回归在损失函数中添加了一个惩罚项，该惩罚项根据以下公式最小化：

$$\min_{w} \sum_{i}^{N} \left(\langle w, Y_i^p \rangle - Y_i \right)^2 + \lambda \|w\|^2 \qquad (4.4)$$

λ 是一个正则化器，也被称为 L2 惩罚，可添加该参数到权重中，用于控制过拟合[78]。在计算收敛时，由量子化学构成的训练集中的噪声应该很小，因此，在这些情况下的 λ 值也很小[82]。可用核技巧将输入和输出之间没有线性关系的训练集映射到更高维空间，在高维空

间中，训练集是线性可分离的，从而产生了一个非线性模型，其非线性由所用核的类型 $\boldsymbol{K}$ 决定[78]。在大多数情况下，选择高斯核或拉普拉斯核，以训练集中的每个化合物（分子）X_i 为中心。根据式（4.6），通过线性回归，再次找到回归系数。

$$Y^p = \sum_i^N w_i K(X, X_i) \tag{4.5}$$

$$w = (K + \lambda \mathbf{1})^{-1} Y \tag{4.6}$$

QML 工具包[83] 与 FCHL[32] 表征结合使用的 KRR 方法，是依赖于高斯核函数，并将梯度视为能量导数。请注意，已经出现允许进行更高效计算的 FCHL 表征[84] 新版本。KRR 通常是解决量子化学 ML 问题的首选方法。这种方法的优点是：可以拟合非线性数据集，同时仍可受益于该方法本身的简单性和易用性[82]。

4.2.1.3　支持向量回归（SVR）

支持向量机可以用于分类和回归问题。这里重点探讨的是后一种情况，也称为支持向量回归（support vector regression，SVR）。与 KRR 一样，SVR 也使用了内核技巧。输入数据被映射到更高维的特征空间中，在那里可以构建一个线性模型。但是，我们使用的是 ε 密集型损失函数 L_ε，而不是最小损失函数，其中 ε 是一个容差[85]：

$$L_\epsilon = \begin{cases} 0 & \text{假设} \left| Y_i^p - Y \right| \leqslant \epsilon \\ \left| Y_i^p - Y_i \right| - \epsilon & \text{否则} \end{cases} \tag{4.7}$$

ε- 不敏感区域（其中 L_ε=0）通常被称为 ε-tube（ε- 管），其中优化过程是基于找到内部具有大部分训练点的管。支持向量表示该管外的实例，这些实例在训练过程中影响最大[86]。因此，损失函数仅受预测误差大于 $\pm\varepsilon$ 的数据点的影响[87]。此时，需要最小化的函数为正则化误差函数：

$$\min_w C \sum_i^N L_\epsilon + \frac{1}{2} \|w\|^2 \tag{4.8}$$

其中 C 是写在误差项前面的正则化参数[88]。

放置在每个训练点上的常见核类型或基函数是线性核、径向基函数和多项式。对于本文给出的结果，使用了在 scikitlearn❶ 中实现的径向基函数[79]。SVR 具有泛化能力强、预测精度高的优点。然而，与之前依赖以训练化合物为中心的基函数的模型一样，模型的深度直接取决于训练集的大小[86]。

4.2.1.4　神经网络（NNs）

与 LR、KRR 和 SVR 不同，神经网络（neural networks，NNs）的基本概念来自人脑中的信息处理。从图 4.1 中可以看出，神经网络由几层组成，其中一个输入层包含输入 X，几个隐藏层，每个隐藏层由有限数量的节点组成，另一个输出层提供所需的属性 Y。类似于我们大脑中通过突触连接的神经元，隐藏层 j 和 l 中的节点 i 和 k 通过权重连接，w_{ij}^{kl} 是训练期间的拟合参数。式（4.9）给出了具有两个隐藏层和每个隐藏层三个节点的 NN 的嵌套函数形式（如图 4.1 所示）。

---

❶　一种机器学习库。——译者注

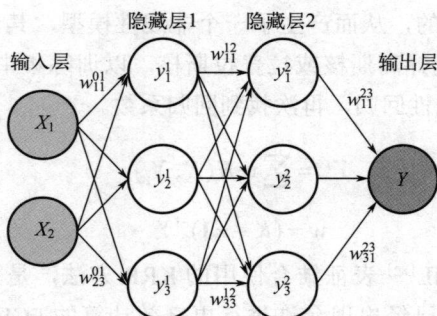

图 4.1 一个小型多层前馈神经网络，输入层包含原子坐标 $X=\{X_i\}$，两个隐藏层，每个隐藏层有 3 个节点 y，输出层产生属性 Y。这里没有说明连接到隐藏层和输出层中的每个节点的偏置

$$Y^p = f_1^3 \left\{ b_1^3 + \sum_{l=1}^{3} w_{lk}^{23} f_k^2 \left[b_k^2 + \sum_{j=1}^{3} w_{jk}^{12} f_j^1 \left(b_j^1 + \sum_{i=1}^{2} w_{ij}^{01} X_i \right) \right] \right\} \tag{4.9}$$

从式（4.9）可以看出，NNs 模型可以被称为一组函数变换。首先，生成输入的线性组合，$\sum_{i=1}^{2} w_{ij}^{01} X_i + b_j^1$。然后使用非线性基函数 f 来转换这个表达式，得到网络的第二层。常用的基函数是 sigmoidal 函数、正切双曲函数或移位的 softplus 函数，如 ln（$0.5e^x+0.5$），用于本文给出的结果。通过一系列这样的转换，神经网络模型可以在其简单的多层前馈（multi-layer feed-forward，MLFF）体系架构中构建。偏置值 b_i^j，通过允许基函数移位来实现更大的灵活性。在最后一步中，通过使用线性函数获得所需的特性。因此，如果没有定义隐藏层，则 MLFF NN 等价于最简单形式的 LR[88, 89]。由于隐含层数和每个隐含层的节点数定义了网络的深度，因此模型的复杂度和深度与训练集的大小无关。

为了找到 X 和 Y 之间的最佳可能关系，要最小化的损失函数是 NNs 预测和参考值之间的均方误差之和，如等式（4.3）所示。现有几种算法，其中 Adam（自适应矩估计）[90] 是最流行的随机梯度下降优化算法之一。为了防止模型过度拟合，可以应用不同的技术，例如包含 L1 和 L2 正则化、软权重共享、退出或早期停止机制等[91]。后者可以通过将整个训练集拆分为一个训练集和一个验证集来应用，而验证集不包含在训练集中，而是用于预测。这意味着在每个历元（epoch）❶。之后，即当权重得到更新时，将计算并记录验证集上的误差。一旦该误差增加，则假设模型过度拟合，需要停止训练[89]。这里的 NN 结果是使用 theano❷ 获得的[92]。

4.2.1.5 训练过程

与 LR、KRR 和 SVR 相比，NNs 包含了更多的超参数，需要对这些超参数进行优化，以实现成功的训练，并拟合权值，以准确预测所期望的属性。因此，不仅要优化基函数的类型、宽度和正则化项（正如 KRR 和 SVR 的情况），还要优化每层的节点数、层数和多个超参数。搜索超参数空间的一种常用方法是通过随机网格搜索[93]。有关一些实现过程和更多细节，请

---

❶ 当一个完整的数据集通过了神经网络一次，并且返回了一次，这个过程称为一次 epoch；也就是说训练样本在神经网络中都进行了一次正向传播和一次反向传播。——译者注

❷ 一种 Python 库。——译者注

参见参考文献 [9] 或 [50]。通过减去平均值，并除以标准偏差，对训练集的输入和输出进行缩放更为有利。我们在 NNs 中使用了这种缩放。

如前所述，神经网络（NN）的深度不取决于数据点的数量，可以从任何训练集大小来构建深度神经网络。因此，出于实际原因和节省内存的计算，将训练集分割成所谓的小批量是有利的。批量大小取决于问题，无法给出最佳值的经验法则。因此，批处理是训练集的子集，提供了一个组合梯度，通过梯度下降来优化权重。每次使用一个批次进行训练时，权值参数都会更新。通过一次完整训练集，就完成了一个历元；此外，出于实际原因，建议采用早期停止机制，来防止过拟合[93]。在一个历元之后，权值是可以自适应的，学习速率也是最关键的超参数之一，并定义了权值在每个历元之后的变化幅度。大的初始学习速率可以防止神经网络模型陷入局部最小值。然后可以在优化过程中逐渐减少。隐藏层的数量和每个隐藏层的节点决定了神经网络的深度。通常，当隐藏层和隐藏层的节点数达到一定数量时，NN 会得到更精确的结果，且在精度和计算成本方面会收敛到最优值。此外，L1 和 L2 正则化率也需要进行相应的选择和搜索。

由于这种更复杂的体系架构，NNs 比 LR、KRR 和 SVR 更难在实践中应用。然而，NN 更灵活，可以适应更复杂的数据。并将一个分子输入与多维输出联系起来也很简单。具体来说，一个模型可以预测非绝热分子动力学的机器学习[83]，也可以在一个步骤中在线查看每个能态的值以及相应的梯度。在这种情况下，如果果力 F 包含在损失函数 L 中，训练将会得到改善。必须添加另一个超参数 η，用于控制力对损失函数的影响，如式（4.10）所述。

$$L = \frac{1}{N} \sum_i^N (E_i^p - \bar{E}_i)^2 - \frac{\eta}{N} \sum_i^N \frac{1}{3M} \sum_\alpha^{3M} (F_i^p - F_i)^2 \tag{4.10}$$

对于 NACs 也是如此，可以建立一个模型来匹配具有相同自旋多重度的不同状态之间的所有 NAC 向量的输入。因此，相应的模型是能量和梯度的多状态模型和 NACs 的多值模型。根据定义，LR、KRR 和 SVR 都是单状态模型。为了使多状态预测成为可能，需要对能量状态进行显式编码，即，必须为该状态定义一个单独的核，以便用一个模型就能预测所有状态的能量。

为了在动力学模拟中实现能量守恒，应将力视为能量势的导数。这可以通过使用原子高斯核和 FCHL 表征[34, 84]的结合使用来实现 KRR，FCHL 表征将在下文中解释，并采用 QML 工具包加以实现[83]。

4.2.1.6　描述符

为了在 ML 模型中恰当地表征一个分子，必须提供一个旋转和平移不变的描述符，该描述符必须包含分子几何结构的所有相关信息，以适应一个复杂体系的属性。与之前针对通用模型的电子基态的 ML 势相比，激发态势是分子特异性的。因此，将分子作为一个整体呈现给 ML 模型就足够了。这种 MLFF NNs 与高维的 NNs 形成对比[94]，在高维神经网络中，每一种原子类型都由一个神经网络（NN）表示，例如参考文献 [15]、[20]、[89] 和 [95-97] 中给出的构造电子基态的 ML 势。我们方法的目标是拟合复杂的激发态特性，并用于长时间尺度的光动力学模拟。比较了几种类型的描述符：逆距离矩阵是仅包含有关原子距离的信息而应用的最简单描述符。库仑矩阵[98]还包含原子电荷，并应用了一个多项式描述符，该描述符是通过距离逆矩阵的所有条目的叉积生成的[50]。对于 KRR，应用 FCHL 方法表征[82]，而 LR

和 SVR 则被训练为将逆距离矩阵与所需属性相关联。在下文中，我们将以测试分子亚甲基铵阳离子，$CH_2NH_2^+$，为参考，对描述符进行更详细的解释。

4.2.1.7 基于距离矩阵的描述符

在本章中，逆距离矩阵 D 将缩写为 inv.D。其条目定义为：

$$D_{ij} = \frac{1}{|R_i - R_j|} \tag{4.11}$$

其中 R_i 是原子 i 和 R_j 的位置，原子 j 的位置与库仑矩阵的位置非常相似[98]，

$$C_{ij} = \begin{cases} \dfrac{Z_i Z_j}{|R_i - R_j|} & 假设 \ \delta_{ij} = 0 \\ \dfrac{1}{2} Z_i^{2.4} & 假设 \ \delta_{ij} = 1 \end{cases} \tag{4.12}$$

后者还包括了原子 i 和 j、Z_i 和 Z_j 的原子电荷。当比较矩阵时，逆距离矩阵包含 6 原子分子 $CH_2NH_2^+$ 的 15 个特征，即上三角矩阵或下三角矩阵的非对角元素。这个对称矩阵的对角元素是没有定义的。库仑矩阵还包含对角矩阵元素的常量值，从而得到作为 $CH_2NH_2^+$ 的分子描述符的 21 个输入特征。考虑到前面提到的输入缩放比例，两种描述符是等效的，应该产生可比较的结果。因此，计算了下面由逆距离多项式组成的缩写为 poly.D. 的另一种描述符。该描述符的维度是 inv.D 的平方，因此可以更准确地表征分子。

4.2.1.8 FCHL：Faber-Christensen-Huang-Lilienfeld 表征

FCHL（Faber-Christensen-Huang-Lilienfeld）表征方法[34, 84]与基于距离矩阵的描述符相比，具有置换不变性的优势。这种不变性是通过描述分子在其化学和结构环境中的原子来实现的。为了达到这个目的，为每个原子 I 定义了一组 M 体展开的 $A_M(I)$。这里只包括前三项，并在计入高阶的主体项时取得了微小的进展[34]。与基于距离的描述符类似，FCHL 表征包含了有关原子间距离的信息［二阶展开式，$A_2(I)$］，还包括了有关化学成分［一级展开式，$A_1(I)$］和角分布［三级展开式，$A_3(I)$］的信息。多达三阶展开式的表征形式如下：

$$A_3(I) = N(x^{(1)}) \sum_{i \neq I} N(x_{iI}^{(2)}) \sum_{j \neq i, I} N(x_{ijI}^{(3)}) \xi_3(d_{iI}, d_{jI}, \theta_{ij}^I) \tag{4.13}$$

采用一阶展开的表达式：

$$N(x^{(1)}) = A_1(I) = e^{-\frac{(P_I - x_1)^2}{2\sigma_P^2} - \frac{(G_I - x_2)^2}{2\sigma_G^2}} \tag{4.14}$$

和用 $x^{(1)} = \{P_i, \sigma_P; G_i, \sigma_G\}$ 表示化学计量。相应的高阶项类似地由 $\boldsymbol{x}_{ij}^{(2)} = \{d_{iI}, \sigma_d; P_i, \sigma_P; G_i, \sigma_G\}$ 和 $= \boldsymbol{x}_{ijI}^{(3)} \{\theta_{ij}^I, \sigma_\theta; P_j, \sigma_P; G_j, \sigma_G\}$ 生成，类似于 Behler[99] 或其加权变体的原子中心对称函数[97, 100]。

与前面提到的基于距离的描述符相比，该描述符的优势在于，它从原子的角度来处理分子，从而包含了关于分子的更多信息，即原子组成和角分布。缺点是计算成本较高，已在新版本 FCHL19 中进行了优化[84]。此处给出的结果是采用先前版本的 FCHL18 获得的。

4.2.2 训练集生成

一个适用于 NAMD 的训练集，应包含分子几何结构和动力学模拟中包含的所有高能态的

能量、相应的梯度，以及态之间的耦合。自旋 - 轨道耦合在不同自旋多重数的态之间很重要，而 NACs 解释了相同自旋多重数的态之间的跃迁。这里，测试系统有三个激活的单线态，因此将用于描述 NACs。值得注意的是，经过适当训练的 ML 模型，ML 势的准确性仅依赖于量子化学参考方法。因此，慎重地选择量子化学方法是很重要的。为了将昂贵的参考计算数量保持在最低限度，需要经济高效地生成训练集[50]。尽管如此，这个小型训练集应该涵盖在动力学模拟中可及的分子相关构象空间。因此，建议从手动生成的初始小集合开始构建这样的训练集，然后通过自适应采样进行有意义的扩展[15, 20, 50, 89, 101, 102]。

4.2.2.1　初始训练集

作为生成 NAMD 模拟训练集的起点，应包括分子的平衡几何结构，并将其作为所有后续计算的参考点，以计算波函数重叠。因此，应保存该几何体的波函数信息，以便做进一步预处理（参见第 4.2.3 节）。原则上，每种采样方法都可以用来计算初始训练集的剩余数据点。对于没有很多自由度的小分子，一个很好的猜测是沿着每一个正常模态坐标进行扫描。另一个更好的想法是从激发态最小值、圆锥交叉点和状态交叉点等关键点的优化中获取点。对于更大的系统，可以采用其他一些方法，如 Wigner 采样[103]或通过分子动力学模拟进行采样[104,105]，如伞式采样[106]、轨迹引导采样[107]、增强采样[108]或元动力学采样等[109]，如可以使用基于半经验紧束缚的量子化学 GFN2-xTB 方法[110]。上述仅举几例是最近发展的一些方法。在任何情况下，优先考虑在光动力学模拟期间可及的 PESs 的关键区域或反应坐标是有利的。例如，如果从文献中得知或化学直觉认为光激发可以导致氢解离或碳 - 碳键断裂，则应扫描该区域适当的反应坐标。一旦认为初始训练集足够大（到目前为止，我们已经使用了大约 1000 个点），就可以训练 ML 模型，并且可以使用如下所述的激发态自适应采样进行动力学模拟[50]。

4.2.2.2　激发态的自适应采样

一般来说，ML 模型可用来替代在 NAMD 模拟中的量子化学计算，简单地说，就是在数据点之间进行插值。因此，该方法可能与参考方法一样精确，同时在 PESs 的插值区域内速度极快。然而，在外推区域中却会失效[73]。因此，预先对分子的构象子空间进行采样是不够充分的，有必要在动力学运行的任何时间点检查 ML 预测的可靠性。如果检测到某个区域不可信，则该区域要么采样不足，要么根本没有包含在训练集中。应该将检测到不可信的构象添加到训练集中，并且应该从这个扩展的训练集中重新训练 ML 模型，以便在长时间尺度上准确地继续 ML-NAMD 模拟。在大多数情况下，选择用未知构象动态扩展训练集，并检查 ML 预测准确性的方法是一种被称为自适应采样的过程[15, 20, 89, 101, 102]，这一过程在基态动力学中得到了很好的证实，并针对激发态动力学进行了修改[50]。该过程如图 4.2 所示。

更详细地说，激发态的自适应采样从一个 NAMD 模拟开始，其中激发态属性 $\tilde{Y}_j^p$（PESs、力和 NACs）被取为至少两个 ML 模型预测 J 的平均值，$\bar{Y}^p$：

$$\bar{Y}^p = \frac{1}{J}\sum_{j=1}^{J}\tilde{Y}_j^p \tag{4.15}$$

这些 ML 模型是从初始训练集独立训练的，但其初始超参数或起始权重略有不同。在每个时间步中，ML 模型预测之间的 RMSE，Y_σ^p，被计算并与预定义的阈值 ε^p 进行比较，该阈值是为每个激发态属性设置的。阈值是手动定义的，应该在 ML 模型的验证误差范围内。每个属性使用一个单独的阈值。当超过其中一个阈值，并满足下式的条件时：

$$Y_\sigma^p = \sqrt{\frac{1}{J-1}\sum_{j=1}^{J}\left(\tilde{Y}_j^p - \bar{Y}^p\right)^2} \geq \varepsilon^p \tag{4.16}$$

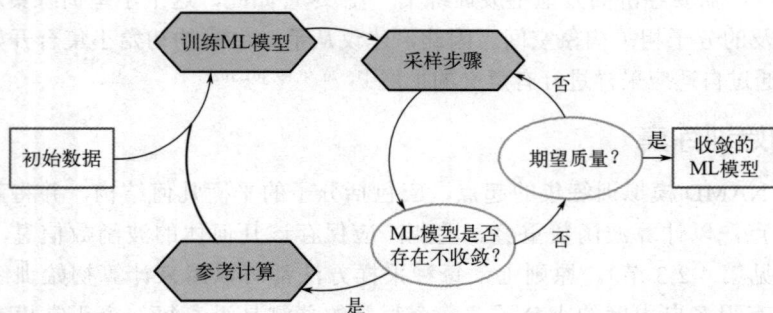

图 4.2　根据参考文献［32］改编的自适应采样过程方案

认为这种预测是不可信的，其分子几何结构是未经探索的构象空间的一部分。然后将该几何结构用作输入，无论是哪个属性超出阈值，都要对每个性质重新进行额外的量子化学计算。进一步使用此附加数据点扩展训练集，并从扩展的训练集中重新训练 ML 模型。在经过一个这样的循环之后，通过与预定义因子（例如 0.95）相乘来调整阈值，以减小阈值的幅度，并对训练集生成的构象空间进行更全面的采样。新训练的 ML 模型集合的动力学模拟，可以从未知构型继续进行，采用自适应采样程序，直到训练集覆盖 NAMD 的相关空间[20, 50, 89]。

出于实际考虑和为了有效地生成训练集，最好不要用 ML 模型集合只启动一条轨迹，而是像 NAMD 中通常做的那样，启动大约 100 条轨迹。然后，只有在每条轨迹到达 PESs 的未探索构象区域，并且相应的数据点都添加到训练集中之后，重新开始训练 ML 模型。因此，所有轨迹只进行了一次 ML 模型的训练，而不是分别对每个中止的轨迹都进行了训练。通过这种方法，降低了训练 ML 模型的计算成本。

此外，建议根据训练集上 ML 模型的误差重新计算阈值，并在训练集的大小增加约两倍时，从头开始重新启动动力学模拟。同时，还需要对 ML 模型的超参数进行扫描和优化，以找到最适合扩展训练集的超参数。该过程是必需的，因为轨迹可能不会产生完全相同的构象区域，但可能会探索 PESs 的不同子空间[32, 50]。

一般来说，目前还没有关于 NAMDs 的训练集规模应该有多大的指南。这与目标分子的大小和柔性，以及发生的光诱导过程的复杂性和多样性等相关。如果光激发后可以获得不同的反应通道，那么可能需要比刚性分子多得多的数据点，因为在刚性分子中，大多数轨迹指向相同的反应通道。另一个重要因素是 NAMD 中包含的激发状态的数量。通过检查采样过程的收敛特性，就能获得关于训练集与其最佳大小的接近程度的指示[50]。

对于所有这些参考计算，可能会比实际的 ML-NAMD 考虑更多的状态，在选择参考方法时也应牢记这一点。这对于由两个不同电子态的波函数产生的激发态特性尤其重要，例如耦合两个不同态或跃迁偶极矩的 NACs。这些符号取决于每个电子态波函数的相对相位，例如耦合值 C_{ij} 是 $+C_{ij}$ 或 $-C_{ij}$。对于非常相似的几何形状，耦合可以任意改变其符号，从而导致所形成的势能不一致。使得 ML 模型很难找到 C_{ij} 值和分子几何结构之间的关系。为了允许根据矩阵符号对非对角线元素进行有意义的学习，需要进行进一步称为相位校正的预处理，以消除几乎所有此类的不一致性，并实现 ML 模型的正确学习行为。为此，有必要计算训练集中的每个几何体与在训练集生成之初定义的参考几何体之间的波函数重叠，该参考几何体仍然包含关于波函数的所有信息 [50, 111, 112]。这与 Born-Oppenheimer 分子动力学生成的训练集形成了鲜明对比，并将在下文中对此进行解释。

4.2.3　波函数相位

在一系列量子化学参考计算中，相位不一致的问题可以用亚甲基铵阳离子的分子轨道来说明（图 4.3 取自参考文献 [50]）。如图 4.3 中的图（a）所示，分子几何结构是量子化学参考计算的输入。这里的插值坐标是沿 C—N 键的延伸率。在图（b）中，给出了 S_1 和 S_2 态

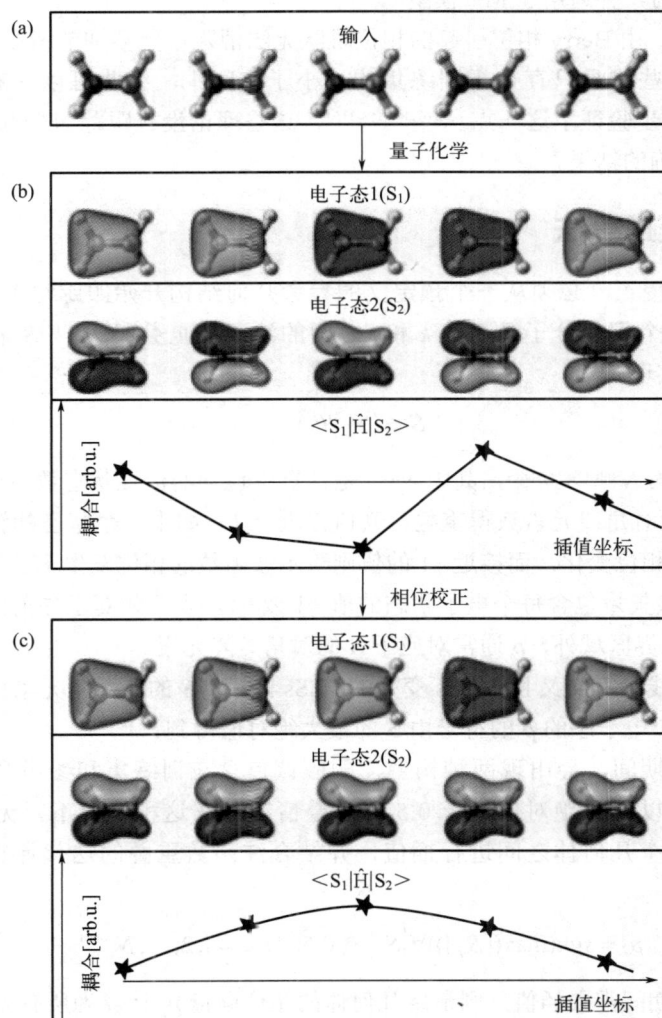

图 4.3　亚甲铵阳离子 $CH_2NH_2^+$ 沿 C—N 键的一组量子化学计算

量子化学计算的输入分子构象，在图（a）中给出；计算出的两个电子态 S_1 和 S_2 态的轨道以及这两个态之间的相应非对角矩阵元素，$S_1|\hat{H}|S_2$ 在图（b）中给出。可以看出，这些值的符号可以任意切换。这些符号跳跃可以通过应用相位校正算法来消除。图 (c) 给出了这些元素的结果。经皇家化学学会许可，转载自参考文献 [50]

的每个量子化学计算得到的分子轨道。如图所示，它们可以切换其标志，并通过其亮度来说明——要么是暗的，要么是亮的。电子波函数也是如此，它是电子哈密顿函数的一个有效本征函数。如果乘以相位因子，仍然是一个有效的本征函数。因此，波函数不是唯一定义的。两个状态之间的耦合向量 $\mathbf{NAC}_{ij}$，以及通常任何以矩阵表示的非对角线元素 C_{ij}，由这两个状态 $\varPsi_i$ 和 $\varPsi_j$ 的波函数得到，

$$C_{i,j} = \left\langle \varPsi_i \middle| \hat{O} \middle| \varPsi_j \right\rangle \tag{4.17}$$

沿着插值坐标可能会随机改变符号。因此，这些元素呈现出不连续的曲线，如图 B 底部所示。为了消除这种相位跳跃，并使 ML 模型的正确学习成为可能，必须应用虚拟全局相位校正[50]。这一过程允许人们校正耦合，从而获得平滑曲线，如图 4.3 中的（c）图所示。这种相位校正算法（下文将更详细地讨论）仅用于确保在训练集中涵盖的大多数构型空间中的全局相位，以使其可学习，并适用于 ML 模型。

值得一提的是，由 Berry 相位引起的相位跳跃无法消除，更多细节请参见参考文献 [59]。然而，我们假设这些信息只存在于训练集的一小子空间中，因此可以忽略不计。例如 Zhu Nakamura 理论进一步验证了这一点[58, 67, 80, 113-115]，这些理论没有跟踪 NAMD 模拟中的任何相位，但仍能产生准确的结果。

4.2.4 相位校正算法

为了进行相位校正，必须从一个预定义的参考几何结构开始跟踪每个电子状态的相位。这可以通过计算两个相邻分子几何体 k 和 l 之间的波函数重叠[74, 111, 112] S 来实现，例如可在 WFoverlap 代码中实现[111]：

$$S = \left\langle \varPsi_k \middle| \varPsi_l \right\rangle \tag{4.18}$$

该矩阵的维数为 $N^{\text{states}} \times N^{\text{states}}$，其中 N^{states} 是计算中包含的活性状态数。如果两种配置 k 和 l 非常相似，则作为对角线元素获得重叠，其值接近 ± 1。如果一个状态的波函数重叠非常接近 +1，则不会发生相位变化，而接近 -1 的值则表示波函数的相位发生了切换。然后可以定义一个相位矢量 $\mathbf{p}$，该矢量包含每个电子状态的值 +1 或 -1，表示相对于先前的几何结构的相位变化。除 PESs 的临界区域外，$\mathbf{p}$ 通常对应于 S 的对角矩阵元素。

在绝热势能曲线没有交叉且 NACs 变大的 PESs 区域，S 的非对角元素可能大于相应的对角元素。然后，每个电子态的 $\mathbf{p}$ 的符号由 S 的最大绝对值得到。

在自适应采样期间，会出现两种构型，即应该包含在训练集和参考几何中的构型，相似程度不够，不足以获得绝对值大于 0.5 的重叠情况。在这种情况下，无法获得有关相变的信息，需要在两个几何体之间进行插值，并结合波函数重叠的迭代计算。$\mathbf{p}$ 项可由下式求得：

$$p_i = sgn(\max(|S_{ij}|)) \forall |S_{ij}| \geqslant 0.5; \quad i, j = 1, 2, \cdots, N^{\text{states}} \tag{4.19}$$

如果相位校正期间需要插值，则最终几何体的相位向量 $\mathbf{p}_n$ 计算为所有先前相位向量 $\mathbf{p}_0$ 到 $\mathbf{p}_{n-1}$ 的乘积：

$$\mathbf{p}_n = \prod_{\beta=0}^{n-1} \mathbf{p}_\beta \tag{4.20}$$

如果插值步长 β 变得非常大，建议存储不同几何体的波函数和相应的重叠计算，即 p。如果需要将新几何体添加到训练集中，则可以计算该几何体与所有其他几何体的均方根偏差（RMSDs），其中波函数信息可用，并且相位可以追溯到 RMSD 最低的几何体。这种中间计算可以大大减少插值步骤的数量，从而减少额外的计算成本[50]。

当处理包含许多在能量上相互接近态的分子时，需要特别谨慎。所谓的侵入状态可能成为相位校正的误差源。这些状态在参考几何体处的能量非常高，因此不会进行计算，但在动力学模拟期间，它们在另一几何体处的能量明显较低，因此应该包括在内。在这种情况下，跟踪相位的相关状态不是必须添加到训练集几何体的活性状态的一部分，波函数重叠计算的结果将不会提供关于该状态相位变化的任何信息。因此，从一开始就在计算中加入更多的能态是有利的。在目标 NAMD 模拟中，不会考虑那些额外的状态，因此不需要计算涉及与这些态的力和耦合。因此，其计算成本是能负担得起的。

当计算出训练集中构型的相位向量时，可以对训练集进行预处理。该过程应该在动态自适应采样期间完成。对于初始训练集，可以在训练前的任何时间进行。可以使用式（4.21）对哈密顿矩阵进行相位校正，H 包含例如 SOCs 和式（4.22）用于一组状态 $\mathbf{NAC}_{ij}$ 之间的 NAC 向量。H 的每个矩阵元素与每个状态的相应相位值相乘。相反，两个状态 $\mathbf{NAC}_{ij}$ 之间的 NAC 向量的所有值（3 个向量占 x、y 和 z 方向的 N^{atoms} 条目（N^{atoms} 是分子的原子数）），乘以 p_i 和 p_j 这些状态的相应相位值。

$$H_{ij} = H_{ij} \cdot p_i \cdot p_j; \quad 1, 2, \cdots, N^{states} \tag{4.21}$$

$$\mathbf{NAC}_{ij} = \mathbf{NAC}_{ij} \cdot p_j \cdot p_j \tag{4.22}$$

与 NAMD 模拟相比，基态动力学模拟不需要对训练集进行预处理，因此也不需要相位校正。原因是，任何电子态的能量和梯度都是由相同态的波函数 $<\Psi_i|\hat{O}|\Psi_j>$ 作为对角元素计算出来的，其中相位因子进入两次，因此相互抵消。

4.2.5　表面跳跃动力学

为了进行 NAMD 模拟，本文的结果使用了包括任意耦合（surface hopping including aRbitrary couplings，SHARC）在内的表面跳跃（surface hopping）方法[115]。SHARC 是 Tully 的最少开关表面跳跃方法的扩展版本[68]。在表面跳跃方法中，原子核在由电子组成并用量子化学计算的绝热 PESs 上移动。PESs 通过自旋轨道耦合或 NACs 耦合，直接影响一个分子的跳跃概率。跳跃是指从一个电子态到另一个电子态的非绝热跃迁。此事件是通过将 0 和 1 之间的随机数与计算的跳跃概率进行比较来随机计算的。由于表面跳跃是一种随机方法，因此需要计算一组轨迹来近似波包的运动。结果可以用种群数图来显示电子态之间种群数随时间的转移程度。

为了执行 ML 表面跳跃分子动力学，可以使用 SHARC 动力学驱动程序的 pySHARC Python 包装器[116]，与传统的 NAMD 程序 SHARC 相比，省略了文件 I/O，并允许 ML 模型和驱动程序的直接通信，从而大大减少 SHARC 的程序运行时间[50]。通常，传统的 NAMD 代码不受文件 I/O 持续时间的限制，因为电子性质的量子化学计算通常是此类模拟中的时间限制步骤。然而，当它们被比量子化学快得多的 ML 模型取代时，文件 I/O 可能成为限制时间的关键步骤。此外，必须记住，只要以长时动态模拟为目标，生成的数据量会大幅度增加，并且结果分析可能需要比运行更长的时间。在这些情况下，ML 模型还可以用于有效地分析数据和探索新概念[9]。此外，当动态变化不大时，建议只保存每 10~100 个的时间步，当发生转换和重要过程时保存每一个时间步。例如，当一个分子长时间处于激发态时，不需要保存每条轨道的每个时间步，而在 PESs 的关键区域，许多不同的过程可以在很短的时间尺度上发生，存储每个时间步的信息以供后续分析是很重要的。

用于产生本章中提到的所有结果的训练集取自参考文献[50]，包含亚甲基铵阳离子 $CH_2NH_2^+$ 的构象子空间，该子空间是使用 SHARC 程序和两个 NNs 从正常模式扫描和自适应采样获得的。该模型包含三种活性的单重态，采用考虑了单激发和双激发（MR-CISD）的多参考组态相互作用方法进行计算。使用双 zeta 基组的 aug-cc-pVDZ；该训练集总共包含 4000 个相位校正数据点，每个数据点包含 xyz 格式的分子几何形状、三种单重态的能量、相应的梯度和 NACs。永久偶极矩和跃迁偶极矩也包括在内，但不在这里讨论。为了将基于 ML 的 NAMD 与基于量子化学的 NAMD 进行比较，在激发到第二激发态后，采用 0.5fs 的时间步长进行 100fs 基于 MR-CISD 的参考动力学，得到的单点不属于 ML 模型的训练集，因为没有对这些点进行相位校正，所以不能直接作为训练集使用。有关参考动力学的更多细节，请参见参考文献[50]。

4.3 示例：亚甲基铵阳离子

如前所述，许多对自然和生命重要的过程都依赖于光，比如光合作用或视觉能力。关于后者，视黄醛是视紫红质在视觉中起关键作用的分子。光反应部分是发色团视黄醛，属于质子化席夫碱家族。这个家族中最小的成员是亚甲基铵阳离子，$CH_2NH_2^+$，其在光激发后经历超快开关。从第一激发单线态到基态的非绝热转变导致分子沿 HC—N—H 二面角旋转[116-118]。

在下文中，研究了 ML 模型再现 NAMD 模拟分子的光诱导过程的能力。ML 模型是取自参考文献[50]中的 NNs。在此，将亚甲基铵阳离子用作测试体系，因为从第二激发单重态到基态的转变发生在超快的时间尺度上，这个过程是很难重现的。更重要的是，这种超快的性质使得动力学模拟在计算上可与基于量子化学参考方法进行比较，从而能获得类似的精度[50]。

4.3.1 ML 表面跳跃动力学

图 4.4 显示了使用不同方法执行表面跳跃动力学后获得的种群方案。图（a）显示了两种略有不同的量子化学方法的计算结果。QC1 指的是参考量子化学方法 MR-CISD（6,4）/aug-cc-pVDZ（短划线），而 QC2 表示相同的方法，但使用另一个双 zeta 基组，MR-CISD（6,4）/631++G**（点虚线）。用略微不同的量子化学方法来证明，哪些种群方案是相似的。从图（a）中可以看出，QC1 和 QC2 两种量子化学方法的种群方案非常相似，这是通过对传播了 100fs 的 90 条轨迹的动力学模拟得到的。最初，100% 的种群数处于第二激发单重态 S_2，从该状态开始，种群数快速转移到第一激发单重态 S_1，然后再返回基态 S_0。利用 QC1 方法计算的 4000 个数据点训练集上训练的 NNs，可以成功地再现这种动态过程。在图（b）中，结果可直接相互比较。可以看出，通过 NN 计算（连续线）获得的总体曲线比通过 QC1（虚线）获得的曲线要平滑得多。这是因为用 NNs 传播的轨迹不仅有 90 条（来自 Wigner 采样的 1000

个初始条件），还有 3846 条（来自 Wigner 采样的 20000 个初始条件）。这种扩大的统计数据是 NNs 的第一个优势，并且由于 NNs 的低计算成本而成为可能。当使用相同的中央处理器时，具有 NNs 的 3846 条轨迹的总计算时间（≈ 19000 分钟），仍然是从 QC1 计算中获得的 90 条轨迹的总计算时间（≈ 1550 万分钟）的大约 1/800。通过对图（a）和图（b）的比较，进一步发现 NNs 与 QC1 的一致性类似于 QC1 与 QC2 的一致性。

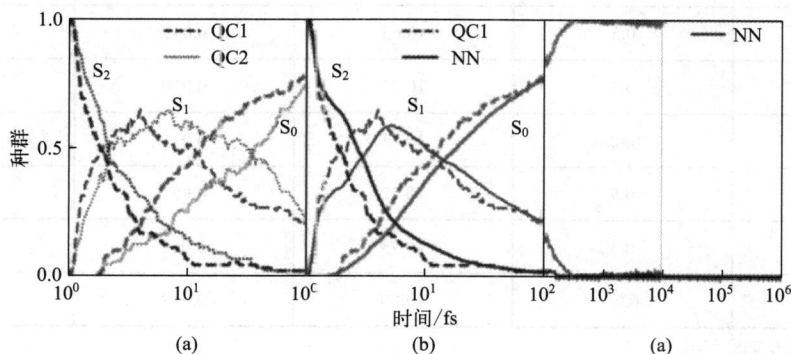

图 4.4　激发到 S_2 态后，$CH_2NH_2^+$ 的表面跳跃动力学[50]

（a）用 QC1 和 QC2 方法传播 100fs 的 90 条轨迹的动力学，与（b）从 3846 条轨迹获得的 NNs 进行了比较

（c）从传播 10ps 的 200 条轨迹和传播 1ns 的 2 条轨迹获得的长激发态动力学

执行长 NAMD 模拟的目标是：当 QC1 方法不再可行时，通过使用上述提及的两种神经网络（NNs）的采样方案都可以实现，以确保沿动力学运行的能量、力和 NACs 的精确势能。与上述自适应采样方案相比，惯用的迭代采样方案，即不同 NNs 比较的阈值不再降低，而是从一开始就固定，并保持不变。使用 200 条轨迹的集合来生成高达 10ps（10^4fs）的种群方案，并且进一步用 2 条轨迹传播了 1ns（10^6fs）。从图中可以看出，在大约 300fs 后，种群转移到电子基态，并在接下来的模拟时间内一直保持在基态。由剩余动能引起的仍在发生的跳跃可以被视为噪声。在 6 小时内可以实现 10ps 的动力学模拟，纳秒模拟的计算大约需要 59 天。而用 QC1 方法进行 1 纳秒的模拟大约需要 19 年[50]。

为了使长时间尺度的 NAMD 模拟成为可能，最好从一开始就将重要的过程（如氢原子解离或不同分子基团的旋转）纳入训练集中。这样做可以减少额外的量子化学计算的成本，如果在长时间的动力学模拟期间发生上述事件，这将变得尤为必要。例如，在氢离解的情况下，在每个时间步长后，相应的氢键被拉长，轨道可能会中止，使用 NNs 代替量子化学计算，将没有任何好处。事实上，在这种情况下，动力学模拟甚至比参考动力学模拟需要更长的时间，因为 NNs 必须在每个时间步后重新训练，相位校正程序可能需要额外的插值步骤，以正确跟踪每个状态波函数的相位。

4.3.2　能量守恒

重要的是，需要将力计算为 NNs 势的导数，以保持能量守恒。为了检查沿 NNs 动力学的能量守恒，表 4.1 给出了沿轨迹总能量的平均值和标准偏差，取自参考文献 [50]。可以看出，QC1 和 NNs 的总能量同样守恒。很明显，当跳跃被禁止时，以及当轨迹必须在整个模拟时间内保持在 S_2 状态时，能量守恒会变得稍差。这一点可以通过更大的标准偏差来证明——这一趋势是通过两种方法分别获得的。通过将经典原子核传播的时间步长从 0.5fs 减少到 0.05fs，即使禁止跳跃，标准偏差也会显著降低 [50]。

表 4.1 使用 QC1 方法和 NNs 计算 90 条轨迹（经典传播的时间步长为 0.5fs）和 50 条轨迹（经典传播的时间步长为 0.05fs）平均传播 100fs 的总能量的 MAE 和标准偏差（Std）

方法	时间步长 /fs	平均绝对误差 /eV	标准偏差 /eV	允许跳跃吗？
QC1	0.5	10.63	0.047	是
QC1	0.5	10.77	0.059	否
QC1	0.05	10.73	0.011	否
NNs	0.5	10.72	0.052	是
NNs	0.5	10.73	0.061	否
NNs	0.05	10.80	0.017	否

注：值取自参考文献 [50]。

4.3.3 ML 模型的其他工具

如前一节所示，可以通过训练 NNs，精确地再现激发态能量、力和 NACs。因此，不仅可以进行 NAMD 模拟，还可以优化关键区域，如状态极小值或圆锥交叉点。特别是后者是许多量子化学研究的目标，因此，本文也将对其进行讨论。

圆锥交叉点是 PESs 的位置，假设从一种状态到另一种状态的大多数转换都发生在这里。在表面跳跃分子动力学模拟中发生跳跃的特定几何形状称为跳跃几何形状。在两个耦合态的锥形交点处，NACs 呈现出奇点并且其值非常大。此外，这种避免的状态交叉的一阶导数是不连续的。因此，圆锥交叉点不仅对量子化学提出了挑战，也对 ML 模型提出了挑战。可以从跳跃几何结构开始进行优化，作为起始猜测，以找到这样的临界点，并额外提供能量、梯度和 NACs 的 NNs 势能质量的度量。图 4.5 取自参考文献 [50]，说明 NN 势足够精确，可以找到正确的最小能量圆锥交叉点。图 4.5 同时显示了优化几何体的散点图，以及 QC1、QC2 和 NNs 的跳跃几何体，并进一步给出了训练集几何体沿两个坐标的分布，这两个坐标对每个最小能量圆锥交点都很重要。图（a）给出了 S_1/S_0 状态交叉的图，其特征是分子沿其二面角旋转（参见图 4.6 第一行），图（b）显示了 S_2/S_1 状态交叉的散点图，该交叉导致 C—N 键拉长，分子轻微双锥化（见图 4.6 第二行）。

从散点图中可以看出，每种方法发现的最小能量圆锥交点彼此非常接近，这也可以从图 4.6 中给出的几何图形中进行详细验证。在 S_1/S_0 锥形交叉口 [图（a）] 中，跳跃几何体比 S_2/S_1 状态交叉口 [图（b）] 中的跳跃几何体，更广泛地分布在最小能量锥形交叉口周围。这表明，前一个状态交叉点周围的电势更平滑，允许从距离最小能量圆锥交叉点更远的构型中跳跃。在后一种情况下，PESs 的斜率更陡，跳跃几何结构更接近于最小能量圆锥相交点。该趋势是通过每种方法分别得出的，并证明了能量、梯度和 NACs 的 ML 势的高精度。

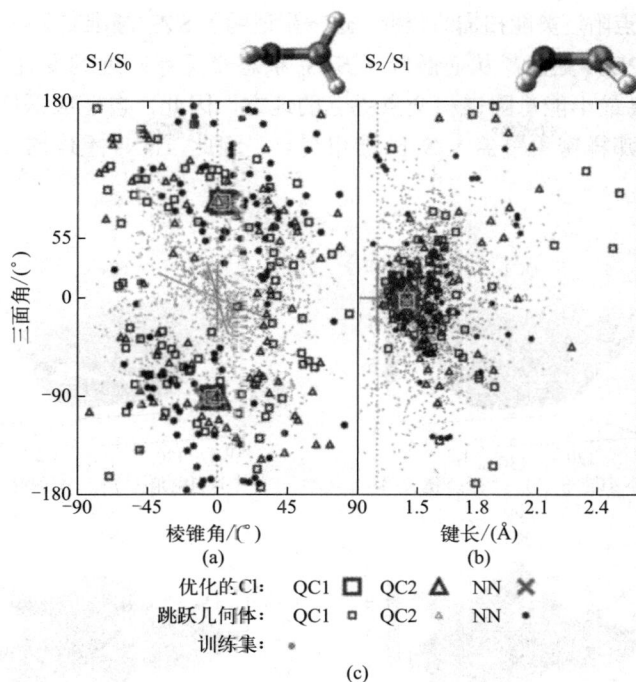

图 4.5　S_1/S_2 锥形交叉口和 S_2/S_1 锥形交叉口的图（a）和图（b）分别显示了，使用 QC1、QC2 和 NNs 获得的最小能量锥形交叉口周围的跳跃几何体分布，以及训练集中的几何体。QC1 的最小能量圆锥交点的几何图形如上图的顶部所示。图（c）给出了用于生成散点图的二面角和棱锥角的定义

经皇家化学学会许可，转载自参考文献［50］

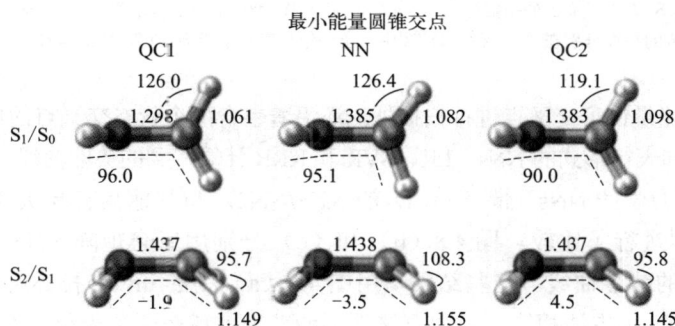

图 4.6　对于每种方法，可以找到两个不同的圆锥交点。将 QC1（MR-CISD/aug cc-pVDZ）用作训练神经网络（NNs）的参考方法，并与用 QC2（MR-CISDN/6-31++G**）获得的圆锥交点进行比较

对于两个锥形交叉点，显示了氮（深灰色）和碳（浅灰色）原子之间的键长，以及碳和一个氢原子之间的连接长度。数值以埃（Å）为单位。给出了用虚线标记的四个原子之间的二面角，以及碳和氢原子之间的角度（S1/S0 CI）和两个氢原子之间的角度（S2/S1 CI）。经英国皇家化学学会许可，转载自参考文献［50］

这个假设可以通过对每个锥形交叉点周围的势能扫描，来进一步验证。分别使用 QC1 和 NNs 方法进行扫描，相应的三维图如图 4.7 所示。可以看出，NNs 势比 QC1 势略微平滑些［比较图（b）、（a）S_2/S_1 态跨越和图（d）、（c）S_1/S_0 态跨越］，显示出两个接近表面之间更大的能隙。这些更大的能隙源于这样一个事实，即 ML 势在空间中的任何一点都是可微的。通过

对最小能量圆锥交叉点附近势能扫描的分析，进一步证明了 S_1/S_0 圆锥交叉点附近的 PESs 比 S_2/S_1 圆锥交叉点附近的 PESs 更浅，从而解释了 S_1/S_0 状态交叉点附近跳变几何分布更广的原因。因为跳跃点发生在离最小能量圆锥相交点更远的地方，因此，自适应采样得到的训练集并不像 S_2/S_1 圆锥相交点那样密集覆盖 S_1/S_0 圆锥相交点。因此，NNs 重现前一个圆锥交点的误差也更大 [50]。

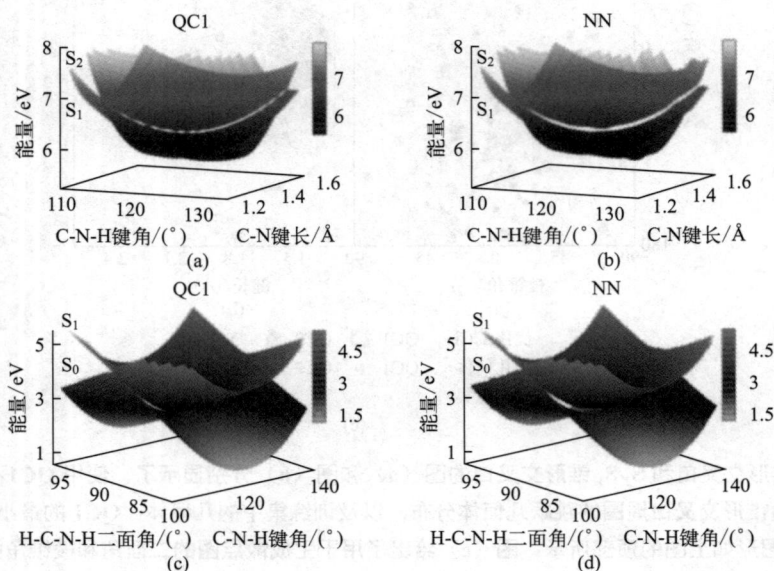

图 4.7　以 QC1 方法计算的最小能量圆锥交点为中心，采用 QC1 和 NN 方法计算周围的势能扫描（见彩图）

QC1 和 NNs 的 S_2/S_1 态交叉周围的扫描分别在（a）和（b）图中给出，而 QC1 和 NNs 的 S_1/S_0 最小能量圆锥相交点周围的扫描分别在（c）和（d）图中给出。经皇家化学学会许可，转载自参考文献 [50]

除了围绕最小能量锥形交叉点进行扫描外，还沿着包含两个状态交叉点的反应坐标进行了扫描。利用 QC1、不同表征形式的 NNs、LR、SVR 和 KRR 计算得到的势能曲线，如图 4.8 所示。

将用于上述动力学的 NNs（带有 inv.D. 的 NN1/NN2）与其他具有高级描述符和不同类型回归器的 NNs 模型进行了比较。图 4.8（b）和（c）分别用库仑矩阵（NN3）和 poly.D 矩阵（NN4）表征 NNs 的势能曲线。这些结果与用图 4.8（a）中的 inv.D. 描述符获得的结果相似，且具有可比性。与 QC1 方法相比，每种方法都不能准确地捕获两个避免的不同态之间的交叉，并且在这些区域获得了更大的能隙。

然而，将 NNs 结果与基线模型 LR 的结果进行比较，清楚地表明 NNs 具有更高的预测精度。LR 根本无法再现 S_2 态的形状，避免的交叉显示出非常大的能隙。图 4.8（e）中的 SVR 比 LR 更准确，但比具有相同描述符的 NNs（inv.D.- 与面板 A 相比）更不准确。图 4.8（f）中给出的 KRR 得出的结果与 NNs 相当。除了不同的回归器，核方法 SVR 和 KRR 在使用的表征上也有所不同。与 SVR 的 inv.D. 矩阵相比，FCHL [82,84] 表征法可用于 KRR，因为 KRR 编码了更多关于分子的信息，从而最终得到更准确的 KRR 势能曲线。内核的大小取决于数据点的数量，因此一个更好的描述符可以带来更高的预测精度。尽管如此，使用神经网络（NN）模型可以获得最精确的结果。在此种情况下，使用更好的描述符并没有获得更显著的改进，因为 NNs 可以通过更深层次的网络架构来弥补描述符的不足。

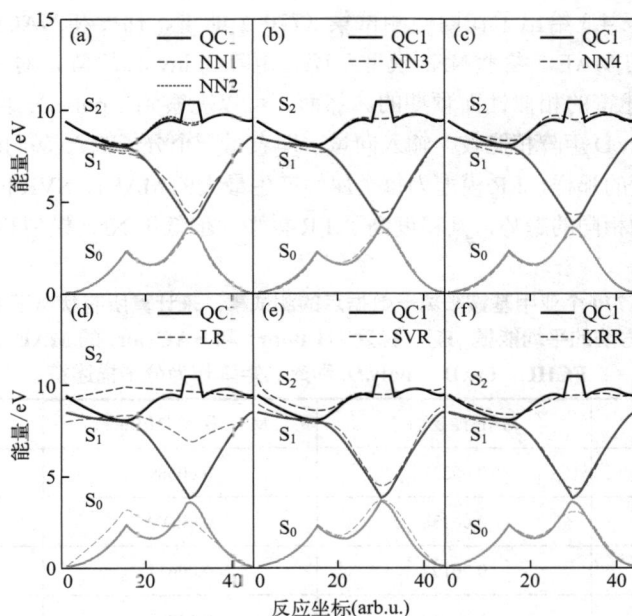

图 4.8　沿包含两个避免交叉点反应坐标的势能曲线。一个避免交叉点位于 S_2 和 S_1 状态之间，另一个位于 S_1 和 S_0 状态之间。势能曲线用 QC1 方法计算（每个图中的连续线），并与不同的 ML 模型（短划线和点虚线）进行比较

（a）NN1 和 NN2 表示使用略微不同的网络参数（例如，在自适应采样中）的反向距离矩阵进行预测；（b）NN3 给出了使用库仑矩阵作为描述符和（c）poly.D. 矩阵作为描述符的 NNs 结果；（d）使用 LR、（e）使用 SVR 和 inv.D. 获得的曲线和（f）KRR 方法获得的结果，使用 FCHL 表征，将梯度视为导数，并提供这里使用的最复杂特征[34, 50]

由图 4.8 可以看出，S_2 态的势能曲线在 S_1 态和 S_0 态之间避免的交叉点附近出现了人为的能量跳跃。ML 模型无法重现量子化学势能曲线中的这种错误不连续性。在这种情况下，ML 模型在数据点之间提供平滑插值的能力甚至能够纠正错误。此外，正如图 4.8（a）中清楚地显示，以 inv.D. 矩阵作为分子描述符的两个略有不同的 NNs（NN1 和 NN2）沿着该反应坐标产生非常相似的势能曲线。这意味着，当 NN1 和 NN2 用于自适应采样时，在 NNs 模型相对于参考方法的人为误差较大的区域，不需要进行量子化学参考计算。通过计算独立测试集上的状态特定 MAE，也揭示了 S_2 状态的较大误差趋势，该测试集有 770 个数据点，这些数据点是从沿正常模式线性组合的扫描中获得的（见表 4.2）。S_2 态的 MAE 在能量和梯度方面大约是 S_0 态的两倍。在能量上 S_1 态的 MAE 接近 S_0 态的 MAE，在梯度上则介于 S_0 态和 S_2 态的 MAE 之间。

表 4.2　在包含 770 个数据点的测试集上，每个电子态的 MAE 分别由图 4.8 中的 NN1 和 NN2 方法计算得到，采用 inv.D. 矩阵作为分子描述符

状态	MAE 能量 [H]	MA 梯度 [H/Bohr]
S_0	0.00176	0.00444
S_1	0.00200	0.00670
S_2	0.00335	0.00893

注：MAEs 取自参考文献 [50]。

为完整起见，表 4.3 给出了在同一测试集（770 个能量、梯度和 NACs 数据点）上，使用每个 ML 模型获得的 MAE。参考 NNs 模型、库仑矩阵和 inv.D. 矩阵，对每个属性都有相似的 MAE，这是由于描述符的相似性而预期的。然而，可以观察到，poly.D. 矩阵产生的误差略低，因此精度更高。与 inv.D 矩阵相比较，输入向量，即表示一个分子输入特征的数量，是 poly.D. 矩阵的平方。正如预期的那样，LR 模型为每个属性产生最大的 MAEs。SVR 模型可以得到与图 4.8 中势能曲线所假设的相同的趋势，其精度高于 LR 模型，但低于 NNs 模型和 KRR 模型。

表 4.3　使用包含 770 个亚甲基铵阳离子数据点的测试集，来计算所有状态下 LR、SVR、KRR 和 NNs 方法的平均能量［H］、梯度［H/Bohr］和 NAC［au］的 MAE 值，其中 FCHL、inv.D.、poly.D. 和库仑矩阵作为分子描述符

模型	MAE 能量 [H]	MAE 梯度 [H/Bohr]	MAE NACs[a.u.]
NN/inv.D.（NN1/NN2）	0.00237	0.00669	0.328
NN/Coulomb（NN3）	0.00238	0.00690	0.314
NN/poly.D.（NN4）	0.00197	0.00617	0.335
LR/inv.D.	0.09240	0.13902	0.471
SVR/inv.D.	0.00618	0.01169	0.382
KRR/FCHL	0.00300	0.00866	0.351

注：大多数值取自参考文献 [50]。

从 KRR 获得的 MAEs 略大于从 NNs 获得的 MAEs，但小于从 SVR 和 LR 获得的 MAEs。这一趋势再次与图 4.8 中给出的势能曲线的精度一致。

对于所有属性，采用 LR 基线模型产生的结果最不准确。使用 inv.D. 矩阵作为描述符对于 NNs 来说已经足够了，但该描述符矩阵在使用 SVR 方法会在能量、梯度和 NACs 预测方面产生较大的误差。事实上，能量上的 MAE 是 NNs 的三倍，梯度上的 MAE 是 NNs 获得的梯度上的 MAE 的两倍，NACs 上的 MAE 也更大。与 SVR 相比，在 KRR 与 FCHL 表征相结合的情况下，可以获得显著的改进。尽管如此，KRR 略差于 NNs，这可能是因为 NNs 可以被视为一个多态模型，一个分子结构可以同时与所有能级相关。相反，KRR 只能将一个分子几何形状与一个输出值联系起来。这为 NNs 模型提供了更多关于几何体与其激发态性质之间关系的信息。

4.4　结论与展望

ML 可以成功地应用于计算激发态能量、梯度和 NACs。有了这些特性，由于 ML 模型的计算成本低，并且可实时地使用至少两个 ML 模型来确保准确的 ML 预测，因此可以获得比基于量子化学的动力学模拟更长的时间尺度。此外，不仅可以进行长时间的动力学模拟，而且还可以计算出比通常使用量子化学方法更多的轨迹。因此，能获得分析罕见反应通道更好的统计数据。

为了保存沿着 ML 轨迹的能量，梯度应该从 ML PESs 中导出。因此，ML PESs 比量子化学计算获得的曲线更平滑，并且在 PESs 交叉点处出现的不连续性永远无法完全重现。当由于

所选择的基本从头算方法的缺点而导致量子化学训练数据中出现错误的能量跃迁时，这一缺点反过来又变成了优势。然后，可以在平滑的 ML PESs 中自动纠正此类错误的不连续性。

通过比较不同的 ML 模型和分子表征方法，可以证明并建议，在一个 ML 模型中处理 NAMD 中包含的所有能级是明智的。NNs 是以这种方式使用的，我们发现 NNs 势比从 LR、SVR 或 KRR 获得的势更精确，当直接复用时，它们只能将分子输入与一个能级相关联。通过使用更复杂的分子表征，KRR 的准确性可以赶上 NNs，而对 NNs 使用更好的表征并不能显著提高其性能。

如果只需要能量和梯度，类似于 Born-Oppenheimer 动力学模拟，可以从一个小的初始训练集生成非常高效的训练集，该训练集可以包括通过手动扫描或采样方法获得任意的构象。为了有效地扩大训练集，一旦初始训练集足够大（≈ 1000 个数据点），就从自适应采样方法开始是有益的，以便使用初步的、粗略的 ML 模型进行分子动力学模拟。通过这种方式，可以对光动力学的相关构象空间进行采样。但是，如果需要不同状态之间的跃迁偶极矩或耦合，则需将一个参考几何的相位校正程序，应用于需要添加到训练集中的每个数据点，这点很重要。

综上所述，利用自动采样技术结合相位校正算法建立和扩展 NAMD 的训练集，为纳秒时间尺度下复杂化学系统的激发态动力学研究，提供了新的可能性。凭借昂贵的量子化学方法的高精度和 ML 模型的低计算成本，该方法可用于计算传统从头算方法无法实现的 NAMD 模拟。因此，基于 ML 的动力学模拟，允许探索与医学、生物学、化学和材料设计等多个研究领域相关的分子新反应通道和途径。

参 考 文 献

[1] T. Schultz, E. Samoylova, W. Radloff, I. V. Hertel, A. L. Sobolewski and W. Domcke, *Science*, 2004, **306** (5702), 1765.

[2] W. J. Schreier, T. E. Schrader, F. O. Koller, P. Gilch, C. E. Crespo Hernández, V. N. Swaminathan, T. Charell, W. Zinth and B. Kohler, *Science*, 2007, **315**, 625.

[3] C. Rauer, J. J. Nogueira, P. Marquetand and L. González, *J. Am. Chem. Soc.*, 2016, **138**, 15911.

[4] S. Mathew, A. Yella, P. Gao, R. Humphry-Baker, B. F. E. Curchod, N. Ashari-Astani, I. Tavernelli, U. Rothlisberger, M. K. Nazeeruddin and M. Grätzel, *Nat. Chem.*, 2014, **6**, 242.

[5] A. P. Bart'ok, S. De, C. Poelking, N. Bernstein, J. R. Kermode, G. Cs'anyi and M. Ceriotti, *Sci. Adv.*, 2017, **3** (12), e1701816.

[6] I. Ahmad, S. Ahmed, Z. Anwar, M. A. Sheraz and M.Sikorski, *Int. J. Photoenergy*, 2016, **2016**, 1.

[7] S. Mai, P. Marquetand and L. González, *J. Phys. Chem. Lett.*, 2016, **7**, 1978.

[8] S. Mai, M. Richter, P. Marquetand and L. González, *Chem. Phys.*, 2017, **482**, 9.

[9] F. Häse, I. F. Galván, A. Aspuru-Guzik, R. Lindh and M. Vacher, *Chem. Sci.*, 2019, **10**, 2298.

[10] B. R. Brooks, R. E. Bruccoleri, B. D. Olafson, D. J. States, S. Swaminathan and M. Karplus, *J. Comput. Chem.*, 1983, **4**, 187.

[11] A. D. Mackerell, *J. Comput. Chem.*, 2004, **25**, 1584.

[12] R. Salomon-Ferrer, D. A. Case and R. C. Walker, Wiley Interdiscip. Rev.: Comput. Mol. Sci., 2013, **3** (2), 198.

[13] M. Christen, P. H. Hünenberger, D. Bakowies, R. Baron, R. Bürgi, D. P. Geerke, T. N. Heinz, M. A. Kastenholz, C. Kräutler, C. Oostenbrink, C. Peter, D. Trzesniak and W. F. van Gunsteren, *J. Comput.*

Chem., 2005, **26**（16）, 1719.

[14] A. P. Bartók, M. C. Payne, R. Kondor and G. Csányi, *Phys. Rev. Lett.*, 2010, **104**, 136403.

[15] Z. Li, J. R. Kermode and A. De Vita, *Phys. Rev. Lett.*, 2015, **114**, 096405.

[16] M. Gastegger and P. Marquetand, *J. Chem. Theory Comput.*, 2015, **11**（5）, 2187.

[17] M. Rupp, R. Ramakrishnan and O. A. von Lilienfeld, *J. Phys. Chem. Lett.*, 2015, **6**（16）, 3309.

[18] J. Behler, *J. Chem. Phys.*, 2016, **145**（17）, 170901.

[19] M. Gastegger, C. Kauffmann, J. Behler and P. Marquetand, *J. Chem. Phys.*, 2016, **144**（9）, 194110.

[20] M. Gastegger, J. Behler and P. Marquetand, *Chem. Sci.*, 2017, **8**, 6924.

[21] V. L. Deringer and G. Csányi, *Phys. Rev. B*, 2017, **95**, 094203.

[22] V. Botu, R. Batra, J. Chapman and R. Ramprasad, *J. Phys. Chem. C*, 2017, **121**（1）, 511.

[23] J. S. Smith, O. Isayev and A. E. Roitberg, *Chem. Sci.*, 2017, **8**, 3192.

[24] J. Behler, Angew. *Chem., Int. Ed.*, 2017, **56**（42）, 12828.

[25] H. Zong, G. Pilania, X. Ding, G. J. Ackland and T. Lookman, *Npj Comput. Mater.*, 2018, **4**, 48.

[26] A. P. Bartók, J. Kermode, N. Bernstein and G. Csányi, *Phys. Rev. X*, 2018, **8**, 041048.

[27] R. Xia and S. Kais, *Nat. Commun.*, 2018, **9**, 4195.

[28] S. Chmiela, H. E. Sauceda, K.-R. Müller and A. Tkatchenko, *Nat. Commun.*, 2018, **9**, 3887.

[29] G. Imbalzano, A. Anelli, D. Giofré, S. Klees, J. Behler and M. Ceriotti, *J. Chem. Phys.*, 2018, **148**（24）, 241730.

[30] L. Zhang, J. Han, H. Wang, W. A. Saidi, R. Car and E. Weinan, *in Proceedings of the 32Nd International Conference on Neural Information Processing Systems*, NIPS'18, USA, 2018, p. 4441.

[31] L. Zhang, J. Han, H. Wang, R. Car and E. Weinan, *Phys. Rev. Lett.*, 2018, **120**, 143001.

[32] M. Gastegger and P. Marquetand, *arXiv e-prints*, 2018, arXiv: 1812.07676.

[33] H. Chan, B. Narayanan, M. J. Cherukara, F. G. Sen, K. Sasikumar, S. K. Gray, M. K. Y. Chan and S. K. R. S. Sankaranarayanan, *J. Phys. Chem. C*, 2019, **123**（12）, 6941.

[34] A. S. Christensen, F. A. Faber and O. A. von Lilienfeld, *J. Chem. Phys.*, 2019, **150**（6）, 064105.

[35] H. Wang and W. Yang, *J. Chem. Theory Comput.*, 2019, **15**（2）, 1409.

[36] S. Chmiela, H. E. Sauceda, I. Poltavsky, K.-R. Müller and A. Tkatchenko, *Comput. Phys. Commun.*, 2019, **240**, 38.

[37] G. Carleo, I. Cirac, K. Cranmer, L. Daudet, M.Schuld, N. Tishby, L. VogtMaranto and L. Zdeborová, *Rev. Mod. Phys.*, 2019, **91**, 045002.

[38] R. V. Krems, *Phys. Chem. Chem. Phys.*, 2019, **21**, 13392.

[39] V. L. Deringer, M. A. Caro and G. Csányi, *Adv. Mater.*, 2019, 1902765.

[40] J. Behler, K. Reuter and M.Scheffler, *Phys. Rev. B*, 2008, **77**, 115421.

[41] C. Carbogno, J. Behler, K. Reuter and A. Groß, *Phys. Rev. B*, 2010, **81**, 035410.

[42] F. Häse, S. Valleau, E. Pyzer-Knapp and A. Aspuru-Guzik, *Chem. Sci.*, 2016, **7**, 5139.

[43] F. Liu, L. Du, D. Zhang and J. Gao, *Sci. Rep.*, 2017, **7**（8737）, 1.

[44] D. Hu, Y. Xie, X. Li, L. Li and Z. Lan, *J. Phys. Chem. Lett.*, 2018, **9**（11）, 2725.

[45] P. O. Dral, M. Barbatti and W. Thiel, *J. Phys. Chem. Lett.*, 2018, **9**, 5660.

[46] W.-K. Chen, X.-Y. Liu, W.-H. Fang, P. O. Dral and G. Cui, *J. Phys. Chem. Lett.*, 2018, **9**（23）, 6702.

[47] D. M. G. Williams and W. Eisfeld, *J. Chem. Phys.*, 2018, **149**（20）, 204106.

[48] C. Xie, X. Zhu, D. R. Yarkony and H. Guo, *J. Chem. Phys.*, 2018, **149** (14), 144107.

[49] Y. Guan, D. H. Zhang, H. Guo and D. R. Yarkony, *Phys. Chem. Chem. Phys.*, 2019, **21**, 14205.

[50] J. Westermayr, M. Gastegger, M. F. S. J. Menger, S. Mai, L. González and P. Marquetand, *Chem. Sci.*, 2019, **10**, 8100.

[51] N. L. Doltsinis, P. R. L. Markwick, H. Nieber and H. Langer, *in Radiation Induced Molecular Phenomena in Nucleic Acids*, ed. M. K. Shukla and J. Leszczynski, Springer Netherlands, 2008, p. 265.

[52] E. Tapavicza, G. D. Bellchambers, J. C. Vincent and F. Furche, *Phys. Chem. Chem. Phys.*, 2013, **15**, 18336.

[53] P. Marquetand, J. J. Nogueira, S. Mai, F. Plasser and L. González, *Molecules*, 2017, **22** (1), 49.

[54] A. W. Jasper, B. K. Kendrick, C. A. Mead and D. G. Truhlar, in Modern Trends in Chemical Reaction Dynamics, ed. X. Yang and K. Liu, *World Scientific*, vol. **14**, 2004, p. 329.

[55] D. R. Yarkony, *J. Chem. Phys.*, 2005, **123** (20), 204101.

[56] X. Zhu and D. R. Yarkony, *J. Chem. Phys.*, 2016, **144** (4), 044104.

[57] N. Wittenbrink, F. Venghaus, D. Williams and W. Eisfeld, *J. Chem. Phys.*, 2016, **145** (8), 184108.

[58] T. Ishida, S. Nanbu and H. Nakamura, *Int. Rev. Phys. Chem.*, 2017, **36** (2), 229.

[59] I. G. Ryabinkin, L. Joubert-Dorio and A. F. Izmaylov, *Acc. Chem. Res.*, 2017, **50** (7), 1785.

[60] S. Gómez, M. Heindl, A. Szabadi and L. González, *J. Phys. Chem. A*, 2019, **123** (38), 8321.

[61] H. Köppel, W. Domcke and L. S. Cederbaum, in Conical Intersections, ed. W. Domcke, D. R. Yarkony and H. Köppel, *World Scientific*, vol. **15**, 2004, p. 323.

[62] D. R. Yarkony, in Conical Intersections, ed. W. Domcke, D. R. Yarkony and H. Köppel, *World Scientific*, vol. 15, 2004, p. 41.

[63] G. A. Worth and L. S. Cederbaum, *Annu. Rev. Phys. Chem.*, 2004, **55**, 127.

[64] F. Plasser, S. Gómez, M. F. S. J. Menger, S. Mai and L. González, *Phys. Chem. Chem. Phys.*, 2019, **21**, 57.

[65] M. Richter, P. Marquetand, J. González-Vazquez, I. Sola and L. González, *J. Chem. Theory Comput.*, 2011, **7** (5), 1253.

[66] E. Fabiano, T. Keal and W. Thiel, Chem. Phys., 2008, **349** (1-3), 334.

[67] P. Oloyede, G. Mil'nikov and H. Nakamura, *J. Chem. Phys.*, 2006, **124** (14), 144110.

[68] J. C. Tully, Molecular dynamics with electronic transitions, *J. Chem. Phys.*, 1990, **93** (2), 1061.

[69] L. Zhu, V. Kleiman, X. Li, S. P. Lu, K. Trentelman and R. J. Gordon, Phys. Rev. Lett., 1995, **75** (13), 2598.

[70] C. Zhu, H. Kamisaka and H. Nakamura, *J. Chem. Phys.*, 2002, **116** (8), 3234.

[71] N. L. Doltsinis, in Computational Nanoscience: *Do It Yourself!*, John von Neumann Institute for Computing, Jülich, vol. 31, 2006, p. 389.

[72] G. Granucci and M. Persico, *J. Chem. Phys.*, 2007, **126** (13), 134114.

[73] J. P. Malhado, M. J. Bearpark and J. T. Hynes, *Front. Chem.*, 2014, **2** (97), 97.

[74] S. Mai, P. Marquetand and L. González, *Int. J. Quantum Chem.*, 2015, **115**, 1215.

[75] L. Wang, A. Akimov and O. V. Prezhdo, *J. Phys. Chem. Lett.*, 2016, **7** (11), 2100.

[76] J. E. Subotnik, A. Jain, B. Landry, A. Petit, W. Ouyang and N. Bellonzi, *Annu. Rev. Phys. Chem.*, 2016, **67** (1), 387.

[77] S. Mai, P. Marquetand and L. González, *WIREs Comput. Mol. Sci.*, 2018, **8** (6), e1370.

[78] M. Rupp, *Int. J. Quantum Chem.*, 2015, **115** (16), 1058.

[79] F. Pedregosa, G. Varoquaux, A. Gramfort, V. Michel, B. Thirion, O. Grisel, M. Blondel, P. Prettenhofer, R.

Weiss, V. Dubourg, J. Vanderplas, A. Passos, D. Cournapeau, M. Brucher, M. Perrot and E. Duchesnay, *J. Mach. Learn. Res.*, 2011, **12**, 2825.

[80] D. Uysal and H. A. Güvenir, *Knowl. Eng. Rev.*, 1999, **14** (4), 319.

[81] E. I. Im, *Working Paper*, Working Papers 199611, 1996, University of Hawaii at Manoa, Department of Economics.

[82] F. A. Faber, A. S. Christensen, B. Huang and O. A. von Lilienfeld, *J. Chem. Phys.*, 2018, **148** (24), 241717.

[83] A. Christensen, F. Faber, B. Huang, L. Bratholm, A. Tkatchenko, K. Müller and O. Lilienfeld, https://github.com/qmlcode/qml, 2017.

[84] A. S. Christensen, L. A. Bratholm, F. A. Faber, D. R. Glowacki and O. A. von Lilienfeld, *J. Chem. Phys*, 2020, **152** (4), 044107.

[85] V. Vapnik, *The Nature of Statistical Learning Theory*, Springer-Verlag, New York, 1995.

[86] M. Awad and R. Khanna, in *Efficient Learning Machines*, ed. J. Pepper, S. Weiss and P. Hauke, Apress, Berkeley, CA, 2015, p. 67.

[87] A. J. Smola and B. Schölkopf, *Stat. Comput.*, 2004, **14**, 199.

[88] C. M. Bishop, *Pattern Recognition and Machine Learning*, Springer, New York, 2006.

[89] J. Behler, *Int. J. Quantum Chem.*, 2015, **115**, 1032.

[90] D. P. Kingma and J. Ba, *in ICLR* 2015, 2014, arXiv: 1412.6980.

[91] N. Srivastava, G. Hinton, A. Krizhevsky, I. Sutskever and R. Salakhutdinov, *J. Mach. Learn. Res.*, 2014, **15**, 1929.

[92] Theano Development Team, *arXiv e-prints*, 2016, arXiv: 1605.02688.

[93] I. Goodfellow, Y. Bengio and A. Courville, *Deep Learning*, MIT Press, 2016.

[94] J. Behler and M. Parrinello, *Phys. Rev. Lett.*, 2007, **98**, 146401.

[95] H. Wang and W. Yang, *J. Phys. Chem. Lett.*, 2018, **9** (12), 3232.

[96] Y. Huang, J. Kang, W. A. Goddard and L.-W. Wang, *Phys. Rev. B*, 2019, **99**, 064103.

[97] M. Gastegger, L. Schwiedrzik, M. Bittermann, F. Berzsenyi and P. Marquetand, *J. Chem. Phys.*, 2018, **148** (24), 241709.

[98] M. Rupp, A. Tkatchenko, K.-R. Müller and O. A. von Lilienfeld, *Phys. Rev. Lett.*, 2012, **108**, 058301.

[99] J. Behler, *J. Chem. Phys.*, 2011, **134**, 074106.

[100] J. E. Herr, K. Koh, K. Yao and J. Parkhill, *J. Chem. Phys.*, 2019, **151** (8), 084103.

[101] V. Botu and R. Ramprasad, *Int. J. Quantum Chem.*, 2015, **115** (16), 1074.

[102] J. S. Smith, B. Nebgen, N. Lubbers, O. Isayev and A. E. Roitberg, *J. Chem. Phys.*, 2018, **148** (24), 241733.

[103] E. Wigner, *Phys. Rev.*, 1932, **40**, 749.

[104] R. E. Bruccoleri and M. Karplus, *Biopolymers*, 1990, **29** (14), 1847.

[105] T. Maximova, R. Moffatt, B. Ma, R. Nussinov and A. Shehu, *PLoS Comput. Biol.*, 2016, **12**, e1004619.

[106] J. Kästner, *Wiley Interdiscip. Rev.: Comput. Mol. Sci.*, 2011, **1** (6), 932.

[107] G. Tao, *Theor. Chem. Acc.*, 2019, **138**, 34.

[108] Y. I. Yang, Q. Shao, J. Zhang, L. Yang and Y. Q. Gao, *J. Chem. Phys.*, 2019, **151** (7), 070902.

[109] J. E. Herr, K. Yao, R. McIntyre, D. W. Toth and J. Parkhill, *J. Chem. Phys.*, 2018, **148** (24), 241710.

[110] S. Grimme, *J. Chem. Theory Comput.*, 2019, **15** (5), 2847.

[111] F. Plasser, M. Ruckenbauer, S. Mai, M. Oppel, P. Marquetand and L. González, *J. Chem. Theory Comput.*,

2016, **12**, 1207.

[112] A. V. Akimov, *J. Phys. Chem. Lett.*, 2018, **9** （20）, 6096.

[113] T. Ishida, S. Nanbu and H. Nakamura, *J. Phys. Chem. A*, 2009, **113** （16）, 4356.

[114] A.-H. Gao, B. Li, P.-Y. Zhang and K.-L. Han, *J. Chem. Phys.*, 2012, **137** （20）, 204305.

[115] S. Mai, M. Richter, M. Ruckenbauer, M. Oppel, P. Marquetand and L. González, *sharc-md.org*, 2018.

[116] G. J. M. Dormans, G. C. Groenenboom, W. C. A. Van Dorst and H. M. Buck, *J. Am. Chem. Soc.*, 1988, **110** （5）, 1406.

[117] M. Barbatti, A. J. A. Aquino and H. Lischka, *Mol. Phys.*, 2006, **104** （5-7）, 1053.

[118] J. Herbst, K. Heyne and R. Diller, *Science*, 2002, **297** （5582）, 822.

第 5 章

机器学习在科学中的作用—— 机械同感?

HUGH M. CARTWRIGHT

英国牛津大学化学院，OX1 3QZ，UK

Email：Hugh.Cartwright@chem.ox.ac.ukk

5.1 引言

"机械同感"这个短语有一个有趣的起源：该短语是由英国赛车手 Jackie Stewart（杰基·斯图尔特）创造的。他认为，你不必成为一名工程师就可以进入赛车行业，但了解引擎可以让你成为一名更好的司机。换句话说，要从某件事中获得最佳效果，而不只是一个被动的消费者 [1]。作为一级赛车锦标赛的三届冠军，或许他说得很有道理。

"机械同感"对人工智能有帮助吗？在此，我们认为是有帮助的。

5.1.1 历史点滴

人工智能（artificial intelligence，AI）最早的科学应用是专家系统（expert system，ES）。按照今天的标准来看，由于无法独立学习，当时的 ES 是一种粗糙的工具，需要有规则的泵来启动：

"如果 pH 值大于 7，则溶液为碱性"；

"如果在 1760cm^{-1} 附近有强烈的红外吸收，则猜测分子中含有羰基"。

需要人类专家来确定哪些规则应包含在知识库中。尽管在一些领域，如质谱裂解碎片模式解释的建模非常耗时，但其表现说明，计算机可能会与人类的科学推理相媲美，并最终超越人类的科学推理 [2]。

本章重点关注的是人工神经网络（artificial neural networks，ANNs）的后续发展，也是 AI 发展的关键一步；与 ES 相比较，ANNs 无需任何指令。尽管已经向前迈出了明确的一步，但最初计算化学家并不为其所动；他们继续专注于量子力学和晶体学，使用的算法极大地消耗了 CPU 周期，以至于在 20 世纪 60 年代和 70 年代占用了许多大学一半的计算机时间。

但事实证明，不可能无限期地忽视 AI 的作用。就像一把计算型瑞士军刀，AI 演变为包含了多种工具。如今的"狭义的 AI"在同一时间只能解决一种类型的问题——可能是光谱解释或机器人控制，但实际上，AI 的应用范围很广。由于被其快速、智能地解读数据的前景所吸引，化学家们一直热情地采用人工智能 [3-7]。

还有什么问题吗？

事实上，问题还相当多。

5.1.2　挑战

本章阐述了物理和生命科学家在涉足 AI 领域时所面临的挑战。虽然本书主要是面向那些在科学领域对 AI 的经验有限的人，但也可能对那些熟悉 AI 的人有所帮助。

下面讨论的挑战有可能严重损害 AI 技术的应用，这听起来令人担忧。在这种情况下，科学家们将 AI 搁置在一旁，并将自己限制在"传统"的分析方法上，难道不是更安全吗？答案无疑是否定的。现在，AI 在社会中的普及是有充分理由的——因为 AI 是有效的，而且 AI 有望在科学研究领域能取得同样的成功。

所以，这一章并不是一个警示标志（"使用 AI，风险自负"）。相反，而是一个信息亭（"审视里面的内容"）。当科学家首次使用 AI 时，确实会出现一些实际问题。以下是一些建议，告诉你在使用 AI 时应该注意什么。

但这似乎有悖常理；为什么有必要提出建议？毕竟，如果 AI 是如此"智能"，为什么使用 AI 会出现困惑？究其原因，请考虑以下几个方面的内容：

$$\uparrow 1\ \omega \vee . \wedge 3\ 4 = +/, ^{-}1\ 0\ 1\ ^{\circ}.(\phi^{\circ} \oslash) \divideontimes 2 \subset \omega$$

你可能会惊讶地发现，这是一个完整的、功能齐全的计算机程序[8]。该程序采用非常古怪的语言 apl（一种编程语言）编写的，执行了约翰·霍顿·康威（John Horton Conway）标志性的生命游戏（Game of Life）[9]中的一个例子，该游戏构成了细胞自动机（cellular automata）的基础。

不难看出为什么 apl 程序以简洁和难以理解而著称。你可以从命令行运行它们，但需要"真正的"程序员来创建它们，或解释其是如何工作的。

在 20 世纪 60 年代末到 70 年代的一段时间里，apl 在科学研究领域得到蓬勃发展，但也面临着一个强大的竞争对手。即采用 FORTRAN 语言编程虽然不那么紧凑，但很容易理解，从而避免了 apl 语言意义含糊的特征；此外，FORTRAN 编程是当时许多物理和生命科学家的主要技能。例如类似于 QCPE[10]这样组织所提供的 FORTRAN 程序（提供了大量的免费穿孔卡片，遍及全世界），非计算机科学家可以不经修改地使用这些程序。有机化学家立即成为分子轨道计算方面的专家。

随着 FORTRAN 语言的蓬勃发展，apl 语言逐渐衰落；为数不多的 AI 项目动力不足，使用范围有限，而且古怪，因此几乎没有竞争力。时间快速地推进到 2020 年，FORTRAN 已经不再受欢迎，apl 已经退居次要地位。相比之下，AI 却比其早期版本的功能要强大得多，借助新软件的优势，比十年前那些晦涩难懂的程序更容易使用。

如果功能强大且更友好的 AI 软件已将 apl 和 FORTRAN 远远甩在了后面，那么问题出在哪里呢？自相矛盾的是，危险在于易用性：软件的用户友好程度越高，就越容易输入数据，并"看看会发生什么"。即使运行软件并不一定很简单，通常仍然可以使用软件中设置的任何默认参数，然后接受看似"合理"的结果。大多数 AI 程序都会产生输出，无论输入多么荒谬，但要对输出的结果有信心，就需要我们理解所使用软件的局限性。

我们需要知道人工智能时代到底发生了什么。

来点"机械同感"就再好不过了。

就让我们潜入来一探究竟吧。

5.2 问题和解决

5.2.1 需要多少样本来训练 AI ?

核物理学家最喜欢的工具是瑞士欧洲核子研究中心（European Organization for Nuclear Research，简称 CERN）的大型强子对撞机（the large hadron collider，LHC）[11]，它能在大约三分钟内产生 10^{17} 字节的数据（足以填满 10 万个 1Tb 硬盘）。产生的数据如此之多，经过实时过滤后，几乎所有数据都被丢弃[12]；只保留最有希望的部分，进行详细分析。

化学家很少以这样的速度生成数据，但确实存在大型数据库（包括 PubChem[13]、无机晶体结构数据库[14]、Reaxys、SciFinder 和 ChEMBL[15]）；其中一些是本书讨论应用程序的核心。

训练需要多少个样本？似乎我们使用的数据越多，结果就越好。但事情并没有那么简单。

评论：当 ANNs 首次进入科学领域时，一些研究人员使用其整个实验数据集进行训练；然后使用同一组样本来测试网络的质量[16]。这在当时似乎是个好主意，但您可能已经意识到事实并非如此。对数据集进行二次挖掘，就好比让一位钢琴家用六首曲子来学习视奏，并用手指弹奏一首他们已经知道的曲子。训练和测试是不同的任务：训练期间使用的样本，不能重复用于测试。

因此，数据集中的一些样本必须提前保留下来，用于测试；具体保留多少样本？经验表明，将数据集划分为 75% 用于训练，25% 用于测试，通常效果很好；如果使用验证步骤（第 5.2.5 节描述），则训练、验证和测试的拆分比例为 70∶20∶10 是合理的。然而，这些分割是基于经验的，而不是基于理论的，所以并不是一成不变的。

数据库本身应该有多大？特征和观测值之间的关系越复杂、数量越多（见方框 5.1），网络可以从中学习的数据就越多。在一些简单的问题中，比如从含有三种颜色染料的多个溶液的吸收光谱中确定它们的浓度，只有几个基本关系将浓度与吸收联系起来（如果比尔定律成立，则每种染料一个），一个小型数据库就足够了；但大多数可以考虑使用 ANNs 的问题都比较复杂，需要更多的数据。

寻找有效的合成路线（在本书其他章节进行了讨论）是一个典型的复杂问题，其中 ANNs 对解决此类复杂问题可能有用。化学反应的产率取决于试剂的特性、催化剂的存在、溶剂、温度和压力、反应相和其他因素等，因此，在特征和可观察值之间可能存在许多有益的联系。一个合适的数据库将会非常大。

方框 5.1 若干术语

ANNs 的作用是找到将特征（也称为描述符、预测器、属性、特征向量或指纹）与可观察对象（也称为靶标、基本事实或标签）联系起来的关系。例如，如果目标是寻找用于有机材料的新型溶剂的组成，则训练数据可能由各种已知溶剂组成，其特征包括其分子量、分子偶极距、合成可行性、pH、碳原子数等，而可观察到的可能是不同有机固体在这些溶剂中的溶解度。

训练发生在一系列循环（或历元）中，在每个循环中，网络都会显示一次整个训练集。

观测值的已知值与网络生成的值之间的差异是测试或验证误差（或损失函数）。

对于一些复杂的问题，实际上数据库可能非常庞大，以至于训练变得不合理地冗长，甚至在数据库的一部分被保留用于验证和测试之后，也是如此。在训练之前，可能有必要使用数据缩减（第 5.2.4 节）来精简数据库。

而另一个极端是，一些数据库太小，这种现象在化学中比在许多其他科学中更为常见。为了填补空白，可以通过进一步的实验生成额外的数据，方法是使用数据挖掘从非结构化来源（如期刊出版物）提取信息，或者访问以前未使用的数据库。Google Scholar[17] 是搜索科学出版物的强大工具，最近又得到了谷歌数据集搜索（Google Dataset Search）的补充[18]。该搜索引擎通过关键字快速搜索数千个商业、非商业、政府和其他网站，这一过程可以帮助定位以前未被识别的数据库。

当数据库较小时，另一个潜在的选择是常用于图像识别的迁移学习[19, 20]。我们首先使用与感兴趣的主题相关的大量数据来训练一个网络。然后，使用小型数据库中的样本，经过训练的网络成为短时间训练的起点。这种二次训练的目的是调整先前确定的网络权值；从本质上讲，调优经过训练以解决第一个问题的网络，目的是解决第二个问题。该过程是有效的，这是利用了可能太小而无法有效学习的数据库，即使数据库中的数据不平衡，也会有益的。神经图灵机和模仿学习为有效利用小型数据集提供了进一步的途径。

关于数据集大小的最后一点意见：如果数据集确实很小，您可能会认为使用该数据集以获得最佳优势的一种方法是：

（i）训练网络，像往常一样保留一部分用于测试的数据集；

（ii）然后，将测试数据返回到数据集，并使用这些样本完成训练。

从表面上看，这很有吸引力；似乎类似于上面提到的迁移学习。网络在培训期间未显示的 20% ～ 30% 的数据可能包含有用的信息，那么为什么不给网络提供这些额外的信息来"补充"学习呢？

问题是，使用测试集对网络进行模型的最终优化可能会产生一个更好的模型，但我们不能相信这样做的结果，因为没有方法来测试更新后的 ANNs 模型的优劣。例如，如果测试数据存在偏差，模型可能会退化，而不是改进，因为我们无法检测到这一点。同样，如果没有对模型的性能进行独立检查，则有可能会过早终止训练，或者训练过久，从而导致模型训练不足或过度训练。避免将测试数据反馈至数据集中，以尝试改进模型，这种做法永远都不是明智之举。

5.2.2　正在合并数据库，存在什么困难呢？

婴儿来到这个丰富、混乱的世界，并立即开始理解声音、形状、光线和味道。如果 AI 能够模仿这一点[19]，从随机的、不相关的数据中学习，将节省时间；但 AI 并不是这样工作的。成功的应用程序和失败的应用程序之间的区别，可能是精心策划数据管理。而这又涉及什么呢？

评论：如果没有适当的数据管理，我们的方法就是"追求最佳"。但这是一个糟糕的策略；事实上，这根本不是一种战略。如果我们只是将数据放入机器学习（machine learning，ML）容器中，观察会发生什么，应该做好失望的准备，尤其是当数据很复杂、记录的时间很长、受到大量噪声影响或多个数据库来源的情况下。

数据收集只是管理的第一步。并非所有数据都在可访问、维护良好的数据库中；有些可能会被埋没在日记、演示、图表、表格、实验室笔记本、记录不良的实验中，甚至是日记中。诸如 ChemDataExtractor [21] 之类的工具可以查询到非结构化数据源，但是生成的数据格式通常与从其他地方获得的数据不兼容。必须对数据进行分类和验证，标记、检查相关性和不可读条目，有时可能需重新格式化，并以适合未来使用的形式存档——所有这些都是管理任务。

有意或无意地，收集的信息也可能有偏差（见方框 5.2）[22, 23]。无论其来源如何，偏差都会减慢学习速度，降低学习效果。来自廉价、快速和简单实验数据可能比来自更具挑战性但信息丰富的实验数据更广泛地体现在数据库中。正如人们所预料的那样，研究人员主要贡献自己从事领域的成果，因此这也导致一些领域的数据丰富，而另一些领域的数据较弱。当部分编辑来自商业来源的数据时，也可能产生偏差，以防止竞争对手了解可能具有商业敏感性的领域信息。即使失败的反应也可能具有启发性，但这些反应通常会被忽略或混淆。所有这些影响都不利于生成成功的 ML 模型，ML 模型要求数据大致均匀地覆盖搜索空间的所有区域。

方框 5.2　偏差

数据库的组成和从数据库中选择样本的方式都会对学习产生偏差。以下是一些说明产生偏差原因的例子：

- 在数据库中，容易获得的数据所占比例过高，且收集起来更具挑战性，但潜在有价值的数据所占比例较低。
- 与其他相关领域相比，在数据库中来自本专业领域的数据所占比例过高。
- 出于商业原因故意从数据库中保留相关数据，从而阻止他人从中获得研究优势。
- 通过排除可能不支持您希望证明内容的样本，仅选择一部分数据集进行学习。
- 对所有样本进行同等加权，即使有些样本已知或怀疑不太可靠。
- 以非随机方式从数据集中选择样本。例如，如果没有足够的证据来证明这个选择是正确的，那么就只选择来自特定年份的数据，或者只选择来自你熟悉的或在特定国家工作的研究小组的数据。
- 在没有充分理由使用某些数据库和省略其他数据库的情况下，选择数据库。

数据管理就像春天在花园里挖土，在收获之前，这是一项乏味但无法避免的任务。将数据实际输入到 ML 应用程序的过程必须等待管理，这项任务可能需要比训练更长的时间，但仍然至关重要。

5.2.3　使用化学反应数据库来预测合成路线，但进展甚微。可能出了什么问题？

认识到需要高质量、多样化的数据，我们已经准备好开始 ML 训练。但即使是精心策划的数据库也可能存在漏洞。

评论：诸如预测具有预先规定性质的材料组成 [7]、创造室温超导体 [24] 或合成路线的计算设计 [25] 等重大科学项目，在技术上具有挑战性，且具有重要的工业意义和商业价值。

对于此类项目，大型数据集至关重要。这就是所谓的维度诅咒 [26]：随着有效学习所需的独立特征数量的增加，训练所需的样本数量大致随特征数量呈指数增长。想想合成路线的设计：在《有机 101》中，你可能还记得当两种有机化学品混合在一起时，会出现什么产品，但在规划一条可行的、高产的合成路线时，这一水平的知识是远远不够的。而机器可读的、具有"箭头上方"信息的完全情境化数据,如溶剂、催化剂、温度、时间、试剂添加顺序等,是必不可少的。还发现一些关键数据并没有出现在相关反应的文献报道中,这种情况并不罕见,从而严重限制了数据的可利用价值。

不过,负面数据并不像未报告的数据那样棘手;事实上,负面数据也是有价值的。ANNs无法从从未出现过的数据中学习,但可以利用负面结果[27]。与成功的反应相比,文献中出现失败、产率低或速度极慢的反应的可能性要小得多[28],但由于知道一个反应不可行,我们可以排除涉及其拟议的合成路线。如果缺少关于失败反应的数据,可以使用最大似然法[25]或外部分析模型对其进行评估。或者,可以从那些看似合理,但通过推测认为是失败的反应中,建立失败反应揣测数据集[29, 30]。

5.2.4　数据库太大,训练模型需要花费很长时间。我们又能做些什么呢?

完美的数据集全面而紧凑,无噪声,机器可读,均匀分布在搜索空间中,并且格式一致。而现实的数据集包含噪声、冗余、重复和错误,并且可能是多种格式的混合(可能是公制和英制单位的数据,或者是数字和文本形式的数据)。更糟糕的是,一些数据库可能过于庞大,以至于训练几乎不可能完成。

评论:管理不是一个界限分明的过程,与预处理相重叠,在此期间,我们对数据库中的信息进行处理,以改善学习前景。

一种简单而常见的预处理类型是数据的缩放。如果输入的 ANNs 特征值大小具有很大差异,则较大的值可能会主导学习,因此,在学习过程中,总是较小特征值的作用与噪声的作用几乎相同。原则上,ANNs 本身能够缩小较大的值,这样它们就不会主导学习。然而,当大值输入到 S 形激活函数时,输出对输入的依赖性很小,因为激活函数在大输入值下稳定。然后,学习过程放慢,并且可能无效。缩放通过将所有特征值置于大致相同的范围内,来减少这种影响。

缩放相对比较简单,但是当数据库太大以至于几乎无法使用时,就会出现一个更关键的挑战。一些包含分子数据的最大化学数据库,例如,Reaxys 包含了 1 亿多种化合物的数据。每个分子都有数百个特征信息,包括分子量、$logP$ 值、手性中心数、分子极性和分子体积。在一个数据库中包含大量的化合物和众多特征,提供了极大的灵活性;数据可以不断地添加到数据库中,而不需要知道哪些特性可能在未来的应用程序中有价值,因此,鼓励拥有一个具有广泛适用的全面数据库。不幸的是,这也会使数据库变得笨拙和难以处理。

在应用程序中的关键分子特征,可能与数百个不相关或冗余的其他特征并存,因此,识别这些关键特征或以某种方式缩减数据集,是必不可少的步骤。可以使用遗传算法[31]来识别低信息内涵的特征,然后在训练开始之前将其丢弃。或者可采用主成分分析(principal component analysis,PCA)[32]来创建一组新的线性独立的"成分",每个成分代表数据的主要特征的混合,并与一个量化成分在封装数据中可变性的特征值相关联。特征值可用于确定应保留多少个组件:使用具有大特征值的组件,而丢弃具有小特征值的组件。(同时,您将认识到,我们认为具有"大"特征值的组件之间可能存在灰色区域,因此保留了这些组件,而不幸的是,具有"小"特征值的组件之间也可能存在一个灰色区域,而丢弃这个"小"特征值组件的同时,候选组件也可能因此被删除。)

作为一个附带的好处，这种具有小特征值组件的剔除有助于降低噪声。如果数据集中的信噪比很高，大多数噪声应该集中在具有小特征值的组件中，因此去除这些噪声将减少其影响，同时使有意义的特征在很大程度上不会受到影响。但是，PCA 过程不可避免地会将一定程度的噪声混入样本特征中，因此在大特征值分量中也保留了一些噪声；类似的，通过丢弃具有低特征值的分量，一些信息也会随着噪声去除而一起丢失。此外，被保留的组件也不能进行简单的物理解释。

然而，数据缩减是有价值的，通过减少数据集的大小来提高效率，因此训练速度会变得更快。数据缩减还可以限制由误导或错误数据引起的失真，因为在大型数据集中，少量错误样本的总体影响可能不会大于背景噪声，因此影响会在很大程度上集中在特征值较小的分量上。最后，特征数量的减少进一步降低了过拟合的可能性，并产生了更简洁的模型。尽管选择保留多少个组件是一个判断问题，但经验和特征值本身都提供了有用的指导。

5.2.5 如何设置参数

AI 处理的是数据，而不是意义；无论是预测超导体的成分，还是预测洋基队明年赢得世界大赛的概率，它们的行动模式都大致相同。灵活性和易用性是其吸引人的地方，但后者可能是一个陷阱：如果你使用默认参数，"盲目"地训练一个网络，可能会产生次优甚至毫无意义的结果。应该如何设置参数，以获得最大的成功机会？

评论：成功的 AI 应用，需要的不仅仅是高质量的数据。若干参数（又称为超参数）的值影响神经网络的学习效果，由于这些参数以复杂的方式相互影响，很难确定每个参数的最佳值。

在 ANNs 的参数中，构成网络记忆的连接权重是最容易处理的。事实上，我们根本不需要处理它们，因为这些都在网络本身的控制之下，并且在训练期间会不断地更新。

虽然输入和输出节点的数量名义上由用户控制，但实际上这些数量是由数据集确定的。每个特征都需要一个输入节点（例如测量吸收的红外光谱中的每个波长），以及网络将预测的每个可观测值的输出节点（例如，与不同正常振动模式相关的吸收峰的存在或不存在）。

其余参数中最重要的是那些定义网络几何形状的参数，所有这些参数都可以由用户设置。隐藏层的数量和每层节点的数量决定了有多少连接权值，而这又决定了网络可以解决的问题有多复杂。深度神经网络（deep neural networks，DNNs）有很多层，因此这些层可以处理更复杂的问题，但在神经网络世界中，越大并不一定越好。大型网络容易出现过度拟合，在这种情况下，因为它不仅要学习各种关系，还学习来自数据集和噪声中的单个样本，从而削弱了网络的通用性。此外，还必须选择要使用的激活函数类型、学习率和动量因子，以及如何在训练、测试和验证集之间进行数据分割等（参见方框 5.3）。

方框 5.3 验证

训练似乎完全独立于测试集。测试集仅用于一个目的，即测量经过训练的网络质量，而从不用于更新网络权重。

然而，即使测试似乎与训练"保持一定距离"，但也隐藏了一个问题。事实上，训练和测试并不是真正独立的，因为测试集决定了什么时候应该停止训练。这样，完成的模型性能取决于测试集的组成。如果使用不同的测试集，训练可能会持续更长时间，或提前停止，从而影响学习的程度。

为了解决这个问题，通常使用验证集。与测试集一样，验证样本也是从数据集中随机挑选的。在对网络进行训练时，使用验证集而不是测试集来监控其性能。当验证误差达到最小值时，停止训练，并在此时向网络显示其测试集；我们用这个测试集上的误差来衡量网络的质量。

如果网络和数据库都不是很大，则可以使用不同的超参数值和不同的验证集重复此过程。然后可以选择合适的超参数值，以提供最佳的整体性能。

有几个参数需要设置，那我们应该如何进行呢？首先，应该意识到，对于许多简单的问题，使用 ANNs 中的一个隐藏层就足够了。小型网络训练迅速，而且是很好的泛化器，因此，即使仍然需要选择几何结构和学习参数，试错法通常也是可行的。小型网络也不太可能学习数据中的噪声或从中学习特定样本，因为需要所有的连接权重来描述数据中的关系。因此，带有一个隐藏层的小型网络通常是一个合适的起点。

当数据更复杂时，可能需要不止一个隐藏层。尽管在此种情况下网络的设计更加困难，但我们并非完全一无所知。如果主成分分析用于数据缩减，则保留的主成分数量将是已知的，并可以用作设置网络大小的指南。然而，尽管要设置的参数数量并不多，但它们之间的相互作用方式可能难以预测，因此采用一种逻辑方法是有用的。已证明，进化方法，尤其是遗传算法 [31]，是寻找高质量网络的流行工具。其主要缺点是，必须有效地集成到 ANNs 中，因为手工运行神经网络的遗传算法优化很少是可行的。

另一种选择是扩大或修剪网络 [33]。在第一种方法中，训练一个可能非常小的网络，并使用一个测试集来评估其性能。然后将单个节点添加到隐藏层，对新扩展的网络进行从头开始的训练和重新评估。进一步添加节点并重复训练，直到性能（由测试集判断）显示网络开始学习噪声和样本。于是，"理想"网络的规模就是这样确定的。

相反，我们也可以考虑一个逆过程，在这个过程中，从一个被认为很大的网络开始，然后反复训练、评估和修剪网络，一次删除一个节点，直到性能开始明显下降。在这两种方法中，前者更实用，因为被测试的网络比最优的小，因此训练速度快，而在修剪方案中，丢弃的网络也都很大，因此训练速度更慢。

不过，您可能已经发现了其中的一个困难：对于两层或两层以上的网络，我们必须决定每次更新几何体时更改哪一层。尽管在深度网络中，可以使用单个层来识别数据的不同特征，但这在两层或三层网络中很少可行，因此，除非使用进化算法，否则反复试验几乎是不可避免的选择。

5.2.6　AI 如何学会一些不存在的东西？

您已经编写了一个 ANNs 程序来识别猫。为了避免偏见，用同样数量的黑猫、白猫和姜黄色猫的图片来训练它，然后用一些新的猫和狗的图片来测试训练过的网络。ANNs 一直认为狗不是猫——这是令人鼓舞的，但奇怪的是，ANNs 有时会正确地将一幅图像识别为白猫，但后来又将同一幅图像错误地识别为黑猫。这是怎么回事？

评论：这听起来像是轻微的、可以忍受的刺激；大多数 AI 工具并非 100% 正确 [19]，所以我们必须准备好接受这种奇怪的错误，但可能还有更深层次的问题。

用于基于时间数据的 ANNs，例如急性不适患者的疾病进展或化学流程车间的在线控制等，典型地具有反馈（或循环）结构。这给了 ANNs 临时的记忆；换句话说，ANNs 可以学习序列信息。我们的猫问题出现了，因为 ANNs 从训练数据和数据的呈现方式中都学到了东西。为了不让训练产生偏见，我们向 ANNs 展示了一只白猫、一只黑猫、一只姜黄色的猫、一只白猫、一只黑猫、一只姜黄色的猫、一只白猫……。算法在不知不觉中被灌输了额外的信息：

"如果你看到一只白猫，下一张图片将是一只黑猫"，并从中学习。

在时间序列中，了解一个数据点与其相邻数据点之间的关系是至关重要的信息，但如果你从不分析此类序列，你可能会觉得你可以忽略所表征问题。

但这里有一个基本问题。数据库经常以合乎逻辑的方式组织（或甚至以不合逻辑但有序的方式组织）；分子可能按分子量增加的顺序出现，所有涉及氨基酸的化学反应可能被收集在一起，药物可能按有效性降低的顺序列出，或者从某个特定国家的研究小组获得的所有数据可能被组合在一起。人们可能会顺便注意到，即使整个数据库没有显示这种程度的排序，但某种程度的组织也是相当常见的。上传到数据库的数据往往是无意中产生偏差的——传入的数据块可能都来自同一个研究小组，或者都与同一组反应或同一个药物测试项目有关。数据库可能包含不代表整体的区域，除非整个数据库定期随机化。如果样本不是以一种真正随机的方式从数据集中抽取，那么学习就会受到影响；即使对于标准的前馈算法来说，这也是一个潜在的问题。解决方法很简单：只需在训练期间随机选择样本即可。

5.2.7 我训练的 AI 测试非常漂亮，但现在正在制造垃圾

当一个有创造力的人"跳出框框思考"时，我们可能会对结果印象深刻。当 AI 做同样的事情时，我们可能会遇到麻烦。

某个博士生的项目是用人工智能预测相图，但她放弃了化学，成为了一名商业银行家。

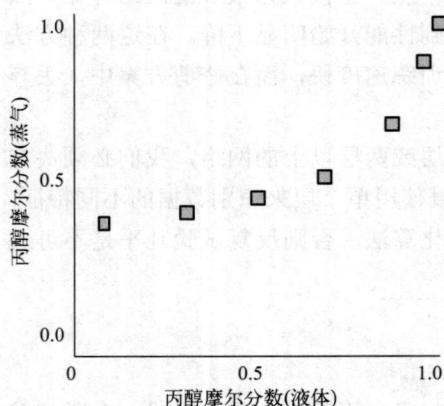

图 5.1 丙醇 - 水混合物上方气相中丙醇摩尔分数随组分的函数。在低丙醇摩尔分数（<0.1）点缺失

图 5.1 显示了她最近一次实验的数据[34]，当她离开准备去创造财富时，这个实验几乎已经完成了。

您想要完整的图表，所以进入她已经测试过的实验数据集，并使用 AI 来预测图表的其余部分。您对结果有信心吗？

评论：在解决学生的问题之前，请观察一下图 5.2，该图显示了一组学生的身高随年龄的变化。让我们用这些数据训练一个 ANNs，然后问 ANNs：一个典型的 7 岁孩子有多高？答案是："大约 118 厘米"。

这个答案似乎是对的。那典型的 75 岁老人身高是多少呢？ANN 再次充满信心：580 厘米（约 19 英尺）是其估计值。当然，错误是由我们造成的，而不是 ANN 的。网络按照指示完成，学习年龄（特征）如何确定高度（可观察值）。然而，即使训练有素的网络回答了我们的问题，ANN 提供答案的可靠性也会随着问题离数据集边界越远而降低。该模型对 14 岁儿童身高的估计可能是合理的，因为该模型已经包含了与接近该年龄的儿童有关的数据，但对于一个 75 岁的人，离任何经过训练的数据都相去甚远，因此该结论是毫无意义的。

让我们回到前面的科学例子，全套实验数据如图 5.3 所示。

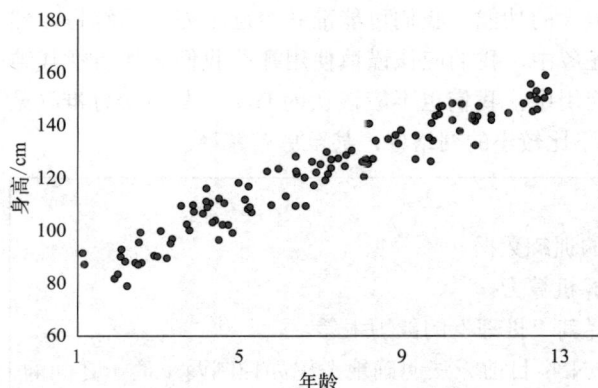

图 5.2　100 名儿童身高随年龄的变化

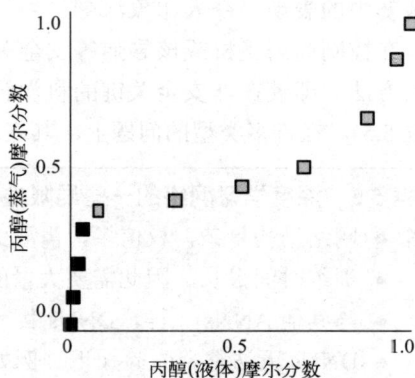

图 5.3　丙醇 - 水混合物上方气相中丙醇的摩尔分数随组分的函数。包括在低丙醇摩尔分数下显示的所有点，都是实验数据

很明显，我们不能合理地期望 AI 能够充分预测图 5.3 中黑色的四个点。如果 ANNs 在训练期间能够访问的唯一数据是图 5.1 所示的点。对于超出数据库中信息定义范围的预测就有问题，ANNs 回答的可信度肯定很低，这一点在处理非常大的数据库时可能会被遗忘，因为我们甚至可能不知道其确切的限制是什么。我们得出结论是，除非有证据表明：ANNs 从中学习的数据适当地涵盖了我们感兴趣的样本范围，否则我们应该谨慎地接受 ANNs 的输出。

5.2.8　AI 解决了方框 5.4 中的挑战，它是如何做到的？

方框 5.4　这些系列中的下一个数字是多少？
　　A 系列：1, 0, 1, 0, 1, 1, 8, …
　　B 系列：6, 6, 7, 9, 8, 6, …
　　［不能确定这个答案是否正确？稍后再回答。］

如果 AI 解决了问题，是靠聪明才智还是靠运气？要求解释是没有用的；AI 不显示其工作方式。

评论：解释是基础；在缺乏确凿证据的情况下，预测只有在始终正确时才有说服力。在没有证据的情况下，一个正确的预测可能仅是在黑暗中的猜测，或者仅仅在某个有限的区域内是可靠的。

但这并不是说无法解释的科学毫无价值。量子理论并没有为波粒二象性提供解释，但仍然是科学基石的一部分。然而，如果 AI 在没有解释的情况下给出一个惊人的结论，我们有理由保持谨慎。

虽然 ANNs 的"知识"编码在其连接权重中，但单个权重并不"意味着"任何东西。这些权重甚至不是明确的：在相同数据上训练的相同几何体的 ANNs 可以收敛到完全不同的权重集，但仍然可以产生类似的预测。正是权值与网络几何结构的组合，将特征与可观测值联系起来，但在经过训练的网络中编码的数学关系，远不能构成一个连贯的解释。

很难辨别小型网络通过其连接权重告诉我们什么，因此可以预期，深度网络将面临更大的挑战。其多层结构结合了深厚的力量和强大的不可穿透性。DNNs 在下围棋和蛋白质折叠等挑战赛中的表现，令人印象深刻，由于其强大的功能，我们可能准备容忍不充分的解释。然而，在控制商用飞机或核导弹等安全关键任务中，我们应该谨慎使用那些我们无法质疑其结论的方法。即使在非安全关键的科学领域应用中，我们也不应该认为 DNNs 是黄金标准（见方框 5.5）。在许多类型的问题上，其表现并不比较小的网络好，甚至更难解释。

方框 5.5　深度学习网络的一些局限性

- 网络结构复杂，权值多，需要大量的训练数据。
- 训练时间很长，因此需要大量的计算机算力。
- 与其他 ANNs 一样，DNNs 目前解释其"推理"的能力很差。
- DNNs 无法整合先验知识。例如，DNNs 目前无法明确地考虑如控制两个离子之间静电相互作用的物理定律（尽管它们有可能从数据中了解这些定律）。
- 有证据表明，经过训练的 DNNs 有时可能会被误导，因为向 DNNs 展示的数据与其训练过的数据（例如，使用对抗性图像）仅略有不同。
- DNNs 不善于处理一种人类可以轻易理解和使用的信息形式的分层知识。

顺便说一句，还应该注意到，ANNs 并不是唯一难以解释的。支持向量机将数据投影到高维空间，我们只能将其中的一小部分可视化。支持向量机在解释其所做的事情方面，并不比 ANNs 更好。

即使在非安全关键科学研究领域的应用中，解释也会有所帮助。如果无法解释黑盒模型，则无法手动扩展或改进模型。我们不能将 ANN 拆开，然后再添加其他部分，也不能让 ANN 学会如何完成一项任务，然后指导人类如何有效地完成同样的任务。未来几代 AI 工具不仅擅长做我们做不到的事情，比如计算蛋白质的折叠方式，还擅长做我们能做的事情，比如开车。如果我们想要充分利用一个已经学会了人类所熟悉的技能的 AI，就必须了解 AI 是如何做出决定，并从中学习（甚至是由他们来教授）。

也有伦理道德方面的考虑。没有"道德上正确"的方法来折叠蛋白质或确定黑洞是否位于星系中心，但我们可以想象，在这种情况下，AI 的决定可能既难以预测，也难以证明其合理性。假设一辆自动驾驶汽车突然发现自己处于一种不可避免的碰撞情况，一场事故将对乘客（以及 AI 本身）造成伤害，或者对多个行人造成伤害。如果汽车没有道德指南针——我们现在能想象它是如何学会处理这样一件事吗？AI 可能会优先考虑自己和您的生存，而不是其他许多人的生存。我们可以用虚拟汽车和虚拟人来测试事故，看看 AI 的反应如何，但我们会接受这样的想法吗？在这样一个虚拟世界中接受训练后，AI 可能已经制定了自己的道德准则，但仍然无法清晰地表达出来。

在化工厂的控制等其他领域也会出现危急情况。随着 AI 控制着一个复杂工厂越来越大的区域，我们对如何做出决策的需求也将变得更加强烈。同时，开发能够向人类解释自己的 AI 将是一项基本要求。

5.2.9　AI 认为篮球运动员导致了全球变暖

图 5.4 显示，美国国家篮球协会（National Basketball Association，NBA）球员的高薪导

致全球变暖。其他导致地球温度升高的因素包括挪威大象数量的下降，以及比利时橡胶靴价格的上涨等。

当然，其实并非如此。

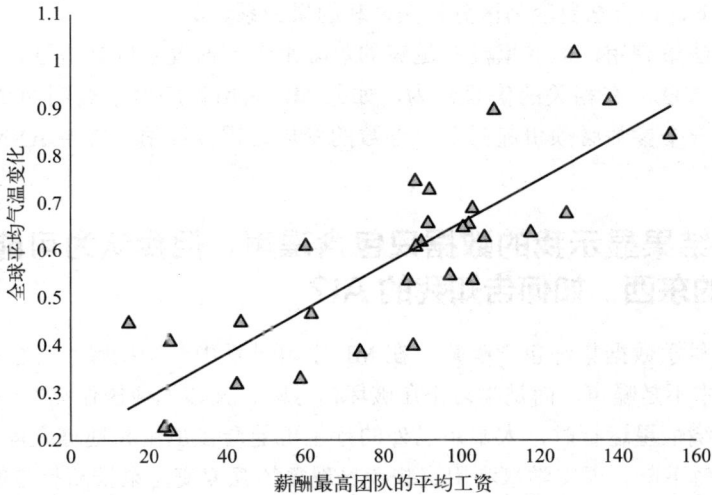

图 5.4　篮球运动员的平均工资与全球平均气温上升之间的关系 [35, 36]

评论：AI 有能力但没有智力。它们可以揭示相关性——描述两组值之间关联程度的统计指标，但 ANNs 无法确定相关性是否表明其因果关系，即一个变量的变化直接导致另一个变量的变化。例如斯堪的纳维亚大象数量与全球温度之间的相关性，是一个毫无意义的相关性，构成了"错误发现"的问题。

错误的发现在 20 世纪中叶就具有特别重要的意义。肺癌的发病率正在上升（这种疾病在 20 世纪初非常罕见，以至于许多医生在一生的实践中都看不到任何病例），但上升的原因尚不清楚。1950 年，Bradford Hill（布拉德福德·希尔）和 Richard Doll（理查德·多尔）发表的研究结果表明，吸烟才是真正的罪魁祸首，而不是他们先前曾提出暴露在柏油路或汽车尾气中可能是罪魁祸首的理论 [37]。

香烟制造商的反应可想而知：断然否认。他们认为，肺癌不是由吸烟引起的，而是由一种不明的遗传因素引起的，这种因素使一些人异常容易患肺癌；同样的因素使人们容易对烟草上瘾。吸烟 ↔ 肺癌之间存在相关性，但联系是这个未知的遗传因素，而不是吸烟。遗传学（如果需要真正的解释的话）是一个众所周知的混杂变量；影响两个完全独立元素的一个因素——在本例中是肺癌发病率和吸烟累计数量，它们彼此之间没有因果关系。几年过去了，这些公司才承认他们引入的混杂因素不是基于任何有意义的数据，而且吸烟确实会导致肺癌。

正如我们在 NBA 球员工资和全球变暖关系中看到的那样，两种属性的值可能在没有联系机制的情况下相互关联。令人惊讶的是，反过来也是如此：一个因素可能会直接影响另一个因素，但却与之无关。恒温器就是一个例子，它能保持房子里恒定的温度。当外部温度下降时，自动调温器就会延长加热时间，从而燃烧更多的气体。由于室内温度几乎是恒定的，即使恒温器导致气体消耗量的变化，恒温器的温度与消耗的气体量之间的相关性也可以忽略不计。

相关性也称为关联性，而不是因果关系。但是我们怎样才能将两者区别开来呢？梳理出两者之间的差异可能很复杂。已经将贝叶斯网络[38]用于语音识别、天气预报和其他领域，是一些问题的潜在解决方案。与大多数类型的 ML 相比，贝叶斯网络更容易被接受和细查，因此在有利的情况下，该方法更容易区分相关性和因果关系。

尽管这些方法很有用，但这里没有足够的篇幅来深入研究贝叶斯方法，它们绝不是检测因果关系的可靠方法。有相关的信息认为，如果 ML 应用程序似乎表明两个参数是相关的，那么在假设其中一个参数必须引起另一个参数的变化时需要谨慎。支持 ANNs 结论的科学投入是必要的。

5.2.10 AI 结果显示我的数据只包含噪声，但我认为可能存在某些真实的东西。如何告知我的 AI？

几乎所有的科学数据集都包含噪声。在 ML 学习过程中，一些噪声可能会被平均掉，但如果这些噪声根本不是噪声，而是学习正在破坏信号呢，又该如何操作呢？

评论：当围绕恒星运行时，太阳系以外的行星可能会在恒星和地球之间穿过，导致到达我们的星光量短暂下降。天文学家利用这些凌日现象的强度变化来推断行星的存在[39]。由于行星比恒星要小得多，这种变化非常微小，所以信号的变化可能会被星光的背景变化所淹没。我们该如何处理这个问题呢？

一个潜在有用的方法是 PCA，我们曾在第 5.2.4 节中对这种方法进行了探讨。数据集的 PCA 处理产生的特征值告诉我们，数据集中每个特征向量代表了多大的可变性。如果数据集只包含噪声，特征值的值将以一种近似单调的方式减少。如果数据中有真实的信号，尽管很小，这应该反映在一个或多个特征值中，这些特征值的大小将它们与仅代表噪声的特征值区分开来。

如果我们知道信号可能是什么样子，就可以使用有信号的例子来训练 ANNs 模型，而不是使用原始数据来训练。天文学家热衷于在星际空间中发现，作为银河系其他地方可能存在生命标志的氨基酸。在陨石中发现了微量的氨基酸，因此可以合理地推断这些分子也可能存在于星际空间中，但由于其浓度显然非常低，因此很难检测到。ANNs 可以在一组氨基酸的实验室光谱上训练，然后输入天文观测的实验光谱，以寻找可能表明这些分子存在的非常微弱的信号。逆向过程，即利用实验天文观测结果来训练神经网络，然后显示样本氨基酸的光谱，可能不太成功，因为在模型中掺入大量的噪声。这两种方法执行起来都不容易，因为天文信号极其微弱（如果它们确实存在的话）。尽管如此，AI 方法在解释此类微弱信号方面仍有希望。

5.2.11 AI 很好，直到我找到了一些额外的数据；为什么数据让情况变得更糟，而不是更好？

狭义 AI 擅长学习某一件事，但很难走得更远。

评论：我们训练 AI，直到通过测试集的表现来衡量学习效果最大化。如果后来使用额外的以前没有观测到的数据重新开始训练，那么以前学过的东西可能会慢慢被忘记，因为新的信息开始覆盖旧的信息（请参阅第 5.2.1 节中的迁移学习）；如果新数据位于与旧数据非常不同的区域，那么就很可能丧失之前学习的知识。一种经过训练识别狗的算法，如果随后用只包括其他动物图像的进一步训练，就会逐渐失去这种识别狗的能力。

深度学习避免了其中的一些问题，因为 DNNs 可以通过约束来构建，这些约束可能会迫使不同的层，来学习数据的不同方面。即便如此，如果一个训练有素的网络充斥着位于新领域的新数据，知识也会退化。DNNs 可以下国际象棋、下围棋或预测蛋白质折叠，但不能同时完成这三项任务。

5.2.12　虽然有大量数据，但我的 AI 仍然学习得很艰难

能够计算误差或损失函数是 ANNs 的绝对要求；如果无法获得可观测值，ANNs 就无法学习。在学习开始之前，我们必须确定一个目标；这个目标可以很容易表达，如可以用 X 射线拍片来识别骨折，或者预测超硬材料的组成。但是，ANNs 需要一个标量或向量形式的目标，而不是一个笼统的、模糊的愿望列表。定义目标可能具有挑战性；有些问题的定义甚至是不合理的。这又意味着什么呢？

评论：形式不规范（或定义不准确）问题的目标是不明确的或难以量化的。最常见的原因是，总体目标包括许多子目标，几乎不可能同时满足所有子目标。

假设我们决定使用 AI 来设计一种可以作为严重烧伤病人临时皮肤的新聚合物薄膜。我们要求产品应该是有效的、无毒的，并能维持足够长时间的特性，以便使其下方的皮肤能够正常恢复。还有其他可能的标准有：该产品应该易于应用，使未经培训的人员在紧急情况下亦可使用；且不应与正在恢复的皮肤粘合；应该生产成本低、保质期长、易于合成，并能促进皮肤愈合。目标清单很长，我们一开始可能会认为这是一种优势：目标越多，就越能准确地定义理想产品。通过给 ANNs 提供关于这些目标的非常具体指导方针，肯定可以准确地找到正确的表达形式吗？现实恰恰相反。

在这个例子中，使用我们的 AI 既有实际问题，也有道德问题。回想一下，ANNs 试图最小化样本的实际输出与期望输出之间的差异。因此，对于数据集中的所有样本，必须首先通过组合许多影响因素来确定可观察值，对每个因素分别加权来反映其相对重要性。但"相对重要性"是一个判断问题。产品的易用性应如何与生产过程的复杂性和安全性相平衡？什么程度的毒性是可以接受的：如果一个人死了，而 99 人得救了，这是可以接受的吗？如果是五人或十人死亡呢？假设该产品可以拯救生命，但价格昂贵，会从其他重要的医疗服务中抽走资金；考虑到资金损失在其他地方产生的负面影响，我们该如何判断新的聚合物皮肤总体上是否有益？或者问题更大——假设聚合物皮肤可能只适合某一特定血型的人，而完全不适合不同血型的人；资助开发和部署只惠及少数人的产品是否合适？

任由 ANN 自己去执行处理，但我们不能指望 ANNs 能够独立地优化每一个可观测值。相反，它可能会提出一种既极其有效又极其昂贵的产品，或者是一种廉价、易于使用且有毒的产品。因此，在可能基于非常有限的数据的情况下，我们在尝试训练网络之前，必须自己先做出这些判断。形式不准确的问题并不罕见，它们往往是我们最想解决的真正复杂的问题之一。随着 AI 能力的不断增强，更多的此类问题将变得易于解决。与应该如何组合多个目标，这一更大的问题相比，构建能够解决此类问题的 ANNs 的技术挑战相对是次要的。即使伦理问题没有使问题复杂化，这里没有简单的答案。

5.2.13　问题：我的 AI 很奇怪

即使按照设计的方式行事，AI 也可能产生奇怪的结果。

评论：AI 还没有完全摆脱困境，所以当应用程序并不总是按计划运行时，我们不应该感到惊讶。

想想当绝大多数汽车都是自动驾驶时，会发生些什么。汽车必须确保乘客和行人的安全，因此，如果行人突然从汽车前面的人行道上走下来，汽车必须停下来，只有在行人安全时才能移动。如果这时有另一个行人走到路上，汽车必须再次停车。在拥有汽车众多的城市中，可能会产生什么后果？行人很快就会意识到，无论交通有多拥挤，步入道路都是安全的。用不了多久，交通运输就会停止。也许这是安全通行的终极目标，但利用人脸识别技术等方法对行人的行为进行监管的需求会变得势不可挡。

意外行为将不局限于道路。设想一个 AI 过程，其作用是控制一个工业工厂，其中化学物质流入一个开放的储罐，发生反应后，通过出口管离开。如果储罐溢流，安全性将受到影响，因此 AI 必须学会调整液体流入速率，以防止发生这种情况。我们在工厂的虚拟模型上对其进行训练，使用一个损失函数，每当液体从容器（储罐）中溢出时，该函数就会惩罚 AI。AI 应该很快学会如何将液位保持在安全范围内，但我们可能不会预料到 AI 会学会最简单的方法是完全关闭液体流动。尽管这种方法是安全的，但不是高效的。

在简单、易于解释的单元（如化学流动系统）中，可以在早期发现并纠正不必要的行为。然而，AI 拥有的控制能力越强，其行为就会变得越复杂和难以理解，必须明确地证明任何已实施的系统，能以可靠和合乎逻辑的方式运行。

5.2.14　一切都变糟糕了。我该怎么办？

在最后一节中，我们将简要介绍 ANNs 可能遇到的更多问题。

5.2.14.1　网络没有学习

（1）检查数据　如果网络学习的迹象很少，请使用经过充分研究过的小型数据集（例如 Iris）来测试 ANNs[40]。对于这个数据集的学习应该在最多几十个循环内基本完成；如果不是，则可能是读取数据不正确，或者网络工作不正常。ANN 是否可以逐列读取数据，而不是逐行读取，或者反之亦然？如果正确读取数据，并且能够检查网络权重，则输入一个示例，并在反向传播后手工检查权重，以查看它们是否已按预期更新。虽然很繁琐，但这是一种查找编程错误的彻底方法。

（2）检查激活函数　阶跃函数不适用于解决有意义的问题；如果您正在使用此类函数中的一个，请将其更改为类似于 tanh 或 ReLU 这样的 sigmoid 函数。

（3）检查数据标签　也许能正确地读取数据集中被错误标记的样本，因此可观察到对象与其所附的样本无关。手动检查数据集中的一部分标签。如果它们看起来是正确的，那么就用这个检查过的集合训练一个小的网络，然后观察测试结果是否表明学习得到了改善。

还有什么值得学习吗？数据可能不包含任何将输入与输出链接起来的内容。如果您使用的是大型数据集，并且选择了样本特征和 / 或可观测数据的子集进行训练，则更可能出现这种情况。停止训练，将数据集扩展 20% 左右，添加只包含随机数据的样本，然后从头开始再次训练。如果性能不差，则数据集可能不包含网络可以使用的信息。

（4）**检查网络几何结构**　网络可能太大了。如果是这样，也可能会单独记忆数据集中的每个样本，而不会发现之间的任何关系，从而避免学习识别任意测试样本所需的规则。现在，从一个小的网络和适度数量的样本开始训练。如果有学习的证据，逐步增加样本的数量，从而证明网络有可以学习的数据。

5.2.14.2　我的网络学习非常缓慢

（1）**你是不是太急了**　训练人工神经网络可能很慢。典型的网络需要数百或数千个历元，才能有效地学习，如果数据集非常大，甚至需要更多历元。检查并验证错误的行为方式。如果网络正在改善，则测试集的性能也在改善，那么继续进行下去。

（2）**样品噪声很大**　如果样本有噪声，请使用更大的数据集（如果有），以减少这种影响。如果信号与噪声相当，学习将会很慢，并且可能无效。可尝试使用 PCA 来缩小数据集，观察去除带有最小特征值的组件，是否能减少噪声。PCA 并不是什么神奇的东西——随着信噪比的降低和信号被噪声淹没，其在去除噪声方面的效果会逐渐降低。

试着从这些数据样本中学习，看看性能是否有所改善。但要小心——这样的过程会引入偏差，因为你是从数据集中，认为最能满足目的的一部分样本中选取的。

（3）**输入和输出之间的联系很差**　数据库可能包含有用的信息，但是您输入的特性可能与输出的链接之间的关系很差。

（4）**不平衡的数据**　数据集可能偏向于质量较差的样本子集。也许它们淹没了其他特征值小得多的样本；考虑是否整个数据集可以从缩放中受益，或者是否可以对单个样本进行加权。如果一种类型的样本很多，而其他类型的样本少得多，那么就要考虑是否可以在不丢失太多信息的情况下，对数据集进行补充或精简，以使其均衡。不过，在删除或加权样本时，需要再次注意引入偏差的风险。

5.2.14.3　损失函数在训练过程中逐渐减小，测试误差也减小。我预计测试集上误差的增加，将表明何时可停止训练，但这种增加从未出现过

不当的数据库采样。如何从数据集中提取样本进行训练和测试？你已经知道所有这些过程必须是随机进行的，但是训练集和测试集的划分必须在训练开始之前进行，然后保持不变。如果你随机选择一组训练样本，训练一个历元，然后用剩下的样本进行测试，然后再获取另一组随机样本，在下一个历元进行训练，并使用测试剩下的（新）样本，实际上你是在使用整个数据集进行训练（见图 5.5）。当你使用网络之前看到的样本进行测试时，可以预期测试性能会随着时间的推移而继续提高，即使这种改进是没有意义的。

5.2.14.4　在经历 20 个历元后，测试集的性能几乎没有提高，然后开始变得更糟。这是否意味着我的网络只需通过对数据集进行 20 次历元的学习，就学会了所需的所有知识？

（1）**网络问题**　如果训练在 20 个历元内完成，请考虑下列原因之一：（i）是的，学习结束了，但问题是如此简单，你根本不需要 ANNs；（ii）你太没耐心——问题可能很棘手，需要更多时间的训练；（iii）网络对于你所拥有的样本数量来说过于庞大，因此网络正在学习单个样本（样本数量应该大大超过连接权值的数量）；（iv）训练不起作用。也许学习率太高或太低，或者连接权值的初始值非常大，因此算法需要很长时间才能将这些权值拖到一个学习可以有效进行的范围内。

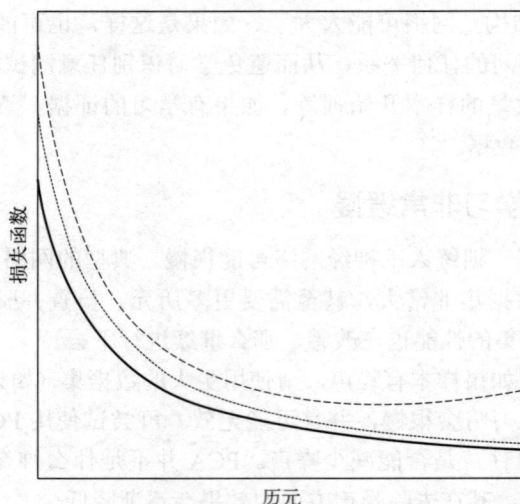

图 5.5　ANNs 学习时损失函数（实线）和测试误差（点线）的变化。随着学习的进行，
测试错误继续下降，即使它应该达到一个最小值，然后开始上升（虚线）

（2）数据集问题　您用于训练和测试的样本可能涵盖不同的关系集，因此网络从训练集中学习的内容，在预测测试集的结果方面价值很小。检查您的数据集是否以某种方式排序，并且您没有从整个数据集中使用随机抽样。

5.2.14.5　我认为我的网络过拟合，我应该如何操作？

考虑正则化。理想的网络封装了数据集中的所有规则，仅此而已。网络越大，越有可能学习噪声和单个样本，因此减少网络的大小，可能会有所帮助。尝试在损失函数中添加一个正则化项[41]，以降低复杂性。应使用尽可能少的描述符，来完整地描述数据集。如果你在样本上运行了 PCA，并且发现只有少数成分具有较大的特征值，其余的特征值都很小，那么你不应该使用大量的特征。

5.2.14.6　训练后，我将网络权重与同事使用相同数据集获得的权重进行比较，与其结果完全不同，那谁的结果是正确的？

请参阅第 5.2.8 节，大家都没有错。如果要求你和你的同事给出等式 $a+b=16$ 的解，她可能会给出 $a=5, b=11$，而你给出 $a=b=8$。你们都是正确的，因为很简单，存在无数多个解。类似的，ANNs 可以用无数种方式对权重中的关系进行编码。即使网络性能相似，也不应期望两个网络中的连接权重相同。

5.3　结论

科学数据的分析在任何时候都具有挑战性，但结合 AI 方法的分析会带来一丝神秘感。可以公开对 ANNs 中的连接权重进行检验，但我们可以从这些权值中得到的理解是有限的。人们可以将其与简单的数学程序进行比较，比如通过一组实验数据点拟合一条直线。

随着 ML 方法在科学领域的广泛应用，这种可解释性的缺乏将继续成为一个关键问题。虽然我们可以手动检查程序的代码，以确保软件按预期运行，但检查一个 AI 程序是否达到了合理的解决方案，则比较困难。然而，要理解 AI 是如何得出这个结论的，就更加困难了。

　　幸运的是，AI 算法正在不断地进化。对能够提供某种形式解释软件的需求已得到广泛认可，更智能、更具解释性的工具正在开发中[42]。我们可以合理地假设，在适当的时候，我们的算法将不仅限于对数据集进行可靠的分析，还将给出解释，并且能够管理数据集，选择合适的 ML 方法，在没有用户输入参数的情况下，为所有相关的参数选择最佳值，一旦训练结束，用我们可以理解的术语，解释它们发现了什么。

　　与此同时，在我们等待完全可解释的 AI 到来的同时，重要的是要了解表面之下发生了什么，并能够在事情没有解决时，诊断出问题。"一点点机械同感"可能有助于确保你的算法最有可能生成一个有意义的模型。

　　如果想知道第 5.2.8 节中问题的解决方案，请查看方框 5.6。

方框 5.6　方框 5.4 中问题的答案

　　在 A 系列中，数字是连续日历月中天数的第二位数，从 8 月（31）和 9 月（30）开始，到 2 月（28，非闰年）结束。因此缺少的数字是 1，因为三月有 31 天。

　　B 系列给出了一周中连续几天的字母数（英文），从星期日（6 个字母）和星期一（也是 6 个）开始。 缺少的数字是 8，因为星期六有 8 个字母。

参 考 文 献

[1] https://www.autosport.com/performance/feature/8318/how-mechanicalsympathy-improves-speed；accessed December 2019.

[2] E. A. Feigenbaum and B. G. Buchanan, *Artif. Intell.*, 1993, **59**, 233.

[3] A. Aspuru-Guzik, M.-H. Baik, S. Balasubramanian, R. Banerjee, S. Bart and N. Borduas-Dedekind, *et al.*, *Nat. Chem.*, 2019, **11**, 286.

[4] A. Fabrizio, A. Grisafi, B. Meyer, M. Ceriotti and C. Corminboeuf, *Chem. Sci.*, 2019, **10**, 9424.

[5] C. W. Coley, D. A. Thomas Ⅲ, J. A. M. Lummiss, J. N. Jaworski, C. P. Breen and V. Schultz, *et al.*, *Science*, 2019, 365.

[6] R. Gómez-Bombarelli, J. N. Wei, D. Duvenaud, J. M. Hernández-Lobato, B. Sánchez-Lengeling and D. Sheberla, *et al.*, *ACS Cent*. Sci., 2018, 4, 268.

[7] K. T. Butler, D. W. Davies, H. M. Cartwright O. Isayev and A. *Walsh, Nature*, 2018, **559**, 547.

[8] https://dfns.dyalog.com/n_life.htm；accessed December 2019.

[9] https://bitstorm.org/gameoflife/；accessed December 2019.

[10] D. B. Boyd, Pioneers of Quantum Chemistry, *ACS Symp. Ser.*, 2013, **1122**, 221.

[11] https://home.cern/science/accelerators/large-hadron-collider；accessed December 2019.

[12] https://home.cern/science/computing/processing-what-record；accessed December 2019.

[13] https://pubchem.ncbi.nlm.nih.gov/；accessed December 2019.

[14] https://icsd.products.fiz-karlsruhe.de/；accessed December 2019.

[15] https://www.ebi.ac.uk/chembl/；accessed December 2019.

[16] Early studies which used no independent training set, or where a network contained far more connection weights than the number of samples, were not uncommon. To protect the innocent, as the saying goes, no examples are

given here.

[17] https://scholar.google.com/；accessed December 2019.

[18] https://toolbox.google.com/datasetsearch；accessed December 2019.

[19] Why deep learning Ais are so easy to fool, https://www.nature.com/ articles/d41586-019-03013-5；accessed December 2019.

[20] G. Koch, R. Zemel, and and R. Salakhutdinov, *Proceedings of ICML 2015-the 32nd International Conference on Machine Learning,Deep Learning Workshop*, **vol.2**, 2015.

[21] http://chemdataextractor.org/；accessed December 2019.

[22] Look out for potential bias in chemical data sets, https://www.nature. com/articles/d41586-019-02670-w；accessed December 2019.

[23] J. Sieg, F. Flachsenberg and M. Rarey, *J. Chem. Inf. Model.*, 2019, **59**（3）, 947.

[24] V. Stanev, C. Oses, A. Gilad Kusne, E. Rodriguez, J. Paglione, S. Curtarolo and I. Takeuchi, *NPJ Comput. Mater.*, 2018, **4**, 29.

[25] S. Steiner, J. Wolf, S. Glatzel, A. Andreou, J. M. Granda and G. Keenan, *et al.*, *Science*, 2019, **363**（6423）, DOI: 10.1126/science.aav2211.

[26] https://en.wikipedia.org/wiki/Curse_of_dimensionality；accessed December 2019.

[27] P. Raccuglia, K. C. Elbert, P. D. F. Adler, C. Falk, M. B. Wenny and A. Mollo, *et al.*, *Nature*, 2016, **533**, 73.

[28] This is a kind of Survivorship bias, where data about meaningful experiments is widely reported while data about failed experiments is not. One effect of this might be to give the impression that research in a particular field is more successful than it really is, since the number of reported failures is low.

[29] M. H. S. Segler and M. P. Waller, *Chem.-Eur. J.*, 2017, **23**, 6118.

[30] M. H. S. Segler, M. Preuss and M. P. Waller, Nature, 2018, **555**, 604.

[31] M. Mitchell, *An Introduction to Genetic Algorithms.*, MIT Press Cambridge MA, USA, 1998.

[32] I. T. Jolliffe, *Principal Component Analysis*, Springer, New York, ISBN 978- 0-387-22440-4, 2002.

[33] S. Curteanu and H. M. Cartwright, *J. Chemometrics*, 2011, **25**（10）, 527.

[34] A. Wakisaka, K. Matsuura, M. Uranaga, T. Sekimoto and M. Takahashi, *J. Mol. Liq.*, 2011, **160**, 103；A. Wakisaka and T. Iwakami, *J. Molec. Liquids*, 2014, **189**, 44.

[35] https://hoopshype.com/salaries/；accessed December 2019.

[36] https://data.giss.nasa.gov/gistemp/graphs/graph_data/Global_Mean_ Estimates_based_on_Land_and_Ocean _ Data/graph.txt；accessed December 2019.

[37] R. Doll and A. B. Hill, *Br. Med. J.*, 1950, **2**（4682）, 739.

[38] J. Pearl and D. Mackenzie, *The Book of Why*：*The New Science of Cause and Effect*, Basic Books, New York, 2018.

[39] https://exoplanets.nasa.gov/alien-worlds/ways-to-find-a-planet/；accessed December 2019, https://mcdonaldobservatory.org/ news/releases/ 20171214；accessed December 2019.

[40] https://www.kaggle.com/arshid/iris-flower-dataset；accessed December 2019.

[41] D. C. Elton, Z. Boukouvalas, M. D. Fuge and P. W. Chunga, *Mol. Syst. Des. Eng.*, 2019, **4**, 828.

[42] https://cra.org/ccc/visioning/visioning-activities/2018-activities/artificialintelligence-roadmap/#roadmapdoc；accessed December 2019.

第 6 章

未来状况预测：AI 推动的国防应用化学创新

TYLER STUKENBROEKER* 和 JONATHAN CLAUSEN

美国弗吉尼亚州，阿灵顿，战略分析公司
*Email：tstukenbroeker@sainc.com

6.1 引言

美国国防部（The U.S. Department of Defense，DoD）在许多方面都是化学品的独特消费者。首先，作为拥有 290 万士兵、平民和预备役军人的雇主，其对药品、黏合剂、燃料、涂料和其他化学产品有着无与伦比的需求。其次，这些产品中有许多是在正常供应链之外使用的，无论是在阿富汗的前沿作战基地还是在太平洋的航空母舰上。最后，其中一些产品的用例可以是动态的、非常规的。任务可能需要即时定制物品，以满足作战人员的需求。例如，一种药物可能需要在不用冷却的情况下生产，或者可能需要一种能有效掩盖特定环境的遮蔽剂。

传统的化学品发现和制造能力依赖于需要专业知识和培训的人工规划。为了利用不断扩展的反应、试剂和方法工具箱进行化学合成，需要训练有素的化学家或工程师。但这在许多军事环境和相应的情况下都是不可行的，因为在基础设施很少的偏远地区，或在缺乏专业人员的情况下，可能在短时间内就会出现对某一化学品的需求。当需要新的化学品时，这些限制甚至更加严格——研发新的国防化合物只在相对较少的实验室中进行，而这些化合物的发明可能需要数年或数十年的时间，才能到达作战人员手中。自动化化学规划和发现能力将对国防部执行任务的能力产生重大影响。

美国国防高级研究计划局（The Defense Advanced Research Projects Agency，DARPA）对国家安全的突破性技术进行了关键性投资[1]，从而催生了突破性的国防和民用技术，如 GPS、自动驾驶汽车、夜视仪，当然还有互联网。DARPA 认识到，为了解决化学自动化问题，需要进行与实现这些突破相同的大规模协作，并于 2015 年启动了"制造"（Make-It）项目，以实现任何分子合成的自动化[2]。该项目取自 DARPA 的战地医学项目[3]，该项目为按需生产 15 种不同的活性药物成分（active pharmaceutical ingredient，API）分子建立了一个连续的流动化学系统。"制造"项目试图将其推向极致：可以自动配置硬件，以执行任何可以在实验室或化工厂完成的有机合成路线。然而，很明显，这只是挑战的一部分，更令人望而生畏的是人工智能（artificial intelligence，AI）算法的发展，该算法可以设计出合成有机分子的最佳路线和条件[4]。Make-It 揭示了在分子领域应用人工智能的挑战。DARPA 于 2019 年启动了一个新项目，即加速分子发现（accelerated molecular discovery，AMD）[5]，旨在通过将人工智能模型与自主分子设计的实验系统相结合来解决这一问题。其他美国政府机构，如美国国家标准与技术研究院、美国国家卫生研究院和美国国家实验室，也已经认识到整合人工智能领域的专家与材料[6]和医疗[7]发现领域的专家的潜力，并表明尽管目前处于领先地位，但这种合作可能很快就会成为惯例。

本章将讨论计算机辅助合成规划的进展（第 6.1 节）、获取和使用机器学习化学数据的挑战（第 6.2 节）、这些挑战的潜在解决方案（第 6.3 节）以及其与研究工作流程的整合（第 6.4 节）。其目的不是全面审查，而是通过近期研究的视角，对新出现的挑战和机遇［尤其是面对国防部（DoD）提出项目的挑战和机遇］进行调查研究。本文仅代表作者个人的观点，并不代表 DARPA、DoD 或美国政府的政策或立场。

6.2　合成搜索引擎：自动化合成规划

在本节中，我们将讨论在该领域其他发现和演示验证的背景下，利用机器学习（machine learning，ML）的算法。首先，介绍了已知反应的 ML 驱动优化（参见第 6.2.1 节）。其余部分涉及新化合物的合成，从单个反应开始（参见第 6.2.2 节），然后完成逆合成（参见第 6.2.3 节）。

6.2.1　优化已知路线

在化学实验室里进行的大多数实验都不是新反应。研究人员通常会重复文献或实验室笔记本中的反应，以合成化合物，供进一步使用。因此，主要的问题不是形成什么样的产品，而是其生产效率如何。可以改变的条件有很多：时间、温度和溶剂等等。化学家可以使用启发式和过去的经验来猜测最佳值，但参数的数量使优化过程更适合于统计算法。事实上，已经证明了实验设计（design of experiments，DoE）方法，可以使用基于分支和拟合的稳定噪声优化算法（stable noisy optimization by branch and fit，SNOBFIT），以最少的实验次数找到最佳条件[8]。

2017 年，Zhou 等人展示了一种用于 DoE 优化的 ML 方法[9]。使用递归神经网络设计强化学习系统，以优化几个反应的浓度和温度（参见方案 6.1）。该系统的性能优于非 ML 算法，只需减少 71% 的步骤即可确定最佳条件。通过将系统与基于液滴的筛选平台配对，可在 30 分钟左右确定所测试的四种反应的最佳反应条件（参见方案 6.1）。我们希望看到 ML 算法继续集成到反应优化系统中，例如在科研院校[10,11]和制药实验室中使用的系统[12,13]。

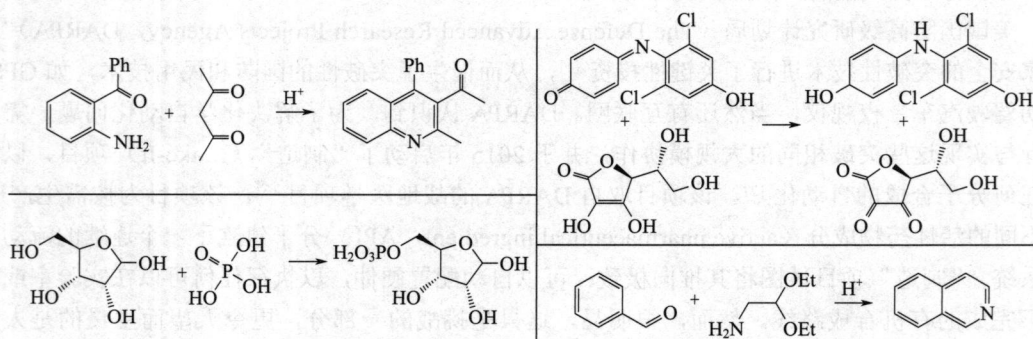

方案 6.1　Zhou 等人研究的反应[9]

转载自参考文献[9]，经美国化学学会许可，2017 年版权所有

鉴于 ML 在电源管理[14]、制造[15]、物流[16] 和电信[17] 等领域进行优化的悠久历史，这些类型的算法能够帮助科学家优化化学反应也就不足为奇了。然而，筛选非离散变量（如溶剂或催化剂）的能力，需要整合更专业的化学知识。Ahneman 等人通过使用随机森林预测交叉偶联反应中使用各种钯催化剂的产率，证明了这种方法的可行性[18]。利用高通量反应筛选数据，他们能够预测哪些催化剂最适合与特定底物配对。

Ahneman 的工作强调了将 ML 与反应筛选相结合的价值。然而，这种组合的最大影响可能不仅仅在于研究单一系统。对于单个实验室，制备少量化合物来改善反应的次优（例如，低产率、不良 e 因子、危险）可能是不值得的。通过这种方式，现有反应路线或对原始反应过程的引用，在文献中传播，导致次优路线被重复使用。但是，只需将这些工具中的一小部分，分布在不同化学合成领域的实验室中，就可以确定改善的条件，并将其推广到整个领域，从而显著节约时间、能源和材料。以 2- 碘酰基苯甲酸（2-iodoxybenzoic acid，IBX）为例，IBX 是一种常用的氧化试剂，最早由 Hartmann 和 Meyer 在 1893 年制备（参见方案 6.2）[19]。从历史上看，这种试剂的溶解度很差，限制了其只能在几种溶剂中使用。直到 2002 年，Moore 报道这个反应在更温和的溶剂中也是有效的，而无数的化学家此前一直在使用高沸点的溶剂二甲基亚砜[20]。虽然单个化学家筛选不同的溶剂体系可能不值得，但整个领域的累积效益是巨大的。对不太常见的试剂来说，这个问题可能更为突出，因为缺乏发表改进的制剂或方法的动力。

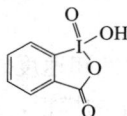

方案 6.2　2- 碘酰基苯甲酸（IBX）的结构

灵活性流动化学系统在可扩展的合成中越来越常见，即使在实验室水平上也是如此。结合 ML 算法，这些系统可以以连续或离散的方式对温度、浓度和流量进行动态优化。因此，ML 和自动化硬件是降低小规模合成过程优化障碍的一种方法。结合适当的文档和数据共享（参见第 6.3 节），这将导致效率的持续提高，并鼓励采用更环保的溶剂和试剂。

6.2.2　预测反应结果

与反应优化相比，化学反应性预测是一个鲜有先例的领域。这个问题从根本上来说更具挑战性，因为两个或更多的分子可以通过多种方式相互作用。目前认为人类预测反应性的方法有：

① 确定反应物上的反应位点（原子）；
② 确定可能发生的反应类型；
③ 评估某种反应的可能性和程度。

遵循这种方法的 AI 系统通常使用下面描述的反应模板。其他方法可能不会明确地分离这些任务，而是归类为非模板方法，随后将对此进行描述。

（1）基于模板的方法：分子表征方法的选择（参见第 6.2.4 节）将影响并依赖于生成和评估候选变化的方法。基于图形的表征法广泛应用于基于规则和 ML 的方法中，用于将分子与反应模板进行比较，并随后确定适用的反应和反应中心（参见图 6.1）。Coley 及其同事开创的一种方法 [21, 22]，应用了从美国专利数据库中提取的 1700 个模板，然后使用神经网络对生成产物的可能性进行排序，从而证明了 ML 在正向预测中的可行性。然而，该方法的计算成本很高，对于每个模板，需要确定分子图是否包含与模板同构的子图。为了缓解这种情况，Segler[23] 和 Coley[24] 都使用神经网络来提出一个模板，而不是直接对每个模板进行比较。

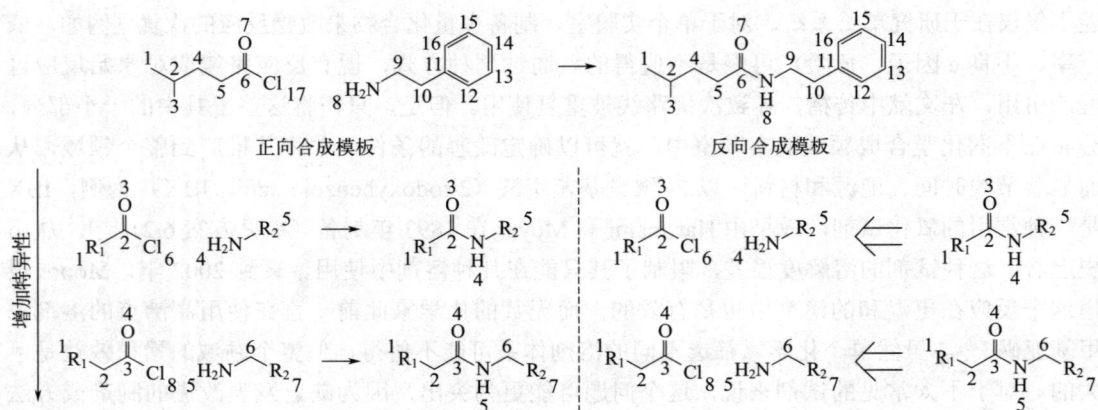

图 6.1 正向和反向反应模板的应用，包括了越来越多的相邻键

转载于参考文献 [22]，经美国化学学会许可，2018 年版权所有

　　基于模板的方法包括覆盖范围、准确性和速度之间的基本权衡。这点在指定反应核心的复杂性时就很明显。只包含成键 / 断键原子的模板，缺乏分子中其他部位的电子和空间效应的关键环境影响。然而，包含相邻片段的更复杂模板将需要更长的计算时间，并且对反应转化可能会过度指定。另一个权衡是使用的模板数量。不可能考虑到每一个的转化，因此，模型通常仅限于检查成百上千个模板。该参数通常表示为从模板中学习反应的累积百分比。不幸的是，看起来很明显，即使是对众所周知的反应（例如，包括 Reaxys 中 99% 反应的模板）的良好覆盖率，也不足以进行更广泛的有机化学的复杂逆向合成分析。Szymkuć 对"有机化学网络"进行的分析发现，文献中发现的反应次数与其基于该频率的排名之间存在幂律关系 [25]。这种关系表明，少数异常值（即很少使用的反应）可能会对总体统计数据产生重大影响。在这种情况下，也会对已知的有机化学反应网络产生重大影响。Szymkuć 认为，这需要列举数千条化学规则（Chematica 程序约 80000 条）[26]，这对机器提取的规则和人工编码的规则都极具挑战性。

　　（2）无模板方法：与直接模板匹配不同，人们可以直接在分子 SMILES 字符串上计算，将反应视为产物和反应物之间的转换任务（参见图 6.2）。该方法使用了一种称为从序列到序列（Seq2seq）的编码器 - 解码器模型，Nam[27]、Liu[28] 和 Schwaller[29] 分别对其进行了研究。一些令人惊讶的结果脱颖而出。首先，模型能够在大多数情况下生成有效的 SMILES 产物字符串作为输出，而无需明确规范或过滤。其次，这些模型显示，正向预测和反向预测之间存在很大的性能差距。Liu 的模型是以反（逆）向运行的，但不能超越 Coley 的基于模板的模型。然而，Schwaller 的 Seq2seq 模型的总体性能最好，该模型预测了正向的反应产物，并包括一个注意力层。与基于模板的模型相比较，注意力模型允许算法专注于输入的特定部分，还提供了一些可解释性的额外益处，这是通常无模板模型所缺乏的。包括注意力的影响也表明：

模型架构是未来研究的一个重要领域。事实上，Yang[30] 表明，除了所使用的表征之外，神经网络体系结构对性能预测任务至关重要。

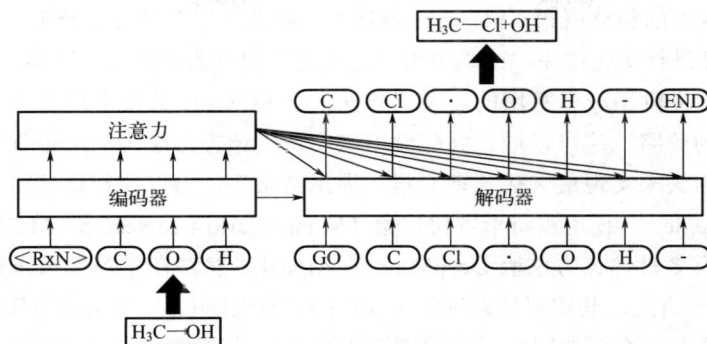

图 6.2　由 Pande[28] 实现的基于注意力的 Seq2seq 模型

输入是一个分子的 SMILES 字符串，这里指的是甲醇，其结构信息被传递给顺序循环神经网络、编码器和解码器，后者输出一个预测试剂的 SMILES 字符串。注意力机制允许模型关注输入中的特定字符（通常是原子）。转载于参考文献 [28]，经美国化学学会许可，2017 年版权所有

6.2.3　执行逆合成

CASP 的最终目标是为任何已知或新的分子可靠地制定多步反应合成规划。对于人类化学家来说，这个过程表面上被认为是逆合成的方向，从一个目标到可购买的起始材料。但鉴于反应是在正向进行的（并发生的），化学家必须对路径进行整体评估，同时考虑特定反应对构建感兴趣的目标的价值以及其产生所需产物的可能性。为这种有细微差别的任务创建算法是具有挑战性的，尽管 Seq2seq 模型表明，两者之间可能存在重要的区别，但尚未被彻底地探索：执行正向和反向任务的算法在预测能力上的差异[31]。

制造每个分子所需的大量反应，在每一步都有可能产生合成路线的指数级爆炸。考虑树状结构，其根是目标分子，而叶是可购买的底物。据估计，从一个靶上合成的五种不同反应的平均次数可达 10^{16} 次[25]。因此，为了预测目标的逆合成路线，需要 ML 算法来识别和导航这些树结构的有希望的部分，而无需详尽地探索所有的方向。这种算法必须能够确定并优先考虑导致可合成分子和最终可购买起始材料的转化。模型进行此类优先排序的标准称为成本或回报，具体取决于数值是应该最小化，还是最大化。一般来说，成本或回报的概念可以包括人们想要优化的许多因素，例如起始材料的货币成本、反应产率、反应时间、环境因素或反应复杂性等。

描述反应复杂性具有欺骗性的挑战性。使用一种直观的关系——越复杂的分子制造成本越高，人们可以简单地把反应物和生成物的 SMILES 串长度的差异，作为反应成本的指标[25]。另一种方法是考虑结构特征，为每个特征分配一个预先确定的复杂性成本。然而，正如人类所感知的那样，分子复杂性是一个不可靠的化学空间导航指标。过度应用复杂度启发法来评估转化可能会导致忽略了合成捷径。一个很好的例子就是保护基团的使用。保护基的设置增加了化学键和原子的数量，但只是暂时的。保护基的有效使用应被视为一种降低成本，且性能良好的模式。在有机化学中，许多最优雅的合成都包含最初看起来不直观、低效或适得其反的转化，但最终会产生高效的反应。

在逆合成算法上，要传授专家级别的化学直觉，必须有一个复杂的衡量标准。方便的是，Coley 能够利用现有的机器编码的反应数据集开发出合成复杂性评分 SCScore，这是一种预测从起始材料合成任何分子所需反应数量（其中一些可能会暂时增加键或原子数）[32]。通过从数据中学习可合成性的整体概念，SCScore 指标不仅有助于指导逆合成分析，而且还有助于对候选药物的合成性进行优先排序，或确定用于化学文库构建的复杂化学反应。

虽然 SCScore 提供了一个有用的启发式方法，但 SCScore 并没有指定选择哪些转换将组成最佳合成路径的策略。这可以通过强化学习来实现。该方法学习一个最优决策策略，该策略将以接受短期损失来实现最大化长期回报。训练结束后，可以执行该策略来确定沿着逆合成树最优路线。Segler[23] 使用蒙特卡罗树搜索（Monte Carlo tree search，MCTS）方法证明逆合成强化学习的有效性，该方法因 DeepMind 的 AlphaGo 算法在学习复杂围棋游戏方面的成功而闻名[33]。简而言之，其实现是通过使用 MCTS（参见图 6.3）学习决策策略，在各种目标的完整反应树中执行一个可能路线子集的模拟"演练"，记录最终结果（成功或失败获得可购买的起始材料），并记录分支中的每一个反应。学习过程平衡了最成功路线的"演练"和未知路线的探索，并产生了一个可用于成功预测在训练期间未出现分子的有效逆合成的策略。

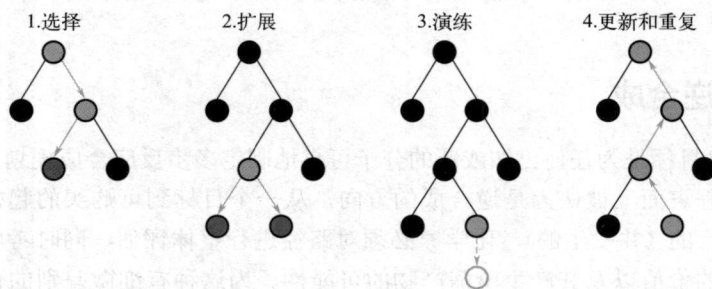

图 6.3 蒙特卡洛树搜索

对于逆合成路线，节点代表化合物，线代表反应。选择会找到一个尚未探索的有希望的节点。扩展是应用模板或其他策略来生成候选前体。部署使用逆合成步骤，来尝试获取起始材料。这样做的成功或失败是确定的，并通过父节点向上传播，然后重复该过程[23]

Schreck[34] 发布了一种使用深度强化学习来学习策略的类似方法（参见图 6.4）。与基于 SMILES 的复杂性启发式算法的过度应用相比较，Waller[23] 和 Schreck 显著提高了合理时间内可以找到完整逆合成路径的分子数量。

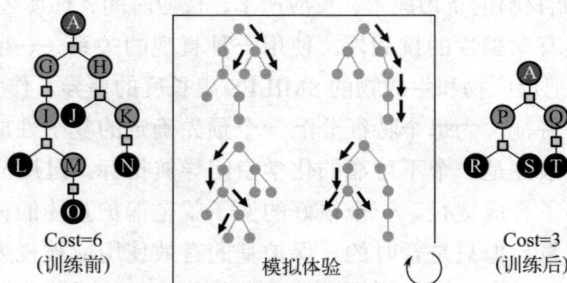

图 6.4 由 Bishop[34] 实施的用于确定成本函数的强化学习

转载自参考文献 [34]，已获得美国化学会的许可，2019 年版权所有

最后，逆合成算法必须考虑更多的信息，以提供对合成成本的真实估计，包括不完美的反应产率和纯化成本等。更有挑战性的是，根据反应顺序估计合成成本，例如在反应之间溶剂的切换等。

6.2.4　评估

CASP 系统的元素——反应优化、正向预测、逆向合成可以作为单独的问题来处理。但是，"制造"（Make-It）项目揭示了各个方面之间的相互关系。为了提供完整的从端到端解决方案，逆合成算法必须考虑需要使用多少模板来定义分支数，并根据所需的溶剂和试剂来确定成本。目前还不确定这些任务到底应该规定多少。对 Seq2seq 模型的研究表明，在某些情况下，适当指定的 ML 模型可以协调一致的方式执行这些任务，或许需要以牺牲可解释性为代价。

评估模型的性能和价值也不是一项简单的任务。反应数据库中的基本事实通常用于确定正向反应的"前 1 名"或"前 5 名"预测精度（即该算法在前 X 个结果中预测正确产物的时间比例）。然而，对于多步的逆合成没有可比较的度量标准。生成的路线可以与已发布的路线进行比较，但预计它们会因模型中的小参数差异而有所不同，甚至可以为已知路线提供改进的路线。有人试图以人类专家提出的路线为基准[23]。人们可以设想一种"化学图灵测试"，通过测试意味着化学家们无法区分由机器生成的路线，或由传奇合成化学家 E. J. Corey 生成的路线。但这有可能会偏向于化学家们熟悉的反应，而不是那些最有效的反应。最终的验证是实施所提出的合成路线，该过程是缓慢且昂贵的。为了给这些系统提供反馈信息，需要通过快速实验或计算机模拟来测试新路线和新方法。

6.2.5　采纳

Make-It 程序的目标是一个按钮式系统，可以评估任何分子，告诉用户是否可以以及如何合成分子，并在提供合适的起始材料后，自主地生产该分子。然而，要实现这一愿景，甚至朝着这一愿景取得进展，需要这些工具在短期内具有可证明的用途。Make-It 技术已经被业界和政府的合作伙伴采用，以应对真正的挑战。该计划的早期成功是由 Grzybowski 及其同事开发的 Chematica 软件[35]。这个基于规则的专家逆向合成系统受到了 MilliporeSigma（原名 Sigma-Aldrich）的挑战，为之前合成尝试失败的目标提供新路径。Chematica 提供了 MilliporeSigma 化学家能够在挑战的限制下成功完成的所有六个目标物的合成路线。随后 MilliporeSigma 收购了 Chematica 软件，现在正在以 Synthia™ 的名义销售该软件，并通过内部使用该软件来扩大产品目录。

在所有情况下，用户的体验对是否被采纳至关重要；一个系统的有用程度取决于其可用程度。可用性不仅包括用户界面设计（例如，易读的反应方案、简单的立体化学输入），还包括对最有用的信息进行优先排序的能力。例如，在 Make-It 中 CASP 系统的早期开发中，搜索输出通常会对非常相似的结果进行高度排序，本质上是反复提供相同的路线，但差异很小。软件的后期迭代旨在提供不同的路线，并在向用户展示时将相似的路线分组。另一个实际考虑是此类系统的计算要求。即使对于使用昂贵的模板匹配和大型转换库的 CASP 系统，通常可以在人类所需时间的一小部分内执行单个逆合成步骤。然而，系统性能的瓶颈是可能路径的爆炸性增长，这需要大量的内存来存储。在 Make-It 开发的系统中，通往相当复杂的类药物分子的路线，可以在多核台式计算机上在 6～60 秒内计算出来[24]。

人们可能会将当前的 CASP 软件描述为"合成搜索引擎"的早期版本。正如 Google 和 Bing 已经成为在浩瀚的互联网上导航的必需品一样，CASP 使化学家们能够以类似的方式遨游反应空间。上述描述的所有系统都允许化学家轻松链接到源材料，从而节省无数时间收集和审查文献，把精力倾注于文献以获取关键参考资料上。一个反应可能在一个领域很常见，但在另一个领域却很罕见，因此，需要一个不受学科约束的，并建议化学家使用的软件。我们预测，目前的 CASP 系统将在复杂性、适用性和性能方面继续增强。今天的系统将是迈向 AI-驱动化学认知的踏脚石。

最后，应该指出的是，这些算法可以适应于共同检查多个目标，并确定一个化合物库最低限度的起始源材料集。甚至可以并行执行对整个反应语料库的元分析，以指导反应朝着最有影响力方向发展的新转化。对于像美国国防部这样购买各种化学品的大型组织来说，此类工具可以识别常见的构建块和中间化合物，以简化生产，并降低成本。

6.3 化学统计学习中的数据挑战

定量构效关系（quantitative structure-activity relationships，QSAR）于 1961 年首次报道，开启了化学信息学的研究领域[36]。早期的研究主要依赖于将 $\log P$ 等物理性质与生物学结果相关联。最后，开始采纳基于片段和量子力学计算的描述符，并且在 21 世纪初，将神经网络用于性质预测[37]。2014 年，美国国家卫生研究院（National Institutes of Health，NIH）、环境保护局（Environmental Protection Agency，EPA）和食品和药物管理局（Food and Drug Administration，FDA）赞助了 Tox21 竞赛，这是一项在毒理学分析中预测数千个分子性能的挑战。参赛作品展示了用于预测毒性的各种机器学习技术，包括随机森林、深度神经网络、支持向量机等[38]。

然而，尽管化学信息建模的统计方法很受欢迎，但 ML 并没有被合成化学家所接受。2015 年启动的 Make-It 项目试图利用许多潜在的 QSAR 技术，进行了逆合成和前向预测。这样做说明了在诸如性质预测和分子设计等复杂任务中需要克服的几个挑战。虽然在某种意义上，这些挑战在 ML 应用中是普遍存在的，但特别是在诸如实验科学和化学中，ML 有其独特的方面。本节将重点讨论将化学数据整合到统计学习系统中的挑战。

ML 算法，在数据丰富或者至少易于生成，并且与手头的任务相关的领域蓬勃发展。计算机视觉（computer vision，CV）和自然语言处理（natural language processing，NLP）方面的进步——ML 成功的典型例子极大地得益于无处不在的在线数字数据，以及几十年来一直专注于这些领域的学术界的努力。这些数据由公众免费生成，并由研究界精心策划和注释成标准的高质量集合，以进一步开发模型并提供通用参考和基准（例如 ImageNet[39]、CoNLL Shared Tasks[40] 等）。

与化学科学形成了鲜明对比的是，在化学科学中，数据的生成相对昂贵，通常被视为有价值的知识产权，应该得到保护，而不是共享。发表在学术期刊上的数据是公开的，但必须进行整合，以提供足够的 ML 典型的训练用数据。这些复合数据集是有偏向性的，不可访问的，以及有限的，将依次对这些挑战进行讨论。

6.3.1 数据偏向于成功的实验

期刊优先考虑由实验数据支持的假设验证性研究。认为，一个不能用假设来解释实验数据的项目是失败的，永远只能被归入实验室的笔记本里。此类模型因激励数据和统计操纵而受到批评[41]。但一个广泛且可以说更严重的影响是，其在科学数据库中产生了对积极结果的偏向性（参见图 6.5）。除少数例外情况外，化学反应数据库只包含成功的反应，即报告的产物只有产率高的反应。很少负面结果的报道，例如没有反应或不需要反应的结果，从而使得使用有监督学习分类器变得更加困难，因为这些分类器需要为每个类提供明确的正面和负面标签。

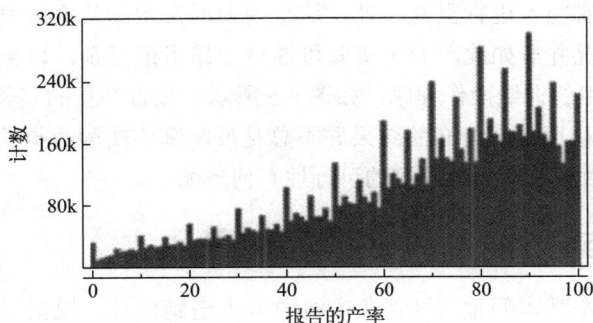

图 6.5　Reaxys 报告的总产率
本图由 K. Jensen 提供，在 2019 年 10 月的 Make-It 产业论坛上部分展示

　　在 Make-It 项目中就遇到了这一挑战。Coley 在 Reaxys 数据库上训练了有监督模型，以预测产生目标产物的反应物（参见第 6.1 节）。然而，在训练数据中没有失败反应或副产品的例子，模型无法将反应归类为合理的反应。Segler[23] 和 Coley[21] 都是通过生成"合成的"负面示例来提供额外的类标签，从而克服了这一问题。Coley 确认了产率超过 50% 的反应，并推测在产品混合物中不存在其他产物（包括预期的产物）。Waller 采用了相同的策略，并进一步补充了负面数据库，在加扰的反应物 - 产物对中随机抽样，给出了 7000 万个假配对，从而使得 Reaxys 数据能够实现相当好的性能。然而，认为这应该是一种权宜之计。对该模型来说，最有价值的是预期的反应（通过某种人类启发）给出了一种产物，但实际却给出了另一种产物的反应。幸运的是，这些现象在化学研究过程中一直存在。不幸的是，这些负面结果很少发表或以其他方式传播。

6.3.2　现有数据不可靠且不规范

　　随着化学信息学的普及，出现了包含配方、结构、物理性质和生物活性，及某种组合的各类数据库。这些数据通常用于训练和验证各种药物发现和材料应用的 QSAR 模型。除了上述提到的偏向性外，这些数据库中的数据还可能面临一个更根本的问题。最近的一项研究仅对 6 个大型数据库中的结构进行了审核，发现高达 3.4% 的条目包含了不准确的结构，例如一个错位的氯原子或互换了羟基和甲氧基等[42]。此外，作者还发现，这种错误程度对基于这类数据进行训练的模型的准确性产生了重大影响。然而，出版物经常在没有任何实验验证的情况下报道了模型的性能——仅仅是训练，测试分割将无法发现数据中的系统性问题。

　　如果数据库不可靠，人们也可以从科学期刊中获取原始数据。化学文献对于 ML 来说是一个特别有吸引力的知识来源，因为与反应数据库不同，科学期刊偶尔会描述除成功反应外还有无效的反应和条件。如果化学文献中披露了负面结果，通常在文本中会进行讨论，而讨论又可能引用为充分了解具体情况所必需的数字和表格。人类能够很容易地理解这些信息，但语言的细微差别以及图形和表格的不受限制的多样性，阻碍了机器的自动解释。尽管 NLP 和 CV 技术在总体上取得了重大进展，但将这些技术应用于化学领域的努力相对较少。结果是，大多数公开可用的 NLP 和 CV 模型，已经在更通用的领域进行了训练，在应用于化学数据的独特词汇和句法时，会遇到困难。

最后，人们必须从根本上相信已发布的数据。尽管出版物可能会经过同行评审，但大多数实验都没有被其他实验室进行重复验证，这是因为通常激励从事终身教职的教师去展示和发表新发现。即使情况并非如此，一个实验可能过于昂贵或复杂，以至于其他实验室无法重现，或者没有可供使用的详细操作程序。如图 6.5 所示，报告产量的实验数量不成比例，四舍五入到最接近的 10，很明显，公布的结果并不总是反映真实实验数据的准确报告。应该非常仔细地考虑这些因素对模型和后续预测的可行性有何影响。

6.3.3　数据只与一个狭窄的任务集合相关

有监督学习的一个基本假设（尽管在实践中很少遇到）是，模型训练所依据的数据与模型测试所依据的数据来自相同的分布。尽管有编码第一原理和持续学习等方法的帮助，但有效地外推与训练不同的数据仍然是机器学习学术界的一个开放研究课题[43]。然而，在化学中，最有价值的预测是那些涉及分子、反应或特性的预测，而这些预测在感兴趣的分布中几乎没有实验数据（即，训练集之外的预测）。这就是挑战所在。

药物研究的高度竞争性虽然对创新很重要，但也会雪藏大量的专有数据，其中很多从未被使用过，并且也不会公布，因为担心竞争对手会发现有利可图的数据。但是，即使这一问题能够得到解决（见下文），这些数据也将反映出制药研发总量与其他化工行业之间的巨大不平衡，也延伸到公开可用数据的差异。2018 年，排名前 15 位的制药公司的研发预算为 1000 亿美元[44]，相比之下，其他行业排名前 15 位的化学公司的研发预算仅为 110 亿美元[45]。这自然会引导面向制药行业及其应用数据库的发展。Virshup[46] 通过对流行的 PubChem 和 ZINC 数据库进行分析说明了这一点。首先，使用基于指纹的谷本相似度（Tanimoto similarity）的一个自组织映射，将整个类药物的小分子宇宙（最初由 Lipinsky[47] 描述的，估计约有 10^{60} 个分子），被统一映射到 9 万个"大储藏箱"❶或神经元上。结果表明，98% 的 PubChem 化合物仅分配给 2% 神经元，其中大部分是分子量低、环数少的特征属性化合物。从这个结果可以得出各种各样的结论，但事实是：①小分子宇宙的大部分尚未被探索；②已探索的那部分不能代表整个小分子宇宙。

这种数据差异也扩展到属性空间。Wu 等人[48] 最近汇总了一系列属性数据集，作为建立各种属性预测任务的基准。虽然一些数据集包含许多化合物的性质信息［例如，PubChem BioAssay（PCBA）拥有超过 40 万种化合物的生物活性数据］，但其他性质的数据则较少（如 ChEMBL 中仅有 4200 种经过处理的化合物的亲脂性值）。数据量虽说不是模型质量的充分条件；但在许多情况下，数据量是必要的，尤其是对于具有许多参数的复杂深度学习模型，以及当模型开发人员无法控制新数据的生成时。图 6.6 展示了基于训练集大小的几种不同模型的性能。

---

❶ 指二进制的目标文件。——译者注

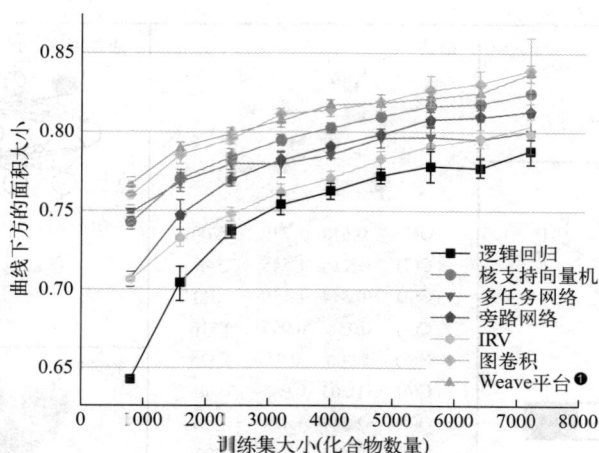

图 6.6　大型数据集的重要性以及用于属性预测的几种不同模型之间的性能差异（见彩图）
经皇家化学学会许可，改编自参考文献 [48]

可用数据和尝试的任务之间的不一致表明，如果不生成特定于任务的数据，ML 将严重依赖于有效地利用现有知识，而不是探索新的化学空间，并且 ML 在化学方面的大多数成功将局限于学术界已经投入大量资金的领域。这对于国防部（DoD）感兴趣的特定属性尤其具有挑战性，因为产生此类数据的研究人员群体非常少。

6.3.4　机器学习模型中化学数据没有标准的表征形式

即使假设可以获得化学中 ML 任务的理想数据，其应该以什么样的形式呈现给模型并非显而易见。直到最近，NLP 和 CV 还严重依赖手动特征工程作为预处理步骤，将原始数据转换为模型接收的形式。标准的做法是计算多个特征，比如句子的上下文无关语法解析，或者图像的尺度不变特征转换，然后再使用特征选择技术来确定要包含哪些特征。

尽管仍然是 ML 学习管道的一个组成部分，但特征工程的重要性随着深度神经网络的出现而减弱。许多当前的深度神经网络模型将更多的数据基本表征作为输入，例如语料库中每个单词的一个热矢量，或图像中相邻像素的卷积，从中自动获得更多的显著特征，以作为模型训练过程的一部分。这种技术的优势在于，粗略地说，这些表征比工程特征更完整。因为表征所包含的原始数据信息基本上与神谕（在本例中是指能提供宝贵信息的人）用来做决策的信息相同。

化学的神谕是自然的，因为它拥有足够的信息，并以任意精度来解析多电子体系的含时薛定谔方程。在经典的计算机中[49]，向机器学习模型提供所有这些信息是不可能的，因此问题就变成了：什么是可用信息的本质的恰当抽象，以及应该如何表征这种抽象？几乎可以肯定的是，对于这个问题没有单一的答案。选择合适的表征方式，将根据所涉及的化学物质特性和尝试的 ML 任务而有所不同。

分子表征通常分为两大类：固定表征，类似于前面描述的不因任务而变化的工程特征（例如分子描述符和指纹），以及在模型任务的背景下发展的学习表征[50]。图 6.7 展示了每种表征方法的示例。

---

❶　Weave 是一个开源的网络平台，专为容器化的应用程序和微服务而设计。——译者注

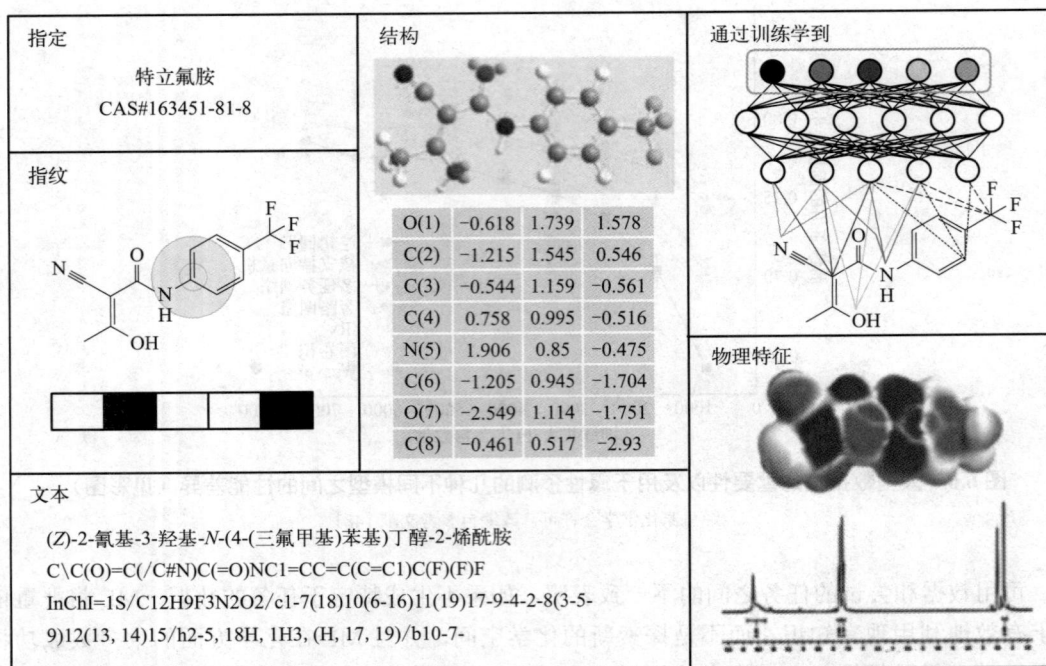

| 指定 | 结构 | 通过训练学到 |

特立氟胺
CAS#163451-81-8

指纹

O(1)	−0.618	1.739	1.578
C(2)	−1.215	1.545	0.546
C(3)	−0.544	1.159	−0.561
C(4)	0.758	0.995	−0.516
N(5)	1.906	0.85	−0.475
C(6)	−1.205	0.945	−1.704
O(7)	−2.549	1.114	−1.751
C(8)	−0.461	0.517	−2.93

物理特征

文本

(Z)-2-氰基-3-羟基-N-(4-(三氟甲基)苯基)丁醇-2-烯酰胺
C\C(O)=C(/C#N)C(=O)NC1=CC=C(C=C1)C(F)(F)F
InChI=1S/C12H9F3N2O2/c1-7(18)10(6-16)11(19)17-9-4-2-8(3-5-
9)12(13, 14)15/h2-5, 18H, 1H3, (H, 17, 19)/b10-7-

图 6.7　不同分子表征方法的示例（见彩图）

　　固定表征的一个例子是许多人熟悉的二维原子键骨架式。该表征方式直接对应于分子中的原子和键排列，可以解释为一个无向图。一种基于文本的表征法是 SMILES，人类化学家很熟悉这种表征法，但可能不太容易理解。SMILES 是表征分子的图形连接性的字符串。分子可以由专家定义的描述符来表征，数百个描述符可以通过流行的 Dragon 软件来计算[51]。扩展连接性指纹[52]可由包含分子局部拓扑信息的哈希函数（hashing function）确定。其中一个吸引人的特点是：它们可以使用现成的工具（如 RDKit）轻松快速地生成，并且易于为特定应用程序进行定制。Waller 的逆合成算法（参见第 6.2 节）使用指纹来表征适用于给定目标的转换。长期以来，在许多 QSAR 方法中，以各种形式使用了这种固定表征方式[50]。

　　化学中的学习表征是一个相对较新的进步，且通常是通过对分子的图形结构进行操作而产生的。Duvenaud[53]首次实现了使用任意分子图结构上的卷积，进行各种性质预测的任务。Coley 在 Make-It 项目中采用了类似的方法进行正向反应预测[54]。

　　文献对于一般预测任务是否首选固定表征或学习表征方法并不一致。在预测二元测定结果中，例如某种化合物是否与特定受体结合，抑制某种途径或诱导毒性效应，Wu 发现学习表征往往更成功[48]，而 Mayr（梅尔）则认为固定表征表现更好[55]。Yang 认为，这种差异可能源于评估协议的差异，并进一步证明了结合卷积和描述符的混合表征的好处[30]。混合表征法提供的优势说明了一个更广泛的观点：不同的应用空间适用于根本不同的表征法。就像上面讨论的数据集一样，这一领域的工作已经转向了治疗特性的预测，当应用于预测不同的性质（如蒸气压或生成热）时，包括那些固定特征或如何生成学习特征的细节，可能会有所不同。美国国防部高级研究计划局 AMD（DAPPA，AMD）项目的一个重点是开发和评估不同应用领域的分子表征，以便更好地理解这些问题。

6.4 数据挑战的现实解决方案

数据是 AI- 驱动实验室的命脉。在第 6.3 节中，我们讨论了当将 ML 应用于化学时，如何确保数据的客观性、可访问性和相关性是对模型性能的最重要限制因素。如何解决这些问题的细节取决于数据来源，无论是来自自己的实验室、外部来源（如数据库或其他实验室）、模拟或从科学文献中提取的数据。在此，我们重点介绍了各种研究人员和组织为解决这些数据不足而实施的几种解决方案。

6.4.1 实验数据收集的自动化和标准化

化学家对在其自己的实验室里，使用自己的设备和按照自己的实验计划进行实验，拥有最大的控制权，也是影响数据生成方式变化的最自然的地方。在此，我们提出了实验室工作流程的三个目标，这些目标对于提高数据实用性、客观性和可访问性至关重要。

目标 1：以机器可读的格式记录数据，推动数据和实验计划的数字化并不是什么新鲜事。电子实验室笔记本（electronic lab notebooks，ELNs）最初出现在 20 世纪 90 年代 [56]。但是，由于包括对软件成本、数据安全和法律问题的担忧等各种原因 [57]，此类工具的采用一直进展缓慢。然而，可用性仍然是最大的挑战。化学家可能很难理解化学反应方案 [58] 的细微差别，或者被迫采用一种不熟悉的组织方案。ELNs 必须在足够通用，以供不同类型的化学家使用，但又要足够强大，以在解释每个领域的细微差别之间取得平衡。

开发通用的 ELNs 的尝试仍在继续，但是，令人遗憾的是，即使有一个高度可用、广泛适用的系统，也不能保证其会被那些可能有根深蒂固的偏好和习惯的研究人员采用。将 ELNs 重新塑造为辅助观察者，自动记录实验过程并记录数据，最终可能会更成功。Ley[59] 实验室探索了利用计算机视觉，通过视频和自然语言处理来监控实验，以摄取书面文本并将其转换为标准化的、机器可读的格式 [60]。类似的方法依赖于将分析仪器集成到数字存储库中。然而，这种仪器制造商提供的应用程序接口（application programming interfaces，APIs），通常会为每种仪器提供不同的专有格式数据。这和将仪器里的数据导出为开放源代码格式，并保存或纳入到统计模型，是非常耗时的，且可能无法保持原始数据分辨率。研究团体对制造商施加压力，要求他们在 APIs 方面更加开放，这可能需要整个学术界的共同努力，以及与激烈的行业竞争相结合。

美国国立卫生研究院（NIH）国家转化科学促进中心（National Center for Translational Science，NCATS）有一个名为 ASPIRE 的项目，旨在打击阿片类药物滥用，并为疼痛管理找到更安全的选择，其中包括开发"下一代、开源的电子实验室笔记本，以作为电子合成化学知识的门户，并允许……在合成路线规划、执行和分析过程中进行无偏向性的数据收集"[7]。将选择与 ML 模型和分析工具集成的设计，以提供一个完整的化学发现工作流程。

目标 2：标准化、算法生成的实验计划规程。获取实验的所有可能细节是确保数据真实可靠、可重复的一种方法。另一个是创建强制标准化执行的规程和实验计划。华盛顿大学（University of Washington，UW）生物制造中心 [61] 推出了一款称为 Aquarium（水族馆）的软件，该软件可以监控样品库存并指定制备方法，但将手动操作和复杂的观察工作留给实验室技术人员执行 [62]。该软件不仅强制执行标准化的数据收集，还强制执行标准化的实验设计，这将有助于提高 ML 模型的可访问性。UW 的工作是 DARPA 协同发现与设计（synergistic discovery and design，SD2）项目的一部分，该项目采用数据驱动的方法在各种领域建立模型[63]。

目标 3：自动实验。机器人实验既可节省成本，也提高安全性，但实验室自动化的另一个驱动因素是能够生成无偏见、完整记录的数据集。消除了手工实施更繁琐的任务，如移液、加热、混合，而依靠自动化工具，可以进行更多的实验，获得更多的数据，还可以提高了数据的重现性和特异性。大规模实现实验室自动化的例子是"云实验室"的发展，他正迅速成为生物实验的可行选择，在此方面机器人自动化比化学实验有了很大的领先优势。其中一个例子是允许在没有人类的情况下运行生物测定的转录实验（transcriptic）❶[64]。另一个是翡翠云实验室（Emerald Cloud Lab），该实验室提供了一个包括固体处理、旋转蒸发、纯化和许多不同的分析功能等有机合成实验室的所有功能[65]。

前两个目标与科学数据生成和管理的更大目标是一致的，即数据生产者和发布者采用的可查找、可访问、可互操作、可重用（findable, accessible, interoperable, reusable, FAIR）的数据原则相一致[66]。虽然 FAIR 原则本身并不是一个目标，但认为 FAIR 原则是在化学中使用 AI 进行创新和发现的必要条件[67]。

6.4.2 跨实验室共享数据

实验室自动化的一个令人兴奋的方面是其分散研究的能力。这种方法需要数据科学家和实验室之间进行快速、清晰的沟通。这类合作在今天很常见，但通常是临时的、1:1的合作伙伴关系，通过"数据转储"从一个组到另一个组进行操作。这种情况甚至发生在研究小组内部，毕业生留下的数据没有做好充分的注释和组织。无论哪种情况，数据科学家或模型构建者都必须花费大量时间清理数据，这一过程可能会在注释中引入错误。未来，我们希望数据共享将从小型的特定协作转移到大量的公共数据集，这些数据集会不断地被许多团队添加和利用。PubChem 或 BindingDB 等公开可用的数据集，以及 CAS 和 Reaxys 等商业数据集的继续增长[68]，但在数据格式和准确性方面的问题产生了新的瓶颈。

除了这些资源之外，还有一种选择，就是直接从研究小组和出版物一起生成数据，一些期刊现在要求使用统一的数据标准[66]。实现化学领域 FAIR 数据的最佳途径将是这些方法的结合：众多的数据生产者以一致且有用的去中心化格式发布数据，并与中央数据库的数据管理工具相结合。尽管采用 FAIR 原则有许多支持者，但在学术界中对遵守这一原则尚不普遍。

另一个使现有数据更加符合 FAIR 原则的早期步骤是谷歌的数据集搜索（Google's Dataset Search）[69-71]。该搜索引擎允许用户搜索可能很难找到的数据集，因为大多数搜索引擎不会索引托管数据库中的内部记录。目前，该工具要求数据提供者使用开放的元数据格式对其数据集进行注释，但除了链接到主站点之外，并不提供访问数据的方法。将来，这个或其他工具可能会集成一个 API，允许模型直接利用多个数据集，甚至可进行自动搜索。

然而，归根结底，即使是来自学术界和政府实验室的综合数据集，也可能无法与那些因竞争或隐私原因而无法共享数据的公司和组织所拥有的数据规模相匹配。从私人资助的"开放式创新"财团到严格控制的合作伙伴关系，已经出现了许多变通办法来利用这些适当的数据[72]。一个潜在的可扩展模型是加速医药机会疗法（Accelerating Therapeutics

---

❶ 一种自动化生物实验云平台。——译者注

for Opportunities in Medicine，ATOM）联盟，该联盟依赖于劳伦斯·利弗莫尔国家实验室
（Lawrence Livermore National Laboratory，LLNL）作为一个可信赖的中介来集中、管理和安
全分析制药行业成员提供的数据[73]。这种设置使成员能够受益于共享数据，以及由 LLNL 提
供的独特强大的计算能力和专业知识。麻省理工学院（Massachusetts Institute of Technology，
MIT）的药物发现与合成机器学习联盟（Machine Learning for Pharmaceutical Discovery and
Synthesis Consortium）则采用了另一种框架。在此，ML 模型是联合开发的，但部署在内部，
分别接受公司专有数据的训练[74-75]。该模式允许工具和模型的协作开发，但不能从共享的数
据集中受益。

　　另一种利用非公开数据的方法是变更数据形式，以隐藏细节，但仍为 ML 模型提供信息。
同态加密[76-77]允许在不解密数据或不访问解密密钥的情况下进行计算。另一个例子是数据混
淆[78]。在此，数据通过增加新样本或随机噪声的方式进行加强，从而可以在数据上训练有效
的 ML 模型，但使得与敏感的信息相关的个别样本或样本组变成模糊。这方面还需要进一步
的研究，以使这些技术更加稳健、易于实现，并具有更好的性能。

6.4.3　利用科学文献中描述的实验数据

　　与大型结构化数据库相比，化学文献中包含杂乱无章的和非结构化的数据。即使是在表
格和图表中明确表示的数据，其格式和结构表征也不容易被机器解读。Olivetti 和 McCallum
展示了两种获取材料文献资源中的知识的很有前途的方法。2017 年，该小组发表了一项无监
督技术，从 64 万篇期刊文章的语料库中提取 30 种不同氧化物系统的合成参数[79]。最近，他
们构建了一个由领域专家标注的 230 个合成过程的数据集，并用标记图表达合成句子的语
义，可用于对看不见的文本进行浅层注释[80]。这些技术绕过了在将 NLP 方法应用于新领域
时通常遇到的手动注释大型数据集的主要障碍。光学结构识别应用程序（The Optical Structure
Recognition Application，OSRA）[81]是分子结构图像分类系统中较为著名的系统之一，尽管该
系统假定图像已经从文章中提取出来。Staker[82]最近开发了端到端的深度学习解决方案，该
方案既可以从文档中分割分子结构，也可以从分割的图像中预测化学结构。

　　该学术界还致力于通过在出版时一并发出容易获取的元数据，使期刊的机器可读性成为一
个内在的设计目标[83]。该方案目前专注于增强搜索引擎的发现，但如果该方案被采用，并广
泛地扩展应用到描述文本和图形，那么就可能不再需要复杂的 NLP 和 CV 提取技术。

6.4.4　通过模拟生成数据

　　由于成本或分析设备的限制，有些数据无法通过实验收集，因此通过分子动力学（例如，
预测结合亲和力的模型[84]）或密度泛函理论（density functional theory，DFT）等量子力学模
拟，可更有效地获取这些数据。然而，此类模拟所需的时间和计算资源为利用 ML 提供了另
一个机会。Gilmer[85]开发了一种基于 QM9 数据库的 ML 模型，该模型能够以百分之一秒的速
度得到如 HOMO 和 LUMO 值的近似量子力学量，其精度与 DFT 相当——速度比基于 DFT 的
模拟方法快 30 多万倍。由 Gilmer 开发的消息传递神经网络体系结构的一种定向键变体的工具，
Yang[30]证明其适用于更广泛的属性预测任务。不仅这些工具本身很有价值，而且这些估计值
的计算速度使得为下游模型提供准确的近似值成为可能。

　　为了发现高效的分子有机发光二极管，Gómez Bombarelli 利用 ML 预测，对进一步的模

拟和实验进行了优先级排序[86]。简单的片段以供体 - 受体配置组合在一起，形成了 160 万个结构，无法用量子模拟进行筛选。因此，需要分子指纹生成和分析的神经网络，对产生的候选者优先考虑进行量子计算。最初，该模型的训练计算值为 40000 随机选择的结构。为了改进最有效结构的预测模型，在筛选过程中对其进行了周期性的再训练。虚拟筛选最终生成了 5个候选对象，并进行了合成，显示出了良好的性能。

6.4.5　数据生成和预测模型的闭环集成

就目前使用的上述技术而言，数据的生成和利用其进行模型的开发，在很大程度上都是独立的。我们认为，要确保特定 ML 任务存在客观、可访问和高度相关的数据，最有希望的方法是将数据生成和预测模型组件集成到一个闭环工作流中。最近，已经证明了[43] 使模型本身能够使用贝叶斯优化或其他主动学习技术来识别下一个实验、模拟或基于模型假设执行的数据查询的方法。最重要的是，这样做的明确目标是获取最佳数据，为特定模型提供信息，并提高其预测性能。然后用新数据更新模型的假设，并重复这个过程。

此类模式有以下几个方面的影响。首先，以这种方式设计的实验数据比在循环外进行的实验对模型所能提供的信息量更大，因此生成精确模型所需的数据量更少。事实上，它们在用于选择下一个实验的优化函数方面，具有最大的相关性。使得数据较少的领域能够快速开发模型，并能够智能地导航浩瀚的未探索的化学空间，从而扩展到新的应用领域。其次，数据是完整和客观的，在这个意义上，所有的实验条件可以指定和控制，结果可以保存，无论它们是否证实了假设。可以指定格式以确保数据对模型的可访问性。最后，这样的实验室工作流程可能会从自动化发展到自主化——这不仅可以让化学家从手工实施实验的许多方面的繁重工作中解脱出来，而且还可以决定要实施什么实验以及其参数是什么。机器人自动化视为化学家的双手，将 AI 工具视为一个人的头脑。在最广泛的概念中，这个实验室将能够发现和合成化合物，由最少数量的技术人员支持，由科学家指导，他们只需要提供化学搜索空间和所需的性质。自动化系统将提供完整记录的数据收集和可溯源的结论。

6.5　自驱动实验室的初步演示

Aspuru Guzik 创造的术语"自驱动实验室"（auto driving laboratory，SDL），描述了一个AI- 驱动的实验室，该实验室可以在没有人工干预的情况下生成假设并进行测试[87]。这种闭环特性将自动化实验室提升为自主实验室。SDL 的概念与人类化学家的工作流程（计划、实验、分析和优化）一致，但其实施可能会以不可预见的方式简化研究。人类可能会对某种类型的反应或分析有偏向性，但机器不会，因为其选择完全是数据驱动的。鉴于实施的复杂性，交付 SDL 的优势的定量度量是具有挑战性的。尽管如此，材料科学领域的一些案例研究，已经暗示此类方法将会产生好的结果。在此讨论两个问题。Nikolaev 等人利用随机森林 / 遗传算法构建的人工智能规划器，来优化碳纳米管的生长条件[88]。作者成功地在 600 个连续、自主实验中提高了生长速率，并建议这种自主实验（称为 ARES）可以毫无困难地应用于其他材料领域，包括金属氧化、添加剂制造和化学气相沉积。

Xue 及其同事的一项调查发现了镍钛形状记忆合金[89]。这些柔性材料在加热后会恢复其形状，可以通过引起这种效应所需的热滞（ΔT）来表征。为了找到具有最小 ΔT 的合金成分，研究人员测试了几个回归模型，并应用一种有效的全局优化（efficient global optimization，EGO）[90] 选择器算法来提出新的候选成分。经过 9 个实验循环后，系统发现了一种 $\Delta T=1.8K$ 的合金，这是有史以来的最低值。成功的关键是在选择器中平衡探索和优化的能力。

这些例子和许多其他例子已经证明了自驱动实验室在材料合成和发现的前景 [91-94]——但在化学领域很难找到这样的例子。与材料科学实验的比较表明，主要挑战是将设计算法应用于非连续化学空间。需要将自驱动实验室工具转移到化学空间的创新策略。

Cronin 实验室使用一个名为 Chemputer 的实验工作流程来解决这个问题，该工作流程集成了闭环反应筛选和 AI 模型，以及从数据库或 NLP 源摄取数据的能力 [95]。该系统通过执行一系列实验、检查产品和将其分类为反应性或非反应性，以及使用支持向量机来预测未测试对的反应性，自主探索了一组定义的分子反应性。该系统的目标是找到新的反应性，而不是优化特性。在一次演示中，该系统发现了几个新的多组分反应。

要在自主工作流程中真正重现传统的分子设计过程，需要能够模仿人类创造力的模型。迄今为止，讨论的模型主要是评估条件概率 $p(y|x)$ 的判别模型。给定观察值 x（例如，一些分子表征），该模型预测了性质 y（毒性、溶解度等）的概率。性能以及在较小程度上的可解释性，对于确定此类判别模型的表征最为重要。相比之下，尝试生成更为复杂任务的模型，即试图评估观测值和性质的联合分布 $p(x,y)$，可以通过计算 $p(x|y)$ 来描述具有所需性质的新观测值。如变分自动编码器和生成对抗网络的生成模型，因在生成新的语音、文本和图像方面获得了普及，且最近也被应用于逆向分子设计中 [96]。在这种应用中，逆向设计候选的方案可行性分析也是至关重要的，因为最终必须综合分析候选方案以进行合成。这是通过对生成分子图的拓扑结构施加约束 [97]，并强制执行 Chomsky2 型语法来实现的，该语法将化学知识编码到基于字符串的分子表征上 [98]。

生成全新结构的能力是 ML 化学算法改进所带来的最令人兴奋的可能性之一。最近，通过生成模型发现了一种新的激酶抑制剂药物 [99]。Zhavoronkov 及其同事使用自动编码方法，通过强化学习找到了一种与纤维化有关的激酶抑制剂。AI 系统生成候选材料并对其进行优先排序的能力，使其在短短 46 天内就发现并验证了纳摩尔级别的结合剂，而通常则需要 10 年或更长时间，花费数十亿美元 [100,101]。这项示范研究可以说是迄今为止在复制人类化学直觉方面迈出的最大胆的一步，而批评性评论则指出了其局限性 [102]。DARPA 加速分子发现项目将突破这些界限，探索更广泛的化学空间，并将其整合到 SoD 和其他各种应用的闭环工作流程中。

6.5.1　自主研究的启示

实验室设计和合成新分子的能力提供了这样一个未来，即在数小时内可以制造出疫苗，车辆涂层可以根据特定气候轻松定制，经济实惠的、定制的催化剂可以中和温室气体。但随着人工智能进入实验室，明智的做法是需要考虑其附带的影响。如果没有认识到 AI 对就业产生的可能影响，就不可能设计出自主系统。在大多数情况下，科学自动化有助于扩大实验通量，而不是取代实验室化学家。ML 的影响力已经导致了数据科学工作岗位的大幅增加。然而，这两种趋势结合起来，预计将加速研究人员所需技能类型的转变。未来，研究人员将需要成为有能力的编码人员，能够解释 ML 结果，并在计算机上轻松操作结构。

化学博士生学习这些技能并不罕见，往往是必要的。未来，必须将这些技能的学习纳入核心教育课程。在微流控中进行布洛芬的合成或构建 ML 模型来预测结合反应，都可以在学生的实验课程中实施，而不会牺牲核心化学理念或需要对新设备进行大量投资。然而，这将要求教育工作者熟悉这些新领域。美国国家科学基金会、美国化学学会和其他组织，可以通过提供教育研讨会和材料来帮助实现这一目标；这些技能也可以用来帮助在工业中工作的化学家，他们也需要熟练掌握这些技能。尽管发生了这些变化，我们相信 AI 将支持和赋予科学家更高效、更有创造力和更多产的能力。

除了核心研究之外，其他相关领域也将受到影响。化学品安全和环境监管必须适应未来的发现模式。传统上，监管部门对新药申请的批准需要一系列标准的测试。今天的 FDA 正在增加灵活性，上面概述的新研究范式可能有助于支持这一点。FDA 药物评估和研究中心（Center for Drug Evaluation and Research，CDER）的研究已经使用 QSAR 模型来预测毒性和基于候选药物结构的其他属性 [103]。随着此类模型在发现和监管批准方面变得越来越常见，并将使毒性和其他评估能够在药物开发的早期阶段进行，避免昂贵的药物监管失败，缩短药物到达患者的批准时间。以类似的方式，AI 预测反应副产物和化合物稳定性的能力，可能导致对特定生产路线的评估更加精简。

一个引人注目的问题是，如果是计算机发明了分子，谁拥有知识产权（intellectual property，IP）[104]？目前，药物发现过程中使用了许多计算工具，但这些计算工具需要具备专业知识的人类指导，这样计算机就不是 IP 的来源。认为计算机只是作者的笔，其对作者的文本没有版权要求。但是，如果 AI 算法自动生成分子，那么编码算法的人是否应该保留部分知识产权？需要一个许可协议来解决这个问题。想象一个可以使用公开数据快速生成高质量的候选药物的开源工具，类似于谷歌用于生成绘画或音乐的开源 AI 工具。将其提交给商标局会不会是一场竞赛？或者，如果没有授予知识产权，我们是否会开始看到没有专利的新药吗 [105]？这些工具的开发和运用，将极大地影响法律政策和业务结构，这些因素必须与化学科学中自动化和自主化的发展同时加以考虑，而不是之后考虑。

6.6 结论

2016 年，疟疾导致 44.5 万人死亡 [106]，而耐药细菌导致 70 万人死亡 [107]。对于诸如此类的靶标来说，利用科学对抗人类苦难的道德义务与防止流行病引发的全球动荡的国家安全利益是一致的。然而，这两个领域都没有像癌症或中枢神经系统疾病那样吸引到一小部分医药投资 [108]。我们相信 DoD 已经做好了引领潮流的准备。2018 年 8 月，FDA 批准了 18 年来首个疟疾预防药物，该药物由沃尔特·里德陆军研究所开发（Walter Reed Army Institute of Research，WRAIR）[106]。DoD 的其他实验室也正在开发尖端的防弹塑料 [109]、改进的热电伏 [110] 和更安全的激光器等 [111]。

在私营部门，取得此类成功后，投资将从能获得的巨额利润中大幅增加。但政府实验室的情况并非如此，其预算相对稳定，不会从大规模许可交易中获益。然而，我们有机会通过向这些实验室的研究人员提供 AI 工具来加强这些实验室正在进行的重要工作。这里讨论的 DARPA 项目，以及该机构 20 亿美元的 AINext 竞标性活动支持的许多其他项目 [112]，将创建工具，使实验室在诸如士兵健康、弹药性能或飞机燃料安全等领域工作更有效率，为作战人员、国家和我们的盟友带来益处。国防部对 ML 和自动化集成的投资，将为这些研究人员提供力量倍增，并降低学术界和工业界的化学和生物研究人员采用这些工具的风险。

补充阅读

I.W. Davies, Digitization of Organic Synthesis, Nature, 2019, 570, 175-181.

F.Feng, L. Lai and J. Pei, Computational Chemical Synthesis Analysis and Pathway Design, Front. Chem., 2018, 6, 199.

K.T. Butler, D. W. Davies, H. Cartwright, O Isayev and A. Walsh, Machine learning for molecular and materials science, Nature, 2018, 559, 547-555.

A.F. de Almeida, R. Moreira and T. Rodrigues, Synthetic organic chemistry driven by artificial intelligence'Nat. Rev. Chem., 2019, 3, 589-604.

致谢

我们要感谢 Anne Fischer 博士对本章提出的有益建议。

参 考 文 献

[1]　About DARPA, https://www.darpa.mil/about-us/about-darpa.

[2]　T. McQuade, *presented in part at the Make-It Proposers Day*, June, 2015.

[3]　Battlefield Medicine, https://www.darpa.mil/program/battlefieldmedicine.

[4]　The Right Chemistry, Fast: Employing AI and Automation to Map Out and Make Molecules, https://www. darpa.mil/news-events/2018-06-19.

[5]　Accelerated Molecular Discovery, https://www.darpa.mil/program/ accelerated-molecular-discovery.

[6]　A. G. Kusne, Machine Learning for High Throughput Materials Discovery and Optimization Applications, https://www. nist.gov/programsprojects/machine-learning-high-throughput-materials-discovery-andoptimization-applications.

[7]　2018 NCATS ASPIRE Design Challenges, https://ncats.nih.gov/aspire/ challenges.

[8]　W. Huyer and A. Neumaier, *ACM T. Math. Softw.*, 2008, **35**, 9: 1-9: 25.

[9]　Z. Zhou, X. Li and R. N. Zare, *ACS Cent. Sci.*, 2017, **3**, 1337-1344.

[10]　M. Wleklinski, B. P. Loren, C. R. Ferreira, Z. Jaman, L. Avramova, T. J. P. Sobreira, D. H. Thompson and R. G. Cooks, *Chem. Sci.*, 2018, **9**, 1647-1653.

[11]　A.-C. Bédard, A. Adamo, K. C. Aroh, M. G. Russell, A. A. Bedermann, J. Torosian, B. Yue, K. F. Jensen and T. F. Jamison, *Science*, 2018, **361**, 1220.

[12]　N. J. Gesmundo, B. Sauvagnat, P. J. Curran, M. P. Richards, C. L. Andrews, P. J. Dandliker and T. Cernak, *Nature*, 2018, **557**, 228-232.

[13]　D. Perera, J. W. Tucker, S. Brahmbhatt, C. J. Helal, A. Chong, W. Farrell, P. Richardson and N. W. Sach, *Science*, 2018, **359**, 429.

[14]　D. Niu, Y. Wang and D. D. Wu, Expert Syst. *Appl.*, 2010, **37**, 2531-2539.

[15]　T. Wuest, D. Weimer, C. Irgens and K.-D. Thoben, *Prod. Manuf. Res*, 2016, **4**, 23-45.

[16]　M. Nazari, A. Oroojlooy, L. Snyder and M. Takac, in *Advances in Neural Information Processing Systems 31*, ed. S. Bengio, H. Wallach, E. Larochelle, K. Grauman, N. Cesa-Bianchi and R. Garnett, Curran Associates, Inc., 2018, pp. 9839-9849.

[17]　A. Forster, in *2007 3rd International Conference on Intelligent Sensors, Sensor Networks and Information*,

2007, pp. 365-370.

[18] D. T. Ahneman, J. G. Estrada, S. Lin, S. D. Dreher and A. G. Doyle, *Science*, 2018, **360**, 186.

[19] C. Hartmann and V. Meyer, *Ber. Dtsch. Chem. Ges.*, 1893, **26**, 1727-1732.

[20] J. D. More and N. S. Finney, *Org. Lett.*, 2002, **4**, 3001-3003.

[21] C. W. Coley, R. Barzilay, T. S. Jaakkola, W. H. Green and K. F. Jensen, *ACS Cent. Sci.*, 2017, **3**, 434-443.

[22] C. W. Coley, W. H. Green and K. F. Jensen, *Acc. Chem. Res.*, 2018, **51**, 1281-1289.

[23] M. H. S. Segler, M. Preuss and M. P. Waller, *Nature*, 2018, **555**, 604.

[24] C. W. Coley, D. A. Thomas, J. A. M. Lummiss, J. N. Jaworski, C. P. Breen, V. Schultz, T. Hart, J. S. Fishman, L. Rogers, H. Gao, R. W. Hicklin, P. P. Plehiers, J. Byington, J. S. Piotti, W. H. Green, A. J. Hart, T. F. Jamison and K. F. Jensen, *Science*, 2019, **365**, eaax1566.

[25] S. Szymkuć, E. P. Gajewska, T. Klucznik, K. Molga, P. Dittwald, M.Startek, M. Bajczyk and B. A. Grzybowski, Angew. *Chem., Int. Ed.*, 2016, **55**, 5904-5937.

[26] B. A. Grzybowski, S. Szymkuć, E. P. Gajewska, K. Molga, P. Dittwald, A. Wołos and T. Klucznik, *Chem*, 2018, **4**, 390-398.

[27] J. Nam and J. Kim, *Eprint ArXiv161209529, 2016, arXiv*：1612.09529.

[28] B. Liu, B. Ramsundar, P. Kawthekar, J. Shi, J. Gomes, Q. Luu Nguyen, S. Ho, J. Sloane, P. Wender and V. Pande, *ACS Cent. Sci.*, 2017, **3**, 1103- 1113.

[29] P. Schwaller, T. Laino, T. Gaudin, P. Bolgar, C. A. Hunter, C. Bekas and A. A. Lee, *ACS Cent. Sci.*, 2019, **5**, 1572-1583.

[30] K. Yang, K. Swanson, W. Jin, C. Coley, P. Eiden, H. Gao, A. GuzmanPerez, T. Hopper, B. Kelley, M. Mathea, A. Palmer, V. Settels, T. Jaakkola, K. Jensen and R. Barzilay, *J. Chem. Inf. Model.*, 2019, **59**, 3370-3388.

[31] Recent work in natural language processing has shown that bidirectional models which explicitly consider information from preceding and proceeding tokens during training achieve state of the art results. The analogous task of applying such a model architecture to jointly considering forward and retrosynthesis has yet to be investigated but may prove promising, J. Devlin, M.-W. Chang, K. Lee and K. Toutanova, Association for Computational Linguistics, Minneapolis, MN, 2018, pp. 4171-4186.

[32] C. W. Coley, L. Rogers, W. H. Green and K. F. Jensen, *J. Chem. Inf. Model.*, 2018, **58**, 252-261.

[33] D. Silver, A. Huang, C. J. Maddison, A. Guez, L. Sifre, G. van den Driessche, J. Schrittwieser, I. Antonoglou, V. Panneershelvam, M. Lanctot, S. Dieleman, D. Grewe, J. Nham, N. Kalchbrenner, I. Sutskever, T. Lillicrap, M. Leach, K. Kavukcuoglu, T. Graepel and D. Hassabis, *Nature*, 2016, **529**, 484-489.

[34] J. S. Schreck, C. W. Coley and K. J. M. Bishop, *ACS Cent. Sci.*, 2019, **5**, 970-981.

[35] T. Klucznik, B. Mikulak-Klucznik, M. P. McCormack, H. Lima, S. Szymkuć, M. Bhowmick, K. Molga, Y. Zhou, L. Rickershauser, E. P. Gajewska, A. Toutchkine, P. Dittwald, M. P. Startek, G. J. Kirkovits, R. Roszak, A. Adamski, B. Sieredzińska, M. Mrksich, S. L. J. Trice and B. A. Grzybowski, *Chem*, 2018, **4**, 522-532.

[36] A. Cherkasov, E. N. Muratov, D. Fourches, A. Varnek, I. I. Baskin, M. Cronin, J. Dearden, P. Gramatica, Y. C. Martin, R. Todeschini, V. Consonni, V. E. Kuz'min, R. Cramer, R. Benigni, C. Yang, J. Rathman, L. Terfloth, J. Gasteiger, A. Richard and A. Tropsha, *J. Med. Chem.*, 2014, **57**, 4977-5010.

[37] A. Cherkasov and B. Jankovic, *Molecules*, 2004, **9**, 1034-1052.

[38] R. Huang, M. Xia, D.-T. Nguyen, T. Zhao, S. Sakamuru, J. Zhao, S. A. Shahane, A. Rossoshek and A. Simeonov, *Front. Environ. Sci.*, 2016, **3**, 85.

［39］ ImageNet, http://www.image-net.org/.

［40］ CoNLL, 2019, CoNLL, https://www.conll.org/.

［41］ M. L. Head, L. Holman, R. Lanfear, A. T. Kahn and M. D. Jennions, *PLoS Biol.*, 2015, **13**, e1002106.

［42］ D. Young, T. Martin, R. Venkatapathy and P. Harten, *QSAR Comb. Sci.*, 2008, **27**, 1337-1345.

［43］ C. O. Benjamin Sanchez-Lengeling, L. G. Gabriel and A. Aspuru-Guzik, 2017.

［44］ The top 10 pharma R&D budgets in 2018, https://www.fiercebiotech. com/special-report/top-10-pharma-r-d-budgets-2018.

［45］ M. Reisch, *CEN News*, 2019, 97.

［46］ A. M. Virshup, J. Contreras-García, P. Wipf, W. Yang and D. N. Beratan, *J. Am. Chem. Soc.*, 2013, **135**, 7296-7303.

［47］ C. A. Lipinski, F. Lombardo, B. W. Dominy and P. J. Feeney, *Adv. Drug Delivery Rev.*, 1997, **23**, 3-25.

［48］ Z. Wu, B. Ramsundar, E. N. Feinberg, J. Gomes, C. Geniesse, A. S. Pappu, K. Leswing and V. Pande, *Chem. Sci.*, 2018, **9**, 513-530.

［49］ To store all possible configurations of 125 orbitals would require more bits of memory than atoms in the universe. However, a future quantum computer could potentially model such a system with just 250 qubits, K. Bourzac, *CEN News*, 2017, **95**, 27-31.

［50］ Y.-C. Lo, S. E. Rensi, W. Torng and R.B. Altman, *Drug Discovery Today*, 2018, **23**, 1538-1546.

［51］ Molecular descriptors calculation-Dragon-Talete srl, http://www. talete.mi.it/products/dragon_ description.htm.

［52］ D. Rogers and M. Hahn, *J. Chem. Inf. Model.*, 2010, **50**, 742-754.

［53］ D. Duvenaud, D. Maclaurin, J. Aguilera-Iparraguirre, R. GómezBombarelli, T. Hirzel, A. Aspuru-Guzik and R. P. Adams, MIT Press, Montreal, Canada, 2015, pp. 2224-2232.

［54］ C. W. Coley, J. Jin, L. Rogers, T. F. Jamison, T. S. Jaakkola, W. H. Green, R. Barzilay and K. F. Jensen, *Chem. Sci.*, 2019, **10**, 370-377.

［55］ A. Mayr, G. Klambauer, T. Unterthiner, M.Steijaert, J. K. Wegner, H. Ceulemans, D.-A. Clevert and S. Hochreiter, *Chem. Sci.*, 2018, **9**, 5441-5451.

［56］ M. Matthews, 1993.

［57］ R. Kwok, *Nature*, 2018, **560**, 269-270.

［58］ It is certainly possible that the chemical representations being developed for ML purposes could find dual purpose as innovative ways to input chemistry for ELNs. Furthermore, the ability to integrate automated retrosynthesis or forward prediction would provide a powerful capability that could induce adoption of ELNs for synthetic chemistry research.

［59］ S. V. Ley, D. E. Fitzpatrick, R. J. Ingham and R. M. Myers, *Angew. Chem., Int. Ed.*, 2015, **54**, 3449-3464.

［60］ Chemify, http://www.chem.gla.ac.uk/cronin/chemify/.

［61］ UW BIOFAB, http://www.uwbiofab.org/.

［62］ Aquarium, https://www.aquarium.bio/.

［63］ J. Roberts, presented in part at the SD2 Proposer's Day, November, 2016.

［64］ Custom Crafted Organisms, the Robotic Cloud Laboratory and DARPA, https://www.digital-science.com/ blog/news/custom-crafted-organismsthe-robotic-cloud-laboratory-and-darpa/.

［65］ Emerald Cloud Lab, https://www.emeraldcloudlab.com.

［66］ M. D. Wilkinson, *et al.*, *Sci. Data*, 2016, **3**, 160018.

[67] L. Howes, CEN News, 2019, 97.

[68] M.Samwald, A. Jentzsch, C. Bouton, C. S. Kallesøe, E. Willighagen, J. Hajagos, M.S. Marshall, E. Prud'hommeaux, O. Hassanzadeh, E. Pichler and S. Stephens, *J. Cheminformatics*, 2011, **3**, 19.

[69] Google AI Blog：Facilitating the discovery of public datasets, https://ai.googleblog.com/2017/01/ facilitating-discovery-of-public.html.

[70] Google AI Blog：Building Google Dataset Search and Fostering an Open Data Ecosystem, https://ai.googleblog.com/2018/09/building-googledataset-search-and.html.

[71] Making it easier to discover datasets, https://www.blog.google/ products/search/making-it-easier-discover-datasets/.

[72] I.V. Tetko, O. Engkvist, U. Koch, J.-L. Reymond and H. *Chen, Mol. Inform.*, 2016, **35**, 615-621.

[73] Atom Consortium, https://atomscience.org.

[74] MLPDS-Machine Learning for Pharmaceutical Discovery and Synthesis Consortium, https://mlpds. mit.edu/.

[75] Applying machine learning to challenges in the pharmaceutical industry MIT News, http://news.mit.edu/2018/applying-machine-learning-tochallenges-in-pharmaceutical-industry-0517.

[76] N. Dowlin, R. Gilad, K. Laine, K. Lauter, M. Naehrig and J. Wernsing, CryptoNets：Applying Neural Networks to Encrypted Data with High Throughput and Accuracy, Microsoft Research, 2016.

[77] N. Dowlin, R. Gilad-Bachrach, K. Laine, K. Lauter, M. Naehrig and J. Wernsing, *Manual for Using Homomorphic Encryption for Bioinformatics*, Microsoft Research, 2015.

[78] T. Zhang, Z. He and R.B. Lee, ArXiv E-Prints, 2018, arXiv：1807.01860.

[79] E. Kim, K. Huang, A. Tomala, S. Matthews, E. Strubell, A. Saunders, A. McCallum and E. Olivetti, *Sci. Data*, 2017, 4, 170127.

[80] S. Mysore, Z. Jensen, E. Kim, K. Huang, H.-S. Chang, E. Strubell, J. Flanigan, A. McCallum and E. Olivetti, ArXiv E-Prints, 2019, arXiv：1905.06939.

[81] I.V. Filippov and M. C. Nicklaus, *J. Chem. Inf. Model.*, 2009, **49**, 740-743.

[82] J. Staker, K. Marshall, R. Abel and C. M. McQuaw, *J. Chem. Inf. Model.*, 2019, **59**, 1017-1029.

[83] J. Starr, E. Castro, M. Crosas, M. Dumontier, R. R. Downs, R. Duerr, L. L. Haak, M. Haendel, I. Herman, S. Hodson, J. Hourclé, J. E. Kratz, J. Lin, L. H. Nielsen, A. Nurnberger, S. Proell, A. Rauber, S. Sacchi, A. Smith, M. Taylor and T. Clark, *PeerJ Comput. Sci.*, 2015, **1**, e1.

[84] J. Ash and D. Fourches, J. Chem. Inf. Model., 2017, **57**, 1286-1299.

[85] J. Gilmer, S. S. Schoenholz, P. F. Riley, O. Vinyals and G. E. Dahl, in *Proceedings of the 34th International Conference on Machine Learning,* ed. D. Precup and Y. W. Teh, PMLR, International Convention Centre, Sydney, Australia, vol. **70**, 2017, pp. 1263-1272.

[86] R. Gómez-Bombarelli, J. Aguilera-Iparraguirre, T. D. Hirzel, D. Duvenaud, D. Maclaurin, M. A. Blood-Forsythe, H. S. Chae, M. Einzinger, D.-G. Ha, T. Wu, G. Markopoulos, S. Jeon, H. Kang, H. Miyazaki, M. Numata, S. Kim, W. Huang, S. I. Hong, M. Baldo, R. P. Adams and A. Aspuru-Guzik, *Nat. Mater.*, 2016, **15**, 1120.

[87] F. Häse, L. M. Roch and A. Aspuru-Guzik, *Trends Chem.*, 2019, **1**, 282-291.

[88] P. Nikolaev, D. Hooper, F. Webber, R. Rao, K. Decker, M. Krein, J. Poleski, R. Barto and B. Maruyama, *NPJ Comput. Mater.*, 2016, **2**, 16031.

[89] D. Xue, P. V. Balachandran, J. Hogden, J. Theiler, D. Xue and T. Lookman, *Nat. Commun.*, 2016, **7**, 11241.

[90] D. R. Jones, M.Schonlau and W. J. Welch, *J. Global Optim.*, 1998, **13**, 455-492.

[91] Y. Liu, T. Zhao, W. Ju and S. Shi, *J. Materiomics*, 2017, **3**, 159-177.

[92] S. V. Kalinin, B. G. Sumpter and R. K. Archibald, *Nat. Mater.*, 2015, **14**, 973.

[93] D. P. Tabor, L. M. Roch, S. K. Saikin, C. Kreisbeck, D. Sheberla, J. H. Montoya, S. Dwaraknath, M. Aykol, C. Ortiz, H. Tribukait, C. Amador-Bedolla, C. J. Brabec, B. Maruyama, K. A. Persson and A. Aspuru-Guzik, *Nat. Rev. Mater.*, 2018, **3**, 5-20.

[94] J.-P. Correa-Baena, K. Hippalgaonkar, J. van Duren, S. Jaffer, V. R. Chandrasekhar, V. Stevanovic, C. Wadia, S. Guha and T. Buonassisi, *Joule*, 2018, **2**, 1410-1420.

[95] J. M. Granda, L. Donina, V. Dragone, D.-L. Long and L. Cronin, *Nature*, 2018, **559**, 377-381.

[96] R. Gómez-Bombarelli, J. N. Wei, D. Duvenaud, J. M. Hernández-Lobato, B. Sánchez-Lengeling, D. Sheberla, J. Aguilera-Iparraguirre, T. D. Hirzel, R. P. Adams and A. Aspuru-Guzik, *ACS Cent. Sci.*, 2018, **4**, 268-276.

[97] W. Jin, R. Barzilay and T. Jaakkola, in *Proceedings of the 35th International Conference on Machine Learning*, ed. J. Dy and A. Krause, PMLR, Stockholmsmässan, Stockholm Sweden, vol. **80**, 2018, pp. 2323-2332.

[98] M. Krenn, F. Häse, A. Nigam, P. Friederich and A. Aspuru-Guzik, ArXiv E-Prints, 2019, arXiv：1905.13741.

[99] A. Zhavoronkov, Y. A. Ivanenkov, A. Aliper, M.S. Veselov, V. A. Aladinskiy, A. V. Aladinskaya, V. A. Terentiev, D. A. Polykovskiy, M. D. Kuznetsov, A. Asadulaev, Y. Volkov, A. Zholus, R. R. Shayakhmetov, A. Zhebrak, L. I. Minaeva, B. A. Zagribelnyy, L. H. Lee, R. Soll, D. Madge, L. Xing, T. Guo and A. Aspuru-Guzik, *Nat. Biotechnol.*, 2019, **37**, 1038-1040.

[100] S. M. Paul, D. S. Mytelka, C. T. Dunwiddie, C. C. Persinger, B. H. Munos, S. R. Lindborg and A. L. Schacht, *Nat. Rev. Drug Discovery*, 2010, **9**, 203-214.

[101] J. Avorn, *N. Engl. J. Med.*, 2015, **372**, 1877-1879.

[102] S. Lemonick, *Chem. Eng. News*, 2019, 97.

[103] H. Hong, M. Chen, H. W. Ng and W. Tong, in *In Silico Methods for Predicting Drug Toxicity*, ed. E. Benfenati, Springer, New York, NY, 2016, pp. 431-459.

[104] A. Guadamuz, *WIPO Magazine*, 2017, **5**, 14-19.

[105] A. Tombling, *The Chemical Engineer*, 2019, issue 939, available at：https:// www.thechemicalengineer.com/ features/where-next-for-ai-in-drugdiscovery/.

[106] New antimalarial drug, tafenoquine, approved for malaria prevention WRAIR, https://www.wrair.army.mil/ node/67.

[107] Tackling Drug-Resistant Infections Globally： Final Report and Recommendations, 2016.

[108] Big Pharma has spent $91.1 billion developing cancer treatment drugs in 2019-Axios, https://www.axios.com/ cancer-drug-developmentspending-big-pharma-2b658b9f-9738-4c6e-b637-c16798a10142.html.

[109] Army Engineers New Body Armor 14-Times Stronger Against Enemy Fire, https://defensemaven. io/ warriormaven/land/army-engineers-new-bodyarmor-14-times-stronger-against-enemy-fire-9pr7UMMgX0K0YLiw-Hxe9w/.

[110] Army converts heat to electricity at record high rates, breakthrough research shows U.S. Army Research Laboratory, https://www.arl.army. mil/www/default.cfm?article=3265.

[111] Researchers Use Nano-Particles to Increase Power, Improve Eye Safety of Fiber Lasers | News, https://www. nrl.navy.mil/news/releases/ researchers-use-nano-particles-increase-power-improve-eye-safetyfiber-lasers.

[112] DARPA Announces $2 Billion Campaign to Develop Next Wave of AI Technologies, https://www.darpa.mil/ news-events/2018-09-07.

第 7 章

化学合成中的机器学习

ALEXE L. HAYWOOD[a]，JOSEPH REDSHAW[b]，THOMAS GAERTNER[c]，ADAM TAYLOR[d]，ANDY M. MASON[d] 和 JONATHAN D. HIRST[*a]

[a] 英国大学城，诺丁汉大学化学学院，NG7 2RD

[b] 英国朱比利校区，诺丁汉大学计算机科学学院，NG8 1BB

[c] 奥地利维也纳，维也纳技术大学信息系统工程学院信息学系，Favoritenstraße 9–11，1040

[d] 英国葛兰素史克，Gunnels Wood Rd，史蒂文尼奇 SG1 2NY

[*] Email：jonathan.hirst@nottingham.ac.uk

7.1 引言

合成化学是药物和材料化学的核心。预测分子将如何反应（前向合成计划）以及如何合成分子（逆合成）依赖于合成化学家的专业知识和经验。Reaxys 和 SciFinder 等存储库包含数百万种化合物、反应、参考和生物活性。这些存储库允许化学家在化学空间广阔区域搜索，以填补他们知识中的任何空白。对于没有报道合成路线的分子，可以检索到类似结构和 / 或反应类型的先例。尽管集成工具可以过滤搜索结果，但分析信息以做出明智的决定是一个手动过程，需要专业合成化学家的智慧和时间。

自动化逆合成分析，即目标分子的递归分解，直到达到可商购的反应物前体，将显著减少计划化学合成所需的时间。使用计算机规划合成路线的概念最早是在 50 年前提出的[1]。计算机辅助合成设计（computer aided synthetic design，CASD）工具的历史已经作了详细综述[2-5]，包括从 E. J. Corey 在开发逻辑和启发式算法应用于合成分析（logic and heuristics applied to synthetic analysis，LHASA）[6] 的开创性工作到当代商业可用的程序。到目前为止，化学家在规划新分子的合成路线时尚未实施这些工具。2017 年完成了一项调查（两家公司的 13 名化学家）[3]，以确定化学家对 CASD 工具的期望。以下被确定为最重要的方面，包括：①友好的用户界面；②提供支持性文献示例；③定义可能断裂的键；④通向市售的反应物前体；⑤识别相互冲突的反应性，并建议保护基团；⑥对结果进行优先排序。尽管无论化学家是处在哪一个专业领域，都可以实施①~④方面，但确定结果的优先顺序是一项挑战。在化学工业的不同部门工作的化学家在设计反应时有不同的优先级。他们对合适反应的标准可以基于成本、绿色、反应条件（例如温度或催化剂）等。因此，CASD 工具需要灵活运用，并根据化学家提供的标准对反应路径进行排序。

正向合成计划是在给定反应物、试剂和一组反应条件的情况下预测产物。主要用于识别反应结果的实验既昂贵又耗时，并且需要经验丰富的化学家。因此，使用计算工具来识别主要产品、任何副产物，并验证逆合成预测将是有益的。优化反应条件，如催化剂和溶剂，也是合成规划的重要组成部分。改变一组反应条件，即使是轻微的，也可能导致形成不同的主要产物或反应失败。将 CASD 与高通量筛选和机器人设备相结合，为反应优化的未来带来了很大希望。

人工智能、机器学习方法和大数据可用性的进步，重新激发了人们对 CASD 的兴趣。在本章中，我们将概述反应数据的来源和表征，简要描述专注于合成化学的机器学习方法，并通过对现代示例的比较，提供 CASD 的详细方法。

7.2　化学数据的性质

7.2.1　数据源

训练机器学习算法需要大量数据。通常，无论是反应物、产物还是产量数据，在该领域使用有监督学习方法（参见第 7.3 节）都需要标记数据，从而意味着需要与每个输入相关的基本事实。反应通常从反应数据库中提取、清理并以机器可读格式重新编写[7,8]。由于缺乏传统的数据提取方法，导致以不同的方式管理不同类型的信息，作为输入到机器学习方法。数据库的信息是嘈杂的，可能包含重复甚至错误的反应。这些反应在清洗过程中被去除。产生多种产物的记录反应，可以通过两种方式进行管理。可以保留最高产率（即主要）的产物而丢弃其他产物[8]，或者可以将反应拆分为多个单产物反应[9-12]。从原子到原子映射，往往需要在逆向合成和正向合成规划工具中进行，通常用于确定反应中心。原子图索引用于标记反应物类别中的所有原子，这些原子映射到产物类别中的原子，如图 7.1 所示。应删除不正确或不完整索引的反应。例如立体化学等其他反应信息，由于稀少的可用性，难以编码到分子描述符，或难以纳入模型中，在历史上一直很难整合使用。

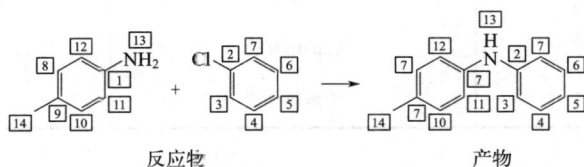

图 7.1　原子映射反应示例

科学期刊出版物和专利中报告的反应数据可以通过商业存储库（例如 Reaxys 和 SciFinder）访问。合成化学家使用这些工具检索相关的实验程序、化学文献和专利。但是，提取大量反应数据而进行数据分析或训练机器学习模型，需要特定的许可证。尽管罕见，但学术研究小组已经从 Reaxys 中提取了约 12.5M 的单步反应，并为正向反应预测[13,14]、逆合成路线设计[14,15]和反应条件的预测建立了模型[16]。尽管如此，如果访问不是问题，为了比较模型，需要一个开源的数据集。

美国专利商标局（the United States Patent and Trademark Office，USPTO）的开源专利数据是商业许可证不可用时的备选数据集。1976 年至 2016 年 9 月的美国专利由 Lowe 解析[17]。反应物、产品、试剂、溶剂、使用的分子数量、产率、温度、时间、制备和后处理步骤是使用文本挖掘提取的[18]。这个通用基准数据集包含约 1M 单步反应。简化的分子线性输入规范（simplified molecular-input line-entry system，SMILES）[19] 是用字符串（参见第 7.2.2 节）表示每个原子映射反应中的分子。USPTO 数据集可用于构建合成路线设计模型，因为该数据集包含了许多流行的化学反应，尤其是用于药物化学的化学反应。数据集的子集已经过预处理，并分为训练集、验证集和测试集。可用于反应预测的 USPTO_MIT 里，大约 480K 反应子集 [20]。对于逆合成任务，已过滤的 50K 反应数据集（USPTO_50K）分类为 10 种反应类型（参见表 7.1）[21]。这使得模型可以根据各个反应类型进行比较。USPTO 数据集也包含预言性示例，这些预言性示例是预测的实验方法和尚未执行的结果 [22]。只要这些预言性示例不以过去时态编写，美国专利中允许使用预言性示例。基于包含预言性示例的专利的模型，应谨慎使用，因为该类合成路线可能不是根据实验有效的示例进行预测的。

表 7.1 USPTO_50K 数据集中的十种反应类型 [21]

反应类型	反应名称	比例 /%
1	杂原子烷基化和芳基化	30.3
2	酰化和相关过程	23.8
3	C—C 键形成	11.3
4	杂环形成	1.8
5	（基团）保护	1.3
6	去保护	16.5
7	还原	9.2
8	氧化	1.6
9	官能团互换	3.7
10	官能团加成	0.5

发表在期刊和专利中的反应数据通常偏向于高产率的反应，但很少报道低产率和失败的反应。后者可能包括所有原料都保留的反应或导致意外产物形成的反应。因此，基于已发布数据的有监督学习模型的应用会受到限制，因为在训练中需要反例以获得最佳预测性能。通过生成负面示例来克服缺少失败数据的问题。在此，利用负面的反应模板（参见第 7.4 节）生成化学上看似合理的"错误 / 失败"产物 [13, 15, 23]。

化学家在制药行业使用电子实验室笔记本（electronic laboratory notebooks，ELNs）来记录其实验程序、条件和注释，还可存储包括产率和光谱等其他有用的数据。ELNs 包含失败的反应数据，因此可用于增强有监督学习模型，而不需要人为生成负面数据。ELNs 中的受限反应物空间包含化学家常用的反应，并认为这些反应是高质量的、可重复的和可靠的。不幸的是，由于保密原因，公众无法访问 ELNs，也无法在商业数据库中访问 ELNs。然而，通过访问 ELNs 中的反应数据，已被用于构建反应预测 [24] 和逆合成模型 [8, 24] 以及预测反应条件等 [25]。

7.2.2　分子描述符

对于从化学结构中学习的机器学习算法，这些结构必须以算法可以处理的方式表征。分子描述符是基于分子的结构、物理化学、电子或拓扑性质表征的。使用的描述符类型会影响算法的性能，因为机器学习算法必须能捕获所需的相关信息。

一维描述符将分子表征为结构片段的列表，其速度快、易于计算和比较。分子指纹就是一个例子。这些是由二进制数字组成的向量，对应于特定子结构的存在或不存在。该编码信息仅定义了分子的一维特征。通过对每个原子的邻域进行编码，分子指纹还可以包含与原子连通性相关的二维信息。也可以对三维构象信息进行编码。通过比较目标分子与知识库中产物的相似性，一种称为"摩根圆形指纹"的指纹被用于预测反应物前体。由产物总和与反应物总和之间的指纹差异计算出来的反应指纹，已被开发用于对反应类型进行分类[26]。

二维描述符对分子的拓扑结构（即连通性）进行编码。例如，分子图包含对应于原子的节点，以及对应于连接原子键的边。节点按原子类型标记，边缘根据键类型进行加权。分子图计算速度快且易于解释，因为具有相同图的分子是相同的分子。另一类别型的二维描述符是将分子表征为一系列字符。最广泛使用的分子结构线性表征是 SMILES 及其扩展的 SMARTS（SMILES 任意目标规范）和 SMIRKS（一种反应转换语言）。SMILES 字符串定义如下。

- 将原子写成其原子的符号；
- 单键、双键、三键和四键分别写为 "–" "=" "#" 和 "$"，但通常省略单键；
- 芳香环中的原子使用小写字母编码；
- 反应可以用 ">" 符号将反应物、试剂和生成物分开来表示。

对于单个分子，可能有多个有效的 SMILES 字符串，因为 SMILES 字符串可以从分子内的任何原子开始编码。在构建模型时应该考虑到这一点，要么规范化 SMILES 字符串，要么构建一个能够理解哪些不同的 SMILES 字符串是等价的模型。SMARTS 字符串是 SMILES 的扩展，其中包括额外的逻辑运算符以允许搜索通用子结构。而 SMIRKS 是另一个描述通用反应转换关系的拓展。这些线性符号可以用作机器学习算法的直接输入[27-29]。

另一类型的描述符是使用量子计算发现的属性。示例包括 NMR 位移、静电荷、HOMO/LUMO 能量、振动频率和强度等。量子化学计算已被用作预测产率的描述符[30]。然而，密度泛函理论（density functional theory，DFT）计算的计算成本很昂贵。

7.3　机器学习方法

根据给定的任务，机器学习算法可以分为许多类别。本节将关注两个最流行的，即有监督学习和无监督学习。在有监督学习中，通过对输入输出对之间的关系分析，建立一个预测模型。输入数据可以用各种有效的描述符表示，示例范围从数值的向量到分子图（参见第 7.2.2 节）。有监督学习模型处理输入数据，并将输出数据作为数值或二进制值返回。有监督学习的关键方面是输出的值是已知的，可以作为示例来指导学习过程。

如果输出数据是连续或定量值，则将其与任意一组输入的关系建模称为回归。定义 $X=\{x_i\}_{i=1}^N$ 为 N 个输入数据点的集合、$Y=\{y_i\}_{i=1}^N$ 为对应的输出数据点的集合，F 为两者之间的未知关系，回归评估 F 值是基于 $y_i=F(x_i)$，其中 $i=1,\cdots,N$ 得到的。未知函数 F 不一定代表输入和输出之间的直接关系；但可以表示输入输出对的概率分布。然而，推断 F 的方法是相同的，我们关心的就是这些。标准的回归技术可假设 F 属于一组具有相似结构的函数，因此可以基于该结构进行参数化。例如，可以假设 F 是线性的，并且由向量 β 参数化，因此 $y_i = \beta^T x_i$，其中 $i = 1, \cdots, N$。但是，如果所建模的关系没有通过假设形式充分描述，则该模型可能是有限制的。为了克服这个问题，许多机器学习方法不做这样的假设，而是仅根据提供的数据推断 F 值。

一种流行的回归方法是使用人工神经网络（artificial neural networks，ANNs）。这是一个可以近似输入 - 输出对之间任意关系的模型，由称为权重的参数矩阵 W 定义。在学习过程中，ANNs 使用"反向传播"算法[31]，结合基于梯度的优化方案（例如梯度下降）来生成 F 的估计值 $\hat{F}$，从而最大限度地减少其预测中的误差。每个预测 $\hat{y}_i$ 都是输入 x_i 和权重 W 的函数。所以，$\hat{y}_i = \hat{F}(x_i, W)$。反向传播计算损失函数（量化预测的准确度），相对于每个权重的梯度。那么，基于梯度的优化方案利用该信息来调整 W，从而减少 $\hat{y}_i$ 和 y_i 之间的预测误差。这个过程被重复了很多次，以至于让 ANNs 学习一组最能描述这种关系的权重。可以在 Higham 和 Higham 的综述中，找到对 ANNs 的更数学化，但仍然易理解的介绍[32]。

我们已经描述了一种对输入和输出数据之间的关系进行建模的方法，其中输出是实数。另一个有监督学习问题将输出视为二进制值，即 $y_i = 1$ 或 $y_i = 0$，就是所谓的分类模型。虽然 ANNs 也可以用于分类，但另一个有效的模型是支持向量机（support vector machine，SVM）[33]。SVM 通过使用最能分离数据集的超平面（将直线推广到任意数量的维度）进行分类。如果一个数据点位于超平面的一侧，则会以一种方式进行分类。如果一个数据点位于这个超平面的另一侧，则按另一种方式分类。这可以通过将任何超平面写成满足 x 的点集来形式化 $w^t x - b = 0$。因此，任何超平面都由 w 和 b 定义，并通过训练 SVM 分类器来识别。假设输入数据是线性可分的，则该数据集可以被一个超平面分成两个不相交的集合），通过最小化式（7.1）中所示的成本函数，训练支持向量机选择两个形式为：$w^t x - b = 1$ 和 $w^t x - b = -1$ 的平行超平面。

$$\min_w \frac{1}{2} \|w\|^2 \tag{7.1}$$
$$\text{从属于 } y_i(w^t x_i - b) \geqslant 1$$

该约束条件 $y_i(w^t x_i - b) \geqslant 1$ 是确保两个超平面能将数据分开，同时也最大化数据之间的通常称为边距的距离。为了使边距最大化，两个超平面中的每一个都必须通过至少一个数据点。这样的数据点被称为"支持向量"，因此也是"支持向量"模型名称的来源。SVM 通过最大化边距来确定"最佳分离"数据的超平面。由此产生的分类超平面的形式为 $w^t x_i - b = 0$，正好位于两者之间。图 7.2 说明了这一点。一个新的数据点 $\hat{x}$，如果 $w^t x - b \geqslant 0$，被分类为 1；如果 $w^t x_i - b \leqslant 0$，则被分类为 -1。前面的描述是基于输入数据是线性可分的假设，但通常情况并非如此。为了解决这种情况，需要将松弛变量纳入 SVM 公式。这些变量通过向成本函数添加惩罚，允许某些数据点位于最佳分离超平面的错误一侧，如式（7.2）所示。

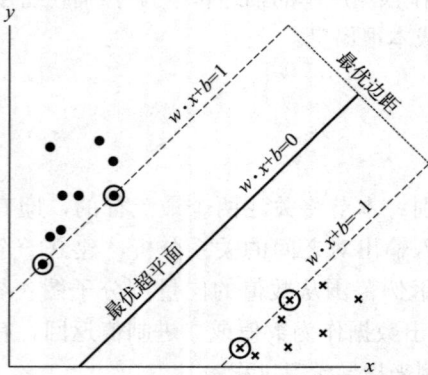

图 7.2 一组线性可分数据点的示例，还显示了将其分开的最佳超平面，突出显示的点是支持向量[33]

$$\min \frac{1}{2} \|w\|^2 + C\sum_i \xi_i$$

$$从属于 y_i(w^T x - b) \geq 1 - \xi_i,\ \xi_i \geq 0$$

$$(7.2)$$

在此，如果数据点 x_i 位于超平面的错误一侧，则松弛变量 ξ_i 大于零。$C\sum_i \xi_i$ 的惩罚被添加到成本函数中来解决这个问题。这里的 C 是一个用户定义的参数，用于平衡错误分类点的数量与最佳拟合超平面。可以在 Bennett 和 Campbell 的文章中找到对此进行更彻底的处理方法[34]，其中还包括对非线性决策面处理的拓展方法。此外，还有许多其他算法可用于执行分类，这些已成为许多综述的主题[35, 36]。

无监督学习是一种只需要我们提供输入数据的方法，其目的是在其中找到全局（描述整个数据集或分布的属性）模式。将此与数据挖掘区分开来，后者是一个类似的研究领域，更关注数据中的局部（描述整个数据集的子集）模式。在没有模式的先验知识的情况下，该方法通过搜索和利用数据中的共性来识别他们。此任务的标准方法是将数据划分为"相似"数据点或簇的集合。因此，聚类算法会创建多个聚类，并且每个数据点都被唯一地分配给与其最相似的簇。执行此类任务的一个简单且有效的算法是 k-means❶[37]。最初，随机选择 k 个数据点作为聚类中心。每个簇由最接近各自簇中心的数据点的子集形成。聚类中心被重新计算为分配给聚类的点的平均值。所有不是聚类中心的数据点都被重新分配给与其最近的簇类，并且重复该过程，直到聚类不再改变。虽然该算法也可以用于分类和回归（参见 Erman、Arlitt 和 Mahanti[38]），但识别簇的过程主要用于更好地理解相关数据集。尽管 k-means 可以保证将数据点聚类到 k 个聚类中，但是否可以从聚类中推断出任何有意义的东西，由实践者决定。另一种流行的无监督学习算法是主成分分析（principal component analysis，PCA）。这是一种将一组可能相关的变量减少为一组称为主成分的线性不相关变量的降维算法。每个主成分的计算方式使其尽可能多地保留方差。第一个主成分保留最大可能的方差，并且所有后续成分保留最大可能的方差，并与先前的主成分正交，从而产生一组最能代表数据的变量。通常将 PCA 纳入数据可视化，并通过绘制前两个主成分，可视化原始数据集中的最低维表征。这是一种执行降维的更传统算法，读者可参考阅读 Maaten、Postma、Herik 的综述[39]，以便了解旨在克服传统 PCA 限制的最新方法。k-means 是一种比较简单的聚类方法，我们鼓励读者查阅 Fung 的综述，以更全面地了解聚类方法[40]。

选择算法并建立模型后，下一个关注点是评估模型的性能。虽然可以通过多种有意义的方式来衡量其性能，但一个关键问题是了解模型的泛化程度。类似于一所学校如何教学生一个主题，然后用相关但提及过的问题对他们进行测试。我们使用一组数据"教授"模型，并在类似但以前未出现过的数据上对其进行测试。这使我们能够评估模型是否学到了任何有用的东西，并评估模型的学习效果如何。在此类分析中，首先将数据集拆分为训练集和测试集（70∶30 拆分很常见）。模型仅使用训练集构建，用于对测试集进行预测。这里的关键思想是，模型是运用从训练数据中学到的知识，对训练集中从未出现过的测试集进行预测。这种方法允许我们将模型的可泛化性传递给未见过的数据点。然而，这并不是对可泛化性的准确评估，因为可泛化性取决于哪些数据点属于训练集和哪些数据点属于测试集。K- 折叠交叉验证（K-Fold CV）是一种克服这一问题的程序。K-Fold CV 不是一次将数据集拆分为训练

---

❶　一种 k 均值聚类算法。——译者注

集和测试集，而是执行拆分 K 次。最初，将数据集划分为大小大致相等的 K 个集合（或折叠）。将第一个折叠作为测试集，剩下的 $K-1$ 个折叠作为训练集。该模型在训练集上进行训练，并在测试集上进行预测。使用每个折叠一次作为测试集重复此过程（确保每个数据点属于测试集一次）。图 7.3 说明了这一点。可以为每个训练 / 测试拆分计算评估模型预测与实际值的接近程度的分数，从中可以取平均值，以获得总体分数。在 Kohavi 的研究中可以找到有关 K-Fold CV 的更多详细信息，以及许多其他评估模型准确性和可泛化性的方法[41]。虽然 K-Fold CV 是一种可减少对模型准确度高估的快速简便方法，但数据被随机分成 K 组。因此，如果数据中存在分布变化，则可能导致对模型性能的不可靠高估。如果训练集和测试集非常相似，机器学习模型可以通过记忆训练集（过度拟合数据）表现出很高的准确性[42,43]。在合成路线设计的情况下（参见第 7.4 节），需要注意训练和测试集的构建方法。特

图 7.3 K-Fold 交叉验证如何工作的示例（此图中 $K=5$）

别应该注意是，如果训练和测试集中都存在高度相似的反应，则可能会对算法实现的泛化做出过于乐观的估计。相反，如果测试集的反应与训练集中的反应差异太大，模型试图做出的预测，可能超出了合理期望算法所学习到的范围。

现在我们可以量化所构建的模型有多好，值得考虑的是如何从一组模型中挑选出最好的模型。一般来说，我们应该只比较执行相同任务的模型，例如两个回归模型。假设我们有两个不同回归模型的 K-Fold CV 结果。选择最佳模型的下一步是使用统计测试来确定性能差异是否完全是偶然的。其中一种这样的检验是 t 检验，其零假设是"均值之差等于零"。该测试可用于评估两个数据集的平均值之间的差异是否具有统计显著性，我们可以轻松地将其应用于所建的两个 K-Fold CV 程序的结果。执行这样的测试将允许我们接受或拒绝原假设。由于 a 被定义为当其实际上为真时拒绝原假设的概率，表明拒绝原假设的测试意味着我们 $(1-\alpha) \times 100\%$ 确定均值的差异不为零。另一种说法是，假设 alpha 为 0.05，观察到这两个 K-Fold CV 结果的概率为 0.05，则它们之间的差异是偶然的。这一点很重要，因为如果我们要比较三个模型，情况就会发生变化，这将涉及三个单独的假设检验。假设我们对每个测试的置信度为 α，那么由于偶然性而产生差异的概率现在为 $1-(1-0.05)^3=0.1426$，大约是其概率的三倍。考虑到这一点，使用 Bonferroni 校正，并指出，在测试 N 个假设时，每个测试的置信度必须等于 $\dfrac{\alpha}{N}$。这是适用于多假设检验的众多修正之一，有关更广泛的概述，请参阅 Goeman 和 Solari 的论文[44]，有关与机器学习相关的许多统计测试的全面处理，请参阅 Demsar 的文章[45]。

7.4 合成路线设计

设计合成路径可分为两类相反的过程。第一类为正向反应规划，需要反应物前体的先验知识来预测可能的反应产物。第二类为逆合成，从目标分子开始反向工作，预测可能的键断开，以获得更简单的反应物前体。该步骤以递归方式进行，直到达到市售的反应物前体。目标分子的整个合成途径是一系列反应步骤。单步逆合成设计比正向反应预测要复杂得多，因

为没有一个正确的答案。这是由于输入（产物）中不存在输出（反应物）中存在的官能团。在图 7.4（a）所示的 Buchwald-Hartwig 反应示例中，产物中不存在卤化物离去基团。对于单键断开，多种前体和不同的反应物类型可能都是合理的。例如，图 7.4 所示靶标中的 C—N 键可以通过与各种卤化物的 Buchwald-Hartwig 反应或 Chan-Lam 反应合成。特别是在较大的分子中，如果不定义反应类型，多个键可能会断开。在反应预测中，所有相关的官能团都存在于输入（反应物）中。与逆合成相比，正向合成显著减少了可能发生的反应类型的数量，从而减少了可能的输出数量。

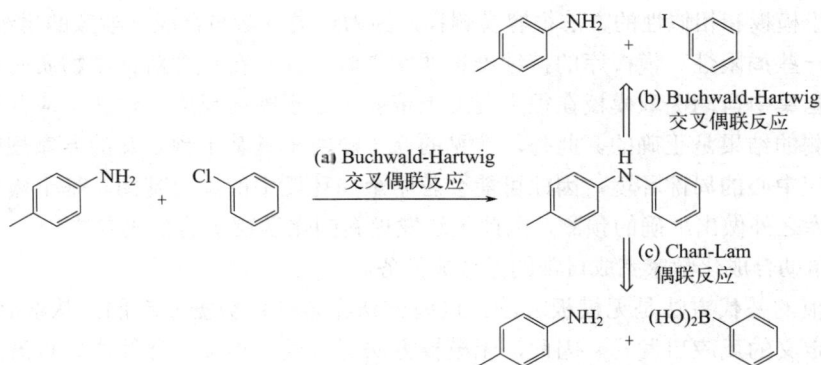

图 7.4　正向合成规划（a）和逆向合成路线设计（b）和（c）的示例

合成路线设计最突出的方法是使用预定义的启发式方法来编码反应。启发式，在本文中也称为反应模板，定义了从反应物到产物的单一化学转化，反之亦然。基本反应模板包含参与成键 / 断裂（反应中心）的原子和键，以及可能影响反应的任何相邻原子。由于数据的可用性和不一致性，可能不包括其他信息[8,23]。更复杂的模板可能包括反应条件、反应性冲突、保护要求以及立体[46]和区域选择性[47,48]。在多步逆合成中，其目标是找到需要应用于目标分子，以达到市售反应物前体的最少数量的反应模板。定义反应模板时，在泛化性和特异性之间存在不可避免的权衡。如果模板过于泛化，模型将无法感知任何潜在的反应性冲突，并可能导致不当使用。另一方面，模板过于具体，会导致对未知分子的泛化能力差。

反应模板要以用户友好的语法编写，通常是针对开发人员。早期的程序手动编码反应模板[49]存在三个主要问题：①需要具有多年经验的专业合成化学家对每个反应进行编码；②这项劳动密集型任务无法扩展到大量化学反应，并且往往会导致覆盖有限范围反应类型的模板库不完整；③由于反应性冲突和对反应条件的依赖性，反应的复杂性不是直截了当的，因此难以编码。尽管有这些限制，商用程序 Synthia（正式为 Chematica）已经证明，只要投入足够的时间，手动编码的反应就可以成功地用于逆合成预测任务[47,48,50]。一个更高效、更省时的过程定义模板是，从文献中自动提取反应数据。如果数据集中的反应是原子映射的，则可以识别反应中心[8,15,46,51-54]。如果原子图索引未知，反应解码器工具（reaction decoder tool，RDT）等可用于计算原子映射索引[52,53]。还开发了一个工具包，用于在定义反应模板时处理立体化学信息[54]。自动提取的模板库更容易维护，并已用于反应预测[14,55]和逆合成路线分析[14,15,56]。

当代基于模板的方法由两个部分组成：预定义的模板库和评分函数。这些组件可以以两种不同的方式组合。第一种是穷举应用所有可能的反应模板，以获得潜在的反应物或产物，然后对生成的候选物进行排序[23]。第二种是对反应模板进行排序，仅将最相关的模板应用于输入分子以生成候选物种[14, 15, 46]。ANNs 已应用于候选和模板排名[14, 15, 23]。基于相似性的方法与现代方法略有不同，因为没有预定义的模板库。该方法专门用于逆合成。将目标分子与知识库中的产物进行比较，从最相似的反应中提取反应模板，并将其应用于目标以生成候选反应物。将候选物的相似性与先前的反应物进行比较，并结合产品相似性得分对反应物前体进行排名。这种基于相似性的方法不同于纯粹基于模板的方法，因为该方法完全是由数据驱动的。

尽管基于模板和相似性的方法很容易解释，因为该类方法与合成化学家的思维方式一致，但它们也有一些局限性。模板库的持续维护非常耗时，并且在包含新化学物质时可能具有挑战性。从数据集中自动提取模板在很大程度上依赖于原子映射反应，这些反应并不总是能顺利完成或推测的结果是正确的。此外，常见的原子映射工具基于预定义的专家规则。反应模板只关注反应中心的局部环境，因此可能会忽略全局环境中的重要基团。基于模板的方法无法在其模板库之外做出准确的预测，因此无法发现新的化学物质的合成方法[14]。然而，这些方法可用于帮助合成化学家完成日常的逆合成任务。

基于模板的替代方法是无模板方法。这些方法完全是由数据驱动的，从端到端训练的，无需构建预定义的反应启发式。因此，无模板方法可以以一小部分计算成本扩展到大型数据集，并且可以推广到新的化学物质。迄今为止，无模板模型要么是基于图形的，要么是基于序列的。基于图形的模型遵循与基于模板的模型相同的两步过程，即根据任务确定反应中心以生成反应物前体或产物。由于无模板方法类似于合成化学家的想法，因此由该方法产生的预测很容易解释。使用基于分子图描述符的卷积神经网络，识别反应中心，以生成候选产物[20, 55]。基于图形的模型方法只关注反应预测而不是逆合成路线分析。

基于序列的模型是有别于上述方法的另一种不同的方法。在此，可以认为：这个问题是一种机器翻译任务，将其中一种语言（例如英语）输入到一个模型中，该模型将文本翻译成另一种语言（例如西班牙语）。当应用于反应预测和逆合成时，分子可以用文本符号表示，例如 SMILES 字符串（参见第 7.2.2 节）。在反应预测中，将反应物的 SMILES 字符串翻译成产物的 SMILES 字符串，反之亦然，以进行逆合成。序列到序列模型具有由两个循环神经网络和一个附加注意机制组成的编码器解码器架构[10, 27, 29]。在这种类型的模型中，假定 SMILES 字符串中的每个标记都与其邻居相关，因此会影响相邻标记（token）的性质。对于每个 SMILES 标记，这些模型将只学习局部周围的标记，而不是序列中远处的标记。基于转换器的架构已适用于机器翻译任务[57]。这些模型不同于序列到序列模型，因为该类模型不包含递归神经网络，且具有完全基于注意力的编码器 - 解码器架构。由于缺少递归层组件，该模型能够关联 SMILES 字符串中的各个标记，而不管其位置如何。与序列到序列模型不同，转换模型能够捕获记号之间的远程交互。转换模型在正向反应预测[28]和单步逆合成方面都取得了成功[11, 12, 24, 58]。基于序列的模型比基于两步图模型具有一些优势，因为基于序列模型不需要原子映射、原子特征或任何化学知识。分子的全局环境也隐含地纳入模型中。基于序列的方法的主要缺点是 SMILES 表征无效。这些模型不会直接学习 SMILES 表征法的术语，因此不能保证预测有效的 SMILES。所讨论的所有无模板方法中存在的注意力机制使模型能够被解释。原子的注意力权重（即 SMILES 标记）可用于识别输入物种的哪些方面影响到输出物种。

合成路线设计模型的性能是准确性、可靠性和适应性之间的平衡。模型准确性可以计算为测试集预测的百分比，其中真实度在给定目标的预测分子的前 n% 内排名。例如，前 1 位准确度是正确分子排名前 1% 的预测百分比。模型应该能够估计其预测的可靠性。置信度分数的计算应实施到模型评估中，以确定何对模型可能会失败[24, 28]。了解模型的适应性很重要。一个模型可能有很高的准确度分数，但该模型可以在整个化学结构空间中泛化吗？例如，如果对专利数据进行训练，该模型能否准确预测 ELNs 中涵盖不同化学空间范围的分子合成路线[24]？这些是评估合成路线设计模型时需要考虑的要点。

7.4.1 逆合成

7.4.1.1 单步逆合成

已经为单步逆合成任务开发了基于模板和无模板的组合模型。将目标分子输入模型，然后断开键并生成可能的反应物前体。从美国专利中提取的 50000 个反应的基准数据集，在此命名为 USPTO_50K（参见第 7.2.1 节）[21]，已用于训练和测试单步逆合成预测工具（参见表 7.2）。Liu 等人建立了一个基于模板的模型作为基准模型[10]。由反应中心、相邻原子和反应类型组成的反应模板是从训练数据中自动提取的。对于每个目标分子，应用同一反应类型中的所有模板来生成随后排名的候选反应物。前面描述的基于相似性的方法是另一种基于模板的方法，在每个反应类型中，其性能优于 Liu 等人开发的基准模型和无模板序列到序列模型[9, 10]。基于相似性的模型不只关注寻找主要产物，而是对所有可能性进行排序。因此，当反应类型已知时，该模型对于排序最高的前 5 个候选分子的预测准确度为 81.2%。这种方法超出了已有知识库的范围，并且总是不利于创造性的分子键断裂。

表 7.2 基于模板的 Baseline[10] 和 Similarity[9] 模型以及无模板模型的 Seq2seq[10]、Transformer-Lin 等人[12]、SCROP[11]、MT[24] 和 Transformer-Karpov 等人[58] 模型的前 n 名候选分子准确率

数据	模型	前 n 名准确率（%），$n=$		
		1	3	5
含反应类型	Baseline	35.4	52.3	59.1
	Seq2seq	37.4	52.4	57.0
	Similarity	52.9	73.8	**81.2**
	Transformer - Lin 等人	54.6	**74.8**	80.2
	SCROP	**59.0**	74.8	78.1
不含反应类型	Similarity	37.3	54.7	63.3
	Transformer - Lin 等人	43.1	**64.6**	**71.8**
	SCROP	43.7	60.0	65.2
	MT	**43.8**	60.5	—
	Transformer - Karpov 等人	42.7	63.9	69.8

基于序列的、无模板的模型（Transformer 架构——Lin 等人[12]、SCROP[11]、MT[24] 和 Transformer-Karpov 等人[58]）。是可以克服这些限制的，即使在反应类型未知的情况下，也已被证明是最先进的方法（参见表 7.2）。如前所述，这些方法的一个缺点是对无效 SMILES 的预测。标准转换器架构不学习 SMILES 标记的语法。因此，预测的 SMILES 字符串可能在语法上是无效的，但语法正确的版本可能是最基本事实。自校正逆合成预测器（the self-corrected retrosynthesis predictor，SCROP）具有其他转换器模型的附加组件[11]。一旦预测到反应物的 SMILES，如果其在语法上不合理，则使用基于转换器的语法预测器自动校正 SMILES 字符串。添加语法预测器提高了 SMILES 无效率（参见表 7.3），使前 5 个的 SMILES 字符串的无效率保持在 2.0% 以下。SCROP[11] 模型的 SMILES 无效率也低于 Seq2seq[10] 和 Transformer-Lin 等人[12] 模型。分子转换器（the molecular transformer，MT）[24] 模型不报告用于比较的 SMILES 无效率。当已知反应类别时，SCROP[11] 模型实现了最高的前 1 名候选分子准确率为 59.0%。

表 7.3 无模板模型的 Seq2seq[10]、Transformer-Lin 等人[12] 和 SCROP[11] 前 n 名候选分子 SMILES 无效率

模型	前 n 名 SMILES 无效率 /%		
	1	3	5
Seq2seq	12.2	15.3	18.4
Transformer - Lin 等人	2.1	3.5	4.7
SCROP-noSC	1.1	9.6	15.1
SCROP	0.7	1.4	1.8

所有模型都使用反应类型的先验知识进行训练和测试（MT[24] 和 Transformer-Karpov 等人[58] 除外），如果对某特定反应感兴趣，这将很有用。然而，更现实的情况是反应类型是未知的。相似性的模型训练和测试[9]，Transformer-Lin 等人[12]、SCROP[11]、MT[24] 和 Transformer-Karpov 等人[58] 模型是在没有事先了解反应类型的情况下进行的。去除反应类型导致最前 1 名候选分子的预测准确度下降 11% ~ 16%（参见表 7.2）。所有基于转换器模型的最前 1 名候选分子都具有可比的预测精度。

7.4.1.2 多步逆合成

CASD 软件的目的，不仅是预测目标分子的反应物前体，而且还可以递归地分解前体，直到前体可以在市场上买到。可以认为，这种多步骤逆合成任务是一个合成树。合成树将具有一个分支因子，即可以从特定分子中采取的可能步骤的数量、路径以及终止前的步骤深度。如果发现的前体是可商购的或达到预定义的深度限制，则会发生路径终止。对于逆合成，分支因子通常较大且深度较低。可能的合成路线的数量随着路径中步骤的数量（深度）而急剧增加。CASD 工具需要智能算法来识别最有希望的分支，并避免对所有可能性进行详尽的计算。不幸的是，在每一步选择最佳预测反应可能不会产生最有效的途径。在计算整个路径的成本之前，不会知道每个决策的效果。该成本可能与起始原材料的价格、步骤数、产生的废物、绿色、产物纯化的难易程度、可持续性、安全危害或环境危害有关。计算机辅助合成设计（CASD）工具生成合成树，以最小化通常由用户定义的成本函数。

商用的 CASD 程序包括 InfoChem 的 ICSYNTH[46]、Wiley 的 ChemPlannerTM（前身为

ARChem Route Designer）[51] 和已集成到 CAS 的 SciFindern 和 SynthiaTM（前身为 Chematica），后者是默克 KGaA 公司的商标 [47, 48, 50]。这些程序基于反应模板 Synthiat，包含一个大约 60000 个反应的模板库。由专业合成化学家手工编码。除了反应转换，模板还编码可能的不相容基团、保护基团和反应条件。ICSYNTH 和 ChemPlannerTM 自动从反应数据库中提取模板，包括反应中心和相邻原子 / 基团。ICSYNTH 还提供从内部数据生成模板库的软件，这些模板库可以独立使用或与提供的库一起使用。评分功能基于用户定义的标准，评估每一个合成步骤，并指导寻找商业上可用的底物。SynthiaTM 和 ICSYNTH 过滤预测以删除任何不需要的结构。SynthiaTM 中定义了额外的启发式方法，以惩罚非选择性反应、应变中间体和不太可能的结构基序。在 ICSYNTH 中，将预测的结构与预定义的不可接受结构列表进行比较。ChemPlannerTM 使用类似的方法来过滤掉官能团的不相容性。SynthiaTM 和 ChemPlannerTM 解释了选择性的化学和电子效应。SynthiaTM 还可以处理立体化学和空间效应。每个程序都会生成参考支持文献和起始材料成本的合成树。

Segler 和 Waller 已经发表了他们的神经符号模型，该模型由三个神经网络（扩展策略、范围内过滤器和推出阶段）结合蒙特卡洛树搜索（Monte Carlo tree search，MCTS）来指导多步逆合成搜索 [15]。反应模板是从 2015 年之前从 Reaxys 上发表的 1240 万个反应中提取的。扩展策略和范围内过滤器一起称为扩展过程，他基于包含反应中心的 301671 个反应模板的知识库。将扩展程序应用于每个目标分子以预测单个步骤的反应物前体。在此，目标分子由指纹表征，并输入到扩展策略中以优先考虑反应模板。将前 k 个模板应用于目标以生成候选反应物。范围内过滤器将反应分类为可行或不可行，以过滤掉任何不可行的反应。推出策略基于 17134 个反应模板（包含反应中心和相邻原子），计算树的位置值。扩展过程和推出策略被纳入 MCTS 算法，以形成 3N-MCTS 模型。根据双盲 AB 测试，无法将由药物样化合物模型生成的预测途径与文献途径区分开来。虽然 3N-MCTS 模型可以解释立体化学，但该模型并没有考虑对路径生成中反应条件的预测。

7.4.2 反应预测

化学家或机器预测的逆合成路线不能保证在实验上是可行的。为了验证路线，一种选择是通过实验测试所有可能性，这需要经验丰富的合成化学家、大量时间和高成本。另一种验证技术是正向反应预测。在此，反应物、试剂和可能的反应条件是已知的，目的是预测可能的产物。在模型中包含反应条件很重要，因为溶剂或温度的微小变化会导致产率发生较大变化或形成不同的主要产物。量子化学计算可用于识别主要产物，但计算成本高，且仅限于较小的分子。机器学习和人工智能可以以较低的计算成本应用于大型系统。

反应预测的基准数据集是由大约 480K 个反应组成的 USPTO_MIT 数据集（第 7.1 节）[20]，最先进的反应预测是无模板模型（见表 7.4）。基于图形的 Weisfeiler-Lehman 差分网络（Weisfeiler-Lehman difference network，WLDN[55]）模型的性能优于序列到序列（sequence-to-sequence，S2S）模型 [27]，准确度提高了 5.3%，高居百分比准确度之首。WLDN 模型使用 Weisfeiler-Lehman 网络（一种图卷积神经网络）从由反应物、试剂和溶剂类别组成的反应物池中识别反应中心。然后另一个图卷积神经网络（WLDN）对集中枚举生成的候选产物进行排名。基于序列的转换器模型，分子转换器（molecular transformer，MT[28]），在最前 1% 的预测准确率方面，比基于图模型（WLDN）高出 4.8%。报道的准确度适用于在模型训练和测试之前经过预处理，以区分反应物和试剂的 USPTO_MIT 数据集。消除差异会导致模型精度降低，WLDN 模型降低 5.6%，MT 模型降低 1.8%。

表 7.4　无模板模型 S2S[27]、WLDN[55] 和 MT[24, 28] 的前 n 名准确度

训练集	测试集	模型	前 n 名准确度 /%, n=			
			1	2	3	5
USPTO	USPTO	S2S	80.3		86.2	87.5
		WLDN	85.6		92.8	93.4
		MT	**90.4**		94.6	95.3
USPTO	PF-ELN	WLDN	50.4	51.7	52.2	
		MT	**69.0**	80.3	82.9	
PF-ELN	PF-ELN	MT	**97.0**	98.5	98.8	

　　为了评估 MT 模型的适应性，MT 和 WLDN 模型在 USPTO_MIT 数据上进行了训练，并在辉瑞公司的 ELN 内的反应数据上进行了测试 [24]。这两个数据集涵盖了化学空间的不同区域，从而确保在报告的模型精度中消除了类似反应的控制偏差。MT 模型在对经过训练的化学空间之外进行预测分子时，在排序最前 1 名的候选分子中，预测正确分子的概率为 69.0%（见表 7.4）。基于转换其架构是目前用于正向反应预测和单步逆合成的最高性能模型类型。

7.4.3　优化反应条件

　　确定反应条件需要合成化学家的专业知识和经验。一个反应可以在多种反应条件下进行，但最常用的选择是那些被证明是成功的类似反应的条件。仅基于相似性的选择往往是不够的，因为反应结果受许多反应参数的影响。因此，反应条件难以预测，特别是因为反应参数的微小变化可能导致完全不同的反应结果或反应失败。化学家需要找到有效的催化剂、试剂、溶剂、温度和压力的组合。只有当相应的反应条件也被预测时，来自 CASD 程序和反应预测方法的预测才能在实验上得到验证。因此，将反应条件预测整合到这些工具中是至关重要的。

　　反应条件的预测是一个未被充分探索的领域，主要集中在单一反应条件或单一反应类型的优化上。已经实施了二元分类模型来预测迈克尔加法中使用的催化剂和溶剂的类型 [59]。将基于相似性的方法用于识别催化氢化反应（一种脱保护反应）的催化剂。最大的兴趣在于催化剂预测和优化。因为催化剂可以提高反应速率，所以很重要，且在不对称催化中，只允许选择性地生成一种立体异构体。当其中一种立体异构体受到青睐时，预测不对称催化剂选择性的努力有可能改变催化剂的设计方式 [60-63]。

　　期望反应条件预测工具能够预测所有反应条件。已经建立了一个神经网络模型来预测一系列化学反应的催化剂、溶剂、试剂和温度，可以大规模应用这些反应条件 [16]。机器学习和自动合成以及测试模块的结合，是反应条件优化的未来 [64]。已经建成了计算机辅助合成规划和机器人流动化学平台，用于实施小分子预测的合成路线。这离全自动合成化学又近了一步。

7.5　实际应用

预测分子多步合成途径的 CASD 程序（参见第 7.4.1.2 节）可能具有较高的验证分数，但化学家需保持谨慎，直到有证据支持其真正价值。迄今为止的应用主要集中在类药物靶点和生物活性分子上。InfoChem 公司与阿斯利康合作，评估了 ICSYNTH（参见第 7.4.1.2 节）作为创意生成器的性能[46]。该程序对存在于阿斯利康的商业药物项目或文献中的预测药物靶点路线的能力，进行了评估。将预测的路径与文献、头脑风暴❶提案和从事该项目的化学家的内部经验进行了比较。在没有头脑风暴提案的先验知识的情况下，ICSYNTH 重新发现了已知化学物质的合成路线，反过来，头脑风暴建议并提供了新的未报道的合成路线。由于其不偏不倚的性质，还确定了一种非常规的转换，生成了对一个问题的非直观解决方案[46]。ICSYNTH 能够使合成化学家产生更具吸引力的想法。

在一个案例研究中，ChemPlannerTM 提出的合成路线（参见第 7.4.1.2 节），得到了实验验证[65]。将与药物相关目标物的合成路线与化学家开发的路线进行了比较。ChemPlannerTM 确定了化学家设计的几乎所有路线，但由于程序中的评分功能，并非所有路线都被确定为最佳路线。同时，还提出了步骤更少、成本更低的替代路线。因此，ChemPlannerTM 可以帮助合成化学家设计合成路线，节省其时间和经费。

SynthiaTM（参见第 7.4.1.2 节）使用网络理论、高性能计算、人工智能和专业化学知识来设计逆合成途径[47]，也可以为医学和工业相关目标设计新的合成路线。该软件找到了选择的八种商业生物活性物质和天然产物的合成路线[47]。选择了在以前的合成尝试中产率低、不可扩展或失败的目标产物。通过实验评估预测的途径。Synthiat 设计的路线提高了产率，并节省了经费和时间。同时还设计了一条通往其中一个未知合成路线目标物的成功途径。SynthiaTM 的扩展使人们能够避开专利路线[48]。在设计新分子的路线时，不要违反现有的专利路线，这一点很重要。采用一种化学键保存方法来识别专利中至关重要的键，并防止这些重要的键在逆向合成中断开。为了验证这种方法，SynthiaTM 评估了三种商业药物利奈唑胺、西格列汀和帕比司他。预测的路径是在有和没有专利约束限制的情况下生成的。在没有限制的情况下，SynthiatTM 提出了类似的专利途径。但是，通过选择不能断裂的键，则程序可以绕过专利路线，并确定了替代的路线。

7.6　结论

在制药行业，从早期候选药物到临床前试验的进展以最快和最具成本效益的方式进行。合成化学促进了药物的发现和开发。药物化学是药物发现的重要组成部分，其目的是设计和合成新型小分子的候选药物，用于测试药物化学的假说。对于单一的生物靶标，许多先导化合物的类似物被小规模合成用于筛选，可以小规模合成用于筛选的许多先导化合物的类似物，以确定结构与活性关系。药物化学家需要可靠的合成途径来快速提供用于测试的材料。因此，药物化学家在设计新分子合成路线时偏向于稳健的反应[66]。在 CADS 程序中使用人工智能和机器学习，消除了在合成路线规划预测过程中的这种个人偏见，因此可以拓宽药物化学家的工具箱。

---

❶　无限制的自由联想和讨论，意在产生新观念或激发创新设想。——译者注

工艺化学是药物开发的关键，可借此扩大活性药物组分，并优化反应。与许多类似物相反，工艺化学家通常研究单个目标分子。目标分子的合成路线经过优化，以满足安全、环境、法律、经济、控制和产量（safety，environmental，legal，economics，control，and throughput，SELECT）标准[67]。分子合成可及性是影响药物化学中选择合成那些化合物的几个标准之一，也是过程化学中的一个重要概念。在进行实验反应之前，需要知道这些化合物是否可合成。最接近方法的是以高置信度预测合成途径。CASD 计划可以帮助药物和工艺化学家加快合成计划时间表，减少途径中的步骤数量，降低成本，并提出替代的非常规合成途径。

对于合成化学家来说，将 CASD 融入其日常工作生活有着明显的优势。然而，糟糕的模型可解释性引起了合成化学家的怀疑。并且这些工具的实施应用也是有限的。人们将不会接受所谓的这种黑盒工具，除非设计路线可以通过文献或最好通过实验来证明。与合成化学家的早期和强有力的密切互动，将促进 CASD 的更快发展，从而得到行业界的更广泛接纳和利用。

为了在 CASD 中取得进步，还需要解决其他挑战问题。其中，反应数据和代码共享，排在挑战清单中的首要位置。需要包含反例的开源代码的大型数据集来训练算法以实现最佳性能。反应数据需要具有高质量和可重复性，不包含预言性示例。人们呼吁公开分享机器可读性数据，并制定发布标准，以便纳入这些内容。开放共享将允许对不同方法进行公平的基准测试。需要建立评估模型可泛化性的严格验证方法，以确保报告的结果不会误导。

CASD 项目旨在协助合成化学家进行路线设计的决策过程，而并非为了取代合成化学家；化学家的直觉仍然是需要的。机器人技术与 CASD 的结合是自动化反应优化的未来。这些装置将提高合成实验室的生产力，但不会取代实验室化学家。

致谢

这项工作得到了工程与物理科学研究委员会（the Engineering and Physical Sciences Research Council，EPSRC）的部分支持［批准号 EP/S035990/1］。ALH 由 EPSRC/NPIF［EP/S515516/1］通过与 GSK 合作的 CASE 博士生奖学金提供支持。JR 通过 MRC IMPACT 博士培训计划，获得 NPIF 博士生奖学金［MR/S502431/1］。我们感谢 Simon Macdonald 博士和 Richard Hatley 博士在本章起草的早期阶段进行了有益的讨论。

参 考 文 献

[1] E. J. Corey and W. T. Wipke, *Science*, 1969, **166**, 178-192.

[2] C. W. Coley, W. H. Green and K. F. Jensen, *Acc. Chem. Res.*, 2018, **51**, 1281-1289.

[3] O. Engkvist, P. Norrby, N. Selmi, Y. Lam, Z. Peng, E. C. Sherer, W. Amberg, T. Erhard and L. A. Smyth, *Drug Discov. Today*, 2018, **23**, 1203-1218.

[4] A. F. de Almeida, R. Moreira and T. Rodrigues, *Nat. Rev. Chem.*, 2019, **3**, 589-604.

[5] A. Cook, A. P. Johnson, J. Law, M. Mirzazadeh, O. Ravitz and A. Simon, Wiley Interdiscip. *Rev.*: *Comput. Mol. Sci.*, 2012, **2**, 79-107.

[6] E. Corey, A. Long and S. Rubenstein, *Science*, 1985, **228**, 408-418.

[7] M. C. Swain and J. M. Cole, *J. Chem. Inf. Model.*, 2016, **56**, 1894-1904.

［8］ C. D. Christ, M. Zentgraf and J. M. Kriegl, *J. Chem. Inf. Model.*, 2012, **52**, 1745-1756.

［9］ C. W. Coley, L. Rogers, W. H. Green and K. F. Jensen, *ACS Cent. Sci.*, 2017, **3**, 1237-1245.

［10］ B. Liu, B. Ramsundar, P. Kawthekar, J. Shi, J. Gomes, Q. Luu Nguyen, S. Ho, J. Sloane, P. Wender and V. Pande, *ACS Cent. Sci.*, 2017, **3**, 1103- 1113.

［11］ S. Zheng, J. Rao, Z. Zhang, J. Xu and Y. Yang, *arXiv*: 1907.01356, 2019.

［12］ K. Lin, Y. Xu, J. Pei and L. Lai, *arXiv*: 1906.02308, 2019.

［13］ M. H. S. Segler and M. P. Waller, *Chem.-Eur. J.*, 2017, **23**, 6118- 6128.

［14］ M. H. S. Segler and M. P. Waller, *Chem. -Eur. J.*, 2017, **23**, 5966- 5971.

［15］ M. H. S. Segler, M. Preuss and M. P. Waller, *Nature*, 2018, **555**, 604-610.

［16］ H. Gao, T. J. Struble, C. W. Coley, Y. Wang, W. H. Green and K. F. Jensen, *ACS Cent. Sci.*, 2018, **4**, 1465-1476.

［17］ D. M. Lowe, Chemical reactions from US patents（1976-Sep2016）, https:// figshare.com/articles/ Chemical_ reactions_from_US_patents_1976- Sep2016_/5104873,（accessed 20 May 2019）.

［18］ N. Schneider, D. M. Lowe, R. A. Sayle, M. A. Tarselli and G. A. Landrum, *J. Med. Chem.*, 2016, **59**, 4385-4402.

［19］ D. Weininger, *J. Chem. Inf. Model.*, 1988, **28**, 31-36.

［20］ W. Jin, C. W. Coley, R. Barzilay and T. Jaakkola, arXiv: 1709.04555, 2017.

［21］ N. Schneider, N. Stiefl and G. A. Landrum, *J. Chem. Inf. Model.*, 2016, **56**, 2336-2346.

［22］ J. Freilich and L. L. Ouellette, *Science*, 2019, **364**, 1036-1037.

［23］ C. W. Coley, R. Barzilay, T. S. Jaakkola, W. H. Green and K. F. Jensen, *ACS Cent. Sci.*, 2017, **3**, 434-443.

［24］ A. A. Lee, Q. Yang, V. Sresht, P. Bolgar, X. Hou, J. L. Klug-McLeod and C. R. Butler, *Chem. Commun.*, 2019, **55**, 12152-12155.

［25］ P. Raccuglia, K. C. Elbert, P. D. F. Adler, C. Falk, M. B. Wenny, A. Mollo, M. Zeller, S. A. Friedler, J. Schrier and A. *J. Norquist, Nature*, 2016, **533**, 73-76.

［26］ N. Schneider, D. M. Lowe, R. A. Sayle and G. A. Landrum, *J. Chem. Inf. Model.*, 2015, **55**, 39-53.

［27］ P. Schwaller, T. Gaudin, D. Lányi, C. Bekas and T. Laino, *Chem. Sci.*, 2018, **9**, 6091-6098.

［28］ P. Schwaller, T. Laino, T. Gaudin, P. Bolgar, C. A. Hunter, C. Bekas and A. A. Lee, *ACS Cent. Sci.*, 2019, **5**, 1572-1583.

［29］ J. Nam and J. Kim, arXiv: 1612.09529, 2016.

［30］ D. T. Ahneman, J. G. Estrada, S. Lin, S. D. Dreher and A. G. Doyle, *Science*, 2018, **360**, 186-190.

［31］ D. E. Rumelhart, G. E. Hinton and R. J. Williams, *Nature*, 1986, **323**, 533-536.

［32］ C. F. Higham and D. J. Higham, *SIAM Rev*, 2019, **61**, 860-891.

［33］ C. Cortes and V. Vapnik, *Mach. Learn.*, 1995, **20**, 273-297.

［34］ K. P. Bennett and C. Campbell, *Acm Sigkdd Explor. Newsl.*, 2000, **2**, 1-13.

［35］ P. Kotsiantis, S. B. Zaharakis and I. Pintelas, *Emerg. Artif. Intell. Appl. Comput. Eng*, 2007, **160**, 3-24.

［36］ T. Hastie, R. Tibshirani and J. Friedman, *The Elements of Statistical Learning*, Springer, New York, NY, 2nd edn, **vol. 1**, 2009.

［37］ J. B. MacQueen, *Proc. fifth Berkeley Symp. Math. Stat. Probab.*, 1967, **1**, 281-297.

［38］ J. Erman, M. Arlitt and A. Mahanti, in *Proceedings of the 2006 SIGCOMM workshop on Mining network data*, ACM Press, New York, New York, USA, 2006, pp. 281-286.

［39］ J. Van Der Maaten, L. Postma and E. Van den Herik, *J. Mach. Learn. Res.*, 2009, **10**, 13.

[40] G. Fung, *A Comprehensive Overview of Basic Clustering Algorithms*, 2001.

[41] R. Kohavi, *Proc. 14th Int. Jt. Conf. Artif. Intell.*, 1995, **2**, 1137-1143.

[42] I. Wallach and A. Heifets, *J. Chem. Inf. Model.*, 2018, **58**, 916-932.

[43] J. Sieg, F. Flachsenberg and M. Rarey, *J. Chem. Inf. Model.*, 2019, **59**, 947-961.

[44] J. J. Goeman and A. Solari, *Stat. Med.*, 2014, **33**, 1946-1978.

[45] J. Demšar, *J. Mach. Learn. Res.*, 2006, **7**, 1-30.

[46] A. Bøgevig, H.-J. Federsel, F. Huerta, M. G. Hutchings, H. Kraut, T. Langer, P. Löw, C. Oppawsky, T. Rein and H. Saller, *Org. Process Res. Dev.*, 2015, **19**, 357-368.

[47] T. Klucznik, B. Mikulak-Klucznik, M. P. McCormack, H. Lima, S. Szymkuć, M. Bhowmick, K. Molga, Y. Zhou, L. Rickershauser, E. P. Gajewska, A. Toutchkine, P. Dittwald, M. P. Startek, G. J. Kirkovits, R. Roszak, A. Adamski, B. Sieredzińska, M. Mrksich, S. L. J. Trice and B. A. Grzybowski, *Chem*, 2018, **4**, 522-532.

[48] K. Molga, P. Dittwald and B. A. Grzybowski, *Chem*, 2019, **5**, 460-473.

[49] D. A. Pensak and E. J. Corey, *Computer-Assisted Organic Synthesis*, *American Chemical Society*, Washington, DC, **vol. 61**, 1977.

[50] S. Szymkuć, E. P. Gajewska, T. Klucznik, K. Molga, P. Dittwald, M.Startek, M. Bajczyk and B. A. Grzybowski, *Angew. Chem., Int. Ed.*, 2016, **55**, 5904-5937.

[51] J. Law, Z. Zsoldos, A. Simon, D. Reid, Y. Liu, S. Y. Khew, A. P. Johnson, S. Major, R. A. Wade and H. Y. Ando, *J. Chem. Inf. Model.*, 2009, **49**, 593-602.

[52] S. A. Rahman, G. Torrance, L. Baldacci, S. Martínez Cuesta, F. Fenninger, N. Gopal, S. Choudhary, J. W. May, G. L. Holliday, C. Steinbeck and J. M. Thornton, *Bioinformatics*, 2016, **32**, 2065-2066.

[53] P. P. Plehiers, G. B. Marin, C. V. Stevens and K. M. Van Geem, *J. Cheminf.*, 2018, **10**, 11.

[54] C. W. Coley, W. H. Green and K. F. Jensen, *J. Chem. Inf. Model.*, 2019, **59**, 2529-2537.

[55] C. W. Coley, W. Jin, L. Rogers, T. F. Jamison, T. S. Jaakkola, W. H. Green, R. Barzilay and K. F. Jensen, *Chem. Sci.*, 2019, **10**, 370-377.

[56] J. S. Schreck, C. W. Coley and K. J. M. Bishop, *ACS Cent. Sci.*, 2019, **5**, 970-981.

[57] A. Vaswani, N. Shazeer, N. Parmar, J. Uszkoreit, L. Jones, A. N. Gomez, L. Kaiser and I. Polosukhin, arXiv: 1706.03762, 2017.

[58] P. Karpov, G. Godin and I.V. Tetko, in *Artificial Neural Networks and Machine Learning - ICANN 2019*: Workshop*and Special Sessions*, ed. I.V. Tetko, V. Krurková, P. Karpov and F. Theis, Springer International Publishing, Cham, 2019, pp. 817-830.

[59] G. Marcou, J. Aires de Sousa, D. A. R. S. Latino, A. de Luca, D. Horvath, V. Rietsch and A. Varnek, *J. Chem. Inf. Model.*, 2015, **55**, 239-250.

[60] A. F. Zahrt, J. J. Henle, B. T. Rose, Y. Wang, W. T. Darrow and S. E. Denmark, *Science*, 2019, **363**, eaau5631.

[61] J. P. Reid and M.S. Sigman, *Nature*, 2019, **571**, 343-348.

[62] J. L. Melville, B. I. Andrews, B. Lygo and J. D. Hirst, *Chem. Commun.*, 2004, 1410.

[63] J. L. Melville, K. R. J. Lovelock, C. Wilson, B. Allbutt, E. K. Burke, B. Lygo and J. D. Hirst, *J. Chem. Inf. Model.*, 2005, **45**, 971-981.

[64] L. M. Baumgartner, C. W. Coley, B. J. Reizman, K. W. Gao and K. F. Jensen, *React. Chem. Eng.*, 2018, **3**, 301-311.

［65］ S. Stark, R. Neudert, R. Threlfall, R. Neudert and R. Threlfall, *Wiley ChemPlanner Predicts Experimentally Verified Synthesis Routes in Medicinal Chemistry*, https://www.chemanager-online.com/en/whitepaper/ wileychemplanner-predicts-experimentally-verified-synthesis-routesmedicinal-chemistry,（accessed 20 September 2019）, 2016.

［66］ J. Boström, D. G. Brown, R. J. Young and G. M. Keserü, *Nat. Rev. Drug Discovery*, 2018, **17**, 709-727.

［67］ M. Butters, D. Catterick, A. Craig, A. Curzons, D. Dale, A. Gillmore, S. P. Green, I. Marziano, J.-P. Sherlock and W. White, *Chem. Rev.*, 2006, **106**, 3002-3027.

第 8 章

天体化学中的约束化学网络

Serena Viti[*a,b] 和 Jonathan Holdship[a,b]

[a] 英国伦敦，伦敦大学学院物理和天文学系，高尔街，WC1E 6BT
[b] 荷兰莱顿大学莱顿天文台，邮政信箱 9513，NL-2300 RA 莱顿
[*]Email：serena.viti@ucl.ac.uk

8.1 引言

恒星之间的空间，即星际介质（interstellar medium，ISM），远非空无一物。ISM 充满了星际云和丝状物，由气体（约 99%）和尘埃（约 1%）组成。这些云和丝状物是恒星的诞生地[1,2]。模拟导致恒星和行星形成的物理和化学过程，这是一个高度非线性、非常依赖时间的问题，涉及多层气体和尘埃的物理和化学之间的相互联系。尽管最先进的望远镜取得了许多进步，但离解决"恒星形成问题"还有很长的路要走：恒星以分子丝状物或团块形式形成，寒冷（约 10K）且相对密集 >10^4 粒子 /cm^3 星际介质的区域，其中大部分气体是分子。这些区域还包含更高密度的核心。类太阳系形成的前两个阶段都涉及高度非线性的物理和化学过程，单凭天文观测很难证实。在第一阶段，一些核心会变得引力不稳定并开始形成恒星。这种坍塌是由分子的存在控制的，这些分子冷却气体，并允许重力克服流体静力平衡。在这个前恒星核心阶段，由于核心的高密度和低温，来自气相的物质"冻结"到存在的尘埃颗粒上，并形成冰地幔。这两个阶段的气体和表面成分表现出强烈依赖于物理环境的复杂时间依赖性和非线性化学[3]。星际冰的实验信息很少。未加工的冰成分是什么？可行的表面反应的效率是多少？ISM 的能量（宇宙射线、紫外线辐射和冲击）如何影响加工过的冰？

关键问题的例子甚至涉及最简单的分子：CO 分子在约低于 25K 的温度下有效地黏附在冰表面上，并且在冰中含量丰富。其中一些 CO 可以转化为其他物种，并且对冰中的 CO_2 和 CH_3OH 的观察表明[4]，这种过程确实发生。H_2CO、CH_3OH 和乙醇醛参与 CO 的表面氢化作用，确定其在恒星形成区域的化学性质对于研究前生命化学至关重要[5]。当气体温度升至 20K 以上时，一些冰会返回气相。较低的温度，非热解吸过程仍然可以将分子从固态返回到气相[6]。然而，这些非热机制与冻结机制"竞争"。气相化学比表面化学更受约束；尽管如此，在太空中观察到的一些最复杂的物种［天文学家通常称为复杂有机分子（complex organic molecules，COMs]的形成和路径效率仍然存在许多不确定性[7,8]。总之，气体和冰地幔的组成随时间变化而变化，该过程高度依赖于任何特定云中气体和尘埃的状态。

在第二阶段，即原恒星诞生时，引力能转化为辐射，围绕中心物体（未来的恒星）的外壳升温。在前一阶段冻结在颗粒地幔上的分子获得了流动性，并可能形成新的、更复杂的物种。当温度达到约 100K 的地幔升华温度时，地幔中的分子被注入气体中，在那里分子发生反应并

形成新的、更复杂的分子。同时，一小部分物质以高超声速准直射流和分子外流的形式猛烈向外喷射。当流出的物质遇到分子云的静止气体时，会产生冲击，其中颗粒罩（部分）被溅射，耐火颗粒被粉碎。一旦进入气相，通过分子的转动线可以观察分子。同样，在第一阶段，气体和尘埃的相互作用以及气体成分在很短的时间尺度（不到一百年）内发生变化，化学和动力学的影响以复杂的非线性方式相互关联[9]。

在这两个阶段中，分子都为分析恒星和行星形成区域的化学和物理条件提供了重要工具。每个恒星或行星的进化阶段都有一个拥有特征属性的化学成分，如果解释得当，就可以确定该阶段的物理过程。

对数百万年恒星形成周期的简要描述，凸显了我们面临的挑战：许多参数彼此之间或与额外的未知参数之间的相互联系和非线性相关性，使得在化学模型中确定和指定参数网络成为一项极具挑战性的任务。

特别重要的是化学反应数据集的可靠性。气相和固相反应的化学反应和速率系数数据库是所有化学模型的关键输入。虽然网上有一些气相数据库，但实际上每个研究小组都创建了此类数据库的个人版本，尤其是在没有公认的数据库标准的情况下；此外，没有包含一整套固相反应的数据库。我们将在下一节探讨此类数据库的完整性和可靠性。

8.2　化学反应数据库的完整性和可靠性

通常，当今使用的 ISM 化学模型主要使用 2 体（有时是 3 体）化学反应的数据库；这些包含一长串气相和固相化学反应。在气相中，对于每个反应，提供了三个常数，然后用于计算速率系数。第一个常数（通常为 α）代表 300K 时的速率，另外两个常数（β 和 γ）给出该速率的温度标度。对于光反应，一组等效的常数给出了未屏蔽的星际紫外线场中的速率和该速率的消光依赖性。这三个常数都各有其自身相关的不确定性。根据物理条件，20% 到 50% 的反应可能没有经过实验研究。因此，在某些情况下，化学反应速率是高度推测性的。由于缺乏实验数据，对于发生在尘粒上的反应，其途径、效率和支化率甚至比气相反应更不确定。因此，表面反应是高度推测性的，通常不包括在天体化学模型中。

降低所有反应的不确定性程度将需要大量的实验室实验，这是不可行的。然而，化学模型完全依赖这些数据库，使其准确性成为天体化学的主要问题。在接下来的两节中，我们将详细描述气相网络和表面反应网络两类数据库。

8.2.1　气相网络

多年来开发的所有天体化学模型，都计算了涉及数千种化学反应的数百种物种的丰度。气相反应是化学网络的支柱，因为气相反应是大多数分子形成和破坏的主要途径。因此，对速率系数的了解不足，会导致在 ISM 中观察到的主要分子丰度出现较大误差。

我们所需要的精确速率系数的动力学温度和气体密度范围将取决于我们需要模拟的空间区域，但该空间区域可以分别从 10 ~ 41000K 和从 10^2 ~ 10^{14} 个粒子 /cm³。在这些条件下，化学反应可以在实验室或理论上进行研究。但是，每个实验或研究至少需要几个月才能完成。通常，速率系数是根据其他已知的速率系数估计的。更重要的是，即使每个反应都经过实验或理论研究，在适用于 ISM 的整个范围内也不可能这样做，因此需要进行了许多外推。学术界已采取措施编译执行某些质量保证的数据库。例如，天体化学动力学数据库（the kinetic database for astrochemistry，KIDA）[10] 是一个公共气相网络，该数据库提供来自各种来源的所有反应速率系数，并在可能的情况下评估其准确性。我们向读者推荐 [10] 以了解该网络的详细说明。然而，即使像 KIDA 这样在透明度和完整性方面做出的最大努力也未能为用户提供完整、准确和可靠的气相网络，其中包括 ISM 中常规观察到的复杂化学中涉及的所有可能物种。对于包含 6 个或更多原子物种的复杂有机分子来说尤其如此，存在于 ISM 中，主要以低丰度存在，但对于我们理解太空中的前生命化学至关重要 [7]。包括复杂有机分子（complex organic molecules，COMs）的形成和破坏在内的气相网络远未完成 [11, 12]，并且天体化学模型一直在努力解释观测到的 COMs 丰度。虽然在 COMs 形成过程中，目前大多数模型都倾向于颗粒表面而不是气相化学，但现在有几项研究表明，COMs 确实可能在气相中形成，但是由于涉及 COMs 的气相网络的不完整性，气相与表面反应比例的相对贡献无法量化。

8.2.2 颗粒表面网络

毫无疑问，尘埃颗粒化学在 ISM 中常规观察到的关键丰富物种的形成中起着关键作用，例如 H_2O、CH_3OH 和 NH_3 主要通过固态化学形成 [13, 14]。虽然关于气相反应是否有助于形成 COMs 存在争议，但很明显，后者至少部分形成于颗粒表面 [7, 8, 15]。

我们知道尘埃颗粒充当"催化剂"，这意味着在其表面上表面反应和高能辐射可以合成像前生命物种一样复杂的分子 [16, 17]，是在介质温度接近 10K 时，从气体中沉积的非常简单的分子（例如 CO 和 N_2）和原子（H、C、O、N、S 等）开始的。在过去的几十年中，已经进行了许多实验来评估表面化学反应（如参考文献 [18] 中所综述的）。

分子氢是在尘埃表面第一个被研究的分子 [19]。从那时起，人们进行了许多实验来研究更复杂分子的形成，例如参考文献 [20-22]，以及冰形态和冰幔机制，例如参考文献 [23] 和 [24]。然而，所有这些实验都是在有限的实验室条件范围内进行的，这与 ISM 中发现的不同，例如，原子通量、冰温、冰形态和混合比，及实验室中的能量过程。因此，从实验中得出的表面分子的形成、解吸和破坏途径和速率可能并不总是能完全满足化学建模者的需求。换句话说，星际冰的实验数据是有限的，因为实验过程既不简单也不快速。因此，大多数化学模型要么包含非常简单的表面反应网络，要么包含大多数反应基本上是猜测的模型。

8.3 贝叶斯方法

在天体化学中，使用贝叶斯方法作为从观测中导出模型参数的后验概率分布（posterior probability distributions，PPDs）的方法并不常见。第一项这样做的研究是使用贝叶斯推理，通过使用化学模型观察气体和冰中的物种，得出暗分子云内的气体密度和宇宙射线电离率等参数。这项研究特别强调了当前问题的性质，即天体化学问题通常是典型非线性的、不适定的逆问题，其中解决方案可能不是唯一的或可能不连续依赖于观测数据。在一项研究中 [9]，采用了基于梅特罗波利斯 - 黑斯廷斯算法（Metropolis-Hastings，MH）[一种马尔可夫链蒙特卡罗（Markov chain Monte Carlo algorithm，MCMC）算法的一个例子]的贝叶斯方法，并使用了 UCLCHEM 的简化版本（一个依赖时间的气体 - 颗粒化学模型，现已开源），以探索分子云的九维参数空间。他们运行两组相同的 8 个 MCMC 链，不同之处仅在于设置先验分布信息的方式，第一组具有非信息性先验信息，其形式为观察到冰的可接受范围的可能值，而在第二组先验包括来自观测的所有观测约束，包括气相丰度。与这篇综述特别相关的是，不同的先验分布如何影响由此产生的后验概率分布（posterior probability distributions，PPD）的一个维度：一些关键化学反应途径的分支比，例如那些控制冻结在颗粒上的氧气转化为 H_2O 或 OH 的数量。在非信息性均匀先验的情况下，PPD 的高密度区域覆盖了分布的过大部分，这意味着分支比无法得到足够的约束。有了信息丰富的先验，PPD 中的高密度区域减少，并清楚地表明在 OH 上产生水是有利的。该实例在天体化学中首次证明了，利用贝叶斯 MCMC 方法可以成功地估计分支比参数。

作为概念验证，最近一项使用上述方法的工作[25]，试图推断有限表面网络的反应速率，并由此提供了在观测约束条件下推导简化网络的方法。在这项工作中，开发了一个简单的化学模型，该模型仅考虑暗分子云中尘埃颗粒冰幔中的固态化学。简化模型是一个与时间相关的单点模型，可根据分子云的物理条件和定义的化学网络的化学参数，生成固相分子丰度的时间序列。该网络仅包括表面反应，主要包括常见气相物质的氢化反应，在表 8.1 中包含了这些反应。

表 8.1　参考文献 [25] 中包含的反应。所有的反应都发生在颗粒表面

序号	反应物 1	反应物 2	产物 1	产物 2
1	O	H	OH	
2	OH	H	H_2O	
3	CO	OH	CO_2	
4	S	H	HS	
5	HS	H	H_2S	
6	H_2S	S	H_2S_2	
7	CS	H	HCS	
8	HCS	H	H_2CS	
9	CO	S	OCS	
10	OCS	H	HOCS	
11	H_2S	CO	OCS	
12	H_2S	H_2S	H_2S_2	
13	H_2S_2	CO	CS_2	O
14	H_2S	O	SO_2	
15	CS_2	O	OCS	S
16	CO	HS	OCS	
17	S	O	SO	
18	SO	O	SO_2	
19	SO	H	HSO	

序号	反应物 1	反应物 2	产物 1	产物 2
20	HSO	H	SO	
21	CO	H	HCO	
22	HCO	H	H_2CO	
23	H_2CO	H	H_3CO	
24	H_3CO	H	CH_3OH	

注：转载自参考文献 [25]，根据 CC BY 3.0 许可的条款。

　　从表 8.1 可以看出，只考虑了 O、C、S 和 H 四种原子之间的反应。显然，所包括的反应并不是所有可能的组合，用于选择要包括哪些反应的标准是基于：①简单氢化直至饱和，如反应 4 和 5；②已被发现有效或甚至占主导地位的反应，形成一种物质的途径，例如反应 21 ~ 24 生成甲醇。在这个玩具模型中，忽略了气相反应，而将表面气相的消耗参数化。

　　这一推理的结果是反应率的概率分布，如图 8.1 中的边缘化后验所示。

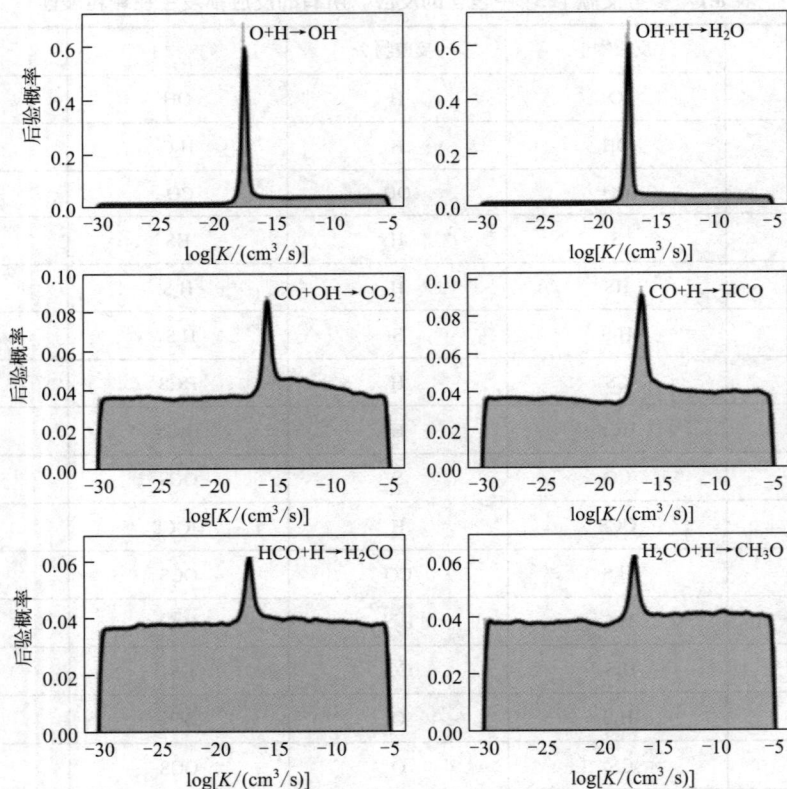

图 8.1　所选反应率的概率分布，显示为边缘化后验

　　他们发现，当观测约束直接限制了参与反应的物种的丰度时，该反应速率的可能值范围可以充分缩小范围，以便在化学模型中使用。因此，该方法代表了一种可以获得可靠反应速率的方法，以此用于建模，直到他们被实验室测量或理论工作所取代。

虽然这种方法有很多优点，但需要大量的算力。在上述两个例子中，与用于解释观察的典型模型相比，这种用于推理的化学模型大大简化了。当如果模型本身不是推理的主题时（就像在参考文献 [25] 的工作中那样），为了对输入参数进行更有效的参数推断，我们可以利用机器学习将模型的输入映射到输出中。

8.4　复杂网络的机器学习技术

最终，化学建模师需要能够依赖完整且准确的化学反应网络。降低此类网络的不确定性程度需要结合人工神经网络、贝叶斯推理方法和高级蒙特卡洛采样算法的尖端人工智能技术。虽然我们距离这些目标的实现还有很长的路要走，但 ML 技术现在已经开始应用于天体化学。

神经网络用于模拟完整的化学模型 [26]。通过从完整模型（UCLCHEMy）的输出中为各种输入物理参数创建训练集，并能够训练神经网络来预测这些输出，从而允许以毫秒为单位计算解释观察结果所需的化学丰度，而不是运行完整化学模型所需的以分钟为单位计算的CPU 时间。因此，可以使用完整化学模型的接近近似值来执行计算密集型参数推断，而无需占用大量的 CPU 时间。

这种神经网络的用途超出了对观察结果的直接解释。许多辐射流体动力学模拟使用高度近似的辐射化学处理，来提供模拟气体的冷却速率。当完整的化学模型会增加已经很密集模型的计算负担时，这种近似模拟是必要的。然而，评估神经网络通常是一项小任务，鉴于此，更精确的化学可以以预先训练的神经网络模拟器的形式插入到物理模型中。

在化学网络上使用机器学习技术对于复杂有机分子网络的简化和精确性尤其重要，特别是那些在 ISM 中尚未发现的分子。例如，天体化学家的"圣杯"就是在太空中寻找氨基酸。氨基酸是重要的有机化合物，在蛋白质的形成中起着关键作用。在蛋白质生产过程中，氨基酸连接在一起形成聚合物链，代表蛋白质的结构单元。据信，氨基酸的形成可能确实发生在ISM 中，因为在陨石中确定地检测到氨基酸的存在 [27]。这一点得到了实验室实验的支持，在实验室的实验中，模拟天体物理相关条件，通过适当前体分子的紫外光子和离子辐照，发现在模型尘埃颗粒表面形成了氨基酸 [28, 29]。尽管为探测氨基酸做出了巨大的努力，但不幸的是，我们仍然无法在 ISM 中对氨基酸进行可靠的检测。

一种可能的解决方案是，使用 ML 工具来识别光谱望远镜数据中氨基酸的微弱信号。在检测分子时，通过将其频率与分子的已知发射频率相匹配来识别来自观察对象的光谱中的强峰。如果发射很弱，人类可能无法检测到，或者可能忽略许多弱谱线的统计学意义。一个经过训练的分类模型，可以根据光谱噪声和不同频率的发射曲线，将光谱分类为是否包含特定分子，可以在人类可能忽略的情况下进行可靠的检测。在以前未检测到的分子（例如氨基酸）的情况下，可以通过创建许多合成光谱来生成训练集。此外，可以毫不费力地对数千个目标分子进行这种分析，从而使得外行星科研学界有了一个有趣的发展前景，旨在识别行星大气中的分子 [30]。

另一种解决方案是通过确定观察氨基酸的最佳条件来进行集中搜索。很可能，如果存在的话，这些氨基酸就必须在尘埃颗粒的地幔上形成。因此，我们必须确定最佳条件，使得简单氨基酸，如甘氨酸和丙氨酸，可以在尘埃冰幔上形成，并随后能够释放到气相中。

了解甘氨酸和丙氨酸如何以及在何处形成的关键先决条件是，确定导致其形成的表面反应，作为①动力学温度；②气体密度；③气体结构；④冰上其他分子物种的存在及其丰度；以及⑤紫外线和宇宙射线电离率等因素的函数。迄今为止，作为上述参数的函数，尚未对甘氨酸和丙氨酸的形成途径进行大规模预测。

实现这一目标的一种可能方法也许是基于信息科学、机器学习和统计学科中开发的先进和尖端技术。应该可以设计和应用统计与 ML 技术的组合来执行大规模化学模型，包括气相和表面相化学反应的大型数据集，以便推导出每个表面化学反应可行的物理和化学条件。一项值得研究的技术是概率图形建模，该建模方法是 ML 的一个分支，可研究如何使用概率分布来描述具有许多不确定性的特定问题的"模型"。

最终，对于任何一种定义明确的物种集（COMs、氨基酸、冰物种等），我们需要能够在一个大的物理（密度、温度、辐射场和宇宙线电离率）和化学（速率系数）参数空间中，同时研究这些物种形成和破坏的路径和效率，并发现这些物种在太空中是否、在哪里以及在什么条件下大量存在。

8.5 结论

解决典型天体化学问题的机器学习和概率方法是一个快速发展的领域。随着更大的化学反应网络和更复杂的模型被应用于天体化学，对智能数据挖掘算法的需求将会增加。显然，在气体中，特别是表面反应和速率系数方面存在着很大的不确定性，并且缺乏关于形成和破坏路线的信息。迄今为止，这些不确定性只能通过实验室实验和量子力学计算来解决。然而，反应网络的复杂性、观测到的冰形式的大量先验信息的缺乏，以及每个实验室实验时间的长度，使得参数探索（例如气体密度、气体温度、紫外线和宇宙射线通量方面）难以实施。ML 算法的初步"实验"，已经证明是应对这一挑战的有效途径。

参 考 文 献

[1] P. André, J. D. Francesco, D. Ward-Thompson, S. Inutsuka, R. Pudritz and J. Pineda, *Protostars and Planets VI*, ed. H. Beuther, R. S. Klessen, C. P. Dullemond and T. Henning, University of Arizona Press, Tucson, 914, **2014**, p. 27.

[2] J. E. Dyson and D. A. Williams, *The Physics of the Interstellar Medium*, ed. J. E. Dyson and D. A. Williams, The Graduate Series in Astronomy, Institute of Physics Publishing, Bristol, 1997.

[3] D. A. Williams, T. W. Hartquist, J. M. C. Rawlings, C. Cecchi-Pestellini and S. Viti, *Dynamical Astrochemistry*, Royal Society of Chemistry, 2017.

[4] K. I. Obërg, A. C. A. Boogert and K. M. Pontoppidan, *et al.*, *Astrophys. J.*, 2011, **740**, 109.

[5] P. M. Woods, B. Slater, Z. Raza, S. Viti, W. A. Brwon and D. J. Burke, *Astrophys. J.*, 2013, **777**, 90.

[6] J. F. Roberts, J. M. C. Rawlings, S. Viti and D. A. Williams, *Mon. Not. R. Astron. Soc.*, 2007, **382**, 733.

[7] E. Herbst and E. F. Van Dishoeck, *Annu. Rev. Astron. Astrophys.*, 2009, **47**, 427.

[8] P. Caselli and C. Ceccarelli, *Astron. Astrophys. Rev.*, 2012, **20**, 56.

[9] A. Makrymallis and S. Viti, *Astrophys. J.*, 2014, 794, 45.

[10] V. Wakelam, J.-C. Loison and E. Herbst, *et al.*, Astrophys. J., *Suppl. Ser.*, 2015, **217**, 20.

[11] N. Balucani, C. Ceccarelli and V. Taquet, *Mon. Not. R. Astron. Soc.*, 2015, **449**, 16.

［12］ V. Barone, C. Latouche, D. Skouteris, F. Vazart, N. Balucani, C. Ceccarelli and B. Lefloch, *Mon. Not. R. Astron. Soc.*, 2015, **453**, 31.

［13］ B. Parise, C. Ceccarelli and S. Maret, *Astron. Astrophys.*, 2005, **441**, 171.

［14］ C. Ceccarelli, P. Caselli, E. Herbst, A. G. G. M. Tielens and E. Caux, in *Protostars and Planets V*, ed. B. Reipurth, D. Jewitt and K. Keil, University of Arizona Press, Tucson, AZ, 2007, p. 47.

［15］ H. Linnartz, S. Ioppolo and G. Fedoseev, *Int. Rev. Phys. Chem.*, 2015, **34**, 205.

［16］ W. Hagen, L. J. Allamandola and J. M. Greenberg, Astrophys. Space Sci., 1979, **65**, 215.

［17］ V. Pirronello, W. L. Brown, L. J. Lanzerotti, K. J. Marcantonio and E. H. Simmons, *Astrophys. J.*, 1982, **262**, 636.

［18］ D. A. Williams and C. Cecchi-Pestellin, *The Chemistry of Cosmic Dust*, Royal Society of Chemistry, Cambridge, 2015.

［19］ V. Pirronello, C. Liu, L. Shen and G. Vidali, *Astrophys. J., Lett.*, 1997, **475**, L69.

［20］ N. Watanabe, A. Nagaoka, H. Hidaka and A. Kouchi, in *Protostars and Planets V*, ed. B. Reipurth, D. Jewitt and K. Keil, LPI, Houston, TX, 2005, p. 8244.

［21］ S. Ioppolo, M. E. Palumbo, G. A. Baratta and V. Mennella, *Astron. Astrophys.*, 2009, **493**, 1017.

［22］ M. Minissale, J.-C. Loison and S. Baouche, *et al.*, *Astron. Astrophys.*, 2015, **577**, A2.

［23］ H. J. Fraser, M. P. Collings, J. W. Dever and M. R. S. McCoustra, *Mon. Not. R. Astron. Soc.*, 2004, **353**, 59.

［24］ M. P. Collings and M. R. S. McCoustra, IAU Symp. 231, in *Astrochemistry：Recent Successes and Current Challenges*, ed. D. C. Lis, G. A. Blake and E. Herbst, Cambridge Univerity Press, Cambridge, **vol. 405**, 2006.

［25］ J. Holdship, N. Jeffrey, A. Makrymallis, S. Viti and J. A. Yates, *Astrophys. J.*, 2018, **866**, 116.

［26］ D. de Mijolla, S. Viti, J. Holdship, I. Manolopoulou and J. Yates, *Astron. Astrophys.*, 2019, **630**, A117.

［27］ D. P. Glavin, J. P. Dworkin, A. Aubrey, O. Botta, J. H. Doty, Z. Martins and J. L. Bada, *Meteorit. Planet. Sci.*, 2006, **41**, 889.

［28］ G. M. Munõz Caro, U. J. Meierhenrich, W. A. Schutte, B. Barbier, A. Arcones Segovia, H. Rosenbauer, W. H.-P. Thiemann, A. Brack and J. M. Greenberg, *Nature*, 2003, **416**, 403.

［29］ C. Meinert, I. Myrgorodka, P. de Marcellus, T. Buhse, L. Nahon, S. V. Hoffmann, L. Le Sergeant, d'Hendecourt and U. J. Meierhenrich, *Science*, 2016, **352**, 208.

［30］ I. Waldmann, American Astronomical Society, Extreme Solar Systems 4, id. 329.08, *Bull. Am. Astron. Soc.*, 2019, 51 (6).

第 9 章

（纳米）材料 – 生物界面中的机器学习

DAVID A. WINKLER[a,b,c,d]

[a] 澳大利亚拉筹伯大学，拉筹伯分子科学研究所，邦多拉 3046
[b] 澳大利亚莫纳什大学，莫纳什制药科学研究所，帕克维尔 3052
[c] 澳大利亚诺丁汉大学药学院，英国诺丁汉 NG7 2QL
[d] CSIRO Data61, Pullenvale 4069
Email：d.winkler@latrobe.edu.au

9.1 机器学习概述、挑战和机遇

目前，机器学习（machine learning，ML）是科学、技术和医学领域最令人兴奋的计算技术之一。令人兴奋的原因在于，与传统的计算机程序不同，传统的计算机程序必须针对实现目标所需的每项操作进行精确编程，ML 方法可以以与人类相似的方式从示例中学习。同一个 ML 程序可以训练为模型[1]，并预测许多不同类型的实验和场景，同时可以考虑异构数据类型，如实验条件、物理和化学性质，以及样本的处理历史等[1]。ML 模型可以生成连续性质的模型，如水溶性、生物活性和材料强度等性质，以及分类数据（好 / 坏、有活性 / 无活性、无毒 / 中度毒性 / 剧毒等）。较新类型的 ML 还可以生成非常好的特征，即分子、材料、图像等的内在性质的数学表征，从而生成改进的模型，因为在构建 ML 模型时，特征的质量至关重要[2]。

毫不奇怪，人工智能（artificial intelligence，AI）方法，主要是 ML 方法，在广泛的研究和应用领域产生许多新的和潜在的颠覆性科学[3]。使用 ML 的出版物数量呈指数增长，其中许多是顶级期刊，如 Nature、Science、Cell 和 PNAS 及其旗下期刊。然而，机器学习并不新鲜。第一个神经网络感知器是在 1958 年开发的。一个简单的统计模拟先例，定量结构 - 活性（或性质）关系 [quantitative structure-activity（or property），QSAR/QSPR]，在同一时期出现在化学领域中。不久之后，神经网络被用来模拟化学结构与有机分子的其他分子和物理化学性质，以及其他一些有用的性质，尤其是生物效应之间的关系。该领域取得了稳步进展，但一些重要的障碍阻碍了这些机器学习方法更快速的进展和更广泛的应用。主要问题是当时的计算技术非常有限，缺乏用于训练 ML 模型的数据，对如何生成编码有用信息的数学实体缺乏明确性，对如何降低 ML 建模问题（特征选择）的维数缺乏理解，甚至关于衡量 ML 模型预测能力的最优方法，长期存在学术上的争论[4]。尽管存在这些限制，但在此期间进行了许多有用的研究，并使用该方法产生了新的候选药物，同时预测了其可能的毒性和代谢途径。随着计算能力在随后的几十年中取得了惊人的发展，计算资源可用性低的许多限制也得到了缓解。

目前，计算技术和算法［例如深度学习（deep learning，DL）］、自动化和机器人技术的高级开发产生了适合训练 ML 模型的超大的数据集，是一个幸运的巧合（也许是有意推动），以及开发和 / 或应用更广泛的功能强大的机器学习算法，这些算法具有前所未有的能力。ML 的化学应用也发生了变化，我们已经找到了非常好的解决方案，解决了 QSAR/QSPR 方法（化学中 ML 的模型）中许多令人烦恼的障碍。例如，自动编码器 / 解码器、对抗性和卷积神经网络等深度学习方法，简化了生成数学描述符来训练 ML 模型的问题。事实上，这些方法现在可以采用分子实体的简单表征（例如 SMILES 字符串、有机分子的线性文本表征），并在生成本质上相关描述符。我们还采用了功能强大的新描述符，如片段和个性化特征描述符[5]，并可以生成非常好的模型。与更古老和神秘的描述符（例如，那些由像 Dragon[6] 软件包生成包生成的描述符）不同，这些新描述符更容易在分子相互作用和机制方面进行解释。现在，有效的稀疏特征选择方法（例如 LASSO）的使用范围更广，这些方法可以去除不良和无信息的描述符，使模型更易于训练，更易于解释和更具预测性。

这些发展推动了 ML 大规模地拓展应用到新研究领域，例如正向和逆合成反应预测[7]、材料的热力学和动态稳定性预测、序列蛋白质结构预测[8]、多孔和 2D 材料的性质和性能预测[9]，应用于能源和许多其他领域[10]。最近，这些技术被应用于机器人的自主进化设计[11]，巧妙地完成了机器人技术允许生成大量数据的循环，然后用于训练模型，这些数据可以生成新的机器人架构。本章将不讨论这些应用程序，因为本书的其他章节已经很好地进行了描述。随着机器人、自动化和组学技术的快速发展，数据可用性大幅增长。代表所研究的问题领域的丰富多样的数据，对于 ML 和 DL 等数据驱动的建模方法至关重要。然而，可及的材料空间的尺度（约 10^{100}，基本上是无限的）清楚地表明，单独的实验，无论多么快速或精心计划（例如使用实验设计），都无法充分涵盖这些空间。在浩瀚的物质海洋中，需要更有效的方法来识别"效用岛"。并强烈地表明，ML 方法需要与进化算法协同耦合，以有效地探索非常大的搜索空间。这将在本章稍后进行详细的探讨。

9.2 复杂材料中特殊问题的尺度与重要性

随着机器学习和大数据等复杂材料的出现，材料科学、再生医学和生物材料等领域正在经历前所未有的扩张。这些领域正在利用新自动化方法的优势进行材料的合成、表征和测试[12]。大多数最有趣的研究集中在材料和生物学之间的交叉领域，例如生物材料、组织工程、干细胞控制、植入式和留置式设备、纳米级智能传输系统、用于可穿戴传感器的 2D 材料、机器人和假肢等。

然而，与较小的有机药物或类药物分子相比，复杂材料的 ML 建模存在特殊问题。纳米材料呈现出形状和尺度的分布，材料表面会根据其嵌入的环境而发生动态变化，并且这些材料通常没能进行很好的表征。同样，聚合物也没能很好地表征，因为它们是多分支的、交联的，且其知道的结构也并不精确等。对这些材料的性质如何影响由其构成的系统行为，迫切需要进行系统研究。显然，以数学方式来表征复杂材料用于训练 ML 模型是有问题的。材料专用描述符在很大程度上不可用，即使可用，也非常神秘且无法解释。然而，新的 DL 方法，

如编码器 - 解码器网络和通用对抗神经网络将显著地改善这一缺陷，因为这类新算法可以从化学简单的表征中"动态"生成具有本质特征的描述符。

当代 ML 技术提供了大量的机会。他们首次提供了解决由于复杂性而一直无法触及的科学、医学、社会和技术问题的机会。我们现在描述材料科学中的几个领域，其中 ML 为极为复杂的问题提供了新颖的解决方案。其目的是展现现在如何有效使用机器学习；重点放在有用且有趣的，而不是那些最前沿但晦涩的应用程序上。

9.3　材料中的机器学习示例

我们提供了一些使用 ML 方法解决能源和环境领域重要问题的示例。本节内容比较简短，因为其他章节已涵盖了部分这些内容，只是展示了对多孔和 2D 材料特性的 ML 建模的最新研究成果。

金属有机骨架（metal organic frameworks，MOFs）、沸石咪唑酯骨架（zeolitic imidazolate frameworks，ZIFs）和共价有机骨架（covalent organic frameworks，COFs）等多孔材料因其多样性、可调节性和潜在的能源相关应用，如碳捕获、氢气和甲烷储存、二氧化碳电还原和水分解反应的电催化剂及相关应用而备受关注。在大型多孔材料数据库中可以合成数百万种多孔材料；然而，尚不清楚其中哪些是稳定和可合成的。对于每一个成功合成 MOFs 的报道，无疑都尝试过成百上千个失败的反应。ML 可以使用成功和失败反应的知识来预测和优化新 MOFs 的合成。MOFs 合成涉及金属离子和有机接头在 3D 周期性网络中的自组装。然而，我们对这种自组装过程的理解仍然太差，无法预测哪些组合将能够被合成，或者哪些合成条件将是最佳的。Moosavi 等人最近使用 ML 从一组成功和不成功的实验中捕捉化学直觉，以合成金属有机框架[13]。他们使用随机森林集成学习器来评估由铜离子和 1, 3, 5- 苯三甲酸合成 MOF 中变量的重要性，从而生成了具有前所未有的表面积的材料。Moghadam 等人随后应用 ML 来预测适合其应用的 MOFs 的机械稳定性[14]。他们首先对包含 41 种不同网络拓扑的 3385 个 MOFs 进行了高通量分子模拟，然后将其用于训练 ML 模型来预测 MOFs 的机械性能。其模型使用五个可获得的描述符进行训练，可以快速评估新的或现有的 MOFs 的体模量，这些模量代表了这些材料在典型操作条件下，可以承受的临界压力，这对于 MOFs 学术界来说是一个有价值的工具。

在能源应用领域，Thornton 及其同事报道了使用 ML 设计用于减少 CO_2 的沸石催化剂[15]。他们采用统计和机器学习（QSPR）模拟技术来确定沸石结构特征与 CO_2 和氢气吸附特性之间的定量关系，这些关系通过精确但计算要求高的巨正则蒙特卡罗（grand canonical Monte Carlo，GCMC）计算进行模拟。发现了稳健的结构 - 性能关系，将结构描述符（如孔径、表面积和空隙率）与沸石性能联系起来。通过对大于 300000 个沸石结构的计算筛选，确定了有用的催化剂。名列前几位的候选催化剂是非常有前途的节能模板，其预测性能比传统反应器高出 50%。

随后，他们展示了 ML 是如何可以用于纳米多孔材料吸附氢的 GCMC 计算，以确定其性能极限的[16]。氢是一种有吸引力的运输燃料，零碳排放，但难以储存。MOFs 已显示出作为氢的物理吸附剂的前景。他们利用了包含超过 850000 种材料的纳米多孔材料基因组，并利用 GCMC 计算结果来训练 ML 模型，以探索氢储存的极限。还结合了有限的进化优化，使用材料适应度的 ML 模型来加速在连续几轮优化中发现更高性能的示例。图 9.1 显示了选定 GCMC 计算的结果，用来训练纳米多孔材料适应度景观的神经网络模型，并在三个优化周期内改善了性能。室温下的最大净容量是在孔径约为 6Å 且空隙率为 0.1 时实现的，而在低温下，孔径为 10Å 且空隙率为 0.5 是最佳的。首选的低温吸附剂具有商业吸引力，在 77K 和 100bar 的

40g/L 下具有很好的存储容量，是液化组分的有希望的替代品。

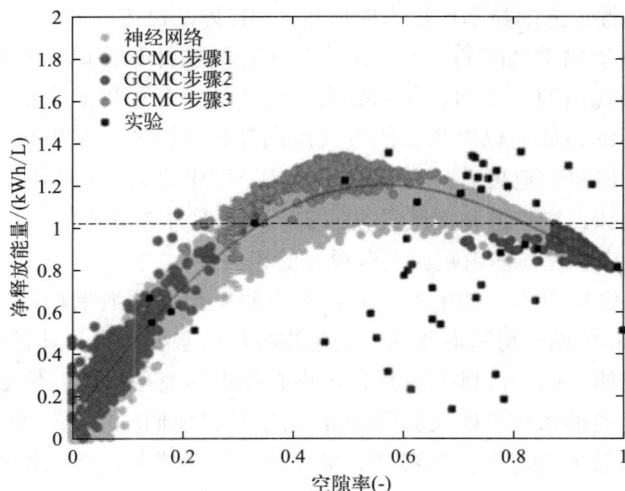

图 9.1 选定的巨正则蒙特卡罗（GCMC）计算（浅绿色实心圆圈）、机器学习（ML）预测（浅灰色点）和实验数据（黑色点），净可释放能量作为 77K 下空隙率的函数，在 100bar 和 1bar 之间循环，用于完整基因组（约 850000 种多孔材料）。GCMC 计算用于训练纳米多孔材料适应度景观的神经网络模型经过三个优化周期实现了性能的提升（见彩图）

实验数据来自文献，虚线代表预测的裸罐性能，实心暗线是拟合的 Langmuir 模型。转载自参考文献 [16]，chemmater. 6b04933，经美国化学学会许可，2017 年版权所有

2D 材料是当代研究的另一个非常强大的研究领域。这些材料基本上只有 1 个原子厚；由其衍生的层状材料表现出新颖且有用的电光特性。这些材料还被开发为可穿戴和可植入电子设备的组件，例如连续传感器。其性质可以使用昂贵的量子化学计算来预测。最近一系列论文表明，ML 模型可用于预测大型 2D 和层状 2D 材料库的性质，比 QM 计算快几个数量级，并且具有类似的准确性。

目前已知或预计的可合成约 2000 种的 2D 材料，它们表现出广泛多样的潜在有用特性。例如，最近的一项研究[17]确定了 1825 种可以从已知无机化合物中剥离的 2D 材料。混合层状 2D 材料（两层不同的 2D 材料）对光伏和光子应用非常感兴趣，因为该类材料具有更大的应用程序特定方式可调优范围。已知的 2D 材料理论上可以生成约 200 万个双层结构和约 10 亿个三层结构。显然，如此大量的混合材料无法通过实验生成和测试，即使通过 DFT 计算可以预测其性质，但计算需求也使得预测大约一百多种材料的性质变得不可行。ML 方法可用于在更大的材料空间中，利用相对较少数量的混合 2D 材料特性进行精确 DFT 计算。例如，Tawfik 等人报道了对近 1500 个双层异质结构的层间距离和带隙的预测。其模型可以预测集中混合材料的层间距，平均误差为 4%，带隙的 RMSE 为 0.2eV。混杂 DFT 和 ML 方法的使用，使得对大量材料的预测比单独使用 DFT 计算要快得多。

9.4 纳米材料中的机器学习示例

与本体相中的相同材料相比，纳米颗粒形式的材料通常表现出有用的（但也可能有害的生物学特性。这主要是由于与大颗粒相比，小颗粒具有极高的比表面积（面积与体积比）。材料表面可直接与生物相互作用，因此非常重要。纳米材料在体内靶标组织提供药物和基因治疗以及作为诊断的显像剂方面显示出巨大的前景。ML 方法已被广泛用于了解纳米粒子物理化学性质与其如何影响生物学之间的关系。纳米粒子行为的计算模型非常难以设计，原因有以下几个：纳米粒子表现出的尺度和形状的分布，因此比小分子更难表征；纳米粒子通常要比分子大得多，因此不清楚如何以有意义的方式编码其化学性质；在生物系统中，纳米粒子被复杂的蛋白质层（蛋白冠）包裹着，显著地影响其产生生物效应的类型；描绘纳米粒子在体内分布的实验，通过肺、胃肠道和皮肤吸收的实验，都是非常困难的；尽管体外测定更容易，但纳米粒子的体外效应往往与体内响应没有很好的相关性。

ML 方法可以简化其中的一些困难，而且不需要完全理解纳米颗粒生物反应所涉及的机制。ML 方法是理解商用纳米材料潜在的不利生物特性的重要因素。其目的是使用 ML 模型作为"设计安全"范式的一部分，以生成具有最小副作用的商用材料。例如，Le 等人描述了一种用于开发设计安全的纳米粒子的实验和计算方法[18]。他们生成了一个包含 45 个 ZnO 纳米粒子的库，这些纳米粒子具有不同的粒径、纵横比、掺杂类型、掺杂浓度和表面包被等，并进行了人脐静脉内皮细胞和人肝癌细胞的细胞损伤的测定。他们成功地生成了定量的和预测性的 ML 模型，将纳米粒子特性映射到细胞活力、膜完整性和氧化应激。图 9.2 显示了纳米材料的尺寸、形状、核心材料、掺杂和涂层类型对这些潜在有害生物效应的 ML 模型结果。

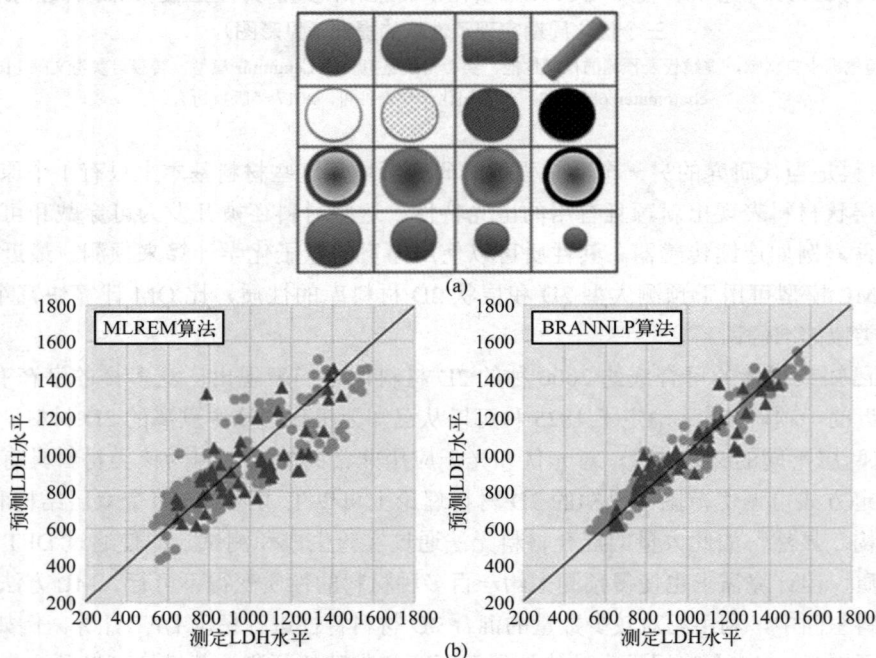

图 9.2　ML 模型在 LDH 水平［衡量细胞膜完整性的指标，（b）］中的性能，适用于一系列具有不同尺寸、形状、核心材料、掺杂和涂层类型的 ZnO 基纳米材料（a）

转载自参考文献［18］，经 John Wiley and Sons 许可，©2016 WILEY-VCH Verlag GmbH & Co. KGaA, Weinheim

❶ MLREM 为 multiple linear regression with expectation maximization 的缩写，期望最大化的多元线性回归；BRANNLP 为 bayesian regularized artificial neural networks with laplacian prior 的缩写，具有拉普拉斯先验的贝叶斯正则化人工神经网络；LDH 为 lactate dehydrogenase 的缩写，乳酸脱氢酶。——译者注

驱动细胞损伤的最重要因素是细胞暴露于纳米颗粒的浓度、表面包被的类型、ZnO 核心掺杂的性质和程度以及颗粒的纵横比。Oksel 等人还报道了几种纳米粒子生物学特性的 ML 模型，并且最近描述了随机森林 ML 方法在纳米粒子特性建模中的应用[19]。他们发现 RF 方法生成的模型更容易根据纳米粒子特性的范围和极限来解释，这些特性对纳米材料的任何不利影响很大。

由于 ML 方法是数据驱动的，因此其主要问题之一是需要获得足够的高质量实验数据来训练模型。这对于纳米材料来说尤其困难，因为对这些材料的高通量合成和表征研究仍然相对较少，而且更难以进行实验研究。最近关于 ML 方法在预测纳米材料不良性能方面的应用综述指出了这一迫切需求[20, 21]，并在一篇论文中呼吁对这些特性进行更系统的研究[22]。

两亲性自组装纳米材料，如长方体和六方体是一类很有前途的药物传递材料（参见图 9.3）。然而，该类材料很难设计，因为将他们组装成的纳米相类型可能取决于温度、时间、载药量和药物物理化学性质等。只有特定的纳米相才可用作传递载体。直到最近，预测这些复杂参数对所得纳米相的影响仍被认为是棘手的。Le 等人展示了 ML 方法如何准确预测在给定的一组条件下将形成几个（有时是共存的）纳米相中的哪一个[23, 24]。后来，他们通过从头合成负载的两亲性纳米颗粒，并使用澳大利亚同步加速器上的小角度 X 射线散射实验测定所获得的纳米相，验证了他们预测纳米相的 ML 模型（参见图 9.4）。预测准确率为 90%。随后，他们展示了 ML 模型如何准确预测纳米颗粒两亲性药物传递系统随时间的演变[25]。

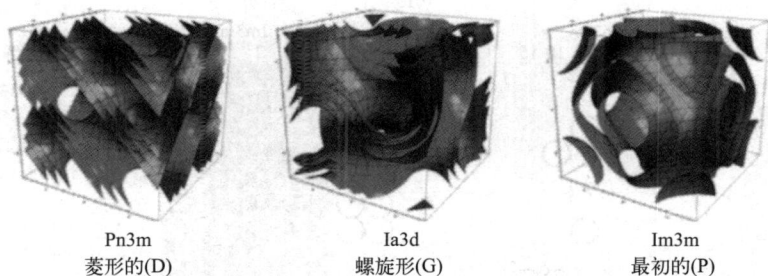

| Pn3m | Ia3d | Im3m |
| 菱形的(D) | 螺旋形(G) | 最初的(P) |

图 9.3　两亲性自组装纳米材料，如立方体和六方体，采用多种纳米结构，并非所有纳米
结构都适合作为药物输送载体。在此，我们展示了逆双连续钻石形的 QII（Pn3m）、螺旋
形 QIIG（Ia3d）和原始 QIIP（Im3m）立方相的示例结构（见彩图）
转载自参考文献 [23]。经美国化学学会许可，2013 年版权所有

小干扰 RNA（siRNA）也可用于治疗目的，ML 已被用于设计 siRNA 文库和更有效的材料来传递这些高电荷分子。2011 年的一篇综述描述了用于协助合理设计 siRNA 序列和传递系统的各种 ML 方法[26]。例如，Huesken 及其同事应用高通量报告基因系统，对靶向 34 个 mRNA 种类而随机选择的 2182 个 siRNA 进行神经网络训练[27]。ML 模型预测了独立测试集中 249 个 siRNA 的活性，r^2 值适中，为 0.44。该 ML 模型用于设计全基因组 siRNA 文库，每个基因包含两个 siRNA。这组 50000 个 siRNA 鉴定了参与细胞对缺氧反应的基因。随后，由于机器学习方法能力的显著提升，重新点燃了对这一重要领域的兴趣。siRNA 序列对基因沉默有效性的预测已经有了显著的改进，而 ML 方法在预测纳米粒基因传递系统的效率方面做得更好。例如，最近 Han 等人使用深度学习方法来提高 siRNA 功效预测的准确性。其 DNN 算法从序列和热力学特性中提取隐藏特征。该模型对 siRNA 有效性的预测略好，r^2 值为 0.53。随后的实验表明，他们的模型比其他几种 siRNA 预测方法更准确。Anderso 在麻省理工学院的团队报道了由脂质修饰的氨基糖苷类和 siRNA 合成的小型纳米粒子库的效果。

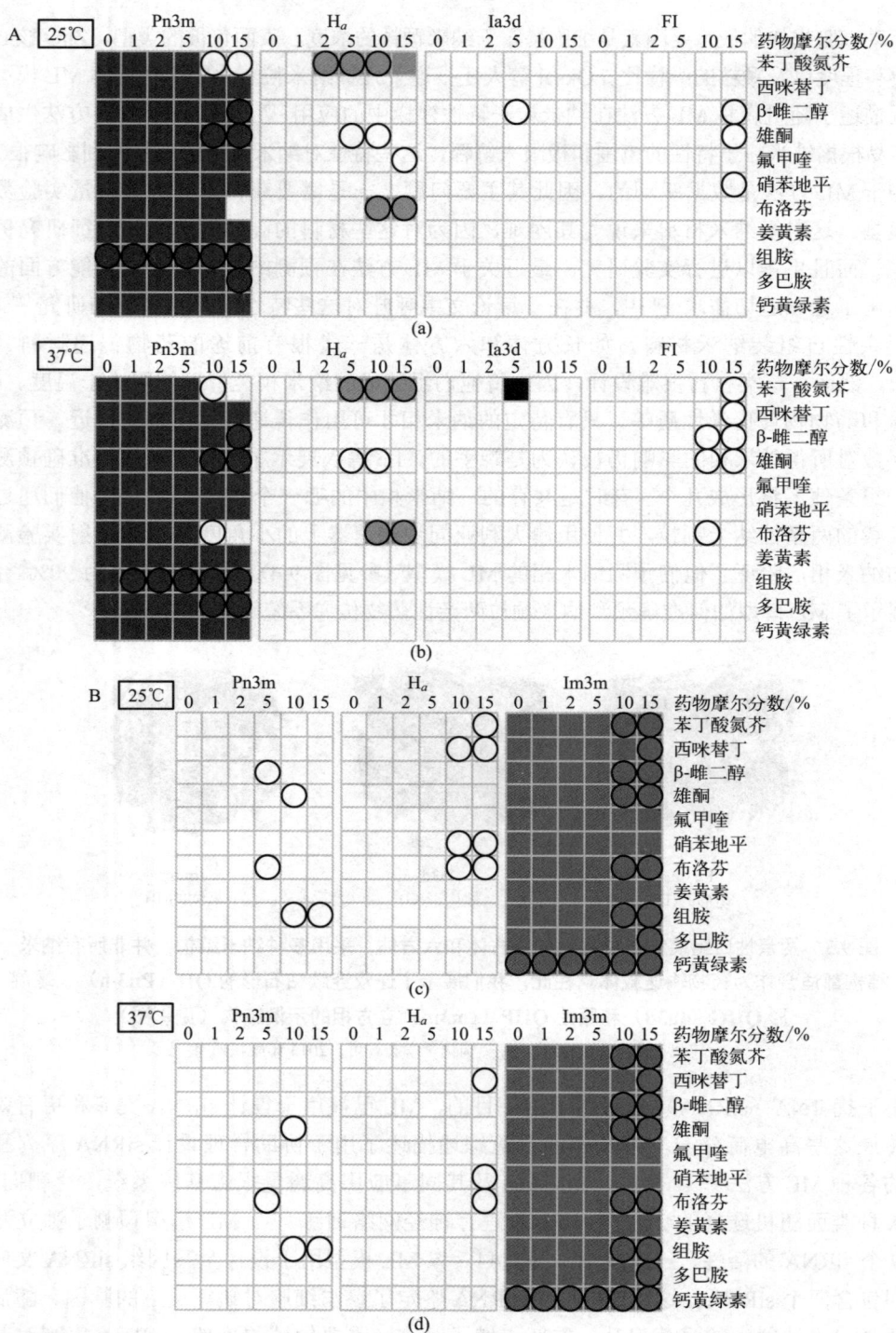

图 9.4 预测单个相存在的 ML 模型［逆双连续钻石形 QIID（Pn3m）立方相［蓝色，图 9.4（a）和（b）的左侧］、
六边形 HII（黄色，实心圆圈）、螺旋体 QIIG（Ia3d）立方相（红色）、原始 QIIP（Im3m）立方相（紫色，
在图 9.4（c）和（d）中的右侧）和流体各向同性 FI（棕色）］，用于结合在纳米相中的一系列新药。用于产
生纳米颗粒的两亲物是（A）植烷三醇和（B）单油酸酯纳米颗粒。这些颗粒分别在 25℃和 37℃下装载了新药。
圆圈表示随后通过澳大利亚同步加速器的小角度 X 射线散射确定的纳米相的错误预测。预测准确率为 90%。
并显示了 ML 模型如何准确预测纳米相行为作为两亲物、药物类型、载药量和温度的函数（见彩图）

9.5 生物材料和再生医学中的机器学习示例

生物材料是再生医学的一个重要组成部分，有望为受伤和疾病提供迄今难以获得的治疗。生物材料可以替代受损组织，刺激神经生长，为细胞疗法中的植入细胞提供环境，得以产生胰岛素等必需激素，替代因事故或疾病而受损的骨骼，将药物和基因治疗剂精确递送到患病组织，并遮蔽其他生物不相容的植入组件，例如来自身体免疫反应的心脏起搏器和人工耳蜗。鉴于可供选择的化学可及材料的种类几乎无限，因此有必要进行实验，并使用高通量技术进行选择，同时采用强大的计算方法，如 ML 和进化算法，从大型数据集中提取设计规则，以尽可能高效地探索材料空间。迄今为止，最广泛应用于这些目的的材料是聚合物和纳米材料。

鉴于植入式和留置式医疗设备的快速增长，设计或发现能够抵抗细菌附着和生物膜形成的材料，以及减少或消除常常导致设备故障的异物响应（foreign body response，FBR）的材料尤为重要。植入设备的 FBR 会产生纤维囊，使装置或植入的细胞疗法与身体绝缘，损害其功能。显然，材料表面和界面通常是生物效应的主要驱动力，因此分析、修改和模拟表面化学和形貌的能力，对于新生物材料的开发和优化非常重要。然而，在分子和机械水平上，人们对表面和生物学之间的相互作用知之甚少。

ML 方法已被用于模拟聚合物支持病原微生物生长的习性。使用蘸笔和喷墨打印方法巧妙地生成大型的不同聚合物阵列，为测量不同类型细胞对聚合物的反应提供了手段。Hook 等人在麻省理工学院 Langer 小组的开创性工作基础上，在最近的一份出版物中描述了这种实验技术 [12,28]。他们发现了三种重要医院病原体（金黄色葡萄球菌、铜绿假单胞菌和尿路致病性大肠杆菌）附着程度与数百种不同聚合物的表面化学（通过实验表面分析确定）之间存在关系。随后使用表面分析数据作为描述符或计算生成的单体分子描述符，对这些数据进行 ML 建模，从而产生了病原体附着的稳健预测模型 [29]。随后的一项研究，展示了单个 ML 模型如何可以同时预测所有三种病原体的附着情况 [30]，这使得对数千种可及的但尚未合成的聚合物进行虚拟筛选，从而使得识别那些普通病原体附着程度较低的聚合物变得更加简单（总结在图 9.5 中）。

由于生物材料（以及药物）的 ML 模型，历来上一直是使用有效但相当晦涩（难以理解）的描述符进行训练的，该研究小组随后展示了一种特定类型的分子片段描述符，以生成更容易被实验材料科学家解释的模型 [31]。一种类似的 ML 建模方法用于发现干细胞与聚合物库的附着之间的关系 [32,33]。最近，ML 方法已被用于对 141 种均聚物和 400 种不同共聚物的库进行建模，以确定他们对支持人类牙髓干细胞附着、增殖和分化的能力 [33]。在这项研究中，使用具有稀疏性诱导拉普拉斯先验的贝叶斯正则化神经网络来分别模拟三种干细胞响应。生成了计算模型，将聚合物特性与细胞响应联系起来。该模型正确预测干细胞的附着时间为 92% ~ 95%，增殖时间为 85% ~ 92%，分化时间为 82% ~ 85%。这些模型还确定了几个支持特定细胞反应的关键功能组。

飞行时间二次离子质谱（time of flight secondary ion mass spectrometry，ToF-SIMS）和拉曼光谱等表面分析方法，对于了解生物材料如何与生物学相互作用非常重要。这是因为散状物料和纳米材料的表面是与细胞和其他生物实体接触的主要场所。ToF-SIMS 用原子或原子簇撞击材料表面以破碎组成分子，提供一种特定于材料表面的指纹。令人惊讶的是，表面

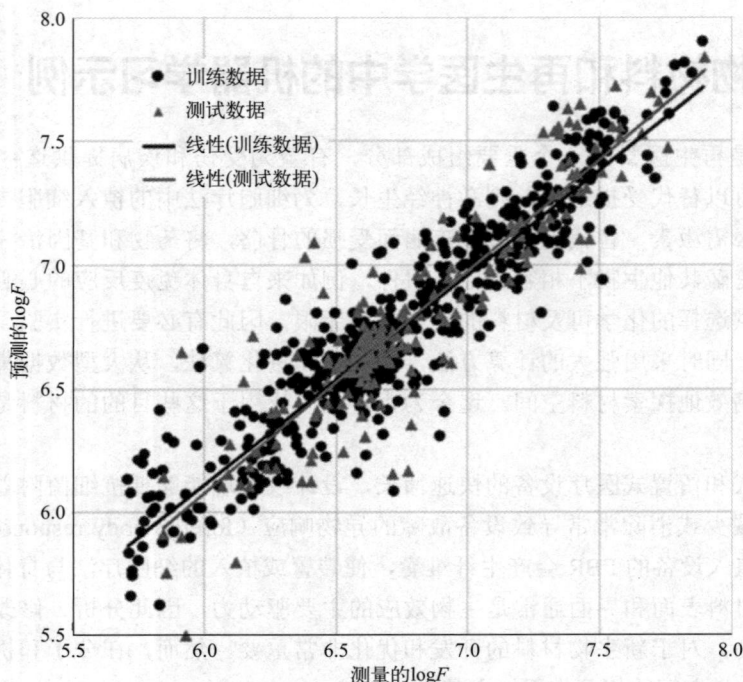

图 9.5 单个 **ML** 模型同时预测三种重要的医院获得病原体的附着[30]，利用计算机分子描述符
对多病原体附着模型的附着进行了测量和预测（使用 **GFP** 荧光对数对 **log*F*** 进行评估）

转载自参考文献［30］，经美国化学学会许可，2018 年版权所有

分析方法生成的大型数据集的分析方法涉及相对简单的统计方法，如主成分分析（principle components analysis，PCA）。例如，当用作编码表面化学的数学描述符时，来自 ToF-SIMS 的离子峰对于生成表面化学和生物反应之间的定量关系也非常有用[12,28]。最近，我们和其他人采用了更复杂的信息学和 ML 分析这些数据集的方法，并表明可以通过这种方式获得更多信息。例如，最近的一项研究发现，自组织映射图（self-organizing maps，SOMs）是一种用于复杂数据非线性聚类的特殊形式的神经网络，在从聚合物的 ToF-SIMS 实验数据中提取信息方面比常用的 PCA 方法更有效[34,35]。图 9.6 显示了 SOMs 如何区分具有非常相似化学结构的尼龙样品，这是 PCA 无法完成的任务。非线性神经网络聚类方法可以比传统方法更好地检测少量材料，例如抗体，但也可以用来区分具有高度化学相似性的材料[34,36]。

我们和其他人还展示了使用现代稀疏特征选择方法，从不驱动生物响应的模型中，去除化学特征的重要性。这些方法使用各种数学方法去除（设置为零）与生物响应不太相关的任何特征；最广泛使用的是 LASSO 回归和使用期望算法和稀疏贝叶斯先验的多元线性回归[37,38]。这使得模型更易于解释，并且还提高了模型的预测能力，因为最优稀疏模型将最佳模型推广到新数据。这些方法在基因表达微阵列数据中识别少量与生物响应相关的基因是非常有效的。微阵列上的数以万计的基因可以通过背景相关的方式减少到少数最相关的基因。例如，Autefage 及其同事使用来自实验的基因表达数据，其中间充质的干细胞通过从植入的生物材料中浸出的锶离子被驱赶到成骨（骨）途径。已经证明，这些植入物可以减缓骨骼中钙的流失，减少骨折和骨质疏松症。随后使用稀疏特征选择的分析，发现少量相关的脂肪酸和类固醇的生物合成基因在成骨中很重要。随后使用 qPCR、脂筏和基因表达，测量对这些预测进行的实验测试，验证了这些迄今为止未知的途径对于锶诱导的 MDS 沿成骨途径分化的重要性[39]。在另一项研究中，使用各种化学和物理方法使干细胞进行对称或不对称分裂。在对称分裂中，它们分裂为两个干细胞，在不对称分裂中，它们分裂为一个干细胞和一个祖细胞。这种分裂过程是干细胞生物学中长期存在着无法解释的问题。随后对基因表达微阵列谱的分析，确定了干细胞分裂对称性的 5 个潜在标志物。使用荧光抗体对这些基因产物进行的实验验证表明，这些基因确实是对称性分裂的标记物（见图 9.7）[40]。这些标记中的一些现在由 Asymmetrex 进行商业销售。

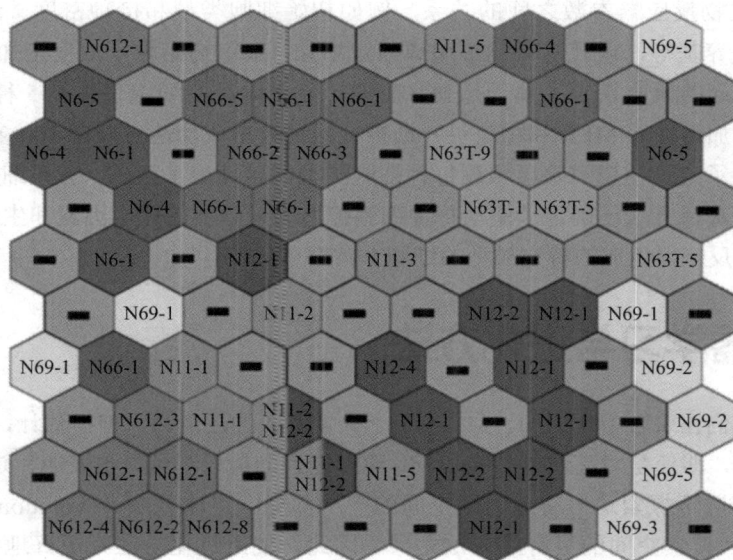

图 9.6　使用自组织映射图区分具有非常相似化学结构的尼龙样品（见彩图）

针对正离子 ToF-SIMS 数据计算 10×10 有监督的 Kohonen 网络（upervised Kohonen network，SKN）。假着色用于根据样本组在网络上阐明样本位置——参见该图的在线版本：（红色：尼龙 -6；绿色：尼龙 -11；海军蓝：尼龙 -12；青色：尼龙 -6（3）T；粉红色：尼龙 6/6；黄色：尼龙 6/9；和深绿色：尼龙 6/12）。这个 ML 模型具有 98% 的分类准确率。转载自参考文献 [34]，经美国化学学会许可，2018 年版权所有

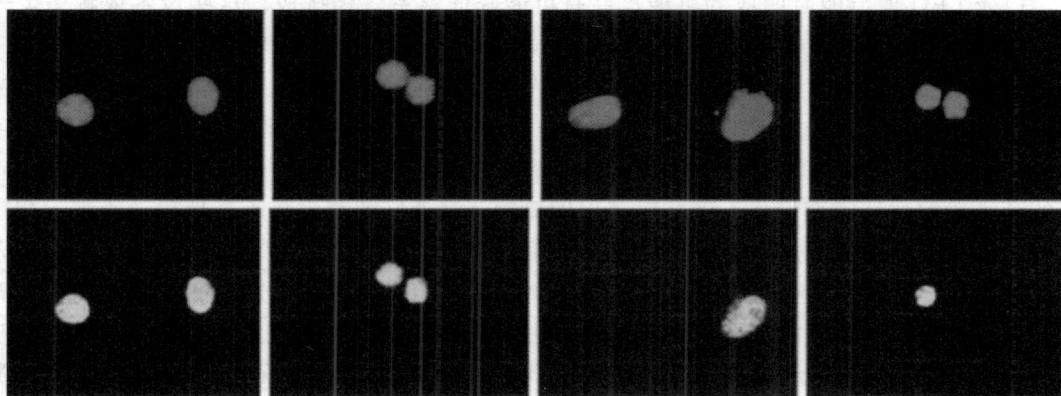

图 9.7　使用荧光抗体对这些基因产物进行的实验验证表明，这些基因确实是对称性分裂的标记物（见彩图）

最上面一排的图显示 DAPI 染色标记的细胞核位置，下面一排的图显示标记 H2A.Z，当发生不对称分裂时仅识别两个细胞中的一个（右下两图）当发生对称分裂时识别两个细胞（左下两图）。转载自参考文献 [40]，经 Elsevier 许可，2015 年版权所有

9.6 细胞疗法、生物反应器和可植入细胞的材料

细胞疗法（将治疗性细胞植入体内）是重要的医疗干预措施，例如骨髓移植治疗白血病（目前）和胰岛细胞移植治疗糖尿病（未来）。这些疗法成功的关键是能够在人工生物反应器中培养大量细胞[41, 42]。材料科学和 ML 方法正在发挥着越来越重要的作用。例如，ML 方法成功地模拟了生物反应器参数之间的关系，例如初始细胞类型和接种密度、细胞因子浓度、反应器类型、培养基等，以及随后的细胞成倍数增加（细胞初始种子浓度增加了多少倍）[1]。Winkler 和 Burden 的研究模拟了属于造血（血液）分化途径的细胞总数和 5 种不同干细胞或祖细胞类型的增加。使用 MLR 和稀疏贝叶斯神经网络方法成功地对来自 300 多个生物反应器实验的数据进行了定量建模。除了预测每种细胞类型的倍数增加两倍（有核细胞为三倍）外，他们的稀疏特征选择方法还确定了驱动每种细胞扩增的最重要的化学因素和生物反应器参数，这对于控制生物反应器生成的特定类型的细胞非常有用。

9.7 机器学习与进化方法

尽管正如我们在引言中所说的，ML 吸引了大多数人的注意力，但据估计，10^{100} 种可能的可及材料意味着，即使是对高通量实验和 ML 建模能力的最乐观预测也表明，这些方法不可能在没有辅助的情况下探索这一有效无限空间的一小部分。进化算法（evolutionary algorithms，EA）是探索超大搜索空间的最有效方法之一。因此，使用进化方法来更好地探索材料空间，旨在发现全新的材料并优化已经发现的材料是合乎逻辑的。关于使用进化方法"进化"材料（主要是催化剂和磷光粉）的研究数量有限，因为这部分代表了"低悬的果实"❶，更容易被表征为材料"基因组"。进化方法在生物活性化合物和材料发现中的应用才刚刚兴起，最近的综述已对该方面的进展进行了总结[43, 44]。

白光 LED 使节能照明成为可能，并有可能降低温室气体排放。这些设备依赖于荧光粉，通常由稀土氧化物的高温烧结制成。荧光粉可用于演示材料"基因组"的生成方式，以及计算机模拟达尔文进化的基本操作。荧光粉可以通过"基因组"非常简单地表征，例如，包含每种稀土氧化物组分的相对摩尔分数的向量。烧结后，测量荧光粉亮度和颜色（相当于达尔文进化中的物种适应度），并"培育"最好的荧光粉，以产生新的和更高适应度的荧光粉群体。突变操作，例如精英保留策略（将最好的荧光粉不变地传递给下一代），改变一种稀土的浓度（点突变），以及分裂两种荧光粉的基因组，并将部分组合成新的荧光粉（交叉算子）作为在给定的进化循环周期中最适合的材料。这个进化循环会迭代多个周期，直到达到指定的性能水平，或者算法无法生成改进的示例。通过这种方式，Sharma 及其同事[45]通过进化稳步提高了混合金属氧化物七维库（$MnO-Na_2O-Li_2O-MgO-ZnO-CaO-GeO_2$）的适应度（亮度和颜色），以找到一种有前途的绿色荧光粉，并应用于背光液晶显示器（见图 9.8）。实际上，他们只合成了几百种荧光粉，但探索了更大的荧光粉成分空间，以找到局部最优的材料。

---

❶ 意思是更容易摘取的果实。——译者注

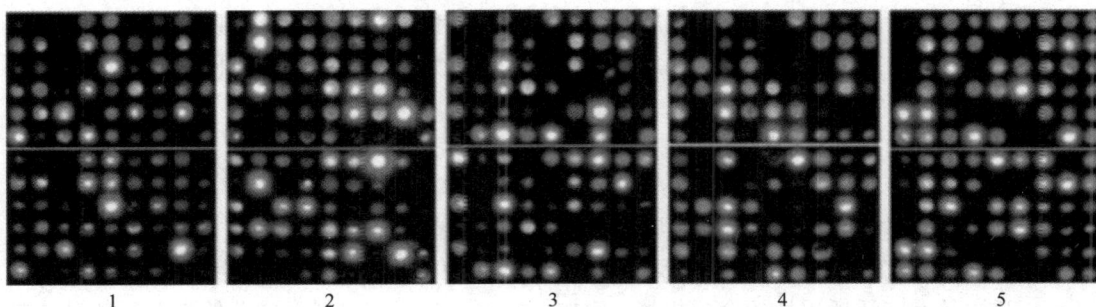

图 9.8　Sharma 等人通过围绕这个进化循环迭代五个周期，改善了
荧光粉的适应性（亮度和绿色）（见彩图）

　　因此，材料科学家在机器学习之后采用的下一个颠覆性技术很可能是基因技术。这可能通过两种方式实现：使用与 EA 耦联的高通量实验，更有效地搜索材料空间；以及使用 ML 和 EA 的协同组合，以更有效地搜索材料空间。后者涉及从连续的高通量实验中的最初几轮实验数据构建适应度景观的 ML 模型，并使用这些模型来替换搜索后期的实验。已经证明，这种"自适应"进化（生物鲍德温效应的计算机等效物）允许使用该系统比不使用该系统进化得更快 [46, 47]。

　　进化方法也首次使自主发现方法成为可能，即没有"人类参与"的完全自动化的发明机器。从广义上讲，这样的机器将包括一个通用合成机器人、用于质量控制和测量特定适应度的自动表征仪器、可以选择初始分子或材料群体中最适合成员的一个进化程序，并将其变异为一个新的群体，以及一种为机器人合成器指定要合成新分子的方法。几个小组正在培养自主化学家和自主材料科学家。其中一些侧重于自动化有机合成 [48] 和其他材料发现 [49]。在波茨坦的马克斯普朗克胶体和界面研究所，通用有机合成机器是自主有机化学家的先决条件。美国国防高级研究计划局（Defense Advanced Research Projects Agency，DARPA）资助了多项国际计划。帮助消除自主合成系统的障碍。研究团队正在寻求实现自动化的硬件和软件解决方案 [50]。MIT 正在使用预加载的墨盒来实现合成步骤自动化，例如加热、混合和分离化学品等 [51]。他们根据 Reaxys 数据库与美国专利商标局中的数百万个反应，训练了一个 ML 模型。ML 模型学会了应用逆合成转换、确认相关反应条件，并评估反应的可行性。结果是，能从特定的已知化学反应归纳出新的底物。由 Lee Cronin 教授领导的格拉斯哥大学的一个团队开发了一种 Chemputer，这是一种模块化的桌面大小的机器人合成器，可以将基于文本的合成指令编译成机器指令来驱动合成机器人，每台成本为 25000 ～ 30000 英镑（33000 ～ 39500 美元）[52]。这种方法成功地合成了普通药物的仿制药，其速度比传统的人工合成方法快一个数量级。其在线平台 Chemify，允许化学家下载 Chemputer 组件说明。

9.8　展望

　　ML 正在经历至少第二个众所周知的炒作周期。关于 ML 能力的说法往往被夸大了。但很明显，在科学、技术、医学、制造和商业等广泛领域，已有许多取得了惊人成果的例子。ML

是一项颠覆性技术，将在未来几十年改变我们所知道的世界，并有可能消除化学和材料研究人员的许多繁琐、重复、有时甚至是危险的工作，让研究人员有更多的时间从事创造性的工作。未来发展的主要障碍是：

- 用数学方式描述复杂材料的能力，来训练机器学习方法；
- 缺乏训练深度学习模型的数据；
- 更好地理解如何减少从示例中学习的 ML 模型偏差；
- 开发化学合成语言，完全指定反应，以提高再现性，并允许机器人使用合成信息编程；
- 开发具有广泛适用性的合成机器（例如，通过将分子或材料合成分解为有限数量的单元操作）；
- 自动化、机器学习和进化之间的最佳协同效应。

机器学习（ML）和人工智能（AI），也将给劳动力带来深远变化，甚至在会计、法律和医学等脑力工作的某些方面也会受到影响。如前所述，人工智能（AI）、机器学习（ML）、机器人和进化方法的结合，将会潜在地开启科学研究的新途径，加速我们对材料特性、材料与生物的相互作用的理解，并发现具有高度新颖和有用特性的新分子。除了帮助设计合成新分子和材料的机器人外，我们还可能会看到材料与机器人形态和控制器协同发展，以产生新适合功能的机器人[11]，这是另一种称为"闭环"的巧妙技术。

参 考 文 献

[1] D. A. Winkler and F. R. Burden, *Mol. BioSyst.*, 2012, **8**, 913-920.

[2] S. S. Young, F. Yuan and M. Zhu, *Mol. Inf.*, 2012, **31**, 707-710.

[3] B. Sanchez-Lengeling and A. Aspuru-Guzik, *Science*, 2018, **361**, 360-365.

[4] T. Fujita and D. A. Winkler, *J. Chem. Inf. Model.*, 2016, **56**, 269-274.

[5] J. L. Faulon, D. P. Visco and R. S. Pophale, *J. Chem. Inf. Comp. Sci.*, 2003, **43**, 707-720.

[6] A. Mauri, V. Consonni, M. Pavan and R. Todeschini, *MATCH-Commun. Math. Comp. Chem.*, 2006, **56**, 237-248.

[7] I. W. Davies, *Nature*, 2019, **570**, 175-181.

[8] A. Senior, J. Jumper and D. Hassabis, AlphaFold：Using AI for scientific discovery, https://deepmind.com/blog/article/alphafold.

[9] S. Abdulkader Tawfik, M. J. Ford, O. Isayev, D. A. Winkler and C. Stampfl, *Adv. Theory Simul*, 2019, **2**, 1800128.

[10] T. Le, V. C. Epa, F. R. Burden and D. A. Winkler, *Chem. Rev.*, 2012, **112**, 2889-2919.

[11] D. Howard, A. E. Eiben, D. F. Kennedy, J.-B. Mouret, P. Valencia and D. A. Winkler, *Nat. Mach. Intell.*, 2019, **1**, 12-19.

[12] A. L. Hook, C. Y. Chang, J. Yang, J. Luckett, A. Cockayne, S. Atkinson, Y. Mei, R. Bayston, D. J. Irvine, R. Langer, D. G. Anderson, P. Williams, M. C. Davies and M. R. Alexander, *Nat. Biotechnol.*, 2012, **30**, 868-U899.

[13] S. M. Moosavi, A. Chidambaram, L. Talirz, M. Haranczyk, K. C. Stylianou and B. Smit, *Nat. Commun.*, 2019, **10**, 539.

[14] P. Z. Moghadam, S. M. J. Rogge, A. Li, C.-M. Chow, J. Wieme, N. Moharrami, M. Aragones-Anglada, G. Conduit, D. A. Gomez-Gualdron, V. Van Speybroeck and D. Fairen-Jimenez, *Matter*, 2019, **1**, 219-234.

[15] A. W. Thornton, D. A. Winkler, M.S. Liu, M. Haranczyk and D. F. Kennedy, *RSC Adv.*, 2015, **5**, 44361-44370.

[16] A. W. Thornton, C. M.Simon, J. Kim, O. Kwon, K. S. Deeg, K. Konstas, S. J. Pas, M. R. Hill, D. A. Winkler, M. Haranczyk and B. Smit, *Chem. Mater.*, 2017, **29**, 2844-2854.

［17］　N. Mounet, M. Gibertini, P. Schwaller, D. Campi, A. Merkys, A. Marrazzo, T. Sohier, I. E. Castelli, A. Cepellotti, G. Pizzi and N. Marzari, *Nat. Nanotechnol.*, 2018, **13**, 246-252.

［18］　T. C. Le, H. Yin, R. Chen, Y. D Chen, L. Zhao, P. S. Casey, C. Y. Chen and D. A. Winkler, *Small*, 2016, **12**, 3568-3577.

［19］　C. Oksel, D. A. Winkler, C. Y. Ma, T. Wilkins and X. Z. Wang, *Nanotoxicology*, 2016, **10**, 1001-1012.

［20］　D. A. Winkler, *Toxicol. Appl. Pharmacol.*, 2016, **299**, 96-100.

［21］　D. A. Winkler, E. Mombelli, A. Pietroiusti, L. Tran, A. Worth, B. Fadeel and M. J. McCall, *Toxicology*, 2013, **313**, 15-23.

［22］　X. Bai, F. Liu, Y. Liu, C. Li, S. Q. Wang, H. Y. Zhou, W. Y. Wang, H. Zhu, D. A. Winkler and B. Yan, *Toxicol. Appl. Pharmacol.*, 2017, **323**, 66-73.

［23］　T. C. Le, X. Mulet, F. R. Burden and D. A. Winkler, *Mol. Pharmaceutics*, 2013, **10**, 1368-1377.

［24］　T. C. Le, C. E. Conn, F. R. Burden and D. A. Winkler, *Cryst. Growth Des.*, 2013, **13**, 3126-3137.

［25］　T. C. Le, C. E. Conn, F. R. Burden and D. A. Winkler, *Cryst. Growth Des.*, 2013, **13**, 1267-1276.

［26］　J. O. Ebalunode, C. Jagun and W. Zheng, *Methods Mol. Biol.*, 2011, **672**, 341-358.

［27］　D. Huesken, J. Lange, C. Mickanin, J. Weiler, F. Asselbergs, J. Warner, B. Meloon, S. Engel, A. Rosenberg, D. Cohen, M. Labow, M. Reinhardt F. Natt and J. Hall, *Nat. Biotechnol.*, 2005, **23**, 995-1001.

［28］　A. L. Hook, C. Y. Chang, J. Yang, S. Atkinson, R. Langer, D. G. Anderson, M. C. Davies, P. Williams and M. R. Alexander, *Adv. Mater.*, 2013, **25**, 2542-2547.

［29］　V. C. Epa, A. L. Hook, C. Chang, J. Yang, R. Langer, D. G. Anderson, P. Williams, M. C. Davies, M. R. Alexander and D. A. Winkler, *Adv. Funct. Mater.*, 2014, **24**, 2085-2093.

［30］　P. Mikulskis, A. L. Hook, M. H. Alexander and D. A. Winkler, *ACS Appl. Mater. Interfaces*, 2018, **10**, 139-149.

［31］　P. Mikulskis, M. Alexander and D. A. Winkler, *Advanced Intelligent Systems*, 2019.

［32］　V. C. Epa, J. Yang, Y. Mei, A. L. Hook, R. Langer, D. G. Anderson, M. C. Davies, M. R. Alexander and D. A. Winkler, *J. Mater. Chem.*, 2012, **22**, 20902-20906.

［33］　S. R. Ghaemi, B. Delalat, S. Gronthos, M. R. Alexander, D. A. Winkler, A. L. Hook and N. H. Voelcker, *ACS Appl. Mater. Interfaces*, 2018, **10**, 38739-38748.

［34］　R. M. T. Madiona, S. E. Bamford, D. A. Winkler, B. W. Muir and P. J. Pigram, *Anal. Chem.*, 2018, **90**, 12475-12484.

［35］　R. M. T. Madiona, D. A. Winkler, B. W. Muir and P. J. Pigram, *Appl. Surf. Sci.*, 2019, **487**, 773-783.

［36］　R. M. T. Madiona, N. Welch, B. W. Muir, D. A. Winkler and P. J. Pigram, *Biointerf*, 2019, **14**, 061002.

［37］　F. R. Burden and D. A. Winkler, *QSAR Comb. Sci.*, 2009, **28**, 645-653.

［38］　R. Tibshirani, *J. R. Stat. Soc. Series B*, 1996, **58**, 267-288.

［39］　H. Autefage, E. Gentleman, E. Littmann, M. A. B. Hedegaard, T. Von Erlach, M. O'Donnell, F. R. Burden, D. A. Winkler and M. M.Stevens, *Proc. Natl. Acad. Sci. U. S. A.*, 2015, **112**, 4280-4285.

［40］　Y. H. Huh, M. Noh, F. R. Burden. J. C. Chen, D. A. Winkler and J. L. Sherley, *Stem Cell Res.*, 2015, **14**, 144-154.

［41］　A. Celiz, J. Smith, A. Patel, A. Hook, D. Rajamohan, V. George, M. Patel, V. Epa, T. Singh, R. Langer, D. Anderson, N. Allen, D. Hay, D. Winkler, D. Barrett, M. Davies, L. Young, C. Denning and M. Alexander, *Tissue Eng., Part A*, 2015, **21**, S270.

［42］　A. D. Celiz, J. G. W. Smith, R. Langer, D. G. Anderson, D. A. Winkler, D. A. Barrett, M. C. Davies, L. E. Young, C. Denning and M. R. Alexander, *Nat. Mater.*, 2014, **13**, 570-579.

［43］T. C. Le and D. A. Winkler, *Chem. Rev.*, 2016, **116**, 6107-6132.

［44］T. C. Le and D. A. Winkler, *ChemMedChem*, 2015, **10**, 1296-1300.

［45］A. K. Sharma, C. Kulshreshtha and K.-S. Sohn, *Adv. Funct. Mater.*, 2009, **19**, 1705-1712.

［46］G. E. Hinton and S. J. Nowlan, in *Adaptive Individuals in Evolving Populations*, ed. K. B. Richard and M. Melanie, Addison-Wesley Longman Publishing Co., Inc., 1996, pp. 447-454.

［47］J. M.Smith, *Nature*, 1987, **329**, 761-762.

［48］V. Dragone, V. Sans, A. B. Henson, J. M. Granda and L. Cronin, *Nat. Commun.*, 2017, 8, 15733.

［49］F. Häse, L. M. Roch and A. Aspuru-Guzik, *Trends Chem.*, 2019, 1, 282-291.

［50］K. Sanderson, *Nature*, 2019, **568**, 577-579.

［51］C. W. Coley, D. A. Thomas, J. A. M. Lummiss, J. N. Jaworski, C. P. Breen, V. Schultz, T. Hart, J. S. Fishman, L. Rogers, H. Gao, R. W. Hicklin, P. P. Plehiers, J. Byington, J. S. Piotti, W. H. Green, A. J. Hart, T. F. Jamison and K. F. Jensen, *Science*, 2019, **365**, eaax1566.

［52］S. Steiner, J. Wolf, S. Glatzel, A. Andreou, J. M. Granda, G. Keenan, T. Hinkley, G. Aragon-Camarasa, P. J. Kitson, D. Angelone and L. Cronin, *Science*, 2019, **363**, eaav2211.

第 10 章

应用于复杂聚合过程的机器学习技术

SILVIA CURTEANU

罗马尼亚阿萨次技术大学，化学工程与环境保护学院，罗马尼亚，伊亚西
Email：silvia_curteanu@yahoo.com

10.1 化学过程建模的难点

在化学反应工程中，有许多过程和系统，其物理和化学规律是未知的，或有限的，或只有不确定的知识。在这种情况下，要么唯象学模型无法建立，要么这些模型由于引入近似而产生显著的误差。基于实验数据的经验建模就成为一种可行的工具，有机会提供精确的模型。属于机器学习（machine learning，ML）领域的人工神经网络就属于这一类，以"黑盒子"的方式对输入输出数据进行操作。

在复杂的、高度非线性的化学过程中，除了难以获得机械模型之外，还出现了与求解通常由微分等式组表示的数学模型相关的问题。使用神经网络对输出 - 输入依赖性进行建模代表了一种可能的方式，从而避免解决棘手的数学模型问题。

在化学合成过程中，控制产品质量的另一个主要困难是缺乏对某些变量的"在线"测量，以及伴随其他测量而带来的实质性延误。

在聚合过程的复杂领域中，过程模拟还存在进一步困难。聚合物产品通常包含许多特殊添加的材料，以增强其使用特性。获得这些材料的最广泛使用的方法是不连续聚合，如果有必要改变生产规格以制造具有不同性能的聚合物，这种方法也是很有用的。非连续操作是一个动态过程，反应条件通常在相当宽的范围内变化。因此，用于建模和配置反应器的数据采集都存在问题。

与不连续过程相比，对应于关键可调参数的狭窄操作范围，连续聚合受益于大量数据的可用性，以及对过程条件进行精确调整的可能性 [1]。

自由基聚合最重要的特征之一是，随着反应的进行，黏度显著增加，尤其是在均相体系中的本体聚合和溶液聚合。在这些条件下，与反应的明显放热相关的热传递成为难以控制的因素。从动力学的角度来看，黏度变化导致链式反应的引发、传播，尤其是终止步骤成为受扩散控制的。这些现象是根据笼子效应、玻璃效应和凝胶效应来定义的；这些效应也代表了聚合过程中最难建模的部分。

与聚合反应有关的另一个问题是，存在着多种解决方案的可能性。操作条件（例如进料

浓度、温度、压力或催化剂添加速率）的差异可能导致相同类型的聚合物（相同的分子量、密度和组成），但产率却不同。

与涉及小分子的常规反应相比，在聚合过程中确保产品质量是一项艰巨的任务，因为聚合物产品的形态和分子特性强烈影响其物理、化学、热、流变和机械特性，以及聚合物的最终应用。从这个角度来看，根据聚合反应器的操作条件知识，开发预测聚合物质量的数学模型，通常是获得高效和高质量生产和改善工厂操作的关键[1]。许多研究人员对聚合反应器的机理模拟进行了详细研究。然而，一个完整的机械模型将包含大量的微分等式，其求解将需要相当长的时间。此外，模型中出现的许多动力学参数的值可能未知或难以精确确定。此外，当在同一装置中生产多种不同产品规格的聚合物时，模型的开发，特别是扩散控制反应，在不连续或半不连续操作条件下的开发是极其困难的。

开发自由基聚合的动力学模型并非易事，尤其是在高温高压下进行聚合时。这些困难不仅是由于反应器中同时发生的复杂反应，而且还因为包括聚合物在内的混合物相关的物理和化学现象的有限理解。

机械建模的另一种选择是经验建模，与唯象学建模相比，经验建模需要更少的过程特定知识。认为，经验建模需要关于代表过程行为和产品或系统质量或特性变量的数据（测量值）。统计回归技术和神经网络已越来越多地用于建立经验模型。

10.2 自由基聚合过程的唯象学模型

本节在探讨 ML 技术在自由基聚合中的应用之前是必要的，至少有两个原因。首先，阐述了建立和求解过程数学模型的难点，以及与建模精度相关的问题。其次，此处插入的机制模型可能构成基于 ML 的技术所需的数据生成器。

在通过自由基发生的聚合中，被选为例子的甲基丙烯酸甲酯（methyl methacrylate，MMA）和苯乙烯（styrene，St）的聚合在许多方面相似，但又具有各自的特定特征。我们将尝试展示 ML 技术在克服经典建模困难方面的有用性，同时也对结果的准确性做出重要贡献。此外，不难证明，不熟悉这些技术的用户（例如化学工程师）可以轻松地操纵这些过程，以获得其需要的预测，尤其是当软件产品带有图形用户界面时。应该注意的是，这里介绍的案例研究中使用的大多数软件产品都属于本章的作者（和其团队），其中一些已获得专利。

在自由基聚合反应中，唯象学建模从过程的动力学方案开始；对于 MMA，这个方案是：

引发：
$$I \xrightarrow{k_d} 2R^*$$

$$R^* + M \xrightarrow{k_i} P_1^*$$

传播：
$$P_n^* + M \xrightarrow{k_p} P_{n+1}^*$$

不成比例终止：
$$P_n^* + P_m^* \xrightarrow{k_t} D_n + D_m$$

其中，I 为引发剂；R^* 为起始自由基；M 为单体；P_n^* 为长度为 n 的聚合物生长链；D_n 为长度为 n 的无活性聚合物；k_d、k_i、k_p 和 k_t 分别表示引发剂分解、引发、传播和歧化终止的速率常数。假设处于稳态并且在引发阶段没有消耗单体，则根据上述动力学方案获得以下等式[2]。

$$\frac{\mathrm{d}I}{\mathrm{d}t} = -k_d I - I\varepsilon \frac{1-x}{1+\varepsilon x}\lambda_0 k_p \tag{10.1}$$

$$\frac{\mathrm{d}x}{\mathrm{d}t} = k_p(1-x)\lambda_0 \tag{10.2}$$

$$\frac{\mathrm{d}\lambda_0}{\mathrm{d}t} = 2fk_d I - k_t\lambda_0^2 - \lambda_0^2\varepsilon\frac{1-x}{1+\varepsilon x}k_p \tag{10.3}$$

$$\frac{\mathrm{d}\lambda_1}{\mathrm{d}t} = k_p M_0 \frac{1-x}{1+\varepsilon x}\lambda_0 - k_t\lambda_0\lambda_1 - \lambda_0\lambda_1\varepsilon\frac{1-x}{1+\varepsilon x}k_p \tag{10.4}$$

$$\frac{\mathrm{d}\lambda_2}{\mathrm{d}t} = k_p M_0 \frac{1-x}{1+\varepsilon x}(2\lambda_1-\lambda_0) - k_t\lambda_0\lambda_2 - \lambda_2\lambda_0\varepsilon\frac{1-x}{1+\varepsilon x}k_p \tag{10.5}$$

$$\frac{\mathrm{d}\mu_0}{\mathrm{d}t} = k_t\lambda_0^2 - \mu_0\lambda_0\varepsilon\frac{1-x}{1+\varepsilon x}k_p \tag{10.6}$$

$$\frac{\mathrm{d}\mu_1}{\mathrm{d}t} = k_t\lambda_0\lambda_1 - \mu_1\lambda_0\varepsilon\frac{1-x}{1+\varepsilon x}k_p \tag{10.7}$$

$$\frac{\mathrm{d}\mu_2}{\mathrm{d}t} = k_t\lambda_0\lambda_2 - \mu_2\lambda_0\varepsilon\frac{1-x}{1+\varepsilon x}k_p \tag{10.8}$$

其中，x 是单体的转化率；λ_k 和 μ_k 分别是大自由基和无活性聚合物的矩，并给出了分子量分布（$k=0$、1、2）；ε 考虑了反应过程中的体积变化；M_0 表示时间 $t=0$ 时单体的浓度，f 是引发剂的效率。由式（10.1）～式（10.8）组成的系统是通过力矩法获得的，详见参考文献[3]。均相自由基聚合的一个主要特征是随着反应的进行（随着单体转化率的增加），反应物料的黏度显著增加。在这些条件下，可以观察到与正常动力学行为的偏差以及反应介质中传质和传热的变化。

对黏度增加的最高敏感性由终止步骤的速率常数 k_t 表示。由于黏度增加，大分子自由基的迁移率严重降低，导致 k_t 值下降，从而进一步导致反应自加速（凝胶效应或 Trommsdorff 效应）。

通常，在低温下进行聚合时，在一定的转化水平上，就会达到一个转变态，此时对应的温度称为玻璃化转变温度。在单体完全消耗之前，速率常数 k_p 降低。这是自由基聚合中的玻璃效应，也是黏度增加的效应。

最后，在高转化率下，由于黏度的增加，引发剂的效率也降低，表现为所谓的笼效应。

因此，自由基聚合的特殊问题之一是扩散控制，这导致了凝胶、玻璃和笼效应的表现。过程建模直接受这些因素的影响，如图 10.1 所示，上述以力矩（主曲线）表达的数学模型无法再现实验数据。

从称为临界转化率的特定转化率值（对应于实验数据与图 10.1 的动力学曲线的偏差）来看，由于过渡到扩散控制，反应本体发生了显著的结构

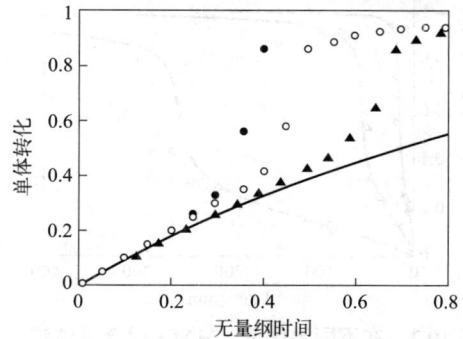

图 10.1 在 50℃、70℃、90℃下得到 MMA 转化的主曲线和实验数据

变化。为了获得一个真实的模型，我们需要一种以数学形式捕捉这些变化的方法[4]。

Chiu 等人提出了考虑传播和终止速率常数（凝胶和玻璃效应）变化的最广泛使用的模型[5]。

$$\frac{1}{k_t} = \frac{1}{k_{t0}} + \theta_t(T, I_0)\frac{\lambda_0}{\exp\left[\dfrac{2.303\Phi_m}{A(T)+B\Phi_m}\right]} \tag{10.9}$$

$$\frac{1}{k_p} = \frac{1}{k_{p0}} + \theta_p(T)\frac{\lambda_0}{\exp\left[\dfrac{2.303\Phi_m}{A(T)+B\Phi_m}\right]} \tag{10.10}$$

$$\Phi_m = \frac{1-x}{1+\varepsilon x} \tag{10.11}$$

$$\theta_t = \frac{\theta_t^0}{I_0}\exp[E_{\theta t}/(RT)] \tag{10.12}$$

$$\theta_p = \theta_p^0\exp[E_{\theta p}/(RT)] \tag{10.13}$$

$$A(T) = C_1 - C_2(T-T_{gp})^2 \tag{10.14}$$

其中，k_{t0} 和 k_{p0} 是在没有凝胶和玻璃效应的情况下终止和传播的速率常数；A、B、C_1 和 C_2 表示传播等式中的项，用于传播和终止速率常数；I_0 为时间 t=0 时引发剂的浓度；θ_t 和 θ_p 是特征迁移时间；θ_t^0、θ_p^0 是 θ_t 和 θ_p 的指数前因子；ϕ_m 为单体的体积分数；$E_{\theta t}$ 和 $E_{\theta p}$ 是 θ_t 和 θ_p 的活化能；T 是开尔文温度；T_{gp} 是聚合物的玻璃化转变温度；R 是通用气体常数。

Curteanu 等人提出了凝胶和玻璃效应模型的另一个例子[6]。这些模型由终止和传播速率常数与单体转化率之间的简单相关性表示，从而量化其随着反应进行的变化：

$$k_t = k_{t0}\exp(A_t + B_t x + C_t x^2 + D_t x^3) \tag{10.15}$$

$$k_p = k_{p0}\exp(A_p + B_p x + C_p x^2 + D_p x^3) \tag{10.16}$$

其中，k_{t0} 和 k_{p0} 表示在没有凝胶和玻璃效应的情况下终止和传播的速率常数，而 A、B、C 和 D 则分别表示具有终止和传播的 t 和 p 指数，取决于时间（转换）和反应条件（温度和反应物浓度）。这些是根据实验数据确定的。因此，与图 10.1 相比，通过添加包含扩散控制效应的模型，可以获得更好的结果（见图 10.2）。

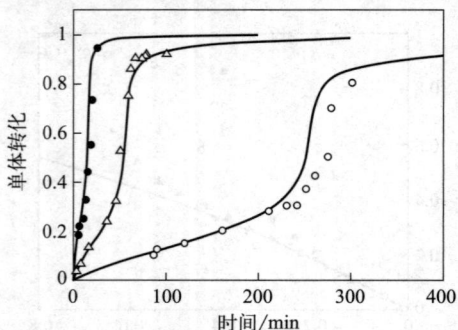

图 10.2　在不同温度下，MMA 聚合单体转化率随时间的变化情况

评估数学模型的主要标准是结果的准确性和易操作性。理想情况是对应于通过数学关系对过程的唯象学（控制过程的物理和化学定律）进行量化。然而，在扩散控制效应模型的许多情况下，需要经验常数来匹配实验数据，或者这些模型完全属于黑盒类型的。因此，可以认为，将人工神经网络用于自由基聚合过程的预测，是一种有利的替代方案，它所呈现的优势克服了所谓的经验性不足。第三种可能性是结合唯象学和经验两种类型的模型，本章稍后将对此进行描述。

10.3　人工神经网络在聚合过程中的应用

鉴于第一节中提到的聚合过程建模的困难，已经证明，人工神经网络（artificial neural networks，ANNs）在聚合物工程领域有着广泛的应用，是一种非常有用的预测模型，并使我们有能力了解过程中发生的事情，而无需量化系统的物理和化学规律。因此，在唯象学理解有限的复杂非线性过程的情况下，ANNs 是推荐的建模工具。

应用于聚合过程模拟的 ANNs 操作，意味着从实验中收集训练数据或通过对机械模型进行模拟，根据神经网络的类型设置训练和验证数据集，确定网络的架构和参数（训练）。最后，当网络为未包含在训练集中的数据产生结果时，评估神经模型的泛化能力。最后一步是真正确定模型的质量，即其泛化能力。

ANNs 中的输入变量是根据过程选择的，或者基于工程师的经验和知识，或者通过应用敏感度分析，敏感度分析是根据参数重要性允许对参数进行排序。输出与所追求的目的相对应，并与输入变量相关。

神经模型的质量取决于可用于建模的数据量、代表性、在研究空间中分布的均匀性，以及用于开发神经模型的方法。最后一个考虑是指根据建模过程和训练方法来选择最佳模型类型，而这种训练方法最有可能产生最优或接近最优的模型。关于数据量，建议使用大量数据样本，比数量更重要的是其所属领域的相对均匀覆盖度。在复杂的强非线性系统的情况下，需要更大量的数据和更长的训练时间。显然，实验数据的准确性是决定建模结果准确性的关键因素。

开发神经网络的拓扑结构，尤其是在确定最佳网络架构时，是一个关键且有时困难的步骤。除了反复试验之外，还测试了不同的技术，其中已证明，进化算法是最有效的变体。

关于聚合过程，可以解决诸如根据工作条件（时间、温度、反应物浓度等）估计反应特性（转化率、反应收率），根据初始化合物结构预测最终性质和 / 或反应条件，确定导致预定义结构或反应特征的最佳工作条件，确定将产生预先确定的最终性质（分子设计）的结构，或确定最有影响的输入参数。

专业文献中的大量文章涵盖了使用各种 ML 技术对聚合反应中的一些参数进行建模、优化、预测和控制，其中尤其值得注意的是单个神经网络或混合软计算技术。Noor 等人[7] 提出了与 ANNs 在聚合反应中的应用相关的许多重要问题，包括乙酸乙烯酯聚合、连续共聚过程、气相烯烃聚合、苯乙烯在管式反应器中的连续自由基聚合、MMA 自由基聚合、半间歇聚合以及在双螺杆挤出机反应器中进行的尼龙 -66 聚合。Curteanu 文章的第一部分[8] 是一篇将神经网络与聚合过程联系起来的综述。Fernandes 和 Lona[9] 提供了关于在聚合过程中使用 ANNs 的简短教程，该教程包含了关于神经网络选择和训练的一些实际考虑。

10.3.1　神经网络在聚合反应工程中的应用类型

在使用神经网络时，需要考虑的因素包括：要使用的网络类型，如何将不同类型的应用程序和不同过程进行关联，如何确定最佳的网络架构，以及如何将其包含在不同的软计算配置中。

已经证明，ANNs 是直接和反向神经网络建模、监控（软传感器）和控制程序的合适工具。除了这些应用之外，还强调了两种类型的方法：①确定工艺性能（效率、产量等）或最终产品的性质（化学、物理、机械、光学、表面特性等）如何取决于反应条件；②定量结构性质/活性关系（quantitative structure property/activity relationships，QSPR/QSAR）分析，试图将化合物的结构描述符与其物理化学性质和生物活性联系起来。

在直接建模中，一个或多个变量的输出值与一系列显著影响输出的输入变量之间产生相关性。例如，Chan 和 Nascimento[10] 使用前馈神经网络，模拟高压管式反应器中的烯烃聚合。最佳网络拓扑的选择是基于将均方误差与中间神经元数量相关联的敏感度分析。

对于化学反应器，优化涉及的确定反应条件，从而为最终产品所需的性能或过程效率的最大化提供合适的值。逆向神经元模拟可以响应第一个优化变体，即使不容易执行，但与需要存在（确定）良好数学模型和选择优化技术的经典程序相比，也是一种可以接受的替代方案 [11]。Fernandes 和 Lona[9] 设计了一个神经网络，用于确定流化床反应器中气相乙烯聚合的操作条件（包括单体和共聚单体进料速率、催化剂进料速率、表面气体速度和孔隙率），从而获得共聚物的所需性能（分子量、多分散性、组成和生产）。另一个与通过逆向神经元模拟合成聚丙烯酰胺基水凝胶有关的例子是，以简单的方式和良好的结果确定初始反应条件，从而获得预先确立的反应产率和最大溶胀度 [12]。

在化学工程的许多过程中，"难以测量"的变量是基于它们之间的双向对应关系，使用"易于测量"的变量来估计。解决这个问题的一种方法是，使用推理模型或由神经模型表示的软传感器。例如，Zhang 及其同事 [13] 将推理软件传感器应用于发生 MMA 聚合的间歇反应器上。聚合物的分子量是基于反应器温度、夹套入口温度、夹套出口温度、单体转化率和冷却剂流量的在线测量结果估算的。Gonzaga 等人 [14] 描述了在聚对苯二甲酸乙二醇酯（polyethylene terephthalate，PET）生产过程中实施虚拟传感器（软传感器）。该传感器是基于 ANNs 的，可被用于评估 PET 的黏度，同时使用在线和冗余测量。因此，这是一种设计控制该工业过程的有效策略，因为神经网络克服了难以测量的缺点。

另一种类型的应用是通过在最优控制策略中加入神经模型，使用 ANNs 来识别系统和设计控制器。Wei 等人 [15] 提出了丙烯聚合过程的优化控制策略，该策略是将基于聚合物性能评估器的简化机理模型和基于熔体指数预测控制模型的前馈神经网络模型相结合。Lifgtbody 和 Irwin[16] 展示了一种神经网络模拟应用程序，旨在改进聚合反应器的控制，突出了基于延迟测量精确控制聚合物黏度的问题。将前馈神经网络组成的非线性预测器用于消除由测量延迟所带来的限制。

10.3.2 应用于聚合过程建模中的不同类型神经网络模型

神经网络可以分为两大类：静态的，包括前馈神经网络；动态的，包括全局递归、局部递归、Elman 神经网络和动态过滤器网络。静态神经网络适用于短期预测，相对容易开发和训练，而动态神经网络则推荐用于长期预测模型。

前馈（多层感知器）神经网络通常用于模拟化学过程，并且其通用逼近器的质量在大多数情况下都能提供非常好的结果。一个或两个包含合理数量的神经元的隐藏层通常就足够了。但是，在某些情况下，已经证明，其他类型的网络在模拟化学工程过程方面是有效的，超越了前馈网络的性能。在本节中，将对此类情况进行说明，并与前面几节中主要涉及的多层感知器相关示例进行对比。

Curteanu 和 Petrila 报道了在半间歇和非等温条件下模拟苯乙烯聚合的前馈网络 [17]。这种方法证明了 ANNs 在特殊的操作条件下，半不连续和非等温的复杂过程中模拟的有用性。在反应的某些阶段补充添加引发剂或单体（取决于临界转化率），有助于控制聚合物的分子量，从而控制其性能。以阶跃升温为代表，在非等温条件下也能获得相同的效果。使用简单的神经网络，具有两个中间层的前馈类型，相同的模型适用于不同的操作条件；差异是通过使用模型的方式来实现的，而不是要改变其模型的结构。图 10.3 显示了单体转化率对中间添加引发剂的依赖性，图 10.4 显示了应用非等温程序得到的聚合物分子量。

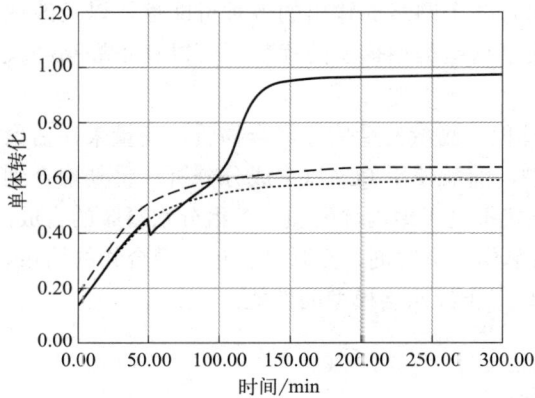

图 10.3　使用前馈神经网络获得的单体转化率，
中间加入 5mol/m³ 引发剂，I_0=15 mol/m³，
在凝胶效应之前（实线）；点虚线
I_0=15mol/m³，短横线 I_0=20mol/m³

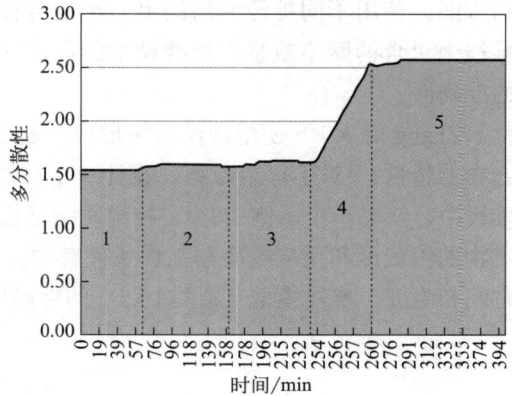

图 10.4　使用前馈神经网络获得的多
分散指数，用于五步升温：80℃、
90℃、95℃、100℃、110℃

递归神经网络的优势在于可以提供长期预测，这对于化学工程中的许多过程都很有用。例如，在非连续过程中，目标是优化最终产品的质量（这是聚合过程的常见要求）。因此，在这种情况下，精确、可靠的长期预测至关重要。

Tian 及其同事[18]报道了乳液共聚反应器的递归神经网络模型的开发，其中基本参数是：平均数值分子量（M_n）、共聚物组成（C）、聚合物转化率（X）和温度曲线（T）。动态模拟假设这些量不仅出现在输出中，而且通过先前的值添加到输入中，因为这些先前的值会影响最终结果。例如，为 M_n 建模而开发的神经网络有输入 T（t=1）、T（t=2）、X（t=1）、X（t=2）、M_n（t=1），其中 t 是时间。

Jordan-Elman 神经网络是为 MLP 提供背景单元的递归神经网络，代表记忆过去活动的处理元素。背景单元为网络提供了从数据中提取时间信息的能力[19]。一个例子是用包合聚合物模拟的聚丙烯酰胺凝胶的合成和溶胀行为[20]。为了评估反应条件对产率和溶胀度的定量影响，使用了不同类型的神经网络，其中已证明 Jordan-Elman 网络是最有效的。

Curteanu 及其同事[21]基于一系列分子和结构描述符，包括完全延伸的长度、结构单元的直径和偶极矩，使用模块化神经网络来预测聚（硅氧烷 - 偶氮甲碱）的液晶特性。这种类型的神经网络结合其输出结果，并行使用多个 MLP 网络。由于没有完全的互连性，因此权重的数量较小，并且由于 MLP 可以多样性的方式分割成模块，该结构受益于一定的灵活性。所应用的方法提供了非常好的结果，从而证明了神经网络在解决分类问题中的实用性，特别是在量化结构 - 性质关系方面。

Haiyan 等人[22] 以在 CSTR 中进行苯乙烯聚合作为案例研究。应用了一种新方法来模拟和控制聚合物的分子量分布。他们的技术基于将正交多项式前馈神经网络（orthogonal polynomial feedforward neural network，OPFNN）与递归神经网络（recurrent neural network，RNN）相结合的方式，从而产生了作者称之为灰盒的模型。当聚合物的分子量分布难以用经典工具准确建模时，可以获得令人满意的结果。

除了使用单个神经网络外，还有一种替代方法是使用神经网络堆栈，在许多情况下，这种方式会导致神经模型性能的提高，因为该方法结合了不同的神经网络来捕获建模过程的不同方面。使用不同神经网络的另一个优势在于组合各个网络的输出的各种可能性，以及改变堆栈中包含的网络数量。堆叠技术的灵活性代表了这些类型模型的优势，可以真正提高结果的准确性。

Zhang 等人[13] 使用神经网络堆栈，通过从过程可测量变量估计聚合物质量变量来评估聚合物的特性。 对于每组数据，设计一个神经模型，随后使用 PCA（主成分分析）将其聚合到堆栈中。在另一个示例中[23]，神经网络堆栈用于模拟基于聚丙烯酰胺的多组分水凝胶的合成。产物的溶胀度和反应收率与工作条件有关，包括单体、引发剂、交联剂、包合聚合物的用量、时间和温度。堆栈模型（见图 10.5）的性能优于单个神经网络模型的性能。

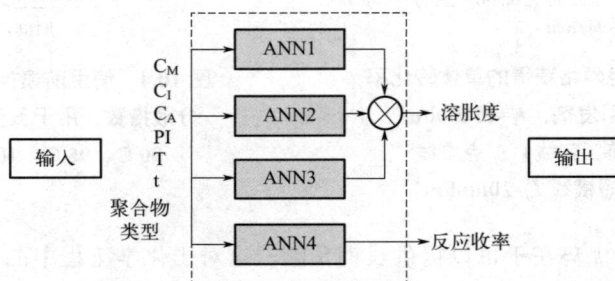

图 10.5 神经网络堆栈在聚酰胺 - 水凝胶合成建模中的应用

在唯象学建模和 ANNs 等黑盒技术之间进行选择时，应考虑若干因素。唯象学建模的优点是其基于控制过程的物理和化学定律，但在大多数情况下，这些模型所包含的近似值会导致结果不准确。另一方面，通过适当的程序进行的经验建模可以提供精确的结果，但不能阐明过程唯象学。这两类方法代表了可行的建模备选方案，其适用性取决于所追求的过程和目的。根据前面的讨论，包含简化（近似）唯象学模型和一个或多个神经网络的混杂神经模型的效用是显而易见的，这些神经网络的作用是纠正唯象学模型的输出或对过程的困难部分进行建模。这种混杂建模提供了能提取唯象学和经验两种方法的最佳特征的可能性，从而产生精确的结果。

在聚合过程中，有许多难以建模的部分或变量，如凝胶、玻璃和笼子的影响，反应速率，动力学常数，流体和流动行为，物理性质等。因此，这些过程是混杂神经建模的很好候选者，尤其是基于在线高级模型的控制设计策略的候选者[24]。下面给出了一些示例。

Tian 及其同事[1] 采用由简化的唯象学模型（忽略凝胶效应）和递归神经网络堆栈（纠正机械模型的残差）组成的混杂模型，来处理 MMA 的不连续聚合。Nascimento 等人[25] 将类似的策略应用于双螺杆挤出机反应器中尼龙 66 缩聚的精加工阶段。在混杂模型中，最终氨基和羧基的信息来自机械模型；随后，这些结果用于使用神经网络模型来计算相对黏度。混杂模型的另一个示例是为工业聚乙烯工艺设计的[26]。本示例中的机械模型部分用于预测反应器中的温度、转化率和聚合物分子量的分布。最后一个参数，对于评估聚合物的最终使用性能很重要，通过基于基本材料和能量平衡的经典建模没有获得令人满意的结果。然而，将前馈型神经网络所代表的经验分量添加到唯象模型中，可以精确预测聚合物分子量的分布。Vega 等人[24]为用于聚苯乙烯生产的环管聚合反应器开发了一种混杂神经模型。此外，将近似机械模型与具有模拟反应速率作用的神经网络相结合，还可以用来纠正建模过程中的最终错误。

10.4　软计算混杂配置在聚合过程的应用

神经网络可以与其他 ML 工具相结合，从而开发出改进性能的方法，并在模拟、优化或自动控制等各种不同的应用中具有可能性。最常用的组合包括 ANNs 和进化算法，或神经网络和模糊系统。显然，可以用于组合的软计算技术的数量不限于两种。

例如，进化算法可用于：①优化神经网络的架构和参数；②评估神经模型输入处的最优参数集；③优化用神经网络建模的过程等。

关于第一个选项，一些研究人员认为，进化方法在确定神经网络的拓扑结构方面，比其他诸如试错法、经验或统计、模糊推理以及建设性或破坏性方法等技术，更有效[27, 28]。

进化算法搜索一组基因编码神经网络元素的染色体，寻找满足目标函数（称为适应度函数）的最佳（适应）个体。决定搜索进程的机制是基于选择、重组和变异的遗传算子。这样的问题通过多目标优化来确定，其中解决方案的空间由神经网络的不同拓扑组成，算法将从这些拓扑中选择最佳拓扑。该过程是迭代的，在每一步之后都会保留更好的解决方案[29]，在某些变体中，最高适应度的解决方案受到保护，使其不会丢失。参考文献 [30] 更详细地介绍了神经进化技术在神经网络设计中的应用。

一个例子是含有镧的聚二甲基硅氧烷 / 二氧化硅复合材料的荧光建模[31]，这是使用基于遗传算法（genetic algorithm，GA）设计的单独或堆栈聚合的 ANNs 方法来执行的。在此已经证明，用于确定神经模型拓扑结构的 GA 是一种高效、灵活的方法，能够以高概率获得接近最优的配置。

差分进化（differential evolution，DE）是另一种常用的进化算法，可应用于典型前馈神经网络空间内的全局搜索。Curteanu 等人将 DE 应用于模拟苯乙烯自由基聚合的神经网络设计[32]。该算法提供了良好结果，表明该方法是一种很有效的方法。

另一个例子[33]，是将其中一个由简化的唯象学模型和使用 DE 算法开发的神经网络组成的混杂模型，解决了苯乙烯的自由基聚合问题。这种方法值得注意的是，两个子模型的连接方式不同。假设通过执行以下步骤可以实现对单体转化率和聚合物分子量进行准确预测的最佳变量：①对于每个变量组合，凝胶效应出现的时刻是自动确定的；②直到这一关键时刻，现象学模型才被应用；③在关键时刻之后，应用 DE 算法设计了一个最优的神经模型。

不连续聚合过程的优化提出了与所拟定的目标、决策变量、数学求解方法、在优化过程中包含的模型以及多目标优化的具体方面有关的问题，其中目标函数是公式化的——可以是标量或者是向量。与发展数学模型相关的困难已在前几节中讨论过。传统优化方法的缺点是公认的[34]：①收敛到最优解取决于初始解的选择，因此无法保证得到的解是否是最优解；

②大多数算法往往会陷入次优解；③算法的效率取决于所解决问题的特殊性。

除了这些困难外，聚合过程通常还涉及多目标优化，这反过来又带来了新的问题。制定涉及多个目标的加权组合的标量目标函数，允许使用简单的算法进行求解，其结果很大程度上取决于权重的值，并且存在丢失最优解的风险。将目标函数表述为矢量，具有提供帕累托（Pareto）最优解集的优点。

由于这些优势，基于进化算法的技术正在取得进展。该算法提供了一种克服上述困难的方法，这既是因为其功能所基于的原则，也因为该算法在处理不同的变量或参数以提高其性能方面的灵活性。

已将具有标量多目标函数的 ANN + GA 组合应用于优化聚硅氧烷合成过程[35]。在该方法中，神经模型评估聚合物的转化率和分子量对反应条件的依赖性，包括温度、时间、催化剂和助催化剂的量等。优化的目的是使转化率最大化，并获得具有规定值的分子量。使用了一个简单的 GA，除了决策变量（反应条件）的最优值外，还计算了两个目标按比例组合的权重。

一个类似的问题，是基于一种更精细的机器学习变体，将该变体应用于确定反应条件（温度、催化剂浓度、反应时间和初始组成），这些条件导致在合成二甲基甲基乙烯基硅氧烷共聚物时的转化率最大化，并获得所需的分子量[36]。使用前馈神经网络对主要反应参数的时间变化进行建模，该网络随后计算了遗传算法的适应度函数，该函数是基于带精英策略的非支配排序遗传算法（non-dominated sorting genetic algorithm II，NSGA-II）的变体中构想的。目标函数为向量形式，因此优化问题的结果是由包含决策变量的最优值的非支配帕累托最优集（Pareto Front）表示的。

神经 - 模糊混杂系统结合了两种技术的优点，即模糊系统的显式、易于理解的知识与神经网络通过学习获得的隐式知识。这种机器学习方法的一个例子是熔融指数的在线监测，这是一个决定丙烯聚合过程中获得的产品质量的重要变量[37]。软传感器由两种变体组成：自适应模糊神经网络和与支持向量回归相关的自适应模糊神经网络，从而增强了参数调节功能。

聚丙烯熔融指数预测的相同问题[38]，使用了另一种神经网络、粒子群优化和模拟退火算法关联。使用 RBF 神经网络进行建模；其参数采用改进的群体优化粒子变量进行优化，并与模拟退火算法相结合，从而克服了两种单独优化方法的缺点。

Leon 及其同事讨论了使用几种机器学习技术来预测主链中具有介晶基团的共聚物的液晶特性，具体取决于一系列分子和结构描述符[39]。通过对使用前馈神经网络和分类算法（如决策树、最近邻和贝叶斯归纳法）获得的结果进行了比较，这些算法在一些如 C4.5 修剪、C4.5 未修剪、随机树、随机森林、朴素贝叶斯、最近邻、k- 最近邻和非嵌套的广义示例等变量中实现。最好的结果是由神经网络和 k- 最近邻法提供的。观察到该方法的效率主要与决定液晶特性的输入参数组的选择有关，这一点很重要。

10.5   机器学习技术在甲基丙烯酸甲酯自由基聚合中的应用

在本节中，我们将说明不同机器学习技术在 MMA 建模和优化中的应用。在此之前，唯象学模型是基于反应的动力学方案和扩散控制效应的量化提出的。我们还强调了唯象学建模的困难，以及包括人工智能工具在内的方法的优势。对于到目前为止提到的示例，将增加一个更完整的示例，涉及对不同的建模和优化变量（不同的机器学习技术）进行比较和分级，并明确了改进结果的目的。

在讨论 MMA 的正向和逆向神经模拟时[10]，正向模拟遵循单体转化率、聚合物的分子量和反应物质的黏度与时间、单体浓度和温度之间的相关性。逆向模拟作为优化变量，提供了导致转化率和分子量的预定值的反应条件。作为 ML 技术，使用前馈神经网络，具有一个或两个隐藏层，由试错法确定。考虑到可以选择对所有三个输出具有显著影响的输入变量，而网络具有一个或多个输出变量，因而为转化率、分子量或黏度设计单独的模型，或具有三个输出的单一模型。

图 10.6 展示了一个有趣的示例，其中比较了使用 MLP 神经模型（3：9：3：1）、唯象学模型和实验验证数据获得的单体转化率。神经网络模型能更好地捕捉到系统的行为。

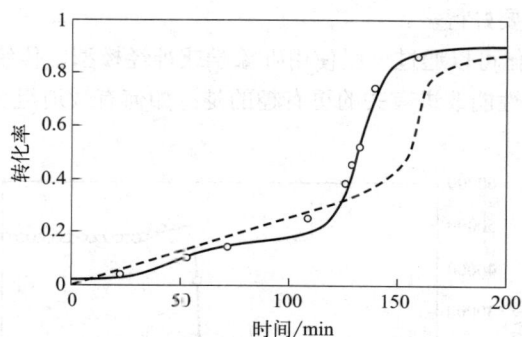

图 10.6　MLP 神经模型（3：9：3：1）（实线）、唯象学模型（虚线）
和实验验证数据（○）获得的 MMA 聚合中单体的转化率

表 10.1 给出了温度 T 和引发剂浓度 I_0 的值，从而得出预定的转化率 x 和数值平均聚合度 DP_n，结果通过两种优化方法获得：顺序二次规划算法（sequential quadratic programming，SQP）和逆神经建模（inverse neural modeling，INN）。这些程序的结果具有完整动力学模型提供的参考值 T 和 I_0。应该注意的是，INN 值非常接近参考值，因此证明该方法优于经典优化变体。

表 10.1　SQP 和 INN 提供的优化结果

x	DP_n	T（动力学模型）/℃	I_0（动力学模型）/(mol/m³)	T（INN）/℃	I_0（INN）/(mol/m³)	T（SQP）/℃	I_0（SQP）/(mol/m³)
0.9354	3761.9	50	40	50.4061	39.8552	55.1	19.4
0.9354	3761.9	50	40	50.4061	39.8552	50	40
0.9549	2092.9	60	30	59.3373	31.2988	64	18.1
0.9549	2092.9	60	30	59.3373	31.2988	60	30
0.9665	708.74	70	50	70.3659	49.4917	89.9	11.6
0.9665	708.74	70	50	70.3659	49.4917	70	50
0.9973	95.607	90	100	89.4078	95.9585	90	100

　　已经证明，混杂模型[40]对 MMA 建模非常有效，其改进的模型在分子量分布预测方面尤为明显。在该方法中，简化唯象学模型（不包括扩散控制效应的量化）以不同的方式与神经网络相结合：①应用唯象学模型产生的误差，而这种误差值随着转换率的增加而更高，已通过前馈神经网络进行校正；② ANN 被用于构建凝胶和玻璃效应的模型，为机械模型提供了足够（正确）的传播、终止和转移到单体的速率常数值，这些值都受到扩散的影响；③这两个模型交替使用，首先是唯象学模型，然后是神经网络模型，从所谓的临界转换点（即扩散效应变得显著点）开始。

　　对于第一种方法，图 10.7 和 10.8 显示了在训练和验证阶段，如何使用前馈神经网络，针对重量聚合度（难以建模的变量之一）校正近似唯象模型的残差。

　　对于第三种情况，图 10.9 说明了两个模型的连续使用，突出显示了与参考数据非常好的匹配。

　　应用上述三种变体中的一种，分别使用混杂模型，在 MMA 建模中得到的结果比使用单独或甚至堆叠神经网络时要好得多。

　　MMA 聚合过程的优化可以通过一些使用唯象学或神经模型、传统优化或进化算法的例子来说明，但与优化过程的性能改进有关的更有趣的是：如何有效地组合不同的方法。

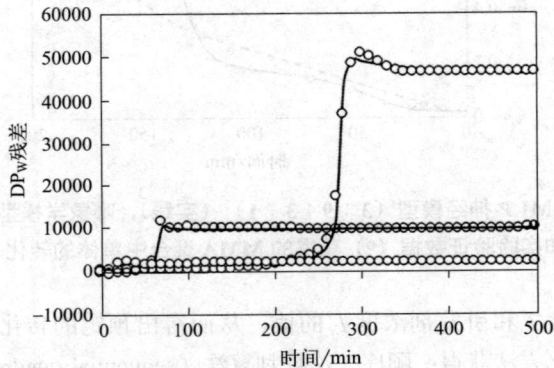

图 10.7　前馈神经网络在不同温度和不同引发剂浓度下对重量平均聚合度残差的训练结果

连续线代表训练数据；○代表神经模型

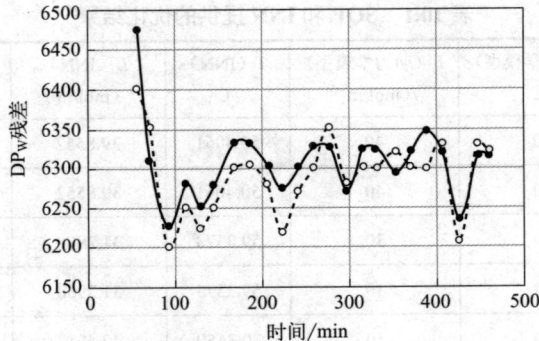

图 10.8　前馈神经网络对重量平均聚合度残差的验证结果

实线和虚线代表模拟数据；○代表神经网络预测

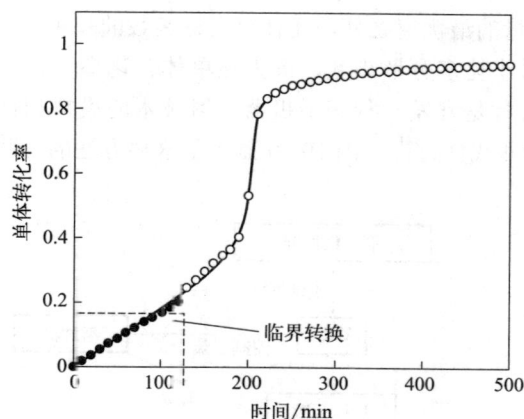

图 10.9 MMA 聚合得到的单体转化率

由简化的唯象模型（●）和神经网络（○）组成的混杂模型；实线代表完整的唯象学模型

第一个实施例[41]从 MMA 不连续聚合的完整唯象学模型（在第 10.2 节中给出）的使用开始，这是一个标量公式化的多目标函数，包括最小化反应时间（t）、最小化多分散性指数（Q），以及实现转化率（x）和聚合度（polymerization degree，DP_n）的强制值。决定变量是引发剂的初始浓度（I_0）和温度（T），由几个等温步骤表示。为了优化，应用了三种方法，并比较了不同方法的结果：基于顺序二次规划（sequential quadratic programming，SQP）的经典方法、GA 以及结合了 SQP 和 GA 的混杂技术（hybrid technique，HM）：GA 为 SQP 提供初始值。通过比较表明了所有三种方法的有效性，因为在多目标优化中，结果是部分目标之间的折中；因此，根据情况和优先目标，可以选择不同的结果。考虑到处理的易操作性、结果的准确性以及过程时间等因素，混杂方法似乎是推荐的方法。

举个例子：假设转化率 $x=0.96$，数均聚合度 $DP_{nd}=1800$，三种方法的结果如表 10.2 所示。

表 10.2 三种优化技术在 MMA 聚合中的应用结果

方法	$I_0/$（mol/m³）	$T/$℃	X	$t/$min	Q	DP_n
SQP	31.1	56.1	0.47	65.8	3.65	1840
		80	0.74	68.7		
		66	**0.94**	123.5		
GA	10	36.7	0.89	33.9	3.67	1797
		43.3	**0.99**	400		
HM	26.6	70.1	0.48	52.3	2.37	1799
		90	0.85	56.1		
		48.2	**0.88**	88.9		

另一种应用于 MMA 聚合的优化策略[40]是使用神经网络和 GAs。该过程使用前馈神经网络进行建模，并使用遗传算法进行训练，以确保接近最优的拓扑结构。随后，求解的方法包

括应用 GA，除了决策变量的最优值之外，还计算目标函数的权重，从而克服了标量目标函数的困难。优化的目的是最小化多分散指数，最大化单体转化率，并获得数值平均聚合度的预设值。该方法的更广泛目标是开发一种基于机器学习技术的模拟和优化的通用方法，并可以很容易地适应其他复杂的非线性过程。图 10.10 显示了这种方法的一些细节。

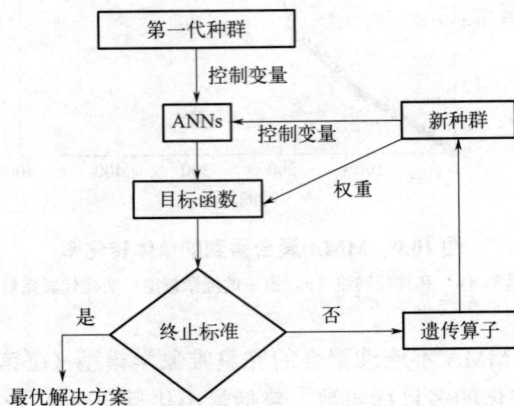

图 10.10 基于神经模型和遗传算法的优化过程

神经网络提供的预测通常具有很强的实用性，能够补充或替代可能在时间、材料和能源方面成本高昂的实验。鉴于这些模型的工作方式、预测时间和结果的准确性，建议将其用于在线优化控制程序。进一步的优势是神经网络类型、结构或与其他工具组合，以形成高效混杂配置所提供的各种可能性。

参 考 文 献

[1] Y. Tian, J. Zhang and J. Morris, Ind. Eng. *Chem. Res.*, 2001, **40**, 4525.

[2] S. Curteanu and V. Bulacovschi, *Modelarea si simularea reactiilor controlate de difuzie in polimerizarea radicalica*, Matrix Rom, Bucuresti, 2000.

[3] S. Curteanu and V. Bulacovschi, *Mater. Plast.*, 2001, **38**（3）, 168.

[4] S. Curteanu, V. Bulacovschi and M. Constantinescu, *Hung. J. Ind. Chem*, 1999, **27**, 287.

[5] W. Y. Chiu, G. M. Carrat and D. S. Soong, *Macromolecules*, 1983, **16**, 348.

[6] S. Curteanu, V. Bulacovschi and C. Lisa, *Polym.-Plast. Technol. Eng.*, 1999, **38**（5）, 1121.

[7] R. A. M. Noor, Z. Ahmad, M. M. Don and M. H. Uzir, *Can. J. Chem. Eng.*, 2010, **88**, 1065.

[8] S. Curteanu, *Cent. Eur. J. Chem.*, 2004, **2**（1）, 113.

[9] F. A. N. Fernandes and L. M. F. Lona, *Braz. J. Chem. Eng.*, 2005, **22**, 323.

[10] W. M. Chan and C. A. O. Nascimento, *J. Polym. Sci*, 1994, **53**, 1277.

[11] S. Curteanu and H. M. Cartwright, *J. Chemom.*, 2011, **25**（10）, 527.

[12] S. Curteanu, A. Dumitrescu, C. Mihăilescu and B. Simionescu, *Polym.- Plast. Technol. Eng.*, 2008, **47**, 1061.

[13] J. Zhang, E. B. Martin, A. J. Morris and C. Kiparissides, *Comput. Chem. Eng.*, 1997, **21**, s1025.

[14] J. C. B. Gonzaga, L. A. C. Meleiro and C. R. Kiang, *Comput. Chem. Eng.*, 2009, **33**（1）, 43.

[15] J. Wei, Y. Xu and J. Zhang, *Proceedings of the 2002 IEEE International Conference on Control*

Applications, Glasgow, Scotland, U.K., 2012, p. 397.

[16] E. Fiesler and R. Beale, *Handbook of Neural Computation*, IOP Publishing Ltd. and Oxford University Press, 1997.

[17] S. Curteanu and C. Petrila, *Int. J. Quantum Chem.*, 2006, **106**, 1445.

[18] Y. Tian, J. Zhang and J. Morris, *Chem. Eng. Process.*, 2002, **41**, 531.

[19] J. Principe, N. Euliano and C. Lefevre, *Neural and Adaptive Systems*: *Fundamentals Through Simulations*, Wiley & Sons, 2000.

[20] S. Curteanu, A. Dumitrescu, C. Mihailescu and B. Simionescu, *J. Macromol. Sci., Part A*, 2009, A46, 368.

[21] S. Curteanu, C. Racles and V. Cozan, *J. Optoelectron. Adv. Mater.*, 2008, **109120**, 3382.

[22] W. Haiyan, C. Liulin and J. Wang, *J. Process Control*, 2012, **22** (9), 1624.

[23] S. Curteanu, F. Leon and C. G. Puleac, *Macromol. React. Eng.*, 2010, **4** (9-10), 591.

[24] M. P. Vega, E. L. Lima and J. C. Pinto, *Braz. J. Chem. Eng.*, 2000, **17** (04-07), 471.

[25] C. A. O. Nascimento, R. Giudici and N. Scherbakoff, *J. Appl. Polym. Sci.*, 1999, **72**, 905.

[26] M. Hinchliffe, G. Montague, M. Willis and A. Burke, *AIChE J.*, 2003, **49**, 3127.

[27] M. Dam and N. D. Saraf, *Comput. Chem. Eng.*, 2006, **30**, 722-729.

[28] P. G. Benardos and G. C. Vosniakov, *Robotics Comput. Int. Manufact.*, 2002, **18**, 343.

[29] P. G. Benardos and G. C. Vosniakov, *Eng. Appl. Artif. Intell*, 2007, **20**, 365.

[30] H. M. Cartwright and S. Curteanu, *Ind. Eng. Chem. Res.*, 2013, **52** (36), 12673.

[31] S. Curteanu, A. Nistor, N. Curteanu, A. Airinei and M. Cazacu, *J. Appl. Polym. Sci.*, 2010, **117**, 3160.

[32] S. Curteanu, F. Leon, R. Furtuna, E. N. Dragoi and N. Curteanu, in *IEEE World Congress on Computational Intelligence*, International Joint Conference of Neural Networks, *18-23 July, 2010*, Barcelona, Spain, p. 1293. IEEE Cat. Number: CFP10IJS-DVD, ISBN: 978-1-4244-6917-8.

[33] L. Ghiba, E. N. Dragoi and S. Curteanu, *J. Applied Polym. Sci.*, in press.

[34] K. Deb, *Optimization for Engineering Design*: *Algorithms and Examples*, Prentice Hall, New Delhi, India, 1995.

[35] S. Curteanu and M. Cazacu, *Rev. Roum. Chim.*, 2008, **33** (2), 1141.

[36] R. Furtuna, S. Curteanu and F. Leon, Buletinul Universitatii Petrol-Gaze, *Ploiesti*, 2009, **3**, 161.

[37] M. Zhang and X. Liu, *Chemom. Intell. Lab. Syst.*, 2013, **126**, 83.

[38] J. Li and X. Liu, *Neurocomputing*, 2011, **74950**, 735.

[39] F. Leon, S. Curteanu and N. Hurduc, *Mol. Cryst. Liq. Cryst.*, 2007, **469**, 1.

[40] S. Curteanu and F. Leon, *Polym.-Plast. Technol. Eng.*, 2006, **45**, 1013.

[41] S. Curteanu, F. Leon and D. Galea, *J. Appl. Polym. Sci.*, 2006, **100**, 3680.

第 11 章

分子药物发现中的机器学习和打分函数（SFs）：预测和表征可成药药物和靶标

I. L. HUDSON,[*a] S. Y. LEEMAQZ[b] 和 A. D. ABELL[c]

[a] 澳大利亚维多利亚，墨尔本，皇家墨尔本理工大学（Royal Melbourne Institute of Technology，RMIT），科学、工程和卫生学院，数学科学部

[b] 南澳大利亚，阿德莱德，阿德莱德大学，阿德莱德医学院，罗宾逊研究所

[c] 南澳大利亚，阿德莱德，阿德莱德大学，阿德莱德节点主任纳米级生物光子学中心（Centre for Nanoscale BioPhotonics，CNBP），化学系

[*]Email：irene.hudson@rmit.edu.au

11.1 引言

药物分子的化学结构影响其物理化学性质和生物活性。Lipinski（利宾斯基）[1-4] 的五规则（Rule of Five，Ro5）彻底改变了科学家探索分子景观的方式。Ro5 的引入在科学界引发了大量争论，争论的焦点是利用分子参数（molecular parameters，MPs）和其他因素来划分化学空间的最佳方法。迄今为止，出现了许多不同的规则、过滤器和模型，试图根据各种不同的参数和因素来划分分子和靶标，已证明，其中一些比其他方法更有效。Ro5 是一种基于四个简单分子特性（molecular properties，MPs）的过滤器：亲脂性（分子溶解在脂肪或脂质中的能力），以辛醇 / 水分配系数（octanol/water partition coefficient，$\log P$）测量 ≤ 5，分子量（molecular weight，MW）≤ 500Da，氢键供体数量（number of hydrogen bond donors，HBD）≤ 5 和氢键受体（number of hydrogen bond acceptors，HBA）的数量 ≤ 10。这些分界点是基于辉瑞公司高通量筛选的结果，并表明分子量较低、亲水性更强（极性较大）的分子更有可能成功进入药物开发的下一阶段 [5]。Lipinski 进一步指出，违反两个或两个以上 Ro5 规则的分子不太可能具有成功开发为口服生物有效药物的特性 [6,7]。尽管 Ro5 过滤器只能应用于使用被动运输吸收方法的药物，但这对制药工业中使用探索方法的方向和性质产生了重大影响 [5]。尽管如此，Ro5 分类仍然是一种常用的衡量分子可成药性潜力的方法。

然而，许多具有药理活性的分子未能上市或者给药途径存在问题，部分原因是其固有的化学结构。近年来，围绕这一缺陷的原因被揭示出来，化学家现在正集中精力研制功效更强效的新药 [8]。Rafferty[9] 进一步证实了这一点，并讨论了工业界与学术界教授的药物探索技术之

间的差异。由于吸收、分布、代谢、排泄和毒性（absorption, distribution, metabolism, excretion, and toxicity，AMDET）特性和药代动力学较差，表现出较差理化特性的候选药物更有可能被淘汰。人们认为，通过减少在临床前开发过程中逐渐淘汰的潜在候选药物的数量，可以投入更多的时间和资源来开发进入发现过程后期的候选药物。

在 Lipinski 工作的基础上，最近的一些研究探索了对药物分类最为重要分子的物理化学参数。许多研究人员报道认为，亲脂性是一种重要的 MP，因为该参数对其他一些参数都有贡献，如化合物的溶解性、渗透性、混杂性（即多靶点作用性）和选择性[10]。亲脂的测定也引发了关于哪种计算（分配系数（log$D$）或 Lipinski 最初提出的 log$P$），最能准确地捕捉其分子值的争论[5, 11, 12]。根据一项研究报道[13]，尽管 log$P$ 是一个有用的亲脂性描述符，但 log$P$ 不能解释分子暴露于不同生物 pH 值时的电离状态变化。目前市面上出售的许多药物都具有电离性质[13]，从而支持了 log$D$ 的使用的合理性。然而，迄今为止，有些研究仍然使用 log$P$ 作为亲脂性的衡量标准。最近报道了进一步研究更合适的亲脂性测量方法，及其对准确地确定类药性分类的影响[11-12, 14-16]。这些研究表明，log$P$ 值在分子的可成药状态下与分子量有关。为了解释由于 pH 值和离子化水平之间的相互作用而存在的这种变化，log$D$ 被认为是一种更准确的亲脂性生物学测量方法[11, 12]。

化学家和数据科学家努力可靠地扩大化学空间中可能产生可行药物的领域，而且这种努力一直在不断增长。事实上，最近出现了一个重要的发展势头，即在所谓的药物相似性空间之外，在 Ro5 空间之外[3]，到所谓的超越 Ro5（beyond Ro5，bRo5）空间之外，或"中间空间"[17] 和扩展的 Ro5（expanded Ro5，eRo5）[17]，以解决困难的靶标——特别关注最新的治疗候选物和靶标[8, 18]。最近，由于缺乏口服生物利用度，许多疾病靶点被归类为"不可成药性"[19-21]。通常，此类靶标具有位点空腔大、高度亲脂性、柔性、极性和无特征性的结合位点。药物发现中一个正在进行的主要问题是，为具有更高分子量（molecular weight，MW）和更强亲脂性的困难靶标选择化合物[22]。有人提出，在 MW、极性表面积（polar surface area，PSA）、log$P$、HBD 和 HBA 的所谓可成药性化学空间范围内的显著扩展，可以为困难靶点提供口服临床候选药物[17]。最近对候选分子的研究表明，bRo5 空间增加了发现口服活性和细胞渗透性化合物的可能性，并突出了候选分子在调节困难靶标的能力[23]。表 11.1 给出了描述这种化学空间扩展的"可成药性"的载体中，每个 MP 分子分界点（或截止点）的定义。

表 11.1　基于 ADMET 的主要可成药性规则列表。表改编自 Mignani 等人[48]①

主要规则（和作者）	与 MP 分界点的相关参数
Ghose 等规则[71]	MW：160 ～ 480，log$P$：-0.4 ～ 5.6，ROT：20 ～ 70，摩尔折射率范围：40 ～ 130
Lipinski's Ro5[6]	MW（Da）≤ 500，c log$P$ ≤ 5，HBA ≤ 10，HBD ≤ 5
Oprea & Gottfries[52]	0 ≤ HBD ≤ 2，2 ≤ HBA ≤ 9，2 ≤ ROT ≤ 8，1 ≤ NATOM ≤ 4
Ro5 的拓展（Veber 等[49]）	Lipinski 限制 +PSA（A°）≤ 140，ROT ≤ 10
Ro4（Congreve 等[72]）	MW（Da）≤ 400，c log$P$ ≤ 4，HBA ≤ 8，HBD ≤ 4，PSA ≤ 120
Ro3（Congreve 等[72]）	MW（Da）≤ 300，c log$P$ ≤ 3，HBA ≤ 6，HBD ≤ 3，PSA ≤ 60
Ro2（Goldberg 等[73]）	MW（Da）≤ 200，c log$P$ ≤ 2，HBA ≤ 4，HBD ≤ 2

续表

主要规则（和作者）	与 MP 分界点的相关参数
Golden Triangle 规则（Johnson 等 [74]）	$200 \leqslant MW \leqslant 500$, $-2 \leqslant clogD \leqslant 5$
Pfizer 规则（Lewis 等 [75]）	$clogP>3$, $PSA<75$
Hudson 等 [47]	MW（Da）$\leqslant 305$, $logP \leqslant 1.9$, HBD $\leqslant 4$, HBA $\leqslant 7$, HBD +HBA $\leqslant 11$, PSA（A^0）$\leqslant 65$, ROT $\leqslant 7$, NATOMS $\leqslant 40$, N NRING $\leqslant 2$, Halogens $\leqslant 2$
bRo5（Doak 等 [19,20]）	MW（Da）>500, $clogP/clogD<0$ or>7.5, HBA>10, HBD>5, PSA（A^0）>200, ROT>20
CNS 药物空间（Wager 等 [76]）	$MW=305.3$Da, $clogP/clogD=2.8/1.7$c, HBD=1, PSA=44.8（A^0）, 形式电荷 $=8.4$c.
eRo5（Doak 等 [17]）	MW：$500 \sim 700$（Da）,$clogP$ 范围：$0 \sim 7.5$, HBD $\leqslant 5$, HBA $\leqslant 10$, PSA（A^0）$\leqslant 200$, ROT $\leqslant 20$.
Ursu et al.[42]	MW（Da）$\leqslant 324.8$, $clogP \leqslant 2.43$, HBA $\leqslant 5$, HBD $\leqslant 1$, PSA（A^0）$\leqslant 67.2$, ROTr4
Hudson et al.[14]	MW（Da）$\leqslant 305$, $logD \leqslant 3.5$, $logP \leqslant 1.9$, HBD $\leqslant 4$, HBA $\leqslant 7$, PSA（A^0）$\leqslant 65$, ROT $\leqslant 7$, NATOMS $\leqslant 40$, NRING $\leqslant 2$, Halogens $\leqslant 2$

① bRo5：超越 Ro5 的规则；CNS：中枢神经系统；eRo5：扩展 Ro5 的规则；Halogens：卤素原子个数；HBA：氢键受体数；HBD：氢键供体数；logD：分配系数；logP：辛醇 / 水分配系数；MW：分子量；NATOMs：N 和 O 原子数；NRING：环数；PSA：极性表面积；ROT：可旋转键的个数；RoX：X 的规则。

　　在此，我们向读者推荐两篇综述。首先是一篇对计算工具的早期综述，以便按 bRo5 化合物和不同靶标的分子要求建立一个合适的配方策略。作者建议，启用用于预测"制剂复配能力"的配方策略，可能会增加口服能用的靶标数量 [24]。其次是最近对化学和药学方法的综述，这些方法有助于克服与结构相关的问题，并获得可接受的 ADMET 特性，这是通过化学修饰和制剂技术应用来改善药物相似性 [25]（另见 Hudson 的最近综述 [16]）。

　　近年来，机器学习在确定可成药性分子的可靠分类方面发挥了越来越大的作用 [26]。特别是，研究表明，递归划分（recursive partitioning，RP）、随机森林（random forests，RFs）[27]、支持向量机（support vector machines SVMs）[28] 和人工神经网络（artificial neural networks，ANNs）[5]，在这一领域得到了越来越广泛的应用 [16,29-38]。分类方法，如 RP、朴素贝叶斯（naive Bayes，NB）[39] 和 SVM[34] 等方法，已被用于将小分子分类为可成药性和不可成药性化合物。在 ADMET 评估中 [40]，已证明朴素贝叶斯方法比 RP 和 SVM 能提供更准确的结果 [39]。相比之下，在早期药物研究中，与其他分类方法相比，SVM 显示出非常好的分类结果 [41]。

　　小分子配体（候选药物）与高分辨率蛋白质结构的高通量对接，现在是药物发现标准的计算方法 [42]。高通量对接可以很好地正确识别配体的结合模式，但相关的打分函数在预测结合亲和力方面的成功率依然很低 [43]。有趣的是，最近提出了一种混杂的自组织映射图（self-organizing map，SOM）神经网络方法，作为评估治疗白内障的钙蛋白酶（calpain）配体（小药物分子）对接实验的计算工具 [44,45]。该文作者展示了，添加化学 - 物理结构，更好地识别用于治疗白内障的钙蛋白酶分类的良好候选药物的价值。最近，Hudson 等人 [14] 研究了基于10 个物理化学 MPs 的支持向量机（SVM）和快速原型（RAPID PROTOTYPING，RP）方法的性能，成功地对打分高低的违规小分子（配体）进行分类 [根据混合偏态分布模型 [46] 和

logit 模型，由最佳分界点 C=5 定义。然后利用 RP 和 SVM 对打分高的分子违规者和打分低的分子违规者（<5）进行分类］。他们还表明，与简单的分子描述符结合使用的 SVM 方法，提供了对 MPs 违规计数的打分函数的可靠评估，Hudson 等人早些时候建议[47]，将分子化学空间划分为所谓的可成药性与不可成药性分子。

我们请读者参考表 11.2 所示的一份基于物理化学 MPs 预测成药性的机器学习［人工智能（Artificial Intelligence，AI）的子集］研究的摘要。值得注意的是，虽然人工智能和深度学习（deep learning，DL）的最新发展并不新鲜，但在高性能计算、训练所需的大型注释数据集的可用性，以及实现深度神经网络的新框架开发等方面的最新进展，已经导致药物基因组学和分子（网络）生物学领域的空前加速发展。我们还请读者参考最近关于药物发现 DL 方法的综述[16]和用于预测分子药物相似性及其疾病或器官类别的机器学习方法的综述[26]。

表 11.2　基于理化分子特性的机器学习在药物可成药性预测中的应用①

参考	数据库	机器学习算法	结果
Nayal & Honig[77]	PDB	RF 随机森林	平行错误率 =7.2%，C=77%，精度 =87.02%
Li et al.[78]	Drugbank		C=74%
Hajduk et al.[79]	基于核磁共振的筛选数据集	回归分析	R^2=72，调整后的 R^2=0.65，留一法 Q^2=0.56
Zhu et al.[80]	Drugbank	SVM 支持向量机	AUC=69.21%，精度 =90%，SD（标准差）<2%
Volkamer et al.[81]	NRDD		AUC 为 ROC 曲线下与坐标轴围成的面积
Costa et al.[82]	Yıldırım et al.[83]	基于决策树的元分析	AUC=82%，精确度 =74.8%
Jeon et al.[35]	Drugbank-Therapeutics Target Database	SVM- 递归特征消除（SVM-RFE）	平均精度 =91.69%，平均特异性 =91.9%，平均 AUC=78%
Jamali et al.[34]	Drugbank	支持向量机、神经网络、k-最邻近算法、朴素贝叶斯算法、随机森林算法和决策树	精度 =89.78%～95%%，MCC=0.79，AUC=95.4%
Mayr et al.[36]			MCC 为马修斯（Matthews）相关系数
Ofran et al.[84]	PDB	碎片化特征	精确度 =72%，平均召回率 =82%
Prasanthi et al.[85]	PDB	SVM 和决策树	可靶向蛋白质的分类准确率在 64%～71% 之间，非靶向蛋白质的分类准确率在 85%～85.8% 之间
Hudson et al.[47, 86]	Drugbank	SOMs of MPs	基于 9 个预测因子的打分，不包括 l gD，但使用 log$P$ 正确分类了 66.43% 的可成药性（Ro5 规则符合）分子和 99% 的非可成药性。准确度 =82.18%
Hudson et al.[47]	Drugbank	高斯混合模型和隐马尔可夫聚类模型，贝叶斯聚类和支持向量机	最佳的非贝叶斯混合模型表现出 88% 的标准误差（SE）和 95% 的样本率的标准误差（SP）。贝叶斯模型 -88% SE 和 100% SP。最佳 SVM 模型 -99% SE 和 98% SP

续表

参考	数据库	机器学习算法	结果
Chatterjee et al.[87]	nrDSSP	前馈神经网络	预测精度范围为 75.58% ~ 77.48%
Hudson et al.[44,45]	钙蛋白酶抑制剂数据集	SOMs 和 ANN，k 表示混杂聚类	SOMs 显著减少了 64% 的假阴性和 26% 的假阳性
Hudson et al.[14]	Drugbank	偏态分布混合分类，SVM 和 RP	SVM 达到 AUC=98.1%，置信区间 CI（97% ~ 99.2%），SE=93%，SP=98%；校正数 C=0.82 递归分配（RP）达到 AUC=95.3%，CI（93.1% ~ 97.5%），SE=92%，SP=89%，C=0.809

① ANN：人工神经网络；AUC：曲线下面积；$logD$：pH 依赖的辛醇 / 水分配系数；$logP$：辛醇 / 水分配系数；MPs：分子参数；RF：随机森林；Ro5：五规则；RP：递归分配；SOMs：自组织映射；SVM：支持向量机。

如前所述，先导物的发现或先导物的优化包括测试化合物的构效关系，然后通过实验合成和筛选选定的化合物。已经证明，对化合物的结构和物理化学性质的分析，可以增加候选分子对特定靶标的活性概率，以及通过临床前开发分子的最终生存能力。因此，有许多研究人员试图通过增加 MPs 来改进 Lipinski 的 Ro5 过滤器，并为每个 MPs 创建不同的违规截止点[14,15,48]。许多物理化学性质[49-52]，包括 Lipinski 的 Ro5[3,6]，后者被称为经验，已被用于改善 ADMET 的性质[10,40,53]。需要注意的是，分子描述符向量的类型和长度会影响化学表征的细节，而特征集的选择取决于预期的描述深度。最近的一项研究[14]，涉及 Lipinski Ro5 的原始 4 个变量和额外的 6 个 MPs[PSA、可旋转键数（number of rotatable bonds，ROT）、环数（NRING）、卤素数（halogen）、N 和 O 原子数（NATOMs）和 $logD$）的打分可行性。他们比较了违规测试 C=3、4 或 5 的最佳分界点 C，确定优化类药物分类的违规最有效分界点小于或等于 5[14]。表 11.1 列出了基于 ADMET 的主要药物可成药性规则。

本章的目的有两个：①提出计算方法，以确定可成药药物的疾病靶标；②确定哪种 ANNs 或 RF 程序以及哪种打分函数最能划分疾病靶点空间。对于先前研究的数据集，这一点尚未正式确立[14]，从而间接表明，具有 5 个以上违规行为的分子在经验上与特定疾病靶点相关，但本研究没有使用与 172 个疾病靶点相关的实际靶点打分测试机器学习方法，正如最近在 Hudson 等人[15]中所做的那样，并扩展到包括本章中基于主成分分析（principal component analysis，PCA）的靶标指标。Leemaqz 等人[54]最近的初步研究使用 SVM 和 RPs 直接对与特定疾病靶点相关的分子的中位值分数进行了研究，结果表明，与 RP 相比，SVM 在划分基于 $logD$ 的中位数分数为 4 或更高的靶标时更具优势。在本章中，将这项工作扩展到 ANN 和 RF 分析，并使用非 PCA 结构（基于原始数据）和基于 MPs 和靶标的相应 PCA 结构。我们使用与 Hudson 等人[14,15]报告中的切割点对齐的切割点，并在一定程度上修改 Leemaqz 等人的[54]切割点。

本章中评估的原始 MPs 和基于 PCA 的 MPs 的打分函数，以及基于靶标中位数的评分，包括 Ro5[1-3]的 4 个传统参数加上 5 个额外的 MPs：PSA、ROT、NRING、NATOMs，以及 $logP$ 和 $logD$。最近，与传统上使用 Lipinski 规则的渗透系数 $logP$[13]相比，认为 $logD$ 是更好的渗透预测因子[11,12]。Hudson 等[14,47]为解释物理化学性质的分子（计分违规）制定了可成药性规则，并为 10 种可能的 MPs（包括 $logP$ 和 $logD$，作为候选）中的每一种推导出了新的分界点。表 11.1 中报告的这些分界点基于混合聚类判别分析方法[55]，并显示与 MPs 子集最近报告的分界点基本一致[14,42]（表 11.1）。在本章中，使用这些 MP 分界点[14,47]来推导每个分子违规的打分函数，并针对每个靶标，测试分界点 C=3、4 或 5。

11.2　数据与方法

11.2.1　分子和疾病靶标的数据和可成药性打分

我们分析了 DrugBank 数据库中的 1279 个小分子[56]，这是一个具有独特的生物信息学和化学信息学资源，将详细的药物（即化学、药理学和药学）数据与药物靶点（即序列、结构和途径）信息相结合，包含 6711 个药物条目（候选分子如表 11.3 所示）。总共有 105 个 Ro5 违规的分子，681 个口服的和 598 个非口服的给药模式。在这项研究中，发现了代表 1279 个分子的 172 个靶标，并获得了给定靶标中分子的打分中位数；在给药方式中，其中 99 个靶标主要是口服给药，73 个是非口服给药。

表 11.3　DrugBank3.0 的候选分子的信息（DB01048 Abacavir）

药物数据库 ID 号名字 CAS 号	分子量 分子式	化学结构式	分类	治疗的适应证
DB01048 Abacavir 136470-78-5	286.3323 $C_{14}H_{18}N_6O$		抗 HIV 药物 / 核苷和核苷酸逆转录酶抑制剂 / 逆转录酶抑制剂	用于治疗 HIV-1 感染，与其他抗逆转录病毒药物联合使用

具体来说，我们根据最近的筛选打分研究了 MP 打分函数[14]，其中小于或等于 4（或 5）违规的分子被视为可成药性分子。每个分子的打分函数根据建模的 8 或 9 个 MPs 对违规的次数求和。每个 MP 的过滤打分如下所示：亲脂性 $\log P \leqslant 1.9$，疏水性 $\log D \leqslant 3.5$，分子量 MW $\leqslant 305$Da，HBD $\leqslant 4$，HBA $\leqslant 10$，PSA $\leqslant 140$Å，ROT $\leqslant 7$，环数 $\leqslant 2$，NATOMs $\leqslant 40$（见表 11.1）。注：如前所述，$\log D$ 为 3.5 的分界点小于 5.5[13]。在本章中，我们测试模型，包括作为亲脂性变体的 $\log D$ 或 $\log P$，并应用 ANN 和 RF 方法对模型进行测试，以对原始 MP 数据或原始靶标中值数据以及靶标和 MPs 的相应基于 PCA 的维度（Dim）进行基于打分的划分。

11.2.2　打分函数对分子参数（MPs）和靶标的描述

表 11.4 显示了所分析的 MPs 的描述，根据 C=4 或 C=5 分界点的打分 $\log D$ 进行分类，其中 MP 参数集不包括 $\log P$，因为 $\log D$ 是最优的。此外，表 11.4 给出了化学空间中 Ro5、bRo5 和 eRo5 区域内的分子数量和百分比（如表 11.1 所定义），以及最近通过偏态混合模型分析确定为良好药物的分子数量和百分比[14]。本章总结了后一项研究，确定了 928 个和 351 个具有打分分别为 $\leqslant 4$ 和 >4 的分子（表 11.4）。在 928 个打分较低违规的分子中，86.2% 也被偏态混合模型鉴定为良好药物[14]。然而，在 351 个高分违规的分子中，只有 53% 的分子被偏态混合模型鉴定为良好药物。虽然 1174 个分子遵循 Ro5，但这些分子中只有 34 个（3%）符合 eRo5

标准，其中 11 个分子位于 Ro5 区域之外，其中 6 个（18%）打分较低（≤ 4），82% 的分子打分高于 4 分（参见表 11.4）。在完整的数据集中，发现 614 个分子位于 bRo5 空间中，所有这些分子都符合 Ro5 标准违规分子，其中 23% 的打分 ≤ 4，而 77% 的打分 > 4（参见表 11.4）。

表 11.4　按打分 log$D$ 的分界点 C=4 或 5 对平均 MPs 进行分类描述

log$D$ 打分	分子数 n/%	MW	log$P$	log$D$	HBA	HBD	PSA	ROT	NATOM	Nring	Ro5 可成药性数 n/%	bRo5 n/%	eRo5 n/%	偏态模型良好的可成药性 n/%
≤ 4	928 (72.6)	262.7	1.7	1.6	3.7	1.5	63.9	3.5	35.4	2.1	926 (99.8)	473 (51.0)	6 (0.6)	800 (86.2)
> 4	351 (27.4)	519.5	1.8	1.4	8.7	3.6	146.7	8.2	68.7	3.7	248 (70.7)	141 (40.2)	28 (8.0)	186 (53.0)
≤ 5	1068 (83.5)	282.4	1.8	1.7	4.1	1.6	68.3	4.0	38.0	2.2	1058 (99.1)	559 (52.3)	14 (1.3)	904 (84.6)
> 5	211 (16.5)	590.4	1.4	1.0	10.2	4.6	179.1	9.0	77.2	4.0	116 (55.0)	55 (26.1)	20 (9.5)	82 (38.9)

表 11.5 报道了根据中位打分 4 的 log$D$ 和口服状态分类的具有最高分子代表性的前 12 个靶标。图 11.1 显示了这些靶标的部分分子描述符模式，显示了靶标之间的不同分布模式[14]。表 11.6 中给出了对分界点 C=4 或 5 打分的 log$D$ 分类的基于靶标的中位数的描述。我们确定了 37 个靶标（21.5%）的显示高打分 > 4，除了 log$D$ 和 log$P$ 之外，所有参数总是与显著更高的靶标中位数相关，其中后两个 ADMET 特性与分子的疏水性或亲脂性有关。这种相似性部分反映了早期的一项发现，该发现表明高分违规者（无论是靶标还是 MPs）的 log$D$ 和 /log$P$ 都倾向于负值[14, 15]。对于打分 > 5 的 18 个靶标，观察到类似的模式（参见表 11.6）。

表 11.5　对于打分 4 分的 log$D$ 和口服与否的前 12 个靶标的描述

靶标	分子总数（n）	中位数 4 的 log$D$	口服药分子数	口服与否
佐剂	25	1	14	口服
抗焦虑药	26	3	20	口服
降压药	35	4	17	非口服
膳食药	40	1	11	非口服
抗肿瘤药	57	3	28	非口服
抗炎药	61	3	40	非口服
抗感染药	40	1	23	口服
抗菌药	92	6	42	非口服
麻醉药	30	1	6	非口服
止痛药	48	2.5	30	口服
肾上腺素能药	98	3	62	口服
抗过敏药	27	4	12	非口服

MW分布

佐剂药	288.42
抗焦虑药	314
降压药	380.65
膳食药	166.16
抗肿瘤药	305.2
消炎药	314.35
抗感染药	268.81
抗菌药	453.66
麻醉药	243.31
镇痛药	285.33
肾上腺素能药	278.9
抗过敏药	343.89

PSA分布

佐剂药	52.65
抗焦虑药	51.01
降压药	110.44
膳食药	89.33
抗肿瘤药	75.34
消炎药	70.91
抗感染药	84.81
抗菌药	180.82
麻醉药	35.33
镇痛药	49.55
肾上腺素能药	66.02
抗过敏药	43.42

$\log D$分布

佐剂药	2.35
抗焦虑药	2.67
降压药	2.17
膳食药	−2.81
抗肿瘤药	2.77
消炎药	2.82
抗感染药	0.87
抗菌药	−1.49
麻醉药	2.55
镇痛药	2.41
肾上腺素能药	1.8
抗过敏药	3.58

HBD分布

佐剂药	1
抗焦虑药	0
降压药	2
膳食药	3
抗肿瘤药	2
消炎药	1
抗感染药	2
抗菌药	3.5
麻醉药	1
镇痛药	1
肾上腺素能药	2
抗过敏药	0

$\log P$分布

佐剂药	2.3
抗焦虑药	2.95
降压药	2.4
膳食药	−2.45
抗肿瘤药	2.5
消炎药	2.6
抗感染药	
抗菌药	0.2
麻醉药	2.35
镇痛药	2.3
肾上腺素能药	2.08
抗过敏药	3.4

HBA分布

佐剂药	3
抗焦虑药	4
降压药	6
膳食药	4
抗肿瘤药	5
消炎药	5
抗感染药	5
抗菌药	10
麻醉药	3
镇痛药	3
肾上腺素能药	4
抗过敏药	4

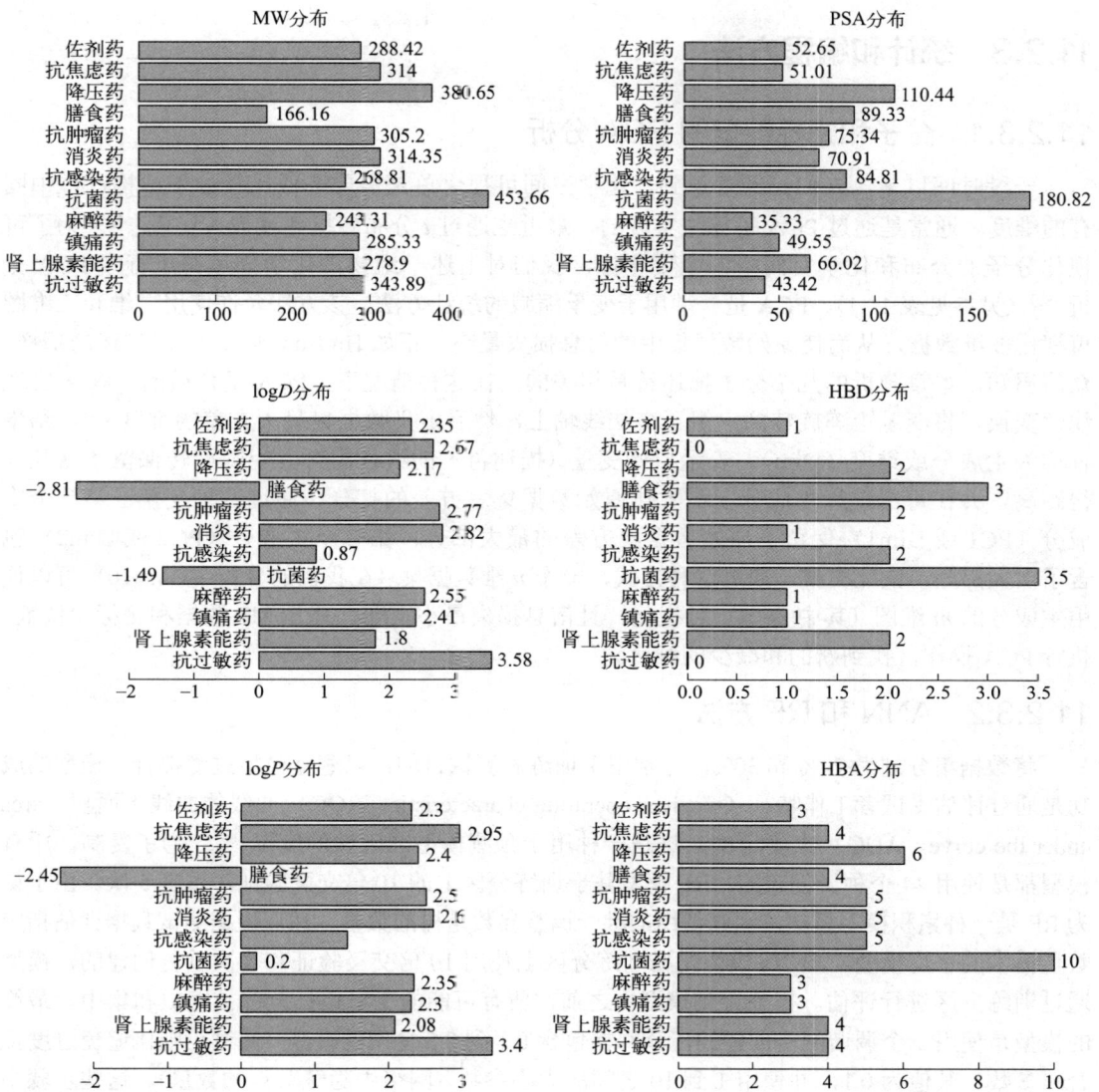

图 11.1　前 12 个靶标的分子描述符模式（来源于 Hudson 等人[14]）

表 11.6　按打分 $\log D$ 的分界点 $C=4$ 或 5 对基于靶标的中位数进行分类描述

靶标打分 $\log D$	靶标数 n/%	分子量中值	$\log P$中值	$\log D$中值	HBA中值	HBD中值	PSA中值	ROT中值	NATOMS中值	NRING中值
≤4	135（78.5）	285.7	2.0	2.0	3.8	1.5	63.4	4.0	38.2	2.2
>4	37（21.5）	475.3	2.3	2.1	7.2	2.9	122.4	8.4	64.3	3.5
≤5	154（89.5）	303.5	2.1	2.1	4.0	1.5	66.1	4.5	41.0	2.3
>5	18（10.5）	523.4	1.4	1.0	9.0	4.1	161.4	9.1	68.1	3.7

注：HBA—氢键受体数；HBD—氢键供体数；PSA—极性表面积；ROT—可旋转键的个数；NATOMS—氮和氧原子数；NRING—环数。

11.2.3 统计和编程方法

11.2.3.1 分子和靶标数据的 PCA 分析

一段时间以来，人们已经意识到，化学空间可视化总是需要降低比较分子结构过程中固有的维度。通常是通过 PCA 等算法实现的，最近也通过 t 分布随机邻域嵌入实现[57]。为了可视化分子的分布和化学空间中的主要靶标，我们对上述一组物理化学描述符进行了 PCA 分析[58]（另参见表 11.1）。PCA 是一种用于变量缩减的统计方法，该方法允许使用二维和三维图可视化多维数据，从而使原始数据集中的信息损失最小。正如 Hudson 等人[14]所详述的那样。众所周知，本章分析的几个分子描述符是相关的，在这种情况下，PCA 是合适的。PCA 实现线性变换，将变量矩阵旋转到一组正交法线轴上，然后定义数据集最大方差的维度[59]。结果轴称为主成分或维度（Dim），表示原始变量（描述符）的线性组合。矩阵旋转保留了欧几里得距离，并在每个连续主成分上最大化原始数据集总方差的打分。通过这种变换，第一个主成分（PC1 或 Dim1）保留了原始数据集方差的最大部分，第二个主成分（PC2 或 Dim2）包含了次大部分，依此类推。通过这种方式，一个 n 维数据集（在我们的分析中，$n=10$）可以使用主成分的 m 维图（其中 $m<n$）可视化，且信息损失最小。即，基于 MP 数据和靶标中位数，执行 PCA 操作，找到新的和减少的维度。

11.2.3.2 ANN 和 RF 方法

将数据集分割为 70% 和 30%，分别用于训练和测试目的，以避免模型过度拟合。模型的成功是通过评估受试者工作特征（receiver operating characteristic，ROC）曲线的曲线下面积（area under the curve，AUC）来确定的，这是一种用于预测模型准确性的度量[60]。为了复制，所有模型都是使用 44 个种子创建的。RF 模型基于训练分区上的 10 倍交叉验证，重复 5 次。由于认为 RF 是一种累积模型算法，因此使用的唯一调整参数是树的数量。然后根据测试数据评估指定数量树木的平均模型。ANNs 模型是在训练分区上使用 10 倍交叉验证和 5 次重复创建的，模型通过训练分区进行评估。在整合到模型中之前，所有可能的变量集打分都被缩放和集中。最终的模型是使用一个调谐网络创建的，该网格包含 0.1 到 0.5 之间的衰减（通过正则化避免过度拟合）参数，其值为 0.1，并使用 1 到 10 之间的大小参数（网络中隐藏节点的数量）。这些步骤中的每一个都是针对每个不同的打分函数进行的：打分 $ClogP$ 和打分 $ClogD$，对于 $C=3$、4 或 5，从而确保了无论是基于原始数据还是 PCA，都能识别出最佳的机器学习方法和最有效的打分函数。RStudio 是一个用于完成所有分析的集成统计软件包。特别是，RStudio 中的 Husson 等人的 FactoMineR 软件包[61]，可用于完成所有 PCA 分析。Kuhn Caret 软件包[62]用于所有分类，Beck 等人的 NeuralNetTools[63]，可用于神经网络模型的视觉绘图和 ROC 分析[64]。

11.3 结果

11.3.1 主成分分析（PCA）结果

表 11.7 和表 11.8 分别报道了所分析的 8 个参数的基于靶标的 PCA 和 PCA 负载的特征值（采用 $\log D$ 建模，不包括 $\log P$，并且显示后者不如 $\log D$ 最佳）。总之，前三个主成分（Dim1、Dim2 和 Dim3）保留了 89.24% 的完整 8 维靶标数据（见表 11.7）。表 11.8 中给出的 PCA 分量

载荷有助于评估原始 8 个参数对靶标分布的影响，并显示在图 11.2 的（Dim2 与 Dim1 对比）和（Dim3 与 Dim1 对比）的载荷图中。图 11.3 中 Dim2 与 Dim1 的 PCA 图中显示了在二维空间中打分为 4（>4）的靶标的违规者与非违规者靶标的分布。

表 11.7　靶标数据 PCA 的特征值

成分维度	特征值	方差百分比	方差累积百分比
Dim1	4.40	55.01	55.01
Dim2	1.80	22.52	77.52
Dim3	0.94	11.72	89.24
Dim4	0.32	3.95	93.19
Dim5	0.25	3.08	96.26
Dim6	0.14	1.75	98.02
Dim7	0.09	1.08	99.10
Dim8	0.07	0.90	100.00

表 11.8　基于 PCA 的靶标载荷

变量	Dim.1	Dim.2	Dim.3	Dim.4	Dim.5
MW	0.41	0.31	−0.01	0.05	0.19
HBD	0.39	−0.30	−0.10	−0.38	0.60
HBA	0.41	−0.16	−0.03	0.79	−0.05
PSA	0.43	−0.24	−0.07	0.08	0.09
ROT	0.32	0.14	0.69	−0.10	−0.37
NATOM	0.39	0.38	0.08	−0.35	−0.10
NRING	0.19	0.45	−0.68	−0.04	−0.30
$\log D$	−0.19	0.61	0.21	0.29	0.59

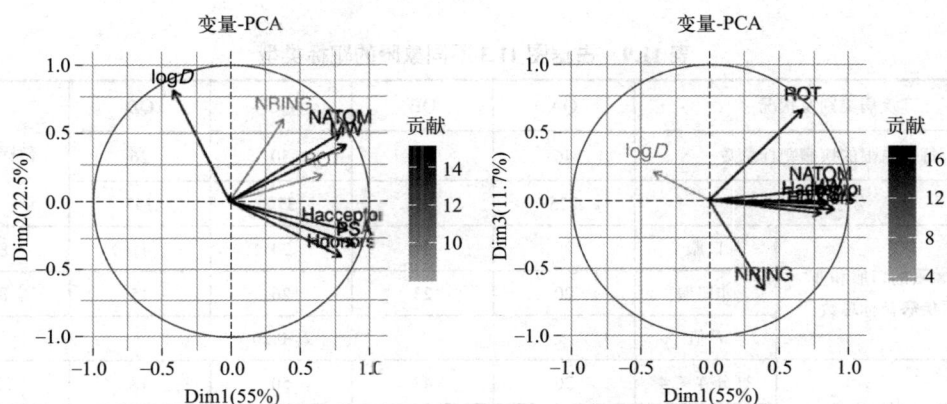

图 11.2　靶标中位数的 PCA 加载图

加载图上的向量表示每个结构和物理化学描述符对 Dim2 与 Dim1 图上靶标位置的相对影响

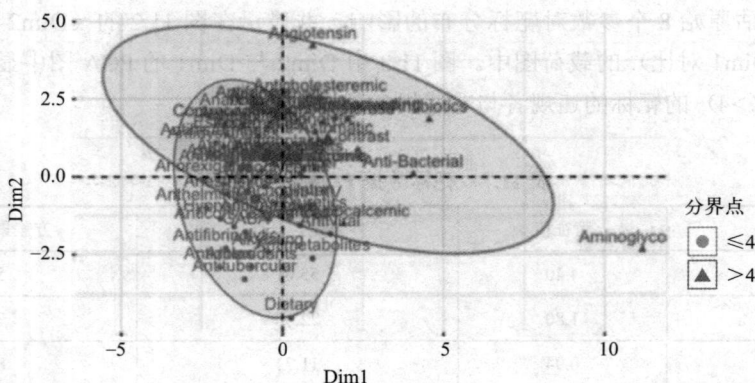

图 11.3　靶标中位数的 Dim2 与 Dim1 的主成分分析图

象限：A= 右上角，B= 左上角，C= 左下角，D= 右下角

如表 11.8 所示，对 Dim1 影响最大的变量是 MW、HBD、HBA、PSA 和 NATOMs。logD 对 Dim2 的贡献最大，ROT 和 NRING 对 Dim3 的贡献最大。我们得出结论，Dim1 解释了分子的柔性，Dim2 解释了亲脂性，而 Dim3，由于 ROT 与 NRING 之间的负相关，代表了细胞通透性。

打分 >4 的靶标分布在 Dim1 上显示出更广泛的分布，打分≤ 4 的靶标范围在 Dim2 上似乎更明显（参见图 11.3）。化合物在 Dim2 的定位主要受 logD（以及 PSA、HBA 和 HBD 的高值）控制，它们分别在正（向上）和负（向下）方向影响化合物（图 11.2 和 11.3）。此外，logD 沿 Dim1 负面（向左）地影响靶标的定位，而 MW、NATOM 和 ROT 沿 Dim1 正面（向右）地影响靶标的定位。较大部分（70%）的高分 >4 的靶标聚集在 PCA 图的右上方（象限 A）（图 11.3，另参见表 11.9），而在较小程度上（22%）和在较低的范围内右侧区域（D 象限），其中 6 个（75%）是口服靶标（参见表 11.9）。对于打分≤ 4 的非违规靶标，35% 和 37% 分别聚集在左上角（B 象限）和左下角（C 象限）——每个象限中相同的百分比是口服或非口服低分靶标 B 和 C（参见图 11.3 和表 11.9）。PCA 分析成功地确定了一组具有特定打分函数范围和 ADMET 描述符不同象限中位置的疾病靶标。实际上，表 11.9 证实了得分 4 的 logD 类别与所有靶标的象限（$P<0.0001$）以及按得分 4 状态和口服状态分层的靶标（口服状态交互效应显著得分 4 状态）之间的显著关联，$P<0.0001$。

表 11.9　占据图 11.3 不同象限的靶标类型

疾病类别及状况		QA	QB	QC	QD	靶标总数
每个象限的疾病靶标总数		46	50	50	26	
分子总数		225	352	370	257	
每个象限的口服和非口服疾病靶标总数	口服	26	27	24	11	88
	非口服	20	23	26	15	84
	P 值	$P>0.20$				
基于 4 分的疾病靶标总数	打分 4 ≤ 4	20	47	50	18	135
	打分 4 >4	26	3	0	8	37
	P 值	$P<0.00001$				

续表

基于 4 分的疾病靶标总数（按药物状态）	打分 4 ≤ 4 口服	11	26	24	9	70
	打分 4 > 4 口服	15	1	0	2	18
	打分 4 ≤ 4 非口服	9	21	26	9	65
	打分 4 > 4 非口服	11	2	0	6	19
	P 值			$P < 0.00001$		

11.3.2 机器学习分类结果

表 11.10 给出了各种机器学习模型（RF 和 ANN）的 AUC 和 95%CI（置信度），用于原始 MPs 数据和原始疾病靶标数据（基于模型中是否包含 $\log D$ 或 $\log P$，具有不同的分界点和模型变化）。根据早期的工作[14,15]，仅测试了 MPs 的 4 或 5 分的分界点，但原始靶标数据仅报告了 3 和 4 分（参见 Leemaqz 等人[54]）。表 11.11 给出了基于 PCA 构建的 MPs 和靶标相应 RF 和 ANNs 模型的 AUC 及 95%CI 值。

表 11.10 原始 MP 和原始疾病靶标数据的 RF 和 ANNs 模型的 AUC（95%CI）

打分函数	基于 MPs 的 RF 模型 AUC（95% CI）	基于 MPs 的 ANN 模型 AUC（95% CI）	基于靶标的 RF 模型 AUC（95% CI）	基于靶标的 ANN 模型 AUC（95% CI）
打分 3 $\log P$	—	—	0.82 (0.71, 0.93)	0.82 (0.71, 0.93)
打分 3 $\log D$	—	—	0.84 (0.73, 0.94)	0.80 (0.69, 0.91)
打分 4 $\log P$	99.58 (99.18 ～ 99.98)	99.23 (98.72 ～ 99.85)	0.85 (0.70, 1.00)	0.72 (0.54, 0.90)
打分 4 $\log D$	99.70 (99.42 ～ 99.99)	99.27 (98.59 ～ 99.70)	0.85 (0.70, 1.00)	0.89 (0.77, 1.00)
打分 5 $\log P$	99.16 (98.51-99.82)	98.86 (98.04-99.69)	—	—
打分 5 $\log D$	99.33 (98.73-99.92)	99.01 (98.22-99.80)	—	—

表 11.11 基于 PCA 维度的 MPs 和疾病靶标数据的 RF 和 ANNs 模型的 AUC 及 95%CI 值

打分函数	基于 MPs 主成分分析的 RF 模型 AUC（95% CI）	基于 MPs 主成分分析的 ANN 模型 AUC（95% CI）	基于靶标主成分分析的 RF 模型 AUC（95% CI）	基于靶标主成分分析的 ANN 模型 AUC（95% CI）
打分 3 $\log P$	0.92 (0.90, 0.95)	0.94 (0.91, 0.96)	0.79 (0.73, 0.93)	0.80 (0.69, 0.91)
打分 3 $\log D$	0.92 (0.90, 0.95)	0.94 (0.91, 0.96)	0.80 (0.70, 0.90)	0.81 (0.67, 0.90)
打分 4 $\log P$	0.89 (0.85, 0.93)	0.92 (0.89, 0.96)	0.74 (0.58, 0.93)	0.91 (0.79, 1.0)
打分 4 $\log D$	0.92 (0.89, 0.95)	0.95 (0.87, 0.94)	0.75 (0.58, 0.93)	0.92 (0.81, 1.0)
打分 5 $\log P$	0.88 (0.83, 0.93)	0.89 (0.84, 0.94)	0.88 (0.63, 1.00)	1.00 (1.00, 1.00)
打分 5 $\log D$	0.89 (0.84, 0.94)	0.88 (0.83, 0.93)	0.75 (0.47, 1.00)	0.99 (1.00, 1.00)

11.3.2.1 基于 MPs 的 PCA 和原始靶标数据的分析结果

表 11.10 报道了原始靶标数据上的 RF 和 ANNs 模型，并证明 RF 对打分 3 变体模型的表现优于 ANNs，但 ANNs 打分 4 的 $\log D$ 模型总体上是最佳的，AUC（95%CI）为 0.89（0.77，1.00）。图 11.4 给出了基于打分 C 的 $\log P$ 和打分 C 的 $\log D$（C=3 和 4）分区的原始靶标数据的 4 个模型的神经网络图。表 11.11 显示，总体而言，对于打分 3 和打分 4 的 $\log D$ 模型，ANNs 分类优于 RF 模型，打分 C=4 的基于 ANN 靶标的 PCA 实现最佳分类，AUC（95%CI）为 0.92（0.81，1.00）。同样，对于分子参数 PCs，ANNs 方法的性能优于 RF 分类，打分 4 的 $\log D$ 最佳，AUC（95%CI）为 0.95（0.87，0.94）（参见表 11.11）。图 11.5 显示了基于打分 4 的 $\log P$ 和打分 4 的 $\log D$ 模型的药物靶点 PCA 结构的 ANNs 图。图 11.6 显示了基于打分 3 的 $\log P$ 和 $\log D$ 变体的药物靶点 PCA 构建体的 RF 图。

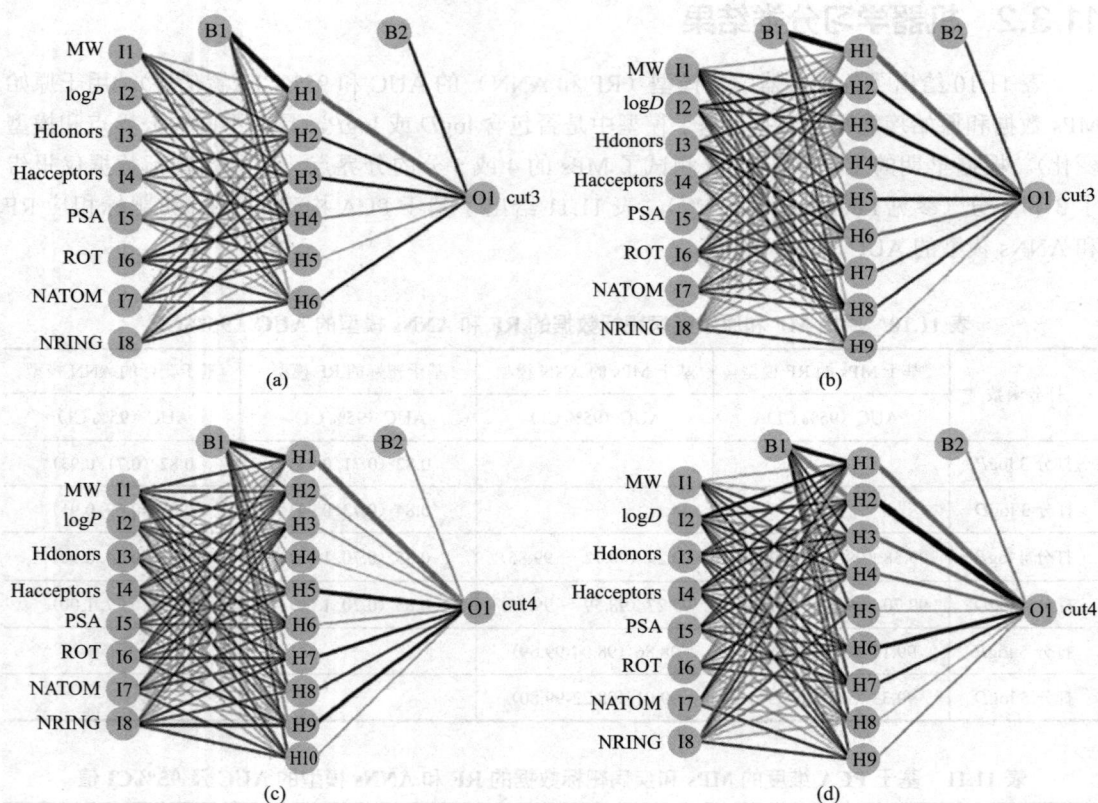

图 11.4 药物靶点模型的人工神经网络图

（a）分界点 3 的 $\log P$；（b）分界点 3 的 $\log D$；（c）分界点 4 的 $\log P$；
（d）分界点 4 的 $\log D$。图片源自 Hudson 等人[14]

11.3.2.2 将 ANNs 分析中的变量重要性映射到靶标数据的 PCA 加载

对于基于表 11.10 中给出的原始靶标数据的卓越 ANNs 打分 4 的 $\log D$ 模型，相应的变量重要性度量按数量级递减，可归因于 PSA、$\log D$、NRING、HBA、MW、NATOMS、ROT 和 HBD，对应的变量重要性向量分别为 21.65、19.53、13.18、11.48、11.06、9.5、7.52 和 6.08

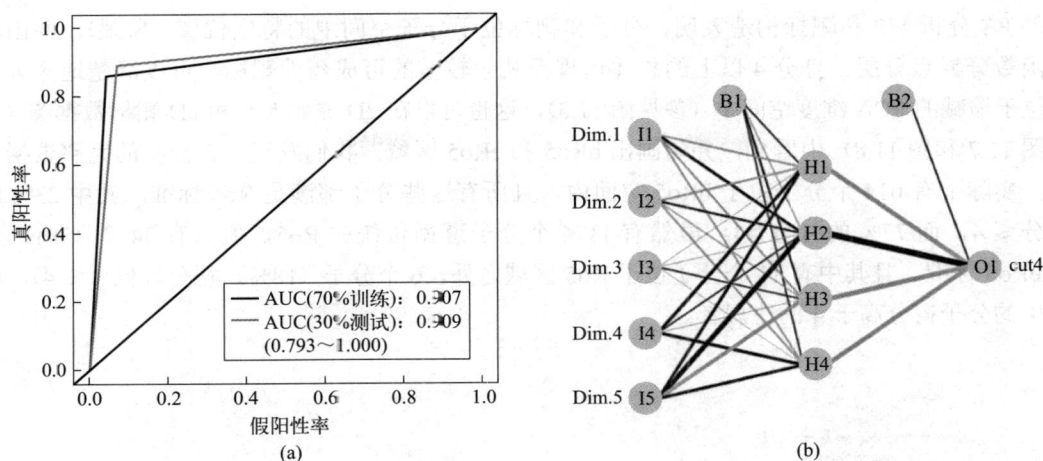

图 11.5　最佳药物靶点 PCA 模型的神经网络图

（a）logP 为 4 的分界点；（b）logD 为 4 的分界点

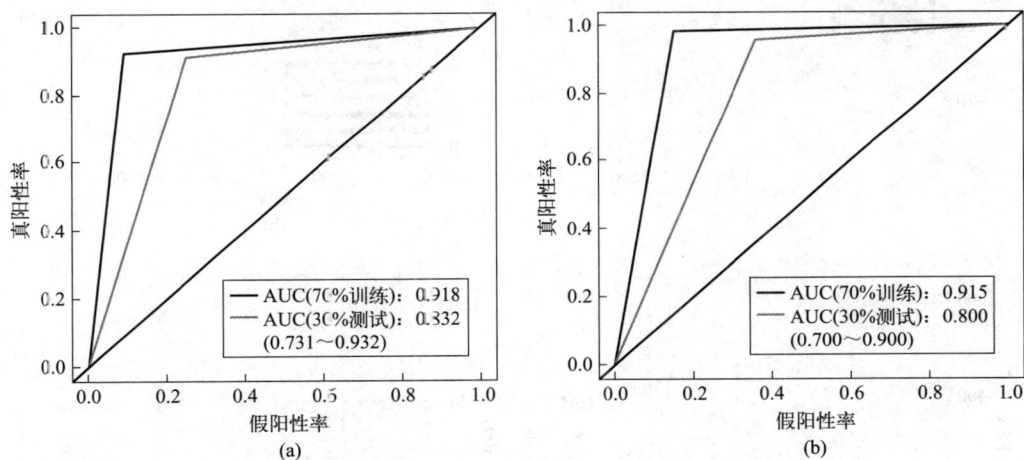

图 11.6　最佳药物靶标 PCA 模型的随机森林图

（a）分界点为 3 的 logP；（b）分界点为 3 的 logD

（另参见 Hudson 等人[14]的表 4）。表明，与传统假设的 MW 相比，PSA 和 logD 在 ANNs 分类中贡献更大。从表 11.8 中报道了基于本章研究的靶标数据的 PCA 维度的 PCA 负载，我们注意到，上述的变量重要性度量部分反映了各维度的 PCA 负载的高绝对值序列（参见表 11.8）如下：增加 PCA 维度的值和解释的强度，以将靶标分为高分和低分，如图 11.3 所示：

- Dim2：PSA（loading=-0.24），logD（0.61），NRING（0.45）；
- Dim1：HBA（0.41），MW（0.41），NATOM（0.39）；
- Dim5：ROT（-0.37），HBD（0.60）。

11.4　总结与讨论

本章演绎了如何使用 PCA 和违规打分函数来识别可成药分子和疾病靶标的隐藏模式。新颖的 PC 分析 MP 和靶标构造表明，分子和靶标位于分子空间中的特定位置（象限），并由打分函数分界点分层。打分 4 以上的总体违规反映了较差的可成药性靶标，可以清楚地区分并定位于缩减的 PCA 维度空间中（参见图 11.3），这也可以在 2D 原始 MP 和 2D 靶标数据图（参见图 11.7 和图 11.8）中看到，并勾画出 bRo5 和 eRo5 区域。我们发现，在分析的完整数据集中，实际上有 614 个分子位于 bRo5 空间内，且所有这些分子都满足 Ro5 标准，其中 23% 的打分 $\leqslant 4$，而 77% 的打分 >4。虽然有 1174 个分子遵循传统的 Ro5，但只有 34 个（3%）满足 eRo5 标准，且其中有 11 个分子位于 Ro5 区域之外，6 个分子（18%）得分较低（$\leqslant 4$），而 82% 的分子得分高于 4 的违规者。

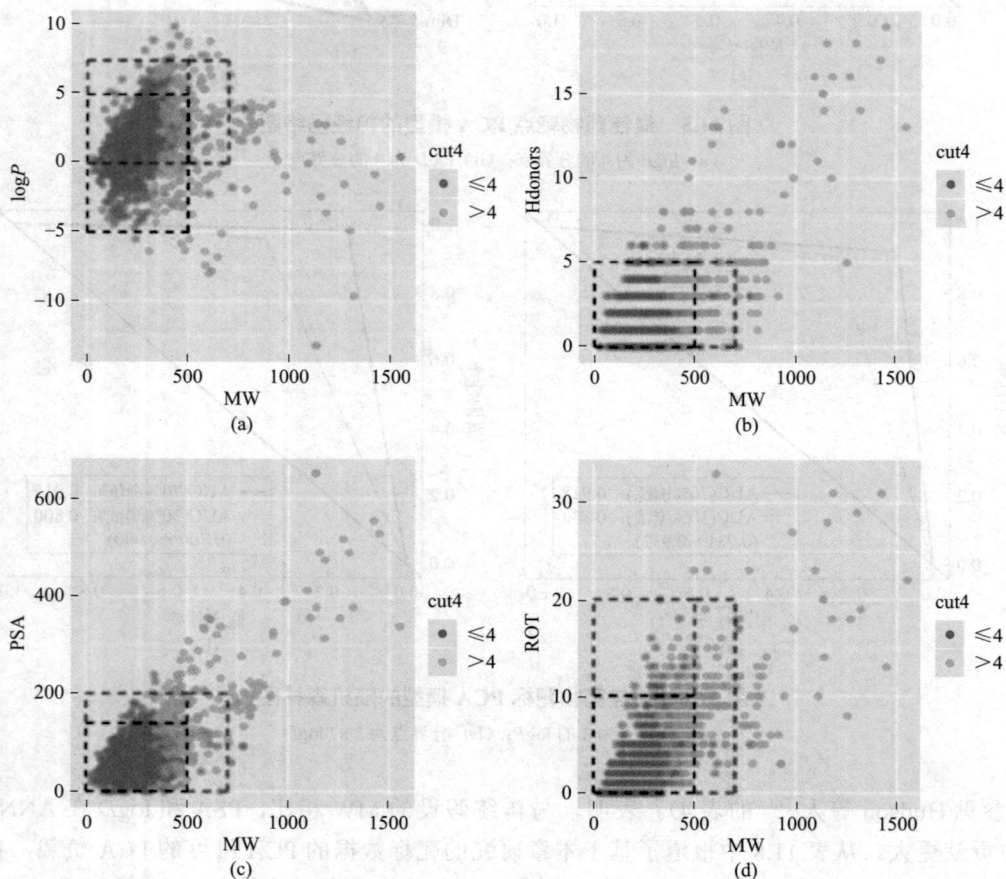

图 11.7　分子参数二维图（见彩图）

黑色 =Ro5（有延伸）区域，蓝色（图右侧）= bRo5 区域，红色（图左侧较浅的颜色）= eRo5 区域

　　基于 MP 和 PCA 构建体的 RP 和 ANNs 规则对高分靶标和低分分子违规者进行分类，证实了 $\log D$ 包含在评分函数中的价值，验证并支持了 Zafar 等人[11, 12] 最近建立的分界点[14, 15]。总体而言，RF 模型和 ANNs 模型显示出不同的变量重要性状况。ANNs 模型的性能优于 RFs，并且证实了使用 $\log D$ 而不是 $\log P$，所建模型更优。早期工作[15] 还表明，由 RF 方法确定的影响分类最重要的 MPs 是 MW、NATOM、$\log D$ 和 PSA。相比之下，ANN 靶标模型表明：PSA 和 $\log D$ 这两个参数非常重要，比传统参数 MW 更重要。总体而言，我们使用 $\log D$ 对分

界点 4 进行打分，在所有 RF 模型和 ANNs 模型分析中表现出更好的分类能力。

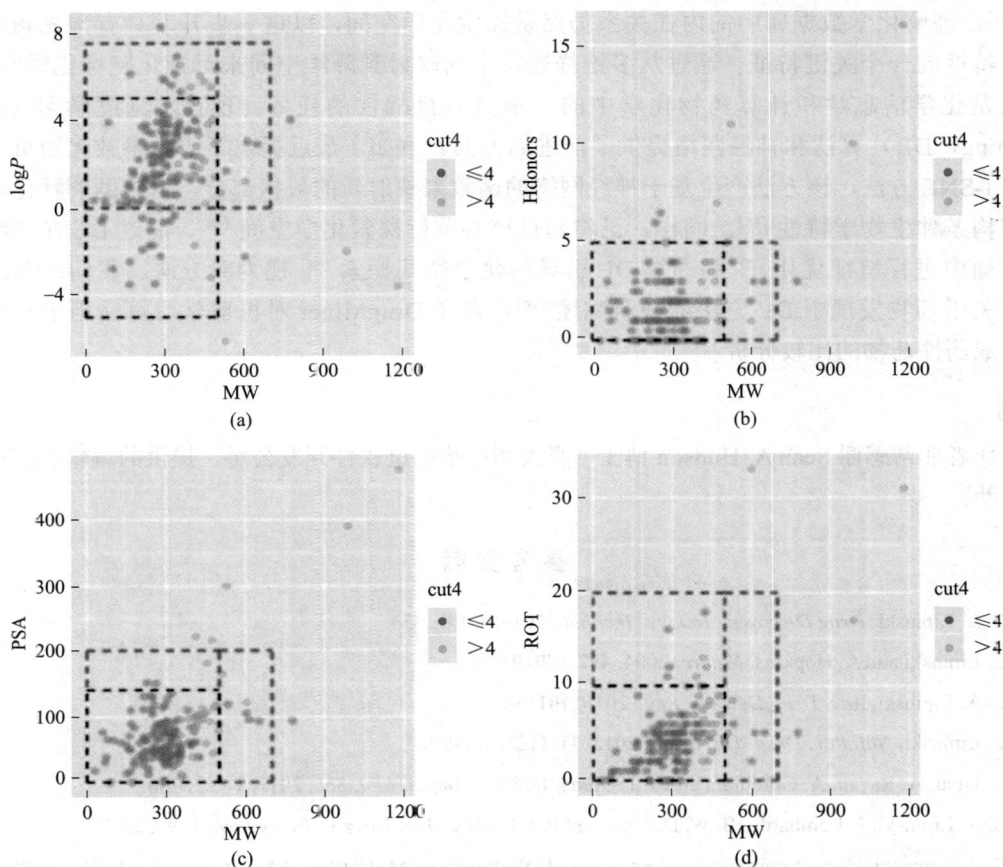

图 11.8　靶标中值数据二维图（见彩图）
黑色 =Ro5（有扩展）区域，蓝色（图右侧）=bRo5 区域，红色（图左侧较浅的颜色）=eRo5 区域
（图中的点是每个靶标的中位数）

我们对违规计数的简单打分函数很好地划分了化学空间，识别了好的和差的可成药分子和靶标。此外，且已证明，具有 4 种或 4 种以上的违规配体与特定的疾病靶标相关，如抗细菌、抗肿瘤、抗高血压和抗过敏，其中大多数分子具有非口服给药模式。抗菌靶点药物（分界点 4 的打分 =6）显示对所有 MPs 的值都很高，这与 Giordanetto 等人的结果一致 [65,66]，他们也报道了属于 bRo5 空间的化合物（更高的 MW 和 PSA）包括抗菌靶标。有趣的是，HBA、HBD 和 PSA 的值对于抗菌靶向药物也很高（分别为 10、3.5 和 180.82），这些描述符代表了重要的氢键或静电特征。我们同时注意到这些描述符在 PCA 空间中也显示出高负载。中位数打分较低的靶标药物是肾上腺素能药物、膳食药物、镇痛药物、麻醉药物、佐剂药物、抗惊厥药物、抗代谢药物和抗抑郁药物，其中大部分是非口服药物。值得注意的是，膳食靶标药物的分子描述符值较低，分界点 4 最低打分为 1.0，中位数 MW 最低，而 $\log P$=-2.45 和 $\log D$=-2.81 则为负中位数值 [14,15]。

自从 Ro5 试行"类药物"属性的概念以来，已经过去 20 年了。最近对原始 Ro5 分析前后批准的口服药物参数的检查表明，虽然计算的 log$P$ 和 HBD 等一些参数保持不变，但 MW 和 HBA 等参数的截止值在过去 20 年中大幅增加，从而带来质疑 MW 是否是"类药物"特性 [67]。理解化学数据库中的内在关系仍然是探索化学空间，以进一步开发具有预先确定新物质特性的一个关键特征。通过从多维描述符空间映射到降维空间来可视化靶标化学空间，仍然是化学信息学和计算药物化学中的一项具有挑战性的任务。现在，深度学习（deep learning，DL）算法和神经网络提供了前进的方向。例如，最近提出了一种参数化随机邻域嵌入 t-SNE 方法，该方法产生基于神经网络的函数来映射新的数据部分，以帮助解释化合物的结构条件生物学特性 [68]。同样，已将通过核心分析探索化学空间 [69]、通过 DL 在高维化学空间中进行特征优化 [70] 和通过 DL 引导的化学空间探索 [68] 视为新方法。我们还向读者推荐关于药物发现中 DL 方法的最新综述 [16]，以及 DrugMiner 对机器学习算法用于预测潜在可成药性药物的比较分析 [34]。

致谢

作者非常感谢 Sean A. Hudson 博士（澳大利亚哈德逊软件开发公司，提供的编辑和图形设计帮助。

参考文献

[1] C. A. Lipinski, *Drug Discovery Today：Technol.*, 2014, **1**（4），337.

[2] C. Lipinski and A. Hopkins, *Nature*, 2004, **432**（7019），855.

[3] C. A. Lipinski, *Adv. Drug Delivery Rev.*, 2016, **101**, 34.

[4] C. Lipinski, *Nat. Rev. Drug. Discovery*, 2012, **11**（12），900-901.

[5] O. Ursu, A. Rayan, A. Goldblum and T. I. Oprea, *WIREs Comput. Mol. Sci.*, 2011, **1**（5），760.

[6] C. A. Lipinski, F. Lombardo, B. W. Dominy and P. J. Feeney, *Adv. Drug Delivery Rev.*, 1997, **23**, 3.

[7] C. A. Lipinski, N. K. Litterman, C. Southan, A. J. Williams, A. M. Clark and S. Ekins, *J. Med. Chem.*, 2014, **58**（5），2068.

[8] I. B. Campbell, S. J. F. Macdonald and P. A. Procopiou, *Drug Discovery Today*, 2018, **23**（2），219.

[9] M. F. Rafferty, *J. Med. Chem.*, 2016, **59**（24），10859.

[10] Y. Wang, J. Xing, Y. Xu, N. Zhou, J. Peng and Z. Xiong, *et al.*, *Q. Rev. Biophys.*, 2015, **48**（4），488.

[11] S. Zafar, S. A. Cheema, E. J. Beh, I. L. Hudson, S. A. Hudson and A. D. Abell, MODSIM2013, in *20th International Congress on Modelling and Simulation,Modelling and Simulation Society of Australia and New Zea- land,*ed. J. Piantadosi, R. S. Anderssen and J. Boland, December 2013, p. 1945.

[12] S. Zafar, I. L. Hudson, E. J. Beh, S. A. Hudson and A. D. Abell, in *31st International Workshop on Simulation and Modeling*, Institute National des Sciences Appliquees, Rennes, France, July 4-8, 2016, p. 163.

[13] S. K. Bhal, K. Kassam, I. G. Peirson and G. M. Pearl, *Mol. Pharmaceutics*, 2007, **4**（4），556.

[14] I. L. Hudson, S. Y. Leemaqz, D. Shafi and A. D. Abell, MODSIM2017, 22nd International Congress on Modelling and Simulation, in *Modelling and Simulation Society of Australia and New Zealand*, ed. G. Syme, D. Hatton MacDonald, B. Fulton and J. Piantadosi, 2017, p. 487.

[15] I. L. Hudson, S. Leemaqz and A. D. Abell, MODSIM2019, 23rd Inter- national Congress on Modelling and Simulation, in *Modelling and Simulation Society of Australia and New Zealand*, ed. S. Elsawah, December 2019, p. 28.

[16] I. L. Hudson. in *Methods in Molecular Biology*, ed. H. M. Cartwright, , Springer International Publishing, in press, 2020.

[17] B. C. Doak and J. Kihlberg, *Expert Opin. Drug Discovery*, 2016, **12** （2）, 115.

[18] J. P. Overington, B. Al-Lazikani and A. L. Hopkins, *Nat. Rev. Drug Dis- covery*, 2006, **5** （12）, 993.

[19] B. C. Doak, B. Over, F. Giordanetto and J. Kihlberg, *Chem. Biol.*, 2014, **21** （9）, 1115.

[20] B. C. Doak, J. Zheng, D. Dobritzsch and J. Kihlberg, *J. Med. Chem.*, 2015, **59** （6）, 2312.

[21] I. Gashaw, P. Ellinghaus, A. Sommer and K. Asadullah, *Drug Discovery Today*, 2011, **16** （23-24）, 1037.

[22] G. V. Paolini, R. H. Shapland, W. P. van Hoorn, J. S. Mason and A. L. Hopkins, *Nat. Biotechnol.*, 2006, **24** （7）, 805.

[23] F. Giordanetto and J. Kihlberg, *J. Med. Chem.*, 2013, **57** （2）, 278-295.

[24] C. A. S. Bergström and P. Larsson, *Int. J. Pharm.*, 2018, **540** （1-2）, 185.

[25] F. Farouk and R. Shamma, *Arch. Pharm.*, 2019, **352** （2）, e1800213.

[26] A. Yosipof, R. C. Guedes and A. T. García-Sosa, *Front. Chem.*, 2018, 6.

[27] V. Svetnik, A. Liaw, C. Tong, J. C. Culberson, R. P. Sheridan and B. P. Feuston, *J. Chem. Inf. Comp. Sci.*, 2003, **43** （6）, 1947.

[28] A. Karatzoglou, D. Meyer and K. Hornik, *J. Stat. Softw.*, 2006, **15** （9）, DOI：10.18637/jss.v015.i09.

[29] M. Rask-Andersen, S. Masuram and H. B. Schiöth, *Annu. Rev. Pharmacol. Toxicol.*, 2014, **54** （1）, 9-26.

[30] A. Lavecchia, *Drug Discovery Today*, 2015, **20** （3）, 318-331.

[31] G. Kandoi, M. L. Acencio and N. Lemke, *Front. Physiol.*, 2015, 6, DOI：10.3389/fphys.2015.00366.

[32] G. Hessler and K.-H. Baringhaus, *Molecules*, 2018, **23** （10）, 2520.

[33] Q. Hu, M. Feng, L. Lai and J. Pei, *Front. Genet.*, 2018, **9**, DOI：10.3389/ fgene.2018.00585.

[34] A. A. Jamali, R. Ferdousi, S. Razzaghi, J. Li, R. Safdari and E. Ebrahimie, *Drug Discovery Today*, 2016, **21** （5）, 718-724.

[35] J. Jeon, S. Nim, J. Teyra, A. Datt, J. L. Wrana and S. S. Sidhu, *et al.*, *Genome Med.*, 2014, **6** （7）, 57.

[36] A. Mayr, G. Klambauer, T. Unterthiner, M.Steijaert, J. K. Wegner and H. Ceulemans, *et al.*, *Chem. Sci.*, 2018, **9** （24）, 5441-5451.

[37] Y.-C. Lo, S. E. Rensi, W. Torng and R.B. Altman, *Drug Discovery Today*, 2018, **23** （8）, 1538.

[38] H. Chen, O. Engkvist, Y. Wang, M. Olivecronaand and T. Blaschke, *Drug Discovery Today*, 2018, **23** （6）, 1241.

[39] L. Wang, L. Chen, Z. Liu, M. Zheng, Q. Gu and J. Xu, PLoS One, 2014, **9** （5）, e95221.

[40] L. Guan, H. Yang, Y. Cai, L. Sun P. Di and W. Li, *et al.*, *MedChemComm*, 2019, **10** （1）, 148.

[41] B. Shaik, R. Gupta, B. Louis and V. K. Agrawal, *J. Pharm. Invest.*, 2015, **45** （5）, 461-473.

[42] O. Ursu, J. Holmes, J. Knockel, C. G. Bologa, J. J. Yang and S. L. Mathias, *et al.*, *Nucleic Acids Res.*, 2017, **45** （D1）, DOI：D932.10.1093/ nar/gkw993.

[43] P. Gkeka, S. Eleftheratos, A. Kolocouris and Z. Cournia, J. Chem. Theory Comput., 2013, **9** （2）, 1272.

[44] I. L. Hudson, S. Y. Leemaqz, A. T. Neffe and A. D. Abell, in *Artificial Neural Network Modelling*, ed. S. Shanmuganathan and S. Samarasinghe, Springer International Publishing, AG Switzerland, 2016, p. 161.

[45] I. L. Hudson, S. Y. Leemaqz, A. T. Neffe and A. D. Abell. in *Artificial Neural Network Modelling*, ed. S. Shanmuganathan and S. Samarasinghe, Springer International Publishing, AG Switzerland, 2016, pp. 161-212.

[46] S. Lee and G. J. McLachlan, *Stat Comput.*, 2012, **24** （2）, 181.

[47] I. L. Hudson, S. Shafi and A. D. Abell, *Paper presented at the Sixth Annual ASEARC Conference*, University of

191

Wollongong, Wollongong, Australia, February 2014.

[48] S. Mignani, J. Rodrigues, H. Tomas, R. Jalal, P. P. Singh and J.-P. Majoral, et al., Drug Discovery Today, 2018, 23（3）, 605.

[49] D. F. Veber, S. R. Johnson, H.-Y. Cheng, B. R. Smith, K. W. Ward and K. D. Kopple, J. Med. Chem., 2002, **45**（12）, 2615.

[50] T. I. Oprea, J. Comput.-Aided Mol. Des., 2000, **14**（3）, 251.

[51] T. I. Oprea, J. Gottfries, V. Sherbukhin, P. Svensson and T. C. Kühler, J. Mol. Graphics Modell., 2000, 18（4-5）, 512.

[52] T. I. Oprea and J. Gottfries, J. Comb. Chem., 2001, **3**（2）, 157.

[53] J. Wang and T. Hou, Adv. Drug Delivery Rev, 2015, **86**（11）, 16.

[54] S. Y. Leemaqz, I. L. Hudson and A. D. Abell. Paper presented at the 11th International Conference of the ERCIM WG on Computational and Methodological Statistics（CMStatistics 2018）, University of Pisa, Italy, 14-16 December 2018.

[55] C. Fraley, A. E. Raftery, B. Murphy and L. Scrucca, Mclust version 4 for R: Normal mixture modeling for model-based clustering, classification, and density estimation, University of Washington, https://www.stat.washington.edu/sites/default/files/files/reports/2012/tr597.pdf, Accessed 1 Dec 2019.

[56] V. Law, C. Knox, Y. Djoumbou, T. Jewison, A. C. Guo and Y. Liu, Nucleic Acids Res., 2014, **42**（D1）, DOI: D1091.10.1093/nar/gkt1068.

[57] D. I. Osolodkin, E. V. Radchenko, A. A. Orlov, A. E. Voronkov, V. A. Palyulin and N. S. Zefirov, Expert Opin. Drug Discovery, 2015, **10**（9）, 959.

[58] H. Abdi, L. J. Williams and D. Valentin, Wiley Interdisciplinary Reviews: Computational Statistics, 2013, **5**（2）, 149.

[59] I. Jolliffe, in International Encyclopedia of Statistical Science, ed. M. Lovric, Springer Publishing, Berlin, 2011, p. 1094.

[60] M. C. Sachs, Generate ROC curve charts for print and interactive use, https://cran.r-project.org/web/packages/plotROC/vignettes/examples. html, Accessed 1 Dec 2019.

[61] F. Husson, J. Josse, S. Le and J. Mazet, Multivariate exploratory data analysis and data mining. Package 'FactoMineR', https://cran.r-project.org/ web/packages/FactoMineR/FactoMineR.pdf, Accessed 1 Dec 2019.

[62] M. Kuhn, Classification and regression training. Package 'caret', https:// cran.r-project.org/web/packages/caret/caret.pdf, Accessed 1 Dec 2019.

[63] M. W. Beck, Visualisation and Analysis Tools for Neural Networks. Package 'NeuralNetTools', https://cran.r-project.org/web/packages/NeuralNetTools/ NeuralNetTools.pdf, Accessed 1 Dec 2019.

[64] X. Robin, N. Turck, A. Hainard, N. Tiberti, F. Lisacek and J.-C. Sanchez, et al., BMC Bioinf., 2011, **12**（1）, DOI: 10.1186/1471-2105-12-77.

[65] F. Giordanetto and J. Kihlberg, J. Med. Chem., 2014, **57**（2）, 278.

[66] B. C. Doak, B. Over, F. Giordanetto and J. Kihlberg, Chem. Biol., 2014, **21**（9）, 1115.

[67] M. D. Shultz, J. Med. Chem., 2019, 62（4）, 1701.

[68] D. S. Karlov, S. Sosnin, I.V. Tetko and M. V. Fedorov, RSC Adv., 2019, **9**（9）, 5151.

[69] J. J. Naveja and J. L. Medina-Franco, Front. Chem., 2019, **7**, 510.

[70] K. R. Jinuraj, M. Rakhila, M. Dhanalakshmi, R. Sajeev, G. Akshata and K. Jayan, et al., BMC Res.

Notes, 2018, **11**（1），463.

［71］ A. K. Ghose, V. N. Viswanadhan and J. J. Wendoloski, *J. Comb. Chem.*, 1999, **1**（1），55.

［72］ M. Congreve, R. Carr, C. Murray and H. Jhoti, *Drug Discovery Today*, 2003, **8**（19），876.

［73］ F. W. Goldberg, J. G. Kettle, T. Kogej, M. W. Perry and N. P. Tomkinson, *Drug Discovery Today*, 2015, **20**（1），11.

［74］ T. W. Johnson, K. R. Dress and M. Edwards, *Bioorg. Med. Chem. Lett*, 2009, **19**, 5560.

［75］ D. Lewis, P. Winner, J. Saper, S. Ness, E. Polverejan and S. Wang, *et al.*, *Pediatrics*, 2009, **123**（3），924.

［76］ T. T. Wager, X. Hou, P. R. Verhoest and A. Villalobos, *ACS Chem. Neu- rosci.*, 2016, **7**（6），767-775.

［77］ M. Nayal and B. Honig, *Proteins：Struct., Funct., Bioinf.*, 2006, **63**（4），892.

［78］ Z.-C. Li, W.-Q. Zhong, Z.-Q. Liu, M.-H. Huang, Y. Xie and Z. Dai, *et al.*, Anal. Chim. Acta, 2015, 871, 18.

［79］ P. J. Hajduk, J. R. Huth and S. W. Fesik, *J. Med. Chem.*, 2005, **48**（7），2518.

［80］ M. Zhu, L. Gao, X. Li, Z. Liu, C. Xu and Y. Yan, *et al.*, *J. Drug Targeting*, 2009, **17**（7），524.

［81］ A. Volkamer, D. Kuhn, T. Grombacher, F. Rippmann and M. Rarey, *J. Chem. Inf. Model.*, 2012, **52**（2），360.

［82］ P. R. Costa, M. L. Acencio and N. Lemke, *BMC Genomics*, 2010, **11**（Suppl 5），S9.

［83］ M. A. Yıldırım, K.-I. Goh, M. E. Cusick, A.-L. Barabási and M. Vidal, *Nat. Biotechnol.*, 2007, **25**（10），1119.

［84］ Y. Ofran, G. W. Tang and R.B. Altman, *PLoS Comput. Biol.*, 2014, **10**（4），e1003589.

［85］ S. Prasanthi, S. D. Bhavani, T. S. Rani and S. B. Raju, in *Bioinformatics：Concepts, Methodologies, Tools, and Applications*, IGI Global, Hershey, PA, USA, 2013, p. 937.

［86］ I. L. Hudson, S. Shafi, S. Lee, S. A. Hudson and A. D. Abell, *Paper pre- sented at the Aust Stats Conference*, ASC, Adelaide, Australia, July 2012.

［87］ P. Chatterjee, S. Basuand and M. Nasipuri, *Paper presented at the Proceedings of the International Symposium on Biocomputing*, Calicut, Kerala, India, 2010.

第 12 章

AI 在有机材料预测中的应用

STEVEN BENNETT[a], ANDREW TARZIA[a], MARTIJN A.
ZWIJNENBURG[b] 和 KIM E. JELFS[*a]

[a] 英国伦敦帝国理工学院化学系，分子科学研究中心，白城校区，伍德巷，伦敦 W12 0BZ
[b] 英国伦敦大学学院化学系，戈登街 20 号，伦敦 WC1H 0AJ
[*] Email: k.jelfs@imperial.ac.uk

12.1 引言

功能有机材料在许多领域都有广泛的应用，包括电子学[1]、多孔材料[2]、聚合物[3,4]和离子液体[5]等。在此，我们将有机材料的范围定义为仅由轻元素构成的小分子或聚合物分子形成的材料。不包括药物和生物材料，因为药物和生物材料在其他章节都有介绍，尽管我们会注意到这些材料所面临的问题及解决这些问题的方法具有相似性。新材料的发现以前一直以偶然性发现为主，但现在显然需要加速其发现的速度，以帮助解决人类面临的问题，例如气候变化和地球自然资源的枯竭等。本章的重点是应用人工智能（artificial intelligence，AI）技术，通过辅助预测新有机材料的结构和性能，并指导优化其目标的应用，从而加速发现新的有机材料（见图 12.1）。

与无机材料相比，有机材料通常在提高可持续性、提高可加工性、降低最终材料的毒性以及更低的成本方面具有优势，所有这些对于规模化材料生产至关重要。此外，有机化合物相对容易通过大量稳健的合成路线进行改性，从而可以微调材料特性。例如，在半导体和其他电子产品的开发中，目前正在推动用有机材料取代无机硅基材料[6]。从建模的角度来看，有机材料与其无机对应物之间的一个主要区别是，有机材料通常是独立分子的组合，无论是小分子还是聚合物，但不是单个实体。因此，原则上可以将有机材料表征为孤立的分子，而忽略可能超出平均场近似的分子环境影响，例如固态情况下的分子间堆积，溶解分子情况下的溶剂，甚至界面，或处理整个凝聚系统。文献中有许多使用"分子表征"系统的明确例子。然而，为了使这种表征准确和有效，材料的性质需要由单个分子的性质主导。例如，对于多孔分子笼材料，由于单个分子的结构定义了固态孔隙拓扑结构，因此可以从单个分子中确定分子分离的可能性[7]。类似地，对于形成无定形固体的共轭聚合物来说，通过对孤立聚合物链的 DFT 计算与对聚合物固体的实验光电子光谱的比较表明[8]，孤立聚合物链可能是预测其固态光电特性一个良好表征。相反，对于具有内禀微孔率（intrinsic microporosity，PIMs）的聚合物[9]，其中分子间空隙是由聚合物链固有的不良堆积产生的，分子表征显然不足以预测出现的孔隙率，因此需要

"凝聚相表征"。表征方法的选择与训练数据的生成，以及用于机器学习的描述符的种类等都有关。正如将在下面更详细讨论的那样，对于某些属性，计算限制意味着计算其属性唯一有效的方法本质上是分子的结构描述符，而对于分子和凝聚相则使用完全不同类型的描述符。

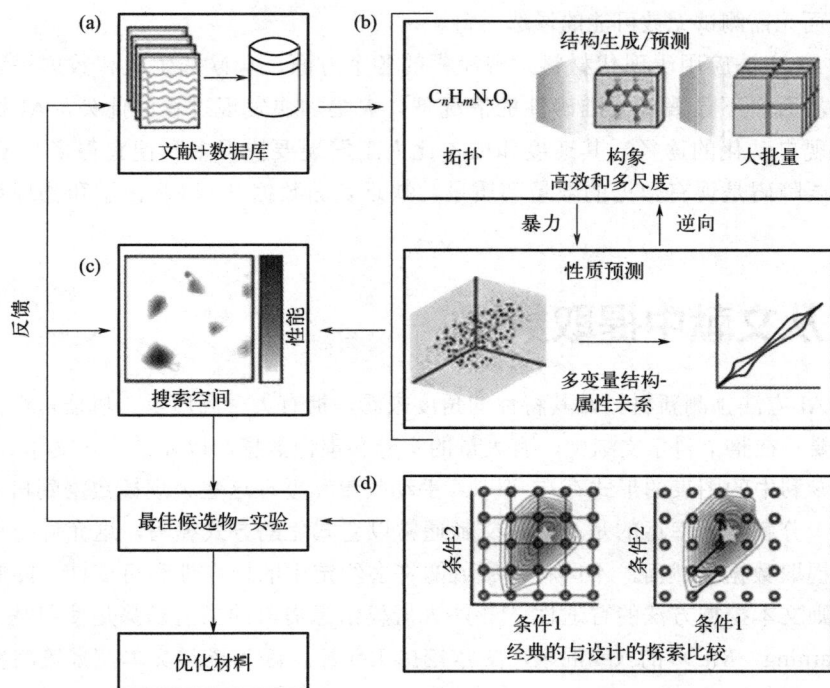

图 12.1　人工智能时代的材料发现工作流程示意图
（a）驱动管理数据库和科学文献中的数据；（b）从现有数据中，使用 AI 可以推断出复杂和多变量的结构 - 属性关系。这里，暴力结构生成和 / 或预测可能会输入到属性预测器中，或者可以应用逆向设计，在结构预测之前预测目标属性的最佳候选物。然后，可以使用 AI 设计的实验；（c）最终的探索空间可以通过 AI 设计的实验；（d）进行实验探索，以有效地探索相空间，从而优化材料，并通过反馈机制改进材料数据库、探索空间和先前建立的 AI 模型

探索新有机材料的空间不仅包括估计由 10^{60} 个分子组成的化学空间[10]，还必须考虑将单个分子组装成材料的不同方式，其所产生的整体特性以及诸如合成方案等实验变量的影响[11]。实验化学家凭借着拥有某个领域的知识，可以显著减少探索空间。然而，在相空间"已知"区域内，对微小变化的固有偏见，阻碍了为获得最佳应用材料所要对相空间进行的彻底探索。计算方法和算法为寻找最佳材料的相空间提供了更便宜、更完整的方法[12]。使用计算方法探索相空间的一个关键方面是准确预测每个候选材料感兴趣的材料特性的能力。在此，我们通常用现有结构 - 属性关系定义的简化模型，来代替多个长度和时间尺度的复杂性。

由于存在明确的结构-性质关系，计算优化已在药物发现领域中应用多年[13]。在早期的计算机辅助药物发现中，只有用于计算简单分子性质的分子结构（例如 Lipinski 的五规则）[14]，这对推进药物发现过程是必要的。同样地，在晶体无机材料领域，明确结构的存在简化了结构 - 性质关系的确定，因为在许多情况下，结晶材料相对明确的电子结构包含有关感兴趣属性

的所需信息[11, 15]。然而，由于弱非共价相互作用主要定义了许多有机材料的整体结构，因此结构与有机材料特性之间的联系并不总是很清楚。因此，结构 - 性能关系的发展和理解是一个复杂、多尺度、多变量的问题。有了足够的数据，人工智能就可以用于理解多尺度结构 - 性质关系，并消除对近似和简化的需求，从而显著地提高预测材料属性的能力。这种能力将推动逆向设计程序的实施，从而确定最佳候选材料，并基于材料函数的优化有效地探索材料搜索空间[16, 17]，而无需测试无数可能的候选材料。

可以将 AI 方法应用于现代材料发现流程的各个方面，从候选生成和数据提取到分析和属性预测，从而在不显著降低准确性的情况下，大幅加快发现过程。此外，AI 提供了一条通往材料发现自动化的途径，其速度和成本比人工发现要快得多和便宜得多。AI 方法应用中的一个重要障碍是现有数据的数量和质量，缺乏负面数据[18] 以及化学和物理系统表征的选择等。

12.2　从文献中提取数据

从使用 AI 方法预测新材料及其特性的角度来看，拥有大量高质量、机器可读的数据进行训练至关重要。在整个科学文献中，有大量的实验和理论数据，以非结构化文本、期刊文章、技术文件和专利中的图表的形式存在[19, 20]。手动收集和整理这些大规模数据到机器可读的数据库，变得十分棘手。幸运的是，科学文献通常以套式化的方式编写，这允许应用文本挖掘算法来自动提取数据。然而，不同科学领域的许多约定中的模糊性和可变性，限制了现有词典和基于规则文本挖掘方法的普适性[19-21]。大规模信息提取的当前趋势是使用基于机器学习（machine learning，ML）的（或混杂）文本挖掘工作流，因为该类文本挖掘策略要比硬编码方法灵活得多[19, 22-24]。

最近，Cole 及其同事开发了用于自动提取化学信息的开源软件（ChemDataExtractor，CDE）[25]。CDE 在整个自然语言处理（natural language processing，NLP）和命名实体识别（named entity recognition，NER）工作流程中实施有监督和无监督 ML 模型（参见图 12.2）。NER 用于在文本中查找命名实体，包括化学物种、过程、合成条件、材料属性和表征方法，并且可以使用 ML[23] 和混杂 ML、字典和基于规则的方法来执行[19]。

文本挖掘的一个重大挑战是为每个实体可靠地创建一个唯一的标识符，即被称为实体规范化的匹配同义词。Weston 等人使用 CDE 进行标记化，NER 使用神经网络（neural network，NN）进行标记化，使用单词嵌入（根据每个单词在文本中同时出现的情况，将其机器学习结果映射到密集向量空间上）对材料科学文献进行实体归一化，以建立结构化且可访问的材料数据库[22]。类似地，Tshitoyan 等人利用科学摘要中的文本学习单词嵌入，并用他来揭示材料及其潜在属性之间的关系[24]。由于其固有的灵活性，CDE 在许多子域中都很有用。在有机材料领域，Cole 及其同事将 CDE 应用于共敏化太阳能电池的最佳有机染料对的发现[26]。他们将 9431 种候选染料文本挖掘到一个数据库中，该数据库将化学结构与光学吸附峰和摩尔消光系数联系起来。根据该初始数据库，采用高通量筛选工作流程来识别合适的候选染料对，并通过实验验证了所得到的最佳候选染料对，从而提高了功率转换效率。

句子拆分

标记化

词性标注

实体识别

短语解析

信息提取

相互依赖性解决方案

数据库

...room temperature. Figure 2 shows the UV-vis absorption spectra of 3a(red)and 3b(blue)in acetonitrile. The peak at...

| Figure | 2 | shows | the | UV-vis | absorption | spectra | of |
| 3a | (| red |) | and | 3b | (| blue |) | in | acetonitrile | . |

Figure	2	shows	the	UV-vis	absorption	spectra	of
NN	CD	VBZ	DT	NN	NN	NNS	IN
3a	(| red |)	and	3b	(| blue |)	in	acetonitrile
NN	JJ	CC	NN	JJ	IN	CM

Figure
　2　　Spectrum
Type　Of　Of　In
UV-vis　absorption　3a　red　3b　blue　acetonitrile

| 3a | → | 2-[2-[4-(dimethylamino)phenyl]diazenyl]-benzoic acid |
| 3b | → | 2-[2-[4-(dipropylamino)phenyl]diazenyl]-benzoic acid |

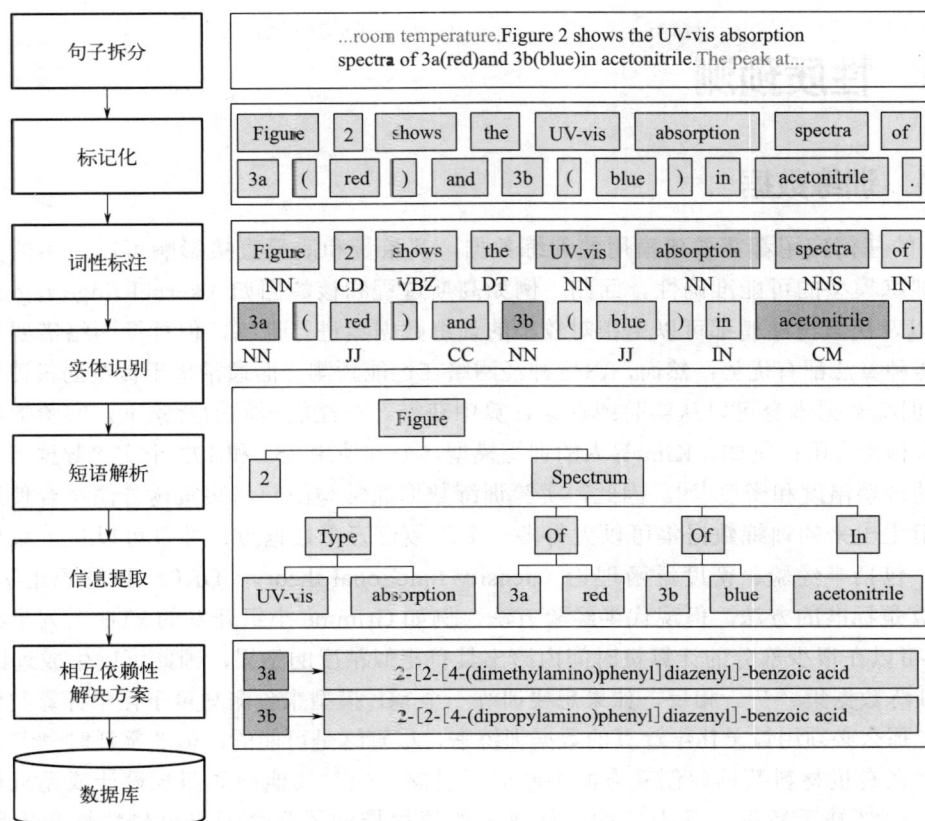

图 12.2　自然语言处理管道。文本被分成句子，然后进行单独的标记。将词性标注器和实体识别器输出相结合，为每个标记分配一个标签，然后使用基于规则的语法对其进行解析，以生成树结构。这种树状结构被解释为提取该句子的单个化学记录，然后将其与整个文档中的记录相结合，以解决数据相互依赖性，并生成统一记录以存储在数据库中

标签显示：NN= 名词，CD= 基数，VBZ= 动词（第三人称单数出现），DT= 限定词，NNS= 名词复数，IN= 介词，JJ= 形容词，CC= 并列连词，CM= 化学提及。转载自参考文献 [25]。经美国化学学会许可，2016 年版权所有。

12.3　构建合成切块数据库

前体库是材料筛选过程的重要组成部分 [27]，因为该库定义了可供检查的化学空间。虽然 ZINC[28]、GBD[29] 和 PubChem[30] 等分子结构库提供了大量多样性的、可合成的分子，但这些库结构类型零散，没有重点，因此无法对所有候选前体进行详尽搜索，而且其中的许多分子在设计时并未考虑到材料分子的结构类型。通过添加已知的有用功能或系统过程来枚举现有分子库，是扩展构建模块库的常用方法。然而，硬编码转换通常会限制前体库所跨越的化学空间 [27]，可能会丢失占据有利区域的化合物。作为哈佛清洁能源项目（Harvard Clean Energy Project，HCEP）的一部分，通过枚举化合物创建了一个基于使用预定义的化学转化组合 26 个分子构建模块的前体库，以生成一个包含超过 1000000 个分子的库 [31]。此外，Gómez-Bombarelli 等人基于供体 - 桥 - 受体分子设计了一个包含 160 万个发光二极管候选材料的库，并依据化学直觉，系统地将额外的官能团纳入库中 [32]。

12.4 性质预测

12.4.1 训练数据

ML 的任何应用都需要建模用的训练数据，其数量和质量直接影响可以使用的算法类型以及训练模型的可能准确性。回归，例如高斯过程和核岭回归（kernel ridge regression，KRR）以及决策树建模都可以用相对较小的训练数据集进行训练，但神经网络需要更多的数据。两种算法都有优势；然而，深度神经网络在性能预测方面通常优于传统的机器学习技术[33]。训练数据本身可以从实验或理论计算中获得。在性能预测的背景下，实验数据集的大小通常相当有限；例如，Kim 等人的训练模型，分别使用 451 和 173 个实验数据点来预测聚合物的玻璃温度和密度[34]。因此，实验训练数据通常与回归和决策树方法结合使用。计算化学衍生出来的训练数据集可以大得多，多达数百万个数据点，并且可以从一系列方法中获得，包括半经验、密度泛函理论（density functional theory，DFT）和量子化学计算。DFT 计算是标准的方法，但现代半经验方法，例如 Grimme 小组开发的 xTB 系列半经验方法[35, 36]可以在很少部分的计算机时间内给出具有相似精度的结果，因此可以生成远比 DFT 更大的训练数据集[8, 37]。相反，如果想要训练一个 ML 模型来预测与量子化学计算类似精度的数据，那么必须用量子化学计算的数据训练它，尽管这是可能的，但非常耗时[38-40]。

尽管在有机材料数据库创建方面不断取得进展，但与其他例如药物设计或无机材料领域相比，仍然缺乏数据，其中自动化计算工作流程推动了几个无机材料特性数据库的增长，例如 NOMAD[41]和材料项目数据库[42]。在有机材料领域，有几个集中于特定的材料应用的数据库（参见表 12.1）。许多数据集包含计算结果，例如 Khazana[43]、哈佛有机光伏数据集[44]、开放光谱数据集[45]、染料敏化太阳能电池数据库[46]和有机材料数据库[47]。从这些存储库中，使用 ML[48]建立了新的材料设计原则和数据挖掘技术[49]。Olsthoorn 等人利用有机材料数据库中的KRR数据，使用晶体结构特征化的原子位置平滑重叠（smooth overlap of atomic positions，SOAP）内核方法来预测带隙[50]。预测模型随后被用于筛选晶体学开放数据库，包含 30713 个有机晶体结构，并确定了 15 个预测具有适合太阳能电池带隙的候选晶体。

表 12.1　具有发现有机材料潜力的数据库示例，包含存储的属性和每个数据库中存在的系统数量

名称	属性或结构	大小
Khazana[69]	原子化能 带隙 介电常数	1073 个分子
材料项目纳米多孔数据库 （materials project nanoporous database）[153]	最大空腔直径 晶体密度 等温线数据	85000 个网络
PoLyInfo[154]	物理、光学、电学、热学、机械特性	44280 个分子

续表

名称	属性或结构	大小
哈佛有机光伏数据集（Harvard organic photovoltaic dataset）[44]	HOMO/LUMO 能量 带隙 能量转换效率 开路电势 短路电流密度	350 个分子
染料敏化太阳能电池（dye-sensitised solar cell）[46]	开路电位 短路电流密度 填充因子 能量转换效率	4000 个分子
有机材料数据库（organic materials database）[47]	晶体结构 电子能带结构	31413 个网络

由于缺乏大型数据集，迁移学习已成为一种日益流行的模型训练方法。在迁移学习中，深度神经网络从来自相似领域的大型数据集中更新其初始权值以适应目标问题。然后使用更小、更准确的数据集来微调模型的权重，从新数据集中学习数据的细微差异。Paul 等人采用了类似的方法来预测潜在有机太阳能电池候选材料的 HOMO[51]。哈佛清洁能源项目数据库被用来提供 230 万个候选供体分子的性质作为卷积神经网络的训练数据。使用 243 个实验值和以 DFT 精度获得的 344 个值的组合来调整网络权重，将预测的平均绝对误差降低了大约一半。然而，由于 ML 算法仅从所提供的数据集进行插值，因此模型的准确性仅限于所使用的属性计算方法所获得的精度。

12.4.2　描述符

当使用 AI 识别新的结构 - 属性关系时，材料的化学特性必须用数字（通常是矢量）表达。一个理想的描述符应包含足够的信息，以便模型从矢量表征中识别其化学本质，而不包含不必要的信息。描述符通常是根据所使用的算法类型和预测的目标特性来设计的[52]。例如，源于分子的三维构象构型的电子性质，通常是很难用基于底层二维图表征的描述符来准确描述的[53]。描述符并不限于编码分子的结构特征，也可以包括实验测量值，例如溶解度、偶极矩或极化率等（参见图 12.3）。使用 QSAR 建模中经常使用的 DRAGON 软件可以计算数千个分子描述符[54, 55]。

许多编码分子表征的结构描述符，是基于图的键合表征作为分子输入向量。可以以邻接矩阵的形式捕获键合信息；然而，单独的键合信息不太可能包含足够的化学信息来预测特性。指纹算法，例如扩展连通性或摩根指纹[56]，对分子中存在的不同子结构的哈希（hash）算法进行编码，从而促进基于单个分子中存在的片段的属性预测。基于分子二维结构的描述符不包含与该分子在固态（即结晶或无定形结构）中的更广泛环境有关的信息。因此，人们对开发新的描述符来预测由于分子堆积而产生的特性非常感兴趣。用于对固态建模的描述符通常包含有关原子环境的几何信息；然而，确保其在 3D 结构中原子的旋转、平移或重新排序方面保持不变性是一项重大挑战。且已证明，库仑矩阵[57]包含原子的核电荷和位置，尽管在描述周期性方面仍存在问题，在预测晶体结构特性方面还是有效的[58]。化学键袋描述符，基于代表分子中存在的键类型的袋子，及其几何距离，用于预测总能量和原子能量[59]。Elton 等人发现当使用 KRR[60] 计算密度、形成热、冲击速度和爆炸能量时，从键的总和计算出的描述符表现最佳。

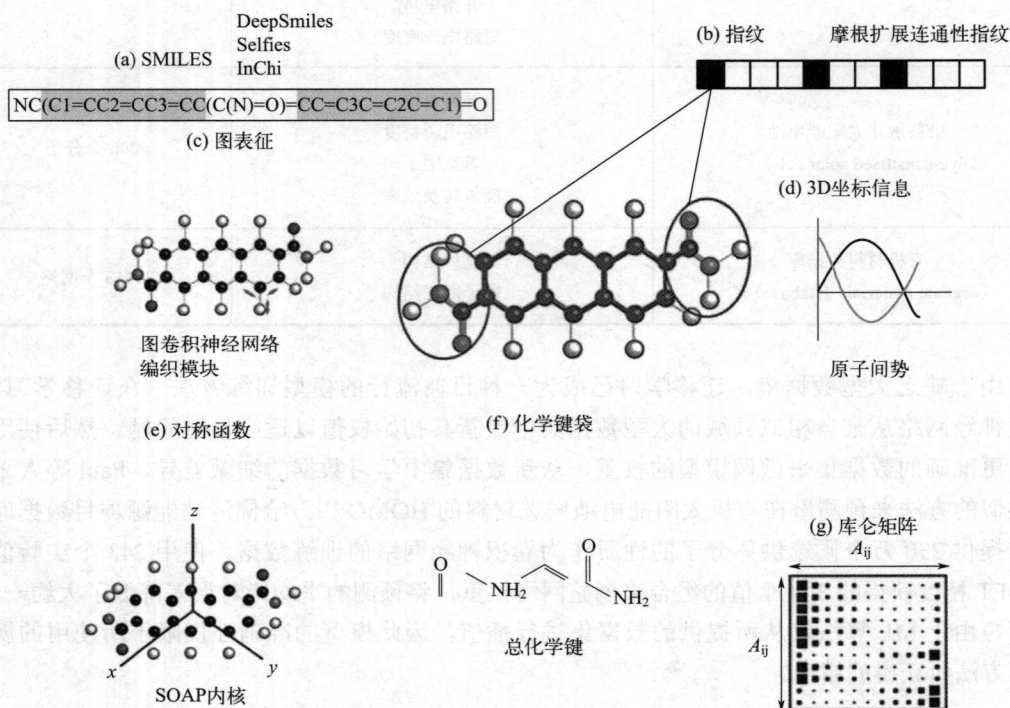

图 12.3　有机材料设计机器学习中常用描述符的总结

单个分子可以使用以下来表征：（a）SMILES 字符串文本编码；（b）编码分子中存在的结构片段的分子指纹；（c）图表征，是原子环境与其邻居相关的机器学习表征；（d）可以使用基于 3D 几何的描述符来描述完整的原子环境，例如使用势能对原子间相互作用进行建模；（e）SOAP 内核或对称函数；（f）化学键袋表征；（g）库仑矩阵

已将 SOAP 核函数用作固态分子特性的描述符[61]。该核函数用于衡量环境中原子之间的差异，从而能够区分三维原子排列。为了计算 SOAP 描述符，原子环境由放置在原子位置上的高斯函数表征。或者，对称函数可用于将高维笛卡尔坐标表征转换为低维空间[62]。这些表征随后用于训练 NN；而且，SOAP 在降低计算成本的情况下表现也同样出色[63]。并将这些类型的描述符用于学习原子势，在没有基本的物理假设的情况下，能够模拟比使用从头算方法实现的原子数量大得多的体系[64]。

最近，深度学习（deep learning，DL）算法已被用于生成底层化学结构的新表征，仅依赖于分子的图形表征[65]。即使没有关于材料的领域知识，使用自动特征提取，DL 算法也能够从分子图形中学习自己表征的分子结构。卷积神经网络（convolutional neural networks，CNNs）可以基于分子图形学习新的表征，从而提高训练的 ML 模型的预测性能和可解释性[65]。图形 CNNs 不仅限于单分子图形表征，而且已经被应用于使用晶胞中原子位置的晶体结构特征化[66,67]。Wu 等人描述了一种针对学习型和固定型分子描述符的 MoleculeNet，该测试平台基于从基准数据集中预测分子的 QM 能量和物理、生物物理和生理特性的能力[68]。学习的图表征几乎在所有数据集上表现得更好，因为该学习表征考虑了原子环境的空间细节。然而，这种方法比传统的机器学习方法需要更多的数据。在材料设计中，学习型表征可能会建立传统描述符无法捕捉到的新见解，但缺乏大型数据集是使用这些方法实现更大预测能力的一个重大缺陷。

12.4.3 加速性质预测

AI 方法，尤其是有监督的 ML，提供了大幅度加速性质预测的机会，例如，该方法比 DFT 计算快许多数量级，可以将性质预测从几小时或几天缩短到几秒。与逆向设计相比，这种正向问题相当简单。虽然一些有机材料的特性，特别是多孔材料，可能仅依赖于计算成本低的几何性质，或者可以用分子动力学模拟的扩散等特性，但绝大多数有机材料的性质取决于对材料精确的量子力学描述。执行从头算法来计算材料的性质，在计算上要求很高，因此本质上限制了可以研究的材料数量。此外，还有可能错失良机，在这种情况下，材料只针对特定的性质进行测试，例如功率转换效率。而当该材料可能具有优异的铁电特性时，却没有考虑到该特性，即使是这样，也需要一套不同的专家系统进行计算。

对于孤立有机分子的许多性质，如热化学性质、电子特性、原子化能量、电子密度和溶剂化能等的性质预测加速，已经得到证实[17, 43, 69, 70]。显然，下一步的固体材料特性建模更具挑战性。但在本章后面，将描述迄今为止有机材料领域的成功案例研究，以及未来发展潜力。与其他领域一样，关键挑战是为有监督机器学习提供足够数量的高质量数据的可访问数据库；或者，选择使用对少量数据有效的算法。在理想情况下，人们希望有感兴趣特性的实验数据，能够更准确地反映可能影响性能特征的全部复杂性，但迄今为止，大多数研究都集中在基于模拟训练数据的特性快速预测上。未来的目标不仅是预测材料的性能，而且是预测器件级的性能，同时考虑到对该性能有宏观影响的多部件系统。

12.5 结构预测

由于目前通常没有直接从分子结构或前体到本体材料特性进行正向预测的途径，因此要进行预测，首先需要预测材料的固态结构，无论是无定形结构还是晶体结构。这也是一项有价值的工作，有助于识别合成材料，探索和挖掘其结构 - 性能关系。结构预测本身就是一个很大的领域，人工智能具有加速这一过程的潜力，正如其几个要素已经证明的那样。有机分子的晶体结构预测（crystal structure prediction，CSP）有着悠久的历史，很大的原因是制药公司对了解和预测活性药物成分的多晶型感兴趣[71, 72]。这些方法也适用于其他有机材料，特别是分子电子学[73, 74]。预测的典型关键步骤（如图 12.4 所示）是首先构建系统准确的能量描述，例如通过参数化定制力场，然后进行全局优化搜索，并需要对假设的多晶型物进行准确的相对能量排序，基于低能量多晶型最有可能被实验观察为原则。然后可以对包装图案或多晶型物的特性进行进一步分析。常规盲测试验表明，这些方法对处理更复杂系统的能力越来越强，例如包括分子柔性、共晶体和水合物在内的系统，从而证明使用从头算计算进行能量排序的能力特别有效[75]。

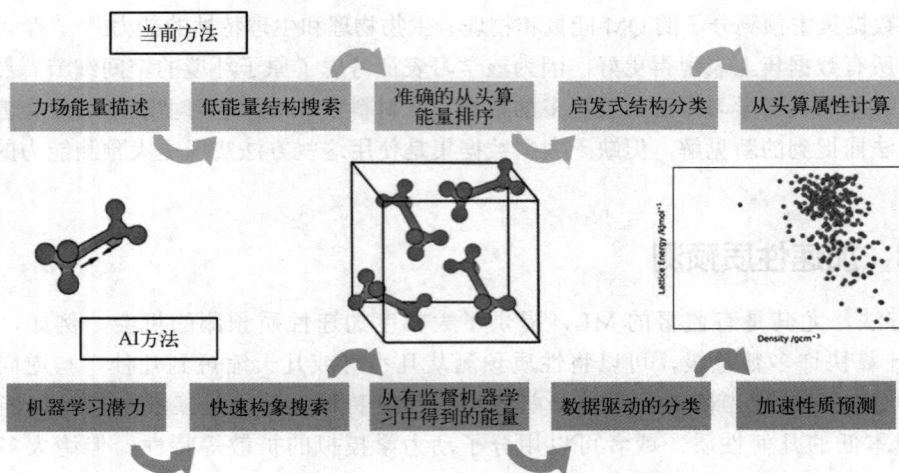

图 12.4　晶体结构预测的关键步骤（顶部）以及 AI 技术可以改进流程的地方（底部）

　　虽然目前晶体结构预测（CSP）的典型方法不涉及 AI，但有多种机会（参见图 12.4），尤其是随着新算法的开发，这一点在几项旨在改进过程各个要素的研究中得到了证明。机器学习潜能（machine-learnt potentials，MLP）[76-78] 提供了可转移或定制的力场的一种替代方案，涉及更通用的拟合方法和更高准确性的潜力。搜索低能多晶型物有多种方法可用，包括遗传算法 [79]、随机和准随机搜索 [80]。尽管尚未应用于分子 CSP，但神经网络对于增强自由能景观的采样或学习是有效的 [81,82]。由于多晶型物的相对能量排序对分子间相互作用的微小差异极为敏感，因此多晶型物的准确能量排序是一项重大挑战。尽管使用具有色散校正的 DFT 计算所包含最终能量排序是有价值的，但在除少数结构之外，目前这些计算在所有结构上都非常昂贵。因此，结构搜索的早期阶段应采用力场计算。在此，使用 ML 计算精确自由能的改进可以大大加速准确能量的计算 [77]。McDonagh 等人已经证明，CSP 的力场能量可以通过使用 ML 来用二阶微扰理论校正双体能量项来提高，并以降低为原来 1/5 的成本获得更高的精度 [83]。挑战是将其拓展应用到更柔性的分子，而不是刚性分子。

　　Musil 等人应用基于 SOAP-REMatch 内核的高斯过程回归（Gaussian process regression，GPR）来评估晶体堆积的结构相似性，然后准确预测并五苯和两种氮杂并五苯填料的相对能量 [73]。对于最简单的结构并五苯，获得精度低于 1kJ/mol 只需要 50 个数据点，但对于分子间相互作用更复杂的氮杂并五苯，大约需要 1000 个数据点才能达到同等精确度。接下来，Musil 等人采用 SOAP-REmatch 进行无监督学习，对数千种晶体结构进行分类，以评估包装图案的多样性，从而取代对启发式规则的需求 [73]。Yang 等人后来表明，这种充填勘探可以对 28 种不同分子有机半导体的单一多景观分析，尽管这确实需要手动选择内核参数 [84]。最后，通过有监督的 ML，可加速分子的属性计算，这对于数千种分子的结构 - 能量 - 属性景观图的计算，其优势是非常明显的，也是非常有用的。

　　结构预测除了用于识别有前途的设想合成材料外，还可以促进更快的结构识别，这是高通量自动化研究的一个潜在瓶颈。如果已经计算了低能假想晶体结构，则可以模拟其粉末衍射图，但如果不做进一步的重大努力，这通常不足以确定最终的结构。已经证明，核磁共振化学位移的计算是结构识别的有效途径 [85]，但这需要对固态分子的从头计算，因此对于日常使用来说肯定是不可行的。然而，最近 Paruzzo 等人已经证明，ML 可以预测从 DFT 训练数据到 DFT 级精度的化学位移，从而识别分子固体的结构 [86]。人们还可以设想使用机器学习来加速对包括成像在内的各种其他数据的分析 [87]。

　　并非所有的有机材料都采用固态结晶填料，而是形成分子或聚合物无定形填料。创建这些系统的模拟模型的方法通常包括生成随机填料，然后进行某种退火操作。在此，ML 最明显的应用是生成 MLPs，ML 不仅可以加速退火过程中涉及的分子动力学模拟，还可以模拟更大、更真实的模型。对于无机材料，例如非晶硅，已经证明了这一点 [88]。虽然我们距离能够仅从分子结构快速预测分子的组装还有很长的路要走，但在加速结构预测过程的某些方面仍充满希望。下一个挑战将是使这些方法在系统之间进行转换，使其更具通用性和可转移性。当然，除了更好的晶体表征和算法外，还需要更多关于分子及其低能多晶型物的训练数据，才能朝着更通用的有机材料结构预测方向迈进一大步。

12.6　相空间探索

　　鉴于有机材料分子构建块的巨大潜力，以及合成的有机材料数量有限的事实，一个重大的挑战是如何对化学空间进行有效的采样，以找到最有希望的材料。通常，计算研究受到大小极其有限的（大约 100 个）的初始构建块库的限制，从而极大地制约了此类研究的范围。在下一节中，我们将讨论如何从头生成新分子，但是对于给定的搜索空间，有多种可能的选择来尝试有效和高效地对可能材料的巨大相空间进行采样，或者更确切地说，对其可能制成的构建块进行采样。在搜索空间较小的情况下，可以使用蛮力方法，也可以使用相对便宜的评估方法，或者可以使用随机方法，通常与化学家包含的直观规则相结合。在 AI 方法中，遗传算法（genetic algorithms，GAs）经常被用作相空间采样和寻找有希望的候选对象的有效方法。GAs 的风格可以包括使用 SMILES 表征、基于图表征（graph-based representation，GB-GA）或蒙特卡罗树搜索（Monte Carlo tree search，GA-MCTS）[89]。最近，机器学习方法也得到了应用，包括变分自动编码器（variational autoencoders，VAE）、深度神经网络（deep neural networks，DNN）和递归神经网络（recurrent neural networks，RNN）。然而，最近在药物发现的分子设计领域，与 ML 相比，基于 GA 的方法的基准测试表明，GB-GA 可以胜过使用 SMILES 表征的 RNN，但在大型数据集上训练的 RNN 在化合物质量方面确实优于 GA [90]。这种类型的基准测试尚未用于有机材料的设计，但应记住，NN 不一定优于其他方法。

　　当然，化学空间的有效探索不仅限于计算研究，而且对于材料发现或材料优化的实验研究也越来越重要，尤其是随着自动化程度的提高 [12, 91, 92]。GAs、模拟退火和粒子群优化已被用于指导发现新系统或寻找提高性能的最佳条件。实验设计（design of experiments，DOE）是一种用于多元分析的统计方法，用于同时测试和优化多个变量，从而加速优化、时间和资源。由于许多组件和加工条件而产生的高度复杂性，这些方法显然对优化材料和设备很有价值。Cao 等人发现，使用支持向量机学习方法基于采样点创建相位图和采用 DOE 与 ML 相结合方法，对于优化有机光伏发电的功率转换效率（power conversion efficiency，PCE）是有效的 [93]。RNN 可能会越来越多地用于选择初始测试集，用于自动分析化学机器人的结果，包括结果的分类、预测和选择下一个要执行的测试。后者已在有机合成反应中实现，通过对机器人上的"反应性"和"非反应性"结果进行分类，以预测未来的反应性 [94]，并将在未来进一步扩展到更复杂的有机材料问题。

12.7 材料合成砌块的从头分子设计

引起人们极大的兴趣是从头分子库设计中的 ML 和 DL 算法，尤其是 DL，可以帮助探索比已知构建块或小型库所覆盖的化学空间更大的区域。人们通常在大型化学空间探索和创造可化学合成的新分子之间进行一定权衡。NNs 具有学习分子输入表征的新表征能力，将输入特征转换为机器解释的潜在空间，而 DNNs 可以创建更复杂的表征，因为 DNNs 包含更多的隐藏层。许多方法依赖于扰动这些学习的表征，从而对机器学习的化学空间进行采样 [见图 12.5（a）][16]。

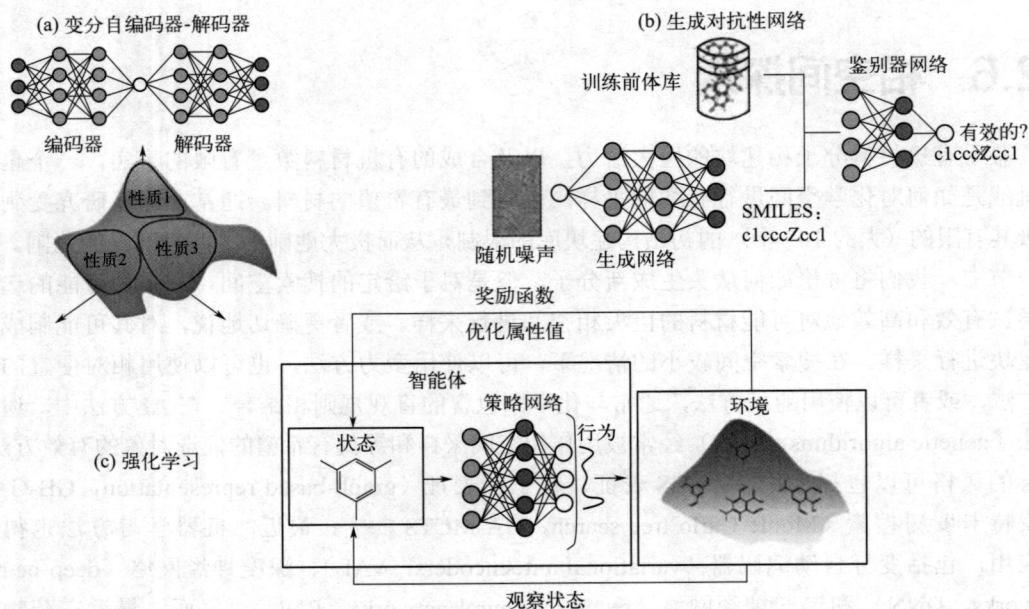

图 12.5 分子从头设计技术总结

（a）变分自动编码器 - 解码器，其中训练神经网络将分子转化为潜在表征；（b）生成对抗性网络，其中生成器神经网络创建分子，使用鉴别器网络将其分类为真实化合物；（c）强化学习，训练神经网络以预测在给定状态下可执行的最佳行为

DNNs 将人类可解释的分子表征转换为相空间的能力使其适用于分子设计。Gómez-Bombarelli 等人使用 DNN 作为 VAE 的一部分，创建从分子的基于图形的 SMILES 表征到潜在空间的映射。然后，通过扰动潜在空间中分子的连续向量表征，并将变换应用于分子，然后使用另一个 DNN 作为解码器将其转换回 SMILES[16]。RNN 和 CNN 都作为编码器进行了试验，CNN 的性能表现稍好一些。这种方法的一个优点是能够在潜在空间中执行性质预测，在对该空间的区域进行采样时可能允许进行逆向设计 [27]。已经证明，迁移学习可用于生成具有所需性质的分子。对来自大型前体数据集的有效化学 SMILES 进行预训练。然后对模型进行再训练，以生成具有某些特性的化合物 [95]。ChemTS 库采用蒙特卡洛树搜索，并结合 RNN 来决定选择每个搜索路径的概率 [96]。Sumita 等人使用 ChemTS 生成具有理想激发能的分子，将分子发生器的奖励函数与含时的 DFT 计算相结合 [97]。计算了激发能并将其输入到发生器模型中，从而确定了五种具有良好振子强度的新型化合物。

已经证明，强化学习的目的旨在根据模型先前的经验学习最佳的行动方案，从而会使生成的模型偏向于创建具有有利特性的分子[98,99]。Popova 等人应用 ReLeaSE 框架生成具有所需性质的分子[99]。由生成神经网络和预测神经网络组成，结合强化学习，生成神经网络能够提出最大化单一优化奖励函数的分子，该函数可以调整以最大化所需要的性质。尽管已经开发了许多类型的生成算法，但大多数都存在严重缺陷。大部分 GANs 和 RNNs 经常会产生无效的 SMILES 字符串，从而限制其潜在应用。虽然已经证明，在 RNNs 中使用长短期记忆架构可以减少这个问题[27]，但针对特定目标进行优化的算法通常会显着降低分子的多样性，尤其是在 GANs 中[100]。大量的生成算法已经产生了许多用于生成分子的基准测试指标，包括对分子的独特性、多样性和新颖性的定量分析等[90]。这些标准化的基准主要用于评估药物分子空间；但这些相同的测量方法也可用于评估未来适用材料的生成分子[101]。

12.8　预测可合成材料

虽然已经证明，AI 方法可以成功识别具有良好性能的材料，但很难确定哪些材料可以通过实验来实现。由于与实验验正潜在新材料相关的时间和成本，材料的合成可及性（synthetic accessibility，SA）是材料筛选过程的重要组成部分。需要考虑以下几点：①材料的前体是否可以合成；②能否可以使用模块化方法以高产率和高纯度地合成正确形式的材料；③材料是否可以加工成获得所需性能的正确形式。在执行高通量筛选程序时，前体的 SA 可以通过两种方式之一纳入到方法中。前体车可以仅限于那些先前已合成或不需要复杂的合成过程来创建。或者，材料的 SA 可以定义为数值属性并在材料优化过程中进行优化。由于影响 SA 的因素众多，以及 SA 计算中固有的假设，在对 SA 的计算过程中，会出现重大挑战。如，一些分子存在几个低收率的反应步骤，涉及几个困难的分离过程和昂贵的试剂等，导致合成这些分子实际上是很困难的。随着新反应的发现和化学品价格的波动，材料的 SA 会随时间而变化。计算有机分子的 SA 的早期方法，旨在重点惩罚具有更复杂结构部分的分子[102]。然而，药物化学家在选择易于合成的目标分子时却持不同意见，这表明来自专业化学家提供的训练数据，并不总是可靠的[103]。

ML 通过使用数据驱动的方法提供了一种替代解决方案来预测分子的 SA。反应数据可以提供对可能的合成转化类型的洞察，从而预测分子的可合成性。使用 NN，反应数据库已被用于预测分子的 SA[104]。ML 还显示出在逆合成途径预测方面的表现良好，可以了解创建分子的可能反应途径[105,106]。虽然反应步骤的数量是决定分子 SA 的一个因素，另一个重要因素是成本，已经证明成本与合成有机光伏分子的反应步骤数量呈线性关系[107]。在此类的 ML 预测中，一个具有挑战性的因素是反应数据信息的缺乏。通常有机反应数据库主要由反应物、产物对组成，而不包含与反应相关的产率、溶剂或后处理信息。此外，也没有失败反应的负面例子，从而使得分类任务变得更加困难。

O'Boyle 等人利用以前合成分子的化学直观感觉，创建了一个用于设计有机光伏聚合物的前体库[108]。此外，在创建四聚体时考虑了每个单体的对称性，以增加合成每种聚合物的可能性，从而减少探索的化学空间的大小。即使使用前面提到的技术可以预测有机材料中的共价键，预测分子是否会形成具有所需性质的三维构象仍然具有挑战性。例如，在考虑多孔有机笼时，拓扑结构和由此产生的孔隙率对多种因素都很敏感，包括溶剂效应、反应条件和前体分子的结构特征等[109]。因此，在确定多孔有机笼是否可合成时，应考虑这些因素中的每一个。

12.9 研究案例

12.9.1 有机电子材料

在有机电子领域，利用小分子、低聚物和/或聚合物的光电特性来制造太阳能电池、发光二极管、晶体管和热电器件。相关分子的潜在化学空间是巨大的。例如，即使从 500 个单体有限的库中，也可以构建多达 250000 个二元有序共聚物[37]。因此，在没有机器学习模型的情况下，对分子进行虚拟筛选以发现有希望的线索或理解趋势是不可能的。如果不是全部的话，大多数这一领域的研究在某种程度上是利用了单分子近似，并专注于训练和使用 ML 模型来预测孤立分子的性质，或者应用传统量子化学计算出的孤立分子的性质，和使用 AI 来预测材料砌块或器件的性质。

AI 在这一领域的应用基本上是从使用简单的多变量线性回归开始的（尽管 Sumpter 和 Noid 在 1994 年已经表明，NNs 原则上可以用来预测聚合物的性质，包括其介电常数等电子特性，更多细节请参见第 12.9.3 节）[110]。Olivares-Amaya 等人使用多元线性回归结合经典化学信息学描述符，如分子质量和 $\log P$，预测开路电压（V_{oc}）、短路电流（J_{sc}）、填充因子（fillfactor，FF），以及基于有机电子供体聚合物和电子受体富勒烯 PCBM 组合的有机太阳能电池的功率转换效率（power conversion efficiency，PCE）[111]。而 Jabeen 等人使用类似的设置来预测聚合物的折射率[112]。Pyzer-Knapp 等人则训练 GPR 模型以校正 HOPV15 数据集[44]中基于 DFT 计算的有机电子供体的分子最高占有轨道（the highest occupied molecular orbitals，HOMO）和分子最低空轨道（the lowest unoccupied molecular orbitals，LUMO）的能量，以及其太阳能电池的 V_{oc}、J_{sc} 和 PCE，以重现相应的实验测量值[113]。Lopez 等人类似地使用 GPR 模型，但专注于小分子电子受体，而不是作为 PCBM 的替代品[44]。这些 GPR 模型将基于 DFT 的性质以及集合中不同分子的摩根指纹之间的 Tanimoto 相似性作为输入。Kim 等人则使用具有混杂化学信息学描述符的 GPR 来预测共轭聚合物和非共轭聚合物混杂物的特性，例如带隙、折射率、介电常数和玻璃温度[34]。MannodiKanakkithodi 等人还研究了聚合物的介电性能，但使用的是 KRR 来代替 GPR[114]。与大多数这些研究相比，Kim 等人训练其 GPR 以重现实验和 DFT 预测属性的混合物[34]。最后，利用不同多晶型物非常相似和基于 DFT 计算的子集学习性质相对容易的事实，Musil 等人使用 SOAP 描述符和 GPR 的组合来加速预测给定有机半导体的大量多晶型物的电子传输特性[74]。

GPR 和 KRR 主要对实验数据进行模型训练，相比之下，神经网络通常被用来训练例如 DFT 计算的数据。作为原理证明，Pyzer-Knapp 等人在 DFT 上使用 Morgan 指纹训练了 NN，预测了来自哈佛清洁能源项目数据库的 200000 个随机分子的 HOMO 和 LUMO 能量和 PCE 值，并使用另外 50000 个分子作为测试集[115]。Gómez-Bombarelli 等人使用摩根指纹对 200000 个 TADF 候选分子的热辅助延迟荧光（the thermally assisted delayed fluorescence，TADF）效率进行训练，作为 TADF 发现新线索的工作流程的一部分[32]。Wilbraham 等人使用摩根指纹训练 NN 以预测 350000 个二元共轭聚合物的电离势、电子亲和力和光学间隙，使用仅包含 50000 个聚合物的训练子集，其中 50% 用于训练 NN，50% 用于测试[37]。Wilbraham 等人没有使用 DFT 导出的数据，而是使用 xTB 系列半经验、密度泛函紧束缚方法[35,36]生成其训练数据，通常这些方法提供了与 DFT 具有相似精度的属性，但计算成本却至少降低了三个数量级。

上述所有 NN 研究都使用标准摩根指纹。相比之下，St.John 等人在为共轭聚合物光电特性训练 NN 时，将用于特征选择的消息传递 NN 用作其性质预测神经网络的输入[116]。然而，这似乎并不一定会产生更好的预测。他们发现，当仅仅根据 2D 结构信息来训练这个 NN 和预测这些聚合物的光电性能时，并不会导致提供共轭聚合物的 3D 结构信息的性能改善。这与 Wilbraham 等人的观察结果一致[8, 37, 117]，即在共轭聚合物的构象之间这些性质通常只有轻微差异。虽然上述所有研究都是针对非常大的数据集，但数据集中的结构属于更有限的结构家族，例如，基于芳族单体的聚合物或一个由间隔基分隔的供体和受体组成的 TADF 候选分子。Ramakrishnan 等人证明了也有可能训练出一种能够重现更广泛种类的有机分子光谱的 NN[38]。他们通过训练 NNs 来恢复一组非常多样化的 21800 个分子的近似耦合簇低能单线态激发光谱，其中多达包括芳香族和脂肪族分子的 8 个 CONF 原子。然而，为了实现上目标，Ramakrishnan 等人使用包含 3D 结构信息（库仑矩阵、化学键袋）的描述符作为输入。

Bai 等人最近的一项研究是有机电子学领域 ML 的一个完全不同的例子，该研究利用梯度增强树来研究聚合物的许多预测和测量特性与其作为析氢光催化剂的活性之间的相关性[118, 119]。利用这些梯度增强树，作者可根据实验测量的析氢速率的变化程度，来解释这些材料的特性，而这在使用经典线性回归时是很难做到的，因为没有一个很好的可理解模型能将其之间的关系联系起来。最后，Sumita 等人[97] 和 Benjamin Sanchez-Lengeling 等人，如上所述[120]，分别使用分子生成工具 ChemTS（GA-MCTS 和 RNN 的组合）和 ORGANIC（GAN）来生成具有所需光学性质的分子和使有机太阳能电池的 PCE 最大化的非富勒烯受体。Yuan 等人还使用了迁移学习与 RNN 方法相结合来生成具有目标电子性质的供体 - 受体寡聚体[101]。

12.9.2 多孔有机材料的性质预测和相空间探索

在过去的二十年里，多孔材料领域发生了革命性的变化，出现了多种类型的材料，包括金属有机框架（metal-organic frameworks，MOFs）[121]、共价有机框架（covalent organic frameworks，COFs）[122]、多孔有机聚合物[123] 和多孔分子材料（porous molecular materials，PMMs）[124]。通过对构建砌块或合成条件的简单修改，探索多孔材料的各种化学和结构空间，用于目标应用的微调材料。目前，多孔材料最突出的领域是对 MOFs 的研究，因为大多数该类材料具有结晶和延展性（形成能明确定义的结构）、结构和化学多样性，以及拥有有趣的混杂特性等（由于无机和有机结构单元的存在）。MOFs 结构的大型实验性（约 70000 个结构）[125, 126] 和假设性（约 150000 个结构）[127, 128] 数据库，简化了 MOFs 在许多应用中性能的结构 - 性能关系的开发。的确也有纯粹的有机扩展多孔材料（例如 COFs）[129] 和多孔聚合物网络（porous polymer networks，PPNs）[130] 的大型数据库。然而，其结构大多是假设的或理想化的，因为 COFs 和 PPNs 通常是半结晶或无定形材料。利用这些结构数据库的存在，Thornton 等人使用 NNs 来指导其对纳米多孔材料基因组（约 800000 种多孔材料）进行储氢的探索[131]。为了避免模拟所有多孔材料的吸附特性，他们使用 NNs 来学习接下来要模拟哪些材料，在仅模拟整个数据库的一小部分（1000 种材料）和总共仅模拟了 3000 种材料，并训练其 NNs 三次（每 1000 种模拟一次，以指导下一个 1000 种材料的选择）之后，确定了储氢能力的最佳材料空隙率范围，该过程显示出很强的权衡效应。

鉴于扩展多孔材料孔网络的简化描述符（包括溶剂可及的表面积、可及的孔体积和孔径分布）计算成本低廉，可将其用作扩展多孔材料 ML 表征中的指纹图谱的一部分[131-133]。

Bucior 等人使用有监督的 ML 从孔隙网络内的离散势能预测 MOF 中的氢储存[134]。同样，Lee 等人使用拓扑数据分析来量化孔的结构，从而可以以条码的方式准确比较两种多孔材料[135]。此外，ML 有助于加快计算更难获得的特性，例如二氧化碳还原催化剂性能[136]、MOF 带隙（使用迁移学习）[137] 和机械性能[138,139] 等。目前，尚未使用 AI 进行有机扩展多孔材料的设计和性能的预测。

PMMs，包括多孔有机笼（porous organic cages，POCs），是多孔材料的一个子类，其孔隙率源自其内部空腔（内在孔隙率）和固态单个分子的堆积（外在孔隙率），由非键合相互作用定义[140]。与有机电子领域类似，一些 PMMs 的性质可以从单个组成分子的性质中推断出来[7]。例如，Evans 等人发现，单分子特性可以使用支持向量机学习，合理地预测分子是否会形成多孔晶体[141]。Sturluson 等人通过对 POCs 固有孔隙的 3D 形状和大小进行无监督奇异值的分解，来学习 POCs 的潜在空间表征[142]。虽然是概念验证，但他们能够证明潜在空间中的最近邻居具有相似的固有孔隙，并且可以通过潜在空间进行探索，从而获得对 POC 相空间的有效探索。虽然从这个潜在空间预测新笼子的分子结构目前尚不可能，但这项工作代表了探索 POC 搜索空间的令人兴奋的方法。Turcani 等人应用约 60000 个假设和已知 POCs 的数据库，使用 ML 来预测笼子是否会保持形状不变，如果是，还可以预测其孔径[143]。重要的是，该模型的输入是构建模块的化学结构和所推荐笼子的拓扑结构。因此，其 ML 算法可以在构建笼子模型之前预测笼子属性，继而可以大大加快对可能的 POCs 材料的探索。然而，其 ML 模型需要对笼子的目标子类（例如通过亚胺缩合形成的特定拓扑结构的笼子）进行训练，以准确预测该子类中新笼子的性质。

进化算法（evolutionary algorithms，EAs）是探索化学空间的有效方法。特别是，EAs 非常适合探索模块化多孔材料，其中：①可以使用简单的方法将给定材料的单个构建块进行修改，以开发新材料；②简单的描述符预测材料性能，以及③材料优化是多个变量的函数。已将 EAs 用于探索 MOFs 的化学和结构空间，以寻找用于吸附应用的候选材料[144,145]。Berardo 等人最近实施了一个 EA 算法，用于有针对性地发现 POCs[146]。他们实现了一个专注于笼的单分子特性（即孔径和窗口大小以及窗口不对称）的适应度函数，并强调了在一系列案例研究中展示各种高级候选材料的能力。在笼子发现过程中，他们监测了种群中占主导地位的笼子拓扑结构和分子特性，作为未来实验工作的指导设计原则。

12.9.3 其他功能有机材料

有机聚合物在其他方面的用途也很广泛，包括绝缘材料、结构应用甚至信息存储等[147]。因为其制造成本更低、更灵活，并且与大多数无机聚合物相比具有更高的耐化学性，有机聚合物替代用途的兴趣与日俱增。NNs 能够在可观察量和输出之间生成复杂的非线性关系，这使得 NNs 方法对于预测聚合物性质特别有用，其中结构 - 性质关系通常是复杂的或未知的。Sumpter 和 Noid 的早期工作涉及聚合物信息学，是使用基于图论的定量描述符同时预测包括分子体积、热容量、玻璃温度和热导率等九种聚合物性质[110]。尽管只有包含 357 种聚合物的小型数据集，但模型使用交叉验证来减少过度拟合，最大误差仅 8%。生成新的定量结构 - 性能关系是预测断裂拉伸强度的有效策略，可以深入了解大块聚合物材料的强度。Cravero 等人的事实结果表明，与使用基本分子结构的自动特征提取相比，将基于聚合物分子量的简单描述符用作输入会产生更好的预测模型[148]。Menon 等人利用分层机器学习（hierarchical machine learning，HML）克服了小聚合物数据集的问题，以 18 种聚氨酯为基础真值数据预测断裂应力、断裂应变和 $\tan\delta$❶[149]。在 HML 中，一个包含物理化学聚合物特性的中间层被用于反馈入 ML 架构的下一层。结果表明，这比使用随机森林模型对聚合物组成数据进行直接性能预测效果要好。最近，Wu 等人利用 ML 预测了具有高导热性的聚合物[150]。他们采用贝叶斯分子设计过程，从已知具有良好特性的化学空间区域生成新的候选聚合物。由于实验热导率数据集较小，仅包含 28 种聚合物，因此采用了迁移学习方法，并选择和合成了三个候选材料。

堆积密度会影响包括机械、光学和离子电导率等大量材料的性能。Atif Faiz Afzal 等人使用 Dragon 7 库中的 197 个描述符，预测了无定形结构的最终堆积密度[151]。从模拟分子堆积体的 MD 中获得了真实训练数据，并将其用作 DNN 的预测值。ML 不限于预测光电或机械材料特性，同时已被应用于预测含羰基分子的氧化还原电位。通过使用 GPR 校准半经验的 PM7，Jinich 等人生成的模型比使用基团贡献法估算热力学性质更准确[152]。

12.10　结论

人工智能在有机材料领域中有着广泛的用途：从通过分子的从头设计加速性质预测，从而预测具有所需性质的分子固体，到评估这些分子的可合成能力。与人工智能的所有应用一样，在众多（如果不是全部的话）这些任务中，一个主要障碍是需要有足够的数据来训练模型。显然，对于分子表征合理的分子材料，训练数据可能比其他材料更容易在文献中生成或查找到。因此，人工智能在有机材料领域的应用前途光明，并且已经超越了炒作阶段，我们有充分的理由相信，这只是人工智能在有机材料发现领域光明未来的开始。

致谢

感谢皇家学会的大学研究奖学金（University Research Fellowship，K.E.J.）和为 A.T. 提供增强奖（Enhancement Award）的资金，以及通过赠款协议编号 758370（ERC-StG-PE5-CoMMaD）为 ERC 提供资金。S.B. 感谢 Leverhulme Trust 通过 Leverhulme 功能材料设计研究中心提供资金。M.A.Z. 感谢英国工程和物理科学研究委员会（EP/N004884/1）。

参 考 文 献

[1] K. Alberi, M. B. Nardelli, A. Zakutayev, L. Mitas, S. Curtarolo, A. Jain, M. Fornari, N. Marzari, I. Takeuchi, M. L. Green, M. Kanatzidis, M. F. Toney, S. Butenko, B. Meredig, S. Lany, U. Kattner, A. Davydov, E. S. Toberer, V. Stevanovic, A. Walsh, N. G. Park, A. Aspuru-Guzik, D. P. Tabor, J. Nelson, J. Murphy, A. Setlur, J. Gregoire, H. Li, R. Xiao, A. Ludwig, L. W. Martin, A. M. Rappe, S. H. Wei and J. Perkins, *J. Phys. D*：*Appl. Phys.*, 2019, **52**, 013001.

[2] S. Rashidi, J. A. Esfahani and N. Karimi, *Renewable Sustainable Energy Rev.*, 2018, **91**, 229-247.

[3] N. Enjamuri, S. Sarkar, B. M. Reddy and J. Mondal, *Chem. Rec.*, 2019, **19**, 1782-1792.

[4] H. Bildirir, V. G. Gregoriou, A. Avgeropoulos, U. Scherf and C. L. Chochos, *Mater. Horizons*, 2017, **4**, 546-556.

[5] K. Marsh, J. Boxall and R. Lichtenthaler, *Fluid Phase Equilib.*, 2004, **219**, 93-98.

---

❶ 损耗因子，即介电损耗角正切。——译者注

[6] T. B. Schon, A. J. Tilley, C. R. Bridges, M. B. Miltenburg and D. S. Seferos, *Adv. Funct. Mater.*, 2016, **26**, 6896-6903.

[7] M. Miklitz, S. Jiang, R. Clowes, M. E. Briggs, A. I. Cooper and K. E. Jelfs, *J. Phys. Chem. C*, 2017, **121**, 15211-15222.

[8] L. Wilbraham, E. Berardo, L. Turcani, K. E. Jelfs and M. A. Zwijnenburg, *J. Chem. Inf. Model.*, 2018, **58**, 2450-2459.

[9] N. B. McKeown, *ISRN Mater. Sci.*, 2012, **2012**, 1-16.

[10] P. G. Polishchuk, T. I. Madzhidov and A. Varnek, *J. Comput. Aided. Mol. Des.*, 2013, **27**, 675-679.

[11] A. L. Ferguson, *J. Phys.*: *Condens. Matter*, 2017, 30, 043002.

[12] P. S. Gromski, A. B. Henson, J. M. Granda and L. Cronin, *Nat. Rev. Chem.*, 2019, **3**, 119-128.

[13] G. Sliwoski, S. Kothiwale, J. Meiler and E. W. Lowe, *Pharmacol. Rev.*, 2014, **66**, 334-395.

[14] C. A. Lipinski, F. Lombardo, B. W. Dominy and P. J. Feeney, *Adv. Drug Delivery Rev.*, 2001, **46**, 3-26.

[15] A. Jain, Y. Shin and K. A. Persson, *Nat. Rev. Mater.*, 2016, **1**, 15004.

[16] R. Gómez-Bombarelli, J. N. Wei, D. Duvenaud, J. M. Hernández-Lobato, B. Sánchez-Lengeling, D. Sheberla, J. Aguilera-Iparraguirre, T. D. Hirzel, R. P. Adams and A. Aspuru-Guzik, *ACS Cent. Sci.*, 2018, **4**, 268-276.

[17] B. Sanchez-Lengeling and A. Aspuru-Guzik, *Science*, 2018, **361**, 360-365.

[18] P. Raccuglia, K. C. Elbert, P. D. F. Adler, C. Falk, M. B. Wenny, A. Mollo, M. Zeller, S. A. Friedler, J. Schrier and A. J. Norquist, *Nature*, 2016, **533**, 73-76.

[19] M. Krallinger, O. Rabal, A. Lourenço, J. Oyarzabal and A. Valencia, *Chem. Rev.*, 2017, **117**, 7673-7761.

[20] K. T. Butler, D. W. Davies, H. M. Cartwright, O. Isayev and A. Walsh, *Nature*, 2018, **559**, 547-555.

[21] D. J. Audus and J. J. de Pablo, *ACS Macro Lett.*, 2017, **6**, 1078-1082.

[22] L. Weston, V. Tshitoyan, J. Dagdelen, O. Kononova, A. Trewartha, K. A. Persson, G. Ceder and A. Jain, *J. Chem. Inf. Model.*, 2019, **59**, 3692-3702.

[23] I. Korvigo, M. Holmatov, A. Zaikovskii and M.Skoblov, *J. Cheminf.*, 2018, **10**, 28.

[24] V. Tshitoyan, J. Dagdelen, L. Weston, A. Dunn, Z. Rong, O. Kononova, K. A. Persson, G. Ceder and A. Jain, *Nature*, 2019, **571**, 95-98.

[25] M. C. Swain and J. M. Cole, *J. Chem. Inf. Model.*, 2016, **56**, 1894-1904.

[26] C. B. Cooper, E. J. Beard, Á. Vázquez-Mayagoitia, L. Stan, G. B. G. Stenning, D. W. Nye, J. A. Vigil, T. Tomar, J. Jia, G. B. Bodedla, S. Chen, L. Gallego, S. Franco, A. Carella, K. R. J. Thomas, S. Xue, X. Zhu and J. M. Cole, *Adv. Energy Mater.*, 2019, **9**, 1802820.

[27] M. H. S. Segler, T. Kogej, C. Tyrchan and M. P. Waller, *ACS Cent. Sci.*, 2018, **4**, 120-131.

[28] J. J. Irwin and B. K. Shoichet, *J. Chem. Inf. Model.*, 2005, **45**, 177.

[29] J. Arús-Pous, T. Blaschke, S. Ulander, J. L. Reymond, H. Chen and O. Engkvist, *J. Cheminf.*, 2019, **11**, 20.

[30] S. Kim, J. Chen, T. Cheng, A. Gindulyte, J. He, S. He, Q. Li, B. A. Shoemaker, P. A. Thiessen, B. Yu, L. Zaslavsky, J. Zhang and E. E. Bolton, *Nucleic Acids Res.*, 2019, **47**, 1102-1109.

[31] J. Hachmann, R. Olivares-Amaya, S. Atahan-Evrenk, C. Amador-Bedolla, R. S. Sánchez-Carrera, A. Gold-Parker, L. Vogt, A. M. Brockway and A. Aspuru-Guzik, *J. Phys. Chem. Lett.*, 2011, **2**, 2241-2251.

[32] R. Gómez-Bombarelli, J. Aguilera-Iparraguirre, T. D. Hirzel, D. Duvenaud, D. Maclaurin, M. A. Blood-Forsythe, H. S. Chae, M. Einzinger, D. G. Ha, T. Wu, G. Markopoulos, S. Jeon, H. Kang, H. Miyazaki, M. Numata, S. Kim, W. Huang, S. I. Hong, M. Baldo, R. P. Adams and A. Aspuru-Guzik, *Nat. Mater.*, 2016, **15**, 1120-1127.

［33］ E. B. Lenselink, N. ten Dijke, B. Bongers, G. Papadatos, H. W. T. van Vlijmen, W. Kowalczyk, A. P. IJzerman and G. J. P. van Westen, *J. Cheminf.*, 2017, **9**, 45.

［34］ C. Kim, A. Chandrasekaran, T. D. Huan, D. Das and R. Ramprasad, *J. Phys. Chem. C*, 2018, **122**, 17575-17585.

［35］ S. Grimme, C. Bannwarth and P. Shushkov, *J. Chem. Theory Comput.*, 2017, **13**, 1989-2009.

［36］ V. Ásgeirsson, C. A. Bauer and S. Grimme, *Chem. Sci.*, 2017, **8**, 4879-4895.

［37］ L. Wilbraham, R. S. Sprick, K. E. Jelfs and M. A. Zwijnenburg, *Chem. Sci.*, 2019, **10**, 4973-4984.

［38］ R. Ramakrishnan, M. Hartmann, E. Tapavicza and O. A. von Lilienfeld, *J. Chem. Phys.*, 2015, **143**, 084111.

［39］ J. S. Smith, B. T. Nebgen, R. Zubatyuk, N. Lubbers, C. Devereux, K. Barros, S. Tretiak, O. Isayev and A. E. Roitberg, *Nat. Commun.*, 2019, **10**, 2903.

［40］ S. Heinen, M. Schwilk, G. F. von Rudorff and O. A. von Lilienfeld, *Mach. Learn. Sci. Technol.*, 2020, **1**, 025002.

［41］ C. Draxl and M. Scheffler, *MRS Bull.*, 2018, **43**, 676-682.

［42］ A. Jain, S. P. Ong, G. Hautier, W. Chen, W. D. Richards, S. Dacek, S. Cholia, D. Gunter, D. Skinner, G. Ceder and K. A. Persson, *APL Mater.*, 2013, **1**, 011002.

［43］ T. D. Huan, A. Mannodi-Kanakkithodi, C. Kim, V. Sharma, G. Pilania and R. Ramprasad, *Sci. Data*, 2016, **3**, 160012.

［44］ S. A. Lopez, E. O. Pyzer-Knapp, G. N. Simm, T. Lutzow, K. Li, L. R. Seress, J. Hachmann and A. Aspuru-Guzik, *Sci. Data*, 2016, **3**, 160086.

［45］ S. J. Chalk, *J. Cheminf.*, 2016, **8**, 55.

［46］ V. Venkatraman, R. Raju, S. P. Oikonomopoulos and B. K. Alsberg, *J. Cheminf.*, 2018, **10**, 18.

［47］ S. S. Borysov, R. M. Geilhufe and A. V. Balatsky, *PLoS One*, 2017, **12**, e0171501.

［48］ S. A. Lopez, B. Sanchez-Lengeling, J. de Goes Soares and A. AspuruGuzik, *Joule*, 2017, **1**, 857-870.

［49］ A. Mannodi-Kanakkithodi, T. D. Huan and R. Ramprasad, *Chem. Mater.*, 2017, **29**, 9001-9010.

［50］ B. Olsthoorn, R. M. Geilhufe, S. S. Borysov and A. V. Balatsky, *Adv. Quantum Technol.*, 2019, **2**, 1900023.

［51］ A. Paul, Di. Jha, R. Al-Bahrani, W. Liao, A. Choudhary and A. Agrawal, *Int. Jt. Conf. Neural Networks, Proc., IEEE*, 2019, 1-8.

［52］ Y.-C. Lo, S. E. Rensi, W. Torng and R.B. Altman, *Drug Discov. Today*, 2018, **23**, 1538-1546.

［53］ F. Pereira and J. Aires-de-Sousa, *J. Cheminf.*, 2018, **10**, 43.

［54］ A. Mauri, V. Consonni, M. Pavan and R. Todeschini, *MATCH*, 2006, **56**, 237-248.

［55］ P. Gramatica, P. Pilutti and E. Papa, *J. Chem. Inf. Comput. Sci.*, 2004, **44**, 1794-1802.

［56］ D. Rogers and M. Hahn, *J. Chem. Inf. Model.*, 2010, **50**, 742-754.

［57］ G. Montavon, K. Hansen, S. Fazli, M. Rupp, F. Biegler, A. Ziehe, A. Tkatchenko, O. A. Von Lilienfeld and K. R. Müller, *Adv. Neural Inf. Process Syst.*, 2012, **1**, 440-448.

［58］ K. T. Schütt, H. Glawe, F. Brockherde, A. Sanna, K. R. Müller and E. K. U. Gross, *Phys. Rev. B*, 2014, **89**, 205118.

［59］ K. Hansen, F. Biegler, R. Ramakrishnan, W. Pronobis, O. A. von Lilienfeld, K.-R. Müller and A. Tkatchenko, *J. Phys. Chem. Lett.*, 2015, **6**, 2326-2331.

［60］ D. C. Elton, Z. Boukouvalas, M.S. Butrico, M. D. Fuge and P. W. Chung, *Sci. Rep.*, 2018, **8**, 9059.

［61］ S. De, A. P. Bartók, G. Csányi and M. Ceriotti, *Phys. Chem. Chem. Phys.*, 2016, **18**, 13754-13769.

［62］ J. Behler and M. Parrinello, *Phys. Rev. Lett.*, 2007, **98**, 146401.

［63］ G. Imbalzano, A. Anelli, D. Giofré, S. Klees, J. Behler and M. Ceriotti, *J. Chem. Phys.*, 2018, **148**, 241730.

[64] J. Behler, *J. Chem. Phys.*, 2016, **145**, 170901.

[65] D. Duvenaud, D. Maclaurin, J. Aguilera-Iparraguirre, R.Gó mez-Bombarelli, T. Hirzel, A. Aspuru-Guzik and R. P. Adams, *Adv. Neural Inf. Process Syst.*, 2015, 2224-2232.

[66] T. Xie and J. C. Grossman, *Phys. Rev. Lett.*, 2018, **120**, 145301.

[67] C. Chen, W. Ye, Y. Zuo, C. Zheng and S. P. Ong, *Chem. Mater.*, 2019, **31**, 3564-3572.

[68] Z. Wu, B. Ramsundar, E. N. Feinberg, J. Gomes, C. Geniesse, A. S. Pappu, K. Leswing and V. Pande, *Chem. Sci.*, 2018, **9**, 513-530.

[69] D. Xue, P. V. Balachandran, J. Hogden, J. Theiler, D. Xue and T. Lookman, *Nat. Commun.*, 2016, **7**, 11241.

[70] A. Chandrasekaran, D. Kamal, R. Batra, C. Kim, L. Chen and R. Ramprasad, *npj Comput. Mater.*, 2019, **5**, 22.

[71] S. L. Price, *Chem. Soc. Rev.*, 2014, **43**, 2098-2111.

[72] G. M. Day, *Crystallogr. Rev.*, 2011, **17**, 3-52.

[73] F. Musil, S. De, J. Yang, J. E. Campbell, G. M. Day and M. *Ceriotti, Chem. Sci.*, 2018, **9**, 1289-1300.

[74] B. Rice, L. M. Leblanc, A. Otero-De-La-Roza, M. J. Fuchter, E. R. Johnson, J. Nelson and K. E. Jelfs, *Nanoscale*, 2018, **10**, 1865-1876.

[75] A. M. Reilly, R. I. Cooper, C. S. Adjiman, S. Bhattacharya, A. D. Boese, J. G. Brandenburg, P. J. Bygrave, R. Bylsma, J. E. Campbell, R. Car, D. H. Case, R. Chadha, J. C. Cole, K. Cosburn, H. M. Cuppen, F. Curtis, G. M. Day, R. A. DiStasio, A. Dzyabchenko, B. P. Van Eijck, D. M. Elking, J. A. Van Den Ende, J. C. Facelli, M. B. Ferraro, L. Fusti-Molnar, C. A. Gatsiou, T. S. Gee, R. De Gelder, L. M. Ghiringhelli, H. Goto, S. Grimme, R. Guo, D. W. M. Hofmann, J. Hoja, R. K. Hylton, L. Iuzzolino, W. Jankiewicz, D. T. De Jong, J. Kendrick, N. J. J. De Klerk, H. Y. Ko, L. N. Kuleshova, X. Li, S. Lohani, F. J. J. Leusen, A. M. Lund, J. Lv, Y. Ma, N. Marom, A. E. Masunov, P. McCabe, D. P. McMahon, H. Meekes, M. P. Metz, A. J. Misquitta, S. Mohamed, B. Monserrat, R. J. Needs, M. A. Neumann, J. Nyman, S. Obata, H. Oberhofer, A. R. Oganov, A. M. Orendt, G. I. Pagola, C. C. Pantelides, C. J. Pickard, R. Podeszwa, L. S. Price, S. L. Price, A. Pulido, M. G. Read, K. Reuter, E. Schneider, C. Schober, G. P. Shields, P. Singh, I. J. Sugden, K. Szalewicz, C. R. Taylor, A. Tkatchenko, M. E. Tuckerman, F. Vacarro, M. Vasileiadis, A. Vazquez-Mayagoitia, L. Vogt, Y. Wang, R. E. Watson, G. A. De Wijs, J. Yang, Q. Zhu and C. R. Groom, Acta Crystallogr., Sect. B: Struct. Sci., *Cryst. Eng. Mater.*, 2016, **72**, 439-459.

[76] K. V. J. Jose, N. Artrith and J. Behler, *J. Chem. Phys.*, 2012, **136**, 194111.

[77] J. S. Smith, O. Isayev and A. E. Roitberg, *Chem. Sci.*, 2017, **8**, 3192-3203.

[78] K. T. Schütt, F. Arbabzadah, S. Chmiela, K. R. Müller and A. Tkatchenko, *Nat. Commun.*, 2017, **8**, 13890.

[79] F. Curtis, X. Li, T. Rose, Á. Vázquez-Mayagoitia, S. Bhattacharya, L. M. Ghiringhelli and N. Marom, *J. Chem. Theory Comput.*, 2018, **14**, 2246-2264.

[80] D. H. Case, J. E. Campbell, P. J. Bygrave and G. M. Day, *J. Chem. Theory Comput.*, 2016, **12**, 910-924.

[81] A. Z. Guo, E. Sevgen, H. Sidky, J. K. Whitmer, J. A. Hubbell and J. J. de Pablo, *J. Chem. Phys.*, 2018, **148**, 134108.

[82] H. Sidky and J. K. Whitmer, *J. Chem. Phys.*, 2018, **148**, 104111.

[83] D. McDonagh, C. K. Skylaris and G. M. Day, *J. Chem. Theory Comput.*, 2019, **15**, 2743-2758.

[84] J. Yang, S. De, J. E. Campbell, S. Li, M. Ceriotti and G. M. Day, *Chem. Mater.*, 2018, **30**, 4361-4371.

[85] E. Salager, G. M. Day, R. S. Stein, C. J. Pickard, B. Elena and L. Emsley, *J. Am. Chem. Soc.*, 2010, **132**, 2564-2566.

[86] F. M. Paruzzo, A. Hofstetter, F. Musil, S. De, M. Ceriotti and L. Emsley, *Nat. Commun.*, 2018, **9**, 4501.

［87］ H. S. Stein, D. Guevarra, P. F. Newhouse, E. Soedarmadji and J. M. Gregoire, *Chem. Sci.*, 2019, **10**, 47-55.

［88］ N. Bernstein, B. Bhattarai, G. Csányi, D. A. Drabold, S. R. Elliott and V. L. Deringer, *Angew. Chem., Int. Ed.*, 2019, **131**, 7131-7135.

［89］ J. H. Jensen, *Chem. Sci.*, 2019, **10**, 3567-3572.

［90］ N. Brown, M. Fiscato, M. H. S. Segler and A. C. Vaucher, *J. Chem. Inf. Model.*, 2019, **59**, 1096-1108.

［91］ T. C. Le and D. A. Winkler, *Chem. Rev.*, 2016, **116**, 6107-6132.

［92］ F. Häse, L. M. Roch and A. Aspuru-Guzik, *Trends Chem.*, 2019, **1**, 282-291.

［93］ B. Cao, L. A. Adutwum, A. O. Oliynyk, E. J. Luber, B. C. Olsen, A. Mar and J. M. Buriak, *ACS Nano*, 2018, **12**, 7434-7444.

［94］ J. M. Granda, L. Donina, V. Dragone, D. L. Long and L. Cronin, *Nature*, 2018, **559**, 377-381.

［95］ A. Gupta, A. T. Müller, B. J. H. Huisman, J. A. Fuchs, P. Schneider and G. Schneider, *Mol. Inform.*, 2018, **37**, 1700111.

［96］ X. Yang, J. Zhang, K. Yoshizoe, K. Terayama and K. Tsuda, *Sci. Technol. Adv. Mater.*, 2017, **18**, 972-976.

［97］ M.Sumita, X. Yang, S. Ishihara, R. Tamura and K. Tsuda, *ACS Cent. Sci.*, 2018, **4**, 1126-1133.

［98］ M. Olivecrona, T. Blaschke, O. Engkvist and H. Chen, *J. Cheminf.*, 2017, **9**, 48.

［99］ M. Popova, O. Isayev and A. Tropsha, *Sci. Adv.*, 2018, **4**, eaap7885.

［100］ M. Benhenda, 2017, *arxiv：1708.08227*.

［101］ Q. Yuan, A. Santana-Bonilla, M. Zwijnenburg and K. Jelfs, *Nanoscale*, 2020, **12**, 6744-6758.

［102］ R. Barone and M. Chanon, *J. Chem. Inf. Comput. Sci.*, 2001, **41**, 269-272.

［103］ P. S. Kutchukian, N. Y. Vasilyeva, J. Xu, M. K. Lindvall, M. P. Dillon, M. Glick, J. D. Coley and N. Brooijmans, *PLoS One*, 2012, **7**, 48476.

［104］ C. W. Coley, L. Rogers, W. H. Green and K. F. Jensen, *J. Chem. Inf. Model.*, 2018, **58**, 252-261.

［105］ J. S. Schreck, C. W. Coley and K. J. M. Bishop, *ACS Cent. Sci.*, 2019, **5**, 970-981.

［106］ M. H. S. Segler and M. P. Waller, *Chem.-Eur. J.*, 2017, **23**, 5966-5971.

［107］ T. P. Osedach, T. L. Andrew and V. Bulović, *Energy Environ. Sci.*, 2013, **6**, 711.

［108］ N. M. O'Boyle, C. M. Campbell and G. R. Hutchison, *J. Phys. Chem. C*, 2011, **115**, 16200-16210.

［109］ V. Santolini, G. A. Tribello and K. E. Jelfs, *Chem. Commun.*, 2015, **51**, 15542-15545.

［110］ B. G. Sumpter and D. W. Noid, *Macromol. Theory Simul.*, 1994, **3**, 363-378.

［111］ R. Olivares-Amaya, C. Amador-Bedolla, J. Hachmann, S. Atahan-Evrenk, R. S. Sánchez-Carrera, L. Vogt and A. Aspuru-Guzik, *Energy Environ. Sci.*, 2011, **4**, 4849-4861.

［112］ F. Jabeen, M. Chen, B. Rasulev, M. Ossowski and P. Boudjouk, *Comput. Mater. Sci.*, 2017, **137**, 215-224.

［113］ E. O. Pyzer-Knapp, G. N. Simm and A. Aspuru Guzik, *Mater. Horizons*, 2016, **3**, 226-233.

［114］ A. Mannodi-Kanakkithodi, G. Pilania, T. D. Huan, T. Lookman and R. Ramprasad, *Sci. Rep.*, 2016, **6**, 20952.

［115］ E. O. Pyzer-Knapp, K. Li and A. Aspuru-Guzik, *Adv. Funct. Mater.*, 2015, **25**, 6495-6502.

［116］ P. C. St. John, C. Phillips, T. W. Kemper, A. N. Wilson, Y. Guan, M. F. Crowley, M. R. Nimlos and R. E. Larsen, *J. Chem. Phys.*, 2019, **150**, 234111.

［117］ I. Heath-Apostolopoulos, L. Wilbraham and M. A. Zwijnenburg, *Faraday Discuss.*, 2019, **215**, 98-110.

［118］ Y. Bai, L. Wilbraham, B. J. Slater, M. A. Zwijnenburg, R. S. Sprick and A. I. Cooper, *J. Am. Chem. Soc.*, 2019, **141**, 9063-9071.

［119］ T.-S. Lin, C. W. Coley, H. Mochigase, H. K. Beech, W. Wang, Z. Wang, E. Woods, S. L. Craig, J. A. Johnson, J.

A. Kalow, K. F. Jensen and B. D. Olsen, *ACS Cent. Sci.*, 2019, **5**, 1523-1531.

[120] B. Sanchez-Lengeling, C. Outeiral, G. L. Guimaraes and A. AspuruGuzik, 2017, ChemRxiv: 5309668.

[121] H. Furukawa, K. E. Cordova, M. O'Keeffe and O. M. Yaghi, *Science*, 2013, **341**, 1230444.

[122] X. Feng, X. Ding and D. Jiang, *Chem. Soc. Rev.*, 2012, **41**, 6010.

[123] P. Kaur, J. T. Hupp and S. T. Nguyen, *ACS Catal.*, 2011, **1**, 819-835.

[124] S. Das, P. Heasman, T. Ben and S. Qiu, *Chem. Rev.*, 2017, **117**, 1515-1563.

[125] Y. G. Chung, J. Camp, M. Haranczyk, B. J. Sikora, W. Bury, V. Krungleviciute, T. Yildirim, O. K. Farha, D. S. Sholl and R. Q. Snurr, *Chem. Mater.*, 2014, **26**, 6185-6192.

[126] P. Z. Moghadam, A. Li, S. B. Wiggin, A. Tao, A. G. P. Maloney, P. A. Wood, S. C. Ward and D. Fairen-Jimenez, *Chem. Mater.*, 2017, **29**, 2618-2625.

[127] Y. J. Colón, D. A. Gómez-Gualdrón and R. Q. Snurr, *Cryst. Growth Des.*, 2017, **17**, 5801-5810.

[128] C. E. Wilmer, M. Leaf, C. Y. Lee, O. K. Farha, B. G. Hauser, J. T. Hupp and R. Q. Snurr, *Nat. Chem.*, 2012, **4**, 83-89.

[129] R. L. Martin, C. M.Simon, B. Medasani, D. K. Britt, B. Smit and M. Haranczyk, *J. Phys. Chem. C*, 2014, **118**, 23790-23802.

[130] R. L. Martin, C. M.Simon, B. Smit and M. Haranczyk, *J. Am. Chem. Soc.*, 2014, **136**, 5006-5022.

[131] A. W. Thornton, C. M.Simon, J. Kim, O. Kwon, K. S. Deeg, K. Konstas, S. J. Pas, M. R. Hill, D. A. Winkler, M. Haranczyk and B. Smit, *Chem. Mater.*, 2017, **29**, 2844-2854.

[132] C. M.Simon, R. Mercado, S. K. Schnell, B. Smit and M. Haranczyk, *Chem. Mater.*, 2015, **27**, 4459-4475.

[133] M. Fernandez, T. K. Woo, C. E. Wilmer and R. Q. Snurr, *J. Phys. Chem. C*, 2013, **117**, 7681-7689.

[134] B. J. Bucior, N. S. Bobbitt, T. Islamoglu, S. Goswami, A. Gopalan, T. Yildirim, O. K. Farha, N. Bagheri and R. Q. Snurr, *Mol. Syst. Des. Eng.*, 2019, **4**, 162-174.

[135] Y. Lee, S. D. Barthel, P. Dlotko, S. M. Moosavi, K. Hess and B. Smit, *Nat. Commun.*, 2017, **8**, 15396.

[136] A. W. Thornton, D. A. Winkler, M.S. Liu, M. Haranczyk and D. F. Kennedy, *RSC Adv.*, 2015, **5**, 44361-44370.

[137] Y. He, E. D. Cubuk, M. D. Allendorf and E. J. Reed, *J. Phys. Chem. Lett.*, 2018, **9**, 4562-4569.

[138] J. D. Evans and F.-X. Coudert, *Chem. Mater.*, 2017, **29**, 7833-7839.

[139] P. Z. Moghadam, S. M. J. Rogge, A. Li, C.-M. Chow, J. Wieme, N. Moharrami, M. Aragones-Anglada, G. Conduit, D. A. Gomez-Gualdron, V. Van Speybroeck and D. Fairen-Jimenez, *Matter*, 2019, **1**, 219-234.

[140] J. R. Holst, A. Trewin and A. I. Cooper, *Nat. Chem.*, 2010, **2**, 915-920.

[141] J. D. Evans, D. M. Huang, M. Haranczyk, A. W. Thornton, C. J. Sumby and C. J. Doonan, *CrystEngComm*, 2016, **18**, 4133-4141.

[142] A. Sturluson, M. T. Huynh, A. H. P. York and C. M.Simon, *ACS Cent. Sci.*, 2018, **4**, 1663-1676.

[143] L. Turcani, R. L. Greenaway and K. E. Jelfs, *Chem. Mater.*, 2019, **31**, 714-727.

[144] Y. G. Chung, D. A. Gómez-Gualdrón, P. Li, K. T. Leperi, P. Deria, H. Zhang, N. A. Vermeulen, J. F. Stoddart, F. You, J. T. Hupp, O. K. Farha and R.Q. Snurr, *Sci. Adv.*, 2016, **2**, e1600909.

[145] Y. Bao, R. L. Martin, C. M.Simon, M. Haranczyk, B. Smit and M. W. Deem, *J. Phys. Chem. C*, 2015, **119**, 186-195.

[146] E. Berardo, L. Turcani, M. Miklitz and K. E. Jelfs, *Chem. Sci.*, 2018, **9**, 8513-8527.

[147] B. J. Cafferty, A. S. Ten, M. J. Fink, S. Morey, D. J. Preston, M. Mrksich and G. M. Whitesides, *ACS Cent. Sci.*, 2019, **5**, 911-916.

［148］ F. Cravero, M. J. Martínez, G. E. Vazquez, M. F. Díaz and I. Ponzoni, *J. Integr. Bioinform.*, 2016, **13**, 286. 149.

［149］ A. Menon, J. A. Thompson-Colón and N. R. Washburn, *Front. Mater.*, 2019, **6**, 87.

［150］ S. Wu, Y. Kondo, M. Kakimoto, B. Yang, H. Yamada, I. Kuwajima, G. Lambard, K. Hongo, Y. Xu, J. Shiomi, C. Schick, J. Morikawa and R. Yoshida, *npj Comput. Mater.*, 2019, **5**, 66.

［151］ M. A. F. Afzal, A. Sonpal, M. Haghighatlari, A. J. Schultz and J. Hachmann, *Chem. Sci.*, 2019, **10**, 8374-8383.

［152］ A. Jinich, B. Sanchez-Lengeling, H. Ren, R. Harman and A. Aspuru-Guzik, *ACS Cent. Sci.*, 2019, 5, 1199-1210.

［153］ C. M.Simon, J. Kim, D. A. Gomez-Gualdron, J. S. Camp, Y. G. Chung, R. L. Martin, R. Mercado, M. W. Deem, D. Gunter, M. Haranczyk, D. S. Sholl, R. Q. Snurr and B. Smit, *Energy Environ. Sci.*, 2015, **8** 1190-1199.

［154］ S. Otsuka, I. Kuwajima, J. Hosoya, Y. Xu and M. Yamazaki, in *2011 International Conference on Emerging Intelligent Data and Web Technologies*, IEEE, 2011, pp. 22-29.

第13章

数据科学驱动的无机材料发现新时代

YA ZHUO, ARIA MANSOURI TEHRANI 和 JAKOAH BRGOCH*

美国休斯敦大学化学系，休斯敦，TX 77204

*Email: jbrgoch@central.uh.edu

13.1 引言

实证法一直是推动科学向前发展的核心力量，使我们能够获得并产生对周围环境的广泛认知和理解。随着我们理解力的提升，最终加速发展出了许多以数值表达形式出现的科学理论，这些理论可以描述或复制各种想法或"现实世界"的观察结果，例如牛顿定律的建立。然而，科学的复杂性似乎呈指数级增长，简单的数学表达式并不总是能够解决许多现代科学问题。幸运的是，计算机的出现，以及推动计算建模和最终数据科学的思想，已经改变了研究人员处理科学问题的方式。并将这种演变很好地分类为如图13.1所示的四种范式[1]。

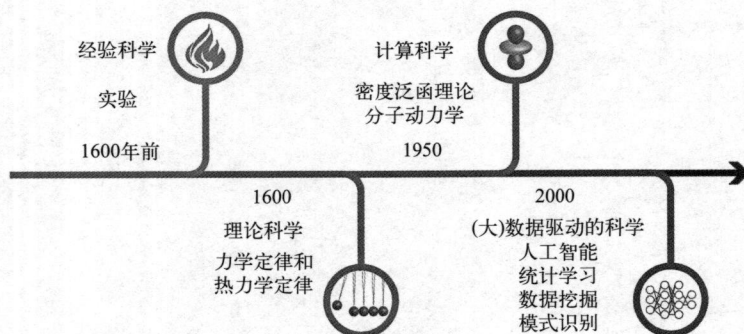

图13.1 科学的四种范式：实证型、理论型、计算型和数据驱动型

类似于所有科学分支，化学起源于定性、经验观察和化学直觉的发展，随后构建定量理论来解释这些观察，如热力学定律。基于第二种范式的先进实验方法的最终创建和实施，标志着一场重大革命，可以更好地理解观察到的结果。确切地说，无机固态化学是通过引入改进的合成技术和先进的表征技术而得到广泛加强的子领域之一。在过去的几个世纪中，复杂晶体结构或物理性质测量技术的解决和数据分析方法的创建，导致了大量数据的产生，其中大部分数据现在已编译到结构化数据库中。例如，无机晶体结构数据库（inorganic crystal structure database，ICSD）[2]、鲍林文件（现为 Pearson 晶体结构数据）（Pearson's crystal data，PCD）[3]、数据科学材料平台（materials platform for data science，MPDS）[4]、NIMS 材料数据库（MatNavi）[5] 和美国金属学会数据库，如 ASM 相图数据库[6] 等，致力于提供精心策划的数据集，其中包含有关已知（无机）晶体结构和测量物理性质的信息。这些数据中的大部分是由产生结果的研究小组直接提交的，这是成功的科学"众包"的一个极好的例子。一些数据库还从同行评审的文献中，通过手动提取数据这样艰巨任务的实施而进行了扩展。

计算材料化学家的杰出成就推动了向第三个范式——计算范式的过渡，也是由他们对这些相当大的晶体数据集的访问推动的。随着时间的推移，已经开发了许多计算方法，从半经验方法到从头算方法。密度泛函理论（density functional theory，DFT）作为从头计算的一个子集，可以说是无机材料领域中应用最广泛的理论。尽管 DFT 是在 20 世纪 60 年代首次提出的，但直到 20 世纪 80 年代才认识到该理论的重要性，这归因于计算能力的提高、方法以及理论的不断改进和扩展[7]。事实上，DFT 已经在确定无机固体的电子结构方面取得了巨大的进步[8,9]，尽管仍存在一定的局限性[10,11]。例如，这些计算常常需要高性能的计算集群，而这些计算集群并不总是可访问或可用的。此外，DFT 难以计算无序晶体结构和高度相关的系统，尽管 DFT+U 可以改善结果[12]。DFT 通常只能容纳有限数量的原子，目前通常最多只能容纳几百个，这使得研究人员无法在从头算水平上模拟更长尺度的相互作用，例如微观结构。然而，计算能力的扩展使得 DFT 能够获得数千种无机固体的电子结构，并以自动化的高通量格式实现，其中相当多的计算资源用来确定大量化合物的电子结构。在 2011 年启动材料基因组计划（materials genome initiative，MGI）[13] 的支持下，这些高通量计算项目的输出已在大规模在线数据库中编译，并提供可访问的、稳健的和可信赖的计算（DFT）结果。一些最著名的例子包括开放量子材料数据库（open quantum materials database，OQMD）[14]、材料项目（materials project，MP）[15] 和材料发现自动流程（automatic-flow for materials discovery，AFLOW）[16]。这些数据库内容非常广泛，包含诸如电子结构、计算的弹性张量、热力学性质，甚至预测相图学的基本信息。

可以说，MGI 不仅是创建这些大型高通量计算数据库的催化剂，而且也是鼓励向第四范式过渡的催化剂。在第四范式中，将这些非常有用的知识库直接用于研究。此类高质量数据的可访问性，迫使研究人员思考利用这种"大数据"的最佳途径，该"大数据"得到了数据分析或信息学等子领域的支持，而这些子领域则侧重于去理解数据背后的原理、信息处理实践和信息系统工程。从这些最初的想法来看，数据科学和机器学习已经成为分析数据集、识别化学趋势和提出推进材料化学新机遇的主要方法。目标是通过识别化合物的组成 - 结构 - 性能 - 加工关系中以前未知的相关性，揭示材料开发新的定性和定量规律，来加速材料发现。此外，先进的实验和计算技术及其不断增长的数据采集和存储能力，需要新的程序来快速评估和分析大量收集的数据集。机器学习技术和大数据方法也提供了改进这些方法的途径，其采用的算法可以模拟材料特性和相关因素之间的关系，即使是在高维数据中也是如此。数据科学还可以帮助破译材料的内在特性，然后揭示有关导致产品成功的条件的新假设，这对于材料发现更具挑战性和关键性[17]。

鉴于数据科学提供的潜力及其最近在无机材料化学中的普及，本章综述了一些最近的成功策略，其中机器学习在材料发现和设计中至关重要。还分析了该领域面临的挑战以及在不久的将来应该克服的挑战。预计本章可以为数据驱动的材料化学研究引入新的视角。在本章的以下部分，我们首先介绍机器学习的形式化描述，因为涉及无机材料化学，讨论包括机器学习中常用的步骤，然后综述了机器学习在无机材料发现中的应用研究现状。特别是，我们重点介绍了使用各种机器学习策略，以及实现合成工艺优化、晶体结构预测和物理性质预测等值得注意的案例。最后，对该领域最紧迫的挑战和研究机遇进行了分析。

13.2 通过机器学习方法的材料发现工作流程

计算机科学中的人工智能是由机器展示的智能，旨在模仿人类与人类思维相关的"认知"功能，例如"学习"和"解决问题"。已经尝试通过各种符号方法以及基于连接原理的方法（例如神经网络和感知器）来解决机器获取知识的问题。"机器学习"一词是由 Arthur Samuel 于 1959 年创造的，源于对人工智能作为科学努力的追求。该词重点强调逻辑和基于知识的方法，而不是符号方法。机器学习的目标是通过开发源自统计和概率论的方法和模型来解决实际问题。得益于多年来各种学习算法的发展，机器学习在聚类、分类、回归和其他相关任务中取得了显著的成功。将机器学习专门应用于无机材料化学的例子可以追溯到 20 世纪 90 年代中期，当时首次采用神经网络等方法预测二元金属间化合物的熔点和陶瓷基复合材料中纤维/基体界面的力学行为[18-20]。随着以特定材料数据库形式提供的数字化信息的日益繁多，以及以数字格式分发数据的能力，使机器学习最终得以蓬勃发展。因此，已经发表了大量涉及各种主题的研究，例如性能预测、新材料发现和材料设计等。

无论研究的具体问题是什么，机器学习问题都可以分解为以下步骤：数据采集、数据表征、数据缩减、模型构建和模型评估（见图 13.2）。在以下小节中，将详细解释与无机材料化学中的机器学习相关的每个步骤。

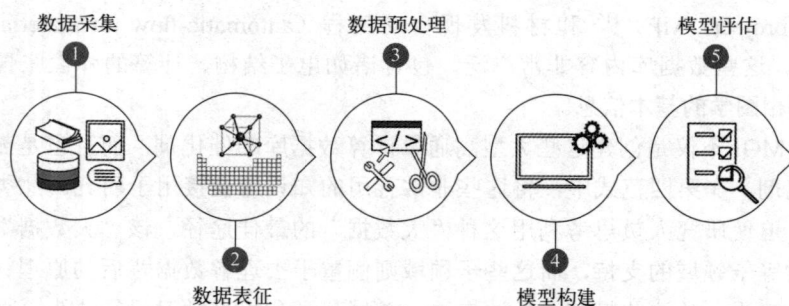

图 13.2 通用机器学习工作流程

13.2.1 数据采集

执行任何机器学习任务的首要先决条件是机器可读格式的大量数据，这些数据可用作"训练集"。获取化学信息可以说是科学家发展这一研究领域所必须克服的最迫切的需求。幸运的是，ICSD 和 PCD 等大型晶体结构数据库、MPDS 和 MatNavi 等物理性质数据库以及 AFLOW、OQMD 或 Materials Project 等电子结构数据库，都提供了可行的训练数据访问途径。用户甚至可以通过开放的材料应用程序编程接口（application programming interface，API）和开源代码的 Python 材料基因组学（Python materials genomics，Pymatgen）材料分析包，从其中一些大型数据集中有效地提取信息[21,22]。此外，大量的科学知识以数字形式呈现在图表和文本段落中。例如，实验室笔记本包含可作为输入数据集有价值的大量信息[23]。同行评议的出版物也包含大量信息；然而，这些数据很难用传统的统计分析或机器学习方法进行分析。一些研究已经使用有监督的自然语言处理（natural language processing，NLP）方法，已对科学文献进行文本挖掘，从而改善了对研究文章中所包含信息的获取[24-29]。在一个具体例子中，研究人员将已发表文献中存在的材料科学知识编码为信息密集的词嵌入（词的向量表示），无需人工标记或监督即可捕获元素周期表的基本结构和材料中的结构-性质关系[30]。在一个位置提取和采集所有必要的训练数据是任何机器学习项目必不可少的第一步。

13.2.2　数据表征

一旦有一组训练数据可用，下一步就是创建可由计算机解释的信息的数字表征，称为特征、描述符、预测变量或属性。在无机材料的背景下，特征主要基于与性能相关的成分和晶体结构。前者捕获了化合物的各种物理和化学性质。这些是基于化学式中元素的分数或通过描述各种元素特性的一系列数学表达式而开发的。例如，Ward 等人使用这种特征集准确预测了一组不同的属性，包括晶体材料的形成能和带隙能，以及金属合金系统中的玻璃形成能力，并取得了巨大的成功[31]。即便如此，仅使用成分特征无法对形成多晶型的晶体结构的化合物进行描述。例如，石墨和钻石会在机器学习中产生相同的成分特征，然而，其机械性能却截然不同。系统在组成特征上是具有不变性的，但在相应的性质上却存在巨大差异，这是当前算法根本无法理解的。一种解决方案是结合结构特征或增加成分特征以区分石墨和金刚石。就结构描述符而言，与分子系统不同的是，无机晶体结构的常规描述是采用原始的平移向量和原子的分数坐标，这样就可以通过选择不同的坐标系以无限多的等效方式表征晶体。但这种类型的表征不是唯一的，因此并不适合学习过程。基于部分径向分布函数（partial radial distribution function，PRDF）[32]、Voronoi 镶嵌[33]或标记属性的材料片段[34]的表征，是解决结构问题最有希望的方法之一。目前，已经开发了多种材料信息学软件包，并被广泛使用，例如 Pymatgen[21]、Matminer[35]和材料图神经网络（MatErials graph network，MEGNet）[36]，从而以最小的工作量生成晶体材料结构特征。

数据集里的每种材料的表征必须是唯一的，并与影响相关性质的基本物理和化学性质相关联[37,38]。不幸的是，没有一个统一的特征集在无机材料化学中都有效。因此，在选择特征时必须谨慎。例如，结晶化合物的密度预计与组成元素的密度有关。将组成元素的平均密度作为描述符，机器学习算法可以识别该值与晶体密度之间的相关性，然后建立预测模型。然而，组成元素的平均密度既不能唯一地描述一种成分，也不能完全地表征化合物的密度。因此，必须包含额外的描述符来为此问题创建一个适当的特征集。然而，描述符的选择并不简单。例如，在这个问题中可能包含一个特征或许能反映原子堆积模式的晶体结构信息，但该问题从来没有清楚过。为了克服这个难题，大多数研究人员将创建一个包含所有可能特征的超大特征集，并使用数据缩减技术来确定与所需预测相关的特定特征。还必须检查最终的特征集，以确保缩减的特征集代表实验或化学上合理的信息。以锂离子电导率的预测为例[39]，尽管预计锂离子电导率会受到几个内在和外在因素的影响，但只有离子扩散率、平均体积、转变温度和实验温度是实验感兴趣的。因此，有必要确保这些与实验相关的因素保留在学习过程中，并且在特征选择过程中不会被移除。

最后，一个典型的良好特征集应该是通用的，尽管在严格约束的化学空间内进行分析时，这并非绝对必要。在逆向设计等情况下，特征还必须能够被逆转到对材料的描述，其中所需的目标特性被用作预测成分和结构的输入[40]。

13.2.3　数据预处理

数据预处理通常需要花费数据科学家的大部分时间，并且是机器学习中最关键的步骤之一。分析未经仔细预处理的数据可能会产生误导性结果。例如，如果数据集包含大量不相关的冗余信息或嘈杂且不可靠的信息，则算法在训练步骤中获得的知识可能会受到质疑。这个问题在材料化学中往往更为重要，因为在大多数情况下，数据集不是"大数据"，通常在数百到数千之间。因此，在这样相对较小的数据集中，每个数据都可能对模型的性能产生影响。数据预处理通常会影响模型的结果或解释结果的能力。因此，适当的预处理对于机器学习模型的准确性至关重要。通常，预处理任务包括数据清理、转换和缩减，如图 13.3 所示。在下文中，我们将扩展讨论，同时介绍与无机材料化学相关的一些数据预处理步骤中最著名的算法。

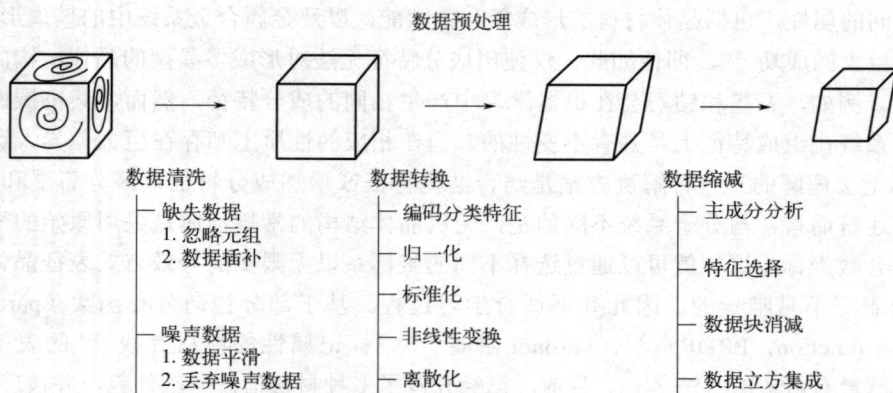

图 13.3　数据预处理任务和一些常用方法

13.2.3.1　数据清洗

机器学习中的大多数技术都依赖于完整且无噪声的数据集。然而，真实数据通常是不完整的、嘈杂的和不一致的，这会给分析带来问题。科学数据中的这些缺陷通常是由仪器限制或数据采集时的技术问题等的复杂因素，以及数据重复或人为错误等简单问题造成的。因此，清理步骤对于将原始信息转换为可信赖的数据集至关重要。

在数据采集过程中，出现缺失值是普遍存在的。缺失值是指由于不存在、采样过程有缺陷、成本限制或采集过程中的限制而未存储或收集的数据。虽说不完整的数据通常是一个不可避免的问题，但往往会给研究人员带来严重的困难，因为处理缺失值，尤其是在材料科学中，往往很困难。对缺失值的不当处理会导致知识提取不足、偏差过大和结论错误等。

有许多方法可用于解决缺失值带来的问题。最简单的方法是丢弃包含缺失值的数据。但是，这种方法仅在数据集非常大并且一个元组中缺少多个值时才有用。否则，由于生成更小的数据集，可能会在学习过程中产生偏差。数据插补的开创性工作源于统计学，并依赖于概率函数。例如，可以使用最大似然程序，其中使用近似概率模型来填充缺失值。还可以通过基于给定特征的完整数据集开发回归或分类模型来预测缺失值。

与数据集相关的另一个问题可能是由错误的数据采集或数据输入错误等来源产生的噪声。数据挖掘算法假设任何数据集都是没有干扰的基本分布的样本。在特定的机器学习问题中，噪声会对输入特征产生重大影响。当噪声影响输出目标或对输入和输出都有影响时，情况会变得更糟，因为这意味着引入的偏差将更加显著。为了消除数据中的噪声，通常应用两种方法。首先是使用数据平滑方法来校正噪声，尤其是当噪声影响到实例的标记时。即使是部分校正噪声也有利于模型，但是，这需要了解数据集，并且通常仅限于纠正少量噪声[41]。第二种方法是使用噪声过滤器，例如逐个变量的数据清理，以检测和删除数据集中的噪声实例。使用噪声过滤器的一个优点是易于实现，并且只需要对数据集了解很少就行。噪声识别和消除仍然是研究和开发的活跃领域[42,43]。

13.2.3.2　数据转换

下一步是将清理后的数据转换为适合学习过程的适当形式。为了数据兼容性，必须进行强制转换。例如，构建了一个分类器来区分金属和绝缘体。由于机器学习模型是基于数学等式的，如果将诸如"金属"或"绝缘体"之类的分类字符串直接输入计算机，有时可能会出现问题。取而代之的是，通常是在建模之前转换为机器可读的数值，例如，将金属和绝缘体分别编码为整数"0"和"1"。通常情况下，特征也不能以数值的形式提供，而是以分类的形式提供，必须将这些特征转换为数字表征。

可选的质量转换也可以提高模型性能。在数据集中的连续特征通常处于不同的尺度上。例如，熔点范围很广，从几开尔文到几千开尔文。标准化程序可以用来将这些信息转换为一个标度，其中 0 代表数据集的平均熔点，-1/+1 代表平均标准差。一般来说，学习算法从标准化数据中受益匪浅。如果在数据集中存在异常值，则更适合于进行稳健的缩放或转换。如果单个特征不遵循标准分布，许多流行的机器学习预估器可能表现不佳，通常认为标准分布是具有零均值和单位方差的高斯分布。例如，学习算法的目标函数中所使用的元素，比如目标函数使用线性模型的 $l1$ 和 $l2$ 正则化器或支持向量机的 RBF（径向基函数）核函数时，所有特征都是假定以零为中心，并且具有相同顺序的方差。如果一个特征的方差比其他特征的方差大几个数量级的话，则该特征方差可能会主导目标函数，使得预估器无法充分地从其他特征中学习。实际上，数据集的转换方式几乎是无限的。举一个例子，基于对数函数的变换就是处理指数数据序列的常用方法。

离散化是在预处理步骤中有时需要的另一番操作。例如，在归纳决策树和导出决策规则的过程中，如果一组特征包含太多连续值，则其重要性往往会被高估[44]。离散化，将连续数值特征划分为离散值，是解决这个问题一个有用的过程。离散值比连续值更接近认知层面的表征，使数据更易于理解和使用，从而提高预测准确性。已经提出并测试了许多离散化方法。特征二值化是将数值特征转换为二值特征，假设数据遵循伯努利（Bernoulli）分布。数据分箱处理程序（Bucketizer）是将一组连续特征离散到各个数据存储箱中。通常，大多数离散化方法可以分为自上而下（拆分）和自下而上（合并）方法[45]。自上而下的方法是从一个空的切点列表开始，然后递归地将数据分割成更小的间隔。例如，Maas 等人靠着误差函数来检查候选切点，并探索边界点的搜索空间，以最大限度地减少分类问题中错误预测的数量[46]。相反，自下而上的方法以所有连续值的完整列表作为切点，以迭代合并相邻区间。一个例子是监督离散的 Khiops 法，其中数据可以基于卡方分布函数的全局优化进行离散化[47]。尽管已经开发了许多方法，但区间边界的选择和数值范围离散化的正确算法，仍然是悬而未决的问题。

13.2.3.3　数据缩减

数据挖掘是一种用于处理大量数据的技术。在处理大量数据时，会使分析变得更加困难，从而导致准确性降低、效率低下和成本增加。执行数据缩减是很有价值的，因为数据缩减可以通过减少误导性数据的数量、节省存储空间和降低计算需求来提高模型的准确性。正确缩减数据的关键挑战，是生成一个体积更小但仍保留原始数据集完整性的精简表征。此外，数据缩减有助于简化模型。模型的复杂性随着可能导致过度拟合特征数量的增加而增加，因为随着机器学习算法在大量特征上进行训练，就越来越依赖于数据。避免过度拟合是执行数据缩减的主要动机之一，数据缩减的另外一个好处是生成的模型往往更直观。

通常使用一些方法来缩减数据量。主成分分析（principal component analysis，PCA）是一种统计方法，PCA 通过将高度相关的特征集中在一起来减少特征数量，而不管这些特征意义的重要性如何。在每次迭代中，正交变换将特征转换为主成分，即一组线性不相关的值。通过识别和删除不相关和冗余的特征来缩减数据量，特征选择是另一个缩减数据量有用的过程。简单的特征选择方法是低方差过滤器，旨在剔除具有低方差特点的信息量较少的特征；高相关过滤器是丢弃相关系数高于阈值的特征，这意味着其他特征已经携带了类似的信息。与停止准则相关的算法也被用于生成特征子集，并评估一个被提议的子集的性能。停止准则可以是：①包括（或排除）任何特征都不会产生更好的子集；②根据评价函数得到最优子集。如果没有适当的停止准则，选择过程可能会在子集空间中穷举或永远运行。遗传算法（genetic algorithm，GA）是一种著名的特征选择方法。GA 算法可生成一个特征子集，该子集仅由被包含在子集中或从子集中排除之间的竞赛中"获胜"的特征所组成[48,49]。研究还表明，可以使用特定的学习算法作为预处理器来发现有用的特征子集。递归特征消除（recursive feature elimination，RFE）是一种剔除不相关特征的启发式方法。首先，在原始特征上训练一个外部预估器，并为每个特征分配权重。然后，经过权重值的比较，显示出最不重要的特征，并从后续集合中递归地裁减这些特征，直到达到所需的特征数量。

降维技术已经成为生成精简特征表征用来加速模型构建的一种流行技术。材料化学家也实施了其中许多想法，以建立过程 - 结构 - 性能关系，并进行探索性数据分析，以便了解多元空间的趋势[50]。例如，Dey 等人在预测黄铜矿化合物的带隙能量的任务中，使用 PCA 来识别导致异常值的特征[51]。Agrawal 等人采用基于排名的特征选择，来深入了解输入特征对钢材疲劳强度预测问题的相对预测潜力[52]。

13.2.4　模型构建

一旦适当的数据预处理完成，数据就可以用于建模了。模型通过数学函数将指纹特征与目标属性联系起来。有一系列算法可供选择，其中一些算法使用实际的函数形式，将输入和输出联系起来，例如支持向量机，而另一些则不使用实际的函数形式，例如决策树。此外，输入数据的数量强烈地决定了学习算法的选择。例如，可以使用核岭回归或高斯过程等算法对成千上万的数据进行充分的分析，但人工神经网络或深度学习，可能需要更大的数据集（数十万或数百万以上）。在某些情况下，单个算法可能效果不佳，但使用在单个学习环境中构建的多个评估器可能会提高模型的泛化性和鲁棒性，这称之为集成方法，包括装袋（bagging）算法和提升（boosting）算法等。此外，智能优化算法，如遗传算法（genetic algorithms，

GA）和粒子群优化（particle swarm optimization，PSO）算法有时被用来优化模型超参数。无论采用何种方式或方法，最显著的区别之一是学习输出是否被标记，而其学习过程可以是有监督的，也可以是无监督的[53,54]。

13.2.4.1　有监督学习

材料科学中大量实用的机器学习问题都依赖于有监督学习，要求事先掌握基本事实或样本输出值的知识。有监督学习的目标是生成从输入特征（x）到输出目标（y）的映射函数。这样，当给定一个新的输入 x 时，模型就可以预测输出 y。有监督学习模型可以预测离散集或连续集内的输出值。前者出现在分类问题中，例如，将材料分类为金属或绝缘体，而后者是回归模型的输出，例如，预测材料的带隙能量。各种各样的有监督学习算法可以根据具体任务应用。在模型构建中，选择合适的算法是至关重要的，因为不同的算法将极大地影响预测精度和模型的可推广性。每种方法都有其独特的特点，没有一种算法适用于所有问题。下面将概述材料化学中一些常用的算法。

K 最近邻（K nearest neighbor，KNN）是一种基于实例分类和回归算法[55]。KNN 基于这样的假设：即相似的事物存在于非常接近的地方，并且可以计算在描述符超空间中各点之间的距离。然后根据数据中 K 个"最近邻"的值来确定预测，其中 K 是用户指定的整数值。在分类中，预测是 K 个最近点区域内最频繁的标签，而在回归中，预测被确定为 K 个最近点的平均值。

决策树（decision tree，DT）是一种非参数算法，创建一个树状流程图来支持每个决策步骤[56]。DT 尽管不太适合于回归任务，但可以处理分类和回归任务。该模型是通过根据属性值的测试将源集递归地划分为子集来训练的，直到每一个节点上的子集成员都具有与目标相同的值，或者分割不再为预测增加值。树的深度决定了决策规则和拟合的复杂性。值得注意的是，过于复杂的树不能很好地概括数据。在某种程度上，诸如模型剪枝、设置节点所需的最小样本数，或设置树的最大深度等机制，都是避免此问题所必需的措施。

核方法（kernel methods）是一类用于模式分析的算法，其最著名的成员是支持向量机（support vector machine，SVM）、核岭回归（kernel ridge regression，KRR）和高斯过程（Gaussian process，GP）[57]。核方法在数据点对上充当相似性函数，即，将两个输入数据点转换为一个输出点，以便量化其相似程度。任何核方法解决方案都包含两个组件：执行特征映射的核函数和用于高维特征空间中发现模式的学习算法。一些流行的核函数包括线性、多项式、sigmoi 函数，而径向基函数（radial basis function，RBF）可能是其中最常用的，因为 RBF 沿整个 x 轴上具有局部的和有限响应的。核是模块化的，因为任何核都可以与任何基于核的算法一起工作。

人工神经网络（artificial neural networks，ANNs）和深度神经网络（deep neural networks，DNNs）是旨在模仿人类学习方式的计算系统[58,59]。它们由人工神经元组成，包含排列在输入层、输出层，以及（在大多数情况下）隐藏层的人工神经元。在简单的计算中，隐藏层将输入信号转换为输出层可以使用的信号。神经元和神经元之间的连接通常具有权重，表示信号的强度。学习是调整权重以尽可能准确地再现训练数据的过程。

13.2.4.2　无监督学习

与有监督学习不同，无监督学习是没有标记输出的，因此其目标是推断一组数据中存在的内在结构。无机材料化学中最常见的任务是聚类。聚类不是直接预测新的值，而是根据相似性度量将数据分组，从而揭示模式和类别。目前有几种算法可用于自动聚类数据，例如 k- 均值聚类、Ward 层次聚类、高斯混杂和基于密度的噪声应用空间聚类（density-based spatial clustering of applications with noise，DBSCAN）。每种算法都基于几何度量对数据进行分区。例如，k- 均值聚类方法旨在最小化数据和聚类中心之间的平方距离，而高斯混杂则根据到中心的马氏距离对数据进行分组。有时，在执行聚类分析之前，需要根据算法定义其他参数，例如聚类数或距离阈值。迭代算法也可能需要不同的试验来找到最佳分组。聚类分析的结果可以在下游使用。使用这种方法的优点是不同簇中的材料可能会隐藏一些不明显的物理特性，因此可以为每个簇构建单独的模型。通过使用这种方法，Meredig 和 Wolverton 确定了掺杂氧化物的电子结构特征，并预测了氧化锆掺杂剂的稳定性[60]。

无监督学习在实验数据分析中也越来越流行，其中收集的数据集被用作指纹。Shen 等人开发了强大的卷积神经网络方法，从电子背散射衍射图中重建晶体取向[61]。还可以使用这种方法快速确定使用高通量的 X 射线衍射分析样品中是否存在不同的晶相，从而实现自动创建相图和识别新晶相[62-65]。将机器学习方法与这些类型的研究相结合，对于推进材料化学领域和帮助发现新化合物和晶体结构至关重要。

13.2.5 模型评估

原则上，模型的误差来自三个来源：模型偏差、模型方差和不可约误差，总误差是这些偏差的总和。偏差来自学习者的错误假设。高偏差会导致特征和目标输出之间的潜在关系缺失。方差是对训练集中的小波动敏感的结果。高方差模型限制了从数据中学习真实信号的灵活性。每个模型都存在不可减少的误差，即使是良好有素的模型，包括源于实验室仪器的系统误差、计算不确定性或者仅仅是由于异常值或缺失数据而导致的数据固有的可变性等。性能不佳的模型往往表现高偏差或高方差。

一个鲁棒的机器学习模型不仅应该对已知的数据有足够的预测能力，而且还应该对未知数据也有足够的预测能力。评估模型质量的一种广泛使用的方法，是将原始数据集划分为用于模型构建的训练集和用于模型评估的测试集。测试集中的数据应该是随机选择的，并且事先未曾在建模过程中出现。建议使用多个（>3）随机选择的训练集和测试集，特别是对于小数据集，以确保模型的鲁棒性。为了避免引入额外的偏差，可以使用抽样方法最大限度地保持数据分布的一致性。模型性能可以通过评估测试集中的输出数据的准确预测程度来近似。交叉验证（cross-validation，CV）作为模型评估的第二种方法，将原始数据集划分为互斥的子集。例如，k 折叠交叉验证（k-fold CV）将数据集划分为 k 个大小相同的子集，取 $k-1$ 个子集的并集来训练模型，剩下的作为测试集。对每个子集重复此过程。一个特殊情况是当 k 等于原始数据的数量时，称为留一法交叉验证（leave-one-out cross-validation，LOOCV）。LOOCV 是一种强大的 CV 方法，可确保模型的有效性；但是，LOOCV 不一定适用于大型数据集，因为该交叉验证过程可能需要很长时间，并且还可能人为地低估高度相关数据集的误差。最近，提出了留一集群交叉验证（leave-one-cluster-out cross-validation，LOCOCV）作为面向材料发现的模型性能的新度量[66]。LOCOCV 不是标准的 LOOCV。该方法首先生成一系列集群，然后在交叉验证步骤中剔除整个集群。这种方法通过删除整个组来估计模型的推断能力，从而提供更为现实的评估和有关外推能力的信息。

13.3　机器学习在无机材料中的应用

无论是通过实验和计算数据的枚举与分析，还是通过化学直觉的编纂，数据驱动工具的使用都有可能带来重大的材料进步。建立预测模型的目的不是取代实验和计算，而是将精力集中在这些研究领域。在本节中，我们将重点介绍一些研究项目，这些项目应用了此处讨论过的许多机器学习技术，以推进该领域的发展，并减少了解无机材料中的成分 - 结构 - 性能 - 加工关系的障碍。

13.3.1　合成优化中的机器学习

确定制备无机材料的最佳反应条件或加工程序，历来广泛依赖于启发式方法、理论分析和经验积累。因此，新材料的目标生产一直是材料实现的缓慢步骤。一种更有成效的方法可能是在特定材料和获得化合物的必要制备条件之间建立全面可及的联系。鉴于合成过程的巨大复杂性，机器学习方法可能是整合合成路线中不同的因素，并提出最佳条件的最有益方法之一。一个成功的例子是研究 Al-Zn-Mg-Cu 系列合金。Fang 等人使用最小二乘支持向量机（least square support vector machine，LSSVM）模型去优化老化温度和老化时间，以针对高硬度、高电导率的产品，然后将基于非支配排序的多目标遗传算法（multi-objective genetic algorithm，MOGA）和 LSSVM 混杂权衡硬度和电导率之间的关系[67]。Ling 等人使用集成机器学习算法，来映射铝合金和镍基高温合金的机械性能（例如拉伸屈服强度和剪切强度）与加工步骤（例如热处理和压力处理）之间的函数[68]。神经网络在预测材料的合成路线方面也显示出特别的应用前景。Kim 等人开发了一个框架，该框架通过自然语言处理在超过 50 万份学术出版物中编译的无机材料合成配方，并使用这些配方来训练机器学习模型，以获得合成特定材料所需的关键参数，例如煅烧温度，这些参数是高度自动化水平的技术相关特异性材料合成所必需的[69]。在另一项研究中，使用机器学习模型分析了从实验室笔记本中收集的失败或不成功的水热合成，称为"暗反应"，以确定模板化亚硒酸钒结晶的最佳反应条件[23]。此类模型超越了人类的直觉策略，成功预测了新的有机模板化无机产物形成的合成条件，成功率达到 89%。

鉴于许多竞争因素同时控制材料的制备这一事实，有时通过传统方法用数学表达式直接模拟复杂的动力学过程是复杂的。模糊神经网络（fuzzy neural networks，FNN）为处理合成过程中的不精确性和不确定性提供了一种替代方法。FNN 将神经网络的优秀学习能力与模糊推理相结合，用于提取模糊系统的初始规则。例如，Han 等人训练了 FNN 预测模型以及多元线性回归（multiple linear regression，MLR）模型，作为建立热加工和热处理过程中的加工参数与 Ti-10V-2Fe-3Al 钛合金的最终机械性能之间关系的比较[70]。基于模糊模型可以准确地选择导致所需机械性能的最佳工艺参数。与 MLR 方法相比，FNN 方法具有更好的预测精度，并表现出与实验结果一致性更好。此外，在某些复杂系统中，已证明将智能模型与模拟技术相结合是有效的。例如，神经模糊模型和基于物理的模型共同用于预测铝合金热机械加工过程中的流动应力和微观结构演变[71, 72]。混杂模型中基于物理的组件促进了工艺条件之外的外推，从而获得与实验数据更好的一致性。

13.3.2　结构预测中的机器学习

预测无机材料的晶体结构的偏好一直备受关注。任何成分的晶体结构都决定了其电子结构，并对其性质产生重大影响。因此，了解固体中的组成 - 晶体结构 - 性质关系是无机化学家的一项重大努力，并强调了这一主题的重要性。然而，在合成之前，没有实用的方法可以预测任何给定组合物的晶体结构。一旦制备了新化合物来解决结构，通常还需要诸如单晶结构衍射等的综合表征技术。为了实现预测结构的目标，必须根据固有的元素特性确定相关性，而温度和压力等许多其他因素也会产生影响。Pauling 发现了一个简单但基本上是必要的相关性，其中根据阴离子和阳离子的半径比来预测晶体的配位数[73]。随后出现了许多其他经验相关性，这为解读无机材料的复杂的成分晶体结构关系奠定了基础。最近，出现了从头算计算方法，例如 DFT 是基于原子配位对扩展化合物基态能量进行数值估算，对先前晶体结构预测方面产生了相当大的影响。显然，不可能对所有可能的晶体结构类型的 DFT 基态能量进行比较，即使忽略新晶体结构类型的可能性，也无法表明最有利的结构。为了解决这个问题，已经开发了基于进化算法的方法，例如通过粒子群优化的晶体结构分析（crystal structure analysis by particle swarm optimization，CALYPSO）软件[74]和通用结构预测器：进化 Xtallography（Universal Structure Predictor: Evolutionary Xtallography，USPEX）[75]，可能更快地达到基态结构。然而，很难确保计算出的结构处于全局最小值而不是能量分布的局部最小值。此外，这些方法在计算上仍然非常昂贵，特别是对于 k- 分图（k-nary）（$k>3$）化合物，这在许多情况下否定了先前预测的目的。

研究人员还实施了一种将数据挖掘与第一性原理计算相结合的替代方法。构建了一个概率启发式框架，提出了预测金属二元合金组分的候选结构[76]。无论如何，DFT 计算有其局限性。因为计算是在零开尔文下进行的，但许多化合物在较高温度下会发生相变，并且计算不能以直接方式解释在原子位置上具有统计意义的位点共享，而在一些化合物中，例如过渡金属氧化物或含有 f 电子的化合物中，处理相关效应时应小心谨慎。

与 Pauling 等人为揭示晶体结构和组成之间的相关性而创建的原始相关图和分析相类似[73, 77-80]，数据驱动技术也正在用于相同的目的。机器学习算法能够在大数据集中构建复杂的相关性，这种相关性可能存在于人类无法获得的多维空间中。因此，实施这些工具来预测晶体结构是一个自然的转变。迄今为止，研究人员已经利用各种机器学习方法来预测晶体结构类型。例如，Oliynyk 等人使用随机森林算法来模拟 AB2C 组合物形成 Heusler 结构的可能性[81]。聚类分辨率特征选择（cluster resolution feature selection，CR-FS）结合支持向量分类（support vector classification，SVC）被用来预测 AB 和 ABC 化合物的晶体结构[82, 83]。此外，Balachandran 等人通过结合群论、机器学习和 DFT 计算来识别新的非中心对称材料，实施了一个多方面的框架[84]。此外，研究人员还利用机器学习技术来帮助解决 X 射线衍射和衍射图的自动分类[85-87]。这些例子突显了预测成功与否，都与通用组合物是否采用特定的结构类型有关。

为了构建更加通用的结构预测机器学习模型，已经实施了随机森林分类器，该分类器能够预测任何成分的结构类型[88]。对结构类型进行分类的主要问题是，晶体结构在事实上是以极其不平衡的方式分布的。对于从 PCD 中提取的近 25000 种独特成分，大约有 10700 个输入的最初形态，其中大多数只对应于少量（<10）结构。不仅结构类型分布极度不平衡，而且还存在许多罕见的异常或奇异结构类型的实例，这可能会干扰学习过程[89]。因此，人们或许不会期望该算法能够正确识别出罕见的晶体结构类型。为了部分规避这个问题，确定了一个介于 10 到 150 个实例之间的截止值。因此，任何实例较少的结构类型都被归类为"其他"。截止值为 100 的算法所显示的准确率和召回率分别约为 85% 和 68%，表明该截止值能够以合理

的准确度识别任何组分的结构类型。尽管该模型很有用，但应该注意的是，该模型无法区分元素组合是否会结晶，因此对新实例的预测可能纯粹是假设性的。在另一种方法中，使用基于原子指纹作为输入的深度神经网络。研究人员一直致力于通过组合方法预测各种元素占据原子位点的可能性。之所以这样做，是因为没有不形成晶体结构的例子，这些例子必须作为负面结果纳入学习过程。此外，为了防止训练数据元素不平衡分布的问题，采用了过采样方法，即通过增加低重复次数的元素数量[90]。

最后，使用贝叶斯优化算法开发了晶体结构预测引擎[91]。基于探索和开发相结合，达到基态能量的试验次数显著地减少，正如 NaCl 和 Y_2Co_{17} 的情况所示。该方法从随机生成晶体结构开始，而生成的晶体结构可以轻松地使用 DFT 计算。获得的这些能量，连同创建相关的描述符，一起形成了第一组训练数据。然后贝叶斯优化算法选择另一组候选者，而这些候选者则在下一组选择之前通过更新描述符进行优化，直到达到全局最小值。机器学习方法也被用于开发无机材料的原子间势能。一个研究项目构建了一种基于高斯近似势的随机结构搜索工具，该工具可以预测无机固体的晶体结构。这种方法已被应用于元素磷，正确预测了磷的多种晶型[92]。且这些方法是通过显著地减少诸如第一性原理进化结构搜索等方法所需的时间，在未来的晶体结构预测方法中将展现出非凡的潜力，未来能够最终实现研究更大、更复杂的系统。

13.3.3　材料性质预测中的机器学习

机器学习在预测无机材料物理性质中的应用，涉及确定计算建模或实验测量的性质与特征集之间的关系。已经开展了许多专门针对性质预测的研究项目。例如，Isayev 等人将来自从头计算的数据与定量材料结构 - 性能关系（quantitative materials structure-property relationship, QMSPR）模型相结合，以预测多种电子和热机械性能[34]。他们首先开发了一种称为属性标记材料片段（property-labeled materials fragments, PLMF）的计算工具来表示材料。使用 PLMF 生成的特征的同时，捕获了结构几何和局部原子特性。使用梯度提升决策树（gradient boosting decision tree, GBDT）方法，将候选材料分类为金属或绝缘体，如果预测为绝缘体，则预测带隙值。无论材料的金属 / 绝缘体分类如何，接着都要构建另外六个 GBDT 模型来预测热机械性能，包括体积模量、剪切模量、德拜（Debye）温度、恒压热容量、恒体积热容量和热膨胀系数。所有模型的超参数都通过网格搜索进行优化，模型的泛化性通过五重交叉验证进行评估。

以高通量方式完成的计算，对于最大限度地提高数据的可用性至关重要，从而使得数据采集过程更加高效。然而，从计算数据口学习的模型可能存在一些缺点。以带隙为例，高通量 DFT 计算可以获得在 PBE 交换与关联水平上大量的带隙值。然而，与实验值相比，这些计算显示出了对带隙的系统性的低估（约 40%）[10, 11]。DFT 计算通常也仅限于有序晶体结构，并且对于高度相关的系统失去了可靠性[93]。因此，任何使用这些 DFT 数据构建的机器学习模型，预计都会低估带隙。同时，含有化合物或高度相关的化合物的位点混杂的预测带隙不如那些有序化合物准确。或者，可以使用仅包含实验测量带隙的训练集上的机器学习来解决其中的许多限制[94]。生成的模型不会受到 DFT 系统误差的影响，并且在实验测量的带隙和预测的带隙之间实现了极好的一致性。这种基于实验的模型的成功，部分归功于实验数据的相对丰富的可用性（约 4000 个带隙），更重要的是，特征得到充分选择。这些数据使模型能够捕获到作为特征函数带隙的相对变化，最终预测新化合物的带隙。不幸的是，在大多数情况下，因缺乏实验报告或者数据提取方面的技术限制等原因，收集大量实验数据是一项艰巨的任务。

传统的机器学习过程对于小数据集并不理想，因为数据的短缺会妨碍模型充分捕捉属性和特征之间的内在关系，导致模型脆弱，因而预测存在很大的不确定性，进一步导致在筛选中选择了非最优材料过程。幸运的是，一种称为自适应设计或主动学习的自适应程序在数据稀缺的科学问题上显示出巨大的潜力。这种策略作为一个迭代循环，来自实验的反馈。该程序平衡了利用（目标是搜索可能具有最佳特性的材料）和探索（目标是通过搜索包含更少采样点和更大不确定性的空间来提高模型质量）之间的权衡。自适应设计已成功应用于计算机科学[95]、工程优化[96]、癌症基因组学[97]，以及最近的材料化学等领域[98,99]。例如，Xue等人通过使用有限数量的22个训练示例，在发现低热滞后NiTi基形状记忆合金时，采用的就是这种自适应设计框架[99]。他们首先对RBF嵌入式SVR回归器进行建模，利用自举法预测获得不确定性热滞后，然后基于知识梯度（knowledge gradient，KG）的选择器，使用这些预测及其不确定性来建议下一个要研究的材料。通过9次迭代学习过程，从约800000种成分的潜在空间中合成并测试了36种预测成分，其中的14个新化合物的热滞后值比初始数据集中其余22个化合物中的任何一个都要低。

利用信息学技术预测材料的性能也成为了一个重要的研究热点。除了模拟材料的物理性质（如形成能和熔点）外，机器学习还可用于预测功能特性，如电池材料的离子电导率或超导体的临界温度[39, 100-102]。在预测超导临界温度（critical temperatures，T_c）的例子中，确定了>30种候选材料[102]。学习过程分两个阶段进行：分类器首先将材料分类为高 T_c 类（T_c>10K）或低 T_c 类（T_c<10K）；然后回归器预测了归类为高 T_c 类别的化合物的 T_c 值。然而，在有许多内部或外部因素严重影响目标功能特性的问题中，明确地预测功能并不是一项简单的操作。例如，在寻找新的固有硬和超硬材料时，由于报道数量有限，难以明确预测材料的硬度。此外，硬度是一种与载荷相关的属性，而其载荷量并不总是被报道。硬度也与微观结构有关，但微观结构通常都是未知的。作为替代方案，Mansouri Tehrani 等人使用体积模量和剪切模量作为硬度的代表，这是从高通量计算数据库中很容易提取材料的两个固有属性[103]。在使用基于成分和结构特征组合的SVM构建模型后，超过十万种化合物的弹性模量很容易预测，可用于筛选高体积和剪切化合物，以此表明高硬度。在对这些系统进行实验检查后，选定了顶级候选者 $ReWC_{0.8}$ 和 $Mo_{0.9}W_{1.1}BC$，发现它们极其坚硬，其低的压痕负载值达到了超硬阈值。同样，材料的Debye温度可以作为无机磷光体的光致发光量子产率的代表[104]。筛选具有高预测Debye温度和足够带隙的化合物，已发现了一种高效的发蓝色光的磷光体。

13.4　机遇与挑战

机器学习已在整个化学及其大部分子领域（包括无机材料）中普及，影响了我们进行实验、分析数据的方式，甚至改变了我们的教学方式。毫无疑问，有大量的机会使用数据驱动的方法来推进材料研发（research and development，R&D）和制造。然而，许多挑战仍然存在。材料发现是基于对基础物理、化学和工程方面的多元相关性的理解和解释。在下文中，我们指出了限制机器学习在材料化学中应用的一些普遍困难，同时探讨解决每个问题的一些有希望的策略。

13.4.1 从小数据集中学习

也许，渴望使用数据科学的新研究人员最常问的问题是，他们的问题是否适合采用机器学习方法。无论具体问题如何，机器学习的先决条件是需要有可靠的数据，或者能够以统一且受控的方式生成至少一部分关键信息。然而，在材料化学中，我们通常受限于数百或数千甚至更少的高质量数据点。最大的障碍之一是相对较少的具有良好特性和可靠性的材料，并且缺乏对这种高质量数据的有效汇总。现有的一些基础数据建设非常通用，能提供有关化合物的基本知识，例如结构或基本物理和化学性质，但这些数据库的访问成本可能很高。其中一些数据库也不允许批量数据下载。例如，无机晶体结构数据库（inorganic crystal structure database，ICSD）是晶体学数据的权威集合，包含数以万计的化合物，但 ICSD 不能以批量的方式直接下载数据。

通过数据挖掘技术扩展数据集是解决小数据集的一种途径，但对于一些科学问题，可能根本没有更多的数据可用。在这些情况下，一个有希望的解决方案是通过修改学习过程。自适应设计（也在 13.3.3 节中提到）是一种表现出超凡能力的方法，依此知识可以快速迭代也积累[105]。元学习对于处理有限的数据集也很有用，因为这种方法中的知识是在问题内部和跨问题之间获得的[106]。神经图灵机（neural turing machines，NTM）[107]、迁移学习[108]和模仿学习[109]等计算机科学的新发展，正在推动这一过程的实现。例如，最近已证明，贝叶斯程序学习（Bayesian program learning，BPL）框架的性能优于最近的深度学习方法，甚至在数据有限的一次性学习任务上也能达到人类水平的准确性[110]。如果将这些模型的卓越性能应用在数据通常稀缺、昂贵且获取速度缓慢的材料化学上，则会提供令人兴奋的潜能。

13.4.2 生成有效的数据表征

一般来说，对输入数据的更合适的表征会产生更好的模型，从而可以更准确地了解输入和输出数据之间的关系。重要的研究工作正致力于朝着开发用于编码复杂材料数据有效特征的方向发展。然而，无论是组合特征还是结构特征都强调了利用领域知识的重要性，从而严重阻碍了机器学习在尚未理解物理驱动行为的问题中的应用。一种解决方案是从材料的原子特性中了解材料的性质。Jha 等人设计了一个深度神经网络模型，仅使用元素组成作为特征来自动学习不同元素之间的化学相互作用和相似性[111]。这种方法纯粹依赖于表征学习，而不使用任何有关材料的领域知识。

13.4.3 增强模型的可解释性

即使模型已经具有预测能力，但机器学习算法提取的知识往往也很难解释。造成这种缺陷的原因如下。第一，知识不是以科学家熟悉的方式呈现的。例如，当在分类任务中使用 SVM 模型时，为分离每个类而创建的最佳超平面通常都位于多维空间中，并且过于复杂而无法可视化，从而妨碍了进一步的分析。第二，科学家有时对算法所产生信息的不确定，无法以任何合理、直接的方式将输入与输出联系起来，这使得机器学习真正成为一个"黑匣子"。问题是如何将"黑匣子"变成"白匣子"。迄今为止，增强机器学习可解释性的研究，主要集中于开发与现有黑箱模型并行运行的方法，以人类可理解的方式生成统计解释[112]。这些方法的范围从对输入特征的重要性进行排序，到构建与原始黑箱模型非常接近的全新模型，同时使用更简单、更易于理解的算法，例如线性回归。更好地理解机器学习模型，有可能会加速科学规律和原理的发现[113]。

13.4.4 增加模型的可访问性

当前大多数可用的数据信息学程序，都需要用户的编程技能和有关数据科学的知识来分析和管理数据。如果没有这个背景，研究人员可能很快就会陷入了行话、晦涩难懂的参数或不熟悉语法的泥潭中。因此，只有在计算机编程和数据科学方面具有适当经验的人才能使用数据驱动的材料化学。材料信息学大众化至关重要。这样，材料化学界就可以从大规模材料数据分析的广泛获取中受益。为了实现这一目标，需要开发对材料专家来说直观且易于使用的软件，即使是那些从未接受过计算机科学和数据科学培训的人也能使用。目前，这类工具已经出现，并被材料界普遍使用，例子包括用于机器学习预测材料特性的 AFLOW-ML 和 MEGNet[36,114]、材料项目上的 Pourbaix 图生成器[115]、Citrine Informatics 的热电材料推荐引擎[116]，等等。具有友好图形用户界面的模型的持续开发和部署，将为世界各地机构中具有各种技能水平的研究人员提供卓越的计算工具。

13.5 结论

作为数据科学的一个分支和最强大的数据分析工具之一，机器学习在所有科学学科中获得了前所未有的关注。报道的应用数量正在以惊人的速度增长，材料化学也不例外。随着计算预测和实验验证之间的密切合作，从以实验和计算为重点的研究稳步转向以数据为驱动的研究。研究对象范围广泛，特别是无机材料化学领域，包括无机氧化物材料、电解质材料、金属材料、功能材料等。机器学习算法在开发这些材料中的作用范围，从优化合成条件到预测晶体结构和物理性质。使用先进的机器学习策略的优势在于他们能够充分利用可用的大量数据，甚至是失败的数据，从而加快材料研究过程。机器学习方法在解决回归、分类和聚类等问题方面表现出了强大的能力。最近，这些方法在材料设计和实验数据分析方面也显示出有用的性能。机器学习在材料化学中的应用将继续扩大，并可能带来更重大的发展。一种特定模型的应用通常仅限于一种材料和一种特性。因此，将不同的模型组合在一起可以开发出一个统一的框架，在多个因素之间取得平衡的情况下，瞄准最有前景的化合物。这也可能有助于研究生产新型多功能材料。然而，无论多么有希望，应用数据科学的成功都将依赖于研究人员对开源和数据共享的改进，以及更先进的计算机科学技术，特别是这些技术具有处理较小数据集的特殊能力。毫无疑问，机器学习正在彻底改变化学研究模式，我们正处于无机材料发现的新时代。

致谢

作者感谢美国国家科学基金会通过 DMR SSMC 18-47701、DMR CER 19-11311、ENG CMMI 15-62142 三项拨款提供的慷慨财政支持，以及韦尔奇基金会（赠款号 E-1981）和休斯敦大学高级计算和数据系统中心（CACDS）频发的高级计算种子基金（SeFAC）奖。作者还感谢休斯敦大学的惠普企业数据科学研究所（HPE-DSI）以及研究计算数据核心（RCDC）的持续支持。

参考文献

[1] T. Hey, S. Tansley and K. M. Tolle, *The Fourth Paradigm: Data-Intensive Scientific Discovery*, 2009.

[2] A. Belsky, M. Hellenbrandt, V. L. Karen and P. Luksch, *Acta Crystallogr., Sect. B: Struct. Sci.*, 2002, **58**, 364.

[3] O. Villars and K. Cenzual, *Pearson's Crystal Data: Crystal Structure Database for Inorganic Compounds*, **ASM** International, **Ohio**, **USA**, **2007**.

[4] Materials Platform for Data Science （**MPDS**）, https://mpds.io/#start.

[5] NIMS Materials Database （**MatNavi**）, https://mits.nims.go.jp/index_en.html.

[6] ASM Phase Diagram Database, https://www.asminternational.org/phase-diagrams.

[7] G. R. Schleder, A. C. M. Padilha, C. M. Acosta, M. Costa and A. Fazzio, *J. Phys. Mater.*, 2019, **2**, 032001.

[8] S. Curtarolo, G. L. W. Hart, M. B. Nardelli, N. Mingo, S. Sanvito and O. Levy, *Nat. Mater.*, 2013, **12**, 191.

[9] W. Setyawan, R. M. Gaume, S. Lam, R. S. Feigelson and S. Curtarolo, *ACS Comb. Sci.*, 2011, **13**, 382.

[10] A. Seidl, A. Görling, P. Vogl, J. A. Majewski and M. Levy, *Phys. Rev. B*, 1996, **53**, 3764.

[11] J. P. Perdew, Int. *J. Quantum Chem.*, 2009, **23**, 497.

[12] B. Himmetoglu, A. Floris, S. de Gironcoli and M. Cococcioni, *Int. J. Quantum Chem.*, 2014, **114**, 14.

[13] *Materials Genome Initiative for Global Competitiveness*, 2011.

[14] S. Kirklin, J. E. Saal, B. Meredig, A. Thompson, J. W. Doak, M. Aykol, S. Rühl and C. Wolverton, *Npj Comput. Mater.*, 2015, **1**, 15010.

[15] A. Jain, S. P. Ong, G. Hautier, W. Chen, W. D. Richards, S. Dacek, S. Cholia, D. Gunter, D. Skinner, G. Ceder and K. A. Persson, *APL Mater.*, 2013, **1**, 011002.

[16] S. Curtarolo, W. Setyawan, G. L. W. Hart, M. Jahnatek, R. V. Chepulskii, R. H. Taylor, S. Wang, J. Xue, K. Yang, O. Levy, M. J. Mehl, H. T. Stokes, D. O. Demchenko and D. Morgan, *Comput. Mater. Sci.*, 2012, **58**, 218.

[17] I. H. Witten, E. Frank, M. A. Hall and C. J. Pal, *Data Mining: Practical Machine Learning Tools and Techniques*, Morgan Kaufmann, Cambridge, 2016.

[18] L. Chonghe, G. Jin, Q. Pei, C. Ruiliang and C. Nianyi, *J. Phys. Chem. Solids*, 1996, **57**, 1797.

[19] H. S. Rao and A. Mukherjee, *Comput. Mater. Sci.*, 1996, **5**, 307.

[20] Y. Reich and N. Travitzky, *Mater. Des.*, 1995, **16**, 251.

[21] S. P. Ong, W. D. Richards, A. Jain, G. Hautier, M. Kocher, S. Cholia, D. Gunter, V. L. Chevrier, K. A. Persson and G. Ceder, *Comput. Mater. Sci.*, 2013, **68**, 314.

[22] S. P. Ong, S. Cholia, A. Jain, M. Brafman, D. Gunter, G. Ceder and K. A. Persson, *Comput. Mater. Sci.*, 2015, **97**, 209.

[23] P. Raccuglia, K. C. Elbert, P. D. F. Adler, C. Falk, M. B. Wenny, A. Mollo, M. Zeller, S. A. Friedler, J. chrier and A. J. Norquist, *Nature*, 2016, **533**, 73.

[24] C. Friedman, P. Kra, H. Yu, M. Krauthammer and A. Rzhetsky, *ISMB*, 2001, **17**, S74.

[25] S. Eltyeb and N. Salim, *J. Cheminf.*, 2014, **6**, 17.

[26] M. C. Swain and J. M. Cole, *J. Chem. Inf. Model.*, 2016, **56**, 1894.

[27] R. Leaman, C.-H. Wei and Z. Lu, J. Cheminf. 2015, **7**, S3.

[28] M. Krallinger, O. Rabal, A. Lourenço, J. Oyarzabal and A. Valencia, *Chem. Rev.*, 2017, **117**, 7673.

[29] S. Spangler, J. N. Myers, I. Stanoi, L. Kato, A. Lelescu, J. J. Labrie, N. Parikh, A. M. Lisewski, L. Donehower, Y. Chen, O. Lichtarge, A. D. Wilkins, B. J. Bachman, M. Nagarajan, T. Dayaram, P. Haas, S.

231

Regenbogen, C. R. Pickering and A. Comer, in *Proceedings of the 20th ACM SIGKDD International Conference on Knowledge Discovery and Data Mining*, ACM Press, New York, New York, USA, 2014, pp. 1877-1886.

[30] V. Tshitoyan, J. Dagdelen, L. Weston, A. Dunn, Z. Rong, O. Kononova, K. A. Persson, G. Ceder and A. Jain, *Nature*, 2019, **571**, 95.

[31] L. Ward, A. Agrawal, A. Choudhary and C. Wolverton, *Npj Comput. Mater.*, 2016, **2**, 16028.

[32] K. T. Schütt, H. Glawe, F. Brockherde, A. Sanna, K. R. Müller and E. K. U. Gross, *Phys. Rev. B*, 2014, **89**, 205118.

[33] L. Ward, R. Liu, A. Krishna, V. I. Hegde, A. Agrawal, A. Choudhary and C. Wolverton, *Phys. Rev. B*, 2017, **96**, 024104.

[34] O. Isayev, C. Oses, C. Toher, E. Gossett, S. Curtarolo and A. Tropsha, *Nat. Commun.*, 2017, **8**, 15679.

[35] L. Ward, A. Dunn, A. Faghaninia, N. E. R. Zimmermann, S. Bajaj, Q. Wang, J. Montoya, J. Chen, K. Bystrom, M. Dylla, K. Chard, M. Asta, K. A. Persson, G. J. Snyder, I. Foster and A. Jain, *Comput. Mater. Sci.*, 2018, **152**, 60.

[36] C. Chen, W. Ye, Y. Zuo, C. Zheng and S. P. Ong, *Chem. Mater.*, 2019, **31**, 3564.

[37] F. Faber, A. Lindmaa, O. A. von Lilienfeld and R. Armiento, Int. *J. Quantum Chem.*, 2015, **115**, 1094.

[38] L. M. Ghiringhelli, J. Vybiral, S. V. Levchenko, C. Draxl and M. Scheffler, *Phys. Rev. Lett.*, 2015, **114**, 105503.

[39] K. Fujimura, A. Seko, Y. Koyama, A. Kuwabara, I. Kishida, K. Shitara, C. A. J. Fisher, H. Moriwake and I. Tanaka, *Adv. Energy Mater.*, 2013, **3**, 980.

[40] A. Zunger, *Nat. Rev. Chem.*, 2018, **2**, 0121.

[41] X. Zhu and X. Wu, *Artif. Intell. Rev.*, 2004, **22**, 177.

[42] M. A. Hernández and S. J. Stolfo, *Data Min. Knowl. Discovery*, 1998, **2**, 9.

[43] F. Naumann and M. Herschel, *An Introduction to Duplicate Detection*, Morgan & Claypool, 2010.

[44] S. B. Kotsiantis, D. Kanellopoulos and P. E. Pintelas, *Int. J. Comput. Sci*, 2006, **1**, 111.

[45] H. Liu, F. Hussain, C. L. Tan and M. Dash, *Data Min. Knowl. Disc.*, 2002, **6**, 393.

[46] W. Maass, in *Proceedings of the Seventh Annual Conference on Computational Learning Theory*, **ACM Press**, **New York**, **NY**, **USA**, **1994**, pp. 67-75.

[47] M. Boulle, *Mach. Learn.*, 2004, **55**, 53.

[48] J. Yang and V. Honavar, in *Feature Extraction, Construction and Selection*, **Springer US**, **Boston**, **MA**, 1998, pp. 117-136.

[49] H. Vafaie and K. De Jong, in *Proceedings Fourth International Conference on Tools with Artificial Intelligence*, **IEEE** Computer Society Press, 1992, pp. 200-203.

[50] K. Rajan, C. Suh and P. F. Mendez, *Stat. Anal. Data Min.*, 2009, **1**, 361.

[51] P. Dey, J. Bible, S. Datta, S. Broderick, J. Jasinski, M. Sunkara, M. Menon and K. Rajan, *Comput. Mater. Sci.*, 2014, **83**, 185.

[52] A. Agrawal, P. D. Deshpande, A. Cecen, G. P. Basavarsu, A. N. Choudhary and S. R. Kalidindi, *Integr. Mater. Manuf. Innov.*, 2014, **3**, 90.

[53] S. F. Fang, M. P. Wang, W. H. Qi and F. Zheng, *Comput. Mater. Sci.*, 2008, **44**, 647.

[54] J.-F. Pei, C.-Z. Cai, Y.-M. Zhu and B. Yan, *Macromol. Theory Simulations*, 2013, **22**, 52.

[55] D. W. Aha, D. Kibler and M. K. Albert, *Instance-based Learning Algorithms*, *Kluwer Academic* Publishers, Boston, 1991.

[56] J. R. Quinlan, *Int. J. Man. Mach. Stud.*, 1987, **27**, 221.

[57] J. Shawe-Taylor and N. Cristianini, *Kernel Methods for Pattern Analysis*, Cambridge University Press, Cambridge, 2004.

[58] C. M. Bishop, *Neural Networks for Pattern Recognition*, Oxford University Press, Oxford, 1995.

[59] J. Schmidhuber, *Neural Networks*, 2015, **61**, 85.

[60] B. Meredig and C. Wolverton, *Chem. Mater.*, 2014, 26, 1985.

[61] Y.-F. Shen, R. Pokharel, T. J. Nizolek, A. Kumar and T. Lookman, *Acta Mater.*, 2019, **170**, 118.

[62] J. K. Bunn, J. Hu and J. R. Hattrick-Simpers, *JOM*, 2016, **68**, 2116.

[63] A. G. Kusne, T. Gao, A. Mehta, L. Ke, M. C. Nguyen, K. M. Ho, V. Antropov, C. Z. Wang, M. J. Kramer, C. Long and I. Takeuchi, *Sci. Rep.*, 2014, **4**, 6367.

[64] A. G. Kusne, D. Keller, A. Anderson, A. Zaban and I. Takeuchi, *Nanotechnology*, 2015, **26**, 444002.

[65] J. R. Hattrick-Simpers, J. M. Gregoire and A. G. Kusne, *APL Mater.*, 2016, **4**, 053211.

[66] B. Meredig, E. Antono, C. Church, M. Hutchinson, J. Ling, S. Paradiso, B. Blaisik, I. Foster, B. Gibbons, J. Hattrick-Simpers, A. Mehta and L. Ward, *Mol. Syst. Des. Eng.*, 2018, **3**, 819.

[67] S. F. Fang, M. P. Wang and M. Song, *Mater. Des.*, 2009, **30**, 2460.

[68] J. Ling, E. Antono, S. Bajaj, S. Paradiso, M. Hutchinson, B. Meredig and B. M. Gibbons, in *ASME Turbo Expo 2018: Turbomachinery Technical Conference and Exposition*, American Society of Mechanical Engineers, 2018.

[69] E. Kim, K. Huang, A. Saunders, A. McCallum, G. Ceder and E. Olivetti, *Chem. Mater.*, 2017, **29**, 9436.

[70] Y. F. Han, W. D. Zeng, Y. Shu, Y. G. Zhou and H. Q. Yu, *Comput. Mater. Sci.*, 2011, **50**, 1009.

[71] Q. Zhu, M. F. Abbod, J. Talamantes-Silva, C. M. Sellars, D. A. Linkens and J. H. Beynon *Acta Mater.*, 2003, **51**, 5051.

[72] M. F. Abbod, D. A. Linkens, Q. Zhu and M. Mahfouf, *Mater. Sci. Eng., A*, 2002, **333**, 397.

[73] L. Pauling, *The Nature of the Chemical Bond*, Cornell University Press, Ithaca, New York, 3rd edn, 1960.

[74] Y. Wang, J. Lv, L. Zhu and Y. Ma, Comput. *Phys. Commun.*, 2012, **183**, 2063.

[75] C. W. Glass, A. R. Oganov and N. Hansen, *Comput. Phys. Commun.*, 2006, **175**, 713.

[76] C. C. Fischer, K. J. Tibbetts, D. Morgan and G. Ceder, *Nat. Mater.*, 2006, **5**, 641.

[77] V. M. Goldschmidt, Trans. *Faraday Soc.*, 1929, 25, 253.

[78] P. Villars, K. Brandenburg, M. Berndt, S. LeClair, A. Jackson, Y.-H. Pao, B. Igelnik, M. Oxley, B. Bakshi, P. Chen and S. Iwata, *J. Alloys Compd.*, 2001, **317-318**, 26.

[79] J. C. Phillips, Helv. *Phys. Acta*, 1985, **58**, 209.

[80] A. Zunger, *Phys. Rev. B*, 1980, **22**, 5839.

[81] A. O. Oliynyk, E. Antono, T. D. Sparks, L. Ghadbeigi, M. W. Gaultois, B. Meredig and A. Mar, *Chem. Mater.*, 2016, **28**, 7324.

[82] A. O. Oliynyk, L. A. Adutwum, J. J. Harynuk and A. Mar, *Chem. Mater.*, 2016, **28**, 6672.

[83] A. O. Oliynyk, L. A. Adutwum, B. W. Rudyk, H. Pisavadia, S. Lotfi, V. Hlukhyy, J. J. Harynuk, A. Mar and J. Brgoch, *J. Am. Chem. Soc.*, 2017, **139**, 17870.

[84] P. V. Balachandran, J. Young, T. Lookman and J. M. Rondinelli, *Nat. Commun.*, 2017, **8**, 14282.

[85] W. B. Park, J. Chung, J. Jung, K. Sohn, S. P. Singh, M. Pyo, N. Shin and K.-S. Sohn, *IUCrJ*, 2017, **4**, 486.

[86] A. Ziletti, D. Kumar, M. Scheffler and L. M. Ghiringhelli, *Nat. Commun.*, 2018, **9**, 2775.

[87] G. Viswanathan, A. O. Oliynyk, E. Antono, J. Ling, B. Meredig and J. Brgoch, Inorg. Chem., 2019, **58**, 9004.

[88] J. Graser, S. K. Kauwe and T. D. Sparks, *Chem. Mater.*, 2018, **30**, 3601.

[89] A. O. Oliynyk, M. W. Gaultois, M. Hermus, A. J. Morris, A. Mar and J. Brgoch, *Inorg. Chem.*, 2018, **57**, 7966.

[90] K. Ryan, J. Lengyel and M. Shatruk, *J. Am. Chem. Soc.*, 2018, **140**, 10158.

[91] T. Yamashita, N. Sato, H. Kino, T. Miyake, K. Tsuda and T. Oguchi, *Phys. Rev. Mater.*, 2018, **2**, 013803.

[92] V. L. Deringer, D. M. Proserpio, G. Csányi and C. J. Pickard, *Faraday Discuss.*, 2018, **211**, 45.

[93] B. Himmetoglu, A. Floris, S. de Gironcoli and M. Cococcioni, *Int. J. Quantum Chem.*, 2014, **114**, 14.

[94] Y. Zhuo, A. Mansouri Tehrani and J. Brgoch, *J. Phys. Chem. Lett.*, 2018, **9**, 1668.

[95] Z. Ghahramani, *Nature*, 2015, **521**, 452.

[96] D. R. Jones, M. Schonlau and W. J. Welch, *J. Glob. Optim.*, 1998, **13**, 455.

[97] E. R. Dougherty, A. Zollanvari and U. M. Braga-Neto, Curr. *Genomics*, 2011, **12**, 333.

[98] P. V. Balachandran, D. Xue, J. Theiler, J. Hogden and T. Lookman, *Sci. Rep.*, 2016, **6**, 19660.

[99] D. Xue, P. V. Balachandran, J. Hogden, J. Theiler, D. Xue and T. Lookman, *Nat. Commun.*, 2016, **7**, 11241.

[100] F. Faber, A. Lindmaa, O. A. von Lilienfeld and R. Armiento, Int. *J. Quantum Chem.*, 2015, **115**, 1094.

[101] A. Seko, H. Hayashi, K. Nakayama, A. Takahashi and I. Tanaka, *Phys. Rev. B*, 2017, **95**, 144110.

[102] V. Stanev, C. Oses, A. G. Kusne, E. Rodriguez, J. Paglione, S. Curtarolo and I. Takeuchi, *npj Comput. Mater.*, 2018, **4**, 29.

[103] A. Mansouri Tehrani, A. O. Oliynyk, M. Parry, Z. Rizvi, S. Couper, F. Lin, L. Miyagi, T. D. Sparks and J. Brgoch, *J. Am. Chem. Soc.*, 2018, **140**, 9844.

[104] Y. Zhuo, A. Mansouri Tehrani, A. O. Oliynyk, A. C. Duke and J. Brgoch, *Nat. Commun.*, 2018, **9**, 4377.

[105] B. Settles, *Active Learning Literature Survey*, University of WisconsinMadison Department of Computer Sciences, 2009.

[106] C. Lemke, M. Budka and B. Gabrys, *Artif. Intell. Rev.*, 2015, **44**, 117.

[107] A. Graves, G. Wayne and I. Danihelka, *arXiv Prepr.*, 2014, arXiv：1410.5401.

[108] S. J. Pan and Q. Yang, *IEEE Trans. Knowl. Data Eng.*, 2010, **22**, 1345.

[109] Y. Duan, M. Andrychowicz, B. Stadie, O. J. Ho, J. Schneider, I. Sutskever, P. Abbeel and W. Zaremba, *Adv. Neural Inf. Process. Syst.*, 2017, 1087.

[110] B. M. Lake, R. Salakhutdinov and J. B. Tenenbaum, *Science*, 2015, **350**, 1332.

[111] D. Jha, L. Ward, A. Paul, W. Liao, A. Choudhary, C. Wolverton and A. Agrawal, *Sci. Rep.*, 2018, **8**, 17593.

[112] R. Guidotti, A. Monreale, S. Ruggieri, F. Turini, F. Giannotti and D. Pedreschi, *ACM Comput. Surv.*, 2018, **51**, 93.

[113] K. T. Butler, D. W. Davies, H. Cartwright, O. Isayev and A. Walsh, *Nature*, 2018, **559**, 547.

[114] E. Gossett, C. Toher, C. Oses, O. Isayev, F. Legrain, F. Rose, E. Zurek, J. Carrete, N. Mingo, A. Tropsha and S. Curtarolo, *Comput. Mater. Sci.*, 2018, **152**, 134.

[115] K. A. Persson, B. Waldwick, P. Lazic and G. Ceder, *Phys. Rev. B*, 2012, **85**, 235438.

[116] M. W. Gaultois, A. O. Oliynyk, A. Mar, T. D. Sparks, G. J. Mulholland and B. Meredig, *APL Mater.*, 2016, **4**, 053213.

第 14 章

机器学习在化学工程中的应用

Y. YAN, T. N. BORHANI 和 P. T. CLOUGH[*]

英国克兰菲尔德大学能源与动力系，克兰菲尔德贝德福德郡，MK43 0AL
[*]Email: p.t.clough@cranfield.ac.uk

14.1 引言

　　化学工程可以广义地定义为将原材料／能源转化为有用产品的过程；无论该过程多么复杂，一切都经过设计、优化和控制，以确保经济、安全和环保的生产。化学工程师通常与石化行业联系在一起，在那里有管道、储罐、反应器和泵等，但这只是化学工程的一种应用，而化学工程师扮演的角色却是多种多样的。为了获取经济利润的优势，要求化学工程师利用其生产过程中的大量数据，通过所谓的第四次工业革命（工业 4.0——集成自主数据处理的互联网），使工厂的工艺流程"更智能"；人工智能（artificial intelligence，AI）的应用是实现这一任务的一种方式[1]。

　　AI 正在所有行业中得到越来越多的应用，以便找到对数据的有用见解和理解，从而提高效率和工艺性能，因此在化学工程中寻找应用是可以理解的。最近，包括 BP[2]、ExxonMobil[3]、HSE[4] 和 GE[5] 在内的公司都向 AI 化学工程应用领域投入了大量资金，以提高工艺安全性和可靠性，识别新的关联和工作流程，加快项目生命周期，并实现快速使用最新的工艺数据。在所有这些投资中，我们应该记住，AI 仍然只是"狭义的 AI"，这意味着 AI 非常擅长完成一项特定的任务；而在不可见的数据之间构建连接或理解整体工厂／流程集成和依赖关系的代表性模型，是非常耗时的。此外，已被宣传为应用于化学工程设施和工艺的 AI 系统，通常扮演着数据分析和数据可视化的角色，在数据中发现需要人类花费更长的时间才能找到的模式，而不是操作或优化工厂的运营[6]。这并不意味着高级数据分析不那么重要。事实上，大多数公司都乐于有机会发现一台泵或压缩机接近故障，以便及时进行更换，而不是等待其发生故障，关闭工厂，然后进行冷启动。然而，化学工程中的 AI 很少应用于在线提供实时数据分析和工艺性能洞察，而这正是 AI 在化学工程中的未来可能而且应该发展的方向。

　　虽然当前更快、更强大的计算技术涌入，给包括化学工程在内的所有工业部门带来了一股以 AI 为主题的热潮，但 AI 实际上并不是那么新鲜的事物。在机器学习（machine learning，ML）计算的早期 [20 世纪 80 年代的专家系统（expert systems，ESs）] 和后来的遗传算法（genetic algorithms，GAs），都被用于化学工业中，以帮助开发催化剂和预测热物理流体性质等[7, 8]。随着时间的推移，人工神经网络（artificial neural networks，ANNs）已经取代了其他形式的 AI，因为 ANNs 具有能够很好地适应替代问题、解决非线性问题的能力，以及足够训练数据的广泛可用性。机器学习是一个包罗万象的术语，因此我们将努力让读者了解其多样性、差异性、局限性和益处等。

在本章中，我们将探讨已应用于化学工程三个领域的 ML 算法：建模与模拟、过程控制以及评估与预测。

14.2 建模与模拟

ML 和 AI 在化学和工艺工程中的建模与模拟具有广泛的应用[1,9]。在此，我们考虑化学和工艺工程中涉及的重要单元操作；使用选定的已发表研究对 ML 和 AI 的应用进行了回顾和讨论。应该注意的是，除了建模与模拟研究之外，AI 在与化学和工艺工程相关的优化问题中也有大量应用，可以在相关书籍中找到[10]。AI 建模的通用形式如图 14.1 所示。

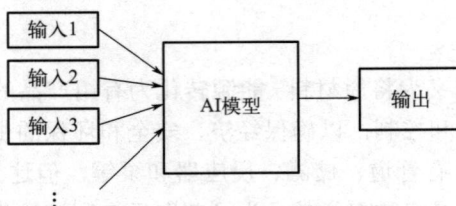

图 14.1 AI 模型的通用形式

14.2.1 AI 在分离装置建模与模拟中的应用

14.2.1.1 蒸馏塔

蒸馏塔的建模与模拟需要精确的过程模型，其中包含控制等式和许多关系来预测不同的参数和物理特性。已发表的文献中提供了许多蒸馏过程模型，但是蒸馏过程的复杂性产生了许多可能限制模型通用性的假设。大多数蒸馏系统的机械模型都假设了各阶段的平衡情况。这样的模型背离了现实，因此无法给出真实的表征。为了克服这个问题，引入了非均衡或基于速率的方法。这涉及每个阶段的化学反应和传质等式，从而增加了问题的复杂性。此外，这种机械模型对计算的要求很高，因此不适合实时优化。为了克服这些问题，AI 可用于解决不同蒸馏塔或其他类似单元操作（如吸收塔和解吸塔）的复杂模拟。

Chetouani[11] 使用多层感知器 - 人工神经网络（multi-layer perceptron-artificial neural network, MLP-ANN）方法，开发了一个用来模拟稳态和非稳态条件下的蒸馏塔模型。Khayet 和 Cojocaru[12] 使用 ANNs 模拟了气隙膜蒸馏过程。ANNs 的输入变量是气隙厚度、冷凝温度、进料入口温度和盐水溶液的进料流量，而响应或输出是性能指标，并同时考虑了渗透通量和脱盐系数。从开发的模型中获得的结果与实验数据具有很好的一致性。Ochoa-Estopier 等人[13] 使用 ANNs 表示原油蒸馏塔及其集成热交换器网络。作者使用 ANNs 模型，确定了提高整体过程经济性的操作条件。Osuole 和 Zhang[14] 使用 ANNs 对蒸馏塔的㶲效率进行建模和优化。他们提到，用于实时优化的蒸馏塔机械建模并不适用。对于这种情况，可以使用 ANNs 模型，因为 ANNs 所需的计算时间非常短，因而有助于实时优化。

14.2.1.2　吸收塔和解吸塔

吸收和解吸是非常重要的单元操作，在不同的行业中发挥着至关重要的作用。这些过程中最著名的例子之一是使用不同类型的溶剂，从不同的气流（例如烟道气、天然气和沼气）中去除二氧化碳（CO_2）[15]。与蒸馏塔类似，吸收和解吸塔的机械建模需要复杂的带有许多细节的等式求解[16,17]。对于这样一个复杂的系统，使用 AI 的黑盒模拟可能是有益的，并且研究人员可以比使用机械建模更快速地预测来自黑盒模型的所需输出。

一些文章已经发表了使用不同的 AI 工具来模拟吸收和解吸柱的研究。在本节中，我们将回顾一些最近的研究。Zhou 等人[18] 开发了四种自适应神经模糊推理系统（adaptive neuro-fuzzy inference system，ANFIS）模型来描述使用胺类物质捕获 CO_2 过程（吸收和解吸）。他们通过改变不同的参数作为输入和输出，考虑了四种不同的场景。ANFIS 模拟过程如图 14.2 所示。

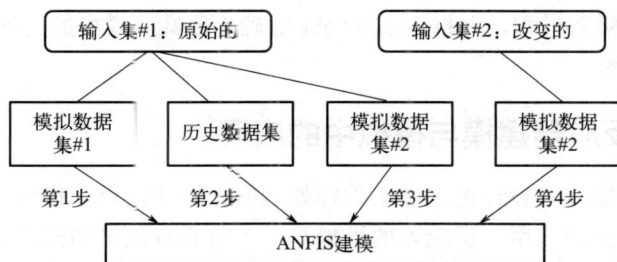

图 14.2　Zhou 等人[18] 开发的 ANFIS 建模程序

经 Elsevier 许可，转载自参考文献[18]，2013 年版权所有

作者报道说，除非对输入参数集的定义进行更改，否则场景 #1 和 #2 中出现的问题将无法完全解决。一个重要的观察结果是，通过再沸器（FT-103C）的蒸气流量参数是输入参数集的关键组成部分。Hafizi 等人[19] 比较了自适应神经模糊和 ANNs 来模拟 CO_2 捕获吸收柱中富胺的流速，并报道说自适应神经模糊推理系统在预测该参数方面比 ANNs 模型更成功。Mohammadzadeh 等人[20] 利用 ANNs 来预测使用二乙醇胺（diethanolamine，DEA）作为溶剂的吸收塔中的"甜味气体"❶ 的浓度。实验中试装置数据用于验证模型，其中包括贫胺中的 DEA 重量百分比，H_2S、CO_2 和 H_2O 的浓度、输入和输出气体以及贫胺的温度、压力和流速。该研究的统计参数和误差分析令人满意。Cozma 等人[21] 使用气升式反应器以水为溶剂从沼气中物理吸收 CO_2。作者使用了两种算法，克隆选择（clonal Selection，CS）和 ANNs 的组合算法，以及新算法 nCS-MBK；第二种算法得到的模型与实验数据更加吻合。Ahmad 等人[22] 用 ANNs 对吸收柱进行了动态建模。网络的输入是吸收阶段吸收系数，或汽提阶段的汽提系数；输出是吸收阶段的效率，或汽提阶段的效率。不同的误差分析和统计参数，显示了其模型的强弱。

14.2.1.3　吸附

吸附是最近引起广泛关注的另一种分离工艺，已经开展了许多相关研究工作，以加速该

❶　脱硫后的气体。——译者注

工艺的商业化。与吸收相比，吸附的主要优点是能耗较低。众所周知，从溶剂中解吸溶质的过程，需要消耗大量的能量[23]。

AI 在该领域有着广泛的应用。Salehi 等人[24]应用最小二乘支持向量机来预测水中铜离子在改性 CS/PVA 膜吸附剂上的平衡吸附。作者使用了 72 个实验数据点，并报道了良好的统计参数。Fawzy 等人[25]提出了一个 ANFIS 模型来描述使用称为长苞香蒲（Typha domingensis）的生物吸附剂从水溶液中吸附二价镍和二价镉离子。通过使用 ANFIS 模型，作者确定了影响金属离子去除效率的实验参数的顺序。Ghaedi 和 Vafaei[26]综述了不同 AI 方法在水溶液中吸附染料的应用。Mazaheri 等人[27]使用包括 AI 在内的不同方法来模拟天然核桃碳吸附二元水溶液中的亚甲基蓝（methylene blue，MB）和二价镉离子。灵敏度分析表明，吸附剂的质量和 pH 值是去除的关键因素。Alalm 和 Nasr[28]使用活性炭从水溶液中吸附一种有害物质的百菌清，然后使用 ANNs 模型预测吸附容量。使用开发的 ANNs 模型进行灵敏度分析，他们发现 pH 值是影响该吸附能力的最重要因素。Mahmoud 等人[29]专注于使用胶囊化的纳米零价铁从水溶液中去除磷酸根离子。作者使用结构为 5.7.1（5 个输入节点、7 个隐藏层节点和 1 个输出节点）的 ANNs 来模拟这种吸附过程，并报道了 97.6% 的确定系数。模型的灵敏度分析表明，pH 值是影响最大的输入因素。

14.2.2　AI 在反应器建模与模拟中的应用

可以认为，反应器及其设计是化学工程师处理的最专业的单元操作。从聚合到能量转换过程，反应器具有广泛的应用。反应器的模拟是一个复杂且耗时的过程，因此研究人员经常使用 AI 方法进行黑盒模拟。Azarpour 等人[30]开发了一种混杂模型，该模型结合了第一性原理模型和 ANNs，用于模拟经历催化剂失活的工业固定床催化反应器。混杂模型的要素如图 14.3 所示。

Joshi 和 Singhal[31]结合 GA 和 ANNs 来优化玉米黄质生产的操作条件。作者评估了不同的空气流速和接种体剂量对不同孵化时间的影响。然后使用 GA-ANN 优化条件对鼓泡式反应器的体积功率输入和能量输入进行关联。Zhu 等人[32]引入了一种深度学习方法，可以从原始图像中自动识别热解反应器中的管道区域。使用这种方法，可以监测热解管的准确温度和形状。

14.2.3　AI 在整体工厂建模与模拟中的应用

与单个单元操作的建模相比，整体化工厂的机械建模是一项更加复杂和具有挑战性的任务。尽管如此，也有一些使用 AI 来模拟和分析整体化工厂的报道。

已经采用机械建模和 ANNs 建模相结合的混杂神经网络模型，对一个完整的工业废水处理过程进行了建模[33]。作者报道了从这种混杂模型中获得了令人满意的结果。Tunckaya 和 Koklukaya[34]采用 ANNs、自回归整合移动平均（autoregressive integrated moving average，ARIMA）和多元线性回归（multiple linear regression，MLR）方法，对一个真实的 180 兆瓦燃煤火电厂的烟气排放影响进行了研究，考察了 8 个工艺参数对烟道气排放的影响。根据统计参数和误差分析，ANNs 模型表现出比 ARIMA 和 MLR 更好的性能。Nourani 等人[35]利用不同的 AI 方法，如 FFNN、ANFIS、SVM 以及 MLR，通过废水生物需氧量、化学需氧量和总氮量来预测尼科西亚（Nicosia）污水处理厂的性能。作者报道说，其中的 ANNs 模型是最成功的模型。

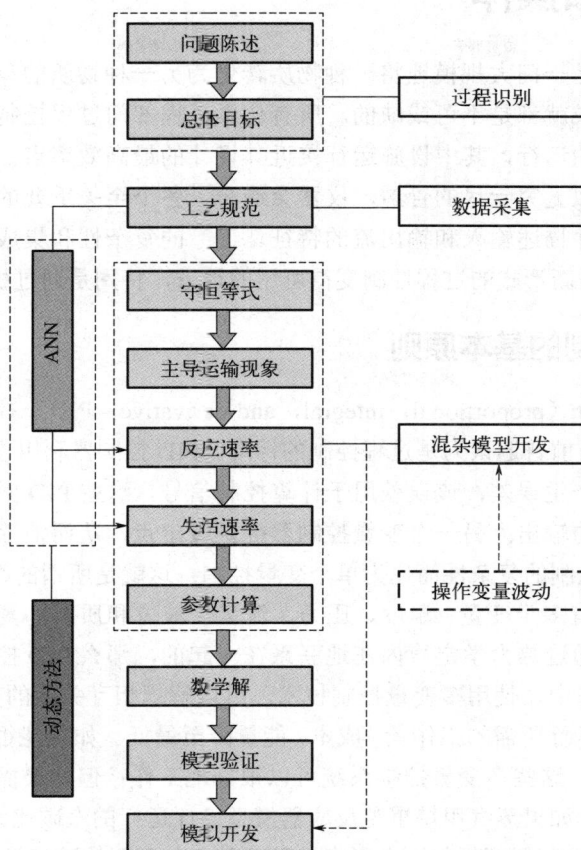

图 14.3　针对工业固定床催化反应器中催化剂失活开发的混杂模型[30]

经 Elsevier 许可，转载自参考文献 [30]，2017 年版权所有

14.2.4　AI 在能源管理建模与模拟中的应用

最近，AI 应用的另一个重要领域是能源管理和能源系统。该领域已经发表了许多研究和综述性论文，因此，本文在这里仅对其中有限的几篇进行综述。

Zahraee 等[36] 总结了关于 AI 算法应用在优化设计和规划以及混杂能源系统领域中控制问题的先前研究。作者审查了一百多篇相关论文。Jha 等人[37] 说明了 AI 在实现与可再生能源（renewable energy，RE）相关目标方面的重要性，例如开发利用现有自然资源优化生产的新技术、环境保护意识以及更好的管理和分配系统。他们回顾了 AI 在太阳能、风能、地热能、水力能、海洋能、生物能源和氢能等不同类型可再生能源中的应用。Sharifzadeh 等人[38] 量化了电网中的不确定性，并检验了其行为的可预测性。他们研究中考虑的预测方法有 ANN、支持向量回归（support vector regression，SVR）和高斯过程回归。所有模型都能够预测风能和太阳能，但只有 ANN 模型对电力需求有效。考虑到电网的动态性，实现了可再生风能、太阳能发电和电力需求的预测过程足够的快速、准确，并有效地提供了可供选择的储备电能和备用电能。

14.3 控制和操作

如果说化学工程是一门大规模地将一种物质转化为另一种物质的科学，那么控制和操作对于任何过程的经济成就都是不可或缺的。所有化学工程部门过程控制的一个共同总体目标是实现稳定、稳态下的运行，其中设施运行接近其设计的最高效率点。工厂里通常会分布多个反应器，并拥有看似无穷无尽的管道，仪器会遍布于各个至关重要的位置，以便深入了解反应器的运行情况，并描述输入和输出流的特征。工厂的复杂性和集成度越高，过程控制和操作就越困难，这就是新形式的过程控制变得可用的地方，特别是通过机器学习。

14.3.1 过程控制的基本原则

比例、积分和微分（proportional，integral，and derivative，PID）控制器是大多数工程本科学生学习的课程，目前普遍认为是过程控制的标准。PID 控制器利用设定点变量和实际过程变量值之间的差值来产生误差，该误差用于计算控制信号。这些 PID 回路的变化可以串联使用，其中一个控制器的输出为另一个变量控制器提供设定点，从而消除动作之间的一些滞后时间，并将整体过程控制的复杂性简化为单个变量控制；这就是所谓的级联控制。

如果我们考虑具有多个变量（温度、压力、流量、液位和质量）复杂的过程，每个变量都需要控制，并且是通过热力学定律内在地联系在一起的，那么 PID 控制器就不再是最好的解决方案。在这些模拟中，使用多变量控制技术，可以解耦相互关联的变量控制的竞争影响，从而实现优化稳态下运行所需的工作量/成本/能量降至最低。如果能很好地理解变量之间的相互作用（或不存在），这些多变量控制系统可以很好地工作；但如果操作过程中有轻微的偏差，就会失败。例如，如果蒸汽甲烷重整反应器模型设计运行的汽碳比为 3，但后来有人认为应为 3.5，那么多变量控制器解耦将不会考虑这种偏差，从而无法准确控制反应器。

一个更好的可能替代方案是机器学习控制，该方案可以克服过程复杂性、可变互联性和相互依赖性、过程测量滞后时间、随机干扰，并将稳定设定点的努力/成本/能量达到最小，或者，至少在模型预测控制器没有出现的情况下是可以这样的[1]。

模型预测控制器（model predictive control，MPC）是一种非常常用的控制动态系统的技术，可以通过线性模型进行模拟，同时满足一组约束条件。MPC 使用过程模型来控制当前时间步长中的因变量，同时在考虑过去值的移动预测范围内计算和优化未来值。目前，已广泛使用这种控制技术，因为过程对于单独的 PID 回路来说往往过于复杂，而且在 20 世纪 80 年代，实现 MPC 算法比使用机器学习的控制算法更容易、更便宜。但当过程依赖于数百个变量或过程是非线性（通常是非线性的）时，MPC 效率就会下降，尽管可以认为有些过程在小范围的操作条件下是线性的。可以选择将多个 MPC 组合在一起，如果非线性系统可以分解为多个独立的线性系统，则可以提供稳定的控制系统[39,40]。该方法已在炼油厂[41]和共聚反应器[42]中得到应用。

14.3.2 机器学习用于控制化学过程

几十年前，就已证明神经网络适用于控制复杂的化学过程[43]。例如，Savkovic-Stavanovic 表明 ANNs 可用于控制共沸蒸馏过程，并证明了通过时移模型的数据输入来改善过程控制的性能，起到平滑控制器的作用[44]。Ramchandram 和 Rhinehart 还利用 ANNs 来控制蒸馏过程，并发现 ANNs 与前馈 PI 控制器相比提供了更好的控制，因为 ANNs 能够解释"现象学过程特征"，而标准 PI 控制器根本不理解这一点。这些 ANNs 通常与过程并行使用，在观察和预测过程时积累经验和知识[45]，见图 14.4。

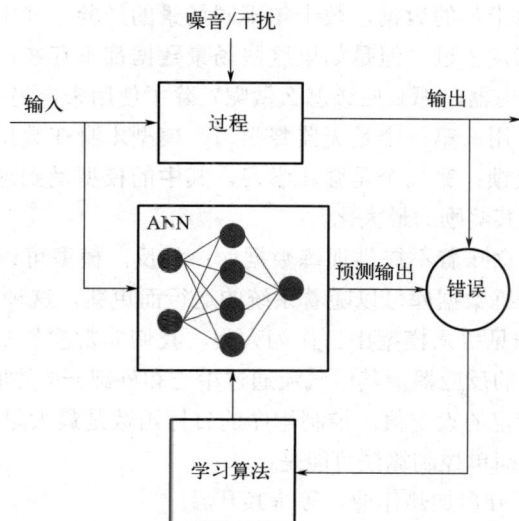

图 14.4　ANNs 训练与过程并行使用其预测的误差，以增加其在过程控制中的信心[46]
经 Elsevier 许可，转载自参考文献 [46]，1992 年版权所有

也可用 ANNs 估算蒸馏塔的液位和成分，从而充当软传感器[47]。软传感器通常基于 ANNs，并已被一些研究人员用于预测未测量的变量，而无需特定/昂贵的硬件，以便实现改进的过程控制[48]，例如在燃煤发电厂[49]、聚合过程[50]、葡萄酒生产中的乙醇浓度[51]、化工厂[52]和一些生物过程等[53,54]。当过程/反应器全面运行时，在线更新软传感器是影响这些设备产生长期运作的关键。Lu 和 Chiang[55] 的工作强调了实现这一目标的方法。他们利用了两个关键性能指标，并应用了 Hotelling 的 T^2 多元统计来确定 T^2 值是否超过了需要采取行动的某个警报限制。这项工作的关键新颖之处在于，软传感器可以在训练数据存在和系统属性已知的最边缘下工作，并且在在线和运行时，软传感器的"校准"会自动更新[55]。软传感器的一个关键限制是，它们可能仅适用于个别特定系统或反应器设置，因此被认为与另一个类似过程不兼容。该过程通常依赖于未知/未测量的变量或信息，而无法轻易地编程到计算机中（例如，反应器的形状、传感器的精确位置及其准确性等），从而使软测量编码的可移植性较差；然而，如果要实施一个新系统，它们就会相对快速和易于训练。

ANNs 模型能很好地开展工作，但是应该注意的是，该类模型是基于训练数据的，因此，仅当所提供的训练数据是好的，ANNs 模型才能更好地工作，通常被称为"垃圾进，垃圾出"❶。如果 ANNs 之前没有明白过程状态，或者如果过程变量超出正常范围，那么 ANNs 也将应用其数学运算给出相应的答案；至于这个答案是否有意义，那是另一码事。可以想象一下，在化学制造设施中，热电偶可能会随机脱落，ANNs 即刻控制模型，并做出纠正措施，这

---

❶　"输入的是错误数据，输出的也是错误的结果"。——译者注

样就可能会在不知不觉中对设备、环境或人员造成损害。这类似于通过向模型展示数千张猫和狗的图像来训练模型以了解猫和狗之间的区别，然后再添加一张长颈鹿的照片。该模型将不知道这种斑片状长颈动物是什么，但会认真评估图像，并给你一个猫或狗的预测，而不了解图像、背景，也不知道这张图像超出了其知识范围。这对于任何化学设施来说，是非常危险的。理解过程的背景是至关重要的，而这种知识是工厂操作员多年经验积累的[1]。可能的解决方案是为模型提供数十年的数据，数十年不同场景的经验，其中包括随机警报跳闸、传感器故障、堵塞等场景都发生过。但是如果这些场景数据都不存在，或者如果该场景是一个新的过程，一个首创的反应器，那么应该怎么做呢？除了使用来自另一个类似反应器/过程的数据外，还有两个选项可用：第一个是无监督学习，模型本身在数据中寻找模式，而不需要对其运行情况进行任何反馈；第二个是强化学习，其中的模型受到惩罚或奖励，以便使模型不断修改更新，从而实现其奖励的最大化。

无监督训练 ANNs，意味着不提供训练数据库；相反，模型可以自己改变参数并建立自己的训练数据库，这个训练数据库可以随着系统的运行而更新。这种训练的一个关键好处是，我们不会将自己的人类偏见引入模型中。作为人类，我们非常擅长制作解决问题的算法。例如，让我们考虑一个简单的反应器，其中气流通过中心和外部开/关加热控制系统，希望将反应器的内部温度控制在特定的设定值。控制程序的目标函数是最大限度地减少"加热"时间，以节省资金。该反应器的简单控制算法可能是：

① 如果反应器太冷，开启加热作业，等待其升温；

② 如果反应器太热，则关闭加热作业，等待其冷却。

当然，可以训练一个 ANNs 模型来控制这个反应器，但是通过定义我们的反应器的目标函数太不精确，或者没有考虑所有可能的情况，ANNs 可以决定最小化"加热"时间的最佳方法是根本不开启加热作业[56]。是的，这意味着反应器从未被加热过，ANNs 未能达到其中一个目标，但就模型而言，ANNs 成功地实现了节省"加热"时间的目标，而另一个目标反应器的温度则不那么重要。

显然，如果将定义不清的目标函数应用于整个化工厂可能很危险，这就是为什么研究人员现在正在探索不为机器学习化学反应器控制系统定义目标函数的方法，而是允许模型建立自己的整体过程反应环境[57-59]。事实证明，这比赋予模型"人类知识"能实现更好、更安全的控制，因为很难将人类知识的每一部分提炼成一组目标[60]。深度强化学习也已应用于许多其他简单的控制情况，其成功率很高，但这要受到训练程序所需时间的限制[61]。然而，通过允许程序自我学习和加强正确的控制行为，生成的控制算法可以移植到其他控制问题中。遗传编程也已成功应用于流量控制场景中，其目标函数是通过改变进水射流，使得后向台阶流动的再循环面积达到最小化（减少 80%）[62]。通过分解过程控制的关键点（质量控制、决策者、数据分析师、知识持有者），将自学习的多智能体控制系统应用于连续水泥生产线[57]。这样，整个控制系统对过程中的随机偏差更具弹性，且也能够适应机器学习控制系统形成的新控制规则。

14.3.3 机器学习集成的传统控制器

机器学习控制器通常用于向传统的 PID 或 MPC 控制器提供输入信号。该输入信号可以是预测值或预测误差估计；附加信息用于提供更接近所需设定点的控制，请参见图 14.5，这是采用机器学习增强反应器控制可实现的改进示例。

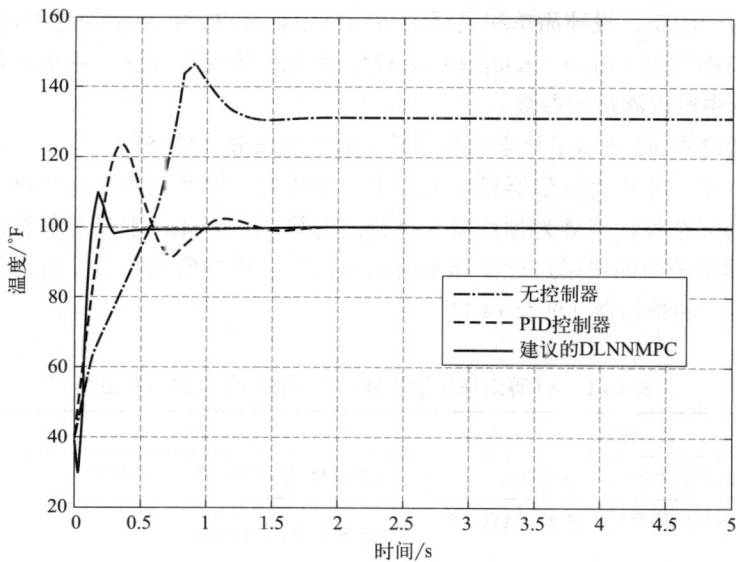

图 14.5 使用不同形式的反应器控制的连续搅拌反应釜的温度响应

黑线表示机器学习增强控制器 [63]。经 Elsevier 许可，转载自参考文献 [63]，2018 年版权所有

Deepa 和 Baranilingesan 已经使用了带有 ANNs 背景的 MPC，并且得益于 ANNs 的学习能力和有关模拟连续搅拌反应罐有价值的信息存储。其研究是利用粒子群优化和引力搜索算法来定义初始权重，然后调整 ANNs 以更有效地控制过程 [63]。

由于 PID 控制器使用仍然很普遍，一些研究人员已经利用机器学习来优化调整过程以实现改进的控制，特别是 Chen 和 Huang [64]，采用了一种实用的方法研究使用线性人工神经网络来控制非线性过程；然而，他们指出，该模型需要更灵活地适应不同的操作范围，并且数据中的噪声显著地影响了控制过程。Chowdhury 等人描述了使用 ML 增强型控制器的类似尝试。他们利用模糊 PID 控制器（具有相对重要性的一组规则）进行了尝试，发现模糊控制器能够更准确地跟踪设定点值，以及减少与设定点的偏差幅度 [65]。

化学反应器或化学过程的控制，在很大程度上取决于对整个过程的理解，但由于反应器的大小和所涉及的化学过程的复杂性，这并不总是可能的。这就是 ML 可以用来评估或预测操作参数的地方。

14.4 预估和预测

AI，尤其是 ML，在化学工程中的应用并不局限于建模和控制，还可以作为化学过程中难以测量的参数的预估器，系统性全面优化器或作为材料和产品特性的预测器。在本节中，我们将详细阐述在化学过程系统中作为预估器实现的 AI 和 ML 算法，以及其实际应用、优势和局限性，旨在为研究人员在化学工程中选择和开发基于 AI 的预估器或预测器提供指南。

14.4.1 化学工程预估器的可用 AI 算法

众所周知，由于物理传感器或工艺技术的限制，化学工艺系统中一些重要的工艺参数或产品特性难以或不可能实时测量。将 AI 或 ML 算法用作化学过程系统中的预估器和预测器，具有鲁棒性、易于制定、设计简单和灵活的适应能力等优点，可以解决这些问题。ANNs、支持向量回归、模糊逻辑（fuzzy logic，FL）、GAs 和 ESs 等几种算法可用于设计预估器，以评估化学过程系统中难以测量的参数。

　　近年来，通过将 AI 应用于化学过程系统（如产品成分、燃烧动力学、温度、压力和化学反应器的传热）中，并作为预估器已经进行了大量研究。然而，由于这些算法的多样性和独特性以及过程的复杂性，很难为预估器选择合适的算法。因此，本节对每种评估和预测算法及其在化学过程系统中的应用进行了详尽的调研，可以指导研究人员在特定的化学过程系统中设计和开发自己的预估器（见表 14.1）

表 14.1　AI 算法在化学工程中的评估和预测的一些应用

算法	目标	亮点	参考文献
ANNs	预测循环流化床锅炉的 SO_2 排放	能够预测不同条件下的 SO_2 排放量	[99]
ANNs	预测不同固体燃料的热解、气化和燃烧速率	训练数据充足，准确率高	[73, 100-105]
ANNs	预估 CO_2 捕获率	闭环吸收器 / 解吸器装置的误差小于 0.2%	[70, 106]
ANNs	预估合成磷酸钙粉末的组成	可以通过预测粉末的成分来优化合成条件	[107]
ANNs	基于质量推理估计聚合 ANNs 的聚合物质量	自举聚合 ANNs 比单个 ANN 具有更好的预测精度，置信边界可以显示估计的置信度	[69, 108]
ANNs	在广泛的温度和炉渣成分范围内预测炉渣黏度	比任何其他数学模型具有更好的预测性能	[109]
ANNs	铝 - 铜基复合材料的密度、孔隙率和硬度预测	可以得到令人满意的预估而非测量的结果	[110]
ANNs	炉内传热系数模拟	数值和实验结果吻合良好	[111]
ANNs	污水处理厂性能预测	生物处理厂高度非线性处理系统的有效预测	[112]
ANNs	汽液平衡预测	高预测性能	[113]
SVR	泡罩塔反应器中总气体滞留量的预测	97% 的预测准确率，平均绝对相对误差为 12.11%	[114]
SVR	爆管率预测	ANNs 的预测结果优于 SVR	[115]
SVR	气温预测	SVR 模型比 ANNs 的模型稍微准确一点	[79]
SVR	用于间歇蒸馏塔的软传感器	所开发的预估器在变化的回流比的情况下非常准确	[77]
FL	水泥抗压强度的预测	低于平均百分比误差 −2.69%	[81]
FL	大流域水土流失预测	容易判断水土流失	[116]
FL	混凝土性能预测	实验结果与 ANNs 和 FL 的结果吻合较好	[117]
FL	产品浓度预测	适合在线估算	[118]
GA	吸附和相平衡问题中的多参数预估	多目标优化的有效工具	[119]
GA	生物吸附参数预估	能够准确地找到最优参数预估	[95]
GA	液 - 液萃取柱中的预估	对模型参数敏感性的信息，提供有关解决方案	[91]
ES	疲劳寿命预测	提供适度和保守的预测	[85]

续表

算法	目标	亮点	参考文献
ES	物性预测	为属性预测提供专家咨询	[120]
ANN-FL	优化操作并提高 CO_2 工艺系统的效率	混杂模型将以高精度模拟实际过程	[18]
ANN/SVRGA	催化剂设计的建模和优化	从历史数据中学习过程知识	[121]
SVR-GA	压降预测	提高预测精度	[122]

ANNs 是化学工程中用作预估器的最常见算法。受生物神经元的启发，这些神经元可以学习复杂的非线性和多变量关系。ANNs 可以充当"黑匣子"，可以从一组输入数据中预测想要的输出。一般来说，ANNs 由一个输入层、一个或多个隐藏层和一个输出层组成，每一层都有神经元。可以通过计算网络权重和偏差来确定历史数据的输入和输出之间的关系，从而创建一个经过训练的神经网络，可以根据给定输入数据来预测输出。对于化学过程系统的预估和预测，已经报道了几种类型的 ANNs，例如前馈神经网络、递归神经网络和径向基函数神经网络。不同类型的 ANNs 的详细比较和描述可以参阅文献 [66] 和 [67]。训练数据的大小和质量，以及 ANNs 架构决定了模型的性能和准确性。没有唯一的方法可以获得最优的隐藏层数和每个隐藏层中的神经元数；通常为此需要使用试错法进行反复试验。该模型可以实现的泛化程度也是一个问题。例如，如果经过训练的 ANNs 可以完美地拟合训练数据集中的数据，但该方法在未见过的数据上预估和预测的性能很差，那么这通常表现为过度拟合。据报道，许多方法可以提高泛化能力并避免过度拟合，例如引导聚集神经网络[68-70]、正则化[71,72] 和基于早期终止的交叉验证等[73-75]。

支持向量回归（SVR）是一种基于支持向量机（SVM）的 ML 自适应方法[76]，也被广泛用作化学过程系统中的预估器。SVR"通过非线性映射将输入数据映射到更高维的特征空间，并在此特征空间中获得并解决线性回归问题"[76-78]。SVR 由保留的核函数生成，数据点与保留的核函数相关的称为支持向量（support vectors，SV）。支持向量的比例越小，解越普遍，求解一个新的未知对象所需的计算量就越少[77]。与 ANNs 相比，SVR 具有以下优点：回归函数的强泛化能力、解的鲁棒性、回归的稀疏性和解决方案复杂性的自动控制，以及数据点知识的提取等[76,79]。但是，在处理大量数据集时，SVR 算法仍受到可用硬件的速度和内存的限制[79]。

除了 ANNs 和 SVR 外，还研发了模糊逻辑、GAs 和 ESs 算法等，这些算法已成为不同化学过程系统的预测器或评估器。模糊逻辑是一种多值逻辑，不仅仅区分 TRUE 和 FALSE 值，还可以根据一组模糊规则将给定的输入数据集映射到输出上[67,80,81]。模糊逻辑可包括四个组件：模糊化、模糊规则库、模糊输出引擎和去模糊化。模糊化是将输入和输出转换为语言子集。模糊规则库是包括基于专家知识和 / 或可用数据来构建模糊 IF-THEN 规则。模糊输出引擎则是考虑了模糊规则库中的规则，并学习一组输入和输出之间的关系。最后，去模糊化是将模糊输出从输出引擎转换为数值[80,81]。模糊逻辑可以以一种比 ANNs 更符合人类思维的方式将输入与输出联系起来[81]。

专家系统是一种使用计算机来模拟人类专家的决策能力的 AI 方法。基于知识的 ESs 由两个子系统组成，知识库是事实和规则的集合，推理引擎可以根据知识库的内容预测结果[7,82]。在参考文献 [7] 和 [82-85] 中，可以找到将基于 ES 的预估器用于预测化学过程系统中的不同参数的各种应用。尽管有许多关于在化学工程中使用基于 ES 的预估器的报道，但可靠的 ES 构建起来既费时又昂贵，从而限制了该方法的使用[1]。

遗传算法于 20 世纪 70 年代由荷兰首次引入[86]。这种数值优化算法受到自然界遗传和进化机制的启发[87,88]，涉及初始种群生成、适应度评估以及选择、交叉和变异的遗传等操作[87]。可以在参考文献 [86-88] 中找到对 GA 的详细讨论。报告[87,89-97] 建议：GA 是预估化学工程参数和协助系统优化的有效工具。

由于基于 AI 的算法对于化学过程系统中的预估和预测非常有效，因此研究人员将算法组合在一起以增强其模型预测能力，并解决更复杂的问题。例如，ANN 和 SVM 通常与智能优化算法（如 GA、模拟退火和粒子群优化）集成，以改善宏观性能预测[98]。此外，其他算法的组合，如 ANN/SVR 与 FL、ANN/SVR 与 ES 或 FL 与 ES，也可以克服在化学过程系统中使用单一算法进行预估和预测所带来的缺陷。

14.4.2 基于 AI 的预估器的选择与应用

选择合适的算法是开发基于 AI 的化学工程预估和预测系统的关键步骤，因为其对预测精度和泛化能力有重大影响。如前所述，每种算法都有自己的优缺点，因此，没有一种算法可以适用于所有问题。表 14.2 简要地比较了化学工程中预估和预测的不同 AI 算法的优势和局限性。

表 14.2　化学工程中用于评估和预测的 AI 算法比较

算法	优点	局限
ANN	●适用于非线性系统 ●从历史数据中的学习能力 ●不需要行业专家来学习输入和输出之间的关系 ●训练 ANNs 模型很快	●ANN 模型的性能很大程度上取决于训练数据的大小和质量 ●可能需要反复试验来确定 ANNs 的最佳结构
SVR	●具有高泛化能力 ●对输入噪声不太敏感	●具有对大型训练集的高计算量要求
FL	●易于设计和实施 ●可以处理不精确和不完整的数据 ●提供输入和输出之间关系的知识	●受规则和隶属函数影响 ●预测精度较低
GA	●从提供几种可行的解决方案中选择最佳方案 ●不需要了解问题 ●可以处理离散和连续变量	●耗时 ●对输入参数敏感 ●复杂且难以构建 GA 模型
ES	●能够从详细的过程知识预测结果 ●在专家系统之间快速轻松地交换知识	●建立知识库成本高昂且复杂 ●知识库的扩展取决于专家的可用性
组合算法	●可以克服用于预估和预测的单一算法的缺陷 ●提高预测精度 ●适用于复杂而独特的过程	●需要了解不同的算法特点，才能实施 ●构建混杂模型既复杂又耗时

图 14.6 显示了开发基于 AI 的化学工程中预估器的简单工作流程，可以为研究人员在化学工程中应用 AI 算法进行预估和预测提供基本指导。

使用 AI 可以预测与化学工程和化学相关的不同性质。Ghiasi 和 Mohammadi[123] 使用最小二乘支持向量机，在单乙醇胺（monoethanolamine，MEA）、二乙醇胺（diethanolamine，

DEA）和三乙醇胺（triethano amine，TEA）水溶液的不同醇胺浓度和不同温度下，在很宽的 CO_2 分压范围内，对平衡 CO_2 吸收进行了建模和预测。他们报道的所有研究系统的测定系数均为 0.98，绝对平均相对偏差百分比（absolute average relative deviation per cent，%AARD）小于 6.5%。Norouzbahari 等人[124] 使用 ANNs 预测了 CO_2、哌嗪和 H_2O 三元溶液的 CO_2 负荷。他们从现有文献中收集了所需的实验数据，报道了训练、测试和所有数据集的高决定系数值。Afkhamipour 等人[125] 使用 ANNs 预测了 CO_2 吸收过程的不同胺溶液的常用热容。他们将胺的热容视为系统温度、溶剂浓度、CO_2 负载量和溶剂分子量的函数。报告显示，所研究的 47 种胺溶液体系的 ANN 模型结果与 CP 实验数据之间的 AARD 为 4.3%。对于常规胺，与实验数据相比，ANN 模型和热力学模型的 AARD 分别为 0.59% 和 0.57%。Borhani 等[23] 使用了 MEA 溶液中 CO_2 分压的实验数据和从 Aspen Plus 中提取的 k 值数据，并使用 GA 结合 MLR 预测了这些特性，然后将该等式应用于旋转填充床解吸塔的过程建模。

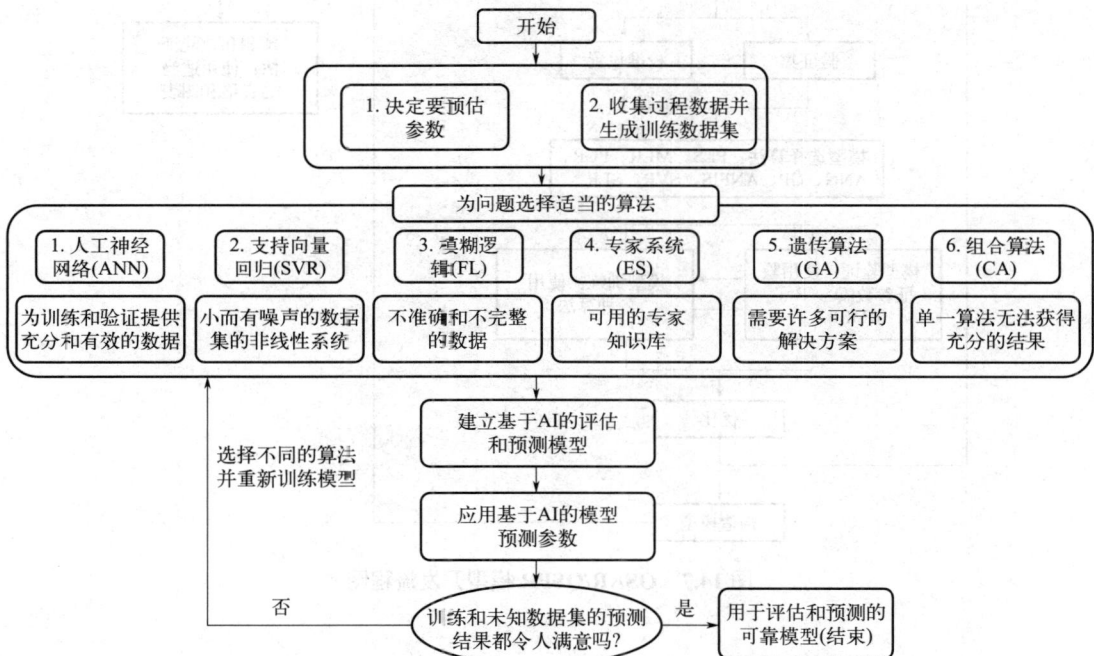

图 14.6　在化学工程中应用 AI 法进行评估和预测的工作流程

AI 最近的一个重要应用是化学计量学方面的研究。Hansch、Fujita 及其同事提出并开发的定量结构 - 性质 / 活性关系[126, 127]，表达了材料的分子结构特征（描述符）与其性质 / 活性之间的联系。QSPR/QSAR 研究中的建模（回归）方法不同于如 MLR、偏最小二乘回归、主成分回归等线性技术[128]，以及诸如 ML 技术 ANNs、遗传编程、SVM 和自适应神经模糊推理系统等非线性技术[129, 130]。在 QSPR 研究中，尤其是在使用 MLR 时，在描述符选择中使用了不同类型的经典算法，如正向逐步选择法、进化法或元启发式算法，包括 GA、PSO、SA 和蚁群算法等均已被用于描述符选择，以减少描述符的数量，并对所研究属性进行预测时保持最有影响力的描述符[131]。使用该方法可以预估不同类型的属性[132]。开发的模型可以用于其他类型的建模；QSAR/QSPR 方法的一般流程图如图 14.7 所示。

```
                        ┌──────────────┐
                        │   数据采集    │
                        └──────┬───────┘
               ┌───────────────┴───────────────┐
        ┌──────┴──────┐                  ┌──────┴──────┐
        │  性质/活性   │                  │   描述符    │
        └──────┬──────┘                  └──────┬──────┘
               └───────────────┬───────────────┘
          ╔═════════════════════════════════════════════╗
          ║              ┌──────────────┐                ║
          ║              │  异常值检测   │                ║
          ║              └──────┬───────┘                ║
          ║  ┌──────────────────────────────────────┐    ║
          ║  │ 数据筛选：(i)算法(例如GA、PSO、正向逐步选择); │  ║
          ║  │ (ii)滤波方法(例如PCA、Fisher)          │    ║
          ║  │ (iii)包装方法(例如kNN、RM)              │    ║
          ║  └──────────────────────────────────────┘    ║
          ║              ┌──────────────┐                ║
          ║              │   数据分割    │                ║
          ║              └──────┬───────┘                ║
          ╚═════════════════════════════════════════════╝
```

图 14.7 中各框：数据采集 → 性质/活性、描述符 → 异常值检测 → 数据筛选：(i)算法(例如GA、PSO、正向逐步选择)；(ii)滤波方法(例如PCA、Fisher)；(iii)包装方法(例如kNN、RM) → 数据分割 → 训练集、测试集；训练集 → 验证集、校准设置 → 模型选择算法：PLS、MLR、PCR、ANN、GP、ANFIS、SVR、SLR… → 模型验证：使用验证参数(Q^2、R^2、RMSE…)、模型训练：使用各种算法 → 优化 → 构造模型；测试集 → 预测和效能评估：使用适当的表格和图表。

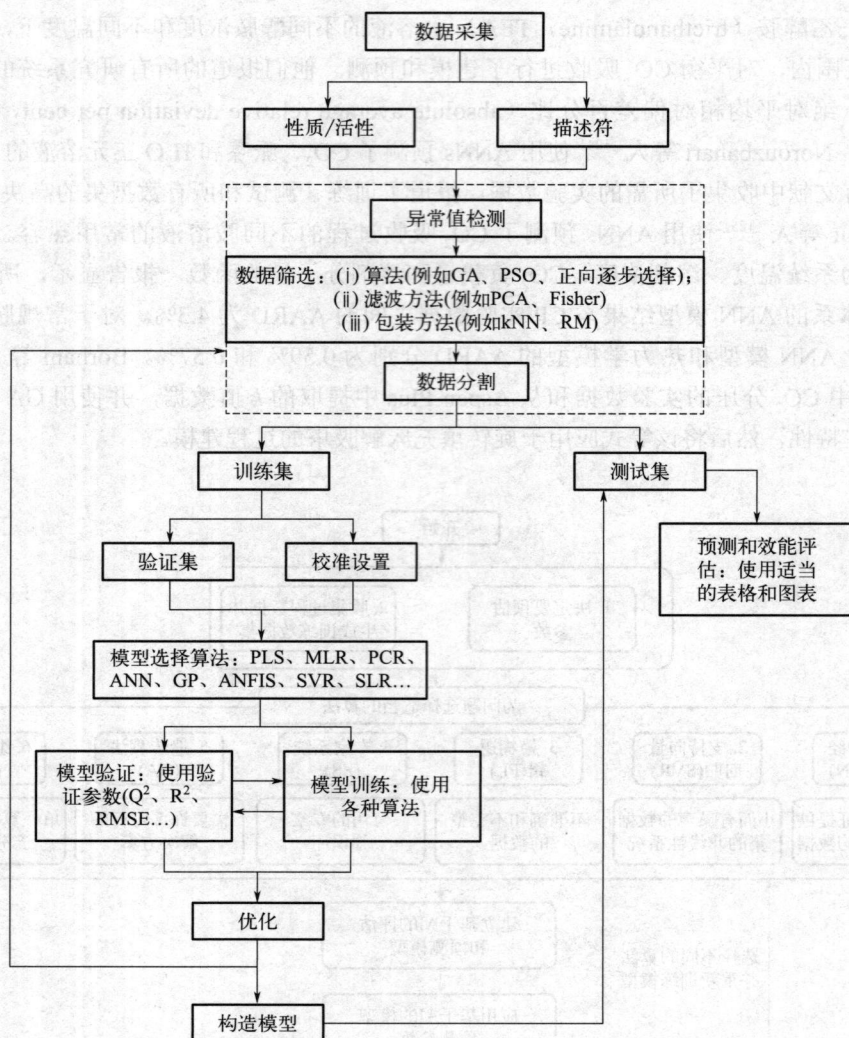

图 14.7 QSAR/QSPR 模型开发流程图

14.5 未来趋势和展望

材料开发、工艺评估和故障预测是未来几年 AI 最容易获胜的三个领域[1]。深度和卷积神经网络是目前最受欢迎的 ANN 形式；然而，人们正在更详细地探索混杂模型，即将多种类型的 AI 一起使用，或者将 AI 与第一性原理知识相结合。不难想象，尽管目前人们对神经网络和 AI 普遍感兴趣，但 AI 可能会再次从投资者的关注点中消失（请注意前两次的"AI 的寒冬"[133]），或者目前备受青睐的 ANNs 会被一种新的 AI 所取代，新一代的 AI 有望实现更大的目标。至少对于化学工程来说，AI 还有很多未开发的潜力有待探索，毫无疑问，未来还有更多引人入胜的发展。

AI 最后一个开始改变的方面是其模型本身的可解释性。公众、利益相关者或流程工厂管理者不再接受 AI 是一个不加解释就给出答案的黑盒子；这会降低对模型及其结果的信任。因此，未来的 AI 模型将能够解释其决策和思维处理步骤。目前可用的 AI 解释方法包括 LBP[134]、SHAP[135]、DeepLIFT[136] 和 LIME 等[137]。模型的可解释性不应被低估为一项容易实现的成就，因为 AI 模型没有建立（或者更确切地说，基础数学没有建立）用来输出思维处理步骤。即使是在围棋比赛中击败世界冠军的 AlphaGo 程序，也曾下过前所未见、看似错误的走法，但最终却帮助 AlphaGo 程序击败了人类对手[138]。对于 ML 在化学工程中的应用，重要的是，我们必须生成可解释和可诠释的模型，以便控制器、建模者或操作员能够理解其如何做出决策，从而对其进行验证、检查和确认。所有这一切都需要呈现在投资者面前，使得公司愿意为 AI 在化学工程中的广泛应用提供资金。而一旦公司愿意这样做的话，就可以期望降低运营和维护的成本，并提高工艺安全性和可靠性。

参 考 文 献

[1] V. Venkatasubramanian, The promise of artificial intelligence in chemical engineering: Is it here, finally?, *AIChE J.*, 2019, **65**, 466-478.

[2] A. Duckett, BP invests in AI to accelerate upstream projects-News-The Chemical Engineer, https://www.thechemicalengineer.com/news/bpinvests-in-ai-to-accelerate-upstream-projects/, (accessed 18 September 2019).

[3] A. Jasi, Exxon partners with IBM to advance quantum computing-News-The Chemical Engineer, https://www.thechemicalengineer.com/news/exxon-partners-with-ibm-to-advance-quantum-computing/, (accessed 18 September 2019).

[4] A. Duckett, Initiative seeks to unlock potential of health and safety data-News-The Chemical Engineer, https://www.thechemicalengineer.com/news/initiative-seeks-to-unlock-potential-of-health-and-safetydata/, (accessed 18 September 2019).

[5] T. Kellner, *GE And BP Will Expand The Digital Oilfield-GE Reports*, https://www.ge.com/reports/post/123572457345/deep-machinelearning-ge-and-bp-will-connect-2/, (accessed 18 September 2019).

[6] J. Koumoutsakis, Data is Best-Features-The Chemical Engineer, https://www.thechemicalengineer.com/features/data-is-best/, (accessed 18 September 2019).

[7] R. Bañares-Alcántara, A. W. Westerberg and M. D. Rychener, Development of an expert system for physical property predictions, *Comput. Chem. Eng.*, 1985, **9**, 127-142.

[8] R. Bañares-Alcántara, A. W. Westerberg, E. I. Ko and M. D. Rychener, Decade—A hybrid expert system for catalyst selection—I. Expert system consideration, *Comput. Chem. Eng.*, 1987, **11**, 265-277.

[9] J. Valadi and P. Siarry, *Applications of Metaheuristics in Process Engineering*, Springer International Publishing, 2014.

[10] G. P. Rangaiah, *Multi-objective Optimization in Chemical Engineering: Developments and Applications*, John Wiley & Sons, 2013.

[11] Y. Chetouani, Using Artificial Neural networks for the modelling of a distillation column, *Int. J. Comput. Sci. Appl.*, 2007, **4**, 119-133.

[12] M. Khayet and C. Cojocaru, Artificial neural network modeling and optimization of desalination by air gap membrane distillation, *Sep. Purif. Technol.*, 2012, **86**, 171-182.

[13] L. M. Ochoa-Estopier, M. Jobson and R. Smith, Operational optimization of crude oil distillation systems using artificial neural networks, *Comput. Chem. Eng.*, 2013, **59**, 178-185.

[14] F. N. Osuolale and J. Zhang, Energy efficiency optimisation for distillation column using artificial neural network models, *Energy*, 2016, **106**, 562-578.

[15] T. N. Borhani and M. Wang, Role of solvents in CO_2 capture processes: the review of selection and design methods, *Renewable Sustainable Energy Rev.*, 2019, **114**, 109299.

[16] T. N. Borhani, A. Azarpour, V. Akbari, S. R. Wan Alwi and Z. A. Manan, CO_2 capture with potassium carbonate solutions: A state-of-the-art review, *Int. J. Greenhouse Gas Control*, 2015, **41**, 142-162.

[17] T. N. Borhani, E. Oko and M. Wang, Process modelling and analysis of intensified CO_2 capture using monoethanolamine (MEA) in rotating packed bed absorber, *J. Cleaner Prod.*, 2018, DOI: 10.1016/j.jclepro.2018.09.089.

[18] Q. Zhou, C. W. Chan, P. Tontiwachwuthikul, R. Idem and D. Gelowitz, Application of neuro-fuzzy modeling technique for operational problem solving in a CO_2 capture process system, *Int. J. Greenhouse Gas Control*, 2013, **15**, 32-41.

[19] A. Hafizi, M. Koolivand-Salooki, A. Janghorbani, A. Ahmadpour and M. H. Moradi, An Investigation of Artificial Intelligence Methodologies in the Prediction of the Dirty Amine Flow Rate of a Gas Sweetening Absorption Column, *Pet. Sci. Technol.*, 2014, **32**, 527-534.

[20] S. Mohammadzadeh, H. Zargari and M. A. Ghayyem, The Application of Intelligent Computation (Artificial Neural Network—ANN) Prediction of Sweet Gas Concentration in a Gas Absorption Column, *Energy Sources, Part A*, 2015, **37**, 485-493.

[21] P. Cozma, E. N. Drăgoi, I. Mămăligă, S. Curteanu, W. Wukovits, A. Friedl and M. Gavrilescu, Modelling and optimization of CO_2 absorption in pneumatic contactors using artificial neural networks developed with clonal selection-based algorithm, *Int. J. Nonlinear Sci. Numer. Simul.*, 2015, **16**, 97-110.

[22] Z. Ahmad, J. Zhang, T. Kashiwao and A. Bahadori, Prediction of absorption and stripping factors in natural gas processing industries using feedforward artificial neural network, *Pet. Sci. Technol.*, 2016, **34**, 105-113.

[23] T. N. Borhani, E. Oko and M. Wang, Process modelling, validation and analysis of rotating packed bed stripper in the context of intensified CO_2 capture with MEA, *J. Ind. Eng. Chem.*, 2019, DOI: 10.1016/ j.jiec.2019.03.040.

[24] E. Salehi, J. Abdi and M. H. Aliei, Assessment of Cu (II) adsorption from water on modified membrane adsorbents using LS-SVM intelligent approach, *J. Saudi Chem. Soc.*, 2016, **20**, 213-219.

[25] M. Fawzy, M. Nasr, S. Adel, H. Nagy and S. Helmi, Environmental approach and artificial intelligence for Ni (II) and Cd (II) biosorption from aqueous solution using Typha domingensis biomass, *Ecol. Eng.*, 2016, **95**, 743-752.

[26] A. M. Ghaedi and A. Vafaei, Applications of artificial neural networks for adsorption removal of dyes from aqueous solution: A review, *Adv. Colloid Interface Sci.*, 2017, **245**, 20-39.

[27] H. Mazaheri, M. Ghaedi, M. H. Ahmadi Azqhandi and A. Asfaram, Application of machine/statistical learning{,} artificial intelligence and statistical experimental design for the modeling and optimization of methylene blue and Cd (II) removal from a binary aqueous solution by natural walnut carbon, *Phys. Chem. Chem. Phys.*, 2017, **19**, 11299-11317.

[28] M. G. Alalm and M. Nasr, Artificial intelligence, regression model, and cost estimation for removal of chlorothalonil pesticide by activated carbon prepared from casuarina charcoal, *Sustainable Environ. Res.*, 2018, **28**, 101-110.

[29] A. S. Mahmoud, M. K. Mostafa and M. Nasr, Regression model, artificial intelligence, and cost estimation for

phosphate adsorption using encapsulated nanoscale zero-valent iron, *Sep. Sci. Technol.*, 2019, 54, 13-26.

[30] A. Azarpour, T. N. G. Borhani, S. R. Wan Alwi, Z. A. Manan and M. I. Abdul Mutalib, A generic hybrid model development for process analysis of industrial fixed-bed catalytic reactors, *Chem. Eng. Res. Des.*, 2017, **117**, 149-167.

[31] C. Joshi and R. S. Singhal, Zeaxanthin production by Paracoccus zeaxanthinifaciens ATCC 21588 in a lab-scale bubble column reactor: Artificial intelligence modelling for determination of optimal operational parameters and energy requirements, *Korean. J. Chem. Eng.*, 2018, **35**, 195-203.

[32] W. Zhu, Y. Ma, M. G. Benton, J. A. Romagnoli and Y. Zhan, Deep learning for pyrolysis reactor monitoring: From thermal imaging toward smart monitoring system, *AIChE J.*, 2019, **65**, 582-591.

[33] D. S. Lee, C. O. Jeon, J. M. Park and K. S. Chang, Hybrid neural network modeling of a full-scale industrial wastewater treatment process, *Biotechnol. Bioeng.*, 2002, **78**, 670-682.

[34] Y. Tunckaya and E. Koklukaya, Comparative analysis and prediction study for effluent gas emissions in a coal-fired thermal power plant using artificial intelligence and statistical tools, *J. Energy Inst.*, 2015, **88**, 118-125.

[35] V. Nourani, G. Elkiran and S. I. Abba, Wastewater treatment plant performance analysis using artificial intelligence-an ensemble approach, *Water Sci. Technol.*, 2018, **78**, 2064-2076.

[36] S. M. Zahraee, M. K. Assadi and R. Saidur, Application of Artificial Intelligence Methods for Hybrid Energy System Optimization, *Renewable Sustainable Energy Rev.*, 2016, **66**, 617-630.

[37] S. K. Jha, J. Bilalovic, A. Jha, N. Patel and H. Zhang, Renewable energy: Present research and future scope of Artificial Intelligence, *Renewable Sustainable Energy Rev.*, 2017, **77**, 297-317.

[38] M. Sharifzadeh, A. Sikinioti-Lock and N. Shah, Machine-learning methods for integrated renewable power generation: A comparative study of artificial neural networks, support vector regression, and Gaussian Process Regression, *Renewable Sustainable Energy Rev.*, 2019, **108**, 513-538.

[39] D. Dougherty and D. Cooper, A practical multiple model adaptive strategy for single-loop MPC, *Control Eng. Pract.*, 2003, **11**, 141-159.

[40] A. Abdelkarim, K. Jouili and N. B. Braiek, *Studies in Computational Intelligence*, Springer, Cham, **vol. 635, 2016**, pp. 655-668.

[41] C. R. Porfírio, E. Almeida Neto and D. Odloak, Multi-model predictive control of an industrial C3/C4 splitter, Control Eng. Pract., 2003, **11**, 765-779.

[42] L. Özkan, M. V. Kothare and C. Georgakis, Control of a solution copolymerization reactor using multi-model predictive control, *Chem. Eng. Sci.*, 2003, **58**, 1207-1221.

[43] N. Bhat and T. J. McAvoy, Use of neural nets for dynamic modeling and control of chemical process systems, Comput. Chem. Eng., 1990, **14**, 573-582.

[44] J. Savkovic-Stevanovic, Neural net controller by inverse modeling for a distillation plant, *Comput. Chem. Eng.*, 1996, 20, S925-S930.

[45] S. Ramchandran and R. R. Rhinehart, A very simple structure for neural network control of distillation, *J. Process Control*, 1995, **5**, 115-128.

[46] K. J. Hunt, D. Sbarbaro, R. Żbikowski and P. J. Gawthrop, Neural networks for control systems—A survey, *Automatica*, 1992, **28**, 1083-1112.

[47] A. Rani, V. Singh and J. R. P. Gupta, Development of soft sensor for neural network based control of distillation column, *ISA Trans.*, 2013, **52**, 438-449.

［48］ L. Fortuna, *Soft Sensors for Monitoring and Control of Industrial Processes*, Springer, 2007.

［49］ X. Liang, Y. Li, X. Wu, J. Shen and L. Pan, in *2018 IEEE Conference on Control Technology and Applications* （*CCTA*）, IEEE, 2018, pp. 1002-1007.

［50］ J. C. B. Gonzaga, L. A. Meleiro, C. Kiang and R. Maciel Filho, ANN-based soft-sensor for real-time process monitoring and control of an industrial polymerization process, *Comput. Chem. Eng.*, 2009, **33**, 43-49.

［51］ D. Osorio, J. Ricardo Pérez-Correa, E. Agosin and M. Cabrera, Softsensor for on-line estimation of ethanol concentrations in wine stills, *J. Food Eng.*, 2008, **87**, 571-577.

［52］ H. Kaneko and K. Funatsu, Adaptive soft sensor based on online support vector regression and Bayesian ensemble learning for various states in chemical plants, *Chemom. Intell. Lab. Syst.*, 2014, **137**, 57-66.

［53］ P. Sagmeister, P. Wechselberger, M. Jazini, A. Meitz, T. Langemann and C. Herwig, Soft sensor assisted dynamic bioprocess control：Efficient tools for bioprocess development, *Chem. Eng. Sci.*, 2013, **96**, 190-198.

［54］ E. C. Rivera, D. I. P. Atala, F. M. Filho, A. Carvalho da Costa and R. M. Filho, Development of real-time state estimators for reaction-separation processes：A continuous flash fermentation as a study case, *Chem. Eng. Process. Process Intensif.*, 2010, **49**, 402-409.

［55］ B. Lu and L. Chiang, Semi-supervised online soft sensor maintenance experiences in the chemical industry, *J. Process Control*, 2018, **67**, 23-34.

［56］ D. Amodei, C. Olah, J. Steinhardt, P. Christiano, J. Schulman and D. Mané, Concrete Problems in AI Safety, arXiv 2016, Retrieved from arXiv：1606.06565.

［57］ N. Sahebjamnia, R. Tavakkoli-Moghaddam and N. Ghorbani, Designing a fuzzy Q-learning multi-agent quality control system for a continuous chemical production line-A case study, *Comput. Ind. Eng.*, 2016, **93**, 215-226.

［58］ B. Recht, A Tour of Reinforcement Learning：The View from Continuous Control, *Annu. Rev. Control. Robot. Auton. Syst.*, 2019, **2**, 253-279.

［59］ S. P. K. Spielberg, R. B. Gopaluni and P. D. Loewen, in *2017 6th International Symposium on Advanced Control of Industrial Processes* （*Ad-CONIP*）, IEEE, 2017, pp. 201-206.

［60］ K. R. Varshney and H. Alemzadeh, On the Safety of Machine Learning：Cyber-Physical Systems, Decision Sciences, and Data Products, *Big Data*, 2017, **5**, 246-255.

［61］ T. P. Lillicrap, J. J. Hunt, A. Pritzel, N. Heess, T. Erez, Y. Tassa, D. Silver and D. Wierstra, Continuous control with deep reinforcement learning, arXiv, Retrieved from arXiv：1509.02971, 2015.

［62］ N. Gautier, J.-L. Aider, T. Duriez, B. R. Noack, M. Segond and M. Abel, Closed-loop separation control using machine learning, *J. Fluid Mech.*, 2015, **770**, 442-457.

［63］ S. N. Deepa and I. Baranilingesan, Optimized deep learning neural network predictive controller for continuous stirred tank reactor, *Comput. Electr. Eng.*, 2018, **71**, 782-797.

［64］ J. Chen and T.-C. Huang, Applying neural networks to on-line updated PID controllers for nonlinear process control, *J. Process Control*, 2004, **14**, 211-230.

［65］ J. I. Chowdhury, D. Thornhill, P. Soulatiantork, Y. Hu, N. Balta-Ozkan, L. Varga and B. K. Nguyen, Control of Supercritical Organic Rankine Cycle based Waste Heat Recovery System Using Conventional and Fuzzy Self-tuned PID Controllers, *Int. J. Control. Autom. Syst.*, 2019, 1-13.

［66］ I. N. da Silva, D. H. Spatti, R. A. Flauzino, L. H. B. Liboni and S. F. dos Reis Alves, *Artificial neural networks：A practical course*, Springer, 2016.

［67］ J. Mohd Ali, M. A. Hussain, M. O. Tade and J. Zhang, Artificial Intelligence techniques applied as estimator in chemical process systems-A literature survey, *Expert Syst. Appl.*, 2015, **42**, 5915-5931.

[68] J. Zhang, Developing robust non-linear models through bootstrap aggregated neural networks, *Neurocomputing*, 1999, **25**, 93-113.

[69] J. Zhang, E. B. Martin', A. J. Morris and C. Kiparissides, , Inferential Estimation of Polymer Quality Using Stacked Neural Networks, *Comput. Chem. Eng.*, 1997, **vol. 21**, S1025-S1030.

[70] F. Li, J. Zhang, E. Oko and M. Wang, Modelling of a post-combustion CO_2 capture process using neural networks, *Fuel*, 2015, **151**, 156-163.

[71] K. Hagiwara and K. Kuno, Regularization learning and early stopping in *linear networks,Proceedings of the International Joint Conference on Neural Networks*, IEEE, **vol. 4**, 2000, pp. 511-516.

[72] S. Mc Loone and G. Irwin, Improving neural network training solutions using regularisation, *Neurocomputing*, 2001, **37**, 71-90.

[73] K. M. T. Q. Zhu, J. M. Jones and A. Williams, The predictions of coalchar combustion rate using an artificial neural, *Fuel*, 1999, **78**, 1755-1762.

[74] J. Behler, Neural network potential-energy surfaces for atomistic simulations, *Chem. Modell.*, 2010, 1-41.

[75] P. M. Granitto, P. F. Verdes and H. A. Ceccatto, Neural network ensembles: Evaluation of aggregation algorithms, *Artif. Intell.*, 2005, **163**, 139-162.

[76] K. Desai, Y. Badhe, S. S. Tambe and B. D. Kulkarni, Soft-sensor development for fed-batch bioreactors using support vector regression, *Biochem. Eng. J.*, 2006, **27**, 225-239.

[77] P. Jain, I. Rahman and B. D. Kulkarni, Development of a soft sensor for a batch distillation column using support vector regression techniques, *Chem. Eng. Res. Des.*, 2007, **85**, 283-287.

[78] E. Skouras, S. Pavlov, H. Bendella and D. N. Angelov, Support Vector Method for Function Approximation, Regression Estimation and Signal Processing Advances in Neural Information Processing Systems, 1997.

[79] R. F. Chevalier, G. Hoogenboom, R. W. McClendon and J. A. Paz, Support vector regression with reduced training sets for air temperature prediction: A comparison with artificial neural networks, *Neural Comput. Appl.*, 2011, **20**, 151-159.

[80] M.Ö zger and Z. S-en, Prediction of wave parameters by using fuzzy logic approach, *Ocean Eng.*, 2007, **34**, 460-469.

[81] S. Akkurt, G. Tayfur and S. Can, Fuzzy logic model for the prediction of cement compressive strength, *Cem. Concr. Res.*, 2004, **34**, 1429-1433.

[82] X. Ju, F. Wang, Y. Liu and L. Cai, Application on expert system to predict the effect of fracturing measures, *Advanced Materials Research*, **vol 616-618**, 2013, pp. 1033-1037.

[83] J. Gasteiger, M. G. Hutchings, B. Christoph, L. Gann, C. Hiller, P. Löw, M. Marsili, H. Saller and K. Yuki, A new treatment of chemical reactivity: Development of EROS, an expert system for reaction prediction and synthesis design, *Top. Curr. Chem.*, 1987, **137**, 19-73.

[84] R. Gupta, M. A. Kewalramani and A. Goel, Prediction of Concrete Strength Using Neural-Expert System, *J. Mater. Civ. Eng.*, 2006, **18**, 462-466.

[85] Y. H. Kim, J. H. Song and J. H. Park, An expert system for fatigue life prediction under variable loading, *Expert Syst. Appl.*, 2009, **36**, 4996-5008.

[86] J. H. Holland, *Adaptation in Natural and Artificial Systems: An Introductory Analysis with Applications to Biology, Control, and Artificial Intelligence*, MIT Press, 1992.

[87] M. Mansour, A Genetic Algorithm identification technique for the estimation of process derivatives and model parameters in on-line optimization, *5th International Conference on Systems and Control* (*ICSC*), IEEE, 2016, pp. 120-125.

[88] D. E. Goldberg and J. H. Holland, Genetic Algorithms and Machine Learning, *Mach. Learn.*, 1988, **3**, 95-99.

[89] R. B. Kasat and S. K. Gupta, Multi-objective optimization of an industrial fluidized-bed catalytic cracking unit (FCCU) using genetic algorithm (GA) with the jumping genes operator, *Comput. Chem. Eng.*, 2003, **27**, 1785-1800.

[90] S. V. Inamdar, S. K. Gupta and D. N. Saraf, Multi-objective Optimization of an Industrial Crude Distillation Unit Using the Elitist Non-Dominated Sorting Genetic Algorithm, *Chem. Eng. Res. Des.*, 2004, **82**, 611-623.

[91] A. Hasseine, A. H. Meniai, M. Korichi, M. B. Lehocine and H. J. Bart, A genetic algorithm based approach to coalescence parameters: Estimation in liquid-liquid extraction columns, *Chem. Eng. Technol.*, 2006, **29**, 1416-1423.

[92] S. K. Gupta and M. Ramteke, Applications of genetic algorithms in chemical engineering II: Case studies, Applications of Metaheuristics in Process Engineering, Springer International Publishing, *Cham*, 2014, pp. 61-87.

[93] M. J. Azarhoosh, H. A. Ebrahim and S. H. Pourtarah, Simulating and Optimizing Auto-Thermal Reforming of Methane to Synthesis Gas Using a Non-Dominated Sorting Genetic Algorithm II Method, *Chem. Eng. Commun.*, 2016, **203**, 53-63.

[94] V. H. Alvarez, R. Larico, Y. Ianos and M. Aznar, Parameter estimation for VLE calculation by global minimization: the genetic algorithm, *Braz. J. Chem. Eng.*, 2008, **25**, 409-418.

[95] K. H. Chu, X. Feng, E. Y. Kim and Y.-T. Hung, Biosorption Parameter Estimation with Genetic Algorithm, *Water*, 2011, **3**, 177-195.

[96] K. Deb, A. Pratap, S. Agarwal and T. Meyarivan, A fast and elitist multiobjective genetic algorithm: NSGA-II, *IEEE Trans. Evol. Comput.*, 2002, **6**, 182-197.

[97] M. C. A. F. Rezende, C. B. B. Costa, A. C. Costa, M. R. W. Maciel and R. M. Filho, Optimization of a large scale industrial reactor by genetic algorithms, *Chem. Eng. Sci.*, 2008, **63**, 330-341.

[98] Y. Liu, T. Zhao, W. Ju and S. Shi, Materials discovery and design using machine learning, *J. Mater.*, 2017, **3**, 159-177.

[99] J. Krzywanski, T. Czakiert, A. Blaszczuk, R. Rajczyk, W. Muskala and W. Nowak, A generalized model of SO_2 emissions from large-and smallscale CFB boilers by artificial neural network approach Part 2. SO_2 emissions from large-and pilot-scale CFB boilers in O_2/N_2, O_2/CO_2 and O_2/RFG combustion atmospheres, *Fuel Process. Technol.*, 2015, **139**, 73-85.

[100] T. Abbas, M. M. Awais and F. C. Lockwood, An artificial intelligence treatment of devolatilization for pulverized coal and biomass in cofired flames, *Combust. Flame*, 2003, **132**, 305-318.

[101] Z. Yildiz, H. Uzun, S. Ceylan and Y. Topcu, Application of artificial neural networks to co-combustion of hazelnut husk-lignite coal blends, *Bioresour. Technol.*, 2016, 200, **42**-47.

[102] S. Sunphorka, B. Chalermsinsuwan and P. Piumsomboon, Artificial neural network model for the prediction of kinetic parameters of biomass pyrolysis from its constituents, *Fuel*, 2017, **193**, 142-158.

[103] K. Luo, J. Xing, Y. Bai and J. Fan, Prediction of product distributions in coal devolatilization by an artificial neural network model, *Combust. Flame*, 2018, **193**, 283-294.

[104] Ö. Çepelioğullar, _I. Mutlu, S. Yaman and H. Haykiri-Acma, A study to predict pyrolytic behaviors of refuse-derived fuel (RDF): Artificial neural network application, *J. Anal. Appl. Pyrolysis*, 2016, **122**, 84-94.

[105] R. Mikulandrić, D. Lončar, D. Böhning, R. Böhme and M. Beckmann, Artificial neural network modelling approach for a biomass gasification process in fixed bed gasifiers, *Energy Convers. Manage.*, 2014, **87**, 1210-1223.

[106] N. Sipöcz, F. A. Tobiesen and M. Assadi, The use of Artificial Neural Network models for CO_2 capture plants, *Appl. Energy*, 2011, 88, 2368-2376.

[107] M. Asadi-Eydivand, M. Solati-Hashjin, A. Farzadi and N. A. A. Osman, Artificial neural network approach to estimate the composition of chemically synthesized biphasic calcium phosphate powders, *Ceram. Int.*, 2014, **40**, 12439-12448.

[108] J. Zhang, Inferential estimation of polymer quality using bootstrap aggregated neural networks, *Neural Networks*, 1999, 12, 927-938.

[109] M. A. Duchesne, A. MacChi, D. Y. Lu, R. W. Hughes, D. McCalden and E. J. Anthony, in Fuel Processing Technology, *Elsevier*, **vol. 91**, 2010, pp. 831-836.

[110] A. M. Hassan, A. Alrashdan, M. T. Hayajneh and A. T. Mayyas, Prediction of density, porosity and hardness in aluminum-copper-based composite materials using artificial neural network, *J. Mater. Process. Technol.*, 2009, **209**, 894-899.

[111] J. Krzywanski and W. Nowak, Modeling of heat transfer coefficient in the furnace of CFB boilers by artificial neural network approach, *Int. J. Heat Mass Transf.*, 2012, **55**, 4246-4253.

[112] F. S. Mjalli, S. Al-Asheh and H. E. Alfadala, Use of artificial neural network black-box modeling for the prediction of wastewater treatment plants performance, *J. Environ. Manage.*, 2007, **83**, 329-338.

[113] R. Sharma, D. Singhal, R. Ghosh and A. Dwivedi, Potential applications of artificial neural networks to thermodynamics: vapor-liquid equilibrium predictions, *Comput. Chem. Eng.*, 1999, **23**, 385-390.

[114] A. B. Gandhi, J. B. Joshi, V. K. Jayaraman and B. D. Kulkarni, Development of support vector regression (SVR)-based correlation for prediction of overall gas hold-up in bubble column reactors for various gas-liquid systems, *Chem. Eng. Sci.*, 2007, **62**, 7078-7089.

[115] A. Shirzad, M. Tabesh and R. Farmani, A comparison between performance of support vector regression and artificial neural network in prediction of pipe burst rate in water distribution networks, *KSCE J. Civ. Eng.*, 2014, **18**, 941-948.

[116] B. Mitra, H. D. Scott, J. C. Dixon and J. M. McKimmey, Applications of fuzzy logic to the prediction of soil erosion in a large watershed, *Geoderma*, 1998, **86**, 183-209.

[117] I. B. Topçu and M. Saridemir, Prediction of rubberized concrete properties using artificial neural network and fuzzy logic, *Constr. Build. Mater.*, 2008, **22**, 532-540.

[118] P. R. Patnaik, Application of fuzzy logic for state estimation of a microbial fermentation with dual inhibition and variable product kinetics, Food Bioprod. Process. *Trans. Inst. Chem. Eng. Part C*, 1997, **75**, 239-246.

[119] P. K. Kundu, A. Elkamel, F. M. Vargas and M. U. Farooq, Genetic algorithm for multi-parameter estimation in sorption and phase equilibria problems, *Chem. Eng. Commun.*, 2018, **205**, 338-349.

[120] R. Bañares-Alcántara, A. W. Westerberg and M. D. Rychener, Development of an expert system for physical property predictions, *Comput. Chem. Eng.* 1985, **9**, 127-142.

[121] S. Nandi, Y. Badhe, J. Lonari, U. Sridevi, B. S. Rao, S. S. Tambe and B. D. Kulkarni, Hybrid process modeling and optimization strategies integrating neural networks/support vector regression and genetic algorithms: study of benzene isopropylation on Hbeta catalyst, *Chem. Eng. J.*, 2004, **97**, 115-129.

[122] S. K. Lahiri and K. C. Ghanta, Prediction of Pressure Drop of Slurry Flow in Pipeline by Hybrid Support Vector

Regression and Genetic Algorithm Model, *Chinese J. Chem. Eng.*, 2008, **16**, 841-848.

[123] M. M. Ghiasi and A. H. Mohammadi, Rigorous modeling of CO_2 equilibrium absorption in MEA, DEA, and TEA aqueous solutions, *J. Nat. Gas Sci. Eng.*, 2014, **18**, 39-46.

[124] S. Norouzbahari, S. Shahhosseini and A. Ghaemi, Modeling of CO_2 loading in aqueous solutions of piperazine: Application of an enhanced artificial neural network algorithm, *J. Nat. Gas Sci. Eng.*, 2015, **24**, 18-25.

[125] M. Afkhamipour, M. Mofarahi, T. N. G. Borhani and M. Zanganeh, Prediction of heat capacity of amine solutions using artificial neural network and thermodynamic models for CO_2 capture processes, *Heat Mass Transf.*, 2018, DOI: 10.1007/s00231-017-2189-y.

[126] C. Hansch, P. P. Maloney, T. Fujita and R. M. Muir, Correlation of Biological Activity of Phenoxyacetic Acids with Hammett Substituent Constants and Partition Coefficients, *Nature*, 1962, **194**, 178-180.

[127] T. Fujita, J. Iwasa and C. Hansch, A New Substituent Constant, π, Derived from Partition Coefficients, *J. Am. Chem. Soc.*, 1964, **86**, 5175-5180.

[128] T. N. Borhani, S. García-Muñoz, C. Vanesa Luciani, A. Galindo and C. S. Adjiman, Hybrid QSPR models for the prediction of the free energy of solvation of organic solute/solvent pairs, *Phys. Chem. Chem. Phys.*, 2019, **21**, 13706-13720.

[129] T. N. G. Borhani, A. Afzali and M. Bagheri, QSPR estimation of the autoignition temperature for pure hydrocarbons, *Process Saf. Environ. Prot.*, 2016, DOI: 10.1016/j.psep.2016.07.004.

[130] T. N. G. Borhani, M. Saniedanesh, M. Bagheri and J. S. Lim, QSPR prediction of the hydroxyl radical rate constant of water contaminants, *Water Res.*, 2016, **98**, 344-353.

[131] M. Bagheri, T. N. G. Borhani, A. H. Gandomi and Z. A. Manan, A simple modelling approach for prediction of standard state real gas entropy of pure materials, *SAR QSAR Environ. Res.*, 2014, **25**, 695-710.

[132] A. R. Katritzky, M. Kuanar, S. Slavov, C. D. Hall, M. Karelson, I. Kahn and D. A. Dobchev, Quantitative Correlation of Physical and Chemical Properties with Chemical Structure: Utility for Prediction, *Chem. Rev.*, 2010, **110**, 5714-5789.

[133] A. I. Is Another Winter Coming? *Thomas Nield*, https://hackernoon.com/is-another-ai-winter-coming-ac552669e58c, (accessed 19 September 2019).

[134] J. Kauffmann, M. Esders, G. Montavon, W. Samek and K.-R. Müller, From clustering to cluster explanations via neural networks, arXiv: 1906.07633, 2019.

[135] S. M. Lundberg and S.-I. Lee, A Unified Approach to Interpreting Model Predictions Scott, *Adv. Neural Inf. Process. Syst.*, 2017, 4765-4774.

[136] A. Shrikumar, P. Greenside and A. Kundaje, Learning important features through propagating activation differences, *34th International Conference on Machine Learning, ICML*, 2017, pp. 3145-3153.

[137] M. T. Ribeiro, S. Singh and C. Guestrin, "Why should I trust you?" Explaining the predictions of any classifier, *Proceedings of the 22nd ACM SIGKDD International Conference on Knowledge Discovery and Data Mining-KDD' 16*, ACM Press, New York, USA, 2016, pp. 1135-1144.

[138] How Google's AI Viewed the Move No Human Could Understand WIRED, https://www.wired.com/2016/03/googles-ai-viewed-move-nohuman-understand/, (accessed 19 September 2019).

第 15 章

化学中的表征学习

JOSHUA STAKER[*a], GABRIEL MARQUES[b] AND J. DAKKA[b]

[a]Schrödinger, Inc.，美国俄勒冈州波特兰市西南主街 101 号，邮编 97204

[b]Schrödinger, Inc.，美国纽约西 45 街 120 号，邮编 10036

[*]Email: joshua.staker@schrodinger.com

15.1 引言

化学的应用非常广泛。从构成药物的分子或为科技提供动力的电子元件，到鞋子和眼镜中的材料等，我们日常接触和消费的几乎所有东西，都是化学合成的结果。化学的进步对全世界普遍提高生活质量有着广泛的影响。在化学领域工作的一个重要部分是利用技术来提高我们设计的速度和改进开发分子和材料的质量。在众多的应用中，技术被用来构建分子模型和模拟，以在计算机上预测分子在现实世界中如何相互作用和发挥作用的。所建的模型越快、越准确，发现工作的效率就越高。

化学中有许多不同类型的模型，包括机器学习模型，以及那些从数学上推导出的物理模型。严格的物理计算，例如用于预估分子电子性质的从头算方法，在精确度方面很难超越[1,2]。然而，严格的方法计算成本可能很高，并且在包含许多原子的大型数据集或化学系统上运行的计算成本，昂贵得令人望而却步。与基于物理的计算相比，机器学习（machine learning，ML）的计算成本通常较低，并且当用足够的数据训练灵活的模型时，可以使其变得非常精确[1]。因此，ML 对于预估大量分子的性质是非常有用的。

尽管可以使用描述化学环境的其他特征来代替，或者还包括除了分子之外的特征来描述，但化学中的许多 ML 方法都可以使用分子作为输入。在 ML 中使用分子时经常遇到一个困难，即，大多数机器学习算法无法在标准分子格式上运行，例如 SMILES 或连接表，并且该方法通常首先需要以算法可理解的形式描述分子。我们将这种新形式称为"表征"，并将获得这种形式的过程称为"特征化"。不幸的是，许多 ML 算法需要以固定长度的向量表征，但这并不是一种非常适合以明确的方式描述分子的格式。

将分子描述为固定长度向量的一种方法是通过计算分子的各种属性和描述符，然后将计算出的输出排列成"特征向量"。在这种方法中，很难知道要计算哪些特征，并且特征的选择高度依赖于感兴趣的端点。另一种方法是计算分子指纹，其中子结构的存在是确定的，然后将其编码成固定长度的二进制向量。然而，二进制指纹可能会与编码多个子结构的单个比特发生位冲突，从而降低表征的准确性。分子指纹和计算出的特征向量都是粗粒度的表征，该表征方法不可避免地丢弃有关分子的某些信息，从而迫使学习算法依赖于不完整的分子表征。此外，这些类型的"非学习"特征，依赖于预测模型外部的重要预处理。

或者，灵活 ML 模型能够接受更复杂的数据结构作为输入，提供了学习更完整的分子表征的机会。通过获得更完整的信息，使得学习算法可以实施自动特征化处理过程，并充分利用数据学习与任务相关的特性。最近的神经网络架构，支持了对更复杂输入的学习，包括图形、3D 网格和可变长度序列等，这些格式更适合于分子的表征。学习表征不仅可以通过处理最少的数据来简化特征化过程，而且可以生成更精确的模型。

在本文中，我们对学习表征和非学习表征进行了如下区分：非学习表征是使用启发式或物理学方法从分子中推导出来的，其输出被排列成特征向量，而分子的学习表征是中间的潜在向量，是由 ML 模型直接从数据中学习、转换所产生的。从计算或数学的角度来看，我们对学习表征与非学习表征的定义不一定那么严格，但该定义有助于描述和理解属于每个类别的各种方法，以及每种方法的一般优势和局限性。

与依赖预先定义的启发式方法特征生成不同，深度学习的最新进展使得各行各业对利用大量数据来学习特征化过程重新产生了兴趣。随着目前在文献、公共存储库和商业公司内部的大量化学数据生成，科学家现在有更多的机会利用更灵活的模型。因此，作为一种学习表征和构建更强大模型的方法，深度学习在化学领域越来越受欢迎。尽管学习表征和非学习表征都可以用于进一步的下游建模，包括神经网络算法，但是学习更完整的分子表征的能力是很重要的，特别是对于区分许多不同的端点，例如蛋白质 - 配体结合，构建包含足够信息以进行可靠预测的特征向量是非常困难的。

在本章中，我们描述了化学中常用的传统的、非学习的特征化方法及其若干局限性，然后讨论了深度学习如何帮助规避这些局限性。接下来，我们探讨了学习表征背后的动机，即如何使用一组学习参数将典型的分子数据格式（如 SMILES 或连接表）转换为新的 n 维空间，因为该空间对于各种形式的分析和模型的构建都是非常有用的。最后，我们概述了获得学习表征的几种用于深度学习的体系结构。我们不可能回顾最近在文献中查阅到所有相关表征学习方法，即使是那些与化学直接相关的方法。相反，我们提供了几个架构系列的高级概述，作为理解、实现和改进分子表征的切入点。

我们的讨论要特别关注的是，将最少处理的输入数据转换为潜在形式，并鼓励读者探索文献，以获取有关模型构建的其他方面详细信息，包括优化、各种超参数和其他实现细节。分子表征学习仍然相对较新，要找到更多的通用表征，还需要做大量的工作。在本章的整个讨论过程中，还涵盖了开发更好表征的一些需求、挑战和机遇，尤其是在基础物理学的背景下展开的。

15.2 非学习型分子表征

通常，化学科学从业者可用的数据包括标准格式的分子集合，例如 SMILES、SDF 或连接表，以及一些感兴趣的性质。这种数据集的一种用途是在给定分子和标签的情况下训练模型，然后使用训练后的模型，对未知的新分子进行性质预测。化学中常用的 ML 方法通常依赖于相对简单的模型，例如逻辑回归或多层感知器（multilayer perceptrons，MLPs），其需要固定长度的特征向量作为输入。在构建这样一个模型之前出现的一个直接问题是：如何获取一组分子并将其转换为模型可用的格式？幸运的是，可以通过几种形式的特征化将分子转换为固定长度的向量，每种形式都需要权衡，尽管在特征化过程中选择要生成的特征并不简单，并且需要对预期与终点相关的分子模式类型做出假设。此外，许多特征的计算成本很高；再者，如何获得特性表征并非显而易见，例如如何正确表征与结合预测相关的蛋白质和配体之间的特定相互作用。

从 20 世纪 50 年代开始，分子特征化一直围绕着构建定量结构 - 活性或性质关系（QSAR/QSPR）模型[3]，并且历史上一直通过非学习转换来实施。传统的非学习特征化方法包括将分子片段散列成"指纹"或计算排列成"特征向量"的各种物理性质。分子特征可以很简单，例如分子量，也可以通过复杂的基于物理计算获得。常用属性的示例包括 log$P$、量子力学计算、合成可行性、可旋转键的数量、手性中心的数量等等。值得注意的是，许多用作机器学习模型输入的分子特性本身就是近似值，例如 log$P$ 或 DFT 能量。尽管可以使用稍后讨论的学习特征来近似这些输入属性，但历史上，特性表征要么使用相对简单的模型，要么通过基于物理计算来获得。我们鼓励读者回顾 Cherkasov 等人的文章[3]，以便更全面地讨论特征化的常见形式及其与 QSAR/QSPR 相关的发展历史。

拓扑分子指纹是另一种广泛采用的特征化形式[4]。指纹在文献中是经过时间检验的，并继续被用作现代深度学习方法的比较基线[5,6]。虽然存在其他形式的非学习特征化，但拓扑指纹和计算的性质是目前最普遍使用的方法，并在以下章节中加以简要描述。

15.2.1　分子指纹

并非每个分子的大小都相同，事实上，分子可以很小，只有几个原子，也可以很大，例如天然产物或多肽。分子指纹生成涉及将 2D 或 3D 分子图编码为固定长度的二进制位串，其中"on"位表示特定子结构的存在，而"off"位表示缺乏此类子结构。无论分子大小如何，指纹长度都是固定的，为 ML 提供了一种合适的表征形式。

指纹没有单一的标准形式，并且已经开发了几个品种。与机器学习相关的各种方法共有的总体原则，是将分子片段编码为固定长度的向量。Cereto-Massagué 等人描述了各种形式的指纹及其产生方式[7]。

方法之间的主要区别在于如何检测子结构，以及哪些子结构被编码在 on 位中。例如，扩展连通性指纹（extended-connectivity fingerprints，ECFPs）方法考虑从中心原子径向向外的原子邻域[8]，而分子准入系统（molecular access system，MACCS）采用用户提供的 SMARTS（smiles arbitrary target specification，SMARTS）模式来定义子结构匹配规则[9]。可能的子结构的总数是巨大的。与其将每个子结构独立编码为一个极长的稀疏向量，不如对子结构进行散列处理，将向量约束为固定长度，长度由用户指定。散列子结构提供了一种方便的方法，可以将分子编码为特定长度的固定长度向量，而不管要建模分子的大小、种类和数量如何。虽然较长的指纹降低了位冲突的风险（单个比特编码多个子结构），但向量会变得非常稀疏，并非所有模型的类型都能很好地处理，并且计算成本几乎总是不断地增加。

固定长度的指纹向量非常适合在 ML 中直接使用，而无需围绕应该计算哪些属性，并将其作为特征包含在内做出特定假设。指纹的另一个好处是其可解释性。虽然不可能从指纹重建原始分子图，但 on 位指示分子中存在哪些子结构，并且可以进行可视化和检查。

已经证明指纹是非常有用的，并且在文献中经常被采用[6]。但是，仍然存在一些难以使用指纹建模的端点。例如，蛋白质 - 配体结合涉及分子与蛋白质在 3D 空间中的相互作用，蛋白质信息通常不包含在分子指纹中。此外，指纹丢弃了整体图的连通性，即指纹包含了那些有关的子结构存在的信息，但不包含关于子结构是如何连接形成整个分子的信息，这使得远距离的相互作用和立体化学更难以建模。另一个缺点是指纹有时需要很长，而且非常稀疏，需要对大量不同的子结构进行编码。与分布式表征相比，其效率和表现力都较低[10,11]。此外，指纹还忽略了许多内部自由度，例如原子之间的 3D 空间关系，并且不包含足够的信息来解释动态性质。

总而言之，指纹易于计算，长度固定且与分子大小无关，是二进制且稀疏的（支持轻量级存储），并且是可解释的。已存在的各种形式指纹，可以在实验期间根据经验进行选择和评估。然而，这些益处是以潜在的位冲突和丢弃整体图形连接性为代价的。

15.2.2 可计算的性质

用于分子建模的另一种经过时间考验的特征生成方法，是通过启发式或基于物理的计算来计算分子特性。首先对所需的特征进行识别和计算，然后将其排列成向量以训练模型。有用的分子性质种类繁多。例如，Ahneman 等人[12]使用了 120 种不同的计算特征，包括能量、静电、振动频率和分子形状等。一些软件包可以生成数以千计的描述符[13,14]。使用的特定特征和不同特征的数量是建模设计过程的一部分，并且高度依赖于端点类型。一些性质是理论上的，例如量子力学近似，而另一些性质则纯粹是经验性的或实际定义的，例如，合成可及性或药物相似性的 Lipinski 规则[15]。包含形状、表面积、体积和柔韧性信息的拓扑描述符也是有用的，甚至基本的物理性质，如分子量，也可能提供有价值的信号。除了计算或启发式获得的特征外，通过独立构建的模型近似的性质也可以用作其他模型的输入特征[16]。

一些特征是基于能量学的，可以包含有关分子轨道和电荷密度的信息[17]。同样，也可以计算和使用 HOMO 和 LUMO 能量[18]，以及通过 DFT 和量子力学计算中的其他理论水平近似的其他性质[17,19,20]。模型中使用物理学概念时，会获得一些信心。利用物理学派生的特征，可能有助于促进后续的近似计算更紧密地遵循物理学原理。此外，随着我们对物理学的理解和实施能力的提高，依赖于物理学的模型可能会得到改善。

此处提到的示例只是文献中发现的许多此类功能和方法的一小部分，包含特征及其用途描述的详细资源已在其他文献报道中发表[13,21-23]。我们鼓励读者确定并考虑哪些特定属性可能对当前的任务有用。

可计算的特征，尤其是那些使用严格的物理或模拟计算的特征，非常有用。而且，特征的广泛性，在选择使用哪些特征方面，赋予了很大的灵活性。灵活性与高质量特征相结合，使研究人员能够用更小的数据集构建更加鲁棒的模型。然而，选择哪些特征并不总是很清晰，而且选择过程通常需要大量的专业知识和实验来确定。在基于物理计算下，生成的特征质量取决于实现的正确性，有时这与一定的理论水平有关，更高的理论水平的计算成本也就更高。而且，许多特征本身也是从其他模型或近似值生成，并通过软件中的黑盒实现的。外部提供的经验特征很难验证，并且在化学空间的特定区域之外可能是不可靠的。确定使用哪些特征，在特征生成过程中对适用的化学空间所作的假设，以及基于物理学特征的计算成本，这一切，都使得特征学习成为一个有吸引力的应用前景。

15.3 学习表征的必要性

尽管非学习型特征化非常强大，并且在文献中得到了很好的支持，但非学习型特征化往往无法捕捉数据中的重要模式，从而丢弃了构建鲁棒预测模型所需的信息。此外，获得分子特性也可能很昂贵，例如量子力学计算。到目前为止，使用非学习型特征描述时，可能会出现以下常见的问题：

- 应该为数据生成哪些特征？
- 特征应该捕捉数据中的哪种模式？
- 是否应该使用所有特征，还是仅使用一种选择，如果仅使用一种选择，哪些特征描述符有用？
- 特征是否对输入进行了充分编码，或有用信号是否被无意地丢弃？
- 是否应该包括昂贵的量子力学计算，还是可以避免？
- 我们如何才能确定某些特征与输出相关，而不仅仅是添加噪声？

诸如此类问题，是过去十年 ML 文献取得突破的主要动力，尤其是在使用神经网络的深度学习子领域。深度学习的主要目标是将特征提取过程作为模型的一部分进行学习，而不是依赖外部预处理来生成特征。与传统方法相比，将特征化作为模型构建过程的一部分，解锁了以数据驱动方式学习特征化的能力，从而降低了工程复杂性，并可能降低总计算成本，同时显著地提高了模型的灵活性。

学习特征化提供了若干个有吸引力的好处。首先，学习特征化降低了研究人员花费工程精力来生成和验证各种特征的必要性，或者让从业者拥有深厚的专业知识，来了解哪些特征可以使用，以及它们在模型构建中的意义。此外，可能不再需要昂贵计算成本的那些特征。然而，最显著的好处是数据驱动的特征化，可以产生更多信息表征，从而提高模型性能。

或许，特征学习最著名的成功例子是应用于图像的卷积神经网络。在过去十年深度学习复兴的早期，Krizhevsky 等人就引入了称为"AlexNet"的卷积架构，该架构在一个具有挑战性的图像数据集上仅使用最小的预处理就显示出卓越的性能[24]。仅仅几年后，卷积模型在同一图像数据集上表现出超越人类的能力[25]。十年来，深度学习已经改变了世界上对图像识别、游戏、语言和音频生成的方法。注意力[26]、生成性建模[27]和强化学习[28]等更普遍的进步，并不局限于特定的问题空间，而是提供了全新的方法来解决各种具有挑战性的问题。几乎所有这些方法的核心都是深度学习及其将相对原始数据转换为学习表征的能力。

可以想象，手工设计一个特征化方案来描述图像中的许多细微差别，以及其在颜色、亮光、对象形状和输入质量方面的所有变化，是多么困难。而更难的是需要组合多种输入数据模式或生成高度复杂的输出问题。一些相对极端的例子包括将视频转录成文本[29]或动画静止图像[30]。以编程方式完成这些任务中的任何一项，或手工设计出充分描述输入特征，都是难以承受的，几乎是不可能的。尽管这些（以及几乎所有）深度学习应用程序仍然非常狭窄，仅在训练期间看到的相同数据分布中表现良好，但对于许多应用程序而言，它们仍然非常强大。人们可以理解化学中类似的复杂和高度非线性的任务，例如蛋白质-配体结合预测、量子力学能量估算、设计合成路线等等。

还可以可视化和分析学习表征（通常称为潜在表征）。Gómez-Bombarelli 等人对 $\mathbb{R}^2$ 空间中分子执行降维和可视化的潜在表征处理，并出现了直观的模式[31]。可以使用任意数量的相似性度量来比较数据点的潜在表征，以估算潜在空间中点之间的距离。然而，重要的是要记住，在使用学习表征进行分析或得出结论时，潜在空间是经验性的，并且是数据和学习算法的函数。当使用不同的参数或数据重新训练模型时，这个距离几乎可以保证会变化。即使有这个重要的警告，探索潜在表征也可以直观地令人愉悦，并可能暗示模型是如何学习的。

在生成模型的背景下，学习表征也很强大。生成模型可以使用潜在表征来生成训练期间未曾遇见的新数据[32]。除了生成新示例之外，Berthelot 等人[33] 还使用了一个变分自动编码器在一张图像和另一张图像之间平滑地插值。

　　不依赖于严格的特征工程和选择的学习表征，既可以简化模型构建过程，又可以产生更具表现力的模型。然而，这些好处并不是免费的。从原始数据中学习有用的表征通常需要更多的数据、额外的训练时间和更多的计算。在尝试新项目时，必须考虑简单模型和神经网络之间的权衡。分子的 ML 也与图像或文本的 ML 有很大不同。通常，必须从整体上考虑分子；也就是说，在某些端点的情况下，每个原子都在分子的行为中发挥作用。根据任务的不同，分子可能包含很少可丢弃的噪声（对学习不重要的原子或分子区域）。这与自然图像或语言形成对比，其中低级别模式通常对输入的细微变化不太敏感。例如，在图像中，并不是每个像素都是必不可少的，一个物体在改变几个像素后仍然很容易识别。类似地，在文本中，许多单词可以替换为其他相似的单词，而不会显著地改变句子的含义。

　　对于给定的应用程序，尤其是应用于化学领域时，并不总是清楚哪种表征形式最适合。此外，重要的是要认识到，深度学习并非总是最佳选择，在某些应用中，尤其是在数据量有限的情况下，非学习特征化可能更易于使用或表现得更好[6]。选择要采用哪一类算法通常要依靠直觉和实验。在构建模型时，需要牢记许多应考虑因素，只有指导原则才能帮助我们做出决策。关于数据选择和模型设计的大多数选择，都必须基于大量的反复试错，并且需要使用精心设计的测试集进行严格验证。在非学习特征和学习特征之间进行选择，或者选择要尝试哪种类型的深度学习模型，是在灵活性、实用性、工程复杂性、计算成本，以及构建和验证模型所需的实验时间之间取得平衡。有关表征学习背后的理论和数学的更多信息，以及在整个机器学习领域许多方法的全面概述，我们强烈建议查看 Bengio 等人[34] 发表的文章。

15.4　学习型分子表征

　　学习型特征化，即使有其弱点，但也是一种令人兴奋和强大的范式。从相对原始的数据中自动定义表征，有助于消除人为预测给定端点中应该包括哪些分子特征在内所需要做出的艰难假设。学习表征还可以更好地消除数据中解释因素的歧义性，并产生与许多端点高度相关的表征方法，从而改进模型。

　　到目前为止，我们对所学的表征以及其如何在其他领域发挥作用的讨论还相当模糊。然而，我们还没有用实际的术语和例子，来讨论用于产生学习分子表征的方法，以及最适合学习这种表征的架构。在本节中，我们综述了文献中探索的表征学习算法，特别关注所使用的深度学习架构。无论是从无监督方式的输入中学习表征，还是在有监督学习的端点环境下学习表征，化学表征学习的核心是用于定义学习机制及其参数架构的选择。在开发和训练 ML模型时，我们对数据的性质和结构以及要学习的模型做出一定的假设。这些假设构成了模型的"归纳偏置"，并在学习的有效性中发挥重要作用。归纳偏置影响我们希望收敛的速度和收敛的任何保证，包括假设解决方案所在的参数空间、最终模型的泛化性，以及拟合模型所需的数据量。归纳偏置越强，尤其是当假设正确时，学习的各个方面改进就越多，所得到的模型通常也具有更高的质量。在算法中使用哪个架构系列的选择，就包含了模型的归纳偏置的重要部分。

　　在以下章节中，我们概述了化学 ML 文献中常见的几个架构系列。首先考虑采用分子 2D表征的图模型（通常称为图卷积），并在原子之间迭代地传递"信息"，直到获得原子和分子的潜在表征。接下来，我们讨论信息在 3D 空间中传播的网格模型，而不考虑任何键合结构，即视原子为独立粒子。然后，我们描述分子的序列结构，这些分子就被表征为 SMILES 的字符串。最后，我们探讨了直接以物理学为灵感架构设计。

尽管在与所讨论的架构相关的文献中有许多额外的发展和成果，但我们专注于工作中的表征学习部分，以及表征学习如何使研究人员能够以最小预处理来重新学习分子，并鼓励读者进一步研究文献以获取更多的细节信息。随着对表征学习的价值及其权衡和注意事项的理解，我们现在可以考虑用于学习型分子表征的不同架构系列。

15.4.1　图模型

化学中有大量的图形结构数据，从化学反应的有向图、蛋白质的相互作用网络，到小分子本身的拓扑结构等。在神经架构中假设一个图形先验有助于改进对图形的学习，鼓励鲁棒性，并简化优化过程。然而，在模型中引入图形先验有几种方法，其选择高度依赖于要建模的化学类型。

在讨论图形神经网络（graph neural networks，GNNs）之前，让我们在化学图形的背景下重新审视分子指纹。扩展连通性圆形指纹（extended-connectivity circular fingerprint，ECFP）算法为理解图卷积提供了坚实的基础，其中两种算法在通过全局池化步骤集成信息之前，在分子内的任何地方应用相同的操作。领会非学习指纹中的类似操作将为理解其可微泛化的推导铺平道路，如神经图形指纹（neural graph fingerprints，NGF）[35]，是一种应用于分子的早期图卷积（graph convolutional，GC）方法。

ECFP 算法通常表示为 ECFP（N）：其中 N 是一些正的非零整数，表示键数的圆形半径。当迭代到完整键半径时，对于分子图中的每个原子，我们将其邻居聚集到当前半径，然后将生成的分子片段传递给哈希函数（Hashing Function），其中为片段分配索引。哈希函数确保片段中的变化导致其索引的变化。然后，索引函数将所有索引聚合成一个固定长度的稀疏向量。在这些碎片中，可能会发生碰撞，因此指纹必须很大，以避免重叠。对于下游处理来说，大型的稀疏向量在计算上也很昂贵。这些缺点促使开发更高效、更小、更密集的表征方法，即只对手头任务的相关特征进行编码。然而，找到可以产生有效但密集的化学空间表征良好的哈希和索引函数并非易事。此外，不同的预测任务可能受益于使用不同的函数，但预测使用哪些函数以及何时使用并不总是那么容易。幸运的是，深度学习机制提供了从数据中学习有用函数的能力，从而减少了手动定义或选择函数的需要。圆形指纹结合了哈希函数和索引操作，而神经指纹则用可微的等价物替代它们。微分的使用允许对损失函数进行基于梯度的优化，使得神经指纹可学习。神经指纹，其参数的梯度损失可用于控制神经指纹参数，与圆形指纹相比，预测性能有所提高。神经指纹卓越的预测性能，主要是由于其能够学习与当前预测任务相关的重要特征[6,36]。

神经指纹通过一系列神经网络层对输入特征进行编码处理。学习参数（网络权重）及其对特征的激活，提供了一个学习函数，该函数与非学习型指纹中的哈希函数相对应。学习到的函数是平滑的，而当分子结构相似时，激活是相似的。在学习的哈希函数的输出向量上，用归一化指数函数（softmax）替换索引函数。通过这种方式，每个原子都将自己分类为属于某个学习类别，然后在整个分子中进行归纳总结以产生学习型指纹。当使用深度前馈网络对学习到的指纹进行端到端训练时，其在多个任务上的表现超过了使用相同深度前馈架构的标准指纹，包括预测溶解度和光伏效率等[35]。

除了神经图指纹外，还存在许多 GC 方法。将 GC 架构推广到一个通用的数学框架中，已经进行了一些尝试。文献中经常引用的一种此类方法是消息传递神经网络（message passing neural networks，MPNNs）[5]。消息传递框架通过将该方法分为两个主要阶段，来概括化学图上的神经信息传递算法：消息传递阶段和读出阶段。在消息传递阶段，对于分子中的每个原子及其相邻原子的向量表征，通过一个学习的、可微分的消息函数传递，然后求和，产生该原子的消息向量。根据消息函数的选择，消息可以包含来自当前原子、相邻原子以及它们之间的化学键表征的信息。通常，相同的消息函数用于神经网络中的所有节点。同一个函数在任何地方的应用都使其成为卷积网络，并通过在整个输入中共享参数来赋予额外的不变性。然后，原子的消息向量与原子的表征一起通过学习的可微更新函数传递，以生成该原子的新表征。消息传递步骤的输出是化学图中每个原子的新表征向量，并执行 N 次迭代，允许信息在 N 个键的距离上传播。在完成消息传递的所有迭代后，使用学习的读出函数将化学图中所有原子的学习表征集成在一起。于是，读出函数产生了可用于进一步处理的分子水平的表征。有关 MPNNs 的说明，请参见图 15.1。

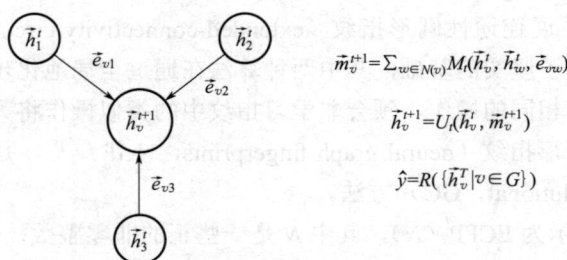

$$\vec{m}_v^{t+1} = \sum_{w \in N(v)} M_t(\vec{h}_v^t, \vec{h}_w^t, \vec{e}_{vw})$$

$$\vec{h}_v^{t+1} = U_t(\vec{h}_v^t, \vec{m}_v^{t+1})$$

$$\hat{y} = R(\{\vec{h}_v^T | v \in G\})$$

图 15.1 v 在单个步骤 t 中，通过消息函数 M 和更新函数 U，将信息聚集在单个节点上。在 T 步之后，所有节点向量都传递给读出函数 R

对于适合 MPNN 框架的大多数架构，并不考虑化学键信息。可以学习键级表征，但需要额外的网络。其他实现，例如定向 MPNN（the directed MPNN，D-MPNN）[6]，是对有向的键级表征进行操作，避免了消息传递中会引入噪声的循环。D-MPNN 还将计算分子特征与学习型表征相结合，以克服学习型表征在小型数据集上的性能限制，从而在许多专有和公共数据集上实现最先进的技术水平。

然而，在设计神经网络的某些架构组件时必须小心，因为 GNNs 并非没有局限性。例如，并非所有 GNNs 对其索引的排列都是不变的，并且在 MPNNs 中，必须设计读出函数来控制这种不变性。对缺乏图的同构不变性的网络，可以为具有不同原子索引的相同化合物产生不同的原子或分子水平输出。在这些情况下，在要生成传递给网络的图之前，通常需要通过 SMILES 规范化，因此，应该先要完成图的规范化。在处理图的非局部属性时，还必须特别考虑。GNNs 通常具有固定的传播距离，但不能表征长距离的量子非局域性[37]。尝试着改善长距离的信息传播，包括使用一个连接到分子中所有其他原子的主原子[5]。主原子的潜在向量充当暂存器，神经网络可以在消息传递期间进行读写。MPNNs 的作者还尝试添加单独的虚拟边缘类型，以帮助简化非键原子之间的信息流。GC 方法中与捕获长距离交互相关的另一个设计是，考虑图遍历算法的选择。Matlock 等人建议对整个化学图进行键向、广度优先的遍历，以便将信息从选定的中心原子传播到最远的原子，然后再返回[37]。信息在分子中的前向后向传递可以重复多次。他们还证明了其方法在大型系统中对芳香性和共轭性是有效的。立体化学是 GNNs 的另一个重要局限性。虽然立体化学信息可以在传递到图神经网络之前包含在原子和键级特征中，但表征某些类型时尤其困难，例如构象或相对立体化学。这种立体化学局限性，促使了需要使用网格方法来学习分子表征。

15.4.2　网格模型

在图形模型中，信息的传递通常只发生在相邻的键合原子之间。此外，大多数图形模型忽略了位置信息和原子之间的空间关系。数据中空间信息的排除，导致了学习表征在某些应用中缺乏足够的环境，例如，预测量子力学能量或蛋白质 - 配体结合[36]。试图仅靠图形方法捕获非键相互作用，这在更大的系统中变得特别困难。原子可以以网格表征定位在 3D 坐标空间中，从而允许模型访问这些空间关系，而不是仅仅依赖于图形。将输入的笛卡尔坐标定位到 3D 网格中，实质上是使数据离散化，使数据更适合使用 3D 卷积进行处理。图像识别中经常使用的熟悉的 2D 卷积神经网络（convolutional neural networks，CNNs）在与平面（2D）输入（例如图像）一起使用时最为有效，但不太适合于 3D 网格，而 3D 网格使用的是 3D 卷积。与图像的 CNNs 类似，3D 卷积滤波器可以提取描述局部协方差的特征。

能够访问空间信息的模型，可以学习评估原子的邻域之间相互作用的影响，从而能够有效地学习在 3D 空间中接近但在图中不一定接近的原子之间的长距离相互作用。在许多情况下，分子键并未明确包含在输入数据中。但是，结合成键可以隐含地确定；原子之间的距离和角度，相对于它们的排斥或吸引力的强度，取决于原子是否结合成键。然而，在某些情况下，依靠模型推断结合成键可能会引起歧义，尤其是当网格分辨率太低或数据质量差且距离有噪声时。

3D 网格模型的一个最感兴趣的领域是，在基于结构的药物发现中预测小分子与靶蛋白的结合[38,39]。这种方法的一个早期例子是在 3D 网格上利用 3D 卷积的 AtomNet 模型[38]，其中包含蛋白质 - 配体复合物。3D 网格以靶标蛋白的结合位点为中心，在该位点内对小分子构象异构体进行采样。要使这样的方法起作用，必要获得每个原子在结合位点和分子中的位置。额外的 3D 结构信息，使模型能够学习任意的、数据驱动的 3D 特征，从而实现更好的泛化。学习这种模型的一个目标是捕捉蛋白质和配体原子之间有利和不利的相互作用，然后将该模型应用于未知的新蛋白质和配体结合力的预测。尽管在文献中很难找到三维网格模型前瞻性地应用于基于结构的药物发现项目的令人信服的例子，但该方法仍然是很有前景的。原则上，相对于仅使用配体技术，同时使用蛋白质（受体）和配体的方法，可能有助于 3D 模型更好地进行泛化。

通过对 3D 空间的深度学习，人们对在药物发现和其他 3D 应用（例如，处理点云数据或制药中的生成设计）中的兴趣，与日俱增。3D 应用程序中的一个挑战是，在 3D 网格上操作时，表征通常不会对旋转和平移保持不变。无需将 3D 数据离散化并放置在网格中，而是可以保留精确的 3D 坐标信息，从而实现更大的旋转和平移不变性。利用分子中的旋转对称性的一个特别值得注意的方法，是张量场网络[40]。在该方法中，几何张量是使用球谐函数（spherical harmonics）和 Wigner D- 矩阵合成的。为了实现 SO（3）等变性，每个输入（分子结构）都被转换为一组具有相关 SO（3）组（向量）的 3D 点。本质上，SO（3）组用来描述物体可能的旋转对称性，以及物体在空间中的方向，从而在 3D 空间中保留分子特征。我们将在稍后介绍的"以物理学为灵感的架构"部分中进一步探索保持不变性的策略。

15.4.3　序列模型

使用卷积计算分子图的另一种方法是使用带有 SMILES 字符串作为输入的循环神经网络（recurrent neural networks，RNNs）[41]。通常 SMILES 包含以分子 2D 图表征的相同图形信息，而图形编码在 1D 字符列表中。给定分子的确切字符顺序，是由针对用于生成 SMILES 实施的规则集确定的。原子用一个或两个字母的元素符号表示，例如，"C"表示碳，其他字符用于表示图中原子之间的分支、手性和其他关系等。使用 SMILES 而不是 2D 图的一个原因是，1D 输入可以很容易地用于许多 RNN 架构中，基本上是现成的。序列算法用在如注意力[26]、推理[42]或记忆[43]等其他领域，也可适用于 SMILES 作为输入。尽管也尝试过 1D 卷积[44]，但 RNN 大多数情况下主要用于读取 SMILES 信息。在生成分子时，使用 RNNs 输出字符序列也比生成 2D 图形更直接。

GNNs 通常只通过化学键将信息传递给直接的近邻，可能需要几个信息传递步骤才能将信息从分子的一端传播到另一端。在序列模型的情况下，通常存在一个隐藏状态，所有原子都有机会在给定先前状态的情况下相继更新。在计算更新时能够访问完整状态，意味着原子可以全局访问整个分子（由状态编码），并且可以捕获远程的相互作用。Yang 等人在 GCs 的方法中，信息传递是以化学键而不是原子为中心的，并且信息被迫沿着定向路径穿过分子，以避免信息传递抖动而不稳（信息在两个原子之间来回传递，放大噪声）[6]。有趣的是，GNNs 与 RNNs 与 SMILES 的工作方式是平行的。在 RNNs 中，状态以定向、有序的方式在原子间传递和更新。此外，合并来自前向和后向的消息使人联想到双向 RNNs，而前向和后向传递都是沿着序列进行的。

对序列进行编码后，RNNs 状态是一个分子的中间潜在表征，可用于预测端点[45]。使用 RNNs 进行预测通常是在有监督学习环境中进行的，在这种环境中，同时提供了 SMILES 和标签。然而，最近也有人对使用 RNNs 以自我监督的方式从 SMILES 中学习产生了兴趣。自监督（通常称为无监督学习）是指模型负责再现其输入，通常使用自动编码器。简而言之，自动编码器的工作原理是，通过获取输入，学习将输入压缩为潜在表征，然后将这个潜在表征解码为输入的重构。通过压缩过程，模型学习了数据的显著特征和最能描述输入的结构化模式。一个或多个约束通常应用于学习过程，以阻止自动编码器仅仅学习恒等函数（$f(x)=x$，输入 = 输出）。用于鼓励更多分离的潜在变量的一个约束，是使用潜在向量应用于高斯先验（$\mu=0$，$\sigma=1$），通过最小化 KL- 散度来强制执行的。这种类型的约束自动编码器称为变分自动编码器（variational autoencoder，VAE），是基于贝叶斯推理的[46]。

VAEs 和使用自监督训练的其他形式的 RNNs，已成功应用于化学领域，并在从头开始的应用中具有令人信服的早期实例[31,47]。自动编码器产生的潜在表征可以针对特定属性进行优化，然后从优化的表征中生成新分子（通常生成为 SMILES 字符串）[31]。文献中最近的一个例子是测试了体外生成的分子[48]。使用 SMILES 进行自监督学习的动机是，可以使用大型数据集来学习关于描述化学空间区域的潜在变量分布的统计数据，而无需特定的端点标签，例如结合亲和力。虽然没有使用 SMILES 作为输入，但将 VAE 应用于化学的另一个有趣示例是学习反应坐标和轨迹[49]。学习轨迹的潜在表征，使得研究人员能够将物理与 ML 结合起来，在采样过程中提供在两者之间切换的能力。

在应用程序考虑 RNNs 时，重要的是要认识到，与类似的 GC 方法相比，使用带有 SMILES 的 RNNs 会带来表征成本。RNNs 对输入顺序很敏感[50]，并且在 SMILES 中，必须假定某些字符顺序，即某些原子必须先出现。此外，将图视为序列要求模型，不仅要学习分子与端点（期望的任务）之间的关系，还要了解如何从序列中推断图结构。SMILES 还利用字符来注释原子之间的关系，例如用于分支的括号，模型需要学习这些字符才能理解图，而不是像在 GC 方法中那样，模型在其架构中直接对其进行编码，该方法对图有更强的归纳偏置。

15.4.4　以物理学为灵感的架构

机器学习可以与基于物理学的计算结合使用，其中 ML 模型首先识别最有趣的分子，然后选择一部分在更严格的模拟中进行进一步评估。类似地，经验模型可以利用物理计算作为输入特征。尽管使用物理特征抵消了避免计算费用的好处，但将物理学与 ML 相结合可以产生利用每种范式优点的方法。改进学习系统的另一个策略是，在模型上应用物理约束，确保学习表征捕获在化学家中自然存在的更多不变性。

在化学界内的 ML，大部分研究都集中在将其他领域（即图像识别和语言建模）的成功应用于化学。在图卷积和图像分类器中，使用的卷积网络之间可以观察到许多相似之处[51]。类似地，具有 SMILES 的 RNNs 是最近在语言建模和其他序列建模任务中取得成功之后构建的。随着化学深度学习领域的快速发展，越来越多的文献中出现的各种方法和应用，主要是通过类比和从适用于化学的其他领域中吸取的经验教训。尽管如此，仍然面临着许多挑战。

化学空间是巨大的，而且通常不会因为“噪声”或“分布外泛化”而被丢弃，这取决于任务和所需的泛化程度。仅在类药物空间中就有 10^{60} 个分子，实际大小的数据集所能包含的相关模式必然有限。由于开发有用且足够大的数据集的困难，导致许多模型利用偏差并学习虚假相关性，而不是学习更普遍有用和不变的特征。此外，度量指标经常忽略这些弱点，因此难以确定模型和方法的可靠性[52, 53]。在语言建模中，单个单词具有重要意义和丰富的语境，但在分子数据格式中，原子本身需要慎重地表征。因此，分子中的一个子片段，几乎在所有其他化学环境中可能具有完全不同的含义。例如，分子与一种蛋白质的相互作用和其与另一种蛋白质的相互作用的含义就不同。即使是在很小的子片段中也很难找到普遍适用的模式，这往往会导致 ML 模型更加脆弱，可靠性显著降低，并使化学迁移学习变得特别困难[54]。这通常被称为模型的“应用域”，需要研究人员非常清楚模型相对于化学空间的鲁棒性。

学习更多不变性的分子表征的一个自然研究方向是，探索更接近基础物理的归纳偏置。寻找并应用与物理学相关的更强有力假设，而不是依赖过于灵活且具有过于笼统的先验模型，从而显著地增强学习和泛化性，并有助于在使用较少数据进行训练时，构建更鲁棒的模型。

有两种可以利用物理学先验知识的一般方法。首先是在学习算法（弱归纳偏置）中保留显著的灵活性，并学会使用大量数据来近似普遍适用的物理等式，例如描述量子力学的那些等式。开发一个直接逼近等式模型目标是，有了足够的数据，学习函数具有一定程度的可传递性。然而，即使有大量数据，我们也假设测试期间的数据分布是相同的，或者至少与训练期间所看到的数据分布非常相似。这种方法通常会产生足够好的插值，但在尝试外推时，充其量也就是不可靠的。Mills 等人利用这种数据优先的方法来逼近薛定谔等式[55]。当数据更加有限时，弥补模型中缺乏不变性的一种方法是通过数据扩充。例如，在 3D 空间中随机旋转分子，就可以人为地帮助增加数据量。

利用物理学的第二种方法是找到更接近我们对物理学理解的更强的先验，并将这些先验和不变性直接纳入模型中。Kondor 等人在他们围绕化学神经网络协方差的工作中指出，他们将 ML 用于分子的目标不一定是为了学习物理定律本身，而是要理解并利用物理定律的结构来告知分子中不变性的类型，以及在结构中可以捕捉到原子之间的物理相互作用[56-58]。在计算原子或原子组表征及其相互作用时，他们特别强调原子的位置不变性（排列、旋转和平移）。同时，他们展示了使用 QM9 特性和 MD-17 构象能，如何将扩展的不变性纳入到模型中，以便帮助超越类似的最先进的 ML 模型。Smith 等人的方法是另一个使用更强的归纳偏置的例子，在模型水平上实现的旋转不变性，如何使得网络无需学习就以不同方向编码相同的分子[59]。在 Gomes 等人的工作中，作者使用了蛋白质 - 配体结合的热力学来指导其架构中组件之间的交互[60]。此外，Levin 等人探索了深度学习和量子纠缠之间的联系[61]。

Schütt 等人的工作强调了原子位置的重要性，并为开发 ML 模型指明了方向，该模型可以计算非平衡配置中分子的能量和力（势能景观中局部最小值之外的位置和轨迹）[62]。他们描述了围绕物理学为灵感的假设设计模型，例如能量守恒力，以鼓励捕捉更具物理意义的表征。分子物理学没有原子相对于固定坐标系旋转或平移的概念。该类模型不是使用 3D 笛卡尔坐标作为原子特征的一部分，而是利用原子之间的距离。为了便于训练，使用径向基函数来提供距离中的附加非线性。相对于坐标系的旋转具有鲁棒性的学习模型，将需要用不同的分子方向来增加数据，并且不能保证不同方向的相同分子会产生相同的结果。其他研究人员也采用了类似的径向处理[59,60]。Schütt 等人还利用移位的 softplus 激活函数，来获得在所有阶导数中连续的平滑势能面。Gilmer 等人和 Smith 等人，以及其他人的工作表明，与 DFT 相比，其化学准确度接近，但计算成本仅为 DFT 的一小部分[1,5,59]。

除了化学之外，Lutter 等人还利用拉格朗日力学来学习描述机器人运动的物理规律[63]。他们没有像大多数深度学习系统那样直接从数据中近似逆动力学，而是先将基础等式明确地作为模型的一部分实现，然后才近似物理参数和子等式。Schmidt 和 Lipson 还讨论了从数据中学习自然物理定律[64]。化学物理学深深植根于数学中，考虑到我们的模型中可能还存在更强的物理先验，这并非不可信。然而，物理学非常复杂。分子的能量和势，在原子上是不可分离的，而是由许多亚原子粒子之间的复杂相互作用产生的。Pfau 等人超越了原子表征方法，并使用单个电子作为其深度神经网络的输入[65]。在有限的氢和氮系统中，他们产生的结果显著地超出了耦合团簇的准确性。尽管到目前为止，其应用范围有限，但与迄今为止主要探索的原子模型相比，使用深度学习对单个粒子进行建模是一种新的且令人兴奋的方法的开始。

无论物理学是从数据中间接学习的，还是在模型中直接实现的，预测物理端点都是有价值的基准。物理基准帮助行业界了解我们的模型如何直接从充分编码物理关系、能量和力的数据中学习表征。例如，将结果与 DFT 计算的基态能量和电子密度进行比较，并与耦合团簇预测进行比较[66]。类似地，Schütt 等人训练了一个模型来学习描述量子力学的波函数，如果该表征充分捕捉了物理学，则无需任何额外的训练就可以预测几乎任何基态特性[67]。与 Schütt 的工作一样，当前的许多研究路线都是假设分子处于基态，还需要做更多的工作才能最终将这些方法扩展到非平衡条件中去。

在最近的一次演讲中[68]，Léon Bottou 博士讨论了常见的学习算法如何仅使用统计数据作为一种替代物，而因果关系通常根本无法有效建模。他证明，去除虚假相关性以支持不变关系，可以实现更有效的外推。他的演讲不是专门针对化学的，而是提出了有关 ML 应用于化学的有价值的问题。所有分子数据集都包含某种形式的偏差，主要是由于化学空间的巨大，并且在构建数据集时需要做出假设，例如允许的最大原子数等。一些化学数据集极为偏颇，比如为蛋白质 - 配体结合而开发的枚举。在枚举中，分子通常包含非常相似的核心，分子之间只有很小的结构扰动。使用典型 ML 方法为此类数据集学习的大多数特征在其他学习任务中几乎没有用处。该模型可能会利用数据集中所包含的强烈偏差，如果这种偏差不再存在，模型就会失败。Wallach 和 Heifets 表明，在药物发现领域中，使用的许多学习方法都在学习数据集中包含的特定偏差[52]，例如，Bottcu 提出的虚假相关性。也许，如果模型可以学习跨数据集更多不变的特征，例如，更接近化学物理学的东西，那么学习在各种学习任务中有用的表征的机会就会更高。更多不变性的特征可以改进迁移学习（从大型数据集构建模型，然后使用更小的数据集为另一个应用程序微调模型），甚至在没有额外训练数据可用的情况下进行外推。学习化学不变性还为改进更大系统的建模提供了机会，例如基于蛋白质结构的机器学习，并且在应用于生物制剂终点或蛋白质折叠预测时可能会增加 ML 的可行性。

尽管预测物理端点仍然是一个有价值的研究方向，但仍需要做大量工作来进一步验证深度学习在当前形式下充分近似物理方面的有用性。本节中提及的例子，展示了根据自然化学中发现的不变性以及其可以提供的泛化改进来设计架构的价值。更接近基础化学物理学的更强的归纳偏置可能会在各种应用程序和数据集上带来更好的性能。

15.5　数据方面的考虑

在几乎任何应用程序或领域中，数据质量和数量都是构建良好模型的首要考虑因素。除了影响模型优劣之外，数据还直接影响学习表征的质量；因此，至少简要地考虑数据对表征质量的影响是有价值的。因为学习表征是数据驱动的，所以其质量直接取决于数据质量。在整理数据时必须慎之又慎，以确保数据正确，并且验证集对于模型的严格测试仍然有用。Wu 等人讨论了如何将分子数据集拆分为训练集和验证集时必须精心与慎重[69]。例如，如果具有非常相似骨架的分子同时出现在训练集和验证集中，则验证可能不会发现这些特定骨架上的过度拟合。此外，神经网络非常灵活，学习到的潜在表征高度依赖于呈现给网络的分子的数量和种类。因此，由于化学空间的广阔，基本上所有的化学库都会包含一些偏差。在选择训练数据和将训练模型应用于新数据时都应小心谨慎。

分子的性质也非常依赖于环境。例如，与另一种蛋白质结合相比，在一种蛋白质中特定分子的结合可能非常不同，并且来自多种测定的混杂数据可能是灾难性的。众所周知，由于温度、压力、材料以及实验的几乎任何其他组成部分或条件的细微变化，实验室的实验也很难再现。已发表的实验也因缺乏足够的分析细节而难以重现[70]。即使在不同的实验室进行同样的实验，或者在不同的时间进行同样的实验，也可能不一致，而且专业测量的实验数据可能仍然存在噪声。此外，公开可用的数据在质量上通常参差不齐。由于存在许多原则，需要对数据进行适当处理，我们鼓励读者浏览相关文献，以获取与特定数据集相关的见解[70-72]。

在药物发现和其他领域的化学发现和开发研究中，经常出现的另一个问题与数据集中分子的多样性有关。筛选库通常被开发为包含多种化学物质样本，以帮助最大限度地提高发现的命中率，或者在发现多个命中的情况下找到具有不同骨架的命中。然而，挑战在于多样性的定义很松散，并且可以使用各种度量指标以多种不同的方式进行评估。同样具有挑战性的是，要知道多样性是否有助于在一个端点的背景下学习一个稳健的模型。学习表征的一个优点是由数据驱动的，并且可以在训练分布的环境中进行比较。通过计算通用距离度量和使用本章中描述的学习特征化方法生成的表征，来比较测量分子之间的相似性。在大多数情况下，学习到的表征是连续的，并且可以使用 Tanimoto、Euclidean 和 cosine 相似度度量来计算距离。学习型表征的降维也可用于可视化相似性。Popova 等人展示了降维的示例，以及具有相似属性的分子是如何组合在一起的[73]。使用学习型表征测量相似性，还可以告知研究人员哪些分子可能离训练数据最远，因此，这将有助于将这些数据添加到训练数据集中，并将有助于建模。

15.6　挑战和展望

在应用模型时，重要的是要记住：插值与外推是我们对模型的期望。大多数深度学习都是高度插值的，在验证或部署模型时做出的一个关键假设是，输入到模型的化学空间分布与训练数据包含在相同的分布内。构建更鲁棒模型的策略，包括增加训练数据的大小和种类，但许多端点的大型数据集并不总是容易获得。化学中的许多数据集都相对较小，当数据较少时，利用其他更大的数据集来提高应用程序性能的能力可能具有变革性。表征学习的一个关键好处是其能够帮助促进迁移学习。然而，化学迁移学习仍然具有挑战性[54]。在评估迁移学习是否是对化学数据集的合理期望时，一个关键问题是，我们可以期望模型学习哪些可以迁移到其他系统的模式？例如，在蛋白质-配体结合中，结合机制因蛋白质而异。在一种蛋白质系统中，相关的蛋白质和配体之间大多数是相互作用的，而在另一种蛋白质系统中可能毫无用处。

通过对大量数据进行预训练，然后，再通过几个新示例的应用，对已经训练好的网络进行微调，以获得新的应用程序，这在图像识别方面取得了成功。在迁移学习中，我们假设模式在任务中是常见的，并且学习到的特征是不变的，即它们可以在不同的数据中提取相同的模式。在上面关于受物理学启发架构的讨论中，我们提到更接近物理原理可能有助于迁移学习。在极端情况下，如果我们想象有可能完美地逼近物理学原理，那么我们将有效地学习到一个可以轻松执行零样本迁移学习的模型。当然，逼近到物理学精度的那种程度，目前尚不可能。然而，我们可以考虑可能有助于逼近物理学的情况，并思考探索改进近似的方向。

建立更接近物理学模型在科学上是很有趣的，并且可能有助于学习更多不变的特征，但当前的深度学习方法可能不足以学习到这些特征。例如，上面描述的大多数架构都会产生分布式向量，这在物理上可能是没有意义的。即使特别鼓励分离潜在变量，例如在VAE中，我们既没有任何直接地控制变量的表达方式，也没有充分的方法来解释变量之间的因果关系。学习因果关系是当前正在进行的ML研究的一个令人兴奋的分支。考虑到因果关系和物理学之间根深蒂固的联系，类似的问题和研究方向可能在化学机器学习中特别相关。无论采取何种方向，强调物理学，无论是直接学习物理还是至少用于帮助验证ML模型，都将在未来将ML应用于化学时发挥重要作用。

15.7　结论

直接从数据中学习分子表征既简化了化学机器学习模型的开发，又可以大大提高训练模型的实用性。表征输入分子的方法有很多种，包括3D空间中的图形或点，并且可以使用几种不同的架构系列，每个架构系列都适合于从不同形式的输入中学习，可用于学习最少处理的数据。无论使用哪种架构，深度学习或任何其他形式的化学建模的目标都是开发更有用的工具，以帮助新化学物质的设计和应用，以及促进科学的进一步发展。与许多其他形式的机器学习相比，深度学习的一个优势是其能够直接从数据中学习表征的能力，而无需依赖于专业精心策划的特征，因为这些特征可能缺乏普适性，或者难以获得。

迄今为止，文献中发表的大多数模型都受到其他领域开发模型的启发，即图像识别模型和语言模型，但可能并不总是很适合化学任务。迁移学习就属于这样的一个研究领域，在其他领域取得的成功，但在化学领域尚未达到同样的程度。以物理为灵感的架构是一个很有前途的研究方向，它可能会产生更鲁棒和更强大的模型，也可能有助于更可靠的外推。目前，以物理为灵感的架构大多比较保守，包括物理学方面，迄今为止也仅在小型系统中进行过测试，因此，尚需做更多的工作。

深度学习是目前学习分子表征的主要方法。因此，深度学习的所有挑战和弱点都与我们的化学模型相关，包括需要大型训练集、架构对超参数的敏感性，以及应用于适用范围以外的新数据时的脆弱性。目前尚不清楚深度学习是否是学习分子表征的最佳范式，正如迁移学习的难度所见，物理学将继续在验证表征的有用性和进一步启发未来的学习算法方面发挥重要作用。抛开深度学习的局限性不谈，从原始数据中学习表征的影响是显而易见的，许多新方法和应用程序都是利用这些方法发布的，并以相对低的计算成本来实现高精度的属性与预测。

致谢

作者感谢 Robert Abel、Kyle Marshall 和 Shawn Watts 对手稿的有益反馈，感谢 Chandler Watson 确认有趣的和相关的文献。

参 考 文 献

[1] J. Smith, B. Nebgen, R. Zubatyuk, N. Lubbers, C. Devereux, K. Barros, S. Tretiak, O. Isayev and A. Roitberg, *Nat. Commun.*, 2019, 10, 2903.

[2] A. S. Christensen, T. Kubař, Q. Cui and M. Elstner, *Chem. Rev.*, 2016, **116**, 5301-5337.

[3] A. Cherkasov, E. N. Muratov, D. Fourches, A. Varnek, I. I. Baskin, M. Cronin, J. Dearden, P. Gramatica, Y. C. Martin, R. Todeschini, V. Consonni, V. E. Kuz'min, R. Cramer, R. Benigni, C. Yang, J. Rathman, L. Terfloth, J. Gasteiger, A. Richard and A. Tropsha, *J. Med. Chem.*, 2014, **57**, 4977-5010.

[4] G. Sliwoski, S. Kothiwale, J. Meiler and E. W. Lowe, *Pharmacol. Rev.*, 2014, **66**, 334-395.

[5] J. Gilmer, S. Schoenholz, P. Riley, O. Vinyals and G. Dahl, presented in part at ICML, Sydney, Aug., 2017.

[6] K. Yang, K. Swanson, W. Jin, C. Coley, P. Eiden, H. Gao, A. Guzman-Perez, T. Hopper, B. P. Kelley, M. Mathea, A. Palmer, V. Settels T. S. Jaakkola, K. F. Jensen and R. Barzilay, 2019, DOI: 10.26434/chemrxiv.7940594.v1.

[7] A. Cereto-Massagué, M. J. Ojeda, C. Valls, M. Mulero, S. Garcia-Vallvé and G. Pujadas, *Methods*, 2015, **71**, 58-63.

[8] D. Rogers and M. Hahn, *J. Chem. Inf. Model.*, 2010, **50**, 742-754.

[9] Dalke Scientific, http://www.dalkescientific.com/writings/diary/archive/ 2014/10/17/maccs_key_44.html, （accessed Nov 2019）.

[10] D. Duvenaud, D. Maclaurin, J. Iparraguirre R. Bombarell, T. Hirzel, A. Aspuru-Guzik and R. Adams, presented in part at NIPS, *Montréal*, 2015.

[11] M. H. S. Segler, M. Preuss and M. P. Waller, Nature, 2018, **555**, 604-610.

[12] D. T. Ahneman, J. G. Estrada, S. Lin, S. D. Dreher and A. G. Doyle, *Science*, 2018, **360**, 186-190.

[13] D. A. Winkler, *Briefings Bioinf.*, 2002, **3**, 73-86.

[14] H. Moriwaki, Y.-S. Tian, N. Kawashita and T. Takagi, *J. Cheminf.*, 2018, **10**, 4.

［15］ L. Z. Benet, C. M. Hosey, O. Ursu and T. I. Oprea, *Adv. Drug Delivery Rev.*, 2016, **101**, 89-98.

［16］ P. Jain and S. H. Yalkowsky, *Int. J. Pharm.*, 2010, **385**, 1-5.

［17］ M. Karelson, V. S. Lobanov and A. R. Katritzky, *Chem. Rev.*, 1996, **96**, 1027-1044.

［18］ E. Eroğlu, H. Türkmen, S. Güler, S. Palaz and O. Oltulu, *Int. J. Mol. Sci.*, 2007, **8**, 145-155.

［19］ P. Sarmah and R. C. Deka, *J. Comput.-Aided Mol. Des.*, 2009, **23**, 343-354.

［20］ G. Fayet, D. Jacquemin, V. Wathelet, E. A. Perpète, P. Rotureau and C. Adamo, J. Mol. *Graphics Modell.*, 2010, **28**, 465-471.

［21］ R. Todeschini and V. Consonni, *Molecular Descriptors for Chemoinformatics*, Wiley-VCH, Weinheim, 2009.

［22］ S. Winiwarter, M. Ridderström, A.-L. Ungell, T. B. Andersson and I. Zamora, *Comprehensive Medicinal Chemistry II*, Elsevier, 2007, pp. 531-554.

［23］ K. Roy, S. Kar and R. N. Das, *Understanding the Basics of QSAR for Applications in Pharmaceutical Sciences and Risk Assessment*, Elsevier, 2015, pp. 47-80.

［24］ A. Krizhevsky, I. Sutskever and G. Hinton, presented in part at NIPS, Lake Tahoe, Dec., 2012.

［25］ K. He, X. Zhang, S. Ren and J. Sun, presented in part at IEEE ICCV, Santiago, Chile, 2015.

［26］ T. Luong, H. Pham and C. D. Manning, presented in part at Conference on Empirical Methods in Natural Language Processing, Lisbon, 2015.

［27］ T. Karras, S. Laine and T. Aila, *arXiv*：*1812.04948*.

［28］ D. Silver, J. Schrittwieser, K. Simonyan, I. Antonoglou, A. Huang, A. Guez, T. Hubert, L. Baker, M. Lai, A. Bolton, Y. Chen, T. Lillicrap, F. Hui, L. Sifre, G. van den Driessche, T. Graepel and D. Hassabis, *Nature*, 2017, **550**, 354-359.

［29］ N. Aafaq, A. Mian, W. Liu, S. Z. Gilani and M. Shah, *ACM Comput. Surv.*, 2019, **52**, 1-37.

［30］ E. Zakharov, A. Shysheya, E. Burkov and V. Lempitsky, *arXiv*：*1905.08233*.

［31］ R. Gómez-Bombarelli, J. N. Wei, D. Duvenaud, J. M. Hernández-Lobato, B. Sánchez-Lengeling, D. Sheberla, J. Aguilera-Iparraguirre, T. D. Hirzel, R. P. Adams and A. Aspuru-Guzik, *ACS Cent. Sci.*, 2018, **4**, 268-276.

［32］ X. Yan, J. Yang, K. Sohn and H. Lee, *presented in part at ECCV*, Amsterdam, Dec., 2016.

［33］ D. Berthelot, C. Raffel, A. Roy and I. Goodfellow, *arXiv*：*1807.07543*.

［34］ Y. Bengio, A. Courville and P. Vincent, *IEEE Trans. Pattern Anal. Mach. Intell.*, 2013, **35**, 1798-1828.

［35］ D. Duvenaud, D. Maclaurin, J. Iparraguirre, R. Bombarell, T. Hirzel, A. Aspuru-Guzik and R. Adams, presented in part at NIPS, Montréal, 2015.

［36］ S. Kearnes, K. McCloskey, M. Berndl, V. Pande and P. Riley, *J. Comput.-Aided Mol. Des.*, 2016, 30, 595-608.

［37］ M. K. Matlock, N. L. Dang and S. J. Swamidass, *ACS Cent. Sci.*, 2018, **4**, 52-62.

［38］ I. Wallach, M. Dzamba and A. Heifets, *arXiv*：*1510.02855*.

［39］ M. Ragoza, J. Hochuli, E. Idrobo, J. Sunseri and D. R. Koes, *J. Chem. Inf. Model.*, 2017, **57**, 942-957.

［40］ N. Thomas, T. Smidt, S. Kearnes, L. Yang, L. Li, K. Kohlhoff and P. Riley, *arXiv*：*1802.08219*.

［41］ G. Goh, N. Hodas, C. Siegel and A. Vishnu, *arXiv*：*1712.02034*.

［42］ C. D. Manning and D. Hudson, presented in part at ICML, Vancouver, Canada, 2018.

［43］ A. Graves, G. Wayne, M. Reynolds, T. Harley, I. Danihelka, A. Grabska-Barwińska, S. G. Colmenarejo, E. Grefenstette, T. Ramalho, J. Agapiou, A. P. Badia, K. M. Hermann, Y. Zwols, G. Ostrovski, A. Cain, H. King, C. Summerfield, P. Blunsom, K. Kavukcuoglu and D. Hassabis, *Nature*, 2016, **538**, 471-476.

［44］ M. Hirohara, Y. Saito, Y. Koda, K. Sato and Y. Sakakibara, *BMC Bioinf.*, 2018, **19**, 526.

［45］ Z. Xu, S. Wang, F. Zhu and J. Huang, presented in part at the 8th ACM International Conference on

Bioinformatics,Computational Biology,and Health Informatics-ACM-BCB, Boston, 2017.

[46] C. Doersch, *arXiv*: *1606.05908*.

[47] M. Olivecrona, T. Blaschke, O. Engkvist and H. Chen, *J. Cheminf.*, 2017, **9**, 48.

[48] A. Zhavoronkov, Y. A. Ivanenkov, A. Aliper, M. S. Veselov, V. A. Aladinskiy, A. V. Aladinskaya, V. A. Terentiev, D. A. Polykovskiy, M. D. Kuznetsov, A. Asadulaev, Y. Volkov, A. Zholus, R. R. Shayakhmetov, A. Zhebrak, L. I. Minaeva, B. A. Zagribelnyy, L. H. Lee, R. Soll, D. Madge, L. Xing, T. Guo and A. Aspuru-Guzik, *Nat. Biotechnol.*, 2019, **37**, 1038-1040.

[49] J. M. L. Ribeiro, P. B. Collado, Y. Wang and P. Tiwary, *arXiv*: *1802.03420*.

[50] O. Vinyals, S. Bengio and M. Kudler, presented in part at ICLR, San Diego, 2015.

[51] Z. Wu, S. Pan, F. Chen, G. Long, C. Zhang and P. S. Yu, *arXiv*: *1901.00596*.

[52] I. Wallach and A. Heifets, J. Chem. Inf. Model., 2018, **58**, 916-932.

[53] K. McCloskey, A. Taly, F. Monti, M. P. Brenner and L. Colwell, *arXiv*: *1811.11310*.

[54] S. Ramsundar, P. Kearnes, S. Riley, D. Webster, D. Konerding and V. Pande, *arXiv*: *1502.02072*.

[55] K. Mills, M. Spanner and I. Tamblyn, *Phys. Rev. A*, 2017, **96**, 042113.

[56] B. Anderson, T.-S. Hy and R. Kondor, *arXiv*: *1906.04015*.

[57] R. Kondor, H. T. Son, H. Pan, B. Anderson and S. Trivedi, *arXiv*: *1801.02144*.

[58] R. Kondor, *arXiv*: *1803.01588*.

[59] J. S. Smith, O. Isayev and A. E. Roitberg, *Chem. Sci.*, 2017, **8**, 3192-3203.

[60] J. Gomes, B. Ramsundar, E. N. Feinberg and V. S. Pande, *arXiv*: *1703.10603*.

[61] Y. Levine, D. Yakira, N. Cohen and A. Shashua, presented in part at ICLR, Vancouver, 2018.

[62] K. Schütt, P.-J. Kindermans, H. E. S. Felix, S. Chmiela, A. Tkatchenko and K.-R. Müller, presented in part at NIPS, Long Beach, 2017.

[63] M. Lutter, C. Ritter and J. Peters, presented in part at ICML, New Orleans, 2019.

[64] M. Schmidt and H. Lipson, *Science*, 2009, **324**, 81-85.

[65] D. Pfau, J. S. Spencer, A. G. D. G. Matthews and W. M. C. Foulkes, *arXiv*: *1909.02487*.

[66] A. V. Sinitskiy and V. S. Pande, *arXiv*: *1908.00971*.

[67] K. T. Schütt, M. Gastegger, A. Tkatchenko, K.-R. Müller and R. J. Maurer, *arXiv*: *1906.10033*.

[68] L. Bottou, presented in part at ICLR, New Orleans, 2019.

[69] Z. Wu, B. Ramsundar, E. N. Feinberg, J. Gomes, C. Geniesse, A. S. Pappu, K. Leswing and V. Pande, Chem. Sci., 2018, **9**, 513-530.

[70] T. Kalliokoski, C. Kramer, A. Vulpetti and P. Gedeck, *PLoS One*, 2013, **8**, e61007.

[71] M. Baker, *Nature*, 2016, **533**, 452-454.

[72] G. Papadatos, A. Gaulton, A. Hersey and J. P. Overington, *J. Comput.-Aided Mol. Des.*, 2015, **29**, 885-896.

[73] M. Popova, O. Isayev and A. Tropsha, *Sci. Adv.*, 2018, **4**, eaap7885.

第 16 章

揭开人工神经网络作为新化学知识产生者的神秘面纱：以抗疟药物发现研究为例

ALEJANDRO SPECK-PLANCHE[*a] 和 VALERIA V. KLEANDROVA[b]

[a] 智利，圣地亚哥，圣华金，机构研发促进计划，大都会理工大学，Ignacio Valdivieso 2409；
[b] 俄罗斯联邦，莫斯科，莫斯科国立食品生产大学食品生产质量与技术基础与应用研究实验室，Volokolamskoe 街道 11，125080

[*]Email: alejspivanovich@yahoo.es

16.1 引言

随着机器学习（machine learning，ML）方法和计算模型的出现，药物发现经历了一个不断变化和进化的过程，这些方法和模型在大多数现代科学项目中至关重要[1]。如今，ML 方法在数据挖掘和虚拟筛选等领域的重要作用已经确立[1-3]。其中，人工神经网络（artificial neural networks，ANNs）已成为人们关注的焦点，特别是由于深度学习等革命性子领域的出现[4]。事实上，在早期的药物发现中，ANNs 在具有所需性质的分子从头设计中有着令人印象深刻的应用[5-8]。

然而，当前 ANNs 的效率和成功与非常高的计算成本以及研究人员必须具备的高级编程 / 编码技能密切相关；后者可能需要太多时间才能掌握。除了这些限制之外，另外两个障碍阻止了在药物发现中充分利用 ANNs。一方面，基于 ANNs 的计算模型由于缺乏可解释性而继续被视为黑匣子；它们无法对打算设计和 / 或预测的数据库中化学品的物理化学性质和 / 或结构特征提供清晰的解释。另一方面，专注于 ANNs 的计算机模拟模型考虑了药物发现过程的特定阶段（通常是药理活性领域）。考虑到药物发现的多尺度性质和需要过滤的巨大化学空间（10^{60} 种中小型有机化合物）[9]，最大的挑战之一是开发基于 ANNs 的模型，该模型可以集成多种生物数据，并设计出看似具有强活性、低毒性和合乎需要的药代动力学特性的新的分子实体。

在过去的七年中，几个研究小组集中精力创建了一系列计算工具，称为定量结构 - 生物效应关系的多尺度模型（multi-scale models for quantitative structure-biological effect relationships，ms-QSBER）[10]。这些模型可以整合不同来源的数据，允许针对复杂程度不同的许多靶标，同时预测多个生物学终点。从这个意义上说，ms-QSBER 模型（其中一些基于 ANNs）已成功应用于不同的研究领域，例如癌症研究[11]、传染病[12-22]、纳米医学和纳米毒理学[23-27]、免疫

学和免疫毒性 [28-31] 以及神经科学 [32-35] 等。此外，多尺度从头药物设计 [36] 已成为一种令人鼓舞的范式。该范式结合了 ms-QSBER 模型的预测能力、化学推理和基于片段的药物发现的概念，以加速合理设计实际上表现出高活性、低毒性和非常好的药代动力学性质的分子 [37]。然而，目前 ANNs 在 ms-QSBER 模型中的应用仅限于执行虚拟筛选任务。

考虑到之前的所有想法，本章旨在证明基于 ANNs 的计算模型可以以化学友好的方式使用，以加速设计在临床前水平上几乎全新、有效和安全疗法的分子实体。由此，我们报道了第一个基于 ANNs 集成的 msQSBER 模型（ms QSBER EL），该模型致力于执行潜在活性和安全抗菌剂的虚拟设计和预测。在此，将抗疟药物的发现用作案例研究，原因有很多。首先，疟疾是人类已知的最古老的疾病之一，其死亡率和发病率都很高；2016 年，全世界共发生 2.16 亿疟疾病例，其中 44.5 万例死亡 [38]。其次，目前使用的抗疟治疗药物的效果有所下降，因为恶性疟原虫已对抗疟药物产生耐药性。目前广泛认为恶性疟原虫是疟疾的主要病原体 [39]。最后，人们对使用抗疟药物引起的不良反应也表示严重关切 [40]。

16.2　材料和方法

16.2.1　数据集和分子描述符

目前，关于 ms-QSBER 模型的开发已有很多报道 [13-17, 37, 41]，因此，本章将仅解释这项工作的具体实施过程。用于构建 ms-QSBER-EL 模型的所有化学和生物数据，均以 Microsoft Excel 兼容文件的形式，从 ChEBML 数据库 [42-44] 中提取。本研究中使用的数据集包含了 18798 种不同的药物 / 化学品，属于许多不同类型的化学家族。每个分子都通过了考虑 7 种生物效应（活性、细胞毒性和药代动力学特性）中的 1 种，并针对 20 种靶标（包括蛋白质、恶性疟原虫株、哺乳动物细胞和肝微粒体）中的至少 1 种，进行实验分析。如果发现一个分子针对同一靶标进行了多次分析，并考虑相同的生物效应度量，则将其值取平均值。无论如何，请注意，本数据集中报告的大多数药物 / 化学品都是通过仅考虑一种生物效应测量并仅针对一个靶标进行的实验测试。因此，这里使用的数据集最终包含 21369 个统计实体，于是具有数据分散性很大的特点。尽管如此，上一节中提到的 ms-QSBER 模型的巨大成功，是基于其处理高度分散和异构数据的能力 [13-17, 37, 41, 45]。

数据集中的每个统计实体都被注释为正 $[BE_i(c_j)=1]$ 或负 $[BE_i(c_j)=-1]$，$BE_i(c_j)$ 是一个二元分类变量，描述了第 i 个实体 / 化学物质在实验条件 c_j 下的生物学效应。应该指出，定义的实验条件 c_j 取决于给定测定中报告的第 a 个生物效应测量值（me）和执行测定所针对的第 r 个目标（tg）。因此，每个实验条件都可以表示为 $c_j(me, tg)$。这项工作中使用的数据集包含 23 个独特的实验条件（元素 me 和 tg 的组合）。

表 16.1　本研究中使用的生物效应的不同截止值

生物效应测量（me）	截止值 a	概念	靶标（tg）
IC_{50}/（nmol/L）	≤ 370.0C	抑制 50% 的寄生虫生长所需的浓度	恶性疟原虫菌株
渗透性 /（μcm/s）	≥ 10	穿过细胞膜的渗透性	Caco-2、MDCK 和 MDR1-MDCK 细胞

生物效应测量（me）	截止值[a]	概念	靶标（tg）
PPB/%	≤ 85	与血浆蛋白结合的化学物质的百分比	来自小鼠、大鼠和人类的血浆
$t_{1/2}$_Lvm/h	≥ 0.6	将一种化学物质在肝微粒体中的浓度降低到其初始值的一半所需的时间	来自大鼠和人类的肝微粒体
$t_{1/2}$_Plm/h	≥ 1.5	将化学物质在血浆中的浓度降至其初始值的一半所需的时间	来自小鼠、大鼠和人类的血浆
CC$_{50}$/（nmol/L）	≥ 25000	细胞毒性浓度导致 50% 的活细胞死亡	来自仓鼠、小鼠、大鼠和人类的不同哺乳动物细胞
IC$_{50}$_HERG/（nmol/L）	≥ 10000	浓度导致 50% 的离子通道 HERG 抑制	被称为 HERG 的离子通道

[a] 被指定为阳性化学品的效应值。

通过考察表 16.1 中描述的不同截止值，已经实现了阳性和阴性例子的分配；有几个理由证明选择这些严格的截止值是合理的。其一，对从 ChEMBL 中提取的数据集进行的检查表明，有经 FDA 批准的药物报告中所具有生物效应，其值高于或低于临界值。这方面强调了所选截止值的重要性，因为如果从当前数据集派生的模型将查询分子预测为阳性（或阴性），则可以将其潜在的生物学效应与已报道的临床相关药物进行比较。其二，将化合物分配为阳性或阴性意味着采用分类方法而不是回归方法。与其回归模型相比，分类方法不需要预测数据集中不同性质的确切值，因此也不需要处理数据潜在的巨大不确定性。其三，本研究中选择的截止值防止了分配为阳性的分子数量与注释为阴性的分子数量之间的不平衡。最后，从现象学的角度来看，即使数据集中存在几种临床相关的抗疟药物，但 ms-QSBER-EL 模型的目的是同时预测和设计具有高抗疟活性、低细胞毒性的新化学物质和合乎需要的药代动力学特性。设计具有与抗疟药物不同的化学结构的新分子，表明了寻找抗疟活性的新作用机制，以及降低毒性和改善目前大多数抗疟药物中未发现的药代动力学特征的想法。

为了表征数据集中存在分子的化学结构，我们计算了称为总 [TnsAqk(x)] 和局部 [LnsAqk(x)Z] 基于非随机矩阵原子的二次指数的分子描述符[46]。已经证明，二次指数比通过组合流行程序（如 DRAGON）[48] 计算的几类分子描述符系列，显示了更强的判别能力[47]。二次指数可以根据以下数学形式计算：

$$TnsAq_k(x) = \sum_{i=1}^{n} \sum_{j=1}^{n} {}^{k}a_{ij} \cdot x_i \cdot x_j \tag{16.1}$$

$$LnsAq_k(x)Z = \sum_{i=1}^{n} \sum_{j=1}^{n} {}^{k}a_{ijZ} \cdot x_i \cdot x_j \tag{16.2}$$

在等式（16.1）和（16.2）中，元素 x 说明了任何原子物理化学性质，例如疏水性（hydrophobicity，HYD）、电负性（electronegativity，E）、原子量（atomic weight，AW）、极化率（polarizability，POL）和极性表面积（polar surface area，PSA）。同时，在等式（16.1）中，元素 ${}^{k}a_{ij}$ 表征了分子中任意两个原子之间的邻接关系，而在等式（16.2）中，${}^{k}a_{ijZ}$ 具有相似的含义，只是该参数侧重于特定类型的原子（Z）如氢键受体或供体、碳原子（脂肪族和芳香族）等。两类基于原子的二次指数都考虑了原子 i 及其在拓扑距离 d=k 处的化学环境（由第 j

个邻居组成）。

为了计算上述拓扑指数，将包含所有分子的SMILES代码的文件手动从*.txt更改为*.smi。之后，使用 Standardizer v19.18.0 软件将 SMILES 代码转换为 sdf 格式[49]。转换为 sdf 格式的唯一目的是获取每个分子的连通性表；没有使用额外的标准化操作。sdf 文件被用作通过 QuBiLS-MAS v1.0 软件[47,50]计算二次指数的输入。对于这样的计算，QuBiLS-MAS v1.0 软件采用了预定义的配置［代数形式：二次型；约束：基于原子；矩阵形式：非随机；最大阶数：6；截止：保留全部；基团：全部和局部（氢键受体、脂肪族碳原子、芳香族碳、末端甲基、卤素和杂原子）；性质：在上一段中已经提到；集合：Manhattan 距离］。

在等式（16.1）和（16.2）中，当通过考虑生物效应的多种测量并针对不同靶标进行测试时，二次指数无法区分分子的化学结构。幸运的是，ms-QSBER 模型通过应用 Box-Jenkins 运算符[17,37,51]来生成新的分子描述符，从而解决了这个问题。该描述符能够同时考虑化学结构和一组实验条件（例如：靶标、活性度量或毒性等），根据这些条件对分子进行分析：

$$avgQI(c_j) = \frac{1}{n(c_j)} \times \sum_{a=1}^{n(c_j)} QI_a \qquad (16.3)$$

在等式（16.3）中，$n(c_j)$ 是注释为阳性的分子数量。测定是在相同的实验条件 c_j 下进行的，即同时考虑相同的生物效应测量和相同的靶标[52]。此外，QI_a 是指任何二次指数（总指数或局部指数），而 $avgQI(c_j)$ 是在相同测定条件 c_j 下被指定为阳性并测试的所有分子的 QI_a 值的算术平均值。在与 Box-Jenkins 运算符的应用相关的第二步中，使用了以下表达式：

$$DQI_a(c_j) = \frac{QI_a - avgQI(c_j)}{(QI_{MX} - QI_{MN}) \times \sqrt{p(c_j)}} \qquad (16.4)$$

在等式（16.4）中，$DQI_a(c_j)$ 测量一个分子在结构上与一组指定为阳性的化学物质的偏离程度，所有这些化学物质都在相同的测定条件 c_j 下进行测试。另一方面，QI_{MX} 和 QI_{MN} 分别代表定义为不依赖于实验条件的分子描述符的最大值和最小值。最后，$p(c_j)$ 是在特定实验条件 c_j 下找到测试的化学物质的先验概率：

$$p(c_j) = \frac{n(c_j)}{N_T} \qquad (16.5)$$

在等式（16.5）中，元素 $n(c_j)$ 已在等式（16.3）中定义，N_T 是指训练集中存在的实体／化学品的总数。

16.2.2　构建 Ms-QSBER_EL 模型

图 16.1 描述了生成当前 ms-QSBER-EL 模型的步骤。由 21369 个实体／化学品形成的数据集被随机分成两个系列：训练集和测试集。训练集用于搜索最佳模型，由 6591 个被指定为阳性和 9571 个被注释为阴性的实体组成，总共 16162 个实体（占数据集的 75.63%）。测试集的目的是通过评估模型的预测能力来验证模型；该集合由 5207 个实体（24.37%）组成，其中 2064 个标注为阳性，3143 个标注为阴性。

为了找到最好的 ms-QSBER-EL 模型，测试了两种最流行的 ANNs 架构：径向基函数（radial

basis function，RBF）和多层感知器（multi-layer perceptron，MLP）。采用 STATISTICA v13.5.0.17 软件中的 ANNs 包，生成 ms-QSBER-EL 模型[53]。使用 ANNs 包时，执行第一次运行以评估三个要素的适当性：①最重要的 ANNs 架构；②最具影响力的分子描述符；③描述符之间的相关性。

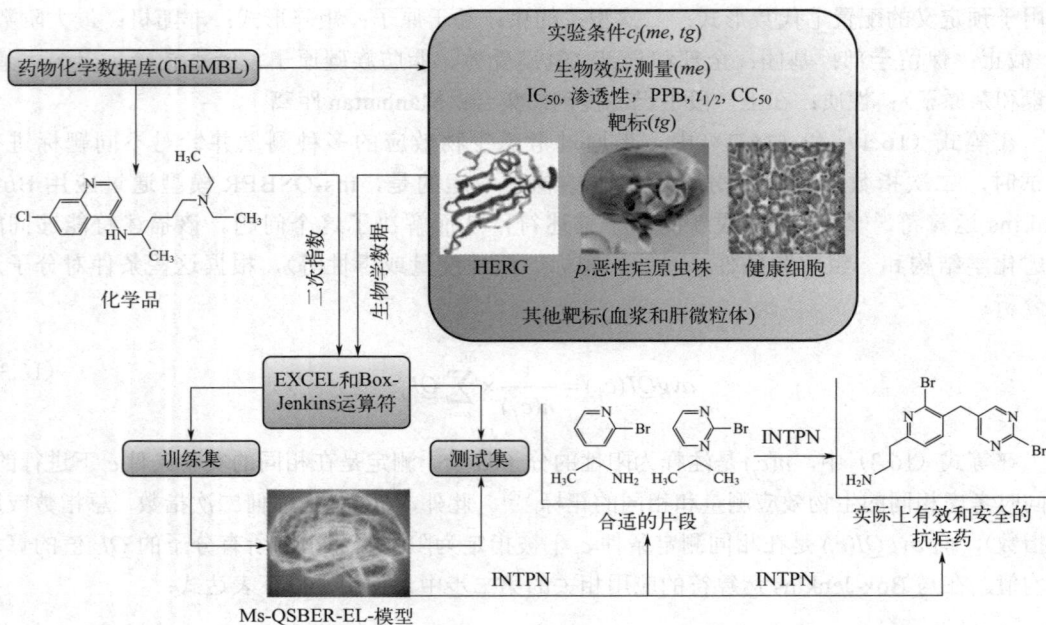

图 16.1　侧重于 ms-QSBER-EL 模型开发和应用的工作流程
缩写"INTPN"代表解释，从物理化学和结构的角度为每个分子描述符给出解释

　　一方面来，最重要的 ANNs 架构是通过分析训练和测试误差（尽可能低）和不同统计指标的值（设置尽可能高）来确定的，例如灵敏度[Sn (%)]，特异性[Sp (%)]、准确度[Ac (%)] 和 Matthews 相关系数（Matthews' correlation coefficient，MCC）[54]。这些统计指标用于估计 ms-QSBER-EL 模型的内部质量（训练集）和预测能力（测试集）。

　　另一方面，ms-QSBER-EL 模型中最具影响力的分子描述符通过敏感性分析进行评估，该分析由 STATISTICA v13.5.0.17 软件执行，也被用作变量选择策略，通过计算每个分子描述符的灵敏度/重要性值（sensitivity/importance Value，SV）来量化每个分子描述符的影响。关于这点，当使用缺失值程序估计分子描述符的值时，SV 被计算为在定义的 ANNs 中产生的误差，除以通过使用相同分子描述符的实际值在该 ANNs 中产生的误差。只有那些 $SV > 1$ 的分子描述符才被认为进入 ms-QSBER-EL 模型。此外，在选择最重要的描述符时，通过计算 Pearson 相关系数（Pearson's correlation coefficient，PCC）[55] 来评估它们之间的相关性，并且用于指示缺乏冗余/相关性的截止区间为 $-0.7 < PCC < 0.7$。

　　如前言部分所定义，缩写"ms-QSBER-EL"代表与集成学习相结合的定量结构-生物效应关系的多尺度模型（multi-scale model for quantitative structure-biological effect relationships combined with ensemble learing）。因此，作为 ms-QSBER-EL 模型开发的最后一步，不是选择单个 ANNs，而是选择最佳的 ANNs 集成的方法。这是因为在解决特定问题时，通过提供一个共识的响应，基于不同 ANNs 集合的模型通常可以比创建单个 ANNs 执行得更好[56]。

16.3　结果与讨论

16.3.1　Ms-QSBER-EL 模型

在这项工作中开发的最佳 ms-QSBER-EL 模型，是由三个具有配置文件 MLP8-61-2、MLP8-67-2 和 MLP8-80-2 的人工神经网络组成的集合。第一个人工神经网络是通过使用隐藏层中的逻辑函数和输出层的 softmax 函数来构造的。第二个和第三个 ANNs 在隐藏层（双曲正切）中具有相同的激活函数。对于输出层，第二个 ANNs 使用逻辑函数，而对于第三个 ANNs，使用 softmax 函数。请注意，所有 ANNs 在输入层中都包含 8 个节点（分子描述符）。所有模型输出层中的 2 个数字都相同，因为它们都在预测生物效应分类变量 $[BE_i(c_j)]$ 的两个可能标签（值 -1 和 1）。在任何情况下，三个 ANNs 在其隐藏层中都有不同数量的神经元。ms-QSBER-EL 模型中存在的每个分子描述符的符号和定义，见表 16.2 中报告，而所有的化学和生物学数据详见**补充信息 16.1❶**。如果向作者提出需求，可以获得与这三个人工神经网络相对应的文件。

表 16.2　ms-QSBER-EL 模型中存在的分子描述符

分子描述符①	定义
$D[TnsAq6(AW)]c_j$	按原子量加权的 6 阶非随机（基于原子）二次指数总偏差
$D[LnsAq1(POL)A]c_j$	由极化率加权的 1 阶局部非随机（基于原子）二次指数的偏差。该描述符主要关注充当氢键受体的原子及其化学环境
$D[LnsAq4(AW)C]c_j$	由原子量加权的 4 阶局部非随机（基于原子）二次指数的偏差。该描述符主要关注脂肪族碳及其化学环境
$D[LnsAq2(E)G]c_j$	由电负性加权的 2 阶局部非随机（基于原子）二次指数的偏差。该描述符主要关注卤素及其化学环境
$D[LnsAq1(POL)G]c_j$	由极化率加权的 1 阶局部非随机（基于原子）二次指数的偏差。该描述符主要关注卤素及其化学环境
$D[LnsAq6(AW)M]c_j$	按原子量加权的 6 阶局部非随机（基于原子）二次指数的偏差。该描述符主要关注甲基及其化学环境
$D[LnsAq2(AW)P]c_j$	由原子量加权的 2 阶局部非随机（基于原子）二次指数的偏差。该描述符主要关注芳香碳及其化学环境
$D[LnsAq6(HYD)Y]c_j$	疏水性加权的 6 阶局部非随机（基于原子）二次指数的偏差。该描述符主要关注杂原子及其化学环境

① 所有这些描述符取决于化学结构和实验条件 c：后者提供了有关分析中使用的第 q 个生物效应测量值（me）和测试分子所针对的第 r 个靶标（tg）的信息。因此，c_j 可以表示为 c_j（me, tg）。

---

❶ 可提供电子版补充信息（electronic supplementary information，ESI）。请参阅 DOI 10.1039/9781839160233。

ms-QSBER-EL 模型在训练集中 $Ac(\%)=91.13\%$，这意味着 16162 个实体分子中有 14728 个被正确分类，而在测试集中相同的统计指标等于 89.86%（4679 个正确分类实体分子 /5207 中的化学品）。上一节提到的其他统计指标支持 ms-QSBER-EL 模型显示的良好性能。因此，在表 16.3 中，对于训练集和测试集，$Sn(\%)>85\%$，$Sp(\%)>90\%$。此外，统计量 MCC 高于 0.75。请注意，MCC 可以采用从 -1（预测不佳）到 +1（理想预测）的值，其中值 0 表示随机预测器。因此，可以推断，在此处开发的 ms-QSBER-EL 模型中，生物效应变量 $BE_i(c_j)$ 的观察值和预测值之间存在很强的收敛性。分类结果参见**补充信息 16.2❶**。

表 16.3　ms-QSBER-EL 模型的内部和外部性能测量

符号①	训练集	测试集
$N_{Positive}$	6591	2064
$CC_{Positive}$	5795	1769
$Sn(\%)$	87.92%	85.71%
$N_{Negative}$	9571	3143
$CC_{Negative}$	8933	2910
$Sp(\%)$	93.33%	92.59%
MCC	0.816	0.787

① $N_{Positive}$—注释为阳性的分子总数；$N_{Negative}$—注释为阴性的分子总数；$CC_{Positive}$—正确分类为阳性的分子；$CC_{Negative}$—正确分类为阴性的分子；$Sn(\%)$—灵敏度（正确分类为阳性的分子百分比）；$Sp(\%)$—特异性（正确分类为阴性的分子百分比）；MCC—相关系数。

应该注意的是，统计指数 $Sn(\%)$ 和 $Sp(\%)$ 仅反映了模型的全局性能。量值 $[Sn(\%)]c_j$ 和 $[Sp(\%)]c_j$ 是 ms-QSBER-EL 模型的局部性能度量，该度量取决于每个特定的实验条件 $c_j(me, tg)$。从**补充信息 16.3❶**获得的结果表明，$[Sp(\%)]c_j$ 在训练和测试集中 >84%，而 $[Sn(\%)]c_j$ 在大多数实验条件下表现出高于 75% 的值。对于数据集中报道的 23 个实验条件中，只有 3 个灵敏度的局部测量 $[Sn(\%)]c_j$ 表明性能较差。前两个实验条件涉及细胞毒性测定（测量 CC_{50}）MRC5 和 L929 细胞，而第三个实验条件侧重于确定人血浆中的半衰期。在任何情况下，23 个实验条件中，有 20 个（86.96%）被评估为具有高 $[Sn(\%)]c_j$ 和 $[Sp(\%)]c_j$，这一事实证明了 ms-QSBER-EL 模型集成和准确预测药物 / 化学品的抗疟活性、细胞毒性和药代动力学特征的能力。

16.3.2　适用域

ms-QSBEREL 模型执行的分类 / 预测的可靠性，是通过根据描述符空间方法定义其适用域来预估的 [57]。经典上，当使用由描述符空间定义的适用域时，训练集中的所有化合物都可使用，并且模型中存在的每个描述符的最大值和最小值划定不应超过边界；超出此类界限的任何化合物都将被视为超出适用域。在此，从描述符空间方法导出的适用域仅适用于训练集中由 ms-QSBER-EL 模型正确分类的那些化学品（**补充信息 16.3❶**）。使用有关 ms-QSBER-EL

---

❶ 可提供电子版补充信息（electronic supplementary information，ESI）。请参阅 DOI 10.1039/9781839160233。

模型中不同分子描述符的最大值和最小值的信息，将局部分数分配给每个分子描述符。当查询分子的描述符值在上述边界之间时，局部得分等于 1；否则，局部得分等于 0。随后，定义总得分（a total score，TSAD）为局部得分的总和。由于 ms-QSBER-EL 模型是由八个分子描述符构建的，因此认为只有那些 TSAD=8 的化合物在适用域内。

16.3.3　从分子描述符中收集物理化学和结构信息

如今，使用计算模型来执行大型和异构化学库的预测是一种常见的做法。其结果是，用于构建模型的分子描述符中包含的物理化学和结构信息经常被忽略，并且没有提供任何机制解释。在此项工作中开发的 ms-QSBER-EL 模型预测了非常复杂的数据，涉及多种类型的生物效应和不同的靶标。因此，不可能获得有关分子与靶标（例如蛋白质）或非分子（细胞、亚细胞成分和恶性疟原虫菌株）相互作用时发生的各种生物和 / 或生化过程的机制洞察力。然而，尽管 ms-QSBER-EL 模型的分子描述符没有考虑立体化学，但解释这些描述符可以帮助找到不同生物效应共有的二维分子模式，而不管其被测量的靶标是什么。此处的目的是从物理化学和结构的角度解释 ms-QSBER-EL 模型中存在的不同分子描述符，以便更好地了解化学品应具备的特性，以增加其抗疟作用活性，同时降低其细胞毒性并改善其药代动力学特征。从这个意义上说，本小节给出的解释将基于以下四个方面的结合：①分析每个分子描述符在 ms-QSBER-EL 模型中的影响；②阐释不同的分子描述符的变化趋势；③分子描述符的信息内容；④基于片段的分析的应用。第一个方面的内容如图 16.2 所示，其中分子描述符根据其灵敏度值（sensitivity values，SV）表达。分子描述符的 SV 值越高，其在 ms-QSBER-EL 模型中的影响就越大。

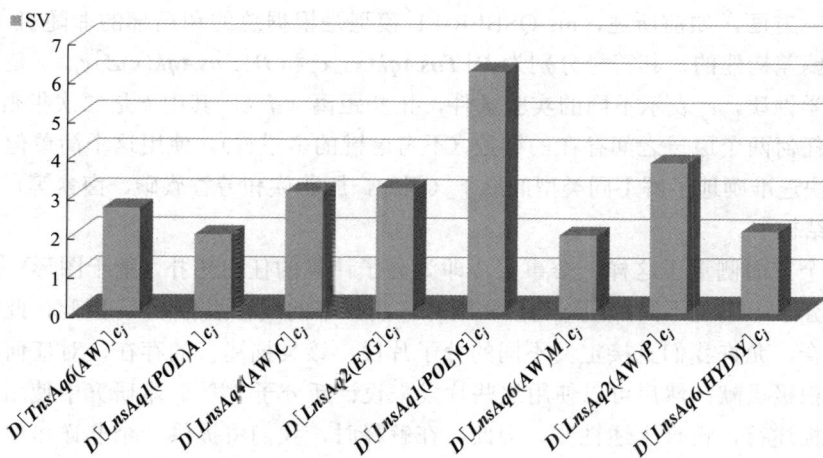

图 16.2　ms-QSBER-EL 模型中分子描述符的相对重要性

表 16.4 报道了第二个方面的内容。我们假设，通过比较基于类别的平均值的每个分子描述符，可以预估分子描述符应该如何变化，才可能导致抗疟活性增加、细胞毒性降低和 / 或药代动力学特性增强。这种涉及基于类别的平均值的方法，最初是由 Speck-Planche 及其同事提出并应用的，是作为从非线性模型中的分子描述符中收集信息的一种方法[58]。应该强调的是，上述方法仅适用于在训练集中被正确分类过的。总的来说，对于每个分子描述符，计算两个

平均值：一个用于指定并正确分类为阳性的一组化合物，另一个用于注释并正确分类为阴性的一组化学物质。通过每个分子描述符的两种方法的比较，使我们能够确定描述符值是应该增加还是减少。必须始终牢记，我们在这里处理的是非线性模型，因此，从分子描述符中阐明的这些变化趋势将是相对的。因此，此处使用的方法可能不会包含 ms-QSBER-EL 模型可能涵盖的整个化学空间。尽管如此，该方法旨在关注化学空间的特定区域，在该区域中可以找到具有所需特性的化合物，在此指的是具有潜在的活性和安全性的抗疟药物。

表 16.4　根据基于类别的均值方法来判断 ms-QSBER-EL 模型中分子描述符的变化趋势

符号	平均值		趋势①
	阳性	阴性	
$D[TnsAq6(AW)]c_j$	-0.005	0.116	减少
$D[LnsAq1(POL)A]c_j$	-0.011	0.162	减少
$D[LnsAq4(AW)C]c_j$	0.004	0.009	减少
$D[LnsAq2(E)G]c_j$	0.010	-0.043	增加
$D[LnsAq1(POL)G]c_j$	-0.002	-0.022	增加
$D[LnsAq6(AW)M]c_j$	-0.006	0.061	减少
$D[LnsAq2(AW)P]c_j$	-0.038	0.343	减少
$D[LnsAq6(HYD)Y]c_j$	-0.003	0.062	减少

① 趋势表示描述符值的变化（增加或减少），可同时导致抗疟活性的增加、细胞毒性的降低和药代动力学特性的改善。

关于第三方面，如前所述，ms-QSBER-EL 模型是根据总的和局部的非随机（基于原子）二次指数的偏差构建的，其符号分别为 $D[TnsAqk(x)]c_j$ 和 $D[LnsAqk(x)Z]c_j$。x 是上述任何原子的物理化学性质，c_j 表示不同的实验条件，拓扑距离（$d=k$，其中 k 是二次指数的第 k 阶）。拓扑距离是任何两个原子之间存在的键数（不考虑键的多重性）。使用这个简单但有用的概念有助于我们快速准确地了解不同类型的原子（例如，脂肪族和芳香族碳、卤素等）应如何分布在整个分子结构中。

最后一个方面侧重于这样一个事实，即为分子计算的任何拓扑（基于图形）描述符都可以表示为该分子中出现不同片段（连接和断开）的频率的线性组合[59]。因此，此属性为拓扑描述符的集合，允许我们直接定义不同的分子片段，该类描述符的存在，对任何拓扑索引值的变化都有积极贡献；然后可以使用这些片段来设计新分子[60-62]。本研究中使用的二次指数是一类拓扑描述符，符合上述性质。因此，在解释时，我们将提供一个非详尽但有用的片段列表，认为，这些片段对 ms-QSBER-EL 模型中每个分子描述符的相应变化做出积极贡献（参见图 16.3）。在此图中，我们专注于小分子片段，因此，仅表示基于拓扑距离 $d \leqslant 4$ 的描述符。而对于 $d \geqslant 4$ 的描述符，将不再提供基于片段的信息，尽管将解释所有这些物理化学和结构信息。

ms-QSBER-EL 模型中八分之四的描述符是基于原子量的，并已经表明，同时增加抗疟活性、降低细胞毒性和改善药代动力学特征的最重要因素是与空间体积相关的因素。请注意，作为一种性质，分子量与分子的大小有关。这些基于原子量的描述符将取决于分子中直接影响分子量的原子数，继而影响分子的大小。描述符 $D[TnsAq6(AW)]c_j$ 表征了拓扑距离等于 6 的任意两个原子的原子量的减少。这是模型中第五个最重要的描述符，该描述符也表明分子中的原子数量减少，而重原子（除氟之外的卤素）的数量应尽可能减少。在 $D[TnsAq6(AW)]c_j$ 收敛情况下，描述符 $D[LnsAq4(AW)C]c_j$（第四个最重要的）也表明任何两个原子的原子量之差，但在拓扑距离等于 4 的情况下，至少其中一个是脂肪族碳。这意味着脂肪族碳的数量应该减少，如果存在于一个分子中，则应该放置在相对于其他低原子量的原子（碳、氮或氧）的拓扑距离为 4 上。因此，如图 16.3 所示，非常需要芳香环和杂芳香环来减少脂肪族碳的存在，从而降低 $D[LnsAq4(AW)C]c_j$ 的值。第三个空间描述符是 $D[LnsAq6(AW)]c_j$，提供了关于由六个键（拓扑距离等于 6）隔开的任何两个原子的原子量减小的信息，其中至少一个原子是来自甲基的碳。该描述符在 ms-QSBER-EL 模型中影响最小，可以通过减少分子中甲基的数量来降低其值。最后，通过分析 $D[LnsAq2(AW)P]c_j$，我们建议放置在拓扑距离等于 2 处的任何两个原子（其中至少一个是芳香碳）的原子量应该减小。请注意，$D[LnsAq2(AW)P]c_j$ 是第二重要的分子描述符，脂肪族部分（或环）和杂芳环的存在有利于 $D[LnsAq2(AW)P]c_j$ 值的减小（参见图 16.3）。

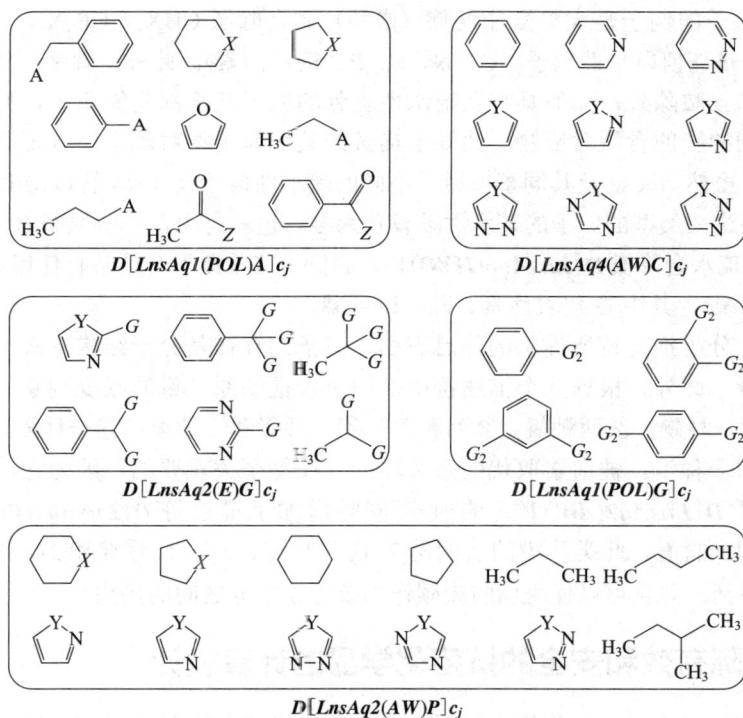

图 16.3　在具有有利贡献的分子片段的 ms-QSBER-EL 模型中的不同分子描述符

这里的符号代表：A=F、—OH 或—NH$_2$；X=O 或—NH—；Z=—OH 或—NH$_2$；Y=O 或—NH—；
G=F、Cl 或 Br；G$_2$=Cl、Br 或 I

除了基于原子量的四个二次指数外，另外两个描述符也提供空间信息。其中之一是 $D[LnsAq1(POL)A]c_j$，表征了分子极化率的降低，这取决于充当氢键受体的原子（及其相邻原子）的存在。通过将氟、氮和氧原子放在分子的外围，可以减少这个描述符（第七个最重要的影响因素）。在氮原子的特定情况下，优选属于脂肪族伯胺和仲胺的那些基团。另一个证实空间效应重要性的描述符是 $D[LnsAq1(POL)G]c_j$，他侧重于通过仅考虑卤素及其相邻原子来增加分子的极化率。请注意，这是 ms-QSBER-EL 模型中最重要的描述符（参见图 16.2），并且可以通过将卤素（特别是 Cl、Br 和 I）连接到芳香碳上来增加其值（见图 16.3）。

如 $D[LnsAq1(POL)G]c_j$ 所述，分子某些区域中卤素的存在对于提高抗疟活性、降低细胞毒性和增强药代动力学特性至关重要。此信息由 $D[LnsAq2(E)G]c_j$ 支持，其在 ms-QSBER-EL 模型中具有第三个重要影响因素。该描述符表示在任何两个原子（其中至少一个是卤素）之间的拓扑距离等于 2 的那些区域中电负性的增量。

最后，我们有 $D[LnsAq6(HYD)Y]c_j$ 描述符，该描述符表征了放置在拓扑距离等于 6 处的任何两个原子的联合疏水贡献的减少，其中一个原子是氮、氧、硫或磷。这个描述符在 ms-QSBER-EL 模型中是第六个重要影响因素。需要指出的是，术语"联合疏水贡献"是指任意两个原子的疏水性值的乘积。从这个意义上说，根据 Ghose 和 Crippen 报道的方法[63]，分子中的每个原子都由其相邻原子描述；氢原子和卤素原子根据其所连接的碳原子杂化和氧化状态进行分类，对于氢原子，进一步考虑在 α 位上连接到碳原子的杂原子。碳原子根据其杂化状态以及邻居是碳原子还是杂原子来进行分类[63]。

可以推断，根据其化学环境，有些原子的疏水性为负值，而其他原子的疏水性为正值。具有负贡献的原子的例子是大多数脂肪族（饱和）碳，除了 CHX_3、CR_2X_2、CRX_3 和 CX_4 形式的那些碳，X 是任何电负性原子（O、N、S、P、Se、卤素）。此外，吡咯、具有至少两个芳族取代基的胺和叔胺除外，其他具有负疏水性贡献的原子几乎都是氮原子。类似的规则可以适用于这里提到的胺的含氧对应物。此处未提及的其他原子将对疏水性有正贡献。对于芳族碳的具体情况，虽然 Ghose 及其同事报道了不同的疏水性值[63]，但这里 QuBiLS-MAS v1.0 软件的程序员却将这些类型的原子的疏水贡献设置为零。也就是说，一些原子对（在拓扑距离等于 6 处）的联合疏水会降低 $D[LnsAq6(HYD)Y]c_j$ 的值，这些原子对是带有任何氮或氧的 G（排除之前的例外情况），其中 G 代表卤素、硫、硒或磷。

总而言之，分子描述符所提供的信息表明，卤素的存在是分子结构中必不可少的，但必须限于外围区域。此外，根据八个描述符中的四个表征的原子量的减少判断，卤素可能以下面数量存在：①一种碘；②两种氯；③两种溴；④一种氯和一种溴；⑤一种氟和一种溴；⑥一种氟、一种氯和一种溴。被卤素取代的杂芳环的存在是至关重要的，因为它们减少了芳香碳的数量（降低了 $D[LnsAq2(AW)P]c_j$ 的值），同时增加了描述符 $D[LnsAq1(POL)G]c_j$ 和 / 或 $D[LnsAq2(E)G]c_j$ 的值。此类片段的实例是 2- 卤代吡啶、2- 卤代嘧啶和 2- 卤唑。另一方面，分子不应具有甲基，并且可以使用脂肪族碳作为杂芳族部分之间的接头。

16.3.4　实际有效和安全的抗疟化学品的计算设计

在预测外部化学库时，计算模型可以在一定程度上进行可靠的预测。这是因为实验数据通常包含与进行测定的条件有关的不确定性。然而，阻碍充分利用计算模型作为虚拟筛选工具的其他因素有：对适用域的定义缺乏共识，以及分子描述符的非普适性。后者意味着分子描述符只能表征高度多样化和复杂化学空间的一小部分。

同样重要的是要记住，大多数模型将根据预定值提供预测，这些值将对应于被预测的分子的描述符。在此类情况下，这些分子中的大多数可能不遵循模型的规则。这与适用范围或任何其他评估预测可靠性的方法无关；而与以下事实相关：在任何模型中，训练集中的分子描述符都具有不同程度的层次结构，并且在描述物理化学和结构特征的某种意义上体现了唯象学的意义，其特征需要进行根本性地修改，以改善研究中的生物效应。因此，如果化合物的分子描述符在模型中遵循如此程度的层次 / 重要性，则期望以更高的精度进行预测，其中理论预测应更好地匹配实验结果。尽管考虑分子描述符的层次程度是当前大多数致力于筛选大量数据集的模型所忽略的一个方面，但最近专注于基于片段拓扑设计的方法，强调了其在优化化学空间中的重要作用 [61, 64—67]。由于预测计算模型的分子描述符不能"控制"要预测的化学空间，因此，有人建议，为了在预测中实现更高的确定性，化学品必须根据模型中分子描述符的物理化学和结构解释来设计 [61, 64—67]。

　　为了证明这些建议的正确性，并评估 ms-QSBER-EL 模型对分子化学结构微小变化的敏感性，进行了以下实验。我们按照以下步骤设计了属于不同化学家族的十种不同分子（参见图 16.4）。其一，对于每个设计的分子，将上面提到的一些片段用作构建块或种子。其二，通过融合或连接片段来组装设计的分子。其三，在需要时，进行一系列的生物等排体替换，或者添加一些原子或官能团。最后，通过严格考虑 ms-QSBER-EL 模型（从 AMA-001 到 AMA-004、AMA-008 和 AMA-010）中分子描述符的联合解释，设计了一系列分子，而其他分子则从一些描述符（AMA-005 到 AMA-007 和 AMA-009）中检索到的解释来设计。

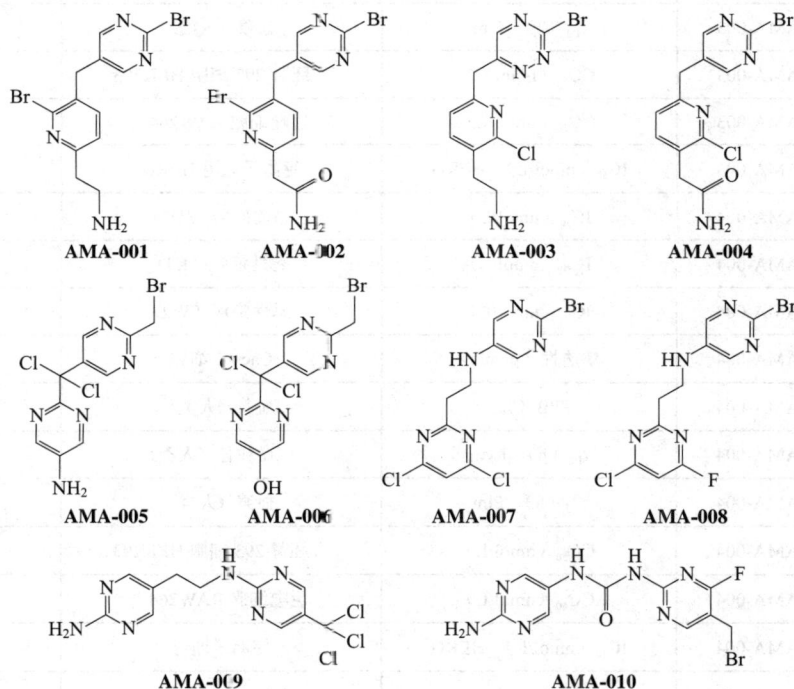

图 16.4　设计分子的化学结构

　　补充信息 16.4❶ 报道了所有设计分子的预测结果（包括应用领域）。此外，表 16.5 说明了此类预测结果汇总，从而允许快速比较不同分子的不同生物学特征。正如预期的那样，通常从 AMA-001 到 AMA-004 的分子被预测为非常有效和安全的抗疟药。然而，我们想强调的是，尽管出色地预测了这四种分子的生物学特征，但它们的彼此结构非常相似，在 RAW264.7 细胞上，预测分子 AMA-002 和 AMA-004 对所进行的细胞毒性试验呈阴性。这是因为在 AMA-

---

❶　可提供电子版补充信息（electronic supplementary information，ESI）。请参阅 DOI 10.1039/9781839160233。

002 的分子中，甲酰胺基团的存在对 $D[TnsAq6(AW)]c_j$ 是不利的，从而增加了该描述符的值（该描述符值原本必须减少）。而分子 AMA-004 也存在类似的情况，此外，该分子还含有嘧啶而不是 1, 2, 4- 三嗪，这会略微增加 $D[LnsAq2(AW)P]c_j$ 和 $D[LnsAq6(HYD)]c_j$ 的值（该描述符值原本也都必须减少）。

表 16.5 ms-QSBER-EL 模型对设计分子的预测

分子标识	me[①]	tg	$Pred\_BEi$（c_j）[②]
AMA-001 和 AMA-003	IC$_{50}$（nmol/L）	恶性疟疾（3D7）	1
AMA-001 和 AMA-003	IC$_{50}$（nmol/L）	恶性疟疾（K1）	1
AMA-001 和 AMA-003	IC$_{50}$（nmol/L）	恶性疟疾（W2）	1
AMA-001 和 AMA-003	渗透性（μcm/s）	Caco-2 细胞	1
AMA-001 和 AMA-003	PPB（%）	血浆（人类）	1
AMA-001 和 AMA-003	$t_{1/2}$（h）_Lvm	肝微粒体（人类）	1
AMA-001 和 AMA-003	$t_{1/2}$（h）_Plm	血浆（人类）	1
AMA-001 和 AMA-003	CC$_{50}$（nmol/L）	人胚肾 293 细胞 HEK293	1
AMA-001 和 AMA-003	CC$_{50}$（nmol/L）	巨噬细胞 RAW264.7	1
AMA-001 和 AMA-003	IC$_{50}$（nmol/L）_HERG	钾离子通道 HERG	1
AMA-002 和 AMA-004	IC$_{50}$（nmol/L）	恶性疟疾（3D7）	1
AMA-002 和 AMA-004	IC$_{50}$（nmol/L）	恶性疟疾（K1）	1
AMA-002 和 AMA-004	IC$_{50}$（nmol/L）	恶性疟疾（W2）	1
AMA-002 和 AMA-004	渗透性（μcm/s）	Caco-2 细胞	1
AMA-002 和 AMA-004	PPB（%）	血浆（人类）	1
AMA-002 和 AMA-004	$t_{1/2}$（h）_Lvm	肝微粒体（人类）	1
AMA-002 和 AMA-004	$t_{1/2}$（h）_Plm	血浆（人类）	1
AMA-002 和 AMA-004	CC$_{50}$（nmol/L）	人胚肾 293 细胞 HEK293	1
AMA-002 和 AMA-004	CC$_{50}$（nmol/L）	巨噬细胞 RAW264.7	-1
AMA-002 和 AMA-004	IC$_{50}$（nmol/L）_HERG	钾离子通道	1
AMA-005 和 AMA-006	IC$_{50}$（nmol/L）	恶性疟疾（3D7）	-1
AMA-005 和 AMA-006	IC$_{50}$（nmol/L）	恶性疟疾（K1）	-1
AMA-005 和 AMA-006	IC$_{50}$（nmol/L）	恶性疟疾（W2）	-1
AMA-005 和 AMA-006	渗透性（μcm/s）	Caco-2 细胞	-1
AMA-005 和 AMA-006	PPB（%）	血浆（人类）	-1
AMA-005 和 AMA-006	$t_{1/2}$（h）_Lvm	肝微粒体（人类）	-1
AMA-005 和 AMA-006	$t_{1/2}$（h）_Plm	血浆（人类）	-1
AMA-005 和 AMA-006	CC$_{50}$（nmol/L）	人胚肾 293 细胞 HEK293	-1

续表

分子标识	me[①]	tg	$Pred\_BEi$（c_j）[②]
AMA-005 和 AMA-006	CC_{50}（nmol/L）	巨噬细胞 RAW264.7	-1
AMA-005 和 AMA-006	IC_{50}（nmol/L）_HERG	钾离子通道 HERG	-1
AMA-007	IC_{50}（nmol/L）	恶性疟疾（3D7）	1
AMA-007	IC_{50}（nmol/L）	恶性疟疾（K1）	-1
AMA-007	IC_{50}（nmol/L）	恶性疟疾（W2）	1
AMA-007	渗透性（μcm/s）	Caco-2 细胞	1
AMA-007	PPB（%）	血浆（人类）	-1
AMA-007	$t_{1/2}$（h）_Lvm	肝微粒体（人类）	1
AMA-007	$t_{1/2}$（h）_Plm	血浆（人类）	-1
AMA-007	CC_{50}（nmol/L）	人胚肾 293 细胞 HEK293	1
AMA-007	CC_{50}（nmol/L）	巨噬细胞 RAW264.7	1
AMA-007	IC_{50}（nmol/L）_HERG	钾离子通道 HERG	1
AMA-008	IC_{50}（nmol/L）	恶性疟疾（3D7）	1
AMA-008	IC_{50}（nmol/L）	恶性疟疾（K1）	1
AMA-008	IC_{50}（nmol/L）	恶性疟疾（W2）	1
AMA-008	渗透性（μcm/s）	Caco-2 细胞	1
AMA-008	PPB（%）	血浆（人类）	1
AMA-008	$t_{1/2}$（h）_Lvm	肝微粒体（人类）	1
AMA-008	$t_{1/2}$（h）_Plm	血浆（人类）	-1
AMA-008	CC_{50}（nmol/L）	人胚肾 293 细胞 HEK293	1
AMA-008	CC_{50}（nmol/L）	巨噬细胞 RAW264.7	1
AMA-008	IC_{50}（nmol/L）_HERG	钾离子通道 HERG	1
AMA-009	IC_{50}（nmol/L）	恶性疟疾（3D7）	-1
AMA-009	IC_{50}（nmol/L）	恶性疟疾（K1）	-1
AMA-009	IC_{50}（nmol/L）	恶性疟疾（W2）	-1
AMA-009	渗透性（μcm/s）	Caco-2 细胞	-1
AMA-009	PPB（%）	血浆（人类）	-1
AMA-009	$t_{1/2}$（h）_Lvm	肝微粒体（人类）	1
AMA-009	$t_{1/2}$（h）_Plm	血浆（人类）	-1
AMA-009	CC_{50}（nmol/L）	人胚肾 293 细胞 HEK293	-1
AMA-009	CC_{50}（nmol/L）	巨噬细胞 RAW264.7	1

分子标识	me①	tg	$Pred\_BEi$（c_j）②
AMA-009	IC$_{50}$（nmol/L）_HERG	钾离子通道 HERG	-1
AMA-010	IC$_{50}$（nmol/L）	恶性疟疾（3D7）	1
AMA-010	IC$_{50}$（nmol/L）	恶性疟疾（K1）	1
AMA-010	IC$_{50}$（nmol/L）	恶性疟疾（W2）	1
AMA-010	渗透性（μcm/s）	Caco-2 细胞	1
AMA-010	PPB（%）	血浆（人类）	1
AMA-010	$t_{1/2}$（h）_Lvm	肝微粒体（人类）	1
AMA-010	$t_{1/2}$（h）_Plm	血浆（人类）	-1
AMA-010	CC$_{50}$（nmol/L）	人胚肾 293 细胞 HEK293	1
AMA-010	CC$_{50}$（nmol/L）	巨噬细胞 RAW264.7	1
AMA-010	IC$_{50}$（nmol/L）_HERG	钾离子通道 HERG	1

① 表 16.1 提供了不同生物效应测量的定义。

② 符号 $Pred\_BEi(c_j)$ 是指在给定实验条件 c_j 下生物效应分类变量 $[BE_i(c_j)]$ 的预测值。

对 AMA-005 和 AMA-006 的不利预测一点也不奇怪。首先，两个卤素原子出现在中心区域，而不是局限于分子的外围。这些卤素不利地增加了 $D[TnsAq6(AW)]c_j$ 的值。同时，这两个卤素原子连接到脂肪碳上，与将连接到芳香碳上的建议相反，将有利地增加 $D[LnsAq1(POL)G]c_j$ 的值。另一个重要的事实是，诸如氮和氧之类的电负性原子出现在不同于两个的拓扑距离处，从而降低了描述符 $D[LnsAq2(E)G]c_j$ 的值。

AMA-007 和 AMA-008 的预测生物学特征之间的差异是由于 AMA-008 中存在氟原子，这有利于提高 $D[LnsAq2(E)G]c_j$ 的值，同时也有望降低 $D[TnsAq6(AW)]c_j$ 的值。在 AMA-009 的情况下，根据建议，三个卤素原子位于分子的外围。然而，这三个氯原子的存在导致 $D[TnsAq6(AW)]c_j$ 的值显著增加。请注意，根据分子描述符物理化学和结构的联合解释，建议仅使用两个氯原子而不是三个。最后，AMA-010 与其他 9 种分子有很大不同，然而，除了对人血浆的半衰期外，预计该分子会表现出高活性、低细胞毒性和良好的药代动力学特性。也许一个简单的修改，例如切换卤素的位置，可以生成 AMA-010 的类似物，以改善预测的生物学特征。

设计分子的预测生物效应之间的差异，表明了用于开发 ms-QSBER-EL 模型的分子描述符的敏感性和辨别力。另一方面，很明显，分子的效应的每次预测不依赖于单个描述符，而是依赖于模型中存在的所有描述符的组合。无论如何，一些物理化学性质和结构特征比其他性质具有更大的影响，我们通过提供特定的描述符来解释它们，这些描述符对观察到的分子化学结构的差异负责，并将这些差异转化为不同的预测生物学特征。

最有希望的分子是从 AMA-001 到 AMA-004、AMA-008 和 AMA-010。由于其潜在的高抗疟活性、低细胞毒性和合乎需要的药代动力学特性，因此我们需要在著名的数据库 ChEMBL、ZINC[68] 和 ChemSpider[69] 中搜索了这些分子，例如，以便寻找相似的分子。对于 ≥ 0.8 的相似性截止值，仅发现一个匹配。从这个意义上说，分子 ChemSpider ID 51375502（化学数据库 ID 号 51375502）被鉴定为与分子 AMA-001 相似。然而，不同的结构方面支持这两种分子的化学差异。例如，分子 ChemSpider ID 51375502 包含一个 4- 溴嘧啶环（而不是分子 AMA-001 报告的关键片段 2- 溴嘧啶）。此外，分子 ChemSpider ID 51375502 在吡啶环中缺少第二个溴原子，替代的是乙基。最后，从 ms-QSBER-EL 模型中提取的理化和结构信息的角度来看，分子 ChemSpider ID 51375502 中的 4- 溴嘧啶环对描述符 $D[LnsAq2(E)G]c_j$ 的值增加略有不利影响。同时，缺失第二个溴原子也对 $D[LnsAq2(E)G]c_j$ 和 $D[LnsAq6(HYD)Y]c_j$ 的值产生了不利影响。最后，乙基中甲基部分的存在增加了 $D[LnsAq6(W)M]c_j$ 的值，其不利影响已在前面解释过。因此，原则上，分子 ChemSpider ID 51375502 虽然很有前景，但在抗疟活性和 / 或安全性方面应该略逊于分子 AMA-001。

16.3.5　类药性

通过验证是否符合 Lipinski 的五规则[70]来评估每个分子的类药性，该法则规定，为了表现出良好的口服生物利用度，一个分子应具有不超过 5 个氢键供体（hydrogen bond donors，HBD）、10 个或更少的氢键受体（hydrogen bond acceptors，HBA），分子量（molecular weight，MW）低于 500Da，辛醇 - 水分配系数（octanol-water partition coefficient，logP）不大于 5。Lipinski 的五规则变体表明 logP 在 −0.4 到 +5.6 范围内，摩尔折射率在 40 ～ 130cm³/mol 范围内，MW 在 180 ～ 480Da（道尔顿，Dalton）范围内，原子数（number of Atoms，nAT）从 20 到 70。此外，Veber 和同事建议，在分析化学品潜在的良好口服生物利用度时，只需考虑两个方面：极性表面积（polar surface area，PSA）低于 ≤ 140Å²，可旋转键数（number of rotatable bonds，RBN）≤ 10[71]。使用 AlvaDesc v1.0.14 软件计算了上述六种最有希望的分子（参见表 16.6）的所有上述特性[72]。从物理化学的角度来看，所有设计的分子都符合 Lipinski 的五规则及其变体五规则。

表 16.6　为设计分子计算的分子特性

ID[①]	HBD	HBA	MW /Da	MlcgP	AlogP	nAT	MR /(cm³/mol)	RBN	PSA /Å²
AMA-001	2	4	372.08	2.032	2.392	30	79.516	4	64.69
AMA-002	2	5	386.06	1.621	2.288	29	79.623	4	81.76
AMA-003	2	5	328.62	1.719	2.109	29	76.562	4	77.53
AMA-004	2	5	341.61	1.493	1.757	29	76.972	4	81.76
AMA-008	1	6	332.58	2.123	2.226	26	71.097	4	63.59
AMA-010	4	9	342.16	1.116	0.592	29	74.494	2	118.71

① HBD—氢键供体的数量；HBA—氢键受体的数量；MW（Da）—分子量（道尔顿）；MlogP—根据 Moriguchi 方法估算的分配系数（辛醇 / 水）的对数；AlogP—根据 Ghose-Crippen 方法估算的分配系数（辛醇 / 水）的对数；nAT—原子数；MR—摩尔折射率；RBN—可旋转键级的数量；PSA—仅考虑氮和氧原子的极性表面积。

16.4 结论

 疟疾是一个正在出现的且尚未解决的公共卫生问题，可以通过在药物发现中使用最先进的计算机药物研发方法来遏制。在这方面，计算工具对于优先寻找新型、有效和安全的抗疟药物至关重要。迄今为止报道的预测模型，应该超越筛选大型化学库的传统目的。必须特别注意从计算机模型中可以收集的物理化学和结构信息。本文中开发的 ms-QSBER-EL 模型，能够整合抗疟活性、细胞毒性和药代动力学特性，并表现出非常好的准确性。综合使用分子描述符的物理化学和结构解释，以及基于片段的分析，可以指导设计几乎全新的分子，并将其作为有效和安全的抗疟疾化学品，现在科学界可以利用这些化学品作为未来生物检测的潜在先导物。这项工作为创建用于发现抗疟疾药物的专一性化合物库开辟了新视野，并可更广泛地应用于治疗其他热带疾病药物的开发。

致谢

A. Speck-Planche 对所有在疟疾、毒理学和药代动力学领域工作的实验科学家表示感谢，他们的工作为数据库的编译提供了灵感，从而产生了创建目前的 ms-QSBER-EL 模型。

参考文献

[1] A. Lavecchia, *Drug Discovery Today*, 2015, **20**, 318.

[2] Y. C. Lo, S. E. Rensi, W. Torng and R. B. Altman, *Drug Discovery Today*, 2018, **23**, 1538.

[3] A. N. Lima, E. A. Philot, G. H. Trossini, L. P. Scott, V. G. Maltarollo and K. M. Honorio, Expert Opin. *Drug Discovery*, 2016, **11**, 225.

[4] L. Zhang, J. Tan, D. Han and H. Zhu, *Drug Discovery Today*, 2017, **22**, 1680.

[5] E. Putin, A. Asadulaev, Y. Ivanenkov, V. Aladinskiy, B. Sanchez-Lengeling, A. Aspuru-Guzik and A. Zhavoronkov, *J. Chem. Inf. Model.*, 2018, **58**, 1194.

[6] R. Gomez-Bombarelli, J. N. Wei, D. Duvenaud, J. M. Hernandez-Lobato, B. Sanchez-Lengeling, D. Sheberla, J. Aguilera-Iparraguirre, T. D. Hirzel, R. P. Adams and A. Aspuru-Guzik, *ACS Cent. Sci.*, 2018, **4**, 268.

[7] M. H. S. Segler, T. Kogej, C. Tyrchan and M. P. Waller, *ACS Cent. Sci.*, 2018, **4**, 120.

[8] A. Kadurin, S. Nikolenko, K. Khrabrov, A. Aliper and A. Zhavoronkov, *Mol. Pharm.*, 2017, **14**, 3098.

[9] W. Jahnke and D. A. Erlanson, *Fragment-based Approaches in Drug Discovery*, Wiley-VCH Verlag GmbH & Co. KGaA, Weinheim, Germany, 2006.

[10] A. Speck-Planche and M. N. D. S. Cordeiro, *Expert Opin. Drug Discovery*, 2015, **10**, 245.

[11] A. Speck-Planche and M. N. D. S. Cordeiro, in Bladder Cancer: Risk Factors, Emerging Treatment Strategies and Challenges, ed. S. Haggerty, Nova Science Publishers, *Inc.*, *New York*, **ch. 4**, 2014, pp. 71.

[12] V. V. Kleandrova, J. M. Ruso, A. Speck-Planche and M. N. D. S. Cordeiro, *ACS Comb. Sci.*, 2016, **18**, 490.

[13] A. Speck-Planche and M. N. D. S. Cordeiro, *Mini-Rev. Med. Chem.*, 2015, **15**, 194.

[14] A. Speck-Planche and M. N. D. S. Cordeiro, *Comb. Chem. High Throughput Screening*, 2015, **18**, 305.

[15] A. Speck-Planche and M. N. D. S. Cordeiro, *Future Med. Chem.*, 2014, **6**, 2013.

[16] A. Speck-Planche and M. N. D. S. Cordeiro, *Curr. Drug Metab.*, 2014, **15**, 429.

[17] A. Speck-Planche and M. N. D. S. Cordeiro, *ACS Comb. Sci.*, 2014, **16**, 78.

[18] D. M. Herrera-Ibata, A. Pazos, R. A. Orbegozo-Medina, F. J. Romero-Duran and H. Gonzalez-Diaz, *BioSystems*, 2015, 132-133, 20.

[19] D. M. Herrera-Ibata, R. A. Orbegozo-Medina and H. Gonzalez-Diaz, *Curr. Bioinf.*, 2015, **10**, 639.

[20] D. M. Herrera-Ibata, A. Pazos, R. A. Orbegozo-Medina and H. GonzalezDiaz, *Chemom. Intell. Lab. Syst.*, 2014, **138**, 161.

[21] H. Gonzalez-Diaz, D. M. Herrera-Ibata, A. Duardo-Sanchez, C. R. Munteanu, R. A. Orbegozo-Medina and A. Pazos, *J. Chem. Inf. Model.*, 2014, **54**, 744.

[22] E. Vasquez-Dominguez, V. D. Armijos-Jaramillo, E. Tejera and H. Gonzalez-Diaz, *Mol. Pharm.*, 2019, **16**, 4200.

[23] R. Concu, V. V. Kleandrova, A. Speck-Planche and M. Cordeiro, *Nanotoxicology*, 2017, **11**, 891.

[24] A. Speck-Planche, V. V. Kleandrova, F. Luan and M. N. D. S. Cordeiro, *Nanomedicine*, 2015, **10**, 193.

[25] F. Luan, V. V. Kleandrova, H. Gonzalez-Diaz, J. M. Ruso, A. Melo, A. Speck-Planche and M. N. D. S. Cordeiro, *Nanoscale*, 2014, **6**, 10623.

[26] V. V. Kleandrova, F. Luan, H. Gonzalez-Diaz, J. M. Ruso, A. SpeckPlanche and M. N. D. S. Cordeiro, *Environ. Sci. Technol.*, 2014, **48**, 14686.

[27] V. V. Kleandrova, F. Luan, H. Gonzalez-Diaz, J. M. Ruso, A. Melo, A. Speck-Planche and M. N. D. S. Cordeiro, *Environ. Int.*, 2014, **73C**, 288.

[28] S. G. Martinez-Arzate, E. Tenorio-Borroto, A. Barbabosa Pliego, H. M. Diaz-Albiter, J. C. Vazquez-Chagoyan and H. Gonzalez-Diaz, *J. Proteome Res.*, 2017, **16**, 4093.

[29] E. Tenorio-Borroto, N. Castanedo, X. Garcia-Mera, K. Rivadeneira, J. C. Vazquez Chagoyan, A. Barbabosa Pliego, C. R. Munteanu and H. Gonzalez-Diaz, *Chem. Res. Toxicol.*, 2019, **32**, 1811.

[30] E. Tenorio-Borroto, F. R. Ramirez, A. Speck-Planche, M. N. D. S. Cordeiro, F. Luan and H. Gonzalez-Diaz, *Curr. Drug Metab.*, 2014, **15**, 414.

[31] E. Tenorio-Borroto, C. G. Penuelas-Rivas, J. C. Vasquez-Chagoyan, N. Castanedo, F. J. Prado-Prado, X. Garcia-Mera and H. Gonzalez-Diaz, *Eur. J. Med. Chem.*, 2014, **72**, 206.

[32] F. J. Romero-Duran, N. Alonso, M. Yanez, O. Caamano, X. Garcia-Mera and H. Gonzalez-Diaz, *Neuropharmacology*, 2016, **103**, 270.

[33] F. J. Romero Duran, N. Alonso, O. Caamano, X. Garcia-Mera, M. Yanez, F. J. Prado-Prado and H. Gonzalez-Diaz, *Int. J. Mol. Sci.*, 2014, **15**, 17035.

[34] F. Luan, M. N. D. S. Cordeiro, N. Alonso, X. Garcia-Mera, O. Caamano, F. J. Romero-Duran, M. Yanez and H. Gonzalez-Diaz, Bioorg. *Med. Chem.*, 2013, **21**, 1870.

[35] J. Ferreira da Costa, D. Silva, O. Caamano, J. M. Brea, M. I. Loza, C. R. Munteanu, A. Pazos, X. Garcia-Mera and H. Gonzalez-Diaz, *ACS Chem. Neurosci.*, 2018, **9**, 2572.

[36] A. Speck-Planche, *Future Med. Chem.*, 2018, **10**, 2021.

[37] A. Speck-Planche and M. N. Dias Soeiro Corceiro, *ACS Comb. Sci.*, 2017, **19**, 501.

[38] WHO, 2017, https://www.who.int/malaria/publications/world.

[39] C. Wongsrichanalai, A. L. Pickard, W. H. Wernsdorfer and S. R. Meshnick, *Lancet Infect. Dis.*, 2002, **2**, 209.

[40] W. R. Taylor and N. J. White, *Drug Saf.*, 2004, **27**, 25.

[41] A. Speck-Planche and M. N. D. S. Cordeiro, *Curr. Top. Med. Chem.*, 2013, **13**, 1656.

[42] A. Gaulton, L. J. Bellis, A. P. Bento, J. Chambers, M. Davies, A. Hersey, Y. Light, S. McGlinchey, D. Michalovich, B. Al-Lazikani and J. P. Overington, *Nucleic Acids Res.*, 2012, **40**, D1100.

[43] N. Y. Mok and R. Brenk, *J. Chem. Inf. Model.*, 2011, **51**, 2449.

[44] J. Overington, *J. Comput.-Aided Mol. Des.*, 2009, **23**, 195.

[45] A. Speck-Planche, V. V. Kleandrova and M. N. D. S. Cordeiro, *Bioorg. Med. Chem.*, 2013, **21**, 2727.

[46] Y. Marrero-Ponce, R. Medina-Marrero, F. Torrens, Y. Martinez, V. Romero-Zaldivar and E. A. Castro, *Bioorg. Med. Chem.*, 2005, **13**, 2881.

[47] J. R. Valdes-Martini, Y. Marrero-Ponce, C. R. Garcia-Jacas, K. MartinezMayorga, S. J. Barigye, Y. S. Vaz d'Almeida, H. Pham-The, F. Perez-Gimenez and C. A. Morell, *J. Cheminf.*, 2017, **9**, 35.

[48] R. Todeschini and V. Consonni, Molecular Descriptors for Chemoinformatics, WILEY-VCH Verlag GmbH & Co. KGaA, *Weinheim*, 2009.

[49] ChemAxon10030, Budapest, Hungary, v19.18.0, https://www.chemaxon. com, 1998-2019.

[50] J. R. Valdés-Martini, C. R. García-Jacas, Y. Marrero-Ponce, Y. Silveira Vaz 'd Almeida and C. Morell, Villa Clara, Cuba, v1.0, http://tomocomd. com/, 2012.

[51] A. Speck-Planche, V. V. Kleandrova and M. N. D. S. Cordeiro, *Eur. J. Pharm. Sci.*, 2013, **48**, 812.

[52] H. Bediaga, S. Arrasate and H. Gonzalez-Diaz, *ACS Comb. Sci.*, 2018, **20**, 621.

[53] TIBCO-Software-Inc., Palo Alto, California, USA, v13.5.0.17, http://tibco. com, 2018.

[54] B. W. Matthews, *Biochim. Biophys. Acta*, 1975, **405**, 442.

[55] K. Pearson, *Proc. R. Soc. London*, 1895, 58, 240.

[56] Z.-H. Zhou, J. Wu and W. Tang, Artif. Intell., 2002, **137**, 239.

[57] F. Sahigara, K. Mansouri, D. Ballabio, A. Mauri, V. Consonni and R. Todeschini, *Molecules*, 2012, **17**, 4791.

[58] A. Speck-Planche and V. V. Kleandrova, *Curr. Top. Med. Chem.*, 2012, **12**, 1734.

[59] I. I. Baskin, M. I. Skvortsova, I. V. Stankevich and N. S. Zefirov, *J. Chem. Inf. Comput. Sci.*, 1995, **35**, 527.

[60] A. Speck-Planche and M. T. Scotti, *Mol. Diversity*, 2019, **23**, 555.

[61] A. Speck-Planche, *ACS Omega*, 2019, **4**, 3122.

[62] V. V. Kleandrova and A. Speck-Planche, in Multi-Scale Approaches in Drug Discovery, ed. A. Speck-Planche, *Elsevier*, 2017, pp. 55.

[63] A. K. Ghose, V. N. Viswanadhan and J. J. Wendoloski, *J. Phys. Chem. A*, 1998, **102**, 3762.

[64] A. Speck-Planche, *ACS Omega*, 2018, **3**, 14704.

[65] A. Speck-Planche and M. N. D. S. Cordeiro, in Multi-Scale Approaches in Drug Discovery, ed. A. Speck-Planche, *Elsevier*, 2017, pp. 127.

[66] A. Speck-Planche and M. Cordeiro, *Mol. Diversity*, 2017, **21**, 511.

[67] A. Speck-Planche and M. N. D. S. Cordeiro, *Med. Chem. Res.*, 2017, **26**, 2345.

[68] J. J. Irwin and B. K. Shoichet, *J. Chem. Inf. Model.*, 2005, **45**, 177.

[69] A. J. Williams, in *Collaborative Computational Technologies for Biomedical Research*, ed. S. Ekins, M. A. Z. Hupcey and A. J. Williams, John Wiley & Sons, Inc., Hoboken, NJ, **ch. 22**, 2011, pp. 363.

[70] C. A. Lipinski, F. Lombardo, B. W. Dominy and P. J. Feeney, *Adv. Drug Delivery Rev.*, 2001, **46**, 3.

[71] D. F. Veber, S. R. Johnson, H. Y. Cheng, B. R. Smith, K. W. Ward and K. D. Kopple, *J. Med. Chem.*, 2002, **45**, 2615.

[72] Alvascience-Srl.10069, v1.0.14, https://www.alvascience.com/, 2019.

第 17 章

堆芯损耗谱的机器学习

T. MIZOGUCHI[*a] 和 S. KIYOHARA[a, b]

a 日本东京大学工业科学研究所，驹场（Komaba），东京 153-8505
b 日本东京理工学院创新研究所材料与结构实验室，东京横滨 226-8503
*Email: teru@iis.u-tokyo.ac.jp

17.1　引言

揭示通常与材料功能相关的分子和原子的原子构型、化学键合和振动行为是材料研究的最重要任务。光谱技术，例如衍射、反射、发射和吸收光谱等，已被用于识别此类信息，因为光谱特征与材料信息相关。

在现有的光谱技术中，使用电子或 X 射线的堆芯损耗光谱，即电子能量损失近边结构（electron energy-loss near-edge structure，ELNES）和 X 射线吸收近边结构（X-ray absorption near-edge structure，XANES），可提供原子尺度的空间分辨率[1]、纳秒级时间分辨率[2]和高灵敏度[3]，并且被认为是材料科学中的"终极分析"[4]。ELNES 和 XANES 通常源自从核心轨道到未占据状态的电子跃迁[5,6]。因为其电子跃迁通常遵循电子偶极子跃迁规则，该光谱特征反映了未占用频带中的分波态密度（the partial density of states，PDOS）。因此，ELNES 和 XANES 特征提供了有关照射区域中选定元素的局部配位和化学键合的信息。

ELNES 和 XANES 可用作补充工具。XANES 具有灵敏度优势，即可以从 10^{-6} 级存在的元素中观察到[3,7,8]，而 ELNES 的主要优势是其空间分辨率，即可以观察到单个原子柱（甚至是单个原子或隐藏的掺杂剂）[1,9-11]。最近出现的单色仪系统提高了 EELS 的能量分辨率，从而有助于使用 TEM/STEM 系统识别振动光谱[12-15]。因此，ELNES/XANES 已被用于表征多种材料系统，例如半导体[16-19]、陶瓷[20-22]、电池[23,24]、电气设备[25-27]和电容器材料等[28-31]。

仪器的发展伴随着 ELNES/XANES 理论模拟的进步。ELNES/XANES 模拟最重要的方面是引入了一个核心空穴，该空穴是在电子跃迁过程中的核心轨道上产生的[32,33]。根据核心态和激发电子的位置，ELNES/XANES 模拟可分为三种方法：单粒子法[34-37]、双粒子法[38-41]和多粒子法[42-45]。使用单粒子、双粒子和多粒子方法的 ELNES/XANES 模拟的基本原理，已在其他地方进行了综述[46-49]。除了光谱模拟之外，还提出了揭示光谱特征和材料特性之间关系的理论工具[50,51]。通过结合实验和理论模拟，可以研究价态[52]、局部配位[37]、液体/气体分子振动[53-55]、晶格振动[56,57]和范德华相互作用等[58]。

近年来，光谱数据迅速增加。ELNES/XANES 实验通常涉及时间分辨和/或空间分辨的观测。例如，空间分辨的 ELNES 允许在目标区域中以数千个点的分辨率进行光谱成像。在 XANES 中，皮秒或纳秒时间分辨观察是可能的，并且已经进行了用于追踪化学反应的时间分辨实验。通过这种空间 / 时间分辨的 ELNES/XANES 观测，在一次实验中可以观察到多达数万个光谱。通过理论计算进行单独解释是不可行的，因为每个 ELNES/XANES 计算不仅需要大量的实验和理论知识，而且还涉及众多的计算。

最近，从大数据中获得新见解的方法，即数据驱动方法，在材料科学中引起了相当大的关注[59-63]。基于机器学习（machine learning，ML）的分析可以克服手动多维大数据分析的局限性。ML 广泛用于材料模拟、表征和发现。这种数据驱动的方法有助于以最少的计算量发现所需的结构[64,65]，高效的新材料[66-69]，以及以前无法通过实验[70,71]或模拟确定的信息[72,73]。ML 应用于实验观察[74-76]。与手动分析相比，ML 允许解释更多的光谱，以及预测简单光谱中的标量值或离散值，例如 NMR 光谱中的化学位移或峰[74-76]。此外，ML 已应用于 X 射线吸收精细结构（X-ray absorption fine structure，XAFS）和扩展 XAFS（extended XAFS，EXAFS）光谱[71,77]等。

我们已经报道了 ML 在材料表征中的应用。特别是，使用 ML 研究了晶体界面[64,65,78-82]和 ELNES/XANES 光谱[83,84]。

本章回顾了 ELNES/XANES 光谱数据驱动方法。首先，将无监督层次聚类与有监督决策树分类相结合，对光谱解释和预测进行了综述[83]。在该方法中，一棵"二叉树"用于解释和预测 ELNES/XANES 光谱，该"二叉树"包括通过分层聚类获得的树状图和另一棵用于决策树分类的树。此外，我们使用 ML 直接从光谱中量化材料的结构和性质[84]。前馈神经网络用于仅从光谱特征预测局部结构、化学键和过渡态能。此外，还讨论了噪声对预测精度的影响。最后，利用数据增强技术建立了一个对噪声具有鲁棒性的预测模型。

17.2 方法学

17.2.1 谱图数据库的构建

本节主要回顾两项任务：光谱解释 / 预测和属性预测。为了避免意外误差和噪声，我们首先通过模拟构建了光谱数据库（后面讨论了实验光谱和噪声的影响）。CASTEP[85,86] 程序用于基于第一性原理的平面波基赝势法的 ELNES/XANES 计算。模拟了氧化物材料的氧 K 边。选择 perdew-burke-ernzerhof（PBE）泛函[87]的广义梯度近似（generalized gradient approximation，GGA）来近似交换相关泛函，并将截止能量设置为 500eV。为了引入核 - 空穴效应，产生了一个激发赝势，并将其应用于超单体中的激发氧原子。为了在周期性边界条件下最小化激发原子之间的相互作用，在所有情况下都使用了足够大的超胞（410Å）。根据费米黄金定律，通过计算跃迁概率得到了计算出的光谱。理论跃迁能的模拟也与之前的研究类似[86]。计算光谱的细节如下所述。

17.2.2 谱图数据的聚类

层次聚类[88]用于对谱图数据进行分类。最初，每个谱图都被分配到各自的簇中。然后，将两个最相似的簇合并成一个簇。重复聚类过程，直到获得单个聚类。相似度是根据一对谱图之间的余弦距离来估计的，这通常用于测量光谱相似度[89,90]。

测量聚类相似度的聚类链接方案是"二叉树"方法的"完成"方法。在这项研究中，当我们直接比较谱图特征时，将所有谱图的起始点彼此对齐。光谱的双微分用于估计起始位置。

17.2.3　材料信息的决策树

决策树使用树结构可视化分类或回归结果。通过将数据反复划分为两个或多个子集，决策树由某些带有标签的子集组成，这些标签与训练数据中的标签相同。由于这种方法是一种监督学习，因此需要训练标签。将谱图聚类获得的标签用作训练数据。使用分类和回归树（the classification and regression tree，CART）算法[91, 92]进行训练。

17.2.4　前馈神经网络

使用前馈神经网络（feedforward neural network，FNN）进行光谱特征的属性预测。FNN是最简单的神经网络类型。之所以选择 FNN 用于本研究，是因为 FNN 可以容纳高维输入数据，例如光谱，并以非线性方式整合它们之间的相互作用。我们使用基于 Adam 方案的反向传播[93]来优化网络中的所有学习参数，从而最小化模型输出和训练目标之间的平均绝对误差。使用整流线性单元（a rectified linear unit，ReLU）作为激活函数，在未与输出层链接的隐藏层中，丢弃率（dropout rate）固定为 0.5。超参数，即隐藏层的数量和正则化参数，通过使用验证数据集的五重交叉验证进行调整。

17.3　结果与讨论

17.3.1　数据驱动的预测和解释方法概述

图 17.1（a）～（c）示意性地说明了建议的数据驱动谱图分析。首先，构建一个谱图数据库，其中每个谱图与其材料信息一一对应，如图 17.1（a）所示。

如上所述，我们通过理论模拟构建了谱图数据库后，使用层次聚类分析将包含的谱图根据其"相似性"分组，将谱图数据划分为称为"树状图"的树形簇。图 17.1（b）示意性地显示了一个树状图，纵轴对应于谱图的"不相似性"。

在最后一步中，根据材料信息，如键长、配位数、元素周期表中的基团和化合价，通过决策树将材料分为几组。在图 17.1（c）所示的示例中，目标材料使用材料信息进行分类，例如"三价的"：真/假和"长的键长"：真/假。我们的方法最重要的方面是将材料分类为谱图组，用作分类的训练标签。由于材料的决策树是基于谱图组的，因此建立了材料信息和谱图特征之间的相关性。在材料信息的决策树中［见图 17.1（c）］，分支点提供了用于谱图分类的"特征"描述符，如下所述。

我们的方法使用两叉树：树状图［参见图 17.1（b）］和决策树［参见图 17.1（c）］。与谱图分类和材料信息相关的两叉树相互关联，因为决策树是基于谱图分类构建的。构建二叉树后，可以预测和解释 ELNES/XANES 谱图。谱图的预测和解释策略分别如图 17.2（a）和（b）所示。

现在，考虑这样一种情况，其中目标材料的原子构型已知，但其 ELNES/XANES 谱图分布未知。这种情况经常发生，因为我们通常在进行观察以验证实验和样品条件之前预测谱图轮廓。对于预测，我们将几何和元素信息（例如键长、角度和价态）应用于材料信息决策树

［参见图 17.2（a）的右侧］。

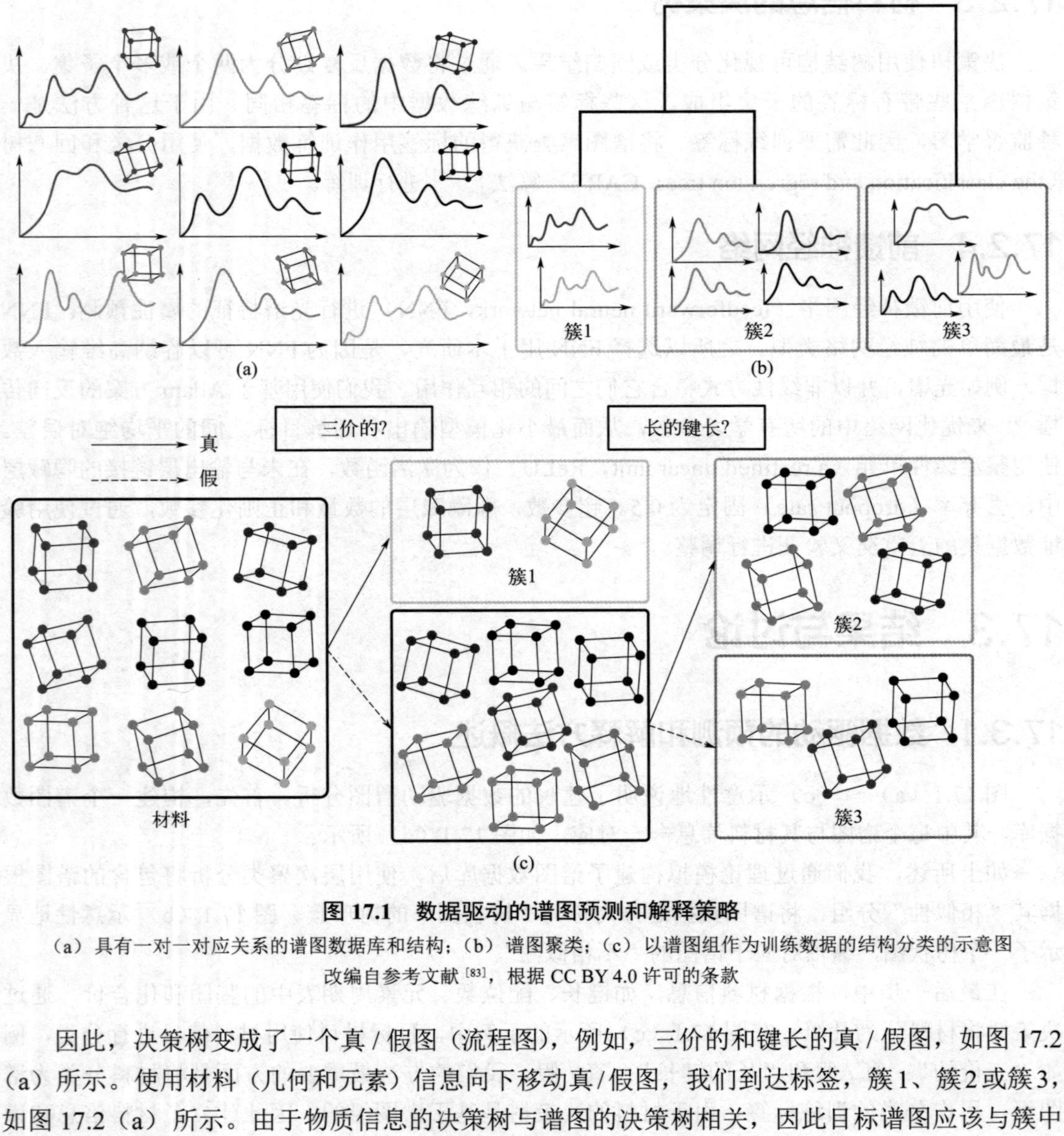

图 17.1　数据驱动的谱图预测和解释策略

（a）具有一对一对应关系的谱图数据库和结构；（b）谱图聚类；（c）以谱图组作为训练数据的结构分类的示意图
改编自参考文献 [83]，根据 CC BY 4.0 许可的条款

因此，决策树变成了一个真 / 假图（流程图），例如，三价的和键长的真 / 假图，如图 17.2（a）所示。使用材料（几何和元素）信息向下移动真 / 假图，我们到达标签，簇1、簇2 或簇3，如图 17.2（a）所示。由于物质信息的决策树与谱图的决策树相关，因此目标谱图应该与簇中的相似。这种"下游"方法对应于对已知结构的未知谱图的"预测"。

接下来，我们描述了使用二叉树的解释。首先，定义了 ELNES/XANES 的"解释"。ELNES/XANES 谱图反映了原子和电子结构；因此，"ELNES/XANES 谱图的解释"对应于谱图与原子和电子结构之间关系的确定。

考虑观察到未知区域 / 材料谱图的情况。在这种情况下，我们需要解释谱图，即需要确定谱图轮廓与材料信息（例如键长和配位数）之间的关系。对于这样的解释，再次使用二叉树方法；然而，我们向上移动决策树，如图 17.2（b）所示。

解释策略如图 17.2（b）所示。对于未知区域 / 材料的 ELNES/XANES 谱图，首先确定谱图树中与观测谱图最相似的簇。通过测量目标谱图与数据库中所有其他谱图之间的差异，我们选择观测到的类似谱图作为最相似的目标谱图。在图 17.2（b）所示的示例中，假设观测到的谱图与簇 3 中的谱图最相似。然后，通过从簇 3 开始向上移动材料信息树，从而可以从决策树的分支中获得几何和元素信息，例如键长和化合价。然后，使用这种原子和电子结构信息解释谱图。在图 17.2（b）的情况下，我们可以确定观测到的谱图是从具有"短键长"和"三价的"的材料中获得的。决策树中的分支点在解释中起着至关重要的作用，即当确定了最相似的谱图簇时，可以预期目标材料具有与簇中材料相似的结构。但是，无法获得相应簇的"特征"信息。决策树中的分支点提供了相应聚类中材料的"特征"信息。

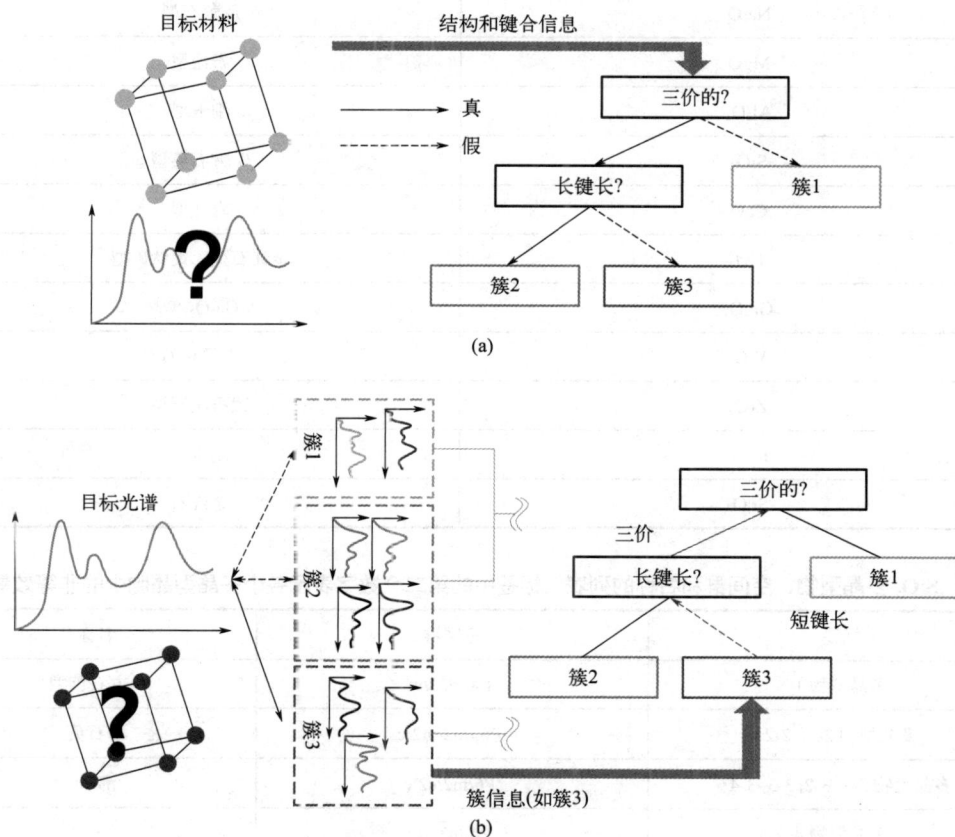

图 17.2　（a）"下游"谱图预测和（b）"上游"谱图解释的概念方案

改编自参考文献 [83]，根据 CC BY 4.0 许可的条款

在下一节中，我们将介绍使用这种二叉树方法来预测和解释氧 K 边（O-K 边）的 ELNES/XANES。之所以选择 O-K 边，是因为 O-K 边可以使用 GGA 框架下基于密度泛函理论（density functional theory，DFT）的单粒子方法进行轻松计算，并且提供了导带的所有信息[46, 47, 50]。

17.3.2　单金属氧化物的 O-K 边的表征

我们计算了 39 个氧化物材料的 O-K 边，包括 14 个单金属氧化物（列于表 17.1）和 25 个多晶型 SiO_2（列于表 17.2）。选择 14 种单金属氧化物是因为它们不具有"复杂"的电子结构，例如部分占据的 3d 轨道或磁性。选择 SiO_2 是因为其具有多种多晶型物和广泛的应用。单金属氧化物的 14 个 O-K 边谱图用于证实我们的方法。实际解释和预测是使用多晶型 SiO_2 的 25 个 O-K 边谱图进行的。

表 17.1 氧化物及其晶体结构列表。TiO_2 有两种多晶型物

金属氧化物	晶体结构
Li_2O	反萤石型
BeO	岩盐型
Na_2O	反萤石型
MgO	岩盐型
Al_2O_3	刚玉型
SiO_2	β-方石英型
CaO	岩盐型
TiO_2	金红石型，锐钛矿型
Ga_2O_3	β-Ga_2O_3 单晶
Y_2O_3	红绿柱石
ZrO_2	萤石刚玉型
In_2O_3	刚玉型
SnO_2	金红石

表 17.2 SiO_2 多晶型物、空间群和名称的列表。标签中的第二个数字表示各个多晶型晶胞中的非等效氧位点

标签	空间群	名称
多晶型物 1	$F4_1/d\bar{3}2/m$	β-方石英型
多晶型物 2-1, 2-2	$P6_3/m2/m2/c$	鳞石英
多晶型物 3-1, 3-2, 3-3, 3-4	$P6/m2/c2/c$	沸石
多晶型物 4	$P4_2/n\bar{3}2/m$	—
多晶型物 5-1, 5-2	R32	—
多晶型物 6-1, 6-2	F2/d2/d2/d	—
多晶型物 7-1, 7-2, 7-3	C12/c1	—
多晶型物 8-1, 8-2, 8-3, 8-4, 8-5	C12/c1	柯石英
多晶型物 9	$P3_121$	α-石英
多晶型物 10	$P3_121$	—
多晶型物 11	$I\bar{4}2d$	—
多晶型物 12	$P4_12_12$	β-方石英型
多晶型物 13	$P6_222$	β-石英

　　首先，将我们的方法应用于 14 种单金属氧化物的 O-K 边。所有计算得到的谱图如图 17.3 所示。图 17.3 的上半部分显示了 Al_2O_3、BeO、CaO、Ga_2O_3、In_2O_3、Li_2O、MgO、Na_2O、SiO_2、SnO_2、TiO_2（锐钛矿）、TiO_2（金红石）、Y_2O_3 和 ZrO_2 的计算 O-K 边。谱图的聚类分析结果形成一个树状图，如图 17.4 所示。从树状图底部没有链接开始，相似的谱图和 / 或簇逐渐合并，在树状图中向上移动。通过在一定水平上水平切割树状图，我们可以获得一组聚类的簇。切割级别的选择是任意的，我们选择了树状图中虚线表示的级别，从而产生了四个簇，簇 1 到簇 4（见图 17.4）。这四个簇具有一定的特征。例如，簇 3 由碱金属氧化物组成。我们尝试使用决策树来解释这些特征。

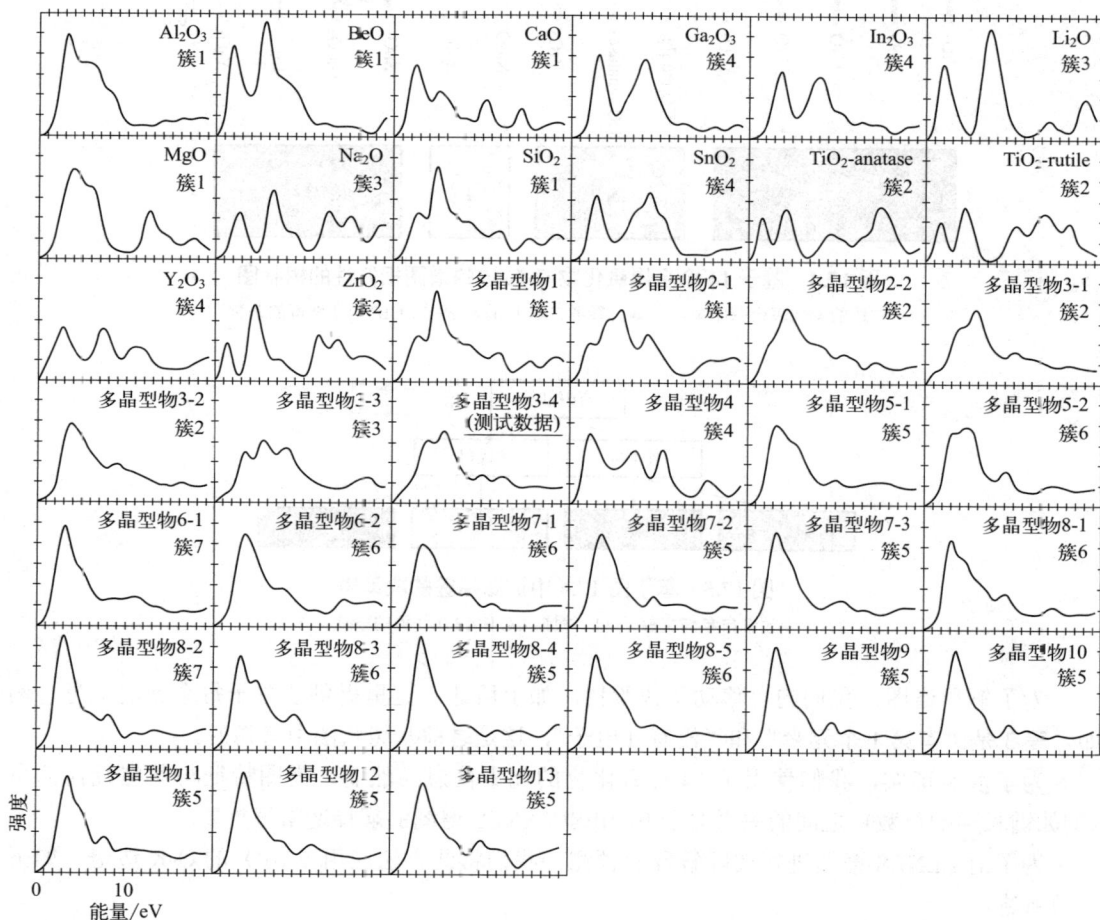

图 17.3　本研究中的计算谱图。14 种氧化物材料和 25 种 SiO_2 多晶型物的 O-K 边。标签颜色对应于图 17.4 和图 17.5 中相应的树状图和决策树中的颜色（见彩图）

改编自参考文献 [83]，根据 CC BY 4.0 许可的条款

　　选择八个参数作为决策树的描述符：①阳离子的化合价；②族群；③周期表中的周期；④阴离子；⑤阳离子的配位数，以及处于价态和半核态阳离子的⑥ s 电子、⑦ p 电子和⑧ d 电子数目。图 17.5 展示了基于有监督学习构建的决策树；决策树将 14 个氧化物分为两个子集，根据它们最初是否具有 d 电子以及"第 1 种元素与否"划分了一个子集，"第 4 种元素与否"划分了另一个子集。图 17.4 和图 17.5 所示的两棵构建的树用于解释。

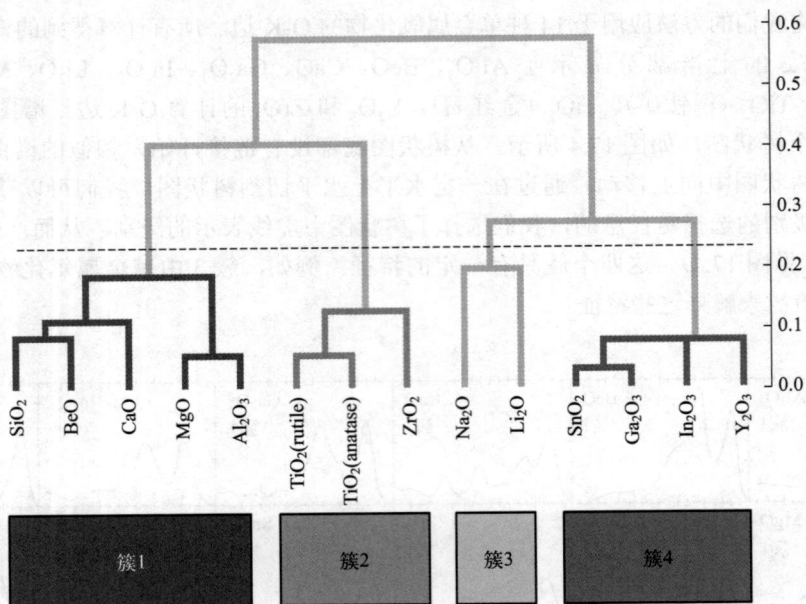

图 17.4 基于 14 个金属氧化物 O-K 边的谱图相似性的树状图

右边的轴代表余弦距离，改编自参考文献 [83]，根据 CCBY 4.0 许可的条款

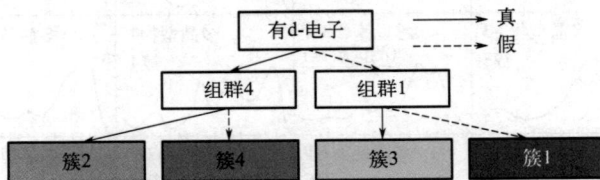

图 17.5 基于图 17.4 中训练标签的决策树

改编自参考文献 [83]，根据 CC BY 4.0 许可的条款

为了解释谱图，我们向上移动了决策树，如上所述。这里提供了关于每个簇的信息。例如，簇 3 是"有第 1 个元素"和"没有 d 电子"，这是之前从树状图中考虑的。

为了演示证实，我们使用了 14 种氧化物的元素信息。然而，谱图特征与某些几何信息（例如键长和配位数）之间的关系对于 ELNES/XANES 谱图的解释通常很重要。

为了对 ELNES 谱图进行实际解释和预测，我们将此方法应用于 SiO_2 的 O-K 边谱，如下一节所述。

17.3.3 无定形 SiO_2 的 O-K 边的解释和预测

接下来，我们考虑了 SiO2 的 13 种多晶型物，其空间群列在表 17.2 中。一些多晶型物有几个氧位点，即 2-1，2-2；3-1 ~ 3-4；5-1，5-2；6-1，6-2；7-1 ~ 7-3；8-1 ~ 8-5。因此，所有这些都是单独计算的。总共获得了 25 个 O-K 边的谱图，如图 17.3 所示。由于成分固定为 SiO_2，因此原子构型不同，并且可以使用几何信息（例如 Si-O 键长和 Si-O-Si 键角）来解释谱图的特征。排除随机选择的测试数据，对于多晶型 3-4（参见图 17.3 的中间），24 个谱图用于层次聚类和创建决策树。

这些 O-K 边的谱图特征如图 17.3 所示，根据其局部结构清楚地显示出各种谱图的轮廓。这 24 个谱图的聚类树状图如图 17.6 所示。

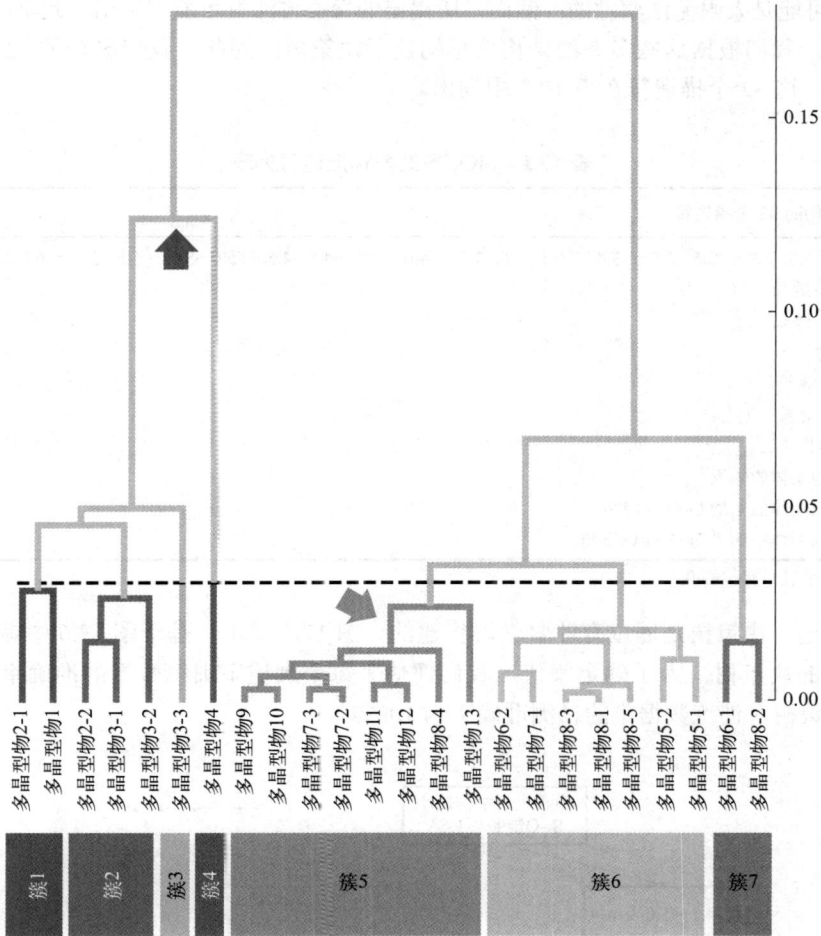

图 17.6　基于 SiO₂ 多晶型物的 24 个 O-K 边的谱图相似性的树状图

右边的轴代表余弦距离。正文中解释了顶部（在线版本中为紫色）和下方（在线版本中为蓝色）箭头。改编自参考文献 [33]，根据 CC BY 4.0 许可的条款

图 17.6 中的阈值水平不是任意设置的，而是以如下所述的数据驱动方式设置的，并且生成了七个簇。簇 4（紫色组），即多晶型物 4，在更高水平上与其他谱图分离 [如上部（在线版本中为紫色）箭头所示]，表明其谱图与其他多晶型物的谱图高度不同。事实上，多晶型物 4 的谱图特征与其他的有很大不同（见图 17.3）。多晶型物 4 的晶体结构比其他多晶型物具有更高的对称性，这一事实支持了这一结果。多晶型物 7-2、7-3、8-4、9、10、11、12 和 13 形成了大簇 5（在线版本中为蓝色），因为它们的谱图特征彼此非常相似（参见图 17.3）。

接下来，我们关注簇 5[在线版本中为蓝色，由图 17.6 中的下方（在线版本中为蓝色）箭头指示]。该组中的谱图通常在阈值处包含一个大峰，然后是小峰，如图 17.3 所示（带有蓝色标签的谱图）。其特征在视觉上与簇 6（在线版本中为黄色）和簇 7（在线版本中为绿色）中的谱图非常相似。然而，我们的方法表明这三组有一些难以察觉的差异。详细比较发现了一个小的区别，其中蓝色组的主峰比其他两组的主峰略尖。簇 5 更清晰的轮廓归因于所包含材料的

更对称的结构。实际上，簇 5 中的大多数材料只有一个氧位点，而簇 6 和簇 7 中的材料在其晶胞中具有多个氧位点。此外，簇 7 中的谱图（在线版本中为绿色）有一个尖锐的第一个峰，与簇 5 中的谱图一样，但第一个峰的位置与簇 5 中的位置略有不同（略微向低能量侧）。这些微小的谱图差异可能是人眼无法察觉的；然而，所提出的聚类方法有可能识别出如此小的差异。

接下来，我们根据这些多态的结构信息构建了决策树。为此，我们选择了 32 个几何特征作为描述符。这 32 个描述符在表 17.3 中列出。

表 17.3　SiO₂ 多晶型物描述符列表

SiO₂ 多晶型物的 32 个描述符
键数（1.0～1.5, 2.0～2.5, 2.5～3.0, 3.0～3.5, 3.5～4.0, 4.0～4.5, 4.5～5.0, 5.0～5.5, 5.5～6.0 Å）
较短的 Si-O* 键长
平均的 Si-O* 键长
Si-O*-Si 键角
较长的 Si-O 键长
较短的 Si-O 键长
平均 Si-O 键长
较大／较小四面体的体积
较大／较小四面体的平均 O-O-O 键角
较大／较小四面体中的平均 O-Si-O 键角

注：O* 表示氧具有核心孔

如前所述，决策树是通过有监督学习构建的。图 17.7 显示了基于图 17.6 中虚线指示的阈值级别构建的决策树。为了确定阈值，我们评估了每个阈值下训练数据的准确率。阈值高于当前行的决策树对训练数据集的预测准确率为 100%。

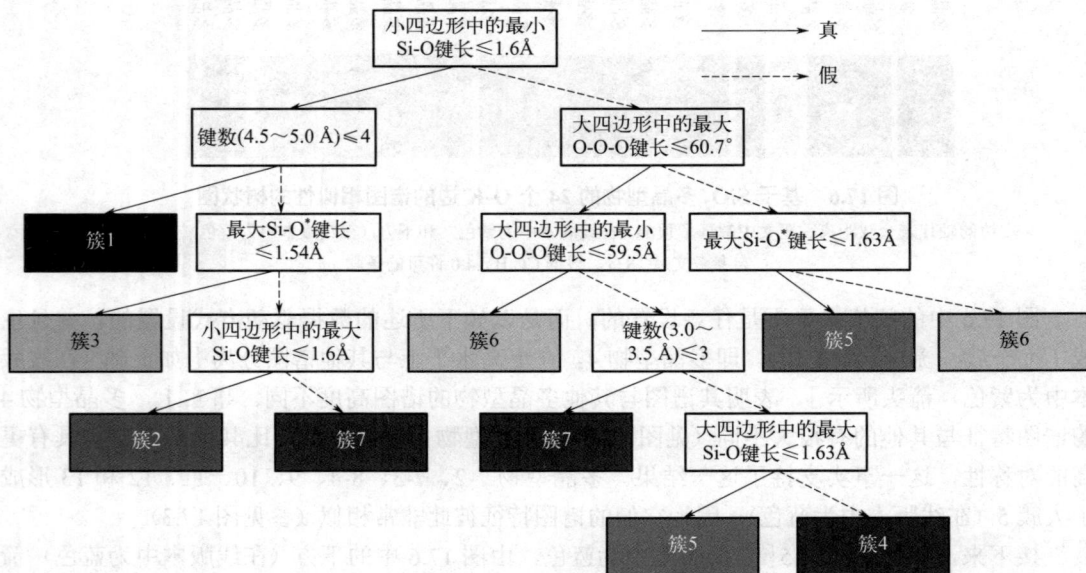

图 17.7　基于图 17.6 中训练标签的决策树

分支点处的每个灰色矩形代表一个划分规则。实线和虚线分别表示"真"和"假"。改编自参考文献 [83]，根据 CC BY 4.0 许可的条

1Å=10⁻¹⁰m

为了评估构建的决策树，测试数据，即多晶型物 3-4，用于预测和解释。首先，我们尝试预测测试数据的光谱（多晶型物 3-4）。在这种情况下，多晶型物 3-4 的几何信息是已知的，如表 17.4 所示。如上所述，我们使用多晶型物 3-4 位点的几何信息向下移动决策树（见图 17.7）进行预测；决策树从"小四面体中的最小 Si-O 键长≤ 1.6 Å"开始。多晶型物 3-4 的位点在 1.53 Å 的小四面体中具有最小的 Si-O 键长，因此，它是"真的"。下一个真 / 假决定是"4.5～5.0Å≤4 之间的键数"。对于多晶型物 3-4，该值为 15；因此，它是"假的"。此外，根据表 17.4 中显示的多晶型物 3-4 的信息，达到了簇 2（红色组）。

表 17.4　多晶型物 3-4 的几何特征列表

描述符	多晶型物 3-4
小四边形中的最小 Si-O 键长	1.53Å
键数（4.5～5 0 Å）	15
最大 Si–O* 键长	1.60Å
小四边形中的最大 Si-O 键长	1.59Å

基于位点的几何信息，该方法表明：多晶型物 3-4 的谱图特征与簇 2 相似，由多晶型物 2-2、3-1 和 3-2 组成。图 17.8（a）显示了多晶型物 3-4 的实际谱图以及多晶型物 3-1 的谱图，就余弦距离而言，多晶型物 3-1 与多晶型物 3-4 最相似［见图 17.8（b）］。我们的方法预测测试数据属于簇 2，多晶型物 3-4 的谱图特征确实与多晶型物 3-1 的谱图特征非常相似，说明该方法可以正确预测谱图特征。

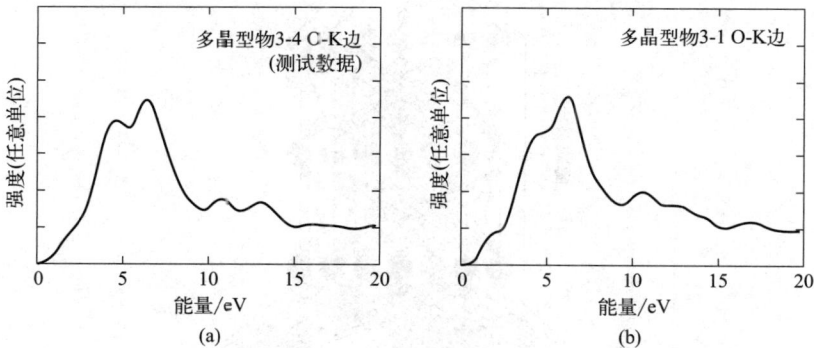

图 17.8　（a）多晶型物 3-4 和（b）多晶型物 3-1 的计算 O-K 边光谱
改编自参考文献［83］，根据 CC BY 4.0 许可的条款

接下来，将我们的方法用于解释谱图。考虑到我们知道多晶型物 3-4 的谱图特征另一种情况，但不知道材料信息。首先，测量了目标谱图（在本例中为多晶型物 3-4 的谱图）与数据库中所有其他谱图之间的余弦距离。在这种情况下，与多晶型物 3-1 的余弦距离最短，表明该谱图与多晶型物 3-4 的谱图最相似。通过这个过程，可以确定目标谱图的类别。在这个测试用例中，目标谱图被归类为簇 2，因为多晶型物 3-1 属于簇 2。

使用图 17.7 中的决策树解释谱图。由于目标谱图与多晶型物 3-1 最相似，因此目标材料的材料信息预计与多晶型物 3-1 和簇 2 中的其他多晶型相似。然而，如上所述，无法确定簇 2

中材料"独特性"的特征。为了获得"独特性"的特征，我们需要沿着图 17.7 中的决策树向上移动。

我们可以得到"小四面体中的最大 Si-O 键长 ≤ 1.6 Å"的初始信息，以及下一个分支点"最大 Si-O* 键长 ≥ 1.54Å"和"4.5 到 5.0Å ≥ 4 之间的键数"，来自决策树（见图 17.7）。该信息与多晶型物 3-4 的几何信息一致（如表 17.4 所示）。因此，我们可以从决策树的分支点获得簇 2 中材料的"独特性"的特征，并且可以使用这些"独特性"的特征来解释谱图。

在本节中，我们提出了一种数据驱动的方法来预测和解释 ELNES/XANES 谱图。该方法是基于层次聚类和决策树。计算出的 14 种金属氧化物和 25 种 SiO_2 多晶型物的 O-K 边，用于证明所提出的方法。结果表明：我们的方法可以有效地从材料信息中预测光谱特征。

17.3.4 从 ELNES/XANES 中使用机器学习方法定量结构和性质

尽管 ELNES/XANES 对于研究局部原子和电子结构是有效的，但使用堆芯损耗谱"直接"确定材料特性，对于原子分辨率函数测量更具吸引力。然而，堆芯损耗特性和材料功能之间的关系是模糊的，因此，提取特征需要理论专业知识和计算。因此，只有少数研究实现了使用堆芯损耗谱对特性的量化 [21, 50, 94, 95]。确定堆芯损耗特性与材料特性之间的直接关系可以促进对材料特性的纳米级理解。

在此，我们使用前馈神经网络来量化 ELNES 特征中的结构和属性 [84]。用于预测谱图特性构建的神经网络示意图如图 17.9 所示。

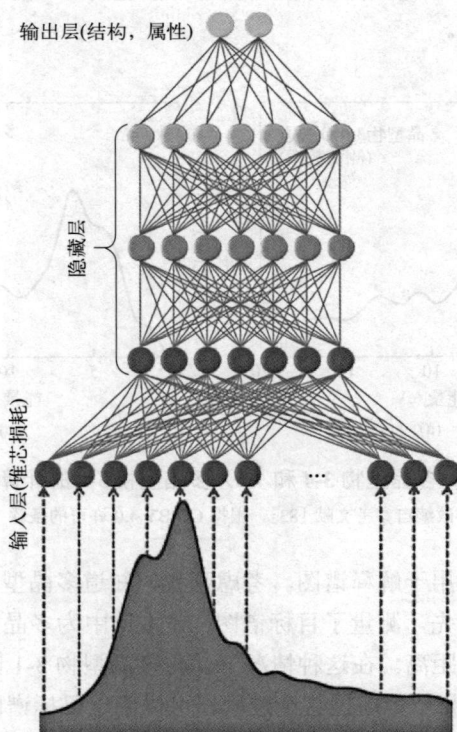

图 17.9 前馈神经网络模型示意图

输入层（位于该图中的较低位置）接受每个能量的 ELNES/XANES 光谱的强度，并将该信息传输到输出层（位于该图中的最高位置）。改编自参考文献 [84]，根据 CC BY 3.0 许可的条款输入数据由堆芯损耗谱的强度组成，范围为 1 到 15eV，增量为 0.1eV，也就是 160 个维度输入，输出数据是客观属性。因此，在输入数据中没有考虑理论跃迁能量。通过 CASTEP 代码计算单个原子位点的性质，包括局部几何和键合性质，例如键长、键角、Voronoi（沃罗诺伊）体积、键的重叠布居数和 Mulliken 电荷 [85,86]。此外，选择相应的光谱作为输出。因此，尝试仅使用谱图特征来预测跃迁能量。平均键长、平均键角和 Vorcnoi 体积是几何特征；前两个提供短程信息，第三个提供短程和中程信息。键合性质、键的重叠布居数、Mulliken 电荷和激发能，与价态和核态有关。尽管激发能的预测是不必要的，因为激发能是用实验谱图观察到的，但尝试仅基于谱图特征预测激发能是为了证明本方法预测核心电子相关特性的能力。

将这六个属性作为目标变量，通过神经网络进行回归分析，并通过网格搜索确定最佳超参数。训练和测试数据的正确值和预测值绘制如图 17.10（a）～（f）所示。

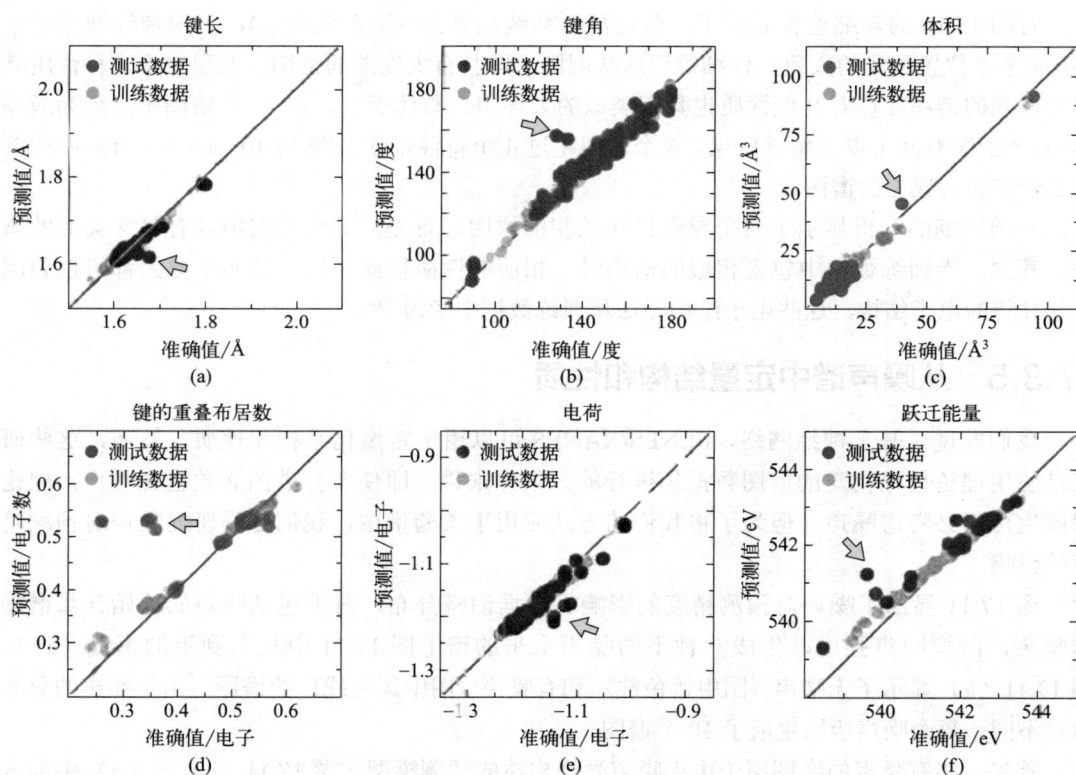

图 17.10 六种性质的准确值和预测值

（a）平均键长；（b）平均键角；（c）Voronoi 体积；（d）键的重叠布居数；（e）Mulliken 电荷；（f）跃迁能量
灰色和深灰色（在线着色）点分别代表训练和测试数据。灰色的对角线表示预测值与实际值相等。箭头表示具有大误差的谱图。改编自参考文献 [84]，根据 CC BY 3.0 许可的条款

灰色和彩色圆圈分别代表训练和测试数据。对角线上的灰色圆圈表示预测值与实际值相等。由于大多数彩色圆圈位于图 17.10（a）～（f）中的灰色线上，我们的神经网络模型可以准确地预测这些局部属性，并表明有关几何特性和键合特性的信息都隐含在堆芯损耗谱的光谱特征中。此外，预测模型不仅适用于键长和键角，而且适用于 Voronoi 体积。堆芯损耗通常

被认为反映了非常局部的信息（例如键长和角度）；然而，目前的结果意味着中间范围的信息（例如 Voronoi 体积）也被隐含地包括在内，并且可以通过机器学习来提取。

除了几何特性之外，同样的论点也适用于键合特性。神经网络可以正确预测所有的键合特性［见图 17.10（d）～（f）］请注意，本方法使用"唯一"的谱图特征，可以正确预测激发能量。

在堆芯损耗谱中，谱图特征和激发能量通常分开讨论。例如，激发能，即化学位移，与氧化态有关，而光谱分布反映了导带的分波态密度（the partial density of states，PDOS）的更详细和精细的结构。然而，目前的结果表明，谱图特征本身包含关于激发能量的信息，并且激发能量可以仅通过谱图特征来预测。此外，本方法可以正确预测基态中的价带信息，即 Mulliken 电荷和键的重叠布居数。已知堆芯损耗谱反映了激发态导带的 PDOS，与价态没有直接关系；然而，目前的结果表明谱图特征肯定包含有关价态的信息。通过使用神经网络，从堆芯损耗谱的谱图特征中提取几何和键合信息。

对图 17.10 的详细检查显示了一些远离对角线的圆圈（用箭头表示），表明神经网络对于某些材料/位置预测的失败。仔细检查这些圆圈，即具有大误差的谱图，发现对于一种性质具有大误差的谱图往往对其他性质也具有类似的大误差。具体而言，在 13 个谱图中，列为最差的 10 个谱图有两个以上特性错误，6 个谱图超过 4 个特性错误。图 17.10（a）～（f）中的箭头表示有较大误差的谱图。

一项详细的分析显示了两个导致错误预测的原因。首先，训练数据中没有包含类似的谱图。其次，当训练数据中包含相似的谱图时，相应的性质彼此不同。这两个原因都可以归因于其独特的电子结构，这些电子结构无法从训练数据中学习[84]。

17.3.5 从噪声谱中定量结构和性质

我们发现，基于神经网络，ELNES/XANES 可以用于定量化结构和性质。然而，这些研究是使用理论模拟构建的谱图数据集进行的。具体来说，即使实验谱图必须包含噪声，理论谱图也可不必考虑噪声。但为了将我们的方法应用于实验谱图，我们必须研究噪声对预测精度的影响。

图 17.11 显示了噪声对预测精度的影响。根据泊松分布，对不包括噪声的原始计算谱施加噪声，改变噪声强度，生成八种不同噪声水平的谱［图 17.11 中从上到下的黑线（a）］。图 17.11（a）显示了无噪声（图中蓝色线）和有噪声（图中黑色线）的谱图。由于噪声的分布随机不同，每个噪声级别生成了 10 个谱图。

首先，将有噪声的谱图用于由无噪声光谱构建的预测模型。图 17.11（b）～（g）中的方形符号显示了由各自属性的**平均绝对误差（the mean absolute error，MAE）**估计的预测精度。这些图中的灰色虚线表示使用无噪声谱图的预测精度。方形符号基本位于比灰色虚线更高的 MAE 位置，表明由无噪声光谱构建的预测模型对噪声的鲁棒性不强。

为了构建更稳健的噪声预测模型，采用了数据处理方法，即数据增强（data augmentation，DA）。DA 用于增加训练数据的数量并创建稳健的预测模型。在图像数据的数据增强的情况下，训练数据中包含了添加噪声和/或旋转的图像，这对于构建更通用的预测模型是有效的。在本例中，DA 是使用添加了噪声的光谱进行的。除了无噪声光谱外，添加噪声的光谱也用作训练数据。如上所述，分别生成了具有八个噪声级别的光谱。由于噪声分布是随机的，针对各个噪声级分别生成了 10 个谱，并针对各个噪声级构建了预测模型。因此，各个噪声级别的训练数据数量比之前没有 DA 的模型多 10 倍。

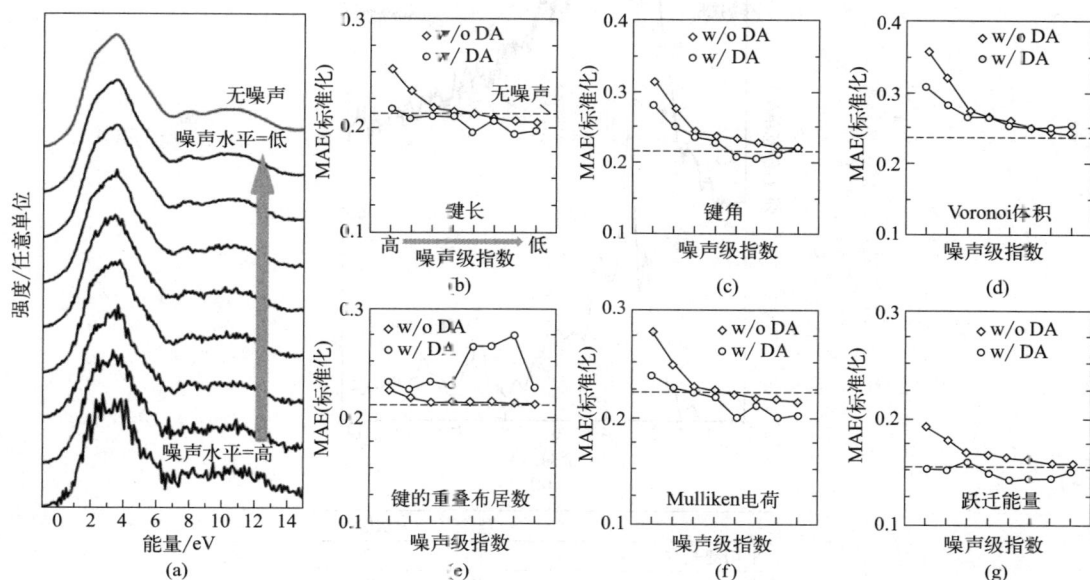

图 17.11 （a）顶部（蓝色）和下部黑色光谱分别对应于无噪声和添加噪声的光谱。基于泊松分布生成了八种不同的噪声级别（底部—顶部对应于高—低噪声级）。（b）～（g）用不同噪声水平的每个属性的平均绝对误差测量的预测精度

方形和圆形符号对应于没有和有数据增强（data augmentation，DA）的预测准确度

DA 的预测准确度如图 17.11（b）～（g）中的圆圈所示。显然，即使对于具有大噪声的光谱，具有 DA（圆形符号）的 MAE 通常低于没有 DA（方形符号）的 MAE，这表明 DA 在构建对噪声具有鲁棒性的预测模型方面是非常有效的。

在键长、键角、Mulliken 电荷和跃迁能量方面，预测准确度变得比无噪声谱图（灰色虚线）更高（MAE 更低）［见图 17.11（b）、（c）、（f）、（g）］。这种更高的准确性可能是由于训练数据的数量比没有 DA 的情况多。此外，DA 并未提高键重叠布居数的预测准确性［见图 17.11（e）］。尽管这种更糟糕的预测尚不清楚，但我们可以预期，谱中键重叠布居数的信息很小并且被噪声隐藏。因此，具有小噪声的高质量谱图对于通过 ELNES/XANES 量化键重叠布居数是必不可少的。

最后，将我们的模型应用于实验光谱。我们测量了 α-石英样品的 O-K 边。我们使用了配备单色仪的像差校正 STEM（JEM-ARM200F，JEOL Ltd.）。随着电子 - 空穴寿命的增加，O-K 边变宽了约 0.1eV，仪器的能量分辨率可以忽略不计。我们用 0.1eV 的 Gaussian 拓展的数据库对模型进行了重新训练，并预测了实验谱图的特性。图 17.12（a）和（b）显示了理论和实验谱图以及两种谱图的性质。

实验谱图具有与计算谱图相似的轮廓，但是，实验谱图包含一些噪声。然而，实验谱图的预测特性与准确值非常相似。因此，我们可以得出结论，使用有噪声模拟谱图构建的模型也具有相当强的鲁棒性，即使从实验谱图也可以准确地预测特性。

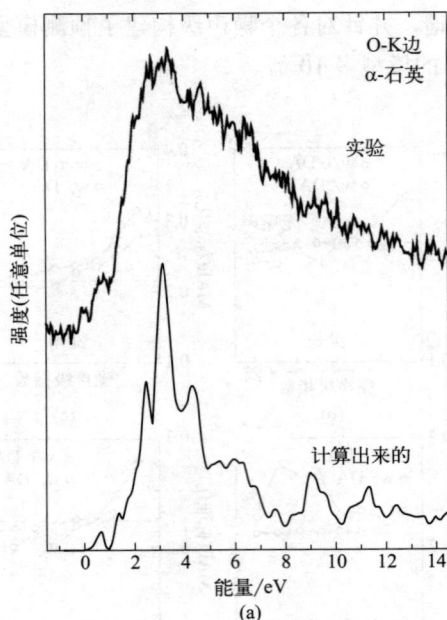

	理论	实验
平均键长/Å	1.630	1.620
平均键角/(°)	147	143
Voronoi体积/Å^3	16.4	17.4
键重叠布居数(电子)	0.53	0.53
Mulliken电荷(电子)	−1.18	−1.18
激发能/eV	542.9	542.4

(b)

图 17.12 （a）α- 石英的实验和理论 O-K 边谱图；（b）实验谱图的理论值和预测值
改编自参考文献［84］，根据 CC BY 3.0 许可的条款

17.4 结论

在这项研究中，我们回顾了 ELNES/XANES 光谱的"数据驱动"方法。首先，我们将无监督的层次聚类和有监督的决策树应用于谱图。构造了一个包含树状图和决策树的二叉树，并用于解释和预测谱图。计算出的 14 种金属氧化物和 25 种 SiO$_2$ 多晶型物的氧 K 边用于证明所提出的方法。用这种方法，ELNES/XANES 谱图可以根据材料信息进行解释，例如化学、元素和几何信息。此外，我们的方法也可以有效地从材料信息中预测谱图特征。

此外，通过前馈神经网络从堆芯损耗谱中提取隐藏信息。由此，成功预测了三种几何性质，即平均键长、平均键角和 Voronoi 体积。这意味着谱学特征不仅反映了短程信息，还反映了相对中程信息。此外，我们的方法也可以同时预测三种类型的键合特性，即键重叠布居数、Mulliken 电荷和跃迁能。尽管这些化学键合性质主要来源于价带，但本方法可以正确预测这种键合信息，表明反映导带的堆芯损耗谱包含与基态价带有关的信息。

此外，还研究了噪声对预测准确度的影响。我们展示了数据增强可用于构建对噪声具有鲁棒性的预测模型。还证实，我们的方法在大多数情况下可以从谱学特征中正确预测材料特性，并且可以应用于带有一些噪声的实验谱图。

我们强调，所提出的机器学习方法并不依赖于谱图，因此，在解释和预测任何谱图数据以及衍射、发射和实验数据方面都能很好地工作。最近构建了一个包含 500000～800000 个计算光谱的大型数据库[82,96]。结合此数据库或与此方法类似的其他数据库，可以促进多功能、准确的预测和解释。总之，相信我们的方法可以为数据驱动的谱图解释和预测，以及材料特性的局部测量铺平道路。

致谢

这里报告的实验是与日本东北大学的 Tomohiro Miyata 博士，日本产业技术综合研究所（Agency of Industrial Science and Technology，AIST）的 Masashi Tsubaki 博士，东京大学的 Koji Tsuda 教授和 Kunyen Liao 先生合作进行的。EELS 测量由日本教育、文化、体育、科学技术部（the Ministry of Education, Culture, Sports, Science and Technology，MEXT）赞助的"纳米技术平台项目"下的京都大学纳米技术中心提供支持。本研究还得到了 JST-PRESTO（JPM-JPR16NB 16814592）、MEXT（批准号：17H06094、19H00818 和 19H05787），以及东京大学工业科学研究所特别基金（Tenkai5504850104）的支持。

参 考 文 献

[1] K. Kimoto, T. Asaka, T. Nagai, M. Saito, Y. Matsui and K. Ishizuka, *Nature*, 2007, **450**, 702-704.

[2] B. Barwick, S. P. Hyun, O. H. Kwon, J. S. Baskin and A. H. Zewail, *Science*, 2008, **322**, 1227-1231.

[3] I. Tanaka, T. Mizoguchi, M. Matsui, S. Yoshioka, H. Adachi, T. Yamamoto, T. Okajima, M. Umesaki, W. Y. Ching, Y. Inoue, M. Mizuno, H. Araki and Y. Shirai, *Nat. Mater.*, 2003, **2**, 541-545.

[4] L. M. Brown, Nature, 1993, **366**, 721.

[5] R. F. Egerton, *Electron Energy-loss Spectroscopy in the Electron Microscope*, Springer, Boston, MA, 2011.

[6] J. Stöhr, NEXAFS Spectroscopy, Springer, Berlin, *Heidelberg*, **vol. 25**, 1992.

[7] T. Mizoguchi, M. Sakurai, A. Nakamura, K. Matsunaga, I. Tanaka, T. Yamamoto and Y. Ikuhara, *Phys. Rev. B*, 2004, **70**, 153101.

[8] K. Matsunaga, H. Murata, T. Mizoguchi and A. Nakahira, *Acta Biomater.*, 2010, **6**, 2289-2293.

[9] K. Suenga and M. Koshino, *Nature*, 2010, **468**, 1088-1090.

[10] M. Varela, S. D. Findlay, A. R. Lupini, H. M. Christen, A. Y. Borisevich, N. Dellby, O. L. Krivanek, P. D. Nellist, M. P. Oxley, L. J. Allen and S. J. Pennycook, *Phys. Rev. Lett.*, 2004, **92**, 095502.

[11] T. Tohei, T. Mizoguchi, H. Hiramatsu, Y. Kamihara, H. Hosono and Y. Ikuhara, *Appl. Phys. Lett.*, 2009, **95**, 193107.

[12] T. Miyata, M. Fukuyama, A. Hibara, E. Okunishi, M. Mukai and T. Mizoguchi, *Microscopy*, 2014, **63**, 377-382.

[13] O. L. Krivanek, T. C. Lovejoy, N. Dellby, T. Aoki, R. W. Carpenter, P. Rez, E. Soignard, J. Zhu, P. E. Batson, M. J. Lagos, R. F. Egerton and P. A. Crozier, *Nature*, 2014, **514**, 209-212.

[14] J. C. Idrobo, A. R. Lupini, T. Feng, R. R. Unocic, F. S. Walden, D. S. Gardiner, T. C. Lovejoy, N. Dellby, S. T. Pantelides and O. L. Krivanek, *Phys. Rev. Lett.*, 2018, **120**, 95901.

[15] J. A. Hachtel, J. Huang, I. Popovs, S. Jansone-Popova, J. K. Keum, J. Jakowski, T. C. Lovejoy, N. Dellby, O. L. Krivanek and J. C. Idrobo, *Science*, 2019, **363**, 525-528.

[16] T. Mizoguchi, Y. Sato, J. P. Buban, K. Matsunaga, T. Yamamoto and Y. Ikuhara, *Appl. Phys.*

Lett., 2005, **87**, 241920.

[17] M. Kunisu, I. Tanaka, T. Yamamoto, T. Suga and T. Mizoguchi, *J. Phys. Condens. Matter*, 2004, **16**, 3801-3806.

[18] T. Suga, S. Kameyama, S. Yoshioka, T. Yamamoto, I. Tanaka and T. Mizoguchi, *Appl. Phys. Lett.*, 2005, **86**, 163113.

[19] S.-Y. Choi, S.-D. Kim, M. Choi, H.-S. Lee, J. Ryu, N. Shibata, T. Mizoguchi, E. Tochigi, T. Yamamoto, S.-J. L. Kang and Y. Ikuhara, *Nano Lett.*, 2015, **15**, 4129-4134.

[20] K. Tatsumi, T. Mizoguchi, S. Yoshioka, T. Yamamoto, T. Suga, T. Sekine and I. Tanaka, *Phys. Rev. B*, 2005, **71**, 033202.

[21] T. Mizoguchi, T. Sasaki, S. Tanaka, K. Matsunaga, T. Yamamoto, M. Kohyama and Y. Ikuhara, *Phys. Rev. B*, 2006, **74**, 235408.

[22] K. Nakazawa, T. Miyata, S. Amma and T. Mizoguchi, *Scr. Mater*, 2018, **154**, 197-201.

[23] K. Kubobuchi, M. Mogi, H. Ikeno, I. Tanaka, H. Imai and T. Mizoguchi, *Appl. Phys. Lett.*, 2014, **104**, 053906.

[24] K. Kubobuchi, M. Mogi, M. Matsumoto, T. Baba, C. Yogi, C. Sato, T. Yamamoto, T. Mizoguchi and H. Imai, *J. Appl. Phys.*, 2016, **120**, 142125.

[25] T. Sasaki, T. Mizoguchi, K. Matsunaga, S. Tanaka, T. Yamamoto, M. Kohyama and Y. Ikuhara, *Appl. Surf. Sci.*, 2005, **241**, 87-90.

[26] T. Mizoguchi, J. P. Buban, K. Matsunaga, T. Yamamoto and Y. Ikuhara, *Ultramicroscopy*, 2006, **106**, 92-104.

[27] T. Mizoguchi, M. Varela, J. P. Buban, T. Yamamoto and Y. Ikuhara, *Phys. Rev. B*, 2008, **77**, 024504.

[28] T. Miyata and T. Mizoguchi, *Ultramicroscopy*, 2017, **178**, 81-87.

[29] Y. Sugimori, T. Miyata, H. Hashiguchi, E. Okunishi and T. Mizoguchi, *RSC Adv.*, 2019, **9**, 10520-10527.

[30] T. Miyata, F. Uesugi and T. Mizoguchi, *Sci. Adv.*, 2017, **3**, e1701546.

[31] T. Miyata and T. Mizoguchi, *Microscopy*, 2016, **65**, i33.

[32] T. Mizoguchi, I. Tanaka, M. Yoshiya, F. Oba, K. Ogasawara and H. *Adachi, Phys. Rev. B*, 2000, **61**, 2180-2187.

[33] I. Tanaka, H. Araki, M. Yoshiya, T. Mizoguchi, K. Ogasawara and H. Adachi, *Phys. Rev. B*, 1999, **60**, 4944-4951.

[34] T. Mizoguchi, I. Tanaka, S. Yoshioka, M. Kunisu, T. Yamamoto and W. Y. Ching, *Phys. Rev. B*, 2004, **70**, 045103.

[35] T. Yamamoto, T. Mizoguchi and I. Tanaka, *Phys. Rev. B*, 2005, **71**, 245113.

[36] T. Mizoguchi, I. Tanaka, M. Kunisu, M. Yoshiya, H. Adachi and W. Y. *Ching, Micron*, 2003, **34**, 249-254.

[37] T. Mizoguchi, M. Yoshiya, J. Li, F. Oba, I. Tanaka and H. Adachi, *Ultramicroscopy*, 2001, **86**, 363-370.

[38] K. Tomita, T. Miyata, W. Olovsson and T. Mizoguchi, *J. Phys. Chem. C*, 2016, **120**, 9036-9042.

[39] W. Olovsson, I. Tanaka, T. Mizoguchi, P. Puschnig and C. Ambrosch-Draxl, *Phys. Rev. B*, 2009, **79**, 041102.

[40] W. Olovsson, I. Tanaka, T. Mizoguchi, G. Radtke, P. Puschnig and C. Ambrosch-Draxl, *Phys. Rev. B*, 2011, **83**, 195206.

[41] K. Tomita, T. Miyata, W. Olovsson and T. Mizoguchi, *Ultramicroscopy*, 2017, **178**, 105-111.

[42] H. Ikeno, T. Mizoguchi and I. Tanaka, *Phys. Rev. B*, 2011, **83**, 155107.

[43] H. Ikeno, T. Mizoguchi, Y. Koyama, Y. Kumagai and I. Tanaka, *Ultramicroscopy*, 2006, **106**, 970-975.

[44] S. Ootsuki, H. Ikeno, Y. Umeda, Y. Yonezawa, H. Moriwake, A. Kuwabara, O. Kido, S. Ueda, I. Tanaka, Y. Fujikawa and T. Mizoguchi, *Microscopy*, 2014, **63**, 249-254.

[45] S. Ootsuki, H. Ikeno, Y. Umeda, H. Moriwake, A. Kuwabara, O. Kido, S. Ueda, I. Tanaka, Y. Fujikawa and T. Mizoguchi, *Appl. Phys. Lett.*, 2011, **99**, 233109.

[46] T. Mizoguchi, W. Olovsson, H. Ikeno and I. Tanaka, *Micron*, 2010, **41**, 695-709.

[47] H. Ikeno and T. Mizoguchi, *J. Electron Microsc.*, 2017, 66, 305-327.

[48] I. Tanaka, T. Mizoguchi and T. Yamamoto, *J. Am. Ceram. Soc.*, 2005, **88**, 2013-2029.

［49］ I. Tanaka and T. Mizoguchi, *J. Phys. Condens. matter*, 2009, **21**, 104201.

［50］ T. Mizoguchi, *J. Phys. Condens. Matter*, 2009, **21**, 104215.

［51］ T. Mizoguchi, K. Tatsumi and I. Tanaka, *Ultramicroscopy*, 2006, **106**, 1120-1128.

［52］ S. Nishida, S. Kobayashi, A. Kumamoto, H. Ikeno, T. Mizoguchi, I. Tanaka, Y. Ikuhara and T. Yamamoto, *J. Appl. Phys.*, 2013, 054906.

［53］ Y. Matsui and T. Mizoguchi, *Chem. Phys. Lett.*, 2016, **649**, 92-96.

［54］ Y. Matsui and T. Mizoguchi, *Chem. Phys. Lett.*, 2016, **649**, 92-96.

［55］ H. Katsukura, T. Miyata, M. Shirai, H. Matsumoto and T. Mizoguchi, *Sci. Rep.*, 2017, **7**, 16434.

［56］ W. Olovsson, T. Mizoguchi, M. Magnuson, S. Kontur, O. Hellman, I. Tanaka and C. Draxl, *J. Phys. Chem. C*, 2019, **123**, 9688-9692.

［57］ T. Mizoguchi, T. Miyata and W. Olovsson, *Ultramicroscopy*, 2017, **180**, 93-103.

［58］ H. Katsukura, T. Miyata, K. Tomita and T. Mizoguchi, *Ultramicroscopy*, 2017, **178**, 88-95.

［59］ A. Seko, K. Toyoura, S. Muto, T. Mizoguchi and S. Broderick, *MRS Bull.*, 2018, **43**, 690-695.

［60］ C. Draxl and M. Scheffler, *J. Phys. Mater.*, 2019, **2**, 036001.

［61］ G. R. Schleder, A. C. M. Padilha, C. M. Acosta, M. Costa and A. Fazzio, *J. Phys. Mater.*, 2019, **2**, 032001.

［62］ A. Jain, K. A. Persson and G. Ceder, *APL Mater.*, 2016, **4**, 053102.

［63］ Nanoinformatics, ed. I. Tanaka, Springer, Singapore, Singapore, 2018.

［64］ S. Kiyohara, H. Oda, T. Miyata and T. Mizoguchi, *Sci. Adv.*, 2016, **2**, e1600746.

［65］ S. Kiyohara, H. Oda, K. Tsuda and T. Mizoguchi, *Jpn. J. Appl. Phys.*, 2016, **55**, 045502.

［66］ A. Seko, A. Togo, H. Hayashi, K. Tsuda, L. Chaput and I. Tanaka, *Phys. Rev. Lett.*, 2015, **115**, 1-5.

［67］ D. Xue, P. V. Balachandran, J. Hogden, J. Theiler, D. Xue and T. Lookman, *Nat. Commun.*, 2016, **7**, 11241.

［68］ P. V. Balachandran, D. Xue, J. Theiler, J. Hogden and T. Lookman, *Sci. Rep.*, 2016, **6**, 19660.

［69］ G. Pilania, C. Wang, X. Jiang, S. Rajasekaran and R. Ramprasad, *Sci. Rep.*, 2013, **3**, 2810.

［70］ M. Shiga, K. Tatsumi, S. Muto, K. Tsuda, Y. Yamamoto, T. Mori and T. Tanji, *Ultramicroscopy*, 2016, **170**, 43-59.

［71］ J. Timoshenko, D. Lu, Y. Lin and A. I. Frenkel, *J. Phys. Chem. Lett.*, 2017, **8**, 5091-5098.

［72］ T. Lam Pham, H. Kino, K. Terakura, T. Miyake, K. Tsuda, I. Takigawa and H. Chi Dam, *Sci. Technol. Adv. Mater.*, 2017, **18**, 756-765.

［73］ P. V. Balachandran, J. Theiler, J. M. Rondinelli and T. Lookman, *Sci. Rep.*, 2015, **5**, 13285.

［74］ V. Kvasnička, *J. Math. Chem.*, 1991, **6**, 63-76.

［75］ L. S. Anker and P. C. Jurs, *Anal. Chem.*, 1992, **64**, 1157-1164.

［76］ J. Cuny, Y. Xie, C. J. Pickard and A. A. Hassanali, *J. Chem. Theory Comput.*, 2016, **12**, 765-773.

［77］ J. Timoshenko, A. Anspoks, A. Cintins, A. Kuzmin, J. Purans and A. I. Frenkel, *Phys. Rev. Lett.*, 2018, **120**, 225502.

［78］ S. Kikuchi, H. Oda, S. Kiyohara and T. Mizoguchi, *Phys. B Condens. Matter*, 2018, **532**, 24-28.

［79］ H. Oda, S. Kiyohara, K. Tsuda and T. Mizoguchi, *J. Phys. Soc. Japan*, 2017, **86**, 123601.

［80］ S. Kiyohara and T. Mizoguchi, *Phys. B Condens. Matter*, 2018, **532**, 9-14.

［81］ S. Kiyohara and T. Mizoguchi, *J. Chem. Phys.*, 2018, **148**, 241741.

［82］ H. Oda, S. Kiyohara and T. Mizoguchi, *J. Phys. Mater.*, 2019, **2**, 034005.

［83］ S. Kiyohara, T. Miyata, K. Tsuda and T. Mizoguchi, *Sci. Rep.*, 2018, **8**, 13548.

［84］ S. Kiyohara, M. Tsubaki, K. Liao and T. Mizoguchi, *J. Phys. Mater.*, 2019, **2**, 024003.

［85］ S. J. Clark, M. D. Segall, C. J. Pickard, P. J. Hasnip, M. J. Probert, K. Refson and M. C. Payne, *Z.*

Krist, 2005, **220**, 567-570.

[86] T. Mizoguchi, I. Tanaka, S.-P. Gao and C. J. Pickard, *J. Phys. Condens. Matter*, 2009, **21**, 104204.

[87] J. P. Perdew, K. Burke and M. Ernzerhof, *Phys. Rev. Lett.*, 1996, **77**, 3865-3868.

[88] O. Maimon and L. Rokach, *Data Mining and Knowledge Discovery Handbook*, Springer US, Boston, MA, 2010.

[89] S. Kim and X. Zhang, *Comput. Math. Methods Med.*, 2013, **2013**, 509761.

[90] D. L. Tabb, M. J. MacCoss, C. C. Wu, S. D. Anderson and J. R. Yates, *Anal. Chem.*, 2003, **75**, 2470-2477.

[91] L. Breiman, J. Friedman, C. J. Stone and R. A. Olshen, *Classification and Regression Trees*, Wadsworth, Belmont, CA, 1984, p. 358.

[92] C.-H. Yeh, Chemom. *Intell. Lab. Syst.*, 1991, **12**, 95-96.

[93] D. Kingma and J. Ba, arXiv: 1412.6980 [cs.LG], 2014, 1-15.

[94] L. Bocher, E. Popova, M. Nolan, A. Gloter, E. Chikoidze, K. March, B. Warot-Fonrose, B. Berini, O. Stéphan, N. Keller and Y. Dumont, *Phys. Rev. Lett.*, 2013, **111**, 167202.

[95] M. N. Grisolia, J. Varignon, G. Sanchez-Santolino, A. Arora, S. Valencia, M. Varela, R. Abrudan, E. Weschke, E. Schierle, J. E. Rault, J. P. Rueff, A. Barthélémy, J. Santamaria and M. Bibes, *Nat. Phys.*, 2016, **12**, 25.

[96] C. Zheng, K. Mathew, C. Chen, Y. Chen, H. Tang, A. Dozier, J. J. Kas, F. D. Vila, J. J. Rehr, L. F. J. Piper, K. A. Persson and S. P. Ong, *npj Comput. Mater.*, 2018, **4**, 1-9.

第 18 章

自主科学：大数据工具为化学中的小数据问题服务

ANDREAS C. GEIGER, ZIYI CAO, ZHENGTIAN SONG, JAMES R. W. ULCICKAS 和 GARTH J. SIMPSON[*]

美国普渡大学化学系，560 椭圆路，西拉法叶，IN 47907

[*]Email: gsimpson@purdue.edu

18.1　引言

可以说，利用机器学习进步的最大机会在于数据科学和测量科学之间的接口。算法可以告知测量的选择，而测量又可以作为算法的输入。在这个框架中，出现了两大类数据科学挑战。首先，由高通量（high throughput，HT）仪器产生的不断增加的数据量，生成了随后可以被挖掘的数据库[1-5]。然而，许多化学测量受到仪器、动力学或样品约束的限制，从而制约了几乎可以为决策提供信息的测量数据量。后一种情况是当前工作的主要焦点，其中"大数据"工具被用来优化由尽可能少的实验测量所产生的信息内容。

相比之下，大多数机器学习方法都侧重于使用大量预先存在的数据进行分析和训练，包括由 HT 化学仪器生成的数据。HT 筛选已应用于基于细胞的微流体[6-10]、蛋白质工程[11-15]、代谢组学[16-20]、蛋白质组学[21-25]、药物毒理学[26-28]、纳米材料合成[29]以及小分子合成优化等方面[30, 31]。此类技术，使研究人员能够在更短的时间内收集"大数据"，然后对其进行挖掘，以便进行模式分析和数据驱动的决策。

反之，机器学习方法也已广泛应用于化学数据库的挖掘，涵盖的应用范围非常广泛。已经证明，算法具有预测化学反应性[32, 33]、预测化合物性质[34-36]和确定化学结构的能力[37]。Zhuo 及其同事开发了一种机器学习模型，该模型仅根据成分就能准确预测无机固体的带隙[38]。该模型使用支持向量分类来分开金属与非金属，支持向量回归来预测带隙。与密度泛函理论计算相比，该方法的结果更接近实验报告的值。Coley 及其同事使用图卷积神经网络来预测反应的主要产物[39]。该网络在 85% 的时间内准确地预测了主要产物，与以前的方法相比有了显著的改进。Turcani 及其同事使用随机森林算法预测多孔有机笼中的形状持久性和空腔尺度[40]。其模型在预测形状持久性方面达到了 93% 的准确度。这些进步使得化学家能够利用其"大数据"做出有影响力的发现。

"大数据"工具的一个显而易见的制约是要求数据必须很大。由于可用数据的内在稀疏性，许多耗时的实验与传统的机器学习方法不相称。在劳伦斯利弗莫尔国家实验室的国家点火装置（the National Ignition Facility at Lawrence Livermore National Laboratory）就是一个很好的例子，该实验室拥有世界上最大和能量最高的激光器[41-43]。激光（形式上是 192 个激光器的组合）每年仅发射约 400 次（重复频率约为 10^{-5}Hz）。此类实验受益于机器学习工具的能力在于，能够根据先前信息的有限可用性为下一个实验选择最佳条件。这类案例可以说是"小数据"问题的最佳描述，为融入新兴的"大数据"基础建设带来了机遇和挑战。

这些挑战并不新鲜。在可用性数据有限的实验室里，工作经验丰富的化学家通常会使用前一组测量的结果来通知下一个条件选择（或更常见的是，知道要避免哪些条件），而不是随机的"霰弹枪"式的取样。选择下一个实验的基本原理，通常是将迄今为止的观察结果与研究人员在类似情况下使用类似化合物的经验相结合。将这一决策过程移植到机器学习平台，所涉及的方法既能够从相关分子系统的一般知识中获取实验室化学家的经验，又能够优化选择最具信息量的下一组实验的方法。

当与实验自动化相结合时，这种算法驱动的独立实验设计可以实现自主科学。在这种科学中，以训练机器学习或人工智能（AI）算法，来设计实验、解释结果，并通过硬件自动化执行额外的测量。原则上，此类系统在科学方法的所有阶段都是独立运行的。如图 18.1 所示，作出假设、实验设计、数据收集、数据分析和假设检验是以迭代方式执行的，所有先前的实验都为未来实验的设计提供信息，直到化学空间被充分映射到提供一个答案为止。

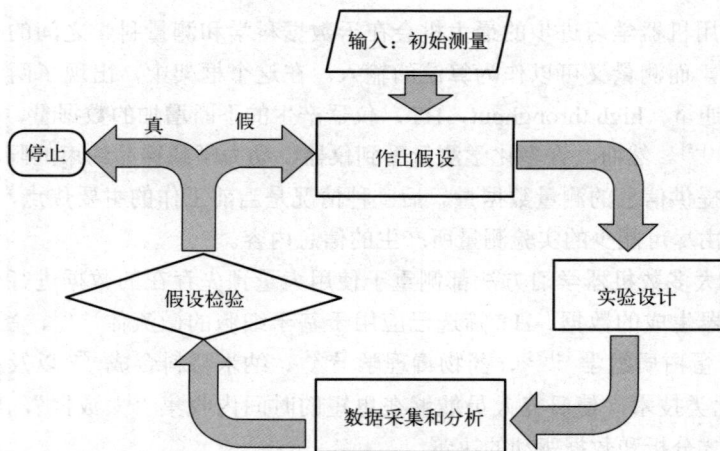

图 18.1　科学方法图。一个自主实验室可以在科学方法的所有阶段独立运作
根据 CCBY4.0 许可的条款，改编自参考文献 [54]

自主仪器应与自动化仪器区分开来。许多现代实验室通过完全自动化的工艺流程来提高实验产量，而这个流程以前是由手工完成的[44-48]。化学测量科学正在兴起的革命是科学方法中实现假设制定和实验设计步骤的自动化[49-51]。通过将这些任务委托给算法，可以形成闭环操作，以减少科学方法中的人为干预。

本章的其余部分将深入探讨与机器学习算法和自主仪器开发相关的主题，以便在"小数据"情况下优化采集，在这种情况下，实验数量受时间、样本或费用的限制。实验设计和执行的概述将详细说明使用科学决策的算法实施实验的策略。并将详细地回顾自主化学的一种架构，基于稀疏采样化学空间的概念、动态采样化学空间以及应用于化学成像的动态采样的有监督学习方法等。此外，还详细讨论了针对化学环境中使用的算法进行对抗性攻击的可能性。讨论揭示了降维技术容易受到的对抗性攻击，并为自主科学中基于机器学习的分类器的总体鲁棒性提供相关背景。进一步讨论了提高对抗性攻击和虚假错误分类的总体稳定性的一些建议和方法。

18.2　实验的自主设计

自主科学既需要独立行动（自动化）的能力，又需要根据不断发展的知识（智能）做出独立决策的能力。本章的重点是后者，因为自动化在许多支持 HT 分析的现代仪器上已基本解决。自主系统是一个"专家"，发现整合新信息来修正控制假设，并指导改进。这个定义可以分解为两个关键的组成功能：获取新信息和选择未来的实验。这里的重点主要在于自主系统，旨在减少与绘制化学空间相关的实验负担。初步讨论将集中在运行自主系统的先决能力：从先前采样的数据中推断预期实验结果的能力。固定模式稀疏抽样策略将用于说明可以实现这一目标的一些方法。在讨论稀疏采样之后，将对动态采样方法进行调查，该方法旨在以最少的测量次数重建化学空间。这些方法与固定模式稀疏采样策略的不同之处在于，可以利用实时实验观察来动态地为未来的实验提供信息。将讨论动态采样的各种算法，首先探讨在直观简单的化学成像环境中，然后在更抽象的化学空间环境中（例如，在活细胞培养物中的蛋白质浓度）。本节将简要讨论具有多个自主仪器的模块化自主实验室，这些仪器利用集成各种模块（例如，通信、数据库、机器人、表征、学习和分析）的高级软件来映射高度复杂的特征空间。

18.2.1　稀疏采样策略对"小数据"的挑战

在单个实验成本相对较高的情况下，可以通过使用稀疏采样策略，来加速构建作为实验参数函数的可观察数据图。化学测量往往高度相关，这为稀疏采样提供了机会。以化学成像为例，给定像素中的成分可能高度依赖于相邻像素中的成分。因此，通过对像素总数的子集进行采样并"修复"未采样的空间位点，从而可以对成分分布做出合理的良好估计。测量之间存在相关性是自主科学的基本要求；如果每个测量都是完全独立的，那么就没有理由选择任何一组特定的条件。学习化学测量的基本模式是开发自主科学方法的关键第一步。

涉及化学成像的应用，可以利用图像识别技术的进步来帮助预测化学成分的空间相关性。利用这些工具，在新型采样策略的帮助下，从点探针显微镜［例如，拉曼显微镜[52]、扫描电子显微镜 (SEM)[53]、同步加速器 X 射线衍射[54]］中稀疏地采集数据，从而生成化学空间的完整表征，这些策略在实际应用中取得了巨大的成功。在逐点图像采集中，稀疏采样提供了显著减少测量次数的潜力。已实施稀疏采样方法，可以以最大限度地减少对光束敏感材料的样品损坏，从而减少数据采集的总时间，并最大限度减少样品暴露在 X 射线或电子剂量等潜在的结构变化[55,56]。

稀疏采样策略有两个主要的组成部分：稀疏采样模式和"修复"算法。图 18.2 说明了稀疏采样的一般策略。使用的模式决定了将执行哪些实验；在许多情况下，最直观的模式是随机的，稀疏采样会生成广泛分布的测量值以告知"修复"算法，并从采样模式中留下最少的伪影。但是，与连续采样模式相比，随机采样会显著地增加测量时间。例如，在光束扫描荧光显微镜中，将激光束重新定位到随机像素所需的时间（毫秒）远大于测量像素所需的时间（纳秒）。在这种情况下，连续采样模式（例如 Lissajous 轨迹）充分利用了采样速度，同时还在视野中广泛分布的位点进行采样。稀疏采样策略的最佳采样模式是特别针对每种技术而言的，并取决于测量中最慢的步骤。

图 18.2　稀疏采样结合了固定或随机采样模式与"修复"算法。这通过使用预测"修复"未采样的条件和位点，而不是在每个条件和位点执行测量来减少总测量时间。稀疏抽样策略依赖于邻近数据点之间的相关性

在以前的研究中，采用随机抽样、低差异抽样和 Lissajous 轨迹等稀疏抽样模式来加速数据收集。Simpson 及其同事开发了一种基于 Lissajous 轨迹成像的光束扫描光学显微镜，可在多个同步数据采集通道上实现高达 kHz 帧速率的光学成像[57,58]。他们使用两个快速扫描谐振镜将光束引导到穿过视野的迂回轨迹，并使用"修复"算法对未采样的像素进行插值。

一旦收集到稀疏采样的数据，"修复"算法的工作就是预测未采样条件和位点的值。如果仅考虑测量之间的局部相关性，则可以使用平滑函数进行插值。Garcia 及其同事开发了一种"修复"算法，该算法执行平滑功能以从任意维度的数据集中填充缺失的数据点[59,60]。该算法使用惩罚最小二乘回归预测缺失值。要最小化的成本函数如等式（18.1）所示，其中 y 是稀疏采样的数据集，$\hat{y}$ 是平滑的插值数据集，‖‖表示欧几里得范数，s 是控制平滑程度的参数，P 是一个惩罚项，表示平滑数据集中的粗糙程度，定义为 $P(\hat{y}) = \|D\hat{y}\|^2$，其中 D 是一个描述了采样像素之间距离的三对角矩阵。

$$F(\hat{y}) = \|\hat{y} - y\|^2 + sP(\hat{y}) \tag{18.1}$$

$F(\hat{y})$ 的最小化给出了等式（18.2）中的线性系统，其中 I 是单位矩阵。

$$\left(I + sD^{\mathrm{T}}D\right)\hat{y} = y \tag{18.2}$$

为了解决丢失的数据点，对角矩阵 W 被添加到等式（18.2）中以代替 I，其中对角元素 W_{ii} 在 y_i 缺失时等于 0，在 y_i 存在时等于 1。

$$\left(W + sD^{\mathrm{T}}D\right)\hat{y} = y \tag{18.3}$$

等式（18.2）和式（18.3）可以通过左矩阵除法求解。当稀疏采样的数据均匀分布时，可以使用离散余弦变换来简化和加速解决方案。

其他算法超越了平滑，并在数据集中寻找非局域相关性。Bouman 及其同事已经展示了基于模型的迭代重建（model-based iterative reconstruction，MBIR）方法来准确执行修复[61]。在 MBIR 中，前向模型提供了部分基于使用相似图像的训练来分配未采样像素的机制。

模式化稀疏采样方法通过启用二次采样测量集的图像重建，为成像中的自主决策提供了关键一步；然而，这些方法在某种意义上是有限的，因为他们不一定对最佳像素进行采样以准确重建系统。固定模式或随机稀疏采样技术中采用的重构算法为扩展到自主实验室系统提供了一个起点，该系统的目的旨在最小采样的约束下以最大的准确度重构化学空间的描述[59]。

这种在此称为动态采样的方法，通过确定化学空间内的最佳采样位点，可以更快速地重建化学空间[62-64]。

18.2.2　自主实验设计的单纯形方法

自主实验设计的早期工作集中在化学合成和通过算法设计的单纯形架构优化化学测量方法。单纯形是一种特殊类型的动态采样策略，其中一些化学空间的探针映射到具有任意数量顶点和边的几何表示，即单纯形。从多面体的一个顶点开始，可以将其视为一个离散化的化学空间，使用单纯形算法可沿着形状的边缘，在目标函数的增加值的方向行走，以找到可行区域内的最大值。

Nelder 和 Mead 详细描述了改进的单纯形算法作为函数最小化的算法[65]。具有 n 个变量且无约束的函数首先通过在参数空间内采样 $n+1$ 个点来最小化。每个采样点都是几何单纯形的顶点，由此产生了该方法的命名。为了最小化目标函数，首先计算每个参数集的输出。然后，具有最高目标函数值（即性能最差的一组参数）的顶点被反映在剩余顶点的超平面上，穿过超平面的质心。根据新点是否是对先前顶点的改进，可以使用扩展或收缩操作，根据目标函数关于反射的局部曲率移动采样位点。迭代时，该过程将生成一个收敛于目标函数最小值的单纯形，即单纯形的体积将围绕最小点收缩。图 18.3 说明了二维优化的过程。

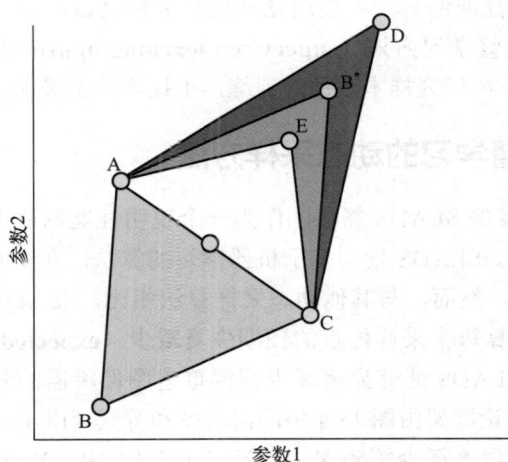

图 18.3　二维单纯形优化步骤。初始单纯形由顶点 ABC 定义。为每组参数计算目标函数，发现 B 是最差的输入。反射 B* 围绕线段 AC 的质心生成。然后，该算法可以根据局部曲率展开单纯形，接受新顶点 D 代替 B*，或收缩单纯形，接受 E 代替 B*

从 20 世纪 70 年代开始，单纯形算法被应用于化学自动化，包括闭环自动化合成平台的产生[64,66,67]。其他工作利用单纯形算法在 EDTA 存在下生成与 Ti（IV）络合的 H_2O_2；自动注入试剂后测量吸收光谱，并增加等待时间以评估产品的稳定性[68]。Denton 及其同事在火焰分光光度计中优化气溶胶输送作为一个简单的例子来说明如何利用单纯形程序进行自动分析[66]。在这项工作中，气溶胶喷嘴的物理位点是优化空间，步进电机控制正交轴上的 x 和 y 位点。目的是产生在 422.7nm 的钙发射线处检测到的最大可能信号。使用图 18.3 作为模板，考虑使月三组独特的坐标来测量钙发射的场景，由顶点 A、B 和 C 表示。发现顶点 B 产生的信号量最低，因此一个新的顶点是通过线段 AC 反射产生的。新顶点 B* 处的测量结果决定了单纯形是保持在这个新位点、扩展还是收缩。这个过程的数学细节在参考文献 [65] 中有完整的描述。这些最初的基于单纯形的自主化学实验方法，使用了相对简单的算法，但这些方法有助于说明自主实验的动态采样方法的总体架构，但有一个关键区别。单纯形法旨在优化单个函数，仅返回最优值。相反，下面描述的动态采样方法使用各种插值和重建算法来重建完整的目标函数。通过映射目标函数的整个空间，动态采样方法可以解决更复杂的化学问题，例如化学分类。

18.2.3　动态采样的插值算法

动态采样是自主仪器中的一个关键组成部分，因为该方法提供有关针对目标进行的最有益实验的实时反馈。通过增加每个实验的价值，动态采样可以使仪器在性能上超越自动化的 HT 系统。

Notingher 和其同事开发了一种用于拉曼显微镜的动态采样算法，通过实时为每个未测量的像素分配一个分数来确定信息最丰富的采样位点 [69, 70]。计算每个未采样像素处的分数，作为两种不同插值算法（三次样条插值和 Kriging 插值）预测值之间的差值。重建算法差异最大的像素位点被视为信息量最大的像素，然后选择用于后续测量。由于插值算法的集成，与随机采样相比，该方法的效率有所提高。对于生物组织成像，与光栅扫描相比，这种方法的采样时间减少了 29/30 倍，并且需要足够的光谱信噪比来识别单个组织结构。

进一步提高动态采样性能的另一种策略是使用在分析之前经过训练的算法。这种方法是一种用于动态采样的有监督学习方法（supervised learning approach for dynamic sampling, SLADS），旨在通过特定于所研究样本数据的训练，来提高动态采样算法的准确性。

18.2.4　一种有监督学习的动态采样方法

Bouman 及其同事开发的 SLADS 算法，作为一个说明性案例研究，用于理解自主实验室工作流程的总体架构 [62-64]。SLADS 使用基于机器学习的算法，在实时测量期间选择下一个信息最丰富的位点进行采样。然而，与其他动态采样算法相比，SLADS 使用具有已知真值的训练数据来训练算法，以计算每个采样位点的预期失真减少（expected reduction in distortion, ERD）。利用这种训练，SLADS 能够显著减少获得重建图像所需的测量次数，而不会显著降低图像质量。SLADS 的理论框架由图 18.4 中的流程图和等式（18.4）～式（18.6）所示。

SLADS 算法将 2D 图像表征为矩阵 X。在等式（18.4）中，X_r 是图像在位点 $r \in \Omega$ 处的单个像素。k 个测量像素中的每一个的位点被编码在 $S=\{s^{(1)}, s^{(2)}...s^{(k)}\}$ 内。直观地说，$Y^{(k)}$ 可以解释为存储有关图像的所有已知测量信息。

$$Y^{(k)} = \begin{pmatrix} s^{(1)} & , & X_{s(1)} \\ & \vdots & \\ s^{(k)} & , & X_{s(k)} \end{pmatrix} \tag{18.4}$$

$Y^{(k)}$，作为采样位点和测量值的一个 $k \times 2$ 矩阵，可以用来重建一个图像 $\hat{X}^{(k)}$，这是对图像 X 真值的最佳估计。然后使用 SLADS 找到下一个采样位点，最大化 ERD，$E[R^{(k;s)}|Y^{(k)}]$ 在等式（18.5）中给出，其中 R 是失真的减少。最大化 ERD 会导致重建具有相对于真实图像的最小误差量的图像。

$$s^{(k+1)} = \arg \max_{s \in \{\Omega \setminus S\}} \left\{ E\left[R^{(k;s)} \Big| Y^{(k)} \right] \right\} \tag{18.5}$$

等式（18.6）显示了由测量像素 s 产生的 R 的计算。$\hat{X}^{(k)}$ 是 $Y^{(k)}$ 的重建结果，$\hat{X}^{(k;s)}$ 则是由 $Y^{(k)}$ 和 X_s 下一个采样位点的重建结果。$D\left(X, \hat{X}^{(k)}\right)$ 表示真实图像 X 和具有 k 个测量值的重建图像 $\hat{X}^{(k)}$ 之间的失真。简而言之，选择最佳的新采样位点 X_s 将使 R 最大化，从而以最小的失真再现真实图像。

$$R^{(z;s)} = D\left(X, \hat{X}^{(k)}\right) - D\left(X, \hat{X}^{(k;s)}\right) \tag{18.6}$$

由于实况图像（the ground truth image）X 在图像采集过程中不可用，因此需要根据 $Y^{(k)}$ 计算 **ERD**。将 $Y^{(k)}$ 与 **ERD** 相关联的函数，是通过使用已知真值的训练集的有监督学习来学习的。因此，整个 **SLADS** 架构会更新存储在 $Y^{(k)}$ 中的采样位点，并且下一个最佳像素位点 $s^{(k+1)}$，由经过训练以最大化 **ERD** 的有监督学习算法确定。

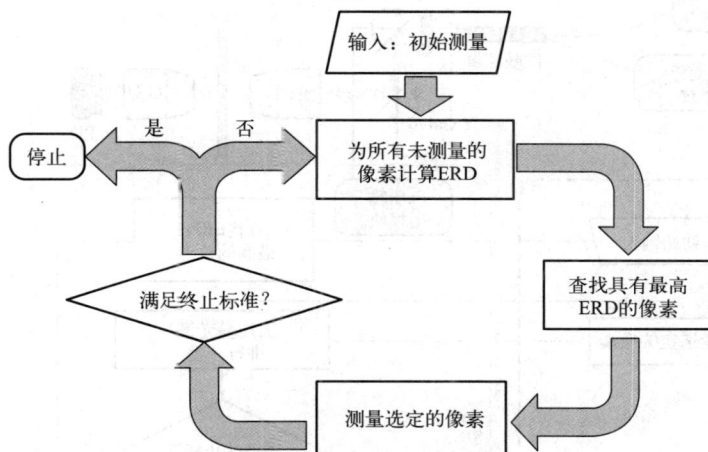

图 18.4 SLADS 算法对具有最高 ERD 的未测量像素进行采样，直到满足停止标准

根据 CCBY4.0 许可的条款，改编自参考文献 [54]

18.2.5 用于拉曼高光谱成像和 X 射线衍射成像的 SLADS

在最近的研究中，SLADS 在逐点成像技术中显示出广泛的应用，例如共焦拉曼显微镜、同步加速器 X 射线衍射成像和 SEM。Simpson 及其同事将 SLADS 应用于共焦自发拉曼成像中，这是机器学习方法在稀疏采样拉曼成像中的早期应用 [52]。将 SLADS 集成到光束定位反馈中，实现了对位点选择和数据采集的完全自主控制。通过使用这种方法，从 15.8% 的采样中获得了药物材料的化学图像，准确度达到大于 99.5%，与传统的光栅扫描方法相比，测量时间减少了约 5/6。

SLADS 算法旨在选择图像中的最佳采样位点，而拉曼图像中的每个像素都包含具有数千个元素的拉曼光谱。因此，通过对获得的拉曼光谱进行预处理和分类，以识别在特定位点测量的样品的化学成分，从而实现了拉曼的 SLADS 应用。然后，SLADS 能够根据其预测类别中最大的不确定性来选择下一个像素。通过结合两种有监督学习算法进行分类：线性判别分析（linear discriminant analysis，LDA）和支持向量机（support vector machine，SVM）[71,72]。LDA 用于初始降维，然后通过 SVM 进行分类，通过在数据空间中构建最优超平面来分离不同的数据点集群。迭代 SLADS 算法，直到重建图像的最大 ERD 收敛于阈值以下。

通过模拟随机抽样实验，比较 SLADS 与其他稀疏抽样方法的性能和效率。图 18.5（d）显示了随机采样和 SLADS 的图像重建误差；随机抽样的误差为 4.65%，抽样率为 15%，比 SLADS 的误差高 20 倍。从随机采样中获得的大多数错误分类的像素位于不同类别的样本粒子的边界。从图像分析的角度来看，与图像中的其他位点相比，这些边界可以被认为包含高空间频率信息，从而意味着边界是测量中最模糊和信息最丰富的位点。随机采样不会根据不同位点的不同空间频率来调整其测量密度，这就会大大降低其效率。SLADS 调整了测量密度，选择性地测量了更多具有更高空间频率信息的像素，使得图像重建的误差百分比远低于通过相同采样率下的随机采样。

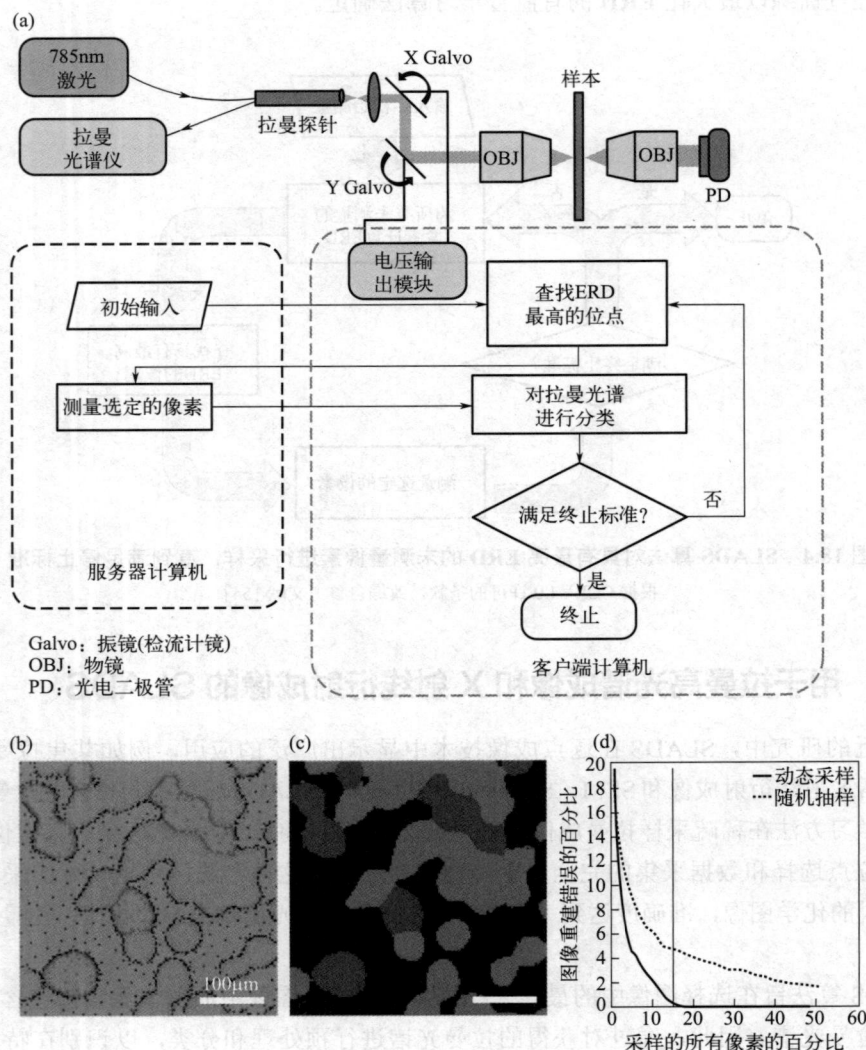

图 18.5　使用 SLADS 的拉曼高光谱成像

（a）仪器示意图，显示带有双振镜扫描镜对的拉曼显微镜。SLADS 实验通过自动控制镜子对，将激光束定位在具有最高 ERD 的像素上；（b）在每个采样像素分类后的动态采样图像；（c）使用经过训练的 SLADS 算法重建图像；（d）绘制比较随机采样和动态采样之间的重建误差。改编自参考文献［52］。经美国化学学会许可，2018 年版权所有

Simpson 及其同事还通过同步加速器 X 射线衍射实验实施了 SLADS 算法，由于晶体定位，显著地减少了剂量和测量时间[54]。在同步加速器装置中，大分子衍射需要晶体中心，X 射线衍射图作为定位的一种机制越来越普遍。在 X 射线光栅扫描中，衍射是通过检测散射图案中布拉格样峰来识别晶体位点的。然而，这种额外的 X 射线照射可能会在数据收集之前对晶体造成可检测的损坏。SLADS 以总体积的 31% 采样和晶体内部的 9% 的采样重建 X 射线图像，大大降低了晶体上的 X 射线剂量。当该算法应用于阿贡国家实验室（argonne national laboratory，ANL）的光束线时，获得可接受的重建结果，其中 3% 的图像采样对应于大约 5% 的晶体。动态采样很好地解决了由单像素采集的成本限制了整体成像时间的问题，这与本文描述的衍射成像一致。这里的成本不仅是指测量时间，而且还包括 X 射线引起样品的损坏影响其整体完整性。

SLADS 是加速 2D 成像的强大工具，但向更高维度的扩展仍有待证实。从概念上讲，维度可以通过合并时域信息或第三空间维度以最普通方式进行扩展。加上化学成分随时间变化而变化，从而为这些测量增加了另一层复杂性。然而，维数灾难使得更高维度的重建更难解决。随着维数的增加，测量空间体积的快速增长也增加了数据的稀疏性。为了获得可靠的统计显著性，数据量应随维度呈者数增长。此外，降维方法也变得越来越具有挑战性，要么需要更多的训练数据才能在投影到低维空间时达到相同的分辨率，要么是通过协方差混淆降维。因此，促进外推到更高维度的关键步骤是生成鲁棒的降维技术和分类器的分类能力，这些技术和分类器能够克服自主决策的挑战。因此，了解这些机器学习方法在何处以及如何失败，将有助于将自主测量方法扩展到更高维度，如第 18.3 节关于"对抗性攻击策略"中的更详细描述。然而，在考虑改进分类器的策略之前，以下讨论调研了用于绘制细胞生物学和材料科学中更复杂化学空间的动态采样方法。

18.2.6　实验自主设计的非迭代动态采样

King 及其同事建造了一个名为"Adam"的"机器人科学家"，Adam 可以在功能基因组学空间中生成和测试假设，这是将动态采样应用于复杂化学空间的一个范例[73]。Adam 设计为在测量微生物样本的生长速率时几乎完全自主地操作。在这项工作中，机器人被用于确定酵母生物体酿酒酵母中编码某些酶的基因。Adam 利用数据库中有关酿酒酵母功能基因组学的先验知识，选择信息量最大的实验进行研究。Adam 就 13 对基因和酶之间的联系，提出了 20 个假设（例如，基因 X 编码酶 Y）。在进行实验和分析数据后，Adam 在 20 个假设中肯定了 12 个（零假设 $P<0.05$）。研究人员通过表达 Adam 推断为编码酵母酶的基因中的蛋白质，证实了 Adam 的一些结果。用表达的蛋白质进行的手动酶分析证实了 12 个结论中的 3 个，而且通过对科学文献的复查，为其中的 6 个结论提供了强有力的证据，并揭示了机器人得出的一个结论中可能存在错误。

Adam 开发过程中的关键创新是模型、数据库和软件的集成，使这一自主基因组学实验成为可能。以代谢物作为节点，用酶作为节点之间连接，设计了一个逻辑模型，该模型可用来编码有关酿酒酵母代谢的知识[74]。将基因与其编码的蛋白质联系起来的信息是从生物信息学数据库中获得的，该数据库反过来又为研究人员提供了信息。Adam 使用的假设性生成软件。如图 18.6 所示，软件按以下逐步方式运行：①找出酿酒酵母模型中的所有孤儿反应（酶与已知基因无关）；②确定哪些反应会影响细胞生长；③找到这些反应的酶学委员会（Enzyme Commission，EC）规定的类别；④在其他生物体中找到表达相同 EC 类别酶的基因；⑤在酿酒酵母中找到与其他生物体中序列相似的基因有机体；⑥提出将基因与孤儿酶联系起来的假设。实验设计、实验室自动化和数据分析使用了其他软件。

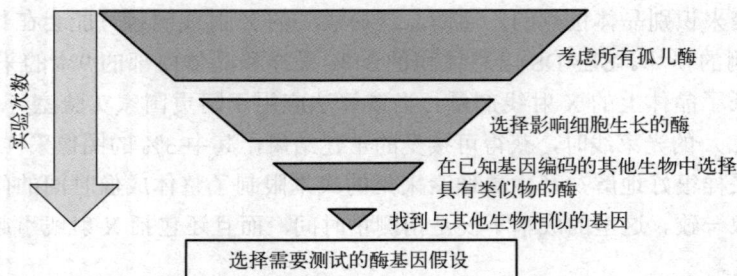

图18.6 Adam 中使用的动态采样框架图。首先，考虑一个物种中所有已知的孤儿酶。然后，根据预定的一组标准（对细胞生长的影响、与其他生物体中已充分表征的酶的相似性等），选择性地排除候选酶。根据最可能的假设选择最关键的实验

Adam 使用的实验选择程序与其他动态采样方法的不同之处，在于其是非迭代的。Adam 旨在综合来自各种数据库和模型的知识，以将可能的实验范围缩小到最具信息性的假设。相比之下，最近在动态采样方面的工作中探索了从实时实验结果中生成从头假设的能力，如本章其他部分所述（18.2.3 ～ 18.2.5，18.2.7 ～ 18.2.9）。由于数据库中有大量可用信息，Adam 的非迭代框架非常适合即将来临的功能基因组学问题。对于数据库具有高可用性的类似领域的实验，同样可以受益于动态采样的非迭代方法。

18.2.7 主动机器学习

Murphy 及其同事在应用主动机器学习来研究活性化合物对细胞内蛋白质的影响方面，已经完成了自主生化研究的创新工作。主动机器学习只是一种基于观察数据的实验设计策略，该策略可以通过动态调整实验来考虑实时测量[75-78]。在本章的其他地方，我们将主动机器学习称为动态采样。Murphy 及其同事，在他们的第一份出版物中，用药物活性对基因表达的模拟和实验结果测试了其主动机器学习算法[79]。图18.7 中描述了这项工作中的主动机器学习过程。重复步骤（b）～（d），直到满足终止条件为止。

这种方法和每一种动态采样方法的关键组成部分是为未来测量提供信息的基础预测模型。在这项工作中，预测模型包含了一组分布，描述了对靶标和条件的表型依赖性。该模型是使用聚类算法构建的，该算法将观察结果分类为表型组。这些算法还确定了测量值和产生的分布之间的相关性，而这些分布描述了相关性并共同构成了预测模型。在这项工作中，采用了贪婪合并和 B 聚类算法。在这种主动机器学习方法中，下一个实验是根据每个未观察到的实验的得分，以及每个实验可以做出的不同预测的数量来选择的。一个未观察到的实验可以由一个以上的预测分布来描述，也可以用不止一种预测表型来描述。模型预测表型最多的实验被认为是要执行的信息量最大的实验，并被选择用于随后的分析。

Murphy 及其同事，在其第二份出版物中，将他们的主动学习算法集成到一个仪器中，使得自主科学能够进行实时实验[80]。他们研究了 48 种化合物对 48 种蛋白质的亚细胞定位的影响。使用自动荧光显微镜、用于转移细胞培养物和化合物的自动液体处理机器人，以及自动图像分析软件进行实验。生成了 48 种不同表达标记 EGFP 蛋白的不同克隆，并用 48 种不同化合物中的其中一种进行处理。主动机器学习算法，根据先前的结果为下一个实验选择信息量最大的蛋白质 - 药物对，实时指导仪器。在将所选药物添加到培养基中 6h 后，使用荧光显微镜进行细胞成像。采用图像分析方法确定 EGFP 标记蛋白质的亚细胞定位，该方法为每个细胞生成一个矢量表征，描述蛋白质和 DNA 染色相对彼此的位置[81-84]。在数据收集期间动态更新预测模型，直到满足终止标准为止。在实验结束时，自主仪器对所有可能的实验只进行了 29% 的采样，就达到了 92% 的准确率。

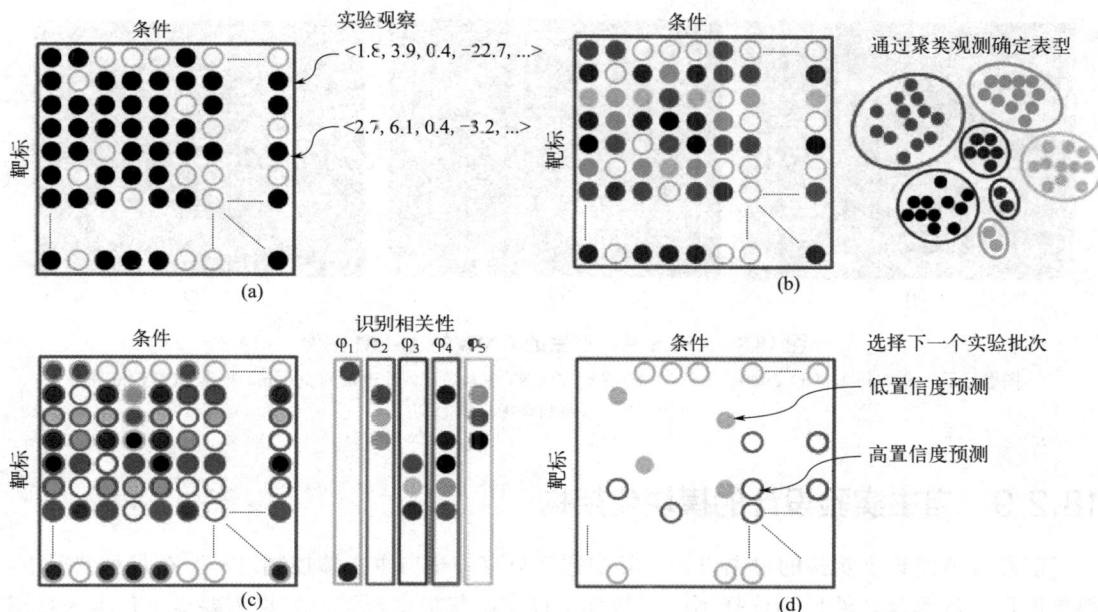

图 18.7　Murphy 和同事描述的主动机器学习过程（见彩图）

（a）样本由靶标和条件编码；（b）根据实验观察，样本被聚集成表型；（c）确定靶标、条件和表型之间的相关性；
（d）选择下一组实验。根据 CCBY4.0 许可的条款，转载自参考文献 [79]

18.2.8　材料合成的动态采样

材料合成方面的研究也利用了自主化学测量，Maruyama 及其空军研究实验室的同事们证明了这一点，他们开发了一个自主研究系统（autonomous research system，ARES）[85]。ARES 通过自动生长反应器、快速原位表征和 AI 系统的组合，优化了单壁碳纳米管（carbon nanotubes，CNTs）的生长速度。该系统利用 AI 规划器反复地提出新的实验，以优化 CNT 生长速率，而无需事先了解潜在的物理过程。在每个实验中，通过化学气相沉积工艺合成碳纳米管，并在此过程采用了不同的生长条件（温度、压力和乙烯、氢气和水蒸气的分压等）。使用激光同时加热样品，并作为拉曼光谱的激发源[86,87]。特征拉曼带强度的变化用作 CNT 生长速率的读数，实验确定的生长速率用作 ARES 系统的反馈机制，以优化 CNT 生长。

ARES 系统使用随机森林模型对未经测试条件下的 CNT 生长速率进行预测。随机森林是一种与决策树相关的机器学习方法[88-91]。决策树是一种通过一系列分支决策节点对数据集进行分类或回归的算法，该算法利用最大的判别特征将数据集划分为两个子集[92-94]。随机森林仅仅是一组决策树，其中每个决策树都使用训练数据的随机子集和一组随机特征来划分数据进行训练。随机森林中所有决策树的平均响应作为算法的输出。在这种情况下，向随机森林模型提供了一组初始的 84 个用户设计的实验，作为训练集，以便在自主模式下运行。然后，随机森林模型预测将达到用户指定靶标增长率的实验条件。每次实验后，更新随机森林模型，以反映最新的结果，并进行最接近靶标预测生长率的实验。重复这个过程，直到增长率的预测和实验测量之间的差异在实验结果的噪声层内收敛。图 18.8 显示了 ARES 系统产生的 CNTs 的 SEM 图像。这些图像显示了 CNT 生长速率为 $500s^{-1}$、$3000s^{-1}$ 和 $16000s^{-1}$ 的样品。ARES 的设计、执行和分析实验的速度是传统实验的 100 倍，这也是材料科学自主研究系统的早期展示。

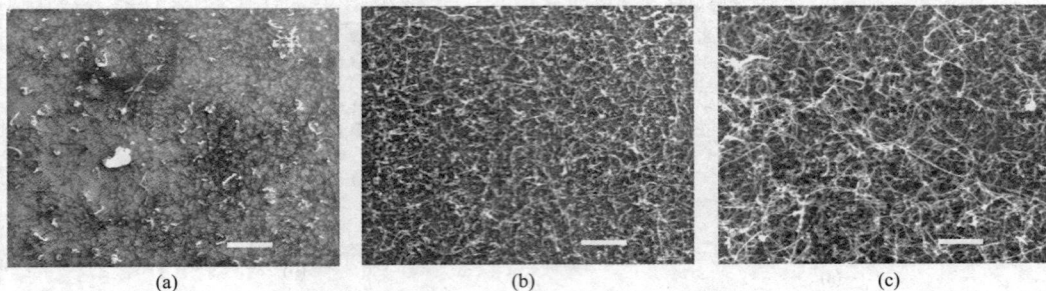

图 18.8 ARES 系统产生的 CNTs 的 ASEM 图像

图像显示（a）$500s^{-1}$，（b）$3000s^{-1}$ 和（c）$16000s^{-1}$ 的 CNT 生长速率。比例尺为 500nm。根据 CCBY4.0 许可的条款，转载自参考文献 [85]

18.2.9 自主实验设计的模块化架构

前面几节侧重于实验的自主设计，其中通常只有一个自主主体控制过程。在每种情况下，都要进行一次测量，然后为选择下一个最佳采样参数集提供反馈。如果需要多个仪器来探测感兴趣的化学问题，则需要一个中央枢纽来控制仪器之间的通信、实验的执行、目标函数的评估以及下一个实验的选择。图 18.9 展示了一种可用于自主实验室的可能架构。

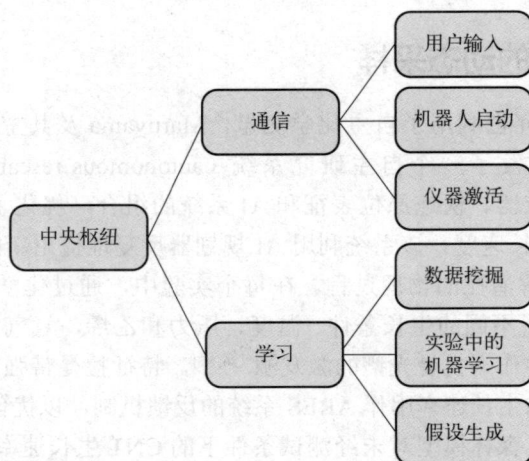

图 18.9 自主实验室的示例模块布局。数据处理被描述为两种通用协议：通信，其中数据从一个模块传输到另一个模块；学习，其中集线器利用可用数据生成模型。最右侧的每个模块都被视为整个架构的一个独特元素，可以根据需要添加新模块，以增加现有功能

为了说明中央枢纽如何与各个模块交互，请设想一个假设场景，其目的是做最美味的煎蛋饼。在所描述的场景中，每个模块都有一个输入和输出信息流。首先，集线器可以通过其数据挖掘模块访问互联网，提供目标数据库的输入。数据挖掘模块配备了几种不同的数据挖掘方法，包括一个图像和视频分析工具，并以视频形式提取烹饪教程，以及从互联网上挖掘食谱的文本学习模块。这些模块单独访问和学习数据的关键特征。然后将学习到的特征传回中央集线器中，并将学习到的特征与"实验中的机器学习"模块相关联。此模块可用于生成预测关键输入变量的回归模型，例如鸡蛋数量、烹饪容器的温度、添加的盐量、烹饪时间等。此模块不同于数据挖掘模块，因为该模块可以遵循主动学习/动态采样架构，其中包含从实验中收集的后续信息。回归模型被反馈到集线器中，然后调用假设生成模块来预测最优煎蛋卷的参数集。使用预测的参数集，集线器必须进行通信以激活控制鸡蛋破裂、打蛋、添加其他成分等的机器人。每个机器人动作都伴随着模块的激活、启动任务，并且程序化运动的成功执行将完成返回到集线器，以启动每个后续机器人运动。在此示例中，烹饪过程的开始对应于仪器的激活。一旦烹饪完成，集线器就会收到完成指令。由于煎蛋卷的美味需要人工测试，因此集线器可以提示用户输出已准备好。与煎蛋卷质量有关的各种因素，例如味道、温度、口感、气味等，可要求用户提供反馈。反过来，这种反馈可以从通信模块通过集线器循环并返回到机器学习模块，以改进模型。

Aspuru-Guzik 及其同事开发了 ChemOS，这是一种专为操作自主实验室而设计的软件，并在自主科学领域的多仪器集成方面取得了最新进展 [95, 96]。ChemOS 由一组模块或功能组成：①通信；②数据库；③机器人；④表征；⑤学习；⑥分析。通信模块实现了 ChemOS 和研究人员之间的互动，而学习模块旨在根据以前的结果为新实验提出参数。该模块提供实时反馈，以建议更多信息丰富的实验，以有效地研究应用空间。ChemOS 已应用于各种实验，展示了该软件解决不同领域问题的多功能性 [95, 96]。Aspuru-Guzik 及其同事证明，ChemOS 可以通过学习"特基拉日出空间"混杂染料溶液的实验，来绘制"色彩空间"，并根据研究人员的反馈优化鸡尾酒的味道，校准机器人采样序列，用于直接注射进样 HPLC 分析。这种用于指导自主科学的模块化框架的灵活性表明，ChemOS 可以应用于各种研究环境。

实现自主实验室的模块化架构，允许以动态方式集成新的实验探针和模型。这在"少量数据"的情况下尤为有效，因为在这种情况下，单独的测量成本高昂或耗时。在可以利用数据库信息的场景中，模块化框架可以从以前的实验中生成模型，并通过动态采样方法提供持续优化。考虑到这一特性，重要的是要注意到，对于许多化学问题，几乎没有可供构建模型的现成数据，因此，机器学习方法在适用范围和应用方面可能是有限的。下一节将讨论机器学习中现有已被用来解决图像分析中类似问题的方法，重点是生成式对抗网络（generative adversarial networks，GAN）和说明性的线性模拟。

18.3　有限数据训练的生成式对抗方法

上一节重点介绍了集成预先训练的机器学习工具的益处，以帮助优化减少为化学决策提供信息所需的样本数量，并支持实验的自主设计。相比之下，本节的中心内容在管道中向后移动了一个层次，重点是在面对有限的或昂贵的训练数据时，为这些任务和其他任务优化训练提供了机器学习和常规化学分类工具的方法。例如，第 18.2.5 节中描述的动态采样方法是使用拉曼光谱分析来确定图像中每个空间位点的成分。该算法使用 LDA 进行降维，使用

SVM 识别分类边界，两者都需要相对较大的训练集进行优化。同样，人工神经网络（artificial neural network，ANN）中可用于优化的大量参数，但通常无法通过"小数据"输入进行稳定训练，这进一步加剧了面临在数据稀疏场景中利用机器学习工具的挑战。

在数据有限的情况下，生成式对抗策略在解决许多最隐秘的训练挑战方面取得了巨大成功。对抗性方法支持生成额外的训练数据，理想情况下，这些数据是从与原始输入类似的潜在概率密度函数（probability density function，pdf）中随机生成的。如果数据真的来自相同的 pdf，那么它们将与从其他实验测量中获得的结果无法区分。在实践中，生成输入的效用取决于小数据输入捕获 pdf 的基本特征的程度，以及这些特征在算法上的提取程度。本节的目标有三个：①回顾以往在非线性问题（例如图像和语音识别）中使用对抗性攻击和一般对抗性网络的成功经验，作为扩展到化学应用的基础；②提高对"通过基于更简单的线性光谱分析，在更直观的模型中设计出类似的效果，从而增进对抗性攻击中"引擎盖下"操作的理解；③为线性光谱分析中集成生成对抗性攻击而改进化学分类器奠定了基础。

18.3.1 图像识别中的生成式对抗网络

ANNs 的设计目的是在使用大型输入数据库进行训练时获得最佳性能。ANNs 中每个隐藏层内的众多权重共同包含大量可自由调整的参数，这通常需要大量的训练数据才能可靠地训练。在没有足够的训练数据的情况下，参数和输入的维度之间的差异通常会导致在分配训练不足的 ANNs 输出时的统计置信度较低。简而言之，有限的数据大小不能提供足够的约束来防止神经网络架构中的不确定性。在此情况下，采用有限的训练数据训练的神经网络可能容易产生错误的结果和 / 或低置信度的测试数据分类。

即使在训练相对较大的数据集，在 ANNs 权重中表现出的残余噪声贡献也始终存在。在这种情况下，降维和分类很容易受到分类中隐藏的"陷阱"的影响。已有大量关于机器学习方法（如，卷积神经网络）对输入数据中失真变化敏感性的报道 [97-101]。

生成式对抗策略首先是通过有针对性的攻击识别 ANNs 中的潜在弱点，然后通过训练识别这些攻击来强化 ANNs。这个过程是迭代的，生成的"攻击"数据用于进一步完善和训练 ANNs，并将这些数据作为大量真实实验输入数据的替代品。这种迭代的两步过程在图像识别的神经网络中可以说是最为完善的，其中第一步是通过产生旨在设计诱导图像错误分类的攻击，以识别弱点。

在考虑机器学习方法中的攻击性策略之前，思考如何通过图像数据的描绘方式影响人类感知以检查呈现的数据集与后续解释之间的相互作用是有用的。图 18.10 显示了一个视错觉（Adelson 的棋盘阴影）示例，专门设计用于攻击人类神经网络 [102, 103]。在 Adelson 的影子中，棋盘图案与一个圆柱体重叠，该圆柱体似乎在棋盘上投下阴影。阴影本身用于选择性地使棋盘中的几个方格变暗；检查左侧图像会产生一种感觉，即正方形 A 和 B 具有明显不同的亮度，而实际上 A 与正方形 B 的阴影完全相同。视错觉展示了设计的图案如何攻击源自人类神经网络的决策；对输入图像的细微扰动可能导致对图像的解释得出不正确的结论。

对抗性攻击的运作方式在质量上相似，但在选择最佳攻击时，其数量结果截然不同。具体来说，由有限的训练数据集大小引起的神经网络权重内的残余噪声，通常充当在神经网络分类器中发起攻击的"操纵"。因此，恶意扰动对于简单的人工检测识别来说通常是难以通过的，但对机器学习算法的分类却影响深远 [104]。图 18.11 展示了手写识别中的对抗性攻击示例，其中事后看来，攻击的效果可以很容易地合理化 [105]。更改手写输入中的几个点会导致数字 1

被识别为数字 4。仔细检查这个例子会发现，添加到图像中的点实际上可以连接起来用线条形成 4 的形状——这里的神经网络对那些具有足够重要性的特定像素进行加权，以超过缺乏真实连接的重要性，从而生成 4 的完整形状。然而，随着图像维度的增加，微扰的回顾性合理解释可能会对直觉产生越来越大的挑战。

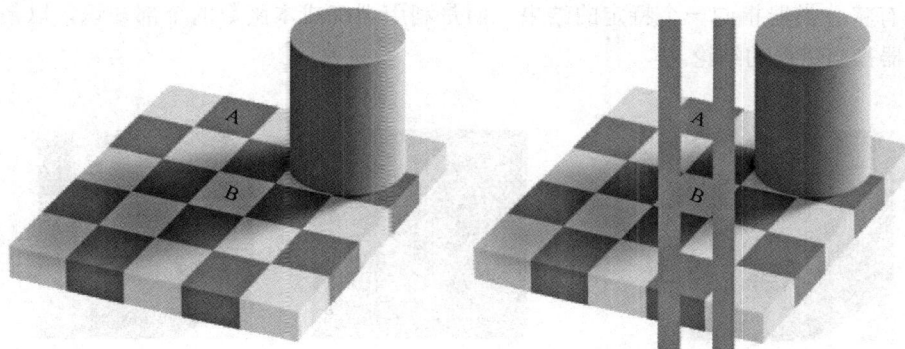

图 18.10　视错觉的一个例子：Adelson 的棋盘阴影

在左图中，区域 B 看起来比区域 A 亮。在右图中，添加了两个灰色条作为参考，表明区域 A 和区域 B 具有相同的亮度

经 E.H.Adelson 许可转载自"在《看东西：人类和机器对材料的感知》中，人类视觉和电子成像会议 VI，加利福尼亚州圣何塞，1 月 22 日至 25 日；Sp·e Int Soc 光学工程：加利福尼亚州圣何塞，2001 年；第 1-12 页。"

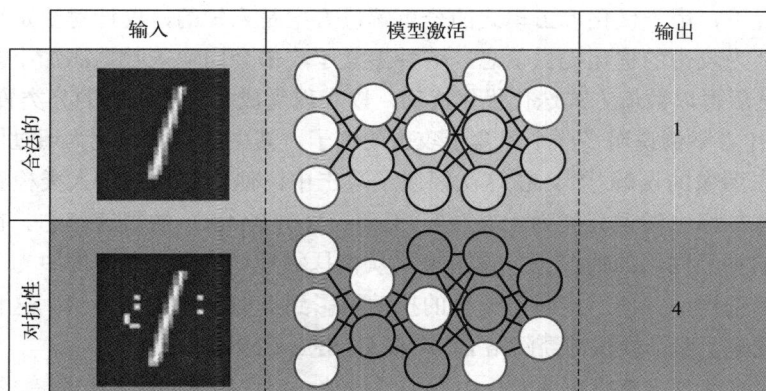

	输入	模型激活	输出
合法的			1
对抗性			4

图 18.11　对手写识别的对抗性攻击。对抗样本（底层）是通过稍微改变合法样本（顶层）产生的，这种方式迫使模型做出错误的预测，而人类可能会正确地对样本进行分类

经 N.Papernot、P.McDaniel 和 I.Goodfellow 许可转载，机器学习中的可迁移性：从现象到使用对抗样本的黑盒子攻击。*Ar Xiv* 预印本 *ar Xiv:1605.07277 2016*

在讨论对抗性攻击时，有必要区分两种攻击：一种是在设计攻击之前就已知训练好的分类器的结构和权重的模型，另一种是未知的模型。对攻击者完全了解分类结构和权重的网络的攻击称为白盒攻击，在这种情况下，通常可以分析计算最佳扰动，从而有效地欺骗给定输入和靶标的分类器。针对不同的图像方面，攻击策略可以有很大的不同。在最常见的实现之一中，神经网络的反向传播允许确定朝向分类边界的最陡梯度，对应于诱发给定错误分类所需的最小扰动。相比之下，攻击者只能访问分类结果的攻击——被称为黑盒子攻击，这种方法依赖于优化方法来对输入数据产生扰动，从而产生所需的分类结果。

图 18.12 显示了一个白盒子攻击的示例，在这个例子中，一个优化的细微扰动添加到一个熊猫的图像，导致 GoogLeNet 图像分类器自信地将图像错误分类为长臂猿[106,107]。在这种攻击中，扰动元素等于成本函数相对于输入的梯度元素的符号，这种方法称为快速梯度符号法。直观地说，这种方法可以解释为识别最高分类不确定性的方向，并将最小值添加到输入数据 x。比例因子 $\epsilon = 0.007$ 是 8 位图像编码器转换为实数后的最小位的大小。值得注意的是，这种方法并没有将分类器指向一个特定的结果，而是利用训练成本函数的全部知识，以最低限度地将分类器推向错误的结论。

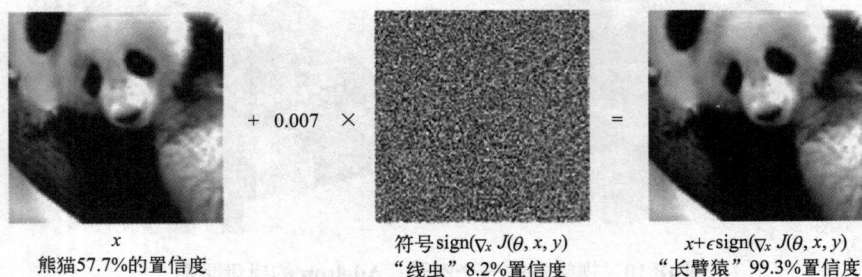

x	符号 $\text{sign}(\nabla_x J(\theta, x, y))$	$x + \epsilon\,\text{sign}(\nabla_x J(\theta, x, y))$
熊猫57.7%的置信度	"线虫"8.2%置信度	"长臂猿"99.3%置信度

图 18.12 在 ImageNet 上应用于 GoogLeNet 的快速对抗样本生成演示。通过添加一个难以察觉的小扰动，GoogLeNet 的图像分类发生了显著变化

经 I.J.Goodfellow、J.Shlens 和 C.Szegedy 许可转载，解释和利用对抗性示例。*arXiv* 电子版（2014 年）

在许多情况下，用于优化攻击模式的分析解决方案是未知的，仅针对给定输入的神经网络的结果就可以为攻击的优化提供信息。这种黑盒子攻击会向输入数据添加小扰动，接着先测试分类器，然后再以数值方式迭代优化扰动，以实现受成本函数影响的分类置信度。Kevin Eykholt 与其合作者举例说明了一个黑盒子攻击的例子，其中扰动被确定为通过图像识别算法引起对交通标志图像的误解[108]。在这次黑匣子攻击中，他们能够通过人类检查难以合理解释的扰动，将停车标志错误分类为 45mile/h（1mile=1609.344m）的限速标志。在不了解交通标志分类背景的神经网络的情况下，攻击模式从模拟物理动力学（在本例中为不同的距离和角度）的分布中采样，并使用掩码将计算的扰动投影到类似于涂鸦的形状。这种攻击以超过 85% 的置信度欺骗了两个卷积神经网络 LISA 和 GTSRB-CNN。

尽管这些对抗性攻击策略在 ANNs 中取得了成功，但许多 ANNs 架构固有的非线性特性，使得对攻击的内在敏感性和优化攻击性模式的起源的直观合理化变得复杂。可以说，ANNs 的最大优势在于它们能够通过耦合但高度非线性的变换来利用底层模式。然而，ANNs 中与模式匹配相关的固有非线性，使得有意义的映射到更直观、更易于处理的线性框架变得非常复杂，这些线性框架更常用于光谱分析。一般来说，凭直觉判断 ANNs 的优缺点已经很具挑战性，而解释其由数字生成的对抗性攻击，则更具挑战性。

18.3.2 对抗性攻击的线性示例：对抗性光谱

在数据有限的情况下，ANNs 中的许多训练挑战与经典的线性降维方法有直接的相似之处，为解释这些潜在的数值不稳定性的起源提供了更加直观和易于处理的背景。当用于图像、声音或光谱的分类时，神经网络可以被视为降维方法，其中图像或光谱空间中的高维对象产生低维分类输出。因此，诸如主成分分析（principal component analysis，PCA）和 LDA 等线性降维方法，可以作为简单的 ANN 替代方法来解释对抗性攻击的设计和执行，这是本节介绍的主要内容。

作为一个说明性示例，将 ANNs 的降维 / 分类与用于光谱分类的传统 LDA 进行比较是有用的。在 LDA 中，监督输入用于识别新的低维空间，旨在最大化分类输入之间的分辨率。最大化分辨率在数学上类似于最大化 Fischer 线性判别式。对于光谱空间 w 中的给定投影，Fisher 判别式 J 的对应值由等式（18.7）给出，其中矩阵 S_w 和 S_B 分别对应于类内和类间方差 / 协方差矩阵。

$$J = \frac{w^T S_B w}{w^T S_w w} \tag{18.7}$$

在数学上，可以通过求解等式（18.8）中的特征向量 / 特征值问题来找到使 J 值最大化的光谱空间方向。

$$Jw = S_w^{-1} S_B w \tag{18.8}$$

在扩展到多个类时，向量 w 可以被矩阵 W 替换，以生成与 LDA 生成的降维坐标相对应的特征向量集。

等式（18.8）中的矩阵求逆步骤，在数据有限的应用中提供了潜在的不稳定性来源，直接类似于 ANNs 的数据有限训练。具体来说，当训练光谱的数目大于给定谱的长度时，S_w 矩阵仅是非奇异的且形式上可逆的。当训练数据有限且不满足该标准时，直接应用 LDA 和数值方法来估计矩阵求逆运算会导致维度选择约束较差，且极易"过度拟合"，其中数据中的噪声贡献显著或主导了维度的选择，从而最大限度地解析分类数据。即使当训练数据的数量超过谱空间的维数时，矩阵 S_w 通常不足以消除用于降维的加载向量中的噪声的显著贡献。因此，杂散噪声贡献可能会导致错误分类或统计置信度低的分类。在 LDA 中，这种噪声敏感性在检查"加载图"时很明显，并对应于每个光谱投影到的光谱空间中的方向，以便在 LDA 空间中生成相应的位点。图 18.13 显示了模拟训练拉曼光谱集（1424 个光谱）以满足非奇异性要求的代表性加载图，并清楚地表明了残余噪声对旨在最大化类之间分辨率的分类器的显著贡献。正如预期的那样，将训练集中的模拟拉曼光谱数量增加大约两个数量级（160884 个光谱），从而可以显著降低 LDA 加载图中的噪声。

在使用有限数据进行化学分析中，生成式对抗方法的好处取决于对抗性攻击在识别分类器中的脆弱点方面的成功。在对抗光谱的图示中，对初始光谱 d 的扰动被添加到初始样本光谱 x_s 以产生扰动光谱 $x'=x_s+\delta$。等式（18.9）中给出了优化攻击的成本函数，作为两项之和。第一项，$\|D(x_s+\delta-\mu_t)\|^2$，最小化 LDA 空间中扰动谱 $x_s+\delta$ 和目标谱 μ_t 的平方偏差。变换矩阵 D 将谱空间 $x_s+\delta-\mu_t$ 的差异映射到 LDA 空间，将输入数据驱动到靶标类别均值的位点，从而导致错误分类。第二项最小化扰动 $\|\delta\|^2$ 的整体幅度，将整体扰动限制在一个较小的幅度，并减少初始光谱和受攻击光谱之间的视觉差异。换句话说，第一项愚弄了分类器，而第二项则愚弄了人类。尺度参数 β 允许对细微差别的重要性进行经验调整；本研究使用 $\beta=1$。

$$\hat{\delta} = \arg\min_\delta \left[\left\| D(x_s+\delta-\mu_t) \right\|^2 + \beta\|\delta\|^2 \right] \tag{18.9}$$

在基于 LDA 的降维中，噪声对负载图的显著贡献表明，对化学分类的显著贡献包括训练数据中虚假噪声的贡献，从而为对抗性攻击创造了潜在的敏感性。在 LDA 的降维操作中加入杂散噪声，直接类似于 ANNs 中的"过度拟合"，在这种情况下，分类变得过度依赖于训练数据中作为对抗性扰动立足点的随机特征（包括杂散噪声）。虽然原则上，这种内在的攻击敏感性可以通过增加训练集的尺度降到最低，但实际的限制可能会使这些方法复杂化，特别是在数据相对昂贵或耗时的情况下。

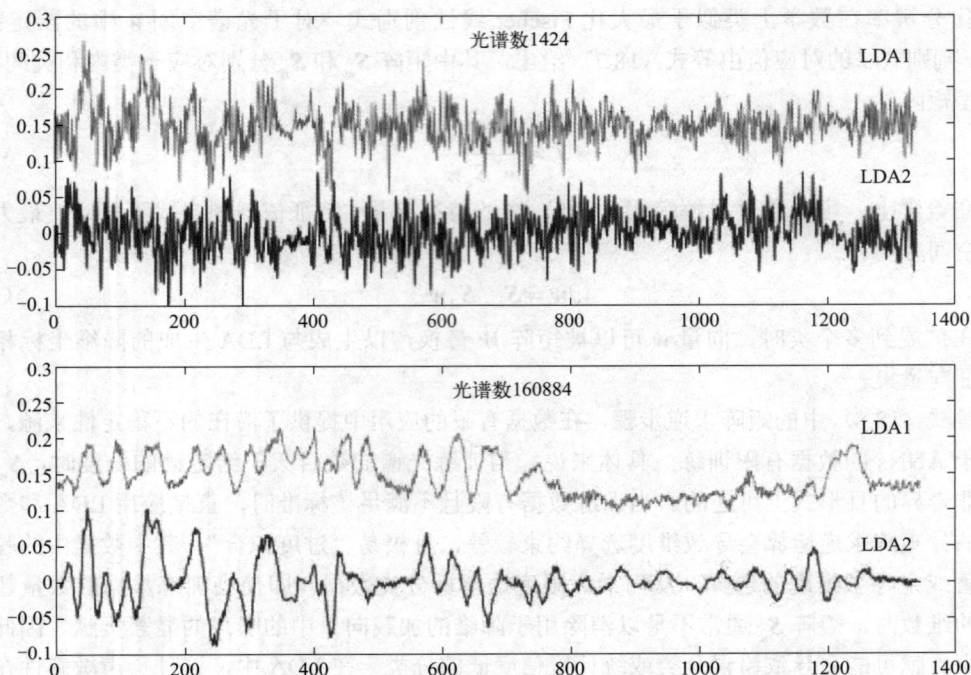

图 18.13　LDA 加载图与不同数量的模拟训练谱的比较

一组原始的 267 个实验拉曼光谱补充了来自相同统计分布的模拟光谱。正如预期的那样，当使用大量训练光谱执行 LDA 时，可显著地降低噪声

图 18.14 中的一个示例说明了 LDA 告知的拉曼光谱分类的脆弱性。初始光谱［图（a）中的顶部迹线］明显对应于Ⅰ类［图（b）的中右］，因其与Ⅰ类平均光谱的视觉相似性以及在 LDA 空间中的相应位点。根据等式（18.9）中的成本函数对光谱添加扰动会导致光谱发生轻微的视觉变化（A 中的中间迹线），但非常显著地重新分类为Ⅱ类（B 的底部），基于 LDA 空间中的位点，置信度 >95%。

这种对抗性扰动的敏感性是通过投影到 LDA 坐标上进行降维的内在结果；在 LDA 空间中，有无限多个可能的光谱对应于相同的位点。相应地，对任何初始光谱的无数扰动，都可以将其位点转移到 LDA 空间中的靶标位点上。成本函数的定义选择了在该集合中与最优扰动相对应的一个光谱（在这种情况下，具有最小平方幅度的扰动）。对于这个成本函数，LDA 坐标中残留噪声的存在，优先选择许多小的"扰动"，而不是在少量波长处更明显的大扰动。最重要的是，扰动通常不会产生与目标类别中预期峰值相似的光谱。

图 18.14（a）显示的优化扰动保留了原始类别的主要光谱特征，同时错误的分类置信度 ≥95%。

本节说明了许多光谱分类器固有的对抗性攻击的脆弱性，也为利用对抗性策略改进化学分类算法提供了机会。防御性策略对改进化学分类算法的潜在益处是下一节的主要内容。

330

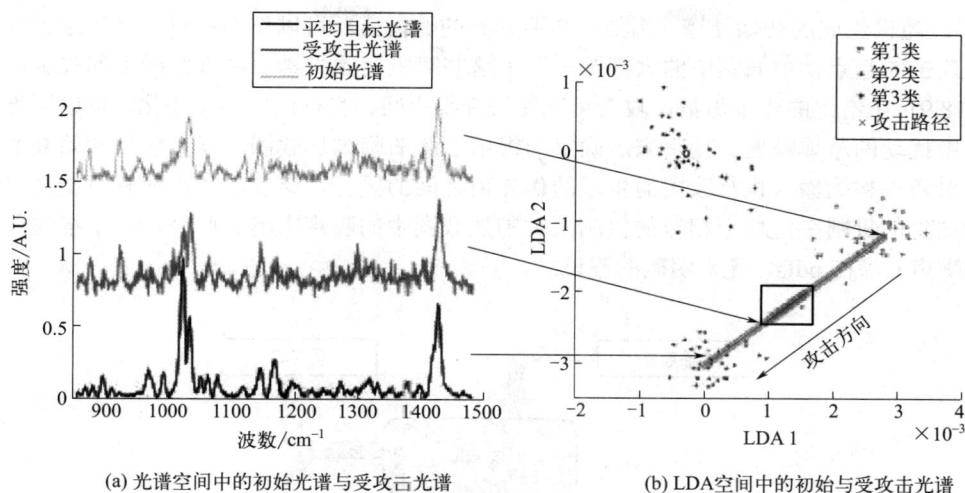

(a) 光谱空间中的初始光谱与受攻击光谱　　　　　(b) LDA空间中的初始与受攻击光谱

图 18.14　对抗性光谱攻击示意图（见彩图）

（a）最初未受干扰的光谱（上）受到攻击，生成受攻击的光谱（中）。然后将受攻击的轨迹分类为靶标光谱（底部）。请注意，受攻击的光谱（中）与目标类（下）没有明显的光谱相似性。分类器被愚弄，而人工检查不会检测到扰动；（b）LDA 空间中的对抗性攻击演示。通过向原始光谱添加少量噪声，攻击光谱从第 1 类（右中）移动到第 2 类（左下）。加框区域表示分类不确定性最大的区域

18.3.3　数据生成示例：生成式对抗线性分析

对抗性光谱的主要用途可以说是其提高化学分类器总体可靠性方面的潜力。用于创建分类器的训练数据必然是有限的资源，任何实际数据集都可能容易受到虚假或恶性错误分类的影响。解决这一漏洞的一个有希望的途径是通过光谱化学分析中的生成式对抗策略，其灵感来自图像处理中 GANs 的并行成功实施[109]。

GANs 专门设计用于通过生成"假"输入（例如图像），然后区分真输入和假输入来识别和支持给定分类器中的潜在弱点。GANs 通常是由两个关键组件组成的深层神经网络：生成器和鉴别器。随机阵列用作生成器的输入，生成器为鉴别器生成假输入（例如图像）的输出。鉴别器的知识用于训练生成器，通过敌方攻击生成假输入，这些攻击将被划分为目标类别。接下来，产生出一个能够额外区分真假输入的新鉴别器。然后利用这个新的鉴别器来训练一个新的发生器，并且这个对抗来回迭代，直到满足一定的收敛标准为止。通过这个过程，最终的鉴别器在对抗或虚假干扰方面表现出实质性的改进。

可以在信号平均的背景下解释 GANs 的成功。如果我们可以设计一个完美的生成器，输出将产生与真实测量在统计上相同的光谱或图像，而这些光谱或图像反过来又可以用于抑制鉴别器中的噪声，如图 18.15 所示。换言之，完美的生成器捕捉了与基本概率密度函数（pdf）所描述的实验测量相关的所有复杂的和一般的非线性关系。正如描述生成数千个测量输入的高斯 pdf 可以仅用两个参数（均值和方差）来描述一样，识别神经网络的生成输入基本上可以通过低维潜在空间参数来描述。在神经网络中，pdf 的函数形式和潜在参数空间的性质通常是未知的，甚至是无法解析推导的，而是通过训练生成器来学习的。

作者期望，对抗性光谱方法在集成到未来的生成式对抗性架构中后，最终会对化学分类产生类似的改进。图 18.16 中设想了如何实施这种方法的概念性概述。以图 18.14 中描述的结果为例，测量的光谱数据首先进行降维以抑制噪声，并帮助定义分类边界（由最左侧图中的椭

圆表示）。随机生成的初始光谱（例如，高斯分布的随机值）可以作为针对一种化学类别发起对抗性攻击的起点。中间图中的大椭圆说明了这些随机初始光谱在降维空间上的投影。使用等式（18.9）中给出的成本函数，攻击可以使得降维空间到目标的距离最小化，同时降低高维谱空间中扰动的总体幅度。接下来，确定一组用于新的降维加载图，其中包括初始真实数据和通过对随机初始输入执行攻击而生成的伪光谱之间的区分。该过程的迭代有可能通过与信号平均产生的机制在定性上相似的机制来抑制加载图中的噪声影响。此外，对于描述测量中信号或噪声的潜在 pdfs，无需明确的假设。

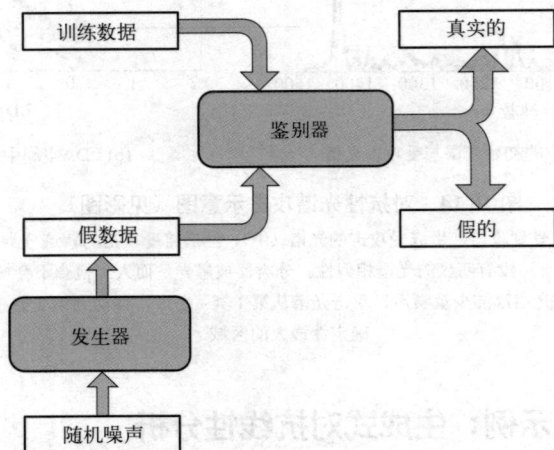

图 18.15　GAN 的工作流程。通过训练生成器，以产生假数据，该假数据将"欺骗"鉴别器，而通过训练鉴别器来区分假数据和真实数据。通过强制生成器和鉴别器竞争，鉴别器将变得更加鲁棒

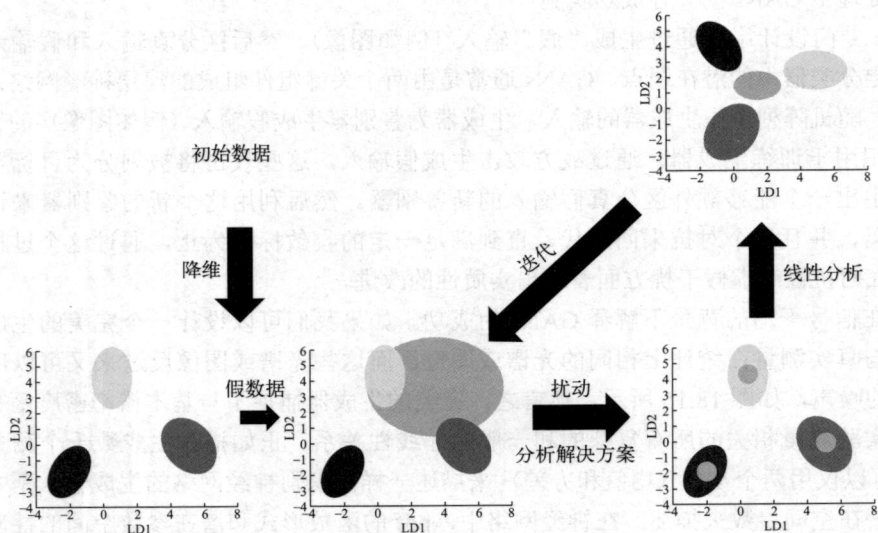

图 18.16　光谱分类中生成式对抗方法的工作流程涉及以下概念步骤：（ⅰ）通过降维分析初始数据；（ⅱ）使用随机输入在光谱空间中生成"假"数据并投影到这个低维空间；（ⅲ）每个假光谱都受到对抗性攻击的干扰，以诱导分类到目标类之一；（ⅳ）执行新的降维操作以分离真实光谱和假光谱。然后将步骤 ⅱ ~ ⅳ 迭代到所需的收敛水平

18.4 结论

机器学习的最新进展，为在小数据应用中利用大数据工具，开辟了令人兴奋的途径。单独的化学测量可能很耗时，且实际上很困难，或者成本很高。为了应对这些挑战，我们探索了几种策略，以尽可能地减少为决策提供信息所需的测量总数。已经证明，在化学成像中，稀疏采样策略可以利用固有的图像可压缩性，在未采样的像素位点内可靠地"修复"组合。并将稀疏采样方法与用于预测信息量最大的实验模型相结合，从而实现动态采样，其中前一组测量值动态地告知下一个采样位点。最后，在数据有限的情况下，将GANs用于神经网络训练，映射到线性分类器中的类似操作，为理解支撑GANs的操作机制提供了一条途径，并使这些概念能够扩展应用到更传统的化学分类线性算法中。

致谢

作者感谢国家科学基金会通过 NSF GOLAI 奖（CHE-1710475 号）和 NSF CIF 奖（第 1763896 号）为目前的工作提供资金。

参 考 文 献

[1] X. W. Chen and X. T. Lin, *IEEE Access*, 2014, **2**, 514-525.

[2] Q. C. Zhang, L. T. Yang, Z. K. Chen and P. Li, *Inform. Fusion*, 2018, **42**, 146-157.

[3] L. Xu, J. S. J. Ren, C. Liu and J. Y. Jia, *Advances in Neural Information Processing Systems* 27 （Nips 2014）, **vol. 27**, 2014, p. 9.

[4] F. Seide, G. Li, D. Yu and A. Int Speech Commun, *12th Annual Conference of the International Speech Communication Association 2011* （Interspeech 2011）, **vol. 1-5**, 2011, p. 444.

[5] M. M. Najafabadi, F. Villanustre, T. M. Khoshgoftaar, N. Seliya, R. Wald and E. Muharemagic, *J. Big Data*, 2015, **2**, 1.

[6] A. Khademhosseini, J. Yeh, G. Eng, J. Karp, H. Kaji, J. Borenstein, O. C. Farokhzad and R. Langer, *Lab Chip*, 2005, **5**, 1380-1386.

[7] Y. Gao, P. Li and D. Pappas, *Biomed. Microdevices*, 2013, **15**, 907-915.

[8] E. S. Park, A. C. Brown, M. A. DiFeo, T. H. Barker and H. Lu, *Lab Chip*, 2010, **10**, 571-580.

[9] J. Kim, D. Taylor, N. Agrawal, H. Wang, H. Kim, A. Han, K. Rege and A. Jayaraman, *Lab Chip*, 2012, **12**, 1813-1822.

[10] N. N. Ye, J. H. Qin, W. W. Shi, X. Liu and B. C. Lin, *Lab Chip*, 2007, **7**, 1696-1704.

[11] A. Aharoni, K. Thieme, C. P. C. Chiu, S. Buchini, L. L. Lairson, H. M. Chen, N. C. J. Strynadka, W. W. Wakarchuk and S. G. Withers, *Nat. Methods*, 2006, **3**, 609-614.

[12] J. C. Baret, O. J. Miller, V. Taly, M. Ryckelynck, A. El-Harrak, L. Frenz, C. Rick, M. L. Samuels, J. B. Hutchison, J. J. Agresti, D. R. Link, D. A. Weitz and A. D. Griffiths, *Lab Chip*, 2009, **9**, 1850-1858.

[13] J. J. Agresti, E. Antipov, A. R. Abate, K. Ahn, A. C. Rowat, J. C. Baret, M. Marquez, A. M. Klibanov, A. D. Griffiths and D. A. Weitz, *Proc. Natl. Acad. Sci. U. S. A.*, 2010, **107**, 4004-4009.

[14] A. Fallah-Araghi, J. C. Baret, M. Ryckelynck and A. D. Griffiths, Lab Chip, 2012, 12, 882-891.

[15] P. Y. Colin, B. Kintses, F. Gielen, C. M. Miton, G. Fischer, M. F. Mohamed, M. Hyvonen, D. P. Morgavi, D. B.

Janssen and F. Hollfelder, *Nat. Commun.*, 2015, **6**, 1-12.

[16] J. Draper, A. J. Lloyd, R. Goodacre and M. Beckmann, *Metabolomics*, 2013, **9**, S4-S29.

[17] T. Fuhrer, D. Heer, B. Begemann and N. Zamboni, *Anal. Chem.*, 2011, **83**, 7074-7080.

[18] J. M. Buescher, S. Moco, U. Sauer and N. Zamboni, *Anal. Chem.*, 2010, **82**, 4403-4412.

[19] W. Jian, M. V. Romm, R. W. Edom, V. P. Miller, W. A. LaMarr and N. Weng, *Anal. Chem.*, 2011, **83**, 8259-8266.

[20] G. Madalinski, E. Godat, S. Alves, D. Lesage, E. Genin, P. Levi, J. Labarre, J.-C. Tabet, E. Ezan and C. Junot, *Anal. Chem.*, 2008, **80**, 3291-3303.

[21] R. D. Smith, G. A. Anderson, M. S. Lipton, L. Pasa-Tolic, Y. F. Shen, T. P. Conrads, T. D. Veenstra and H. R. Ud seth, *Proteomics*, 2002, **2**, 513-523.

[22] H. Weisser, S. Nahnsen, J. Grossmann, L. Nilse, A. Quandt, H. Brauer, M. Sturm, E. Kenar, O. Kohlbacher, R. Aebersold and L. Malinstroemt, *J. Proteome Res.*, 2013, **12**, 1628-1644.

[23] E. S. Baker, E. A. Livesay, D. J. Orton, R. J. Moore, W. F. Danielson, III, D. C. Prior, Y. M. Ibrahim, B. L. LaMarche, A. M. Mayampurath, A. A. Schepmoes, D. F. Hopkins, K. Tang, R. D. Smith and M. E. Belov, *J. Proteome Res.*, 2010, **9**, 997-1006.

[24] H.-K. Min, S.-W. Hyung, J.-W. Shin, H.-S. Nam, S.-H. Ahn, H. J. Jung and S.-W. Lee, *Electrophoresis*, 2007, **28**, 1012-1021.

[25] L. Pasa-Tolic, P. K. Jensen, G. A. Anderson, M. S. Lipton, K. K. Peden, S. Martinovic, N. Tolic, J. E. Bruce and R. D. Smith, *J. Am. Chem. Soc.*, 1999, **121**, 7949-7950.

[26] N. Castle, D. Printzenhoff, S. Zellmer, B. Antonio, A. Wickenden and C. Silvia, *Comb. Chem. High Throughput Screening*, 2009, **12**, 107-122.

[27] C. Farre, A. Haythornthwaite, C. Haarmann, S. Stoelzle, M. Kreir, M. George, A. Brueggemann and N. Fertig, *Comb. Chem. High Throughput Screening*, 2009, **12**, 24-37.

[28] W. M. Tang, J. S. Kang, X. Y. Wu, D. Rampe, L. Wang, H. Shen, Z. Y. Li, D. Dunnington and T. Garyantes, *J. Biomol. Screening*, 2001, **6**, 325-331.

[29] E. M. Chan, C. Xu, A. W. Mao, G. Han, J. S. Owen, B. E. Cohen and D. J. Milliron, *Nano Lett.*, 2010, **10**, 1874-1885.

[30] D. Perera, J. W. Tucker, S. Brahmbhatt, C. J. Helal, A. Chong, W. Farrell, P. Richardson and N. W. Sach, *Science*, 2018, **359**, 429.

[31] M. Wleklinski, B. P. Loren, C. R. Ferreira, Z. Jaman, L. Avramova, T. J. P. Sobreira, D. H. Thompson and R. G. Cooks, *Chem. Sci.*, 2018, **9**, 1647-1653.

[32] S.-D. Huang, C. Shang, P.-L. Kang and Z.-P. Liu, *Chem. Sci.*, 2018, **9**, 8644-8655.

[33] B. Maryasin, P. Marquetand and N. Maulide, Angew. Chem., *Int. Ed.*, 2018, **57**, 6978-6980.

[34] S. Lotfi and J. Brgoch, *Comput. Mater. Sci.*, 2019, **158**, 124-129.

[35] L. Wilbraham, R. S. Sprick, K. E. Jelfs and M. A. Zwijnenburg, *Chem. Sci.*, 2019, DOI: 10.1039/C8SC05710A.

[36] M. Tsubaki and T. Mizoguchi, *J Phys Chem Lett*, 2018, **9**, 5733-5741.

[37] J. Staker, K. Marshall, R. Abel and C. M. McQuaw, *J. Chem. Inf. Model.*, 2019, **59**, 1017-1029.

[38] Y. Zhuo, A. Mansouri Tehrani and J. Brgoch, *J. Phys. Chem. Lett.*, 2018, **9**, 1668-1673.

[39] C. W. Coley, L. Jin, L. Rogers, T. F. Jamison, T. S. Jaakkola, W. H. Green, R. Barzilay and K. F. Jensen, *Chem. Sci.*, 2019, **10**, 370-377.

[40] L. Turcani, R. L. Greenaway and K. E. Jelfs, *Chem. Mater.*, 2018, 31, **714**-727.

[41] J. M. Di Nicola, T. Bond, M. Bowers, L. Chang, M. Hermann, R. House, T. Lewis, K. Manes, G. Mennerat, B.

MacGowan, R. Negres, B. Olejniczak, C. Orth, T. Parham, S. Rana, B. Raymond, M. Rever, S. Schrauch, M. Shaw, M. Spaeth, B. Van Wonterghem, W. Williams, C. Widmayer, S. Yang, P. Whitman and P. Wegner, *Nucl. Fusion*, 2019, **59**, 12.

[42] C. Haynam, P. Wegner, J. Auerbach, M. Bowers, S. Dixit, G. Erbert, G. Heestand, M. Henesian, M. Hermann and K. Jancaitis, *Appl. opt.*, 2007, **46**, 3276-3303.

[43] E. I. Moses and C. R. Wuest, *Fusion Sci. Technol.*, 2005, **47**, 314-322.

[44] G. MacBeath and S. L. Schreiber, *Science*, 2000, **289**, 1760-1763.

[45] E. Brouzes, M. Medkova, N. Savenelli, D. Marran, M. Twardowski, J. B. Hutchison, J. M. Rothberg, D. R. Link, N. Perrimon and M. L. Samuels, *Proc. Natl. Acad. Sci. U. S. A.*, 2009, **106**, 14195-14200.

[46] D. C. Pregibon, M. Toner and P. S. Doyle, *Science*, 2007, **315**, 1393-1396.

[47] J. G. Caporaso, C. L. Lauber, W. A. Walters, D. Berg-Lyons, J. Huntley, N. Fierer, S. M. Owens, J. Betley, L. Fraser, M. Bauer, N. Gormley, J. A. Gilbert, G. Smith and R. Knight, *Isme Journal*, 2012, **6**, 1621-1624.

[48] M. M. Young, N. Tang, J. C. Hempel, C. M. Oshiro, E. W. Taylor, I. D. Kuntz, B. W. Gibson and G. Dollinger, Proc. *Natl. Acad. Sci. U. S. A.*, 2000, **97**, 5802-5806.

[49] A. M. L. Liekens, J. De Knijf, W. Daelemans, B. Goethals, P. De Rijk and J. Del-Favero, *Genome Biol.*, 2011, **12**, 12.

[50] R. D. King, K. E. Whelan, F. M. Jones, P. G. K. Reiser, C. H. Bryant, S. H. Muggleton, D. B. Kell and S. G. Oliver, *Nature*, 2004, **427**, 247-252.

[51] R. Lorenz, R. P. Monti, I. R. Violante, C. Anagnostopoulos, A. A. Faisal, G. Montana and R. Leech, *arXiv preprint arXiv: 1506.02088*, 2015.

[52] S. J. Zhang, Z. T. Song, G. Godaliyadda, D. H. Ye, A. U. Chowdhury, A. Sengupta, G. T. Buzzard, C. A. Bouman and G. J. Simpson, *Anal. Chem.*, 2018, **90**, 4461-4469.

[53] Y. Zhang, G. M. D. Godaliyadda, N. Ferrier, E. B. Gulsoy, C. A. Bouman and C. Phatak, *Ultramicroscopy*, 2018, **184**, 90-97.

[54] N. M. Scarborough, G. Godaliyadda, D. H. Ye, D. J. Kissick, S. J. Zhang, J. A. Newman, M. J. Sheedlo, A. U. Chowdhury, R. F. Fischetti, C. Das, G. T. Buzzard, C. A. Bouman and G. J. Simpson, *J. Synchrotron Radiat.*, 2017, **24**, 188-195.

[55] P. Binev, W. Dahmen, R. DeVore, P. Lamby, D. Savu and R. Sharpley, in Modeling Nanoscale Imaging in Electron Microscopy, *Springer*, 2012, pp. 73-126.

[56] J. Greenberg, K. Krishnamurthy and D. Brady, *Opt. Lett.*, 2014, **39**, 111-114.

[57] A. C. Geiger, J. A. Newman, S. Sreehari, S. Z. Sullivan, C. A. Bouman and G. J. Simpson, in *High-Speed Biomedical Imaging and Spectroscopy: Toward Big Data Instrumentation and Management II*, International Society for Optics and Photonics, 2017, vol. **10076**, p. 1007606.

[58] S. Z. Sullivan, R. D. Muir, J. A. Newman, M. S. Carlsen, S. Sreehari, C. Doerge, N. J. Begue, R. M. Everly, C. A. Bouman and G. J. Simpson, *Opt. Express*, 2014, **22**, 24224-24234.

[59] D. Garcia, *Comput. Stat. Data Anal.*, 2010, **54**, 1167-1178.

[60] G. J. Wang, D. Garcia, Y. Liu, R. de Jeu and A. J. Dolman, *Environ. Modell. Softw.*, 2012, **30**, 139-142.

[61] Z. Yu, J. B. Thibault, C. A. Bouman, K. D. Sauer and J. Hsieh, in 2008 15th IEEE International Conference on Image Processing, *IEEE*, 2008, pp. 2600-2603.

[62] G. Godaliyadda, D. H. Ye, M. D. Uchic, M. A. Groeber, G. T. Buzzard and C. A. Bouman, *Electron.*

Imaging, 2016, **2016**, 1-8.

[63] G. Godaliyadda, D. H. Ye, M. D. Uchic, M. A. Groeber, G. T. Buzzard and C. A. Bouman, *IEEE Trans. Comput. Imaging*, 2018, **4**, 1-16.

[64] Y. Zhang, G. Godaliyadda, N. Ferrier, E. B. Gulsoy, C. A. Bouman and C. Phatak, *Electron. Imaging*, 2018, 2018, **131**-131-1316.

[65] J. A. Nelder and R. Mead, *Comput. J.*, 1965, **7**, 308-313.

[66] M. W. Routh, P. A. Swartz and M. B. Denton, Anal. Chem., 1977, **49**, 1422-1428.

[67] H. Winicov, J. Schainbaum, J. Buckley, G. Longino, J. Hill and C. E. Berkoff, *Anal. Chim. Acta*, 1978, **103**, 469-476.

[68] G. E. Mieling, R. W. Taylor, L. G. Hargis, J. English and H. L. Pardue, *Anal. Chem.*, 1976, **48**, 1686-1693.

[69] K. Kong, C. J. Rowlands, H. Elsheikha and I. Notingher, *Analyst*, 2012, **137**, 4119-4122.

[70] C. J. Rowlands, S. Varma, W. Perkins, I. Leach, H. Williams and I. Notingher, *J. Biophotonics*, 2012, **5**, 220-229.

[71] C. Cortes and V. Vapnik, *Mach. Learn.*, 1995, **20**, 273-297.

[72] C. R. Rao, *J. R. Stat. Soc. B*, 1948, **10**, 159-203.

[73] R. D. King, J. Rowland, S. G. Oliver, M. Young, W. Aubrey, E. Byrne, M. Liakata, M. Markham, P. Pir and L. N. Soldatova, *Science*, 2009, **324**, 85-89.

[74] K. E. Whelan and R. D. King, *Bmc Bioinformatics*, 2008, **9**, 16.

[75] R. F. Murphy, *Nat. Chem. Biol.*, 2011, **7**, 327-330.

[76] D. A. Cohn, Z. Ghahramani and M. I. Jordan, *J. Artif. Intell. Res.*, 1996, **4**, 129-145.

[77] M.-F. Balcan, A. Beygelzimer and J. Langford, *J. Comput. Syst. Sci.*, 2009, **75**, 78-89.

[78] M. Saar-Tsechansky and F. Provost, *Mach. Learn.*, 2004, **54**, 153-178.

[79] A. W. Naik, J. D. Kangas, C. J. Langmead and R. F. Murphy, *PLoS One*, 2013, **8**, e83996.

[80] A. W. Naik, J. D. Kangas, D. P. Sullivan and R. F. Murphy, *Elife*, 2016, **5**, e10047.

[81] L. P. Coelho, A. Ahmed, A. Arnold, J. Kangas, A.-S. Sheikh, E. P. Xing, W. W. Cohen and R. F. Murphy, in *Linking Literature, Information, and Knowledge for Biology*, Springer, 2010, pp. 23-32.

[82] L. P. Coelho, J. D. Kangas, A. W. Naik, E. Osuna-Highley, E. Glory-Afshar, M. Fuhrman, R. Simha, P. B. Berget, J. W. Jarvik and R. F. Murphy, *Bioinformatics*, 2013, **29**, 2343-2349.

[83] M. V. Boland, M. K. Markey and R. F. Murphy, *Cytometry*, 1998, **33**, 366-375.

[84] X. Chen and R. F. Murphy, *J. Biomed. Biotechnol.*, 2005, 87-95.

[85] P. Nikolaev, D. Hooper, F. Webber, R. Rao, K. Decker, M. Krein, J. Poleski, R. Barto and B. Maruyama, *Npj Comput. Mater.*, 2016, **2**, 16031.

[86] P. Nikolaev, D. Hooper, N. Perea-Lopez, M. Terrones and B. Maruyama, *Acs Nano*, 2014, **8**, 10214-10222.

[87] R. Rao, N. Pierce, D. Liptak, D. Hooper, G. Sargent, S. L. Semiatin, S. Curtarolo, A. R. Harutyunyan and B. Maruyama, Acs Nano, 2013, **7**, 1100-1107.

[88] A. Liaw and M. Wiener, *R News*, 2002, **2**, 18-22.

[89] R. Diaz-Uriarte and S. A. de Andres, *BMC Bioinf.*, 2006, **7**, 13.

[90] C. Strobl, A. L. Boulesteix, A. Zeileis and T. Hothorn, *BMC Bioinf.*, 2007, **8**, 21.

[91] V. Svetnik, A. Liaw, C. Tong, J. C. Culberson, R. P. Sheridan and B. P. Feuston, *J. Chem. Inf. Comput. Sci.*, 2003, **43**, 1947-1958.

[92] J. R. Quinlan, Mach. *Learn.*, 1986, **1**, 81-106.

[93] J. R. Quinlan, *Int. J. Human-Comput. Stud.*, 1999, 51, 497-510.

[94] L. Màrquez and H. Rodríguez, in *European Conference on Machine Learning*, Springer, Berlin, Heidelberg, 1998, pp. 25-36.

[95] L. M. Roch, F. Häse, C. Kreisbeck, T. Tamayo-Mendoza, L. P. Yunker, J. E. Hein and A. Aspuru-Guzik, *PLoS One*, 2020, **4**, e0229862.

[96] L. M. Roch, F. Häse, C. Kreisbeck, T. Tamayo-Mendoza, L. P. E. Yunker, J. E. Hein and A. Aspuru-Guzik, *Sci. Robot.*, 2018, **3**, 2.

[97] A. Madry, A. Makelov, L. Schmidt, D. Tsipras and A. Vladu, *arXiv preprint arXiv*：*1706.06083*, 2017.

[98] A. Kurakin, I. Goodfellow and S. Bengio, *arXiv preprint arXiv*：*1611.01236*, 2016.

[99] N. Papernot, P. McDaniel, I. Goodfellow, S. Jha, Z. B. Celik and A. Swami, 2017.

[100] L. Huang, A. D. Joseph, B. Nelson, B. I. Rubinstein and J. D. Tygar, 2011.

[101] B. Biggio and F. Roli, *Pattern Recognit.*, 2018, **84**, 317-331.

[102] W. Y. Ma and S. Osher, Inverse Problems and Imaging, **vol. 6**, 2012, pp. 697-708.

[103] E. H. Adelson, in *Human Vision and Electronic Imaging VI*, International Society for Optics and Photonics, 2001, **vol. 4299**, pp. 1-12.

[104] V. Zantedeschi, M.-I. Nicolae and A. Rawat, presented in part at the Proceedings of the 10th ACM Workshop on Artificial Intelligence and Security, Dallas, Texas, USA, 2017.

[105] N. Papernot, P. McDaniel and I. Goodfellow, *arXiv preprint arXiv*：*1605. 07277*, 2016.

[106] I. J. Goodfellow, J. Shlens and C. Szegedy, *arXiv preprint arXiv*：*1412. 6572*, 2014.

[107] C. Szegedy, W. Liu, Y. Jia, P. Sermanet, S. Reed, D. Anguelov, D. Erhan, V. Vanhoucke and A. Rabinovich, in *Proceedings of the IEEE Conference on Computer Vision and Pattern Recognition*, 2015, pp. 1-9.

[108] K. a. E. Eykholt, Ivan and Fernandes, Earlence and Li, Bo and Rahmati, Amir and Xiao, Chaowei and Prakash, Atul and Kohno, Tadayoshi and Song, Dawn, *The IEEE Conference on Computer Vision and Pattern Recognition （CVPR）*, 2018, June.

[109] I. Goodfellow, J. Pouget-Abadie, M. Mirza, B. Xu, D. Warde-Farley, S. Ozair, A. Courville and Y. Bengio, in *Advances in Neural Information Processing Systems*, 2014, pp. 2672-2680.

第 19 章

多相催化中的机器学习：从构建到应用的全局神经网络势

SICONG MA, PEI-LIN KANG, CHENG SHANG 和 ZHI-PAN LIU*

复旦大学化学系计算物理科学重点实验室，上海市分子催化与创新材料重点实验室，能源材料化学协同创新中心，

中国，上海 200433

*Email: zpliu@fudan.edu.cn

19.1 引言

多相催化因其材料组成和表面结构的高度复杂性而著称。长期以来，实验和理论都在努力解决催化剂活性和选择性的活性中心问题[1-4]。以高空间分辨率技术为代表的最新实验进展，例如，球面像差校正的高分辨率透射电子显微镜和扩展 X 射线吸收精细结构的基于同步加速器测量。作为将原子结构与能量关联起来的直接工具，理论模拟已广泛应用于模拟催化剂结构甚至预测活性，尤其是随着密度泛函理论（density functional theory, DFT）计算的出现[5]。然而，DFT 模拟通常仅限于数百个原子，因此未能详尽地探索复杂催化剂的相空间，例如无定形结构或多组分氧化物 / 合金等[6-8]。

为了从理论上确定催化剂的活性位点，必须探索暴露表面的复杂势能面（potential energy surface, PES）。这不仅需要一种快速可靠的方法来评估结构的能量学，还需要一种有效的方法来探索结构相空间。至于 PES 计算方法，大多数基于以 DFT 计算为代表的量子力学，而经验力场计算，以及最近的人工神经网络（Neural Network, NN）[9] 势法（参见图 19.1），尽管这些方法在可迁移性方面存在局限性，但也经常应用于材料设计。

由于催化转化涉及化学键的形成和断裂，因此 DFT 计算已成为以合理的计算成本提供准确描述反应的最流行方法。DFT 的计算速度对所采用的密度泛函（例如 PBE[10]，HSE06[11]）的复杂性很敏感，并且缩放性较差 [至少 $O(NlnN)$]。在大型催化系统（例如 >100 个原子）中探索反应网络有很大的困难。作为一种有前途的替代方案，过去十年开发的 NN 势方法证明了其在处理复杂 PES 问题方面的能力，从气相反应到材料动力学[12-15]。最近，NN 势方法还被用于解决多相催化剂的结构，例如，Pd(O)[16]、Pt(H)[17]、CuAu[18, 19]、CuCeO[20] 和 CuZnO[21] 等。与传统的力场势不同，NN 势能在训练数据集上能准确描述包含反应性数据的化学反应，例如过渡态（TS）。

随着 PES 评估方法的进步，在过去的几十年中开发了许多 PES 探索方法。由于催化反应和结构重建通常发生在涉及高势垒过程的环境温度以上，因此传统的分子动力学（MD）模拟通常不适用于活性位点识别。相反，可以克服 PES 的高势垒的全局优化方法是可取的。

常见的全局优化方法包括模拟退火[22]、遗传算法[23]、盆地跳跃法[24]和随机表面行走法（stochastic surface walking，SSW）等[25, 26]。

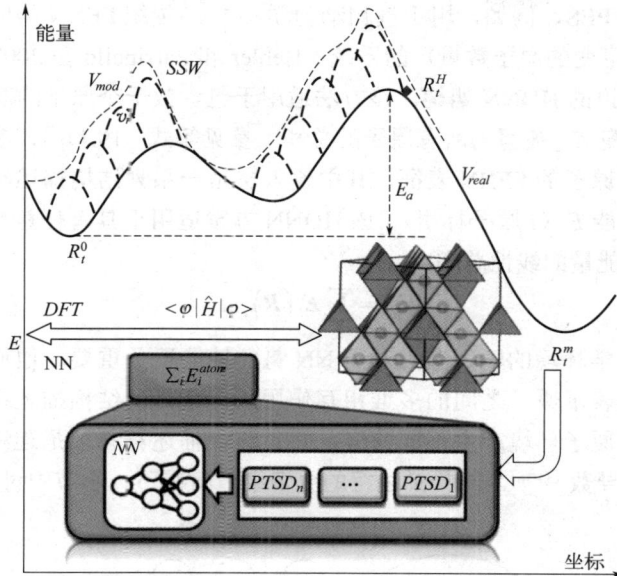

图 19.1　NN 势与 SSW 全局优化的组合。总能量是所有原子能量的总和，可以从 NN 势中获得。原子能涉及幂型结构描述符（power-type structural descriptor，PTSD）计算和 NN 评估。SSW 全局优化用于探索 PES 并产生新结构

本章概述了催化剂 PES 探索和活性位点识别方面的最新进展。并将证明，全局 NN 势与全局优化 SSW 方法的结合，为解决催化剂结构提供了一个强大的平台，最终可以从第一原理数据集预测催化剂活性[27]。

19.2　方法

与利用物理模型描述原子间相互作用的经典力场势不同，NN 势是由大量参数拟合的数值函数。因此，NN 势在训练数据集之外的可预测性有限。因此，提高 NN 势质量的关键在很大程度上依赖于数据集的 PES 可表征性。为了克服 NN 势的这一限制，我们在 2017 年提出了一个从全局到全局的方案，以生成可靠且稳健的全局 -NN（Global-NN，G-NN）势用于材料模拟[28]。该方案结合了 SSW 全局采样方法[29]，用于 PES 描述的高维 NN（High-Dimensional NN，HDNN），以及用于扩展数据集和升级 G-NN 势的自学习程序。下面，我们将详细介绍该方案的每个部分。

19.2.1　高维神经网络架构

人工 NN 方法最初是为了理解大脑中的信号处理而开发的[30]。在接下来的几十年中，NN 演变成一类强大的算法，应用于从数值预测和模式识别到数据分类的各个领域。NN 方法以通过非线性"黑匣子"数据处理方法建立自变量和目标（依赖）值之间函数关系的强大能力而闻名。

作为函数拟合的重要工具，标准前馈神经网络（feed-forward NN，FFNN）已自然地用于构建小分子系统中的 PES，例如，用于气相动力学 [12-15]。传统 FFNN 势的一个主要缺点是难以扩展到不同大小（可变的原子数量）的系统。Behler 和 Parrinello 在 2007 年实现了突破，他们实施应用了材料模拟的 HDNN 架构。该方法适用于包含数千个原子的高维系统 [31-33]。在该方法中，系统的总能量 E_{tot} 被写为所有原子的总和 [参见等式（19.1）]，参见图 19.2。

每个原子由一个原子的 FFNN 表征，其中输入层是一系列结构描述符来表征原子键合环境，输出层产生原子能 E_i（i 原子标引）。该 HDNN 方案适用于具有任意数量原子的系统，因为总能量是所有原子能量的线性总和。

$$E_{tot} = \sum_i E_i(\boldsymbol{R}) \tag{19.1}$$

用于区分原子化学环境的输入节点对于 NN 势的性能至关重要。他们利用来自相邻原子的径向和角度信息来表示原子之间的多维相互作用。一个好的结构描述符集必须是一个单值函数，以便使不同的原子环境产生不同的值，并且该类描述符必须是连续的和可微的，以便能够计算能量的解析导数 [34-36]。结构描述符的更多细节将在下一小节中讨论。

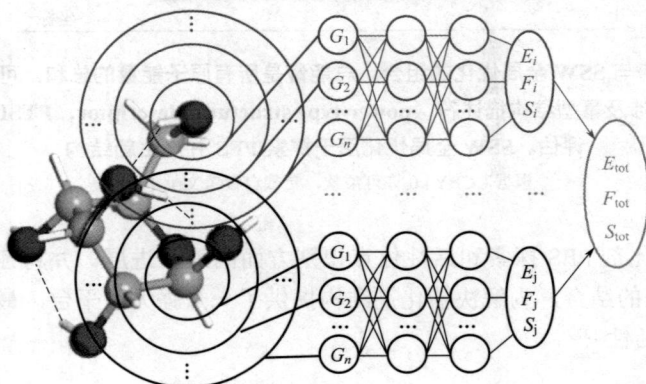

图 19.2 高维 NN 架构中以原子为中心的结构描述方案。每个元素都有一个不同的 NN，每个原子通过以该原子为中心的元素和结构描述符来区分

对于一组结构描述符，原子力和静应力张量矩阵元素 $\sigma_{\alpha\beta}$ 可以根据等式（19.2）解析推导，其中作用在原子 k 上的分力 $F_{k,\alpha}$，$\alpha=x, y$ 或 z，是总能量相对于其坐标 $R_{k,\alpha}$ 的导数。通过结合等式（19.2），力分量可以进一步与原子能量关于原子 i 的第 j 个结构描述符 $G_{j,i}$ 的导数联系起来。

$$F_{k,\alpha} = -\frac{\partial E^{tot}}{\partial R_{k,\alpha}} = -\sum_{i,j} \frac{\partial E_i}{\partial G_{j,i}} \frac{\partial G_{j,i}}{\partial R_{k,\alpha}} \tag{19.2}$$

类似地，静态应力张量矩阵元素 $\sigma_{\alpha\beta}$ 可以根据等式（19.3）使用成对距离进行解析推导。

$$\sigma_{\alpha\beta} = -\frac{1}{V} \sum_{i,j,d} \frac{(\boldsymbol{r}_d)_\alpha (\boldsymbol{r}_d)_\beta}{r_d} \frac{\partial E_i}{\partial G_{j,i}} \frac{\partial G_{j,i}}{\partial r_d} \tag{19.3}$$

其中 $\boldsymbol{r}_d$ 和 r_d 分别是原子 i 和 j 之间的笛卡尔距离向量及其模，V 是结构的体积。

19.2.2　结构描述符

由于 NN 势将结构的几何形状与其能量相关联，人们会想知道什么样的结构描述符可以达到描述多维 PES 的最佳性能。Behler 和 Parrinello 提出了一系列旋转不变对称函数作为结构描述符，该类结构描述符是内在坐标（距离对，角度）乘以截止径向函数的数学函数[31]。遵循经验力场的相同术语，这些函数可以分为二体项、三体项等。由于这些函数的径向部分是高斯函数，我们将其标记为高斯型结构描述符（Gaussiantype structure descriptors，GTSD）。等式（19.4）～式（19.6）中描述了最常用的二体 G^2 和三体 G^4 函数。

$$f_c\left(R_{ij}\right)=\begin{cases}0.5\times\tan h^3\left[1-\dfrac{r_{ij}}{r_c}\right], & \text{for } r_{ij}\leqslant r_c \\ 0 \text{ for } r_{ij}>r_c\end{cases} \tag{19.4}$$

$$G_i^2=\sum_{j\neq i}e^{-\eta(r-r_s)^2}\cdot f_c(r_{ij}) \tag{19.5}$$

$$G_i^4=2^{1-\zeta}\sum_{j,k\neq i}^{\text{all}}(1+\lambda\cos\theta_{ijk})^\zeta\cdot e^{-\eta(r_{ij}^2+r_{ik}^2+r_{jk}^2)}\cdot f_c(r_{ij})\cdot f_c(r_{ik})\cdot f_c(r_{jk}) \tag{19.6}$$

其中，r_{ij} 是原子 i 和原子 j 之间的核间距离；θ_{ijk} 是以 i 原子为中心，并与两个相邻原子 j、k 形成的角度（i, j, k 是原子标引）。在 GTSD 中的关键成分是截止函数 f_c，其在 r_c 之外衰减为零 [见等式（19.4）]，以及高斯型径向函数和三角型角函数。通过改变 r_c、r_s、η、ζ 和 λ 五个参数，可以生成一组 G^2 和 G^4 函数；这些函数服务于区分中心原子 i 的原子环境。

为了提高结构描述符在学习全局 PES 中的敏感性，我们设计了一系列新的结构描述符，即幂型结构描述符（power-type structural descriptors，PTSD），详见等式（19.7）～式（19.12）。

$$S_i^1=\sum_{j\neq i}R^n(r_{ij}) \tag{19.7}$$

$$S_i^2=\left[\sum_{m=-L}^{L}\left|\sum_{j\neq i}R^n(r_{ij})Y_{Lm}(r_{ij})\right|^2\right]^{\frac{1}{2}} \tag{19.8}$$

$$S_i^3=2^{1-\zeta}\sum_{j,k\neq i}(1+\lambda\cos\theta_{ijk})^\zeta\cdot R^n(r_{ij})\cdot R^m(r_{ik})\cdot R^p(r_{jk}) \tag{19.9}$$

$$S_i^4=2^{1-\zeta}\sum_{j,k\neq i}(1+\lambda\cos\theta_{ijk})^\zeta\cdot R^n(r_{ij})\cdot R^m(r_{ik}) \tag{19.10}$$

$$S_i^5=\left[\sum_{m=-L}^{L}\left|\sum_{j,k\neq i}R^n(r_{ij})\cdot R^m(r_{ik})\cdot R^p(r_{jk})\cdot(Y_{Lm}(r_{ij})+Y_{Lm}(r_{ik}))\right|^2\right]^{\frac{1}{2}} \tag{19.11}$$

$$S_i^6=2^{1-\zeta}\sum_{j,k,l\neq i}(1+\lambda\cos\theta_{ijkl})^\zeta\cdot R^n(r_{ij})\cdot R^m(r_{ik})\cdot R^p(r_{il}) \tag{19.12}$$

在 PTSD 中，S^1 和 S^2 是二体函数，S^3、S^4 和 S^5 是三体函数，S^6 是四体函数。用 PTSD

中的幂函数代替 GTSD 中的高斯函数有以下几个优点：①减少了数值计算中的计算成本；②可调参数从两个（r_s, η）减少到一个（n），从而简化了对二体函数的最优参数的搜索；③幂函数与衰减截止函数结合可以创建具有灵活峰值和形状的径向分布，这与高斯函数的目的相似；④在三体函数中引入不同的幂（n, m, p）可以方便地耦合不同的径向分布。

19.2.3 神经网络训练

一旦网络架构确定下来，下一步就是确定每个 NN 子网中的权重和偏差（NN 参数），这一过程称为 NN 的训练。对于具有两个隐藏层和每层 40 个节点的标准 FFNN，权重和偏差的数量通常为 $10^4 \sim 10^6$。为了训练如此大量的 NN 参数，定义了一个性能函数 J_{tot} [参见等式（19.13）] [28, 37]，该函数测量 NN 输出相对于训练集属性的偏差。训练过程将最小化 J_{tot}，直到 NN 预测属性的准确性达到预设标准 [36, 38, 39]。训练集是 PES 上的大型结构数据集，具有精确的能量和力，通常通过第一原理计算得出。

$$J_{tot} = J_E + \rho J_F + \tau J_\sigma$$

$$= \frac{1}{2N}\left(E^{NN} - E^{real}\right)^2 + \frac{\rho}{6N}\left(F_{k,\alpha}^{NN} - F_{k,\alpha}^{real}\right)^2 + \frac{\tau}{18}\left(\sigma_{\alpha\beta}^{NN} - \sigma_{\alpha\beta}^{real}\right)^2 \qquad (19.13)$$

其中 $\rho=1 \sim 100$ 且 $\tau=0.1 \sim 1$。该 J_{tot} 允许同时拟合所有三个属性。对于实体的全局优化，力和应力都必须准确；最方便的方法是让 NN 训练同时或独立地拟合所有三个项 [取决于等式（19.13）中的可调参数 ρ 和 τ]。

许多基于梯度的优化算法已被用于优化网络的权重和偏差，例如，随机梯度下降、共轭梯度、Levenberg-Marquardt（LM 算法）等。人们通常认为，拟牛顿二阶方法，其具体算法如限制内存 Broyden-Fletcher-Goldfarb-Shanno 算法（Limited-memory Broyden-Fletcher-Goldfarb-Shanno，L-BFGS） 算法 和 Levenberg-Marquardt 算法（Levenberg-Marquardt，LM），对于大型数据集可以更快地收敛到真正的最小值。应该指出，与使用量子力学计算生成数据集所需的主要计算工作相比，NN 的训练实际上并不是整个神经网络 PES 构建过程中的速率决定步骤。

19.2.4 数据集生成和 SSW 全局优化

毫无疑问，用于训练 NN 的数据集在很大程度上决定了神经网络 PES 的质量。从前的工作要么使用局域的 PES 数据，例如单个反应的 MD 轨迹，要么利用来自不同结构来源的局域 PES 数据的组合，例如立方体、胶块和团簇。为了增加 NN 势的可迁移性，以及简化数据集的生成，采用全局优化轨迹产生的结构似乎是更合理、更符合自然的选择，并应该尽可能地代表不同的原子的化学环境。

目前结构预测的全局优化方法有多种，例如模拟退火 [22]、遗传算法 [23]、盆地跳跃 [24] 和 SSW [25, 26] 等，这些方法应该可以在 PES 上搜索大范围的区域，并无偏向性地识别全局最小值，即使是从随机结构开始。其中，盆地跳跃和遗传算法是通过忽略最小值之间的过渡区域来转换 PES 的，因此这两种可能会错过过渡区域的重要结构模式。另一方面，模拟退火和最小跳跃是基于在高温下广泛的 MD 计算，并且这两种方法很少用于结合量子力学（甚至 DFT）计算来进行全局搜索。此外，来自密切相关的 MD 轨迹的结构模式对于 NN 训练来说，可能是极其冗余的，并且可能需要采用迭代结构选择方案来产生一个更紧凑的数据集。我们使用

SSW 全局优化方法来生成数据集。下面，将详细介绍该方法。

SSW 方法的核心思想结合了偏置势驱动动力学[40]和 Metropolis 蒙特卡罗方法（Monte Carlo，MC）[41]。其在 PES 上平滑地操纵从一个最小值到另一个最小值的结构形态布局，并依赖于 Metropolis MC 在给定温度来决定是否接受移动。在 SSW 模拟中生成一系列连续的局部和全局最小结构，形成连续轨迹，能提供有关最小值之间反应路径的关键信息。该方法最初是为非周期性系统开发的[26]，例如分子和簇，并已扩展到周期性晶体[29]。

SSW 中的每个步骤，也称为 MC 步骤，包括三个独立的部分：①爬升；②松弛；③Metropolis MC。如图 19.1 中的一维 PES 示意性所示，这样的 MC 步骤利用爬升模块来上坡，并利用松弛模块来定位最小值。一旦达到最小值，Metropolis MC 将用于判断该结构是否会被接受或拒绝。爬升过程是 SSW 方法的核心内容，将在下面详细阐述。

SSW 的爬升模块涉及重复的偏置势驱动结构外推和局部几何优化，逐渐将 R_t^0 拖到高能配置 R_t^H，其中 "t" 是当前 MC 步骤的标引（参见图 19.1）。从当前最小值 R_t^0 开始，SSW 首先生成一个随机方向 N_t^0，一个归一化的向量，指向一个方向来改变当前的几何形状。为了实现对 PES 的无偏探索，设计的初始方向 N_t^0 结合了两个随机生成的向量，即所谓的全局随机模式 N_t^g 和局部随机模式 N_t^l，如等式（19.14）。

$$N_t^0 = \frac{N_t^g + \lambda N_t^l}{\left| N_t^g + \lambda N_t^l \right|} \tag{19.14}$$

其中混杂参数 k 控制这两个位移方向的相对比例。具体来说，N_t^g 在我们的实施中，将其设置为随机生成的归一化向量，该向量遵循标准分子动力学中使用的 300K 的 Maxwell-Boltzmann 速度分布，从而生成初始随机速度。由于 N_t^g 分布在一组原子上，代表了温和的全局的原子位移。相比之下，N_t^l 描述了一个僵硬的局域原子运动，在我们的实施方案中，可被设置为两个遥远原子之间的碰撞运动。例如，N_t^l 与原子 A（例如，系统中的第一个原子）和原子 B（系统中的第二个原子）相关的原子，可以使用其坐标 q_A 和 q_B 导出等式（19.15）。原子对 A 和 B 可以随机选择，也可以从之前的轨迹中学习，只要两个原子不紧密接触（即，其原子间的距离 >3Å）。

$$N_t^l = \begin{pmatrix} q_B \\ q_A \\ 0 \\ \vdots \end{pmatrix} - \begin{pmatrix} q_A \\ q_B \\ 0 \\ \vdots \end{pmatrix} \tag{19.15}$$

因为具有低势垒的反应通常涉及软正则模态方向，所以将软化随机生成的 N_t^0 成为具有小特征值（不一定是最低的特征值）Hessian 矩阵的一个特征向量是理想的。然而，直接计算 Hessian 矩阵是昂贵的，并且在 PES 搜索中无法承受。为了解决这个问题，我们开发了一种数值算法，即偏置势约束 Broyden 二聚体（the bias-potential constrained Broyden dimer，BP-CBD）方法[42]，使用等式（19.16）～（19.19）云软化 N_t^0。

$$R_1 = R_0 + N_m \cdot \Delta R \tag{19.16}$$

$$c = \frac{(F_1 - F_0) \cdot N_m}{\Delta R} \tag{19.17}$$

$$V_{R_1} = V_{real} + V_N \tag{19.18}$$

$$V_N = -\frac{a}{2} \cdot \left(\Delta R \cdot N_m \cdot N_t^0 \right)^2 \tag{19.19}$$

遵循无偏二聚体旋转方法[43]，我们在 PES 上定义了两个相隔固定距离 R 的图像，即 R_0 和 R_1[参见等式（19.16）]。使用约束 Broyden 优化（constrained broyden optimization，CBD）[44] 垂直于二聚体矢量 N_m 的力（F_0 和 F_1）旋转二聚体将收敛到 Hessian 矩阵的最软特征向量，并且局部曲率 [等式中的 C（19.17）] 可以是根据有限差分等式进行计算。然而，最软的特征向量通常不是反应所需的特征向量，因为该向量对应于凹区域的平移和旋转模式（$C=0$）。因此，开发了在 BP-CBD 中实现的偏置旋转方案，将 R_1 的势修改为等式（19.18）中的表达，其中 V_N 是添加到 R_1 上 V_{real} 的真实 PES 偏置势，也是坐标 R_1 沿 N_t^0 移动的一个二次函数 [见等式（19.19）]。只要参数 a [参见等式（19.19）] 足够大，偏置旋转就可以保证二聚体的旋转不会偏离很远。可以直接评估由于约束二聚体旋转的偏置势而产生的力。

$$
\begin{aligned}
V_{mod} &= V_{real} + \sum_{n=1}^{NG} V_n \\
&= V_{real} + \sum_{n=1}^{NG} w_n \times \exp\left[-\frac{\left(\left(R_t - R_t^n \right) \cdot N_t^n \right)^2}{2 \times ds^2} \right]
\end{aligned}
\tag{19.20}
$$

$$F_{mod} = F_{real} + \sum_{n=1}^{NG} w_n \times \exp\left[-\frac{\left(\left(R_t - R_t^n \right) \cdot N_t^n \right)^2}{2 \times ds^2} \right] \cdot \frac{\left(R_t - R_t^n \right) \cdot N_t^n}{2 \times ds^2} \cdot N_t^n \tag{19.21}$$

在从 R_t^n 到高能配置 R_t^H 转移时，使用了修正的 PES 的 V_{mod}，如等式（19.20）所示，其中一系列偏置高斯势 V_n（n 是偏置势的标引，$n=1, 2, \cdots, H$）沿方向一个接一个地添加，从而在修改后的 PES 上沿移动轨迹创建一系列局部最小值。Metadynamics 中也使用了类似的技术[40]。使用局部几何优化确定局部最小值，其中力可以根据等式（19.21）进行评估。等式（19.20）中的 w 和 ds 分别控制高斯函数 V_n 的高度和宽度。虽然 w 可以即时计算以保证上坡移动的成功，但 ds 在 SSW 模拟中保留为可调整参数。值得一提的是，N_t^n 将始终从每个 R_t^n 的初始随机方向 N_t^0 更新，然后使用 BP-CBD 旋转进行精细化调整。

总而言之，从 R_t^n 到 R_t^H 的上坡运动是一个重复的过程，包括：①在 R_t^n 处更新方向 N_t^n；②添加新的高斯函数 V_n，并将使 N_t^n 沿着 R_t^n 方向位移 ds 的步长；③在修改后的 PES 上放松至 R_t^{n+1}。

SSW 方法的整体效率取决于表面行走步长 ds 和最大高斯势 H 的选择。ds 的标准值范围为 0.2 ~ 0.6Å，是典型键长的 10% ~ 40%。高斯势（H）的最大数也取决于系统，一般来说，6 ~ 15 范围内的数字是一个明智的选择。在大 ds 和大 H 的情况下，可以快速探索大范围的 PES，但代价是牺牲最小值之间的反应路径的分辨率。通常，对于复杂的 Lennard-Jones 簇（例如，具有多个漏斗和高势垒的 LJ_{75}），SSW 模拟需要 $ds=0.6$ 和 $H=14$ 的每个 MC 步骤 300 ~ 400 能量/力量的评估。通常需要 70% ~ 80% 爬升的计算工作量（能量和梯度评估），剩下的 20% ~ 30% 都要松弛到最低限度。

19.2.5　自学习过程

自学习过程简述如下，参见图 19.3。在第一阶段，通过基于第一性原理 DFT 计算并行执行短时 SSW 采样来构建初始数据集。这些 DFT 计算通常仅限于小型系统（通常低于 20 个原子），并且计算设置精度较低，以加快全局 PES 采样。从 SSW 获得 PES 数据后，随机选择一个小数据集并使用具有高精度计算设置的 DFT 进行计算。此阶段为目标 PES 生成具有最常见原子环境的数据集。

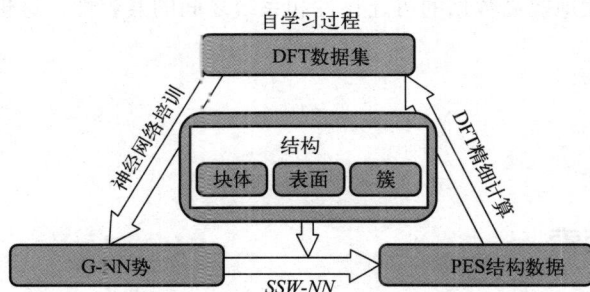

图 19.3　生成全局 NN 势（Global NN Potential，G-NN）的自学习过程
转载自参考文献 [27]，根据 CCBY4.0 许可的条款

第二阶段使用当前的第一原理数据集生成 NN 势。我们在神经网络训练中使用的相关超参数见表 19.1。我们的 G-NN 势通常有两个或三个隐藏层，每层 50 ～ 120 个神经元，产生的网络参数的数量（NN 中的权重和偏差）在 10^4 ～ 10^6 之间。通过拟牛顿 L-BFGS 方法，同时拟合构成等式（19.13）中成本函数 J_{tot} 的第一性原理中的总能量、力和应力，实现对如此大的参数空间的优化。训练过程由许多超参数控制，例如在等式（19.13）中的能量、力和应力之间的相对权重（1：ρ：τ）、网络权重初始化方法、神经元激活函数类型、训练时间等中 [45, 46]。由于全局 PES 的结构变化，对于能量的均方根误差（root mean square errors，RMSE），G-NN 的典型精度为 5 ～ 10meV/ 原子，对于力的均方根误差（RMSE）为 0.1 ～ 0.2eV/Å。

表 19.1　我们之前工作中使用的超参数原型

超参数	值
优化方法	L-BFGS
权重比 1：ρ：τ	1：5：0.05
隐藏层数	2 ～ 3
输入层的神经元数量	100 ～ 400
每个隐藏层的神经元数量	50 ～ 120
权重初始化方法	Xavier initialization
神经元激活函数的类型	tan h³
训练数据的尺度	20000 ～ 100000
训练纪元	约 20000
权重和偏差的数量	10^4 ～ 10^6

第三阶段通过使用当前 NN 势进行长时间 SSW 全局 PES 采样来扩展数据集，即所谓的 SSW-NN 方法。这些 SSW-NN 模拟从具有不同形态的各种初始结构开始，包括块体、表面和簇，不同的化学成分以及每个晶胞的不同原子数。因此，从 SSW 采样轨迹中获得了一个小的附加数据集，其中包含随机选择的 PES 上的结构或展示新的原子环境（例如，结构描述符超出范围、不切图 19.3 实际的能量 / 力 / 曲率）。通过 DFT 计算这些附加数据后，并将其添加到训练数据集中，然后，整个自学习过程返回到上一阶段，进行迭代循环。

通常，在大约 100 次迭代后，可以通过包含最具代表性结构的紧凑训练集获得鲁棒且准确的 NN 势。我们强调，在使用第一性原理计算构建训练数据集时，最好采用一致且高精度的计算设置，这可以极大地提高数据的可迁移性和系统之间的兼容性，这也有助于减少 NN 拟合误差。

19.3 应用

19.3.1 PES 探索

材料的热力学和动力学性质由潜在的 PES 决定。该势能面可以通过 SSW-NN 模拟方便有效地建立。近年来，我们已经为许多系统制定了 PES，例如。单元素晶体（硼）[28]，分子晶体（冰）[47]，金属氧化物（TiO_2，$ZnCr_2O_4$）[48, 49]。将 TiO_2 和 $ZnCr_2O_4$ 的 PES 投影到二维等高线图上，如图 19.4 所示，其中结构顺序参量（order parameter，OP）和相对能量是 x 轴和 y 轴。不同颜色表征的图的密度表示 PES 上的态密度，显示了相同结构 OP 下结构配置的能量简并度。OP 由等式（19.22）定义[50]。

$$\text{OP}_l = \left(\frac{4\pi}{2l+1} \sum_{m=-l}^{l} \left| \frac{1}{N_{\text{bonds}}} \sum_{i \neq j} e^{-\frac{r_{ij}-r_c}{2r_c}} Y_{lm}(\boldsymbol{n}) \right|^2 \right)^{1/2} \tag{19.22}$$

式中，Y_{lm} 是 l 级和 m 阶的球谐函数；$\boldsymbol{n}$ 是所有键合原子之间的归一化方向；i 和 j 是晶格中的原子；r_{ij} 是原子 i 和 j 之间的距离；r_c 设置为 i 和 j 原子的典型单键长度的 60%；N_{bonds} 是键级的数量。通过选择合适的度数，有序参数可以衡量晶格中原子中短程的有序度，从而区分重要的晶体结构和非晶结构。例如，从 OP 值中分辨出配位数通常很简单，例如 TiO_2 的势能面（PES）中 OP_2=0.3 ～ 0.5 的六配位 Ti 原子和 OP_2=0.6 ～ 0.8 的五配位 Ti 原子。

如图 19.4 所示，TiO_2 和 $ZnCr_2O_4$ 的 PES 具有相当不同的形状：对于 TiO_2，PES 的形状有点像蝴蝶，而对于 $ZnCr_2O_4$，PES 是漏斗形的。在低能结构所在的 PES 底部，TiO_2 的 PES 表明存在许多能量相似但结构模式不同的 TiO_2 晶相，具有多个蝴蝶形状的漏斗。相比之下，$ZnCr_2O_4$ 的 PES 只有一个明确定义的全局最小值，即尖晶石型结构；所有其他结构的能量都要高得多。毫不奇怪，迄今为止已经合成了 10 多种不同的 TiO_2 晶体结构［例如锐钛矿、金红石、（R）和（H）等］，而已知的 $ZnCr_2O_4$ 只有尖晶石相。

除了全局最小值之外，全局 PES 还可以揭示未知的亚稳态结构，这可能是重要的相变中间态或表现出有吸引力的物理化学性质。从冰的全局 PES 中，我们已经确定了具有空缺位的低能冰相，这是立方到六边形固相转变的最低能量路径中的关键中间体，也是冰成核的核心反应[47]。并发现冰基平面界面处的水空缺位促进了向固体转变。这些结果对于理解我们观察到的一些日常现象具有深远的意义，从云中的湿度到冰的非常光滑。对于 TiO_2，在一般化学中已知 $[TiO_6]$ 八面体是 TiO_2 晶体的常见结构。然而，从全局 PES 中发现了一类新的前所未有的微孔 TiO_2 晶相，如图 19.4 中的 TiO_2（TB），该类晶相具有特殊的 $[TiO_5]$ 三角双锥结构单元，大孔径（5～7Å）和高热稳定性[48]。这些微孔材料预计将成为锂离子和钠离子电池的候选负极材料[51]。

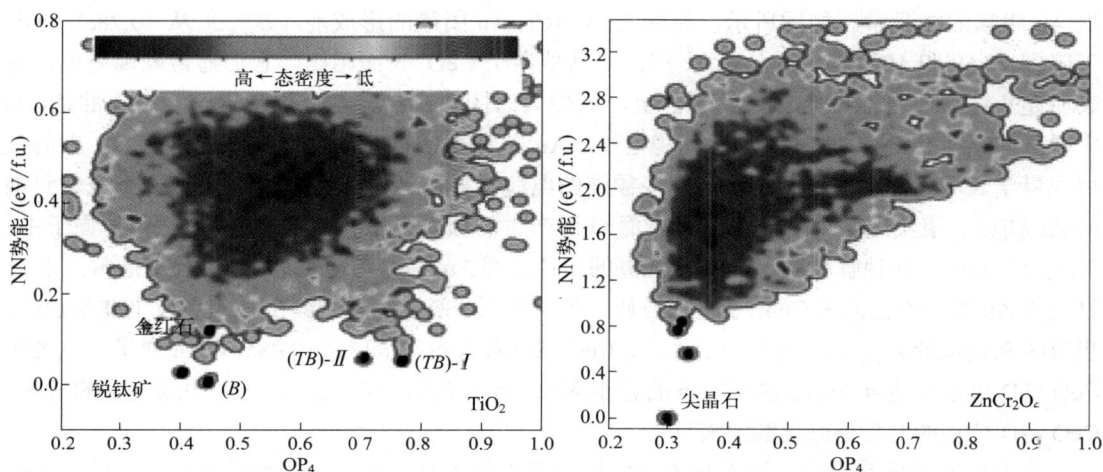

图 19.4　由 SSW-NN 全局搜索确定的 TiO_2 和 $ZnCr_2O_4$ 的全局 PES（见彩图）

x 轴是晶体的常见结构指纹，即距离加权的 Steinhardt 型的有序参量（OP），具有不同的角矩 $L=2, 4, 6$，可以区分不同的最小值；y 轴是相对能量（ΔE）的最小值

转载自参考[48]，经美国化学学会许可，2018 年版权所有，并来自参考文献[79]。经 Springer Nature 许可，2019 年版权所有

19.3.2　负载在 CeO_2 上的超微量金

负载型催化剂的原子结构必须排在 PES 探索问题的首位。纳米粒子/载体的双重复杂性和界面系统的大尺寸是全局结构搜索的两个关键挑战。随着 SSW-NN 的出现，解决一些关于负载型催化剂的长期难题变得可行，例如，二氧化铈载体上阳离子 Au 的性质。在过去的二十年中，人们对金基催化剂产生了巨大的研究兴趣，这些催化剂可能对广泛的反应表现出出色的低温催化能力[52, 53]。在这些催化剂中，二氧化铈负载金（Au/CeO_2）可以催化从约 350K 开始的水煤气变换（Water-Gas-Shift，WGS）反应产生高品质的氢气，并具有很高的稳定性[54, 55]。由于其良好的储氧能力[56]，长期以来，人们一直认为 CeO_2 载体上的氧空缺位在 Au/CeO_2 系统中起着关键作用，以稳定 Au 纳米颗粒[57]。然而，Fu 等人的开创性工作表明了氧化金（例如 Au^+ 或 Au^{3+}）是 WGS 反应的活性位点[54]。此后，Au/CeO_2 高催化活性的起源一直是争论的热点。

为了探索 CeO_2 上超小 Au 簇的构型并确定其热力学和动力学稳定性，我们进行了 SSW-NN 和增强分子动力学（MD）[58, 59] 模拟，以获得 AuCeO 全局数据集，并构建稳健且准确的 AuCeO 的 G-NN 势。我们的模拟包含每个单元格从 14 到 444 个原子的结构，并涵盖具有不同形态的 Au：Ce：O 比率，例如块状、层状和团簇。最终的 AuCeO 全局数据集包含 33654 个结构。AuCeO 的 G-NN 势包含每个元素的 186 个 PTSD，并且兼容的网络包括三个隐藏层

（186-60-50-50-1 网络），总共相当于约 51000 个网络参数。能量和力的最终 RMSE 分别为每个原子 6.115 meV 和 0.152 eV/Å。

通过基于第一原理全局数据集构建三元 Au-Ce-O 的 G-NN 势，我们搜索了一系列 Au/CeO$_2$ 系统的全局最小值，从 4 到 12 个原子的 Au 团簇尺度和 CeO$_2$ 载体，包括原始的、具有 O 空缺位的表面和具有结构缺陷的表面（缺失 O-Ce-O、CeO$_2$-SD），见图 19.5（a）～（i）。可以通过将负载系统与无负载表面、Au 块状金属和 O$_2$ 分子（如有必要）相关联来评估二氧化铈上 Au 团簇的能量学。如图所示，原始 CeO$_2$ 上的 Au 团簇的形成能（E_{form}^{Au}）从 +0.78eV 逐渐下降到 +0.69 和 +0.64eV（eV/Au 原子）。与其他两个 CeO$_2$ 表面相比，它们通常表现更差，这表明超小团簇不喜欢锚定在原始表面上，而较大的团簇在热力学上更受青睐。有趣的是，O 空缺位的存在并没有增加 Au 团簇的稳定性。Au 在原始 CeO$_2$ 和具有 O 空缺位的 CeO$_2$ 上的类似能量学表明，O 空缺位不会引起太多额外的电荷转移，例如从 CeO$_2$ 载体到 Au 形成带负电的 Au 团簇。事实上，由于缺少一个表面 O 而产生的额外电子存储在附近的表面 Ce 原子中，形成两个 Ce^{3+}。这种解释得到了 DFT 计算的支持，即 Au$_x$/CeO$_2$-O$_v$ 系统的净磁自旋通常大于 2，这表明 Au 吸附不会淬灭 Ce 原子上的自旋。另一方面，氧化的金团簇在 CeO$_2$-SD 上非常稳定，也反映在较低的 E_{form}^{Au} 上。特别是，Au$_4$O$_2$/CeO$_2$-SD 具有负形成能：-0.085eV/Au 原子，也表明 CeO$_2$-SD 可以作为 4 个 Au 原子以下的超小氧化 Au 团簇的锚定位点。随着团簇尺度的增加，CeO$_2$-SD 位点的能量偏好逐渐消失。

我们的研究结果表明，附着在表面结构缺陷上的超小阳离子金团簇是唯一稳定的结构模式，例如 Au$_4$O$_2$/CeO$_2$-SD，其中 Au 团簇可以通过 Au-O 键介导，向底层 Ce 提供电子［参见图 19.5（j）］。认为，Au$_4$O$_2$/CeO$_2$-SD 是 CeO$_2$ 表面上超小 Au 团簇的潜在稳定活性结构。不同 CeO$_2$ 表面上的其他团簇具有强烈的能量偏向性，可以生长成大块的 Au 金属。我们证明了全局 PES 探索对于理解氧化物载体上金属团簇的形态至关重要，现在可以通过 NN 方法实现。

19.3.3　无定形 TiO$_x$H$_y$ 上的析氢反应

黑色二氧化钛（TiO$_2$）在整个可见光谱范围内都有很强的吸收能力，其析氢反应（HER）活性比传统的 TiO$_2$ 材料高几个数量级[60-65]。黑色二氧化钛是通过氢化原始 TiO$_2$ 合成的，这样合成的黑色 TiO$_2$ 通常表现出核-壳结构，具有几纳米厚的无定形壳，包覆在锐钛矿晶体上[61,66-68]。认为无定形壳可提供催化活性位点并负责增强 HER 活性。然而，无定形壳的结构确定在实验和理论上都具有挑战性，甚至没有提到需要解释高 HER 活性的原因。

为了解析无定形 TiO$_x$H$_y$ 壳上的 HER 活性位点，我们进行了 SSW-NN 模拟，以获得具有 143786 个结构的 TiO$_x$H$_y$ 全局数据集，并构建了稳健且准确的 TiO$_x$H$_y$ 的 G-NN 势。数据库中的结构涵盖了不同的 Ti：O：H 比，主要是 Ti$_4$O$_7$、Ti$_4$O$_8$、Ti$_4$O$_8$H$_x$，x=1～4、Ti$_8$O$_{16}$H$_x$，x=1～4，有块状、层状和簇状，还包含大表面体系如 Ti$_{56}$O$_{112}$H$_x$ 和分子系统（H$_2$、H$_2$O）。TiO$_x$H$_y$ 的 G-NN 势利用每个元素 201 个 PTSD，即 77 个二体 PTSD、108 个三体 PTSD 和 16 个四体 PTSD，网络涉及两个隐藏层，每个层有 50 个神经元，相当于 38103 个网络参数。能量和力的最终 RMSE 分别为每个原子 9.8 meV/ 原子和 0.22eV/Å。使用 TiO$_x$H$_y$ 的 G-NN 势，可以定量确定在不同温度和压力下与 H$_2$ 接触的 TiO$_2$ 块体和表面的热力学相图。

使用 TiO$_x$H$_y$ 的 G-NN 势，可以定量确定在不同温度和压力下与 H$_2$ 接触的 TiO$_2$ 块体和表面的热力学相图。

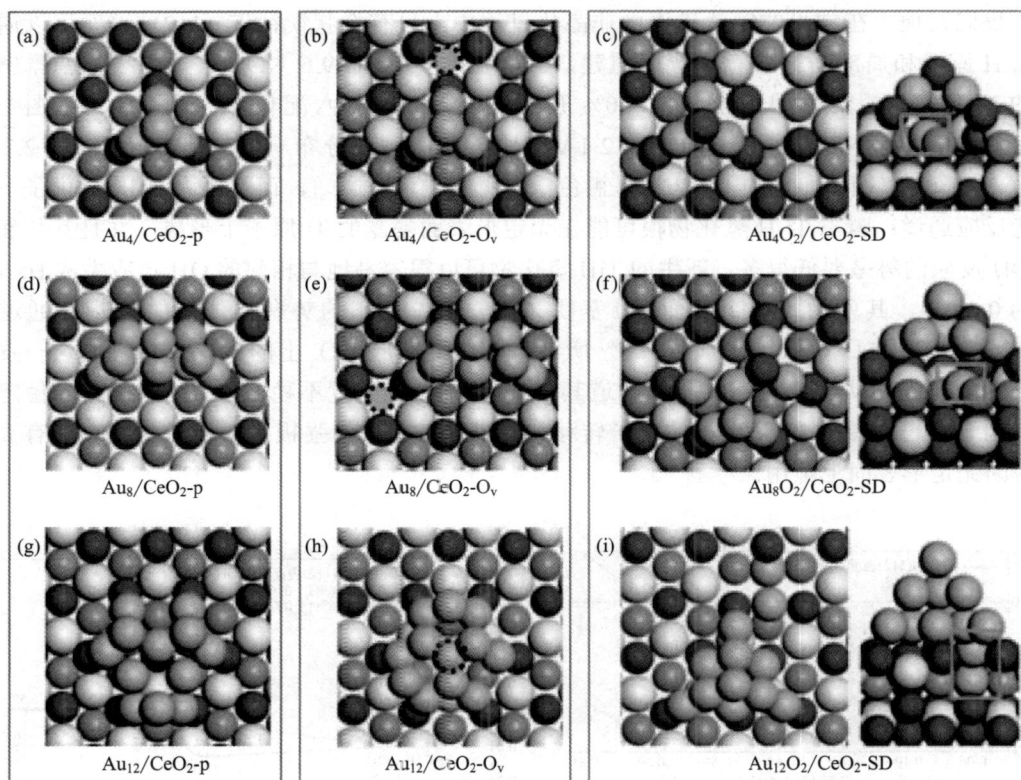

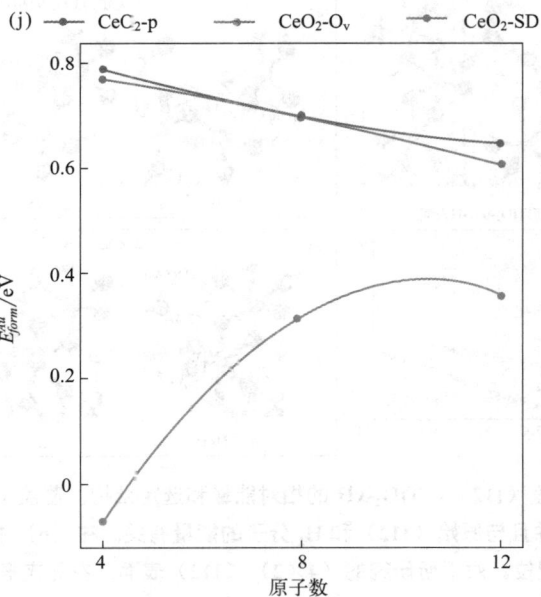

图 19.5　由 SSW-NN 确定的 CeO$_2$ 上 Au 团簇的全局最小结构（见彩图）

（a）～（i）三种不同 CeO$_2$ 表面上 Au 团簇的结构快照。对于 Au$_x$/CeO$_2$-SD，为了清晰起见，显示了顶视图和侧视图。O 原子呈红色/粉红色，Ce 原子呈白色。表层 O 和次表层 O 分别为红色（较深）和粉色（较浅）。金原子呈黄色［例如，（g）中的中心团簇］。氧空位由 Au$_x$/CeO$_2$-O$_v$ 中的虚线圆圈表示。嵌入的金原子以蓝色矩形突出显示。（j）金团簇的形成能与 CeO$_2$ 表面和金体有关

　　我们发现，在常见的锐钛矿表面非晶化过程中，只有脊状锐钛矿（112）表面可以通过表面 H 原子和局部高 H 覆盖率显著重建，0.69ML［参见图 19.6（a）］。非晶表面暴露出不同的 Ti 阳离子，25% 四配位 Ti_{4c}、50% 五配位 Ti_{5c} 和 25% 六配位 Ti_{6c} 原子［参见图 19.6（b）］。与完美 TiO_2 表面上的 1.9 ～ 2.1Å 相比，Ti-O 键长分布一向较宽，从 1.8 到 2.2Å。这种高 H 覆盖率不仅使无定形 TiO_2 呈黑色［参见图 19.6（c）］，而且还为 HER 提供了一个低能反应通道：瞬态 Ti-H 氢化物很可能在无定形表面暴露的 Ti 原子上形成，并且其与邻近的 OH 反应的势垒要低得多。新生的 TiH 氢化物可以很容易地与相邻的 OH 反应生成 H_2（势垒为 0.6eV），其中通过两个表面 OH 基团（势垒 >1.9eV）的势垒比传统的 H 耦合通道低 1eV 以上，如图 19.6（d）～（f）[49, 69] 所示。氢化无定形 TiO_2 上的 TiH 氢化物的这一发现是特殊的，因为从理论上和实验都知道其在结晶 TiO_2 上高度不稳定。TiH 氢化物的稳定性可归因于来自还原的 Ti 阳离子的电子转移和相邻 OH 基团的强极化，两者都仅在具有高 H 覆盖的无定形表面上可用。

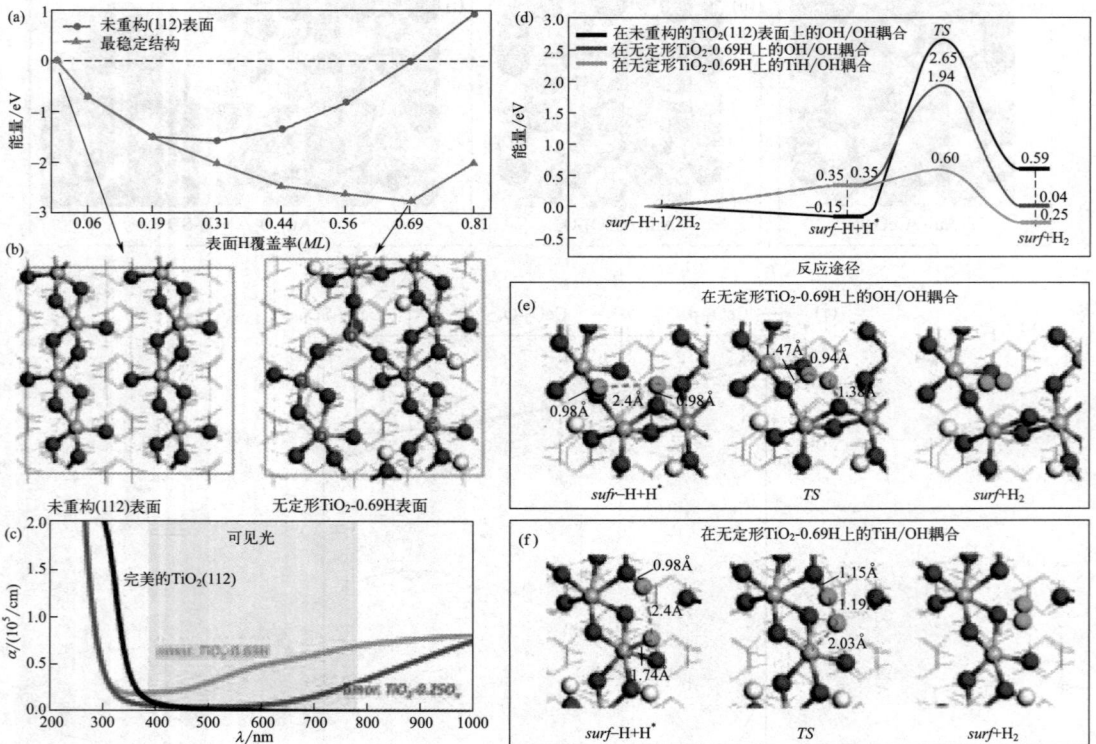

图 19.6　（a）和（b）H 覆盖（112）、TiO_2-xH 的相对能量和选定结构，覆盖 x 从 0 到 0.81ML。所有能量均来自 DFT 计算，并且与原始（112）和 H_2 分子的能量有关。在（b）中，氢化后的重建表面变成无定形，出现各种 Ti 配位。对于所研究的（4×2）（112）表面，在无定形 TiO_2-0.69H 中有两个 Ti_{4c}、四个 Ti_{5c} 和两个 Ti_{6c}。（c）TiO_2 表面的光学吸收光谱。（d）在原始（112）表面和无定形 TiO_2-0.69H 上，通过 OH/OH 耦合和 TiH/OH 耦合机制的 H 耦合的能量分布。（e）（f）（112）俯视图的反应快照（见彩图）

Ti：浅灰色球体；O：红色（较暗）球。H：白球（反应中的 H：用虚线连接的球）。转载自参考文献 [49]，经美国化学学会许可，2018 年版权所有

我们注意到，在理论工作发表后，最近的实验工作揭示了在无定形 TiO_2 上存在 TiH 氢化物，其中，^1H 核磁共振波谱中的特征 H 化学位移 δ 值有一个负峰值（-0.6ppm），该峰值随氢化时间的增加而增大[70]。

19.3.4　在 ZnCrO 催化剂上的合成气转化

作为 BASF 公司开发的用于合成气制甲醇的第一代工业催化剂之一[71]，氧化锌铬（ZnCrO）催化剂自 20 世纪 30 年代以来就得到了广泛的研究。研究发现，锌铬比可以显著影响合成气制甲醇的催化活性和选择性[72-75]。通常在 Zn：Cr=1：1 到 2：1 的窗口中实现最佳的活性和选择性，例如合成甲醇收率 90 ～ 600g/(kg_{cat} • h)，在 Zn：Cr=1：1 和 300℃时甲醇合成的选择性达到 80%[75]。相比之下，纯 $ZnCr_2O_4$ 尖晶石的 Zn：Cr=1：2，催化剂的活性和选择性都相当差，生成甲醇收率 <5g/(kg_{cat} • h)，而选择性则为 14%（烷烃约为 45%）[75]。但如果将反应温度提高到 400℃时，就会导致在 Zn：Cr=1：2 催化剂上优先生成甲烷而不是甲醇（甲烷选择性约为 75%）。从结构方面而言，认为具有尖晶石晶型的 $ZnCr_2O_4$ 是最稳定的相，因为该温度形态是在高温煅烧后形成的[76]。Zn：Cr 比率在 1：1 和 1：2 之间的 ZnCrO 催化剂的原子结构仍然存在，然而，由于没有发现 ZnO 形成的确切证据，尽管 X 射线衍射（X-Ray diffraction，XRD）图表现出相对于 $ZnCr_2O_4$ 尖晶石相的峰变宽和向小峰偏移，但不确定[75, 77, 78]。进一步增加 Zn：Cr 比（>1：1），XRD 检测到催化剂中的 ZnO 聚集，但定量分析表明，假设催化剂由 $ZnCr_2O_4$ 和 ZnO 组成，则 ZnO 的含量远低于理论值[75, 77]。ZnCrO 结构的不确定性阻碍了活性位点的解析；没有人确切知道当 Zn：Cr=1：1 时，出现在催化剂中的活性位点是什么。

为了解决 ZnCrO 催化剂上合成气转化发生的位点和方式，我们进行了 SSW-NN 模拟以获得 ZnCrO 全局数据集并建立稳健且准确的 ZnCrO 的 G-NN 势。我们的模拟包含每个单元格 10 到 84 个原子的结构，涵盖不同的 Zn、Cr、O 比率，即 ZnO、CrO_x、$ZnCr_xO_y$，具有不同的形态形式，例如块、层和簇。最终的 ZnCrO 全局数据集包含 38285 个结构。ZnCrO 的 G-NN 势包含每个元素 324 个 PTSD，即 132 个二体 PTSD、170 个三体 PTSD 和 22 个四体 PTSD，相应地，该网络包括三个隐藏层（324-80-60-60-1 网），相当于总共 103743 个网络参数。能量和力的最终 RMSE 分别为每个原子的 4.3 meV 和 0.128eV/Å[79]。

基于 ZnCrO 的 G-NN 势，我们首次能够跟踪 ZnCrO 结构随 Zn、Cr、O 比例变化的演变过程，并建立 Zn-Cr-O 三元相图。

如图 19.7（a）所示，尖晶石型晶体结构作为 ZnCrO 的主要基序出现，范围从 Zn：Cr=0：1 到 1：1。Zn-Cr-O 的热力学相图进一步揭示了一个小而稳定成分的存在，即 Zn：Cr：O=6：6：16 ～ 3：8：16，其中氧化物合金倾向于结晶成尖晶石相［见图 19.7（b）］。将 Zn：Cr 比从 1：2 推导到 1：1 导致 $Zn_3Cr_3O_8$ 亚稳晶相的产生，其中包含了最高浓度的体积异常 $[ZnO_6]$ 八面体（Oh）。这种细微的结构差异会严重影响合成气的转化活性和选择性。由于 $[ZnO_6]_{Oh}$ 的存在，氧空缺位（O_v）的形成能力显著增加，并随着 Zn、Cr 比的增加从表面延伸到亚表面，正如在合成气反应条件下动态发生的那样。在合成气反应条件下，Zn：Cr=1：1 的催化剂表面暴露出非凡的四配位平面 Cr^{2+} 阳离子，而 Zn：Cr=1：2 的催化剂表面只能有金字塔形几何形状的五配位 Cr 阳离子［参见图 19.7（c）］。

对 $Zn_3Cr_3O_8$ 和 $ZnCr_2O_4$ 上合成气转化反应的进一步 DFT 研究证明，$Zn_3Cr_3O_8$ 表面上的

四配位平面 Cr^{2+} 阳离子位点对甲醇选择性至关重要。另一方面，$ZnCr_2O_4$ 相的催化活性较低，主要产生甲烷［参见图 19.7（d）］。基于 DFT 反应能量学的微动力学模拟（甲醇产量：在 $Zn_3Cr_3O_8$ 上约为 670g/($kg_{cat} \cdot h$)；甲烷产量：在 $ZnCr_2O_4$ 上约为 0.08g/($kg_{cat} \cdot h$)，进一步理顺了实验观察到的活性和选择性的显著差异：Zn：Cr=1：1 的 ZnCrO 催化剂表现出高活性和高甲醇选择性（甲醇产量 80～600g/($kg_{cat} \cdot h$) 和 573K 时的选择性 80%），但 Zn：Cr 的 ZnCrO 催化剂 =1：2 时，则显示低活性和低甲醇选择性（<5g/($kg_{cat} \cdot h$)，在 573K 时对甲醇的选择性为 14%，在 673K 时对烃（91%CH_4）的选择性约为 82%）[75, 80]。

两种不同尖晶石相之间的催化活性和选择性差异，主要归因于 CH_3O 在两种不同表面上吸附强度的敏感性［参见图 19.7（d）］。CH_3O 在 $ZnCr_2O_4$ 表面的吸附过强明显阻碍了 CH_3OH 的形成，也导致了 CH_4 形成的高能垒，而 CH_3O 在 $Zn_3Cr_3O_8$ 表面的适度吸附促进了 CH_3OH 形成通路。ZnCrO 催化剂的研究结果不仅加强了我们对氧化物在高温下合成气转化的理解，从本体到表面再到活性位点，但也表明，随着 SSW-NN 方法的出现，在实验中热议的其他复杂氧化物体系，如 ZnZrO、CuZnO、ZnMnO 和 ZnFeO，现在也应该可以进行探索了。

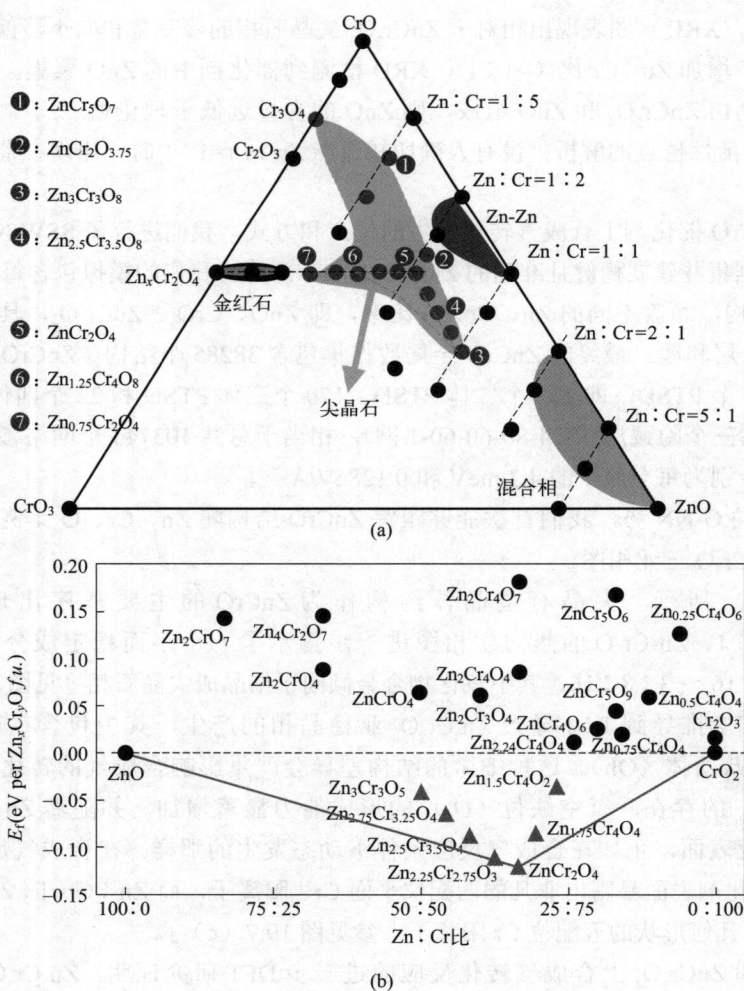

(a)

(b)

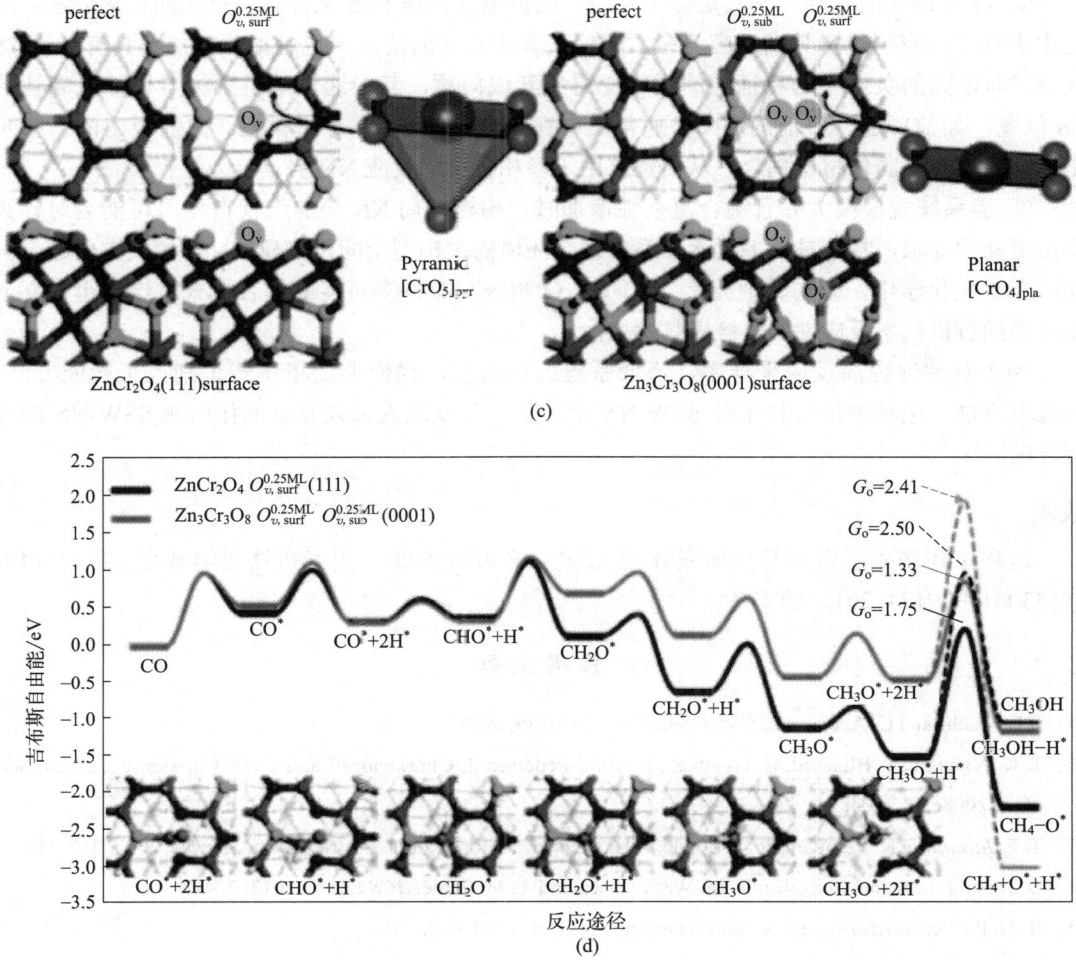

图 19.7 （a）三元 Zn-Cr-O 相图。绿色区域（中间顶部）映射出以尖晶石型骨架结构为全局最小值的成分，其中编号的圆圈表示成分。（b）所有 ZnCrO 结构的凸包。与 ZnO 和 CrO₂ 相相比，中心三角形代表负形成能。（c）完美的 O 空缺位的 ZnCr₂O₄ $O_{v,surf}^{0.25\,ML}$ （111）和 Zn₃Cr₃O₈ $O_{v,surf}^{0.25\,ML}$ $O_{v,sub}^{0.25\,ML}$ （0001）表面结构。突显了 Oᵥ 附近的局部 [CrOₓ] 构型。这些 Oᵥ 表面在反应条件下可用。（d）两种 ZnCrO 催化剂在 573K 和 2.5MPa（H₂：CO=1.5）下合成气转化的吉布斯自由能反应曲线。反应快照显示在（d）的插图中（见彩图）

其中，在在线版本中，原子的配色方案如下：Zn 为绿色；Cr 为紫色；O 为红色；CO 中的 O 为橙色；C 为灰色；H 为白色转载自参考文献 [79]。经 Springer Nature 许可，2019 年版权所有

19.4　展望

本章概述了 SSW-NN 方法及其在多相催化中的最新应用。虽然 SSW-NN 在解决多相催化中的一些具有挑战性的任务方面具有很大的应用前景，从催化剂活性位点结构到上述示例中所证明的催化活性，但必须牢记，NN 势的成功应用在很大程度上依赖于目标问题的采样数据集。未来仍有一些挑战尚待解决。

① 反应 PES 的采样，尤其是分子反应，比典型的材料 PES 采样具有更高的计算成本。这是由于分子反应一般皆具高反应势垒，即使在表面存在的情况下也是如此。捕获具有尖锐 TS 区域（即以大的负曲率为特征）的反应变得尤其成问题，其中通过随机采样难以捕获确切的 TS 位置。如前所述，目前的 NN 势通常集中在 TiO_2 和 ZnCrO 等材料上，向前迈出的一大步是将分子反应与固体材料耦合，从而建立用于多相催化的反应 NN 势。

② 当系统规模很大并且键合复杂性增加时，构建全局 NN 势的迭代自学习可能会对计算提出更高的要求。特别是，多元素体系中键合环境的大构型空间是构建 NN 势的关键问题。例如，在有机化学中，碳与其他元素（C、H、O 和 N）有许多可能的键合模式，这使得建立一个通用的有机化学反应性 NN 势极具挑战性。

为了有效地提高反应采样率，降低系统的自由度，我们期望将模式识别人工智能方法、粗粒度方法、刚体方法等技术与 SSW-NN 相结合，可以成为未来复杂催化问题 SSW-NN 的发展方向。

致谢

这项工作得到了国家重点研发计划（2018YFA0208600）、国家自然科学基金（21573149、21533001 和 91745201）的支持。

参 考 文 献

[1] I. E. Wachs and C. A. Roberts, *Chem. Soc. Rev.*, 2010, **39**, 5002.

[2] J. K. Nørskov, T. Bligaard, B. Hvolbæk, F. Abild-Pedersen, I. Chorkendorff and C. H. Christensen, *Chem. Soc. Rev.*, 2008, **37**, 2163.

[3] T. F. *Jaramillo*, K. P. Jørgensen, J. Bonde, J. H. Nielsen, S. Horch and I. Chorkendorff, *Science*, 2007, **317**, 100.

[4] U. Deka, I. Lezcano-Gonzalez, B. M. Weckhuysen and A. M. Beale, *ACS Catal.*, 2013, **3**, 413.

[5] R. G. Parr *in Horizons of Quantum Chemistry*, Springer, 1980, p. 5.

[6] A. Y. *Khodakov*, W. Chu and P. Fongarland, *Chem. Rev.*, 2007, **107**, 1692.

[7] S. K. Seth, I. Saha, C. Estarellas, A. Frontera, T. Kar and S. Mukhopadhyay, *Cryst. Growth Des.*, 2011, **11**, 3250.

[8] J. Kotakoski, A. Krasheninnikov, U. Kaiser and J. Meyer, *Phys. Rev. Lett.*, 2011, **106**, 105505.

[9] T. Kohonen, Neural Netw., 1988, 1, 3.

[10] J. P. Perdew, K. Burke and M. Ernzerhof, *Phys. Rev. Lett.*, 1996, **77**, 3865.

[11] J. Heyd, G. E. Scuseria and M. Ernzerhof, *J. Chem. Phys.*, 2003, **118**, 8207.

[12] B. G. Sumpter and D. W. Noid, *Chem. Phys. Lett.*, 1992, **192**, 455.

[13] T. H.Fischer, W. P. PetersenandH. P.Lüthi, *J.Comput. Chem.*, 1995, **16**, 923.

[14] L. Raff, M. Malshe, M. Hagan, D. Doughan, M. Rockley and R. Komanduri, *J. Chem. Phys.*, 2005, **122**, 084104.

[15] S. Manzhos, X. Wang, R. Dawes and T. Carrington, *J. Phys. Chem. A*, 2006, 110, 5295.

[16] J. R. Boes and J. R. Kitchin, *Mol. Simulat.*, 2017, **43**, 346.

[17] G. Sun and P. Sautet, *J. Am. Chem. Soc.*, 2018, **140**, 2812.

[18] N. Artrith and A. M. Kolpak, *Nano Lett.*, 2014, **14**, 2670.

[19] N. Artrith and A. M. Kolpak, *Comput. Mater. Sci.*, 2015, **110**, 20.

[20] J. S. Elias, N. Artrith, M. Bugnet, L. Giordano, G. A. Botton, A. M. Kolpak and Y. Shao-Horn, *ACS Catal.*, 2016, **6**, 1675.

[21] N. Artrith, B. Hiller and J. Behler, *Phys. Status Solidi B*, 2013, **250**, 1191.

[22] S. Kirkpatrick, C. D. Gelatt and M. P. Vecchi, *Science*, 1983, **220**, 671.

[23] S. Sivanandam and S. Deepa, in *Introduction to Genetic Algorithms*, Springer, 2008, p. 165.

[24] D. J. Wales and J. P. Doye, *J. Phys. Chem. A*, 1997, **101**, 5111.

[25] C. Shang and Z.-P. Liu, *J. Chem. Theory Comput.*, 2013, **9**, 1838.

[26] X.-J. Zhang, C. Shang and Z.-P. Liu, *J. Chem. Theory Comput.*, 2013, **9**, 3252.

[27] S. Ma, C. Shang and Z.-P. Liu, *J. Chem. Phys.*, 2019, **151**, 050901.

[28] S.-D. Huang, C. Shang, P.-L. Kang and Z.-P. Liu, *Chem. Sci.*, 2018, **9**, 8644.

[29] C. Shang, X.-J. Zhang and Z.-P. Liu, *Phys. Chem. Chem. Phys.*, 2014, **16**, 17845.

[30] W. S. McCulloch and W. A. Pitts, *Bull. Math. Biophys.*, 1943, **5**, 115.

[31] J. Behler and M. Parrinello, *Phys. Rev. Lett.*, 2007, **98**, 146401.

[32] J. Behler, *J. Chem. Phys.*, 2011, **134**, 074106.

[33] J. Behler, *J. Phys.: Condens. Matter*, 2014, **26**, 183001.

[34] A. P. Bartók, R. Kondor and G. Csányi, *Phys. Rev. B*, 2013, **87**, 184115.

[35] K. Schütt, H. Glawe, F. Brockherde, A. Sanna, K. Müller and E. Gross, *Phys. Rev. B*, 2014, **89**, 205118.

[36] J. Behler, *J. Chem. Phys.*, 2016, **145**, 170901.

[37] S.-D. Huang, C. Shang, X.-J. Zhang and Z.-P. Liu, *Chem. Sci.*, 2017, **8**, 6327.

[38] J. Behler, *Phys. Chem. Chem. Phys.*, 2011, **13**, 17930.

[39] J. Behler, *Angew. Chem., Int. Ed.*, 2017, **56**, 12828.

[40] M. Iannuzzi, A. Laio and M. Parrinello, *Phys. Rev. Lett.*, 2003, **90**, 238302.

[41] N. Metropolis, A. W. Rosenbluth, N. M. Rosenbluth, A. H. Teller and E. Teller, *J. Chem. Phys.*, 1953, **21**, 1087.

[42] C. Shang and Z.-P. Liu, *J. Chem. Theory Comp*, 2012, **8**, 2215.

[43] G. Henkelman and H. Jónsson, *J. Chem. Phys.*, 1999, **111**, 7010.

[44] C. Shang and Z.-P. Liu, *J. Chem. Theory Comput.*, 2010, **6**, 1136.

[45] D. Coyle, G. Prasad and T. M. McGinnity, *IEEE Trans. Syst. Man Cybern. B*, 2009, **39**, 1458.

[46] T. Domhan, J. T. Springenberg and F. Hutter, *Twenty-fourth International Joint Conference on Artificial Intelligence*, **vol. 2015**, 2015.

[47] S.-H. Guan, C. Shang, S.-D. Huang and Z.-P. Liu, *J. Phys. Chem. C*, 2018, **122**, 29009.

[48] S. Ma, S.-D. Huang, Y.-H. Fang and Z.-P. Liu *ACS Appl. Energy Mater.*, 2018, **1**, 22.

[49] S. Ma, S.-D. Huang, Y.-H. Fang and Z.-P. Liu *ACS Catal.*, 2018, **8**, 9711.

[50] X.-J. Zhang, C. Shang and Z.-P. Liu, *Phys. Chem. Chem. Phys.*, 2017, **19**, 4725.

[51] S.-H. Choe, C.-J. Yu, K.-C. Ri, J.-S. Kim, U.-G. Jong, Y.-H. Kye and S.-N. Hong, *Phys. Chem. Chem. Phys.*, 2019, **21** (16), 8408-8417.

[52] M. Haruta, *Nature*, 2005, **437**, 1098.

[53] A. S. K. Hashmi and G. J. Hutchings, *Angew. Chem., Int. Ed.*, 2006, **45**, 7896.

[54] Q. Fu, H. Saltsburg and M. Flytzani-Stephanopoulos, *Science*, 2003, **301**, 935.

[55] H. Sakurai, T. Akita, S. Tsubota, M. Kiuchi and M. Haruta, *Appl. Catal., A*, 2005, **291**, 179.

[56] N. J. Lawrence, J. R. Brewer, L. Wang, T.-S. Wu and J. Wells-Kingsbury, *et al.*, *Nano Lett.*, 2011, **11**, 2666.

[57] D. Widmann, R. Leppelt and R. J. Behm, *J. Catal.*, 2007, **251**, 437.

[58] A. Barducci, M. Bonomi and M. Parrinello, *Wiley Interdiscip. Rev.: Comput. Mol. Sci.*, 2011, **1**, 826.

[59] J. Kästner, *Wiley Interdiscip. Rev.*： *Comput. Mol. Sci.*, 2011, **1**, 932.

[60] X. Chen, L. Liu and F. Huang, *Chem. Soc. Rev.*, 2015, **44**, 1861.

[61] X. Chen, L. Liu, Y. Y. Peter and S. S. Mao, *Science*, 2011, **331**, 746.

[62] A. Naldoni, M. Allieta, S. Santangelo, M. Marelli, F. Fabbri, S. Cappelli, C. L. Bianchi, R. Psaro and V. Dal Santo, *J. Am. Chem. Soc.*, 2012, **134**, 7600.

[63] X. Yu, B. Kim and Y. K. Kim, *ACS Catal.*, 2013, **3**, 2479.

[64] N. Liu, C. Schneider, D. Freitag, M. Hartmann, U. Venkatesan, J. Müller, E. Spiecker and P. Schmuki, *Nano Lett.*, 2014, 14, 3309.

[65] H. Lu, B. Zhao, R. Pan, J. Yao, J. Qiu, L. Luo and Y. Liu, *RSC Adv.*, 2014, **4**, 1128.

[66] Y. H. Hu, *Angew. Chem., Int. Ed.*, 2012, **51**, 12410.

[67] X. Chen, L. Liu, Z. Liu, M. A. Marcus, W.-C. Wang and N. A. Oyler, *et al.*, *Sci. Rep.*, 2013, **3**, 1510.

[68] Z. Wang, C. Yang, T. Lin, H. Yin, P. Chen and D. Wan, *et al.*, *Energy Environ. Sci.*, 2013, **6**, 3007.

[69] U. Aschauer and A. Selloni, *Phys. Chem. Chem. Phys.*, 2012, **14**, 16595.

[70] Y. Guo, S. Chen, Y. Yu, H. Tian, Y.-L. Zhao and Y. J.-C. Ren, *et al.*, *J. Am. Chem. Soc.*, 2019, **141**, 8407-8411.

[71] K. Waugh, *Catal. Today*, 1992, **15**, 51.

[72] M. C. Molstad and B. F. Dodge, *Ind. Eng. Chem.*, 1935, **27**, 134.

[73] E. Errani, F. Trifiro, A. Vaccari, M. Richter and G. Del Piero, *Catal. Lett.*, 1989, **3**, 65.

[74] M. C. Bradford, M. V. Konduru and D. X. Fuentes, *Fuel Process. Technol.*, 2003, **83**, 11.

[75] H. Song, D. Laudenschleger, J. J. Carey, H. Ruland, M. Nolan and M. Muhler, *ACS Catal.*, 2017, **7**, 7610.

[76] R. Dumitru, F. Manea, C. Păcurariu, L. Lupa, A. Pop, A. Cioablă, A. Surdu and A. Ianculescu, *Catalysts*, 2018, 8, 210.

[77] G. Del Piero, F. Trifiro and A. Vaccari, *J. Chem. Soc., Chem. Commun.*, 1984, 656.

[78] M. Bertoldi, B. Fubini, E. Giamello, F. Trifirò and A. Vaccari, J. Chem. Soc., *Faraday Trans.*, 1988, **84**, 1405.

[79] S. Ma, S.-D. Huang and Z.-P. Liu, *Nat. Catal*, 2019, **2**, 671.

[80] K. Cheng, B. Gu, X. Liu, J. Kang, Q. Zhang and Y. Wang, *Angew. Chem., Int. Ed.*, 2016, **128**, 4803.

第 20 章

机器学习在化学和材料中实际应用的指导性原则

S. SHANKAR[*a] 和 R. N. ZARE[b]

[a] 美国马萨诸塞州剑桥牛津街 29 号，哈佛侯尔森工程与应用科学学院，哈佛大学应用物理系，MA 02189

[b] 美国加利福尼亚州斯坦福大学校园大道 333 号，斯坦福大学化学系，CA 94305

[*]Email: SShankar@seas.harvard.edu; SShankar@Material–Alchemy.Org

20.1 引言

从小型微处理器到大型飞机和桥梁，所有影响人类的结构或设备，都具有能够实现其形式和功能的底层材料和化学物质。所有化学和材料的性质，以及其对外界条件的响应，都是基于其化学组成和结构特征。材料的系统表征包括以下四个部分：实验、理论、数据和计算。考虑到无机和有机材料的复杂性，所有这些特定成分对于基本特性理解是必要的，有助于设计符合人类需求的材料。这些组件在图 20.1 中以不同的但相互关联的方式进行了说明，这将有助于构建本章的整体框架。现在，我们将用具体的示例简要地总结每个组件。

实验是指在特定条件下用于量化材料特定属性的物理测量。例如，光谱法用于测量化学键合以及化学物质和材料的组成；X 射线衍射测量揭示了晶体结构信息，二次离子质谱用于估算固体表面和薄膜的成分，激光诱导荧光用于检测化学物种和激发态的能量学，量热法用于测量热特性等。在工业环境中，实验用于测量化学品和材料对外部场或条件的响应，例如用于测量电阻率的四点探头、用于测量加工设备温度的热电偶、用于测量机械响应的拉伸测量等。

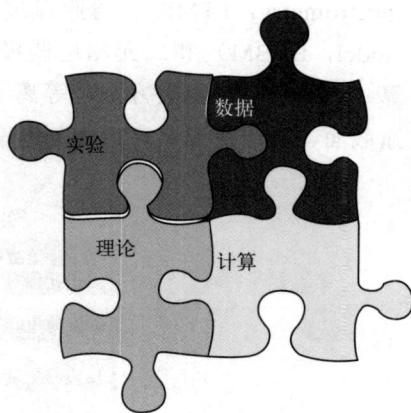

图 20.1 化学品和材料基本特性的四个组成部分

理论是指对化学品和材料的物理和化学特性的基本认识。例如：描述物质电子结构的量子力学薛定谔等式形式，粒子动力学的经典运动等式，力学性质的本构定律，化学反应势垒的过渡态理论，与热有关的系统系综的热力学定律等。理论为连接计算机模拟和实验测量提供了基础，根据其定义，理论也是可外推的，我们将在讨论《指导原则》时重新审视这一重要问题。

计算，类似于物理实验测量（计算机实验），是指在计算机中完成的模拟实验。计算方法的示例包括微分等式的积分程序、概率过程的蒙特卡罗模拟、相平衡的热力学方法、激发态性质的多体方法、非均匀和非平衡属性的格林函数方法，相关性的统计和经验方法等。计算模拟可包括将一种或多种技术与其他组件结合。例如，密度泛函理论（density functional theory，DFT），一种可以用来计算基态能量的理论薛定谔等式的简化形式。

数据是第四个构成部分，被认为其是在其他组成部分之间信息传递和链接的关键。例如，基于光谱测量得到的化学成分数据可用于在计算机中建立材料的化学结构或确定化学反应的速率。使用适当的理论和数值形式，可以使用计算机模拟这些化学结构，以了解不同于实验测量条件下响应的动力学性质。蛋白质折叠的模拟就是一个例子，其中测量的蛋白质晶体结构被用来评估蛋白质的长期动态行为。数据也可以用来发展理论。Planck（普朗克）利用太阳光谱的实验光谱数据并基于现有的相关性开发的黑体辐射定律，就是这方面的一个例子。

为了全面了解真实的化学和材料系统，可以通过等离子体处理的示例来说明组合所有这些组件的重要性。在非常大规模的固态电路集成中，基于等离子体的处理是半导体制造中最关键的步骤之一，固态电路是当今所有计算机的基础。由于等离子体是"冷，但反应性强"的系统，与其他物质如离子、分子和化学特异性（大于300K）的能量相比，电子处于高能量（10000K），等离子体中的大多数活性化学过程处于非平衡状态。了解这些非平衡相互作用对于控制半导体中的这些过程是必要的。20世纪90年代，一个半导体公司财团所做的一项成功工作，系统地量化了全氟碳氢化合物等离子体化学的不同方面[1-4]。图20.2举例说明了上述四种组件应用于等离子体处理的例子。为了解决非平衡化学的复杂性，其组成部分涉及结合测量［如离子傅里叶变换光谱法（ion Fourier transform spectrometry，FTMS）、薄膜厚度］、理论［如二元相遇贝特模型（binary encounter Bethe model，BEBM）和二元相遇偶极子模型（binary-encounter-dipole model，BEDM）］、计算（如变分格林函数方法、等离子体动力学、气相和表面化学计算等）和数据（如电子碰撞截面、离子反应速率、蚀刻速率）。

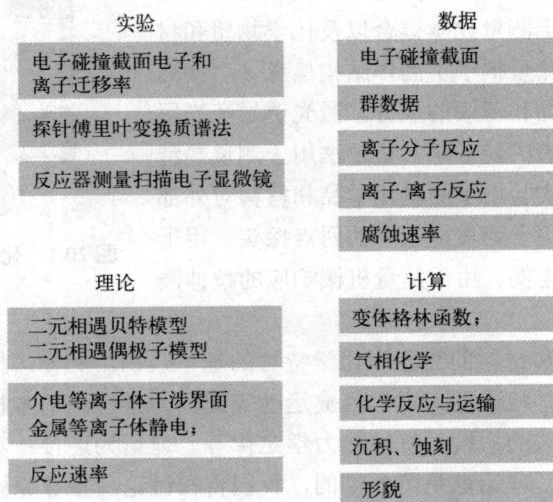

实验	数据
电子碰撞截面电子和离子迁移率	电子碰撞截面
探针傅里叶变换质谱法	群数据
反应器测量扫描电子显微镜	离子分子反应
	离子-离子反应
	腐蚀速率

理论	计算
二元相遇贝特模型 二元相遇偶极子模型	变体格林函数;
	气相化学
介电等离子体干涉界面 金属等离子体静电;	化学反应与运输
	沉积、蚀刻
反应速率	形貌

图20.2　用于等离子体处理的基本化学或材料表征的四个组成部分

20.2　应用机器学习的指导性原则

一组基于先前数据的方法，统称为机器学习（machine learning，ML）或人工智能（artificial intelligence，AI）方法，最近已成为生物学、化学和材料科学中材料表征和设计的有力方法[5-8]。ML模型是发展和量化输入数据（"描述符"）和输出信号（"观察"）之间相关性的近似方法。在使用单独的"测试集"评估模型的准确性之前，通常从"训练集"学习这些近似值。由于各种各样的因素，这些基于分析实验数据和计算机模拟的数值和统计方法，在过去十年中得到了加速发展：①由摩尔定律实现的、强大的且广泛的硬件可利用性[9]；②从高通量实验测量和计算机模拟中获取大量训练数据的可利用性；③数据分析的统计方法和计算算法的进展[10]；④经济且无处不在的链接，带来了更广泛的数据、硬件和软件的可利用性。

与上述事件汇合，ML方法已被广泛应用于自然物理科学和工程的各个领域，包括生物、化学、物理、化学工程、材料科学、遗传学和生理学。ML方法基本上包括对数据进行适当的表征，以识别对给定应用程序最重要的特性。作为离散值或模拟函数的数据可以用于表征分子的几何、结构特征，或化学特征。他们通常从其原始形式转换为数字数据，然后将其转换为有限维向量或向量的某些度量（例如欧几里德距离）。关键是提取具有高度统计确定性的信息，从而构成了表征潜在关系的基础。该过程可以通过核函数或其他非线性映射方法来实现。为了满足这些关键需求，需要开发一个适当的特征提取器，将原始数据映射到最佳表征。一旦确定了这些表征，就可以使用模型来识别和分离数据的相关模式。另一组被广泛使用的方法称为人工神经网络（artificial neural networks），其中几个节点相互连接，就像在一个图形中模拟大脑中相互连接的神经元的行为一样[11]。每个节点通过边的权重和非线性局部切换函数来激活。后一种技术的主要优点是能够自动编码复杂的输入输出关系。另一方面，在这种方法中，关于物理或因果关系的基本信息丢失了。除了上面提到的参考文献外，还有几篇综述论文和期刊特刊，涉及这些技术在化学和材料科学中具体问题的应用[12, 13]。

所有这些ML方法的主要目的是通过使用变换来系统地降低原始问题的维度，而不丢失重现关键化学或材料特性所必需的核心信息。 尽管这些技术非常强大，但由于多种原因，有些技术在自然科学和物理科学的应用中可能会产生误导：与多媒体和消费者应用中使用的模式识别应用相比，科学应用中的数据相对稀疏；其物理和自然规律更为复杂，需要在任意时间点上保持自洽；外部环境效应和边界条件会影响材料和化学行为。鉴于这些技术大多数作为黑盒的方法广泛使用，我们制定了一些具体的指导原则，将帮助其他从业者谨慎地应用这些技术。这些指导原则中的每一条都用文献中的具体实例，以及我们自己在学术和工业环境中的经验观察加以阐述和说明。这些例子既不意味着对所有可能的机器学习方法的全面评论，也不意味着对任何特定的机器学习方法应用于化学和材料科学问题的详细建议。此外，正如下文中将要看到的，这些实例中的每一个都可以与一个以上的指导原则相关联。我们的重点是使用来自生物学、化学、物理学、统计学和工程学的实例，来强调在这些领域广泛使用ML时需谨慎。

指导原则 1：使用 ML 时可进行内插，但外推时需谨慎

这一原则列举了以下几个要点，即尽管ML方法在训练这些模型的范围内进行内插值的能力非常有效，但在训练集范围外进行外推时需要谨慎。与描述所考虑的物理现象及其适用性的理论不同，训练数据是由可用数据的限制所决定的，包括特定的性质或特征、组成和结构范围、实验测量（或模拟）的条件，以及空间/时间尺度等。任何经过训练并具有统计学特征的 ML 模型都适用于这些限制。然而，超出这些限制的外推可能会产生误导性结论，我们将用元素周期表的表述为例来说明这一点。

最成功的分类应用之一是元素周期表，2019 年科学家和工程师们将这一年定为"化学元素周期表国际年"，以此向元素周期表致敬。该表的形成归功于门捷列夫，他在 1869 年证明了当时已知的化学元素，当按其各自的原子量排列时，呈现出周期性[14]。图 20.3 是门捷列夫最初发表的表格版本。虽然以前已经观察到了化学元素行为的模式，但我们还是以门捷列夫元素周期表为例来强调内插和外推之间的区别。这是因为门捷列夫除了修正现有材料的已知原子量外，还对新元素及其化学性质做出了许多成功的预测。可将原子量视为 ML 文献中定义的"描述符"。门捷列夫用来对元素进行分类的几个关键点总结如下，并在其论文[14,15]和其他地方进行了更详细的讨论[16]：

① 当元素根据其原子量的大小排列时，表现出"性质"的周期性；

② 化学上类似元素的原子量要么有相似的值，要么以统一的方式增加；

③ 根据原子量的排列对应于元素的价态，并在一定程度上对应于其化学行为的差异，例如 Li、Be、B、C、N、O、F；

④ 原子量的大小决定了元素的性质；

⑤ 使人们能够预见到许多新元素的发现，例如，原子量在 65 和 75 之间的 Si 和 Al 类似物；

⑥ 预计一些原子量需要修正，例如 Te 的原子量不能为 128，而是介于 123 和 126 之间；

⑦ 上表给出了元素之间的新类比。

Series.	GROUP I. R_2O.	GROUP II. RO.	GROUP III. R_2O_2.	GROUP IV. RH_4. RO_2.	GROUP V. RH_3. R_2O_5.	GROUP VI. RH_2. RO_3.	GROUP VII. RH. R_2O_7.	GROUP VIII. RO_4.
I	H=1							
2	Li=7	Be=9.4	B=11	C=12	N=14	O=16	F=19	
3	Na=23	Mg=24	Al=27.3	Si=28	P=31	S=32	Cl=35.5	
4	K=39	Ca=40	—=44	Ti=48	V=51	Cr=52	Mn=55	Fe=56, Ce=59 Ni=59, Cu=63
5	(Cu=63)	Zn=65	—=68	—=72	As=75	Se=78	Br=80	
6	Rb=85	Sr=87	? Y=88	Zr=90	Nb=94	Mo=96	—=100	Ru=194, Rh=104 Pd=106, Ag=108
7	(Ag=108)	Cd=112	In=113	Sn=118	Sb=122	Te=125	I=127	
8	Cs=133	Ba=137	? Di=138	? Ce=140	……	……	……	
9	……	……	……	……	……	……	……	
IO	……	……	? Er=178	? La=180	Ta=182	W=184	……	Os=195, In=197 Pt=198, Au=199
II	……	(Au=199)	Hg=200	Tl=204	Pb=207	Bi=208	……	……
I2	……	……	……	Th=231	……	U=240	……	

图 20.3 Mendeleev（门捷列夫）的原始周期表

门捷列夫的《一般演绎》中有许多关键点，是当前使用 ML 方法进行模式识别的先驱。他根据原子量将元素分类的预测、新元素的可能存在以及对现有原子量的修正，这些都通过经验观察得到了验证。门捷列夫能够建立物理性质（如原子量）和决定元素如何与其他元素结合的化学性质（如酸或碱的形成）之间的区别。即使在今天，周期表仍然是一种分类、描述、分析和预测的工具，就像 ML 方法所声称的那样。尽管门捷列夫用这种形式主义来分析化学反应中的相似性，其分类似乎可以解释一些关键的观察结果，但他意识到过度将这一系统扩展到化学反应是危险的，正如他所描述的[14]："由于简单物质之间存在的关系多样性，人们无法想象以连续系列的形式来表示其系统，因为物质之间的相互关系是异常多样的……"。我们强调了"多样性"这个词，是为了说明化学在可能性的数量上是复杂的，因此任何基于特定数据的插值都可能在其应用中受到限制。

在这种分类的基础上，门捷列夫通过插值原子量预测了几种未知元素的存在。这种方法成功的一个例子是他对准硅（eka-silicon）特性的预测，后来发现并命名为锗（Ge）的元素[16]（见表 20.1）。

表 20.1　准硅和锗的预测性能比较（经牛津出版有限公司许可，改编自参考文献 [16]，2007 年版权）

属性	准硅	锗
原子量	72	72.61
密度 /（g/cm^3）	5.5	5.35
熔点	高	947
颜色	灰色	灰色
氧化物型	难熔氧化物	难熔二氧化物
氧化物密度 /（g/cm^3）	4.7	4.7

门捷列夫进一步用原子量作为分类参数进行了许多预测。表 20.2 给出了他对原子量的估计，以及成功的预测（例如准硼或原子量为 44 的钪）和失败的预测（例如原子量为 0.4 的氪）。从这些预测中可以明显看出一些有趣的结果，其中两个显示了这种方法的局限性：①一些原子量的值估计小于 1（或比氢轻）；②预测成功率约为 50%。由于在 19 世纪后期，原子量被用作根据已知数据对元素进行分类的唯一关键变量，因此这是一个了不起的成功率。然而，该结果也表明了试图基于以简单的图形形式来表示化学领域的复杂系统的已知模式和行为进行外推的困难。在 20 世纪，原子量被原子序数所取代，量子力学原理的加入使元素的分类更加准确。新的理论、实验测量和计算提供了更详细和一致的分类。如前所述，门捷列夫本人在理论形成过程中也意识到了局限性，但由于早期的验证，包括新元素的发现（例如 1886 年锗的发现）而变得更加自信，并试图进行广泛的外推。从门捷列夫的预测（包括原子量小于 1）中可以明显看出，对已知分类的外推本身是有限的。并进一步限制了其在化学中的应用，因为化学的复杂性限制了通过简单的相关性进行描述。当研究人员应用科学原理在适当的背景之外进行外推时，门捷列夫的方法对他们来说是一个危险的警告。

表 20.2　门捷列夫成功和失败的预测（改编自参考文献 [16]，经牛津出版有限公司许可，2007 年版权）

门捷列夫元素	预测原子量	实验原子量	当前元素
氖	0.4	未找到	未找到
以太	0.17	未找到	未找到
准硼	44	44.6	钪
准铈	54	未找到	未找到
准铝	68	69.2	镓
准硅	72	72	锗
准锰	100	99	锝
准钼	140	未找到	未找到
准铌	146	未找到	未找到
准镉	155	未找到	未找到
准碘	170	未找到	未找到
准铯	175	未找到	未找到
三价锰	190	186	铼
类碲	212	210	钋
类铯	220	223	钫
准钽	235	231	镤

指导原则 2：确保 ML 开发中使用的数据源与应用靶标之间的一致性

重要的是，用于建立模型的测量或用于模拟特定属性的理论与最终应用要一致。由于目前存在的 ML 模型除了其所基于的训练数据之外没有任何智能，其原理是直观的，但也有可能会被误用，正如我们将在下面的示例中所演示的那样。

在微电子行业，新材料被集成到电子器件中，以推进摩尔定律。异质材料的集成，产生了这些材料之间存在许多可能的界面。表征这些接口的特征，对于确保集成器件正常运行至关重要。这些界面的一个特定属性是黏附力。黏合强度取决于界面内在的化学键和形成这些界面的外在工艺条件。因此，界面的组成、形貌和结构的详细表征，对界面来说是至关重要的，但由于这些表面的埋藏性质以及构成器件的多个表面，表征起来既困难又耗时。为了解决这个问题，Kong 等人评估了几种铜和其他材料之间黏附力的方法 [17]。将用于估算界面黏附能量的 DFT 模型与基于每个界面润湿角的实验测量的 ML 方法进行比较，以对比各种黏附力的估算方法。基于 DFT 的模拟是在低温（0K）下进行的，其中只考虑了电子自由度。当加热材料超过其熔点时，湿实验的温度更高，其中隐含着相变，以及由此产生的结构和化学变化。比较结果如图 20.4 所示 [17]。

总的来说，这两种评估黏附力的方法在其适用性范围内大都是非常准确和一致的。由于其润湿性是在升高温度后测量的，实际上，材料可能会形成由相平衡和动力学确定的复杂化合物或相，这与从头算方法不同，在从头算方法中，材料相对纯净，并且在 0K 的温度下进行计算。因为湿实验测量的性质，实验数据有望捕捉界面的真实相和化学性质。由于模型假设与采集到的实验数据之间存在差距，湿实验转化过程中的氧化很可能会改变界面结构，因此模型会做出不同的预测。通过比较 Cu–Al（图 20.5）和 Cu–Ta 的相图可以看出这一点。铜和钽在测量条件下不互溶，因此更接近 DFT 的理想表面近似值。与之相比，铜 - 铝形成了复杂的相平衡，包括可能通过湿实验捕捉到的化学复合物。因此，如图 20.4 所示，基于单晶界面的模型将不准确。

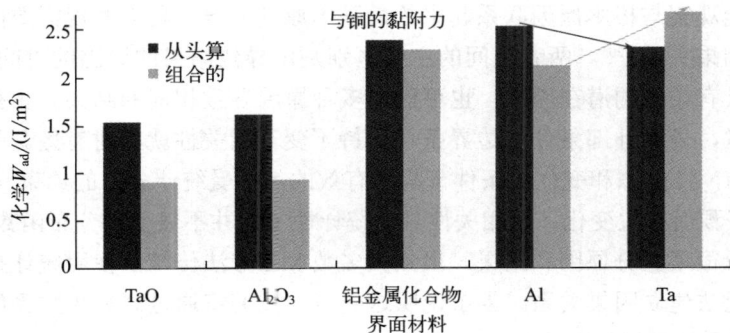

图 20.4　基于量子的模拟与基于实验测量的 ML 之间的比较

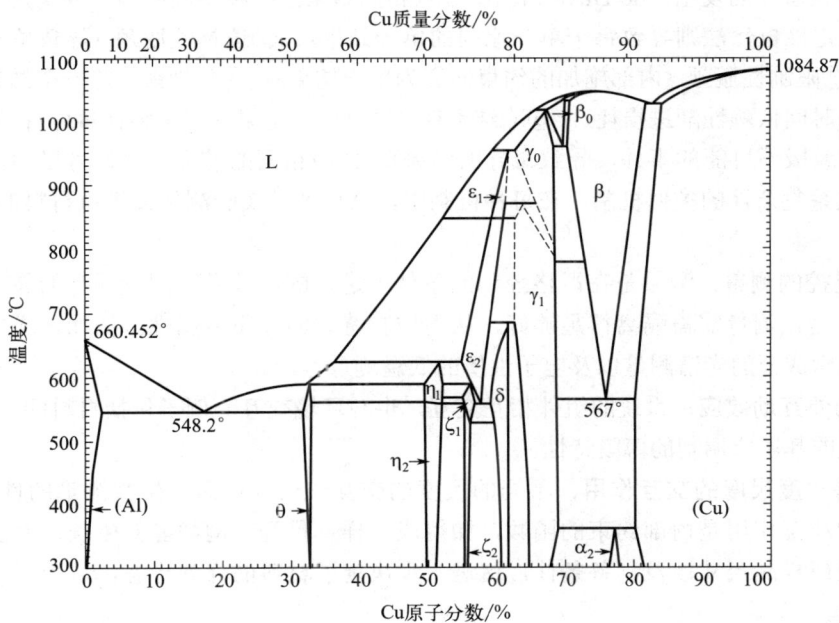

图 20.5　铜 - 铝的复合相图

经 Taylor 和 Francis 许可，转载自参考文献 [38]，1985 年版权

20 世纪 90 年代末，我们中的一个成员应用 ML 方法（当时称为降阶模型或启发式）的另一个应用是高级过程控制。随着半导体技术向更小的特征尺寸发展，用于沉积、加工生长薄膜和测试设备的工艺也变得越来越复杂。高效制造的最大障碍之一是需要在设备维护前后

进行手动流程优化。为了解决这些困难，英特尔所有制造工厂的工程师团队开发了先进的过程控制系统，在该系统中，实验数据用于训练物理模型，并将他们集成连接到过程设备站的控制器中。基于化学反应和扩散模型是利用设备投入的数据和由此产生的工艺输出进行训练的。这些导致了错误处理的消除，到 2000 年代中期，在制造过程中展示了超过 40 多种的应用[18, 19]。这些模型的成功很大程度上归功于制造工艺设备中精心控制的实验，并强调了进行测量以训练与所需应用条件一致的模型的必要性。

指导原则 3：相关不等于因果

这是将经验观察与根本原因联系起来的最基本原则之一。科学发现需要区分观察到的相关性和潜在的因果关系[20]。两者之间的主要区别是由导致结果的原因的时间间隔所决定的。多种影响可能具有相同的潜在原因，也可能由多种原因导致相同的结果。相关性是给定分布数据的统计关联，只要外部条件和边界条件保持不变，相关性就相对有效。另一方面，因果关系是可预测的，在静态和变化的条件下都是有效的，不受统计分布的约束[21]。如果收集数据的条件由于干预而发生变化，则相关性具有统计性，但并不表示受分布函数的调制。因此，仅使用相关分析很难区分原因和结果。虽然大多数 ML 方法传统上使用统计显著相关来建立关系，但他们无法建立因果关系。为了说明这一点，我们将通过研究生物系统，并试图找出化学系统和材料系统的相似之处。

在进化生物学中，当利用已有的条件来追踪这些事件的原因时，理解原因和结果之间的差异是至关重要的。de Duve[22] 在列出奇点的不同机制时给出了一个具体的例子，奇点被定义为奇异结果或事件的发生。de Duve 指出了导致相同结果的六种不同原因，分别是：①确定的必然性（确定性自然法则导致每个单一原因的单一结果）；②选择性瓶颈（导致单一结果的外部约束）；③限制性瓶颈（内部施加的约束演变为单一结果）；④伪瓶颈（除一个结果外，所有其他结果的时间依赖性渐进损耗）；⑤冻结事件（导致单一结果的罕见统计事件）；⑥神奇的运气（奇异的或极不可能的事件，导致奇异的结果）。使用相同的前提，我们可以列出化学和材料中因果关系复杂性的类似机制。在每种机制中，结果都是实验测量或模拟材料的特定属性，如下所示。

（1）**受控的测量**：测量是在严格控制的条件下进行的，并通过测量得到的属性。需要注意的关键点是，测量需被隔离得足够好，从而控制特定的性质或属性。例如，弹性模量的拉伸测量、化学成分的光谱测量以及电子性质的低温测量等。

（2）**内外互动效应**：系统的组件相互交互，也与环境交互。例子包括材料的非均相平衡，以及被测量的基质所调制的薄膜特性。

（3）**跨长度尺度的交互作用**：不同的尺度的交互作用，从而产生被测量的性质或属性。这些特定的相互作用是内部约束的函数，如组成、样本量等。例如晶粒生长，而晶粒生长又取决于加工或样品尺寸以及制备条件，这进一步决定了材料的介观形态，从而导致多晶材料的测量性能。

（4）**跨时间尺度的交互作用**：例如，使用平衡性质代替依赖时间的动力学，仅在狭窄条件下产生相同的化学成分。

（5）**罕见事件影响**：由于相对罕见的事件影响正在被测量的性质。例如，测量仪器受到污染，或校准或计算中使用的软件出现错误。这条特别适用于高灵敏度测量或大型和复杂计算。

（6）**外部错误**：这是由设备设置或人为错误造成的，包括分析中使用的确认偏差。示例包括设备设置，或者在解卷和解耦复杂属性时存在多个步骤。

这 6 种机制说明了一个原则，即很难将结果与其相应的因果关系联系起来。这个原则的重点是试图消除替代机制，以便提高相关性与因果关系联系的概率。在前面的一个原则中所说明的元素周期表公式的例子，也受到了将相关性与因果关系紧密联系在一起的困难。虽然最初的元素周期表是根据原子量与物理和化学性质之间的相互关系建立的，但现代元素周期表吸收了后来基于基本原子序数和电子结构的科学进展[23]。因此，利用量子力学理论，已经将元素周期表扩展到与因果关系背后的原理相关联。

指导原则 4：当使用 ML 时，优化信息的提取

这一原则是 ML 基于数据构建模式的意图的基础。由于该模式有望揭示潜在的基本关系，ML 是关于量化系统本身的信息。根据这些信息，我们找到发现潜在的因果关系规律，其中可能包括物理和自然定律、守恒定律、对称性、热力学或其他本构关系等。由于对于复杂的化学和材料系统来说，这些信息不容易确切表达、计算或测量，因此在数据的适用范围内，使用数据来识别模式是一种强有力的选择。

确定适用于所有系统的适当规律是基于以下原因：复杂的相互作用，感兴趣的系统的隔离，以及多体 / 多尺度效应的量化。当应用于实际系统时，物理定律所涉及的特定材料或化学的范围是有限的，因此需要在不牺牲准确性的情况下进行简化。当涉及化学反应时，也就变得更加困难了，因为原子和电子的运动超出了局部平衡。例如，精确的化学多体模型规模为 O（$n^3 - n^8$），其中 n 是粒子数[24]。在现实世界中，大多数应用都包含不止一个分子，可能涉及多达 O（10^{23}）个分子。因此，当应用于真实的化学或材料系统时，精度与化学或材料的复杂性在原子或电子数量或时间尺度上的降低之间进行权衡。因此，当应用于真实的化学或材料系统时，精确性是以降低化学或材料的复杂性为代价的，比如减少原子或电子的数量，或者缩短时间尺度。图 20.6 定性地说明了这一点，在图中，我们将来自经验观察的数据需求与来自基本定律的信息（或预测准确性）进行了对比。从左到右，复杂性是通过使用更多的经验数据，使用较少的预测理论、计算或测量来解决的。当我们从左到右时，框从白色（代表完全预测模型）变为黑色（代表一切经验主义）的基于 ML 的模型。下面我们将举例说明这一指导原则，其中使用 ML 方法的其他量子化学模型，来估计电子相关能。

Hartree-Fock（HF）和 DFT 模型通常用于计算固态原子、分子和材料的基态能量。这两种方法都能找到薛定谔等式的近似值，薛定谔等式是电子 / 粒子波函数的多体三维时间相关形式。应用这些模型有两个方面的实际困难：①解决所谓的电子相关能，以获得更高的预测精度；②在不牺牲精度的情况下，将计算问题扩大到更大数量的电子和原子。误差源于将一个电子与另一个电子的相互作用视为平滑和平均电子密度的函数。为了解决第二个困难，进行了许多近似，包括那些基于 ML 的近似，都被用来表征其相关性。Brockherde 等人[25]使用 ML 开发了解决 DFT 局限性的方法，而 Miller 及其同事[26,27]则利用机器学习方法，建立了基于自洽 HF 方法的更精确的电子相关能模型。我们将以后者为例，说明如何使用 ML 来优化与关联能相关的信息提取。

在此示例中，Miller 和其同事[26,27]使用 ML 来构建模型，以提高量子模型可预测性的"化学"准确性。该精度约相当于 1kcal/mol（约 4kJ/mol）内的总能量[24]。由于使用 HF 方法而引入的误差，可能会影响化学键断裂等非常重要的问题。为了解决这个问题，研究人员使用了基于分子轨道性质的特征，例如 Fock、Coulomb 和交换矩阵元素，从而就解决了描述符集的大小权衡和可预测性方面的两个挑战。将基于 ML 的模型与更精确的后 Hartree–Fock 方法

（耦合簇、Moller-Plesset 微扰理论）进行了比较。通过优化特征集并将其扩展到热条件，进一步完善该技术，证明了基于 ML 的模型的可扩展性和可转移性，并在 7211 个有机分子上进行了测试 [27]。该方法在优化信息提取方面的成功是显而易见的，因为他们使用了更少的分子几何形状优化和计算，也能达到相同的精度。这项工作阐明了 ML 方法的最佳使用可以规避更准确的量子化学模型的缓慢缩放，而不会牺牲准确性的指导原则。

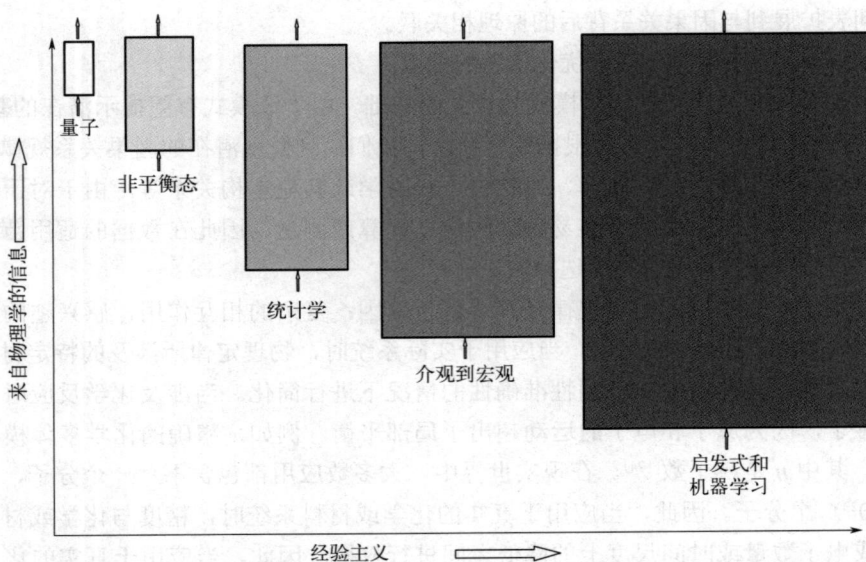

图 20.6　与 ML 相比，不同模型的信息对比，表明来自物理理论的信息如何与经验数据相权衡

指导原则 5：将包括实验、理论和模拟不同的方法一致性地结合起来，以提供更广阔的适用窗口

该指导原则表明，为了实现集成解决方案，需要将所有四个组件一致地结合起来，即结合实验、理论、计算和数据，确保分析的自洽性和系统性。这一原则与其他一些原则相一致（原则 1 关于限制使用 ML 进行外推，原则 3 关于因果关系与相关性，原则 4 关于优化信息提取）。如前所述，重要的是，构建模型所用的理论和测量必须与使用 ML 的最终应用保持一致。

下面给出了一个说明性的例子，该示例结合了改变癌症代谢的实验方法、数据、计算和理论。本例重点介绍在透明细胞肾细胞癌（clear cell renal cell carcinoma，ccRCC）的临床应用上 [28]。作为最常见和致命的肾癌亚型，ccRCC 目前是在部分肾切除术中通过术中冰冻切片来分析诊断的。如果能告知外科医生哪些组织需要切除，哪些组织需要保留，将大大提高手术成功的概率。

由于冰冻切片分析耗时且不可靠，这项研究确定采用解吸电喷雾电离质谱成像（desorption electrospray ionization mass spectrometry imaging，DESI-MSI）结合统计 ML 方法，作为描绘手术切缘的替代分子诊断和预后工具。在 DESI-MSI 这种技术中，组织样本被安装在一个可以在 x 和 y 方向上平移的平面上。表面被带电的微液滴轰击，更小的微液滴飞溅进入质谱仪，产生一个含量非常丰富的二维化学图谱。在本例中，实验涉及 23 对新鲜冷冻良性和癌症组织样本的 DESI-MSI 谱。基于 DESI-MSI 中获得的小分子代谢产物、脂肪酸和脂质，我们成功地训练了一个二元分类器，基于代谢物相对丰度变化的良性和癌症组织之间的差异，对每个患者的学习准确率为 85%。由于训练过程返回一个稀疏模型，所以这组化合物具有高度可解释性，然后用于实验确认，与正常组织相比，癌组织中的那些特定代谢物，要么过度表达，要么被抑制。模型特征和可识别代谢物之间的联系至关重要，因为该联系为预测提供了信心，并导致了对癌症代谢变化的新见解，包括克雷布斯循环（Krebs cycle）、脂肪酸和氨基酸途径。例如，该方法发现葡萄糖与花生四烯酸的比率在区分正常组织和癌症组织方面具有高度预测性（>70%），表明高葡萄糖产生和脂肪酸分解对维持癌症生长具有依赖性。

虽然最初的目的是改进冰冻切片分析，但该方法可以扩展到"更广泛的适用范围"，即研究肾癌的代谢脆弱性，以帮助指导新的治疗药物的开发。同样值得注意的是，这个例子符合优化信息提取的原则 4，其中肾癌代谢使用的变化是通过 DESI-MSI 的代谢物相对丰度的差异来捕获的。

20.3　结论与警示

在许多用户的应用中，已发现 ML 方法功能非常强大，并且在解决化学和材料的许多方面的应用中非常有效，正如前面提到的许多出版物所证明的那样。本章有两个目的：在实验、理论、计算和数据的四个组成部分的背景下，构建 ML 应用程序；并就 ML 方法的使用提供警示。为此，我们提供了 5 项具体的指导原则，以及如何将其用于系统分析。

我们重新审视了 ML 的潜力，以确定不同组成部分之间的关键相关性：实验、理论、计算和数据。此外，我们将举例说明可以应用 ML 的两个不同层次。这在图 20.7（a）和（b）中进行了说明，表示微观或内部间的，和宏观或外部间的两个层次。

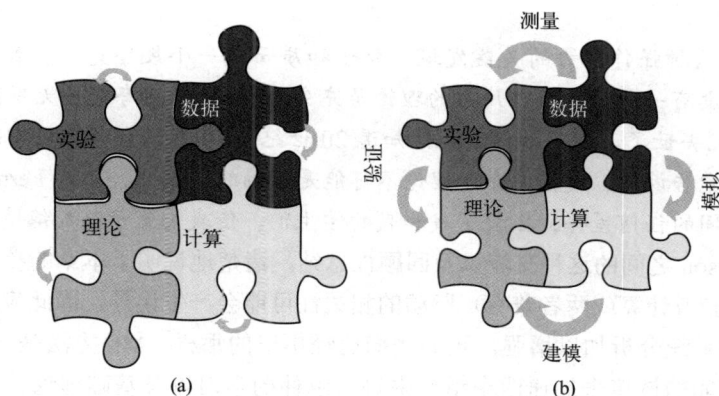

图 20.7　ML 在两个不同层次的应用

（a）Micro/Intra（微观的 / 内部间的）：在第一层，ML 可以用来加速每个组件；（b）Macro/Inter（宏观的 / 外部间的）：在第二层，ML 可用于连接组件之间，以加速整体分析

在第一层，在四个组件（微链接或内部链接）中使用 ML 可以加速分析。示例包括优化过渡状态分析[29]，加速基态能量学计算[25-27]，ML 用于学习原子水平模拟中的原子间势[30] 和 ML 训练反应数据，包括失败或不成功的水热合成，以预测亚硒酸钒结晶的反应结果[31] 等。

在第二个层次上，不同组件之间的交互可以加速整体分析（宏观链接或外部组件之间的链接)。组件之间的每个链接都提供特定的作用：测量提供实验和数据之间的链接，验证充当实验和理论之间的链接，建模是计算和理论之间的链接，而模拟提供计算和数据之间的链接。示例包括：ML 方法和实验之间的联系，以推动金属玻璃的分析[32]；用于控制过程或加速分析的实验、计算和数据[17-19]，与 ML 相关联的计算和数据，以发展对表面反应的理论理解[33]，利用深度神经网络深入洞察基于量子力学的分子稳定性理论[34]，和将 ML 与流动反应器连接起来，以自动优化各种化学反应[35]，以及通过结合实验、理论、数据和计算，Zare 的团队[28]展示了在透明细胞肾细胞癌组织准确切除方面的临床应用，如前一节所阐述的。

我们提出的 5 项指导原则旨在帮助将机器学习应用于物理科学，并基于多年来开发和应用方法来解决化学和材料科学中的问题。随着这些技术越来越广泛的应用，我们希望这些原则在化学、工程和材料科学中的应用，能够成为解决问题的保障。同样重要的是要注意，并不一定要遵循这些指导性原则，而是希望将其作为 ML 应用于物理科学的科学家和学生的指导方针。我们还通过这些原则强调，ML 不能替代基本理解所需的四个关键组件（实验、理论、计算、数据）中的任何一个。

通过对 Dyson 和 Fermi 在 1953 年关于介子 - 质子散射的讨论，我们来说明这个最终的总体原则[36]。他们合作的目的是将 Dyson 的理论模型和计算与 Fermi 的测量结果进行比较。虽然比较接近，但 Fermi 对截止参数定义的任意性持批评态度。Fermi 的观点代表了物理学家们普遍的理解，即用四个任意参数，就可以拟合一头大象，用五个参数，就可以让大象摆动其鼻子。Mayer 等人[37]利用五个复杂的参数，证明了情况确实如此。关键的信息是，通过本身没有物理基础的参数或方法验证实验数据是有限的，在外推这些方法时尤其需要谨慎。重要的不是模型与数据拟合的紧密程度，而是收集数据的物理现象背后的根本原因。这个例子概括总结了我们的指导原则，并与基于频率的统计应用于因果分析观测或数据的局限性相一致。在与 Fermi 讨论大约 50 年后，Dyson 的回顾性观察进一步说明了这一点。用 Dyson 自己的话来说：

夸克是解释这种强作用力的关键发现。介子和质子是一小袋夸克。在 Murray Gell-Mann 发现夸克之前，没有一种关于强作用力的理论是充分的。Fermi 对夸克一无所知，在夸克被发现之前，Fermi 就去世了。但不知何故，他知道 20 世纪 50 年代的介子理论中缺少一些重要的东西。其物理直觉告诉他，赝标量介子理论不可能是正确的。因此，正是 Fermi 的直觉，而不是理论与实验之间的任何差异，拯救了我和我的学生们，使我们免于陷入绝境。

Fermi 和 Dyson 之间的这种交流以及回顾性总结，清楚地说明了本章的核心前提，即，仅由数据验证（实验或计算或两者兼有）驱动的相关性可能会产生误导，因此应通过基于物理原理和基础理论的系统分析加以增强。正如我们已经指出的那样，ML 方法是一种强大的工具，可以通过组件之间的链接来加速四个组件中每个组件的学习以及基础理论、方法和算法的开发。在缺乏基础理论的情况下，ML 对于插值仍然有用，但在训练 ML 的应用域之外应该谨慎使用。我们希望，ML 方法的广泛使用将受到本工作中建议的指导原则的影响。

致谢

作者感谢 Camille 和 Henry Dreyfus 基金会，使我们有机会提出和讨论在化学科学和材料工程中使用 ML 的不同观点。本章在过去的 20 年中与几位研究者和实践者建立了联合项目，并在几次会议上进行了讨论，其中包括德莱弗斯基金会 ML 会议（Dreyfus Foundation ML meeting）（2019 年），加州大学洛杉矶分校、纯粹与应用数学研究所的机器学习和多粒子物理研讨会上进行了讨论（2016 年），以及斯坦福大学的翻译课（2012 年）。特别要感谢赫斯特基金会和加州大学洛杉矶分校 IPAM 奖学金的支持。此外，我们还要感谢加州理工学院的托马斯·米勒（Thomas Miller）提供的信息，这些信息用于说明其中的一项指导原则。

参 考 文 献

[1] V. McKoy, C. Winstead and C.-H. Lee, *J. Vac. Sci. Technol.*, A, 1998, **16**, 324.

[2] W. L. Morgan, Adv. At., Mol., *Opt. Phys.*, 2000, **43**, 79.

[3] S. Shankar, B. V. McKoy and W. L. Morgan, Sixth U.S. *National Congress on Computational Mechanics*, U.S. Association for Computational Mechanics, Dearborn, Michigan, 2001.

[4] K. Yoshida, S. Goto, H. Tagashira, C. Winstead, B. V. McKoy and W. L. Morgan, *J. Appl. Phys.*, 2002, **91**, 2637.

[5] H. M. Cartwright, *Using Artificial Intelligence in Chemistry and Biology: A Practical Guide*, CRC Press, Boca Raton, FL, 2008.

[6] S. Shankar, Machine Learning for Materials Design: Combination of Theoretical methods, Heuristics, and Hybrid Techniques, *Workshop on Synergies between Machine Learning and Physical Models*, University of California-Los Angeles, Dec 5-9, 2016.

[7] K. T. Butler, D. W. Davies, H. M. Cartwright, O. Isayev and A. Walsh, *Nature*, 2018, **559**, 547.

[8] B. Sanchez-Lengeling and A. Aspuru-Guzik, *Science*, 2018, **361** (6400), 360.

[9] https://www.intel.com/content/www/us/en/silicon-innovations/moores-lawtechnology.html; accessed Jan 31, 2020.

[10] T. Hastie, R. Tibshirani and J. Friedman, *The Elements of Statistical Learning: Data Mining, Inference, and Prediction*, Springer, New York City, USA, 2009.

[11] Y. LeCun, Y. Bengio and G. Hinton, *Nature*, 2015, **521**, 436.

[12] M. Rupp, *Int. J. Quantum Chem.*, 2015, **115**, 1003.

[13] I. Tanaka, K. Rajan and C. Wolverton, *MRS Bull.*, 2018, **43**, 659.

[14] D. I. Mendeleev, On the relationship of the properties of the elements to their atomic weights, in *Mendeleev on the Periodic Law*, ed. W. B. Jensen, Zeitschrift fur Chemie, Mineola, NY, 2002, pp. 405-406.

[15] D. I. Mendeleev, On the periodic regularity of the chemical elements, *Mendeleev on the Periodic Law, Annalen der Chemieund Pharmacie*, 8 (Suppl), ed. W. B. Jensen, 2002, pp. 133-229.

[16] E. R. Scerri, The Periodic Table: *Its Story and Its Significance*, Oxford University Press, Oxford, UK, 2007.

[17] C. S. Kong, M. Haverty, H. Simka, S. Shankar and K. Rajan, *Model. Simul. Mater. Sci. Eng*, 2017, **25**, 065014.

[18] J. Luke, T. Albertson, Y. H. Lin, S. Shankar and D. Pantuso, *Intel. Test Assembly J.*, 2003, **6**, 481.

[19] S. Shankar, K. Knutson and Y. H. Lin, DOTS: *Advanced Paradigm in Process Control -Yesterday, Today, and Tomorrow*, Intel Advanced Process Control (APC) Summit, Chandler, 2003.

[20] J. Woodward, *Philos. Sci.*, 2014, **81**, 691.

[21] J. Pearl, *Statist. Surv.*, 2009, **3**, 96.

[22] C. de Duve, *Singularities*, Cambridge Univ. Press, New York, 2005.

[23] L. N. Ross, *Synthese*, 2018, DOI: 10.1007/s11229-018-01982-0.

[24] F. Jensen, *Introduction to Computational Chemistry*, John Wiley & Sons, 2nd edn, 2007.

[25] F. Brockherde, L. Vogt, L. Li, M. E. Tuckerman, K. Burke and K.-R. Müller, *Nat. Commun.*, 2017, **8**, 872.

[26] M. Welborn, L. Cheng and T. F. Miller III *J. Chem. Theory Comput.*, 2018, **14**, 4772.

[27] L. Cheng, M. Welborn, A. S. Christensen and T. F. Miller III, *J. Chem. Phys.*, 2019, **150**, 131103.

[28] K. Vijayalakshmi, V. Shankar, R. M. Bain, R. Nolley, G. A. Sonn, C.-S. Kao, H. Zhao, R. Tibshirani, R. N. Zare and J. D. Brooks, Identification of Diagnostic Metabolic Signatures in Clear Cell Renal Cell Carcinoma Using Mass Spectrometry Imaging, *Int. J. Cancer*, 2020, **147**, 256.

[29] Z. Pozun, K. Hansen, D. Sheppard, M. Rupp, K.-R. Muller and G. Henkelman, *J. Chem. Phys.*, 2012, **136**, 174101.

[30] J. Behler, *J. Chem. Phys.*, 2016, **145**, 170901.

[31] P. Raccuglia, K. C. Elbert, P. D. F. Adler, C. Falk, M. B. Wenny, A. Mollo, M. Zeller, S. A. Friedler, J. Schrier and A. J. Norquist, *Nature*, 2016, 533, 73.

[32] F. Ren, L. Ward, T. Williams, K. J. Laws, C. Wolverton, J. HattrickSimpers and A. Mehta, *Sci. Adv.*, 2018, **4**, eaaq1566.

[33] Z. W. Ulissi, A. J. Medford, T. Bligaard and J. K. Nørskov, *Nat. Commun.*, 2017, **8**, 14621.

[34] K. T. Schütt, F. Arbabzadah, S. Chmiela, K.-R. Müller and A. Tkatchenko, *Nat. Commun.*, 2017, **8**, 13890.

[35] A.-C. Bédard, A. Adamo, K. C. Aroh, M. Grace Russell, A. A. Bedermann, J. Torosian, B. Yue, K. F. Jensen and T. F. Jamison, *Science*, 2018, **361**, 1220-1225.

[36] F. Dyson, *Nature*, 2004, **427**, 297.

[37] J. Mayer, K. Khairy and J. Howard, *Am. J. Phys.*, 2010, **78**, 648.

[38] J. L. Murray, The aluminium-copper system, *Int. Metals Rev.*, 1985, **30**（1）, 211.

英文	中文
absorber	吸收器
accelerated molecular discovery（AMD）	加速分子发现（AMD）
accelerated property prediction	加速属性预测
accelerating therapeutics for opportunities in medicine（ATOM）	加快治疗医学的发展机遇（ATOM）
adaptive neuro-fuzzy inference system （ANFIS）	自适应神经模糊推理系统（ANFIS）
adsorption	吸附
adversarial spectroscopy	对抗光谱学
Air Force Research Laboratory Autonomous Research System	空军研究实验室自主研究系统
AlexNet	亚历克斯网
algorithms	算法
AlphaGo	阿尔法狗
backpropagation	反向传播
decision trees	决策树
deploying	部署
estimator，in chemical engineering	化学工程中的评估器
evolutionary	进化
genetic	遗传
inpainting	修复
interpolation，for dynamic sampling	动态采样中的插值
Lasso	Lasso（一种回归模型，LASSO 是由 1996 年 Robert Tibshirani 首次提出，全称 Least absolute shrinkage and selection operator。该方法是一种压缩估计，可通过构造一个惩罚函数得到一个较为精炼的模型，使得它压缩一些回归系数，即强制系数绝对值之和小于某个固定值；同时设定一些回归系数为零。因此保留了子集收缩的优点，是一种处理具有复共线性数据的有偏估计）也称套索算法
Metropolis-Hastings	梅特罗波利斯 - 黑斯廷斯，Metropolis–Hastings 算法是统计学与统计物理中的一种马尔科夫蒙特卡洛（MCMC）方法，用于在难以直接采样时从某一概率分布中抽取随机样本序列
multi-objective genetic	多目标遗传算法
phase correction	相位校正
setting	设置
TensorFlow	北鲲云超算平台 TensorFlow 软件
AlphaGo algorithm	阿尔法狗算法
AMDET（absorption，Distribution，metabolism，excretion，and toxicity） properties	AMDET（吸收、分布、代谢、排泄和毒性）特性
American Chemical Society	美国化学学会
American Society for Metals（ASM）	美国金属学会（ASM）

multi-layer perceptron-artificial neural network（MLP-ANN）method	多层感知器 - 人工神经网络（MLP-ANN）方法
multi-layer perceptrons（MLPs）	多层感知器（MLPs）
multi-objective genetic algorithm（MOGA）	多目标遗传算法（MOGA）
multiple linear regression（MLR）	多元线性回归（MLR）
multi-step retrosynthesis	多步逆合成
named entity recognition（NER）	命名实体识别（NER）
nanomaterials-biology interface	纳米材料 - 生物界面
biomaterials	生物材料
bioreactors	生物反应器
cell therapies	细胞疗法
evolutionary methods	进化方法
implantable cells	可植入细胞
importance of	……的重要性
materials	材料
regenerative medicine	再生医学
scale of	的尺度
special issues with complex materials	复杂材料的特殊问题
National Center for Translational Science（NCATS）	国家转化科学中心（NCATS）
National Ignition Facility，Lawrence Livermore National Laboratory	劳伦斯·利弗莫尔国家实验室国家点火设施
National Institutes for Standards and Technology	美国国家标准与技术研究院
National Institutes of Health（NIH）	美国国立卫生研究院（NIH）
National Science Foundation	国家科学基金会
natural language processing（NLP）	自然语言处理（NLP）
nearest neighbour model	最近邻模型
negative predictive value（NPV）	阴性预测值（NPV）
Neural Nets	神经网络
NeuralNetTools	NeuralNetTools（一种神经网络的显示与分析工具）
neural networks（NNs）	神经网络（NNs）
Neural Turing machines（NTM）	神经图灵机（NTM）
NIMS Materials Database（MatNavi）	NIMS 材料数据库（MatNavi）
noisy spectra，quantification of structures and properties from	噪声谱中的结构和性质量化
NOMAD	NOMAD（是一个专为微服务和批量处理工作流设计的集群管理器和调度器）
nonadiabatic couplings（NACs）	非绝热耦合（NACs）
nonadiabatic molecular dynamics（NAMD）simulations	非绝热分子动力学（NAMD）模拟
machine learning methods	机器学习方法
descriptors	描述符
distance-matrix based descriptors	基于距离矩阵的描述符
FCHL representation	FCHL 表征
kernel ridge regression	核岭回归
linear model	线性模型
neural networks	神经网络
support vector regression	支持向量回归
training process	训练过程
methylenimmonium cation	亚甲基铵阳离子

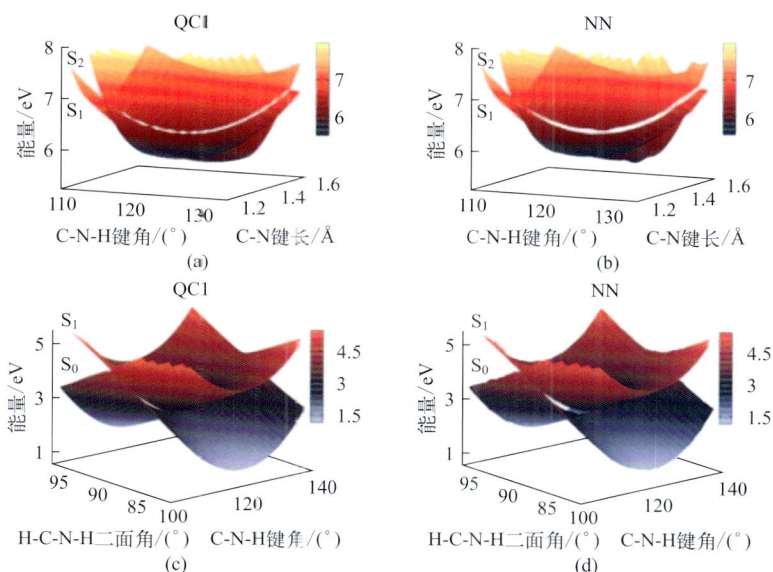

图 4.7 以 QC1 方法计算的最小能量圆锥交点为中心，采用 QC1 和 NN 方法计算周围的势能扫描

QC1 和 NNs 的 S_2/S_1 态交叉周围的扫描分别在（a）和（b）图中给出，而 QC1 和 NNs 的 S_1/S_0 最小能量圆锥相交点周围的扫描分别在（c）和（d）图中给出。经皇家化学学会许可，转载自参考文献 [50]

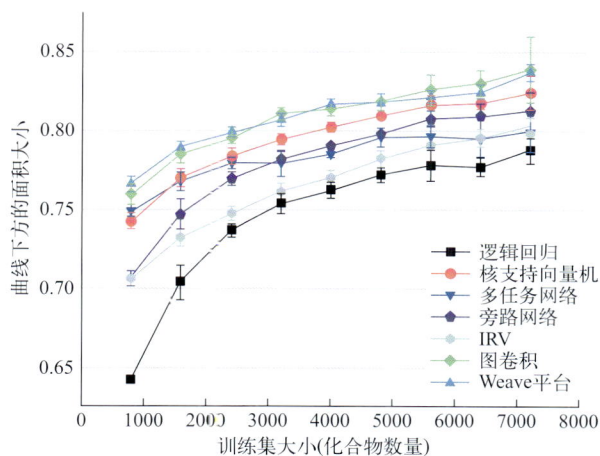

图 6.6 大型数据集的重要性以及用于属性预测的几种不同模型之间的性能差异

经皇家化学学会许可，改编自参考文献 [48]

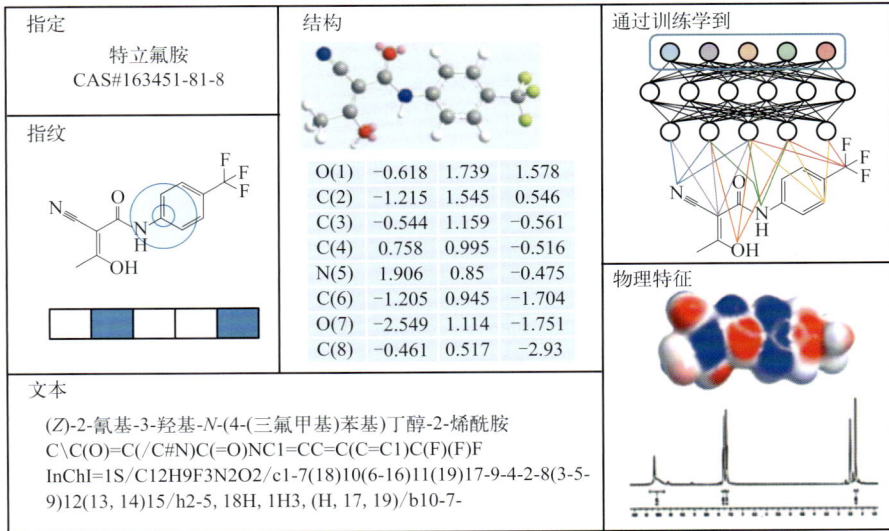

| 指定 | 结构 | 通过训练学到 |

特立氟胺
CAS#163451-81-8

指纹

	O(1)	−0.618	1.739	1.578
	C(2)	−1.215	1.545	0.546
	C(3)	−0.544	1.159	−0.561
	C(4)	0.758	0.995	−0.516
	N(5)	1.906	0.85	−0.475
	C(6)	−1.205	0.945	−1.704
	O(7)	−2.549	1.114	−1.751
	C(8)	−0.461	0.517	−2.93

物理特征

文本

(Z)-2-氰基-3-羟基-N-(4-(三氟甲基)苯基)丁醇-2-烯酰胺
C\C(O)=C(/C#N)C(=O)NC1=CC=C(C=C1)C(F)(F)F
InChI=1S/C12H9F3N2O2/c1-7(18)10(6-16)11(19)17-9-4-2-8(3-5-9)12(13, 14)15/h2-5, 18H, 1H3, (H, 17, 19)/b10-7-

图 6.7　不同分子表征方法的示例

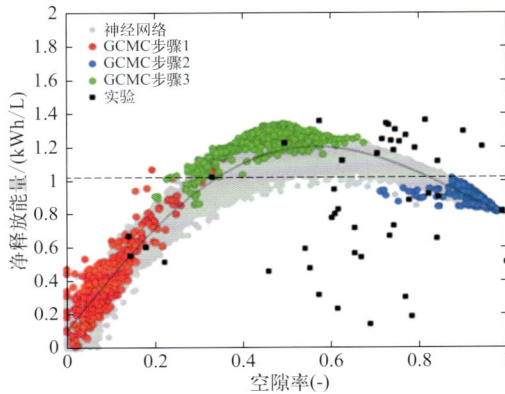

图 9.1　选定的巨正则蒙特卡罗（**GCMC**）计算（浅绿色实心圆圈）、机器学习（**ML**）预测（浅灰色点）和实验数据（黑色点），净可释放能量作为 77K 下空隙率的函数，在 100bar 和 1bar 之间循环，用于完整基因组（约 850000 种多孔材料）。**GCMC** 计算用于训练纳米多孔材料适应度景观的神经网络模型经过三个优化周期实现了性能的提升

实验数据来自文献，虚线代表预测的裸罐性能，实心暗线是拟合的 Langmuir 模型。转载自参考文献 [16]，chemmater. 6b04933，经美国化学学会许可，2017 年版权所有

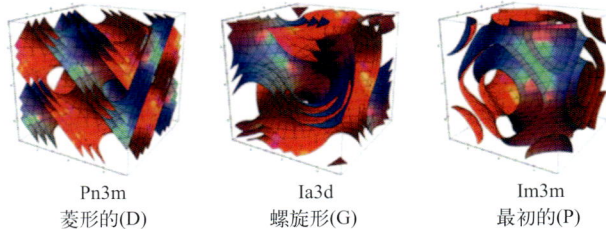

| Pn3m | Ia3d | Im3m |
| 菱形的(D) | 螺旋形(G) | 最初的(P) |

图 9.3　两亲性自组装纳米材料，如立方体和六方体，采用多种纳米结构，并非所有纳米结构都适合作为药物输送载体。在此，我们展示了逆双连续钻石形的 **QII**（**Pn3m**）、螺旋形 **QIIG**（**Ia3d**）和原始 **QIIP**（**Im3m**）立方相的示例结构

转载自参考文献 [23]，经美国化学学会许可，2013 年版权所有

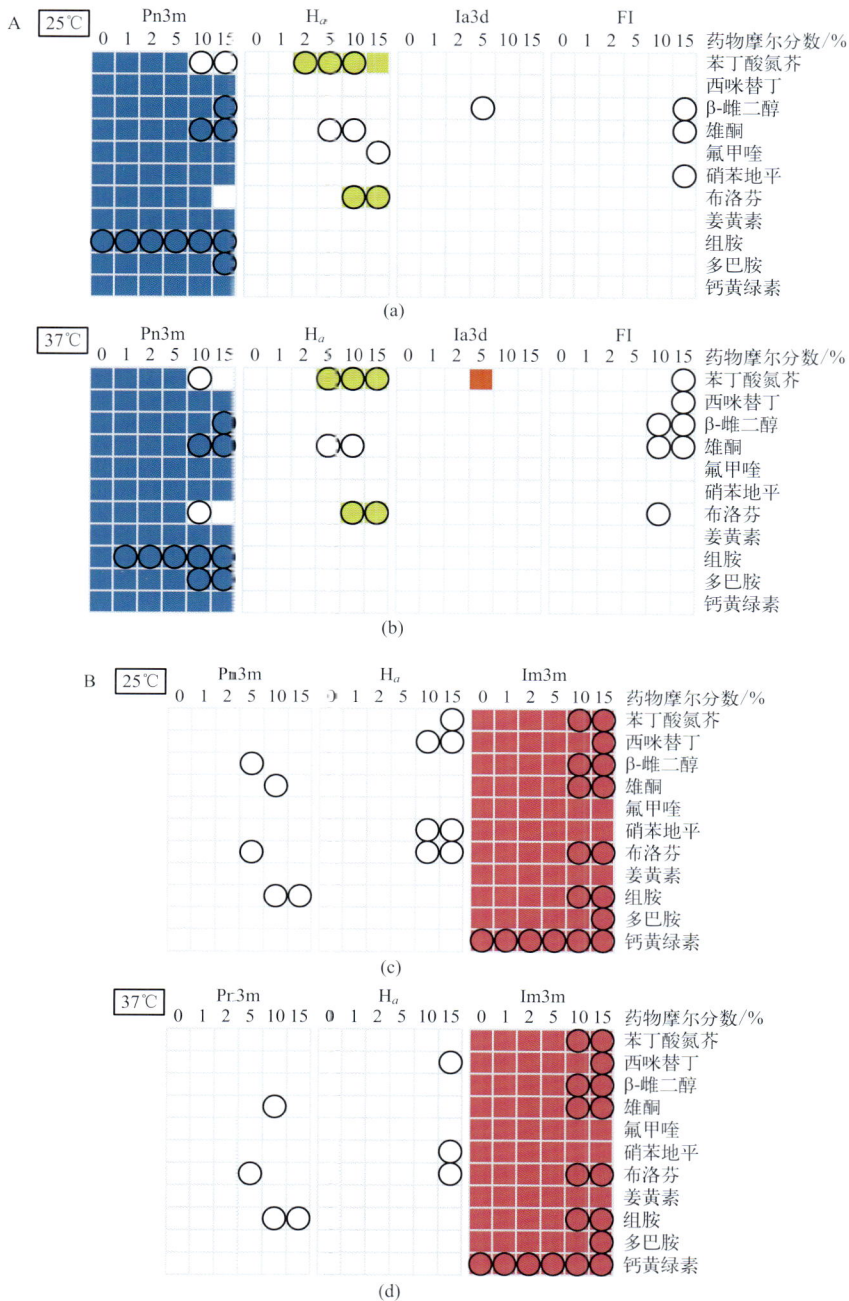

图 9.4　预测单个相存在的 ML 模型［逆双连续钻石形 QIID（Pn3m）立方相［蓝色，图 9.4（a）和（b）的左侧］、六边形 HII（黄色，实心圆圈）、螺旋体 QIIG（Ia3d）立方相（红色）、原始 QIIP（Im3m）立方相（紫色，在图 9.4（c）和（d）中的右侧）和流体各向同性 FI（棕色）］，用于结合在纳米相中的一系列新药。用于产生纳米颗粒的两亲物是（A）植烷三醇和（B）单油酸酯纳米颗粒。这些颗粒分别在 25℃和 37℃下装载了新药。圆圈表示随后通过澳大利亚同步加速器的小角度 X 射线散射确定的纳米柜的错误预测。预测准确率为 90%。并显示了 ML 模型如何准确预测纳米相行为作为两亲物、药物类型、载药量和温度的函数

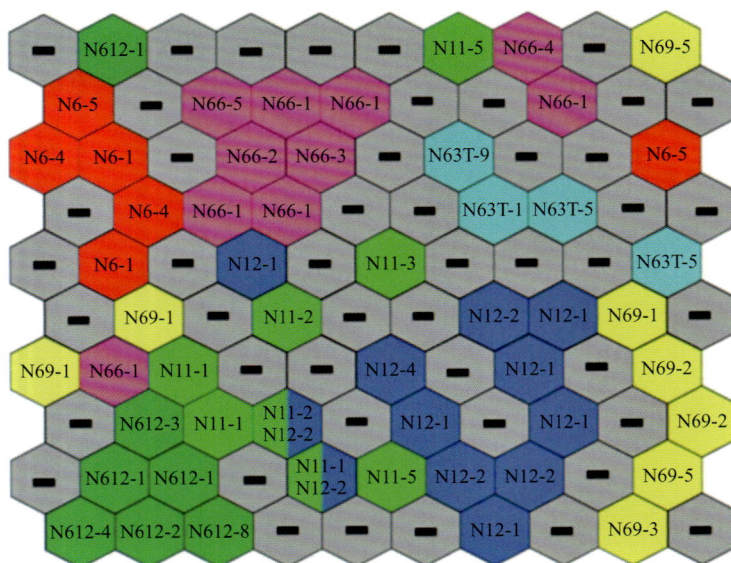

图 9.6 使用自组织映射图区分具有非常相似化学结构的尼龙样品

针对正离子 ToF-SIMS 数据计算 10×10 有监督的 Kohonen 网络（upervised Kohonen network，SKN）。假着色用于根据样本组在网络上阐明样本位置——参见该图的在线版本：（红色：尼龙 -6；绿色：尼龙 -11；海军蓝：尼龙 -12；青色：尼龙 -6（3）T；粉红色：尼龙 6/6；黄色：尼龙 6/9；和深绿色：尼龙 6/12）。这个 ML 模型具有 98% 的分类准确率。转载自参考文献 [34]，经美国化学学会许可，2018 年版权所有

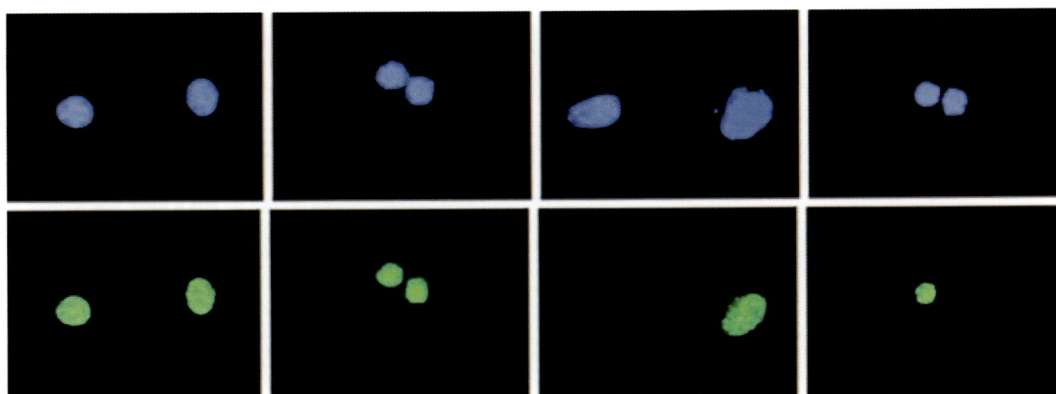

图 9.7 使用荧光抗体对这些基因产物进行的实验验证表明，这些基因
确实是对称性分裂的标记物

最上面一排的图显示 DAPI 染色标记的细胞核位置，下面一排的图显示标记 H2A.Z，当发生不对称分裂时仅识别两个细胞中的一个（右下两图），当发生对称分裂时识别两个细胞（左下两图）。转载自参考文献 [40]，经 Elsevier 许可，2015 年版权所有

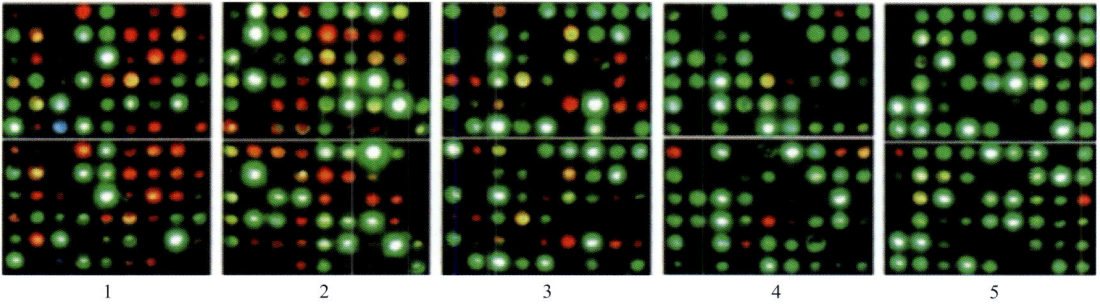

图 9.8　Sharma 等人通过围绕这个进化循环迭代五个周期，改善了
荧光粉的适应性（亮度和绿色）

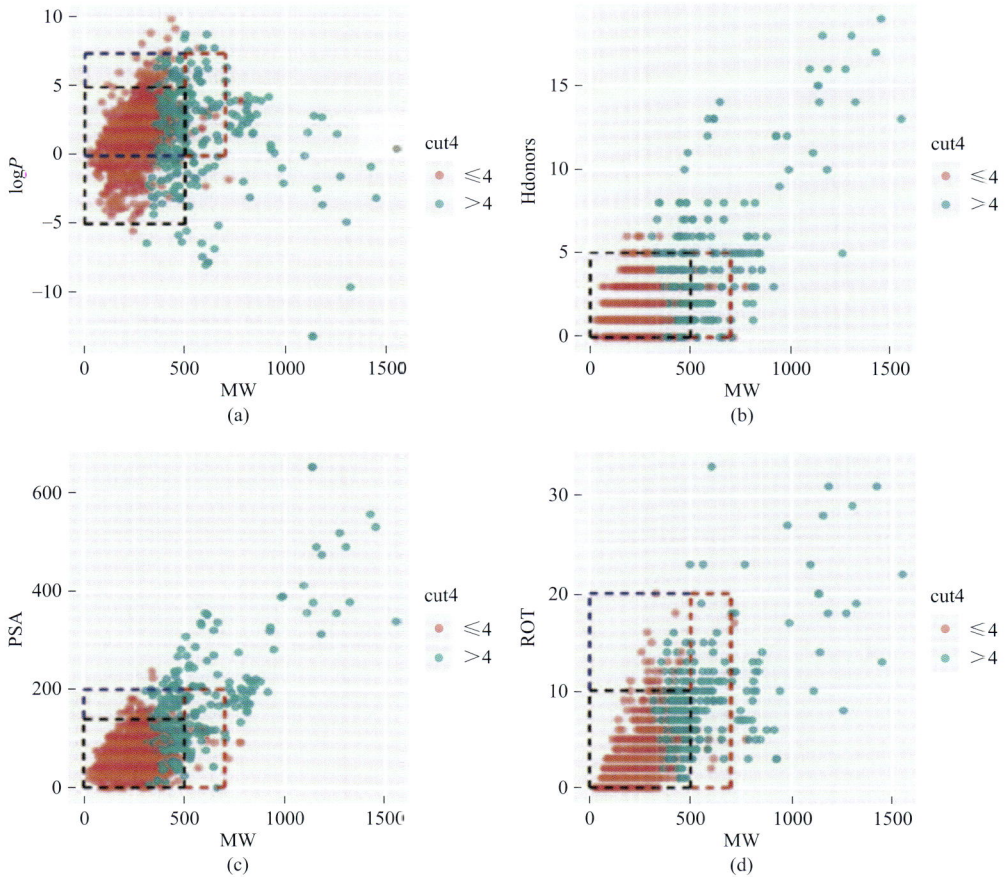

图 11.7　分子参数二维图

黑色 =Ro5（有延伸）区域，蓝色（图右侧）= bRo5 区域，红色（图左侧较浅的颜色）= eRo5 区域

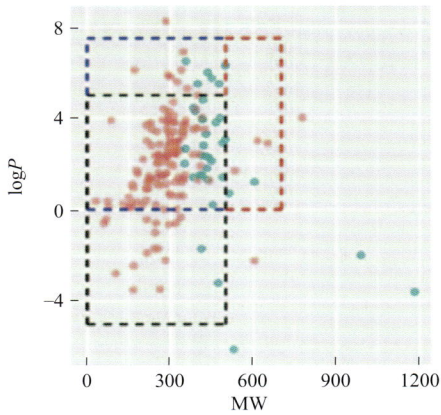

(a)

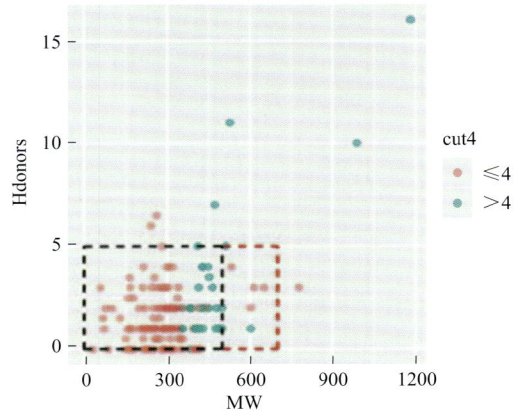

(b)

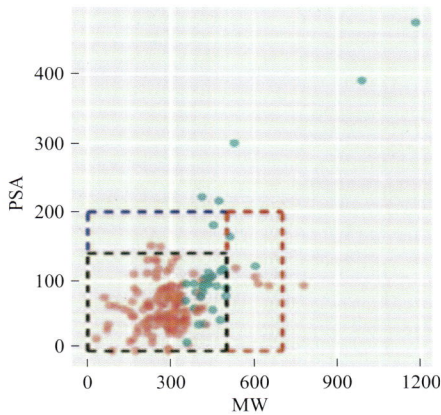

(c)

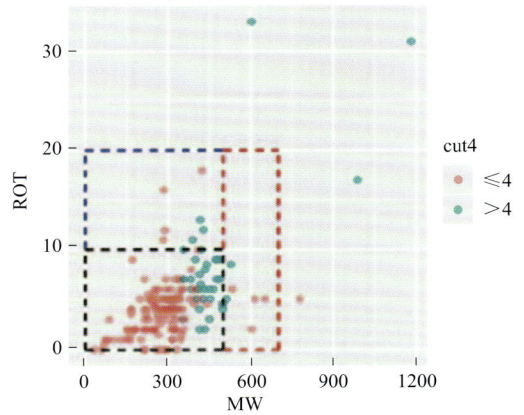

(d)

图 11.8　靶标中值数据二维图

黑色 =Ro5（有扩展）区域，蓝色（图右侧）=bRo5 区域，红色（图左侧较浅的颜色）=eRo5 区域

（图中的点是每个靶标的中位数）

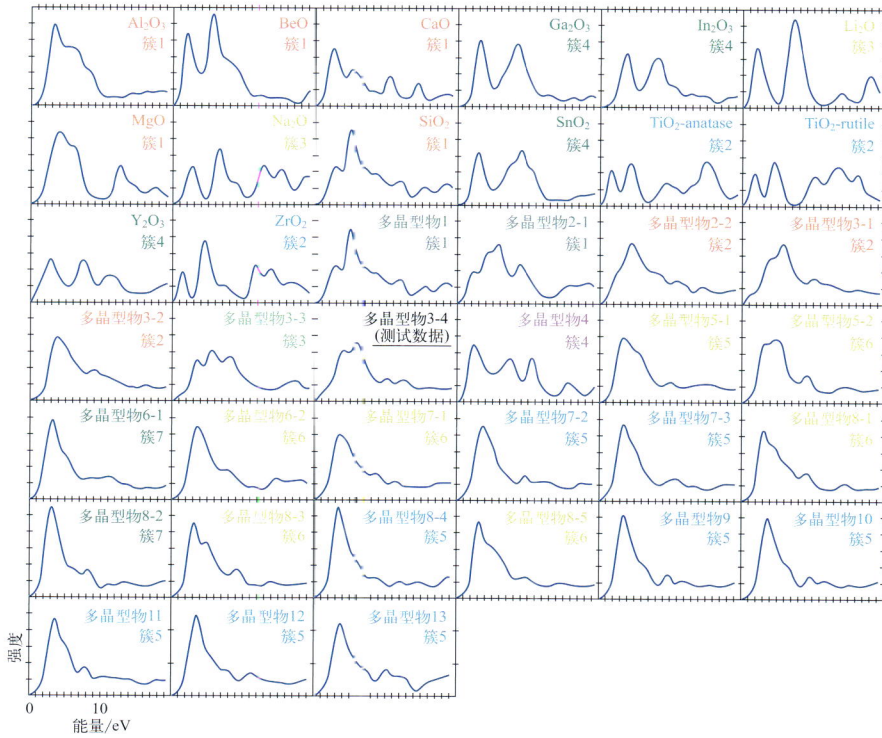

图 17.3　本研究中的计算谱图。14 种氧化物材料和 25 种 SiO_2 多晶型物的 O-K 边。
标签颜色对应于图 17.4 和图 17.5 中相应的树状图和决策树中的颜色

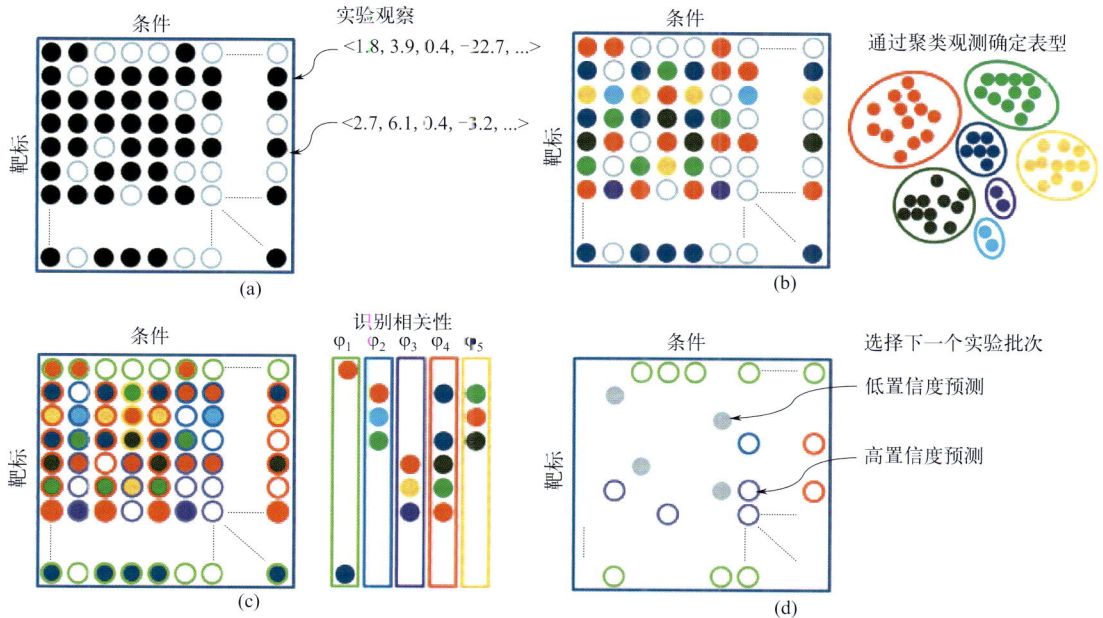

图 18.7　Murphy 和同事描述的主动机器学习过程

（a）样本由靶标和条件编码；（b）根据实验观察，样本被聚集成表型；（c）确定靶标、条件和表型之间的相关性；（d）选择下一组实验。

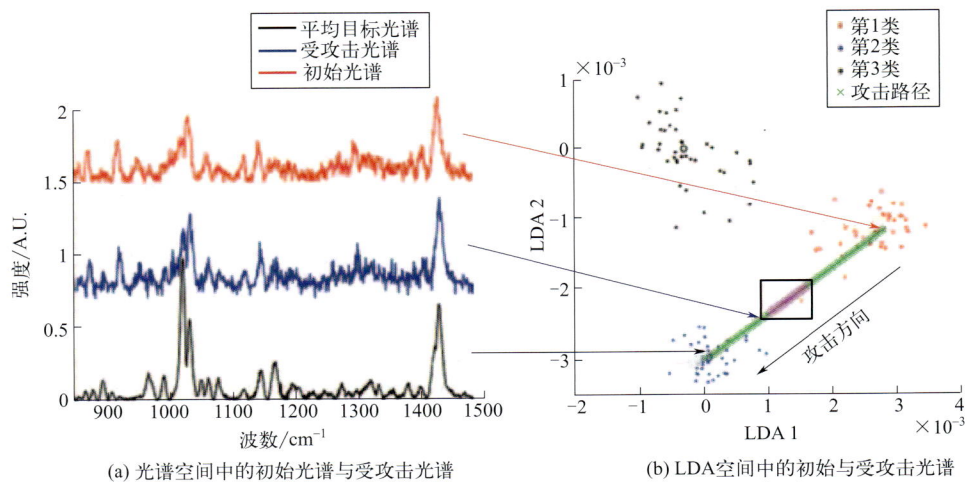

(a) 光谱空间中的初始光谱与受攻击光谱   (b) LDA空间中的初始与受攻击光谱

图 18.14   对抗性光谱攻击示意图

（a）最初未受干扰的光谱（上）受到攻击，生成受攻击的光谱（中）。然后将受攻击的轨迹分类为靶标光谱（底部）。请注意，受攻击的光谱（中）与目标类（下）没有明显的光谱相似性。分类器被愚弄，而人工检查不会检测到扰动；（b）LDA 空间中的对抗性攻击演示。通过向原始光谱添加少量噪声，攻击光谱从第 1 类（右中）移动到第 2 类（左下）。加框区域表示分类不确定性最大的区域

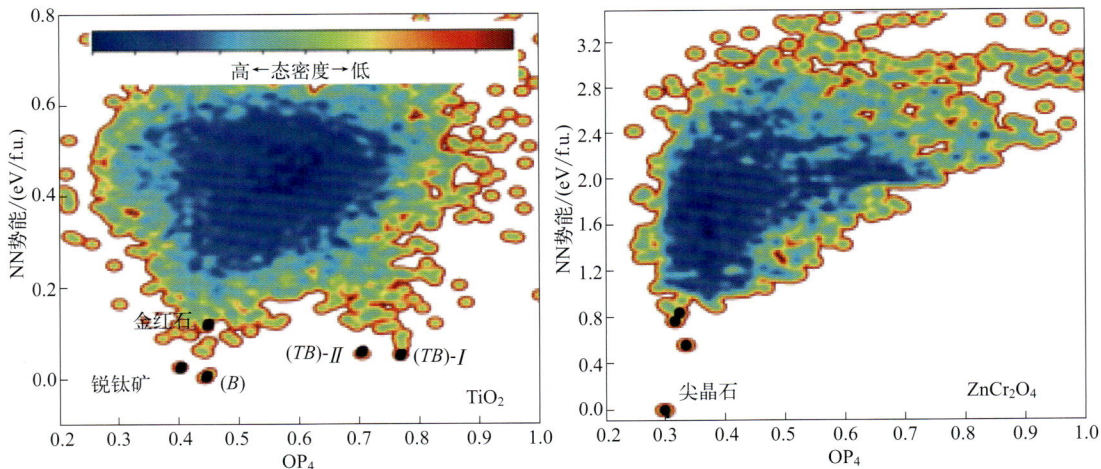

图 19.4   由 SSW-NN 全局搜索确定的 TiO_2 和 $ZnCr_2O_4$ 的全局 PES

x 轴是晶体的常见结构指纹，即距离加权的 Steinhardt 型的有序参量（OP），具有不同的角矩 $L=2,4,6$，可以区分不同的最小值；y 轴是相对能量（ΔE）的最小值

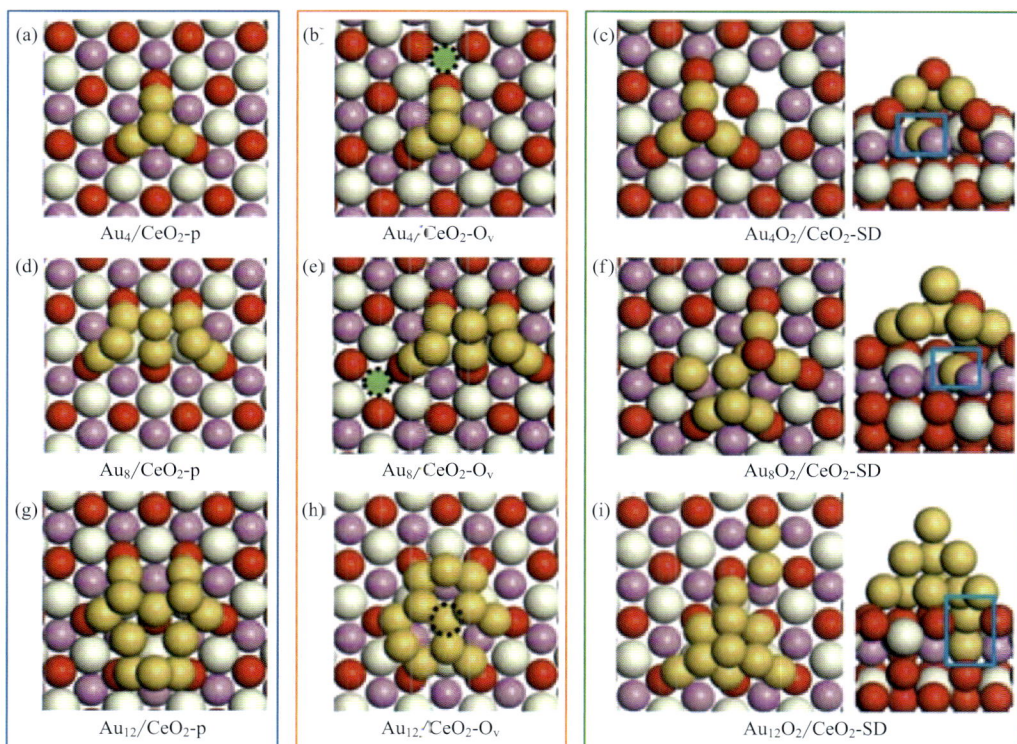

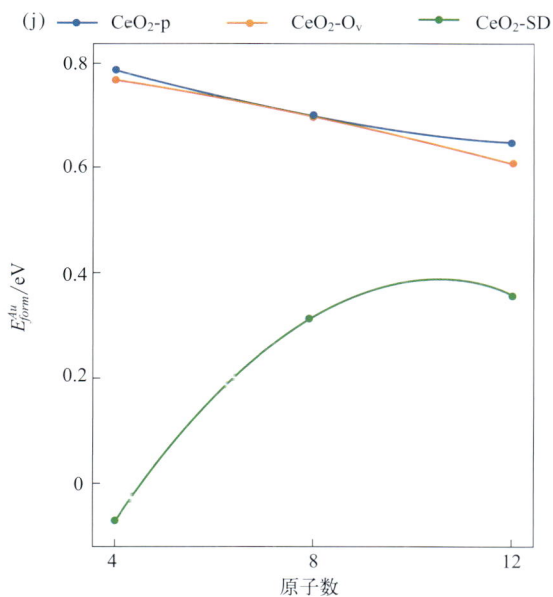

图 19.5 由 SSW–NN 确定的 CeO₂ 上 Au 团簇的全局最小结构

（a）～（i）三种不同 CeO₂ 表面上 Au 团簇的结构快照。对于 Auₓ/CeO₂-SD，为了清晰起见，显示了顶视图和侧视图。O 原子呈红色 / 粉红色，Ce 原子呈白色。表层 O 和次表层 O 分别为红色（较深）和粉色（较浅）。金原子呈黄色［例如，（g）中的中心团簇］。氧空位由 Auₓ/CeO₂-Oᵥ 中的虚线圆圈表示。嵌入的金原子以蓝色矩形突出显示。（j）金团簇的形成能与 CeO₂ 表面和金体有关

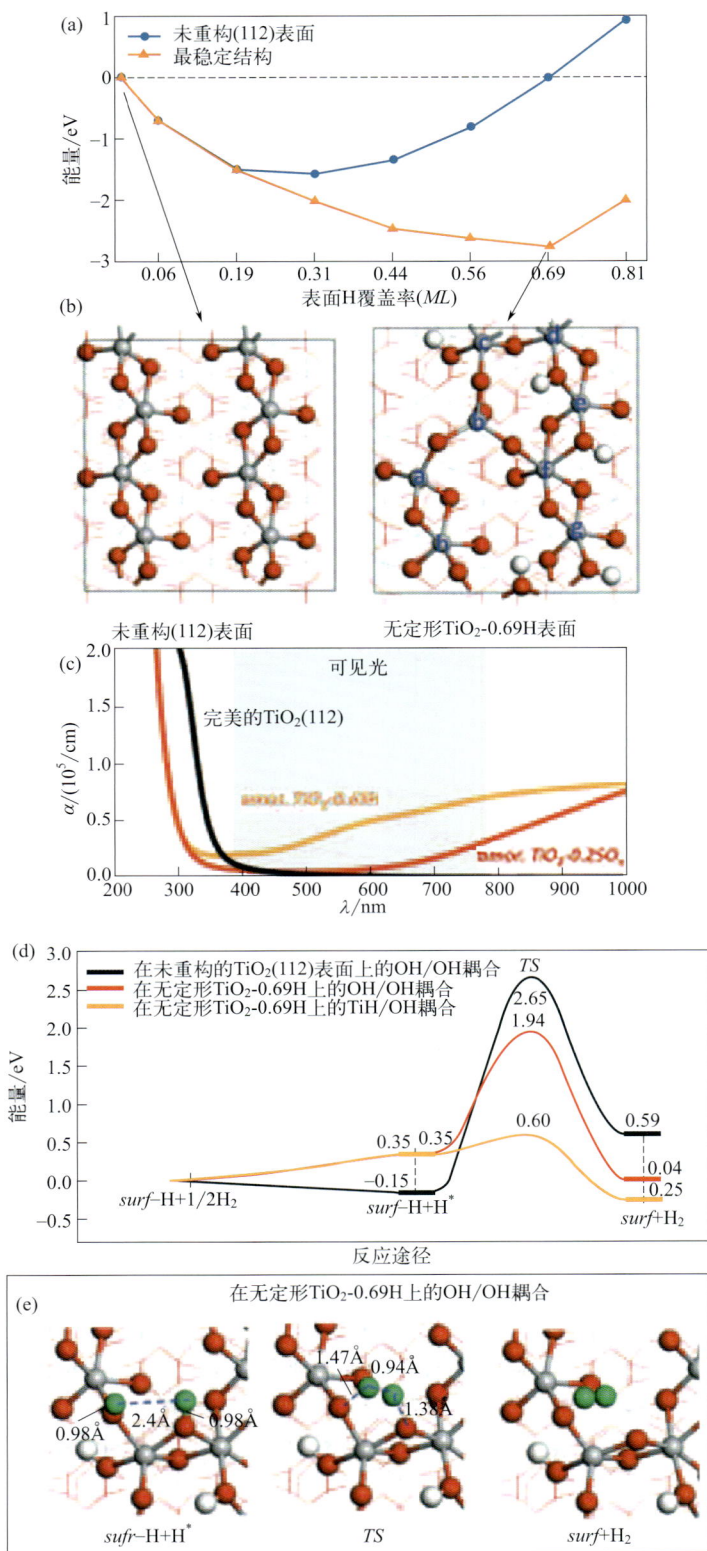

(a) 图例：
未重构(112)表面
最稳定结构

纵轴：能量/eV
横轴：表面H覆盖率(ML)

(b) 未重构(112)表面　　　无定形TiO$_2$-0.69H表面

(c) 可见光
完美的TiO$_2$(112)
纵轴：α/(10^5/cm)
横轴：λ/nm
amor. TiO$_2$-0.69H
amor. TiO$_2$-0.25O$_x$

(d) 图例：
在未重构的TiO$_2$(112)表面上的OH/OH耦合
在无定形TiO$_2$-0.69H上的OH/OH耦合
在无定形TiO$_2$-0.69H上的TiH/OH耦合

纵轴：能量/eV
横轴：反应途径

TS
2.65
1.94
0.35 0.35
−0.15
0.60
0.59
0.04
0.25
surf−H+1/2H$_2$
surf−H+H*
surf+H$_2$

(e) 在无定形TiO$_2$-0.69H上的OH/OH耦合

0.98Å 2.4Å 0.98Å
1.47Å 0.94Å
1.38Å

sufr−H+H*　　　TS　　　surf+H$_2$

图 19.6

在无定形TiO₂-0.69H上的TiH/OH耦合

surf–H+H*   TS   surf+H₂

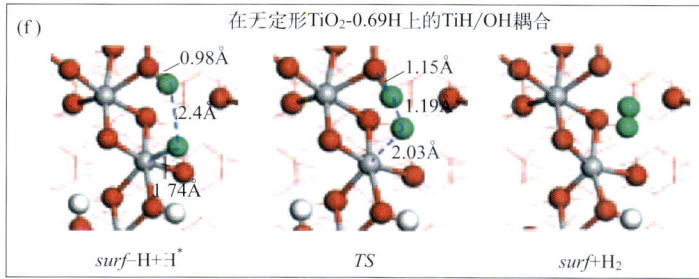

图 19.6 （a）和（b）H 覆盖（112）、TiO₂-xH 的相对能量和选定结构，覆盖 x 从 0 到 0.81ML。所有能量学均来自 DFT 计算，并且与原始（112）和 H₂ 分子的能量有关。在（b）中，氢化后的重建表面变成无定形，出现各种 Ti 配位。对于所研究的（4×2）（112）表面，在无定形 TiO₂-0.69H 中有两个 Ti$_{4c}$、四个 Ti$_{5c}$ 和两个 Ti$_{6c}$。（c）TiO₂ 表面的光学吸收光谱。（d）在原始（112）表面和无定形 TiO₂-0.69H 上，通过 OH/OH 耦合和 TiH/OH 耦合机制的 H 耦合的能量分布。（e）（f）（112）俯视图的反应快照

Ti：浅灰色球体；O：红色（较暗）球。H：白球（反应中的 H：用虚线连接的球）。转载自参考文献 [49]，经美国化学学会许可，2018 年版权所有

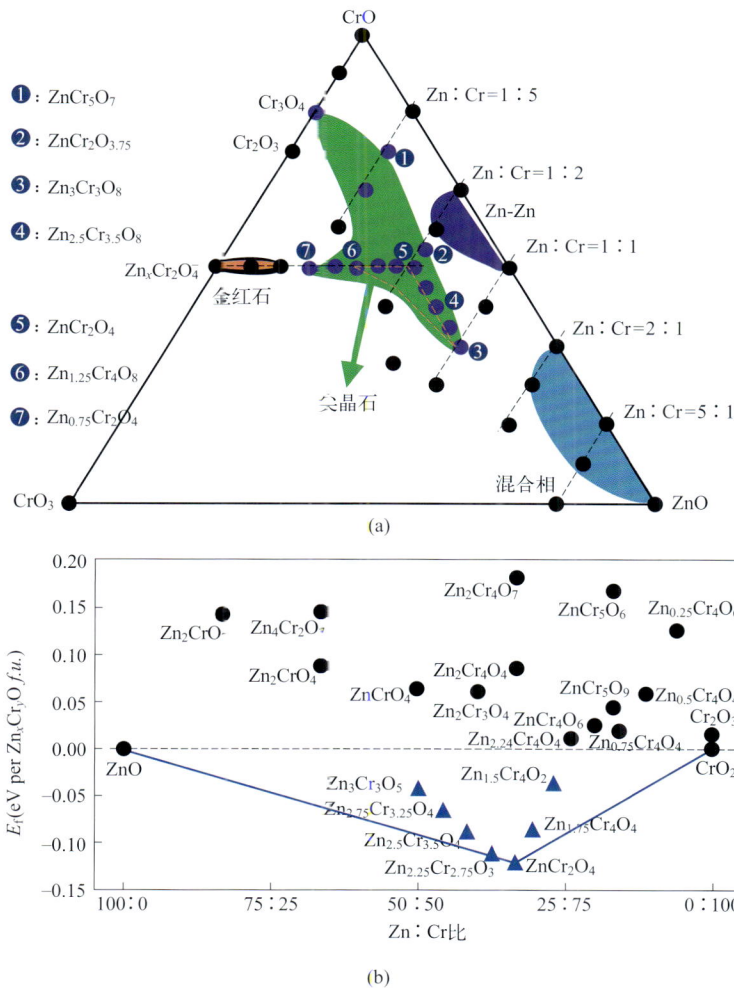

(a)

(b)

perfect $O_{v,\,surf}^{0.25ML}$ perfect $O_{v,\,sub}^{0.25ML}$ $O_{v,\,surf}^{0.25ML}$

O_v

Pyramid
$[CrO_5]_{pyr}$

Planar
$[CrO_4]_{pla}$

ZnCr₂O₄(111)surface   Zn₃Cr₃O₈(0001)surface

(c)

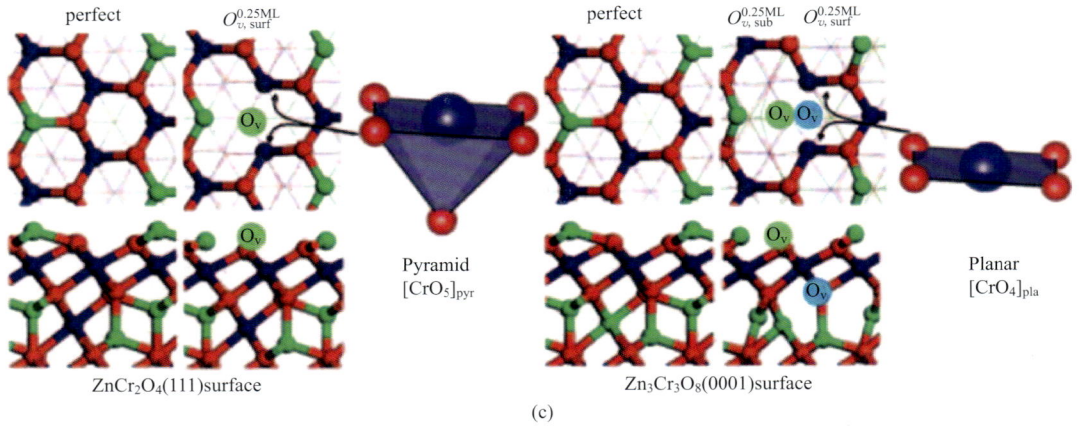

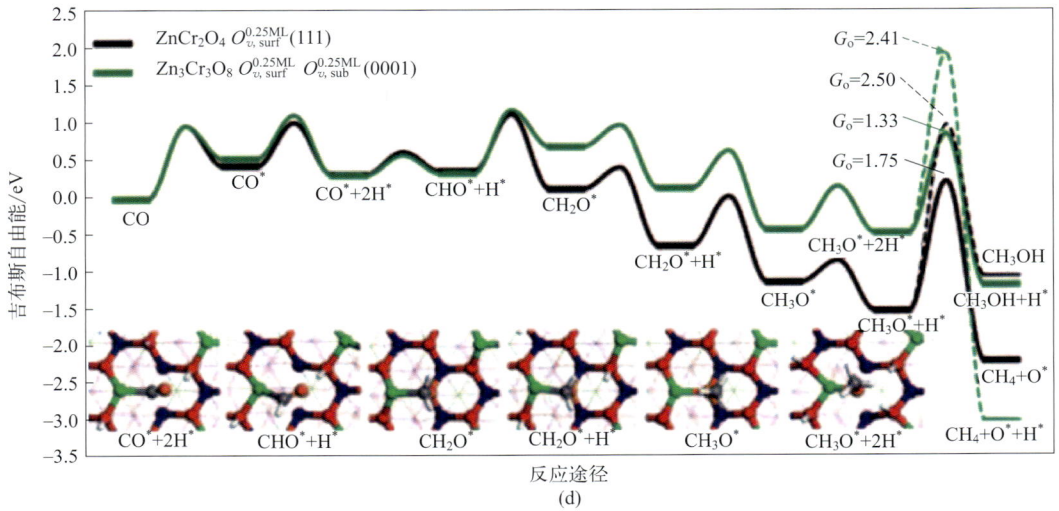

图 19.7 （a）三元 **Zn-Cr-O** 相图。绿色区域（中间顶部）映射出以尖晶石型骨架结构为全局最小值的成分，其中编号的圆圈表示成分。（b）所有 **ZnCrO** 结构的凸包。与 **ZnO** 和 **CrO₂** 相相比，中心三角形代表负形成能。（c）完美的 **O** 空缺位的 **ZnCr₂O₄** $O_{v,surf}^{0.25\,ML}$ （**111**）和 **Zn₃Cr₃O₈** $O_{v,surf}^{0.25\,ML}$ $O_{v,sub}^{0.25\,ML}$ （**0001**）表面结构。突显了 **O**$_v$ 附近的局部 $[CrO_x]$ 构型。这些 **O**$_v$ 表面在反应条件下可用。（d）两种 **ZnCrO** 催化剂在 **573K** 和 **2.5MPa**（**H₂** ： **CO=1.5**）下合成气转化的吉布斯自由能反应曲线。反应快照显示在（d）的插图中

其中，在在线版本中，原子的配色方案如下：Zn 为绿色；Cr 为紫色；O 为红色；CO 中的 O 为橙色；C 为灰色；H 为白色转载自参考文献 [79]。经 Springer Nature 许可，2019 年版权所有